郝倩 / 编著

Premiere Pro 2022 完全实战技术手册

清華大學出版社
北 京

内 容 简 介

Premiere一直是视频编辑工作必备的利器。本书是一本Premiere Pro 2022的完全学习手册，系统、全面地讲解了视频编辑的基本知识和该软件的使用方法与技巧。

全书共14章，前11章按照视频编辑的流程，详细讲解了Premiere的视频编辑基础、工作环境、基本操作、素材剪辑基础、视频转场效果、字幕制作、视频效果、运动效果、音频效果、叠加与抠像、颜色的校正与调整等核心技术，最后3章通过3个综合案例进行实战演练，使读者能够融会贯通前面所学知识，积累经验，最终成为Premiere视频编辑高手。

本书内容丰富，技术全面，是初学者快速全面掌握Premiere技术及应用的必备参考书，也可作为相关院校和培训学校的教材，还可作为广大视频编辑爱好者、影视动画制作者、影视编辑从业人员的自学教程。

图书在版编目(CIP)数据

Premiere Pro 2022 完全实战技术手册 / 郝倩编著 . —北京：清华大学出版社，2023.3
ISBN 978-7-302-62943-6

Ⅰ. ① P…　Ⅱ. ①郝…　Ⅲ. ①视频编辑软件－手册　Ⅳ. ① TN94-62

中国国家版本馆 CIP 数据核字 (2023) 第 038509 号

责任编辑：陈绿春
封面设计：潘国文
版式设计：方加青
责任校对：胡伟民
责任印制：宋　林

出版发行：清华大学出版社
网　　址：http://www.tup.com.cn，http://www.wqbook.com
地　　址：北京清华大学学研大厦 A 座　**邮　　编：**100084
社 总 机：010-83470000　**邮　　购：**010-62786544
投稿与读者服务：010-62776969，c-service@tup.tsinghua.edu.cn
质 量 反 馈：010-62772015，zhiliang@tup.tsinghua.edu.cn
印 装 者：三河市铭诚印务有限公司
经　　销：全国新华书店
开　　本：188mm×260mm　**印　　张：**20　**字　　数：**595 千字
版　　次：2023 年 5 月第 1 版　**印　　次：**2023 年 5 月第 1 次印刷
定　　价：99.90 元

产品编号：083714-01

前言

关于Premiere Pro 2022

Premiere Pro 2022是Adobe公司推出的一款非常优秀的视频编辑软件，以编辑方式简便实用、对素材格式支持广泛、高效的元数据流程等优势，得到众多视频编辑工作者和爱好者的青睐。

本书内容安排

本书是一本全面、系统、准确地讲解Premiere Pro 2022 视频编辑的专业教材，详细介绍了Premiere Pro 2022软件的基础知识和使用方法，内容完善，实例典型，精解了Premiere的各项核心技术。

全书共14章，第1章和第2章主要介绍视频编辑的基础知识和Premiere Pro 2022的工作环境；第3章和第4章主要介绍Premiere Pro 2022的基本操作和素材剪辑基础；第5章详细介绍视频转场效果的应用及制作方法；第6章主要介绍字幕效果的制作与应用；第7~9章详细介绍视频效果和音频效果的应用，以及运动效果的实现与应用；第10章着重介绍视频的叠加与抠像的应用与制作方法；第11章介绍视频颜色的校正与调整；第12~14章介绍软件功能的综合运用。本书主要以“理论知识讲解+实例应用讲解”的形式进行教学，能让初学者更容易吸收书中的内容，让有一定基础的读者更高效地掌握重点和难点，快速提升视频编辑制作的技能。

本书编写特色

总的来说，本书具有以下特色。

理论与实例结合 技巧原理细心解说	本书将理论知识都融入实例，以实例的形式进行讲解，实例经典实用，包含相应工具和功能的使用方法与技巧
40多个应用实例 视频编辑技能速提升	本书的第3章到第9章配有综合实例，是各章所学知识的综合实践，具有重要的参考价值，可供读者边做边学，从新手快速成长为视频编辑高手
多种风格类型 行业应用全面接触	本书涉及的实例包括时尚快闪视频、旅游快剪视频、饮品商业宣传片，可供读者从中积累相关经验，快速适应行业制作要求
高清视频讲解 学习效率轻松翻倍	本书配套学习资源收录全书所有实例长达430多分钟的高清教学视频，可供读者在家享受专家课堂式的讲解，成倍提高学习效率

本书由河南工业职业技术学院郝倩编著。由于作者水平有限，不足之处在所难免。感谢您选择本书，同时希望您能够把对本书的意见和建议反馈给我们。另外，读者在学习的过程中，如果发现界面显示不完整，可将窗口拉大，本书部分界面由于同样的原因，也存在此问题，特此说明。

本书的配套素材及视频教学文件请用微信扫描下面的二维码进行下载，如果有技术性问题，请用微信扫描下面的技术支持二维码，联系相关人员进行解决。如果在配套资源下载过程中碰到问题，请联系陈老师，联系邮箱：chenlch@tup.tsinghua.edu.cn。

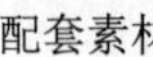
配套素材

视频教学

技术支持

编者

2023年4月

目录

第1章 视频编辑基础

第2章 熟悉Premiere Pro 2022的工作环境

第3章 Premiere Pro 2022的基本操作

第4章 素材剪辑基础

第5章 视频转场效果

第6章 字幕效果

第7章 视频效果

第8章 运动效果

第9章 音频效果的应用

第10章 叠加与抠像

第11章 颜色的校正与调整

第12章 时尚快闪视频

第13章 旅游快剪视频

第14章 饮品商业宣传片

第1章 视频编辑基础

本章主要介绍视频编辑的基础知识，包括视音频及图像的基础知识、非线性编辑、视频采集、影视编辑中常用的蒙太奇手法以及镜头衔接的技巧与原则。

本章重点：

◎非线性编辑　　◎蒙太奇　　◎视频基础

◎音频基础　　◎图像基础

1.1 影视制作中视频、音频与常用图像基础

在影视制作中会用到视频、音频及图像等素材。下面来具体了解这些素材的基本概念。

1.1.1 视频基础

下面介绍什么是视频、视频的传播方式，以及数字视频的相关知识。

1. 视频的概念

视频，又称视像、视讯、录影、录像、动态图像、影音，泛指一系列静态影像以电信号方式加以捕捉、记录、处理、储存、传送与再现的各种技术。

人眼在观察景物时，光信号传入大脑神经，经过一段短暂的时间，光的作用结束后，视觉形象并不立即消失，这种残留的视觉称为“后像”，视觉的这一现象则被称为“视觉暂留”。

根据视觉暂留原理，当连续的图像变化每秒超过24帧画面以上时，人眼无法辨别单幅的静态画面，看上去是平滑的视觉效果，这样连续的画面叫作视频，这些单独的静态图像就称为帧，而这些静态图像在单位时间内切换显示的速度，就是帧速率（也称为帧频），单位为帧/秒（fps）。帧速率决定了视频播放的平滑程度，帧速率越高，动画效果越顺畅；反之就会有阻塞、卡顿的现象。

2. 常用视频格式

视频是计算机多媒体系统中的重要一环，为了适应存储视频的需要，人们设定了不同的视频文件格式来把视频和音频放在一个文件中，以便同时回放。下面介绍几种常见的视频格式。

● AVI

AVI是Audio Video Interleave的缩写，指的是音频视频交叉存取格式，这种视频格式的优点是，图像质量好，可以跨多个平台使用；其缺点是体积过大。AVI格式对视频文件采用有损压缩，尽管画面质量不太好，但其应用范围仍然非常广泛。

● MOV

MOV即QuickTime影片格式，是苹果公司开发的一种音频、视频文件格式，用于存储常用的数字媒体类型。MOV格式可用于保存音频和视频信息，具有很高的压缩比率和较完美的视频清晰度，其最大的特点还是跨平台性，不仅能支持macOS操作系统，还支持Windows系列操作系统。

● MPEG

MPEG的英文全称为Moving Picture Experts Group，即运动图像专家组格式。MPEG文件格式是运动图像压缩算法的国际标准，采用有损压缩方法，从而减少运动图像中的冗余信息。目前MPEG压缩标准主要有MPEG-1、MPEG-2、MPEG-4、MPEG-7与MPEG-21。

● WMV

WMV的全称为Windows Media Video，是微软推出的一种流媒体格式。在同等视频质量下，WMV格式的体积非常小，因此很适合在网上进行播放和传输。WMV格式的主要优点在于，可扩充的媒体类型、本地或网络回放、可伸缩的媒体类型、流的优先级化、多语言支持、扩展性等。

3.视频的色彩系统

色彩是人的眼睛对于不同频率的光线的

不同感受。“色彩空间”源于西方的“Color Space”，又称作“色域”，色彩学中，人们建立了多种色彩模型，以一维、二维、三维甚至四维空间坐标来表示某一色彩，这种坐标系统所能定义的色彩范围即色彩空间。常用的色彩模型有RGB、HSV、HIS、LAB、CMY等。

● RGB模型

RGB模型通常采用如图1-1所示的单位立方体来表示。在立方体的对角线上，各原色的强度相等，产生由暗到明的白色，也就是不同的灰度值。（0,0,0）为黑色，（1,1,1）为白色。正方体的其他6个角点分别为红、黄、绿、青、蓝和品红。

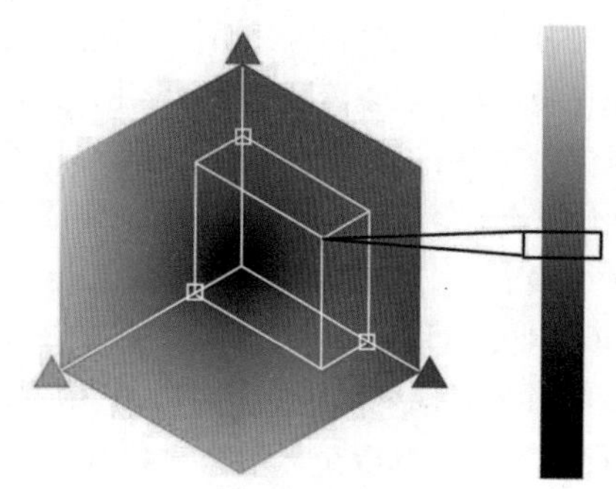

图1-1　RGB模型

● HSV模型

HSV模型中的每一种颜色都是由色相（Hue，简称H）、饱和度（Saturation，简称S）和明度（Value，简称V）表示。HSV模型对应圆柱坐标系中的一个圆锥形子集，圆锥的顶面对应于V=1，其包含RGB模型中的R=1，G=1，B=1三个面，所代表的颜色较亮。色彩H由绕V轴的旋转角给定。红色对应角度0°，绿色对应角度120°，蓝色对应角度240°。在HSV颜色模型中，每一种颜色和其补色相差180°。饱和度S取值为0~1，所以圆锥顶面的半径为1，如图1-2所示。

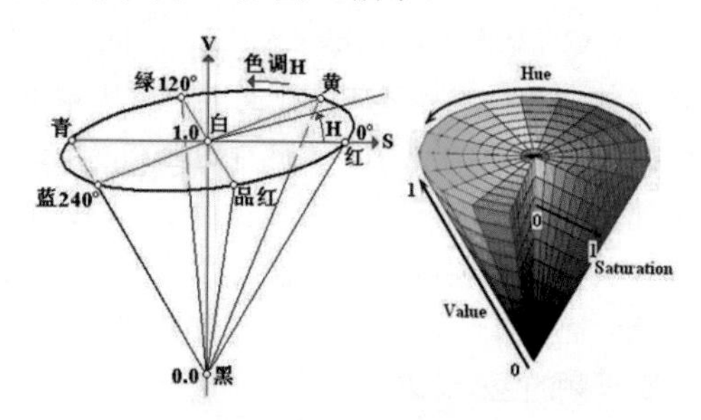

图1-2　HSV模型

● 色彩深度

色彩深度在计算机图形学领域表示在位图或者视频帧缓冲区中储存1像素的颜色所用的位数，也称为位/像素（bpp）。色彩深度越高，画面的色彩表现力越强。计算机通常使用8位/通道（R、G、B）存储和传送色彩信息，即24位，如果加上一条Alpha通道，可以达到32位。通常色彩深度可以设为4bit、8bit、16bit、24bit。

1.1.2　音频基础

下面介绍什么是音频、音频有哪些属性以及音频的常见格式。

1. 音频的概念

人类所能听到的声音都能称之为声音。而音频只是储存在计算机里的声音。声音被录制下来后，可以用计算机硬盘文件的方式储存下来。反过来，也可以把储存下来的音频文件用一定的音频程序播放，还原以前的录音。音频是指一个用来表示声音强弱的数据序列，由模拟声音经采样、量化和编码后得到。

2. 常用音频格式

音频格式指的是数字音频的编码方式，也就是数字音频格式。不同的数字音频设备一般对应不同的音频格式文件。下面介绍几种常见的音频格式。

● MP3

MP3是MPEG Audio Layer 3的缩写，是一种音频压缩技术。在MP3格式出现之前，一般的音频编码即使以有损方式进行压缩，能达到的压缩比例最高为4：1。但是MP3格式的压缩比例可以达到12：1，这是MP3迅速流行的原因之一。MP3格式利用人耳对高频声音信号不敏感的特性，将时域波形信号转换成频域信号，并划分成多个频段，对不同的频段使用不同的压缩率，对高频信号加大压缩比（甚至忽略信号），对低频信号使用小压缩比，以保证信号不失真。这样一来就相当于抛弃人耳基本听不到的高频声音，只保留能听到的低频部分，从而将声音用1：10甚至1：12的压缩率进行压缩，所以该格式具有文件小、音质好的特点。

● WAV

WAV是微软公司开发的一种声音文件格式，

符合PIFF（Resource Interchange File Format）文件规范，多用于保存Windows平台的音频信息资源，被Windows平台及其应用程序所支持。WAV格式支持MSADPCM、CCITT A LAW等多种压缩算法，支持多种音频位数、采样频率和声道，标准格式的WAV文件和CD格式一样，采用的也是44.1K的采样频率，速率为1411K/秒，16位量化位数，WAV格式的声音文件质量和CD相差无几，也是PC端上广为流行的声音文件格式，几乎所有的音频编辑软件都可以识别WAV格式。

● AAC

AAC是Advanced Audio Coding的缩写，是高级音频编码的缩写。AAC是由Fraunhofer IIS-A、杜比和AT&T共同开发的一种音频格式，是MPEG-2规范的一部分。AAC所采用的运算法则与MP3的运算法则有所不同，AAC是通过结合其他功能来提高编码效率的。AAC格式同时支持多达48个音轨、15个低频音轨，具有多种采样率和比特率，以及多种语言的兼容能力、更高的解码效率。总之，AAC可以在比MP3文件缩小30%的前提下提供更好的音质。

● RealAudio

RealAudio是一种可以在网络上实现传播和播放的音频格式。RealAudio的文件格式主要有RA（RealAudio）、RM（RealMedia，RealAudio G2）、RMX（RealAudio Secured）等几种表现形式，统称为“Real”。这些格式的特点是可以随网络带宽的不同而改变声音的质量，在保证大多数人听到流畅声音的前提下，让带宽较富裕的听众获得较好的音质。

1.1.3　常用图像基础

1. 图像的概念

图像是客观对象的一种相似性的生动性的描述或写真，是人类社会活动中最常用的信息载体，包括纸介质上的、底片或照片上的、电视、投影仪或计算机屏幕上的。图像根据图像记录方式的不同可分为模拟图像和数字图像两大类。模拟图像可以通过某种物理量（如光、电等）的强弱变化来记录图像亮度信息，例如模拟电视图像；而数字图像则是用计算机存储的数据来记录图像上各点的亮度信息。

图像用数字任意描述像素点、强度和颜色。描述信息文件存储量较大，所描述对象在缩放过程中会损失细节或产生锯齿。在显示方面是将对象以一定的分辨率分辨以后，将每个点的色彩信息以数字化方式呈现，可直接快速在屏幕上显示。分辨率和灰度是影响显示的主要参数。图像适用于表现含有大量细节（如明暗变化、场景复杂、轮廓色彩丰富）的对象，如照片、绘图等，通过图像软件可进行复杂图像的处理，以得到更清晰的图像或产生特殊效果。

2.常用图像格式

图像文件是描绘一幅图像的计算机磁盘文件，其文件格式不下数十种。下面介绍几种常见的图像格式。

● JPEG

JPEG是Joint Photographic Experts Group的缩写，是一种高效的压缩格式，最大特色就是文件占用内存小，通常用于网络传输图像的预览和一些超文本文档。JPEG格式在压缩保存的过程中，会以失真的方式丢掉一些数据，因此保存后的图像和原图就会有所差别，既没有原图的质量好，也不支持透明度的处理，所以印刷品最好不要使用此图像格式。

● TIFF

TIFF的英文全称为Tagged Image File Format，此格式便于在应用程序和计算机平台之间进行图像数据交换。在不需要图层或是高品质无损保存图片时，这是最适合的格式。其不仅支持全透明度的处理，还支持不同颜色模式、路径、通道，这也是打印文档中最常用到的格式。

● PSD

PSD格式是使用Adobe Photoshop软件生成的图像模式，可以保留图像的图层信息、通道蒙版信息等，便于后续修改和特效制作。用PSD格式保存文件时会对文件进行压缩，以减少占用的磁盘空间，由于PSD格式所包含的图像数据信息较多，因此格式要比图像文件大。

● GIF

GIF格式是CompuServe提供的一种图形格式，该格式可在各种图像处理软件中通用，是经过压缩的文件格式。GIF格式一般占用空间较小，适用于网络传输，一般用于存储动画效果图片。此外，GIF格式还可以广泛应用于HTML网页文档中，但只能支持8位（256色）的图像文件。

1.2 线性编辑与非线性编辑

下面介绍线性编辑与非线性编辑，以便更好地了解各自的优缺点。

1.2.1 线性编辑

线性编辑是一种传统的编辑方式，即编辑人员根据视频内容的要求，将素材按照线性顺序连接成完整视频的一种编辑技术。线性编辑必须按照顺序排列所需的视频画面，其依托的是以一维时间轴为基础的线性记录系统。

线性编辑的特点

在线性编辑中，素材在磁带上根据时间顺序依次排列，这种编辑方式要求编辑人员优先编辑素材的首个镜头，然后依次编辑其他镜头，直至结尾镜头编辑完成。这就要求编辑人员必须事先对这些镜头的组接做好构思，一旦完成编辑，这些镜头的组接顺序将不方便再次修改，任何改动都会直接影响到记录在磁带上的内容(改动点至结尾的部分将受到影响，需要重新编辑或进行复制处理)。

线性编辑的缺点

线性编辑经常暴露出以下缺点。

● *素材不能做到随机存取*

磁带是线性编辑系统的记录载体，节目内容按照时间顺序线性排列，在寻找素材时，录像机需要在“时间轴”面板上按照镜头的顺序一段一段地进行卷带搜索，不能随机跳跃，因此素材的选择很费时间，影响编辑效率。多次的搜索操作也会对录像机的机械伺服系统和磁头造成较多的磨损。

● *多次复制导致信号严重衰减，声画质量降低*

在节目制作中，一个重要的问题就是母带的翻版磨损。传统编辑方式的实质是复制，即将源素材信息复制到另一盘磁带上。而复制时存在着衰减现象，当使用者进行编辑及多代复制时，信号在传输和编辑过程中容易受到外部干扰，造成信号的损失，使图像的劣化更为明显。

● *不能随意地进行插入或删除等操作*

因为磁带的线性记录是线性编辑的基础，所以一般只能按照编辑的顺序记录信息，虽然通过插入编辑的方式可以替换已录磁带上的声音或图像，但是这种替换要求用于替换的片段和磁带上被替换的片段时间一致，而不能进行增删，即不能改变节目的长度。这样的方式对于节目的编辑修改显得非常不便。

● *设备较多，安装调试较为复杂*

线性编辑系统连线复杂，包括视频线、音频线、控制线、同步机等，在操作过程中经常出现不匹配的现象。由于一起工作的设备种类繁多，如录像机(被用作录像机/放像机)、编辑控制器、特技发生器、时基校正器、字幕机等，这些设备各自起着特定的作用，各种设备的性能、指标各不相同，当各种设备连接在一起工作时，会对视频信号造成较大的影响(衰减)。而同时使用较多的设备，也会使得操作人员众多，操作过程较为复杂。

线性编辑除具有以上缺点外，还经常暴露出因其人机界面较为生硬，而限制制作人员的发挥等问题。

1.2.2 非线性编辑

非线性编辑是相对于传统磁带的线性编辑而言的，是指借助计算机进行的数字化编辑，在这个过程中，素材的放置突破了单一的时间顺序的限制，可以按照多种顺序进行排列，大大提高了编辑效率。

非线性编辑的特点

在非线性编辑系统中几乎所有的工作都在计算机里完成，不再需要种类繁多的外部设备，素材信息都以数字化的视频、音频信号的形式存储在硬盘介质中，调用更加灵活。

非线性编辑技术具有快捷、简便、灵活的特性。从业人员只需上传一次素材即可实现多次编辑，且视频信号质量始终不会因为编辑次数的增加而降低，大大减少了编辑设备的需求及人力资源的浪费，提高了工作效率。非线性编辑需要使用专门的编辑软件及硬件，如今绝大多数的电视、电影制作机构都采用了非线性编辑系统。

非线性编辑的优势

非线性编辑系统集录像机、切换台、数字特技机、编辑机、多轨录音机、调音台、MIDI创作设备、时基校正器等设备为一体，包括市面上几乎所有的传统后期制作设备，其优势如下。

● 信号质量高

在使用传统的录像带编辑节目时，素材磁带会产生多次磨损，且这些机械的磨损是不可逆的。此外，制作特技效果时的“翻版”操作也会造成信号的缺失。而在非线性编辑系统中，这些缺点是不存在的，在多次的复制与编辑过程中，信号的质量始终不变(由于信号的压缩与解码，多少存在一些质量损失，但比起线性编辑，其损失量很小)。

● 制作水平高

在传统的线性编辑中，制作一个10分钟左右的节目，制作人员往往需要处理长达四五十分钟的素材带，从这些素材带中选择合适的镜头并进行编辑组接，同时添加必要的转场及特技效果。这个过程包含了大量的机械性重复劳动，耗时耗力。而在非线性编辑系统中，所有素材全部存储在硬盘中，可以随时进行精确调用，大大提高了制作效率。同时，种类繁多的特技效果也提高了节目的制作水平。

● 节约资源/设备寿命长

由于非线性编辑系统具有高度集成性，有效节约了投资。而录像机在整个编辑过程中只需要用于输入素材及录制节目带，避免了磁鼓的多次磨损，使得录像机的寿命大大延长。

● 便于升级

在影视制作中，制作水平的提高往往需要新设备的支持（投资）。而非线性编辑系统的优势在于其易于升级的开放式结构（支持多种第三方硬件及软件），功能的增加只需要通过软件的升级就能够快速实现。

● 网络化

互联网是当今社会发展的一大热点，非线性编辑系统可以充分利用网络进行数据管理，还可以利用网络上的其他计算机进行协同工作。

非线性编辑的流程

非线性编辑的流程可以简单地分成输入、编辑、输出3个步骤，由于不同软件功能存在差异，其流程可以进一步细化。在Premiere中，其流程主要分成如下5个步骤。

● 素材采集与输入

采集的主要任务是利用Premiere将模拟视频、音频信号转换成数字信号存储到计算机中，或者将外部的数字视频信息存储到计算机中，成为可以处理的素材；输入的主要任务是把其他软件处理完成的图像、声音等导入Premiere，采集和输入都是为后续的其他操作做准备。

● 素材编辑

Premiere中的素材编辑，即设置素材的入点与出点，并选择最合适的素材部分，然后按照时间顺序对素材进行组接的过程。

● 添加特技效果

在Premiere中，特技效果包括转场、合成等。那些炫酷的视频效果都是在这个步骤中完成的。

● 字幕制作

字幕的制作包括文字和图形两个方面。Premiere拥有强大的字幕制作工具，同时也为用户提供了大量的字幕制作模板。

● 输出

以上4个步骤完成即代表节目编辑完成，此时既可以回录到录像带上，也可以生成视频文件，发布到网上。

1.3 视频的基本概念

一提到视频，都有熟悉的两个概念，即时长和画面，其中包括帧、帧速率、像素、分辨率、码流等。注意，提到时长，人们可能想到的是时、分、秒，但是用Premiere剪辑视频时，最小单位为帧。

● 帧

帧是视频技术中常用的最小单位，指的是数字视频和传统影视里的基本单元信息，即每个视频都可以看作是大量的静态图片按照时间顺序放映出来的，而构成的每一张照片就是一个单独的帧。

● 帧速率

帧速率是指每秒刷新的图像的帧数，即图形

处理器每秒能够刷新几次。对影片而言，帧速率指每秒所包含的帧数，单位为fps。一般而言，要生成平滑连贯的动画效果，帧速率一般不小于8fps，即1秒至少包含8帧，也就是8张图片。

● 像素

像素是指由一个数字序列表示的图像中所呈现的最小单位（不能够再切割成更小的单位）。像素是构成图像的小方格，这些小方格都有一个明确的位置和色彩数值，小方格的数量、位置和颜色决定了该图像所呈现出的样子。

● 分辨率

分辨率指的是帧的大小，表示在单位区域内垂直和水平的像素数值，一般单位区域中像素数值越大，图像显示越清晰。

● 码流

码流指视频文件在单位时间内使用的数据流量，也叫码率，是视频编码中的画面质量控制中最重要的参数。在分辨率相同的情况下，视频文件的码流越大，压缩比越小，画面质量越好。

● 电视制式

电视制式是电视信号的标准，简称制式，可以简单地理解为传输电视图像或声音信号所采用的一种技术标准。世界上使用的电视广播制式主要有PAL、NTSC和SECAM 3种，国内大部分地区使用PAL制式，市场上正规渠道的DV产品都是PAL制式的。

● 剪辑

剪辑指的是对素材进行修剪，这里的素材可以是视频、音频或图片等。

● 镜头

镜头是视频作品的基本构成元素，不同的镜头对应不同的场景，在视频制作过程中经常需要对多个镜头或场景进行切换。

● 字幕

字幕指的是在视频制作过程中添加的标志性信息元素，当画面中的信息量不够时，字幕就起到了一个补充信息的作用。

● 转场

转场指的是在视频中，从一个镜头切换到另外一个镜头时的过渡方式。转换过程中会加入过渡效果，例如淡入淡出、闪黑、闪白等。

● 特效

特效指的是在视频制作过程中，对画面中的元素添加的各种变形和动作效果。

● 渲染

渲染指的是为需要输出的视频文件应用了转场及其他特效后，将源文件信息组合成单个文件的过程。

1.4 蒙太奇

蒙太奇是一种剪辑手法，在各大影视作品中都会看到该手法的应用。蒙太奇艺术从诞生至今，一直处于逐渐成熟，并继续创作发展的状态，下面来认识蒙太奇。

1.4.1 蒙太奇的概念

蒙太奇，法文montage的音译，原为装配、剪切之意。在电影创作中，电影艺术家先把全篇所要表现的内容分成许多不同的镜头，进行分别拍摄，然后再按照原先规定的创作构思，把这些镜头有机地组接起来，产生平行、连贯、悬念、对比、暗示、联想等作用，形成各个有组织的片段和场面，直至一部完整的影片。这种按导演的创作构思组接镜头的方法就是蒙太奇。

蒙太奇的表现方式分为叙述性蒙太奇和表现性蒙太奇两大类。

1.4.2 叙述性蒙太奇

叙述性蒙太奇是通过一个个画面来讲述动作、交代情节、演示故事。叙述性蒙太奇有连续式、平行式、交叉式、复现式4种基本形式。

连续式

连续式蒙太奇是沿着一条单一的情节线索，按照事件的逻辑顺序，有节奏地连续叙事。这种叙事自然流畅，朴实平顺，但由于缺乏时空与场面的变换，无法直接展示同时发生的情节，难于突出各条情节线之间的对列关系，不利于概括，易有拖沓冗长、平铺直叙之感。因此，在一部影片中绝少单独使用，多与平行式、交叉式蒙太奇交混使用，相辅相成。

平行式

在影片故事发展过程中，通过两件或三件内容性质上相同，而在表现形式上不尽相同的事，同时异地并列进行，而又互相呼应、联系，起着彼此促进、互相刺激的作用，这种方式就是平行式蒙太奇。平形式蒙太奇不重在时间的因素，而重在几条线索的平行发展，靠内在的悬念把各条线的戏剧动作紧紧地接在一起。采用迅速交替的手段，造成悬念和逐渐强化的紧张气氛，使观众在极短的时间内，看到两个情节的发展，最后又结合在一起。

交叉式

交叉式蒙太奇，即两个以上具有同时性的动作或场景交替出现，其是由平行式蒙太奇发展而来的，但更强调同时性、密切的因果关系及迅速频繁的交替表现，因而能使动作和场景产生互相影响、互相加强的作用。这种剪辑技巧极易引起悬念，造成紧张激烈的气氛，加强矛盾冲突的尖锐性，是掌握观众情绪的有力手法。惊险片、恐怖片和战争片常用此法造成追逐和惊险的场面。

复现式

复现式蒙太奇，即前面出现过的镜头或场面，在关键时刻反复出现，造成强调、对比、呼应、渲染等艺术效果。在影视作品中，各种构成元素，如人物、景物、动作、场面、物件、语言、音乐、音响等，都可以通过精心构思反复出现，以期产生独特的寓意和印象。

1.4.3 表现性蒙太奇

表现性蒙太奇（也称对列蒙太奇），不是为了叙事，而是为了某种艺术表现的需要，其不是以事件发展顺序为依据的镜头组合，而是通过不同内容镜头的对列来暗示、比喻、表达一个原来不曾有的新含义，一种比人们所看到的表面现象更深刻、更富有哲理的东西。表现性蒙太奇在很大程度上是为了表达某种思想或某种情绪意境，造成一种情感的冲击力。表现式蒙太奇有对比式、隐喻式、心理式和累积式4种形式。

对比式

对比式蒙太奇，即把两种思想内容截然相反的镜头并列在一起，利用二者的冲突造成强烈的对比，以表达某种寓意、情绪或思想。

隐喻式

隐喻式蒙太奇是一种独特的影视比喻，是通过镜头的对列将两个不同性质的事物间的某种相类似的特征突现出来，以此喻彼，刺激观众的感受。隐喻式蒙太奇的特点是巨大的概括力和简洁的表现手法相结合，具有强烈的情绪感染力和造型表现力。

心理式

心理式蒙太奇，即通过镜头的组接展示人物的心理活动，如表现人物的闪念、回忆、梦境、幻觉、幻想，甚至潜意识的活动，是人物心理的造型表现，其特点是片段性和跳跃性，主观色彩强烈。

累积式

累积式蒙太奇，即把一连串性质相近的同类镜头组接在一起，造成视觉的累积效果。累积式蒙太奇也可用于叙事，也可成为叙述性蒙太奇的一种形式。

1.5 镜头衔接的技巧与原则

镜头衔接不是镜头的简单组合，而是一次艺术的再加工。良好的镜头组接，可以使影视作品产生更好的视觉效果和艺术感染力。

1.5.1 镜头衔接技巧

无技巧组接就是通常所说的“切”，是指不用任何电子特技，而是直接用镜头的自然过渡来衔接镜头或者段落的方法。

常用的组接技巧有以下几种。

淡出淡入

淡出是指上一段落最后一个镜头的画面逐渐隐去直至黑场，淡入是指下一段落第一个镜头的画面逐渐显现直至正常的亮度。这种技巧可以给人一种间歇感，适用于自然段落的转换。

叠化

叠化是指前一个镜头的画面和后一个镜头的画面相叠加，前一个镜头的画面逐渐隐去，后一个镜头的画面逐渐显现的过程，两个画面有一段过渡时间。叠化特技主要有以下几种功能，一是用于时间的转换，表示时间的消逝；二是用于空间的转换，表示空间已发生变化；三是用叠化表现梦境、想象、回忆等插叙，回叙场合；四是表现景物变幻莫测、琳琅满目、目不暇接。

划像

划像可分为划出与划入。前一画面从某一方向退出荧屏称为划出，下一个画面从某一方向进入荧屏称为划入。划出与划入的形式多种多样，根据画面进、出荧屏的方向不同，可分为横划、竖划、对角线划等。划像一般用于两个内容意义差别较大的镜头的组接。

键控

键控分黑白键控和色度键控两种。

- 黑白键控又分内键控与外键控，内键控可以在原有彩色画面上叠加字幕、几何图形等；外键控可以通过特殊图案重新安排两个画面的空间分布，把某些内容安排在适当位置，形成对比性显示。
- 色度键控常用在新闻片或文艺片中，可以把人物嵌入奇特的背景中，构成一种虚设的画面，增强艺术感染力。

1.5.2 镜头衔接原则

影片中镜头的前后顺序并不是杂乱无章的，视频编辑工作者会根据剧情需要，选择不同的组接方式。镜头组接的总原则是合乎逻辑、内容连贯、衔接巧妙。具体分为以下几点。

符合观众的思想方式和影视表现规律

镜头的组接不能随意，必须要符合生活的逻辑和观众思维的逻辑。因此，影视节目要表达的主题与中心思想一定要明确，这样才能根据观众的心理要求，即思维逻辑来考虑选用哪些镜头，以及怎样将其有机地组合在一起。

遵循镜头调度的轴线规律

所谓“轴线规律”是指拍摄的画面是否有“跳轴”现象。在拍摄时，如果拍摄机的位置始终在主体运动轴线的同一侧，那么构成画面的运动方向、放置方向都是一致的，否则称为“跳轴”。“跳轴”的画面一般情况下是无法组接的。在进行组接时，遵循镜头调度的轴线规律拍摄的镜头，能使镜头中的主体物的位置、运动方向保持一致，合乎人们观察事物的规律，否则就会出现方向性混乱。

景别的过渡要自然、合理

表现同一主体的两个相邻镜头组接时要遵守以下原则。

- 两个镜头的景别要有明显变化，不能把同机位、同景别的镜头相接。因为同一环境里的同一对象，机位不变，景别又相同，两镜头相接后会产生主体的跳动。
- 景别相差不大时，必须改变摄像机的机位，否则也会产生明显跳动，好像一个连续镜头从中截去一段。
- 对不同主体的镜头组接时，同景别或不同景别的镜头都可以组接。

镜头组接要遵循“动接动”“静接静”的规律

如果画面中同一主体或不同主体的动作是连贯的，可以动作接动作，达到顺畅、简洁过渡的目的，简称为“动接动”。如果两个画面中的主体运动是不连贯的，或者中间有停顿，那么这两个镜头的组接，必须在前一个画面主体做完一个完整动作停下来后，再接上一个从静止到运动的镜头，这就是“静接静”。“静接静”组接时，前一个镜头结尾停止的片刻叫作“落幅”，后一镜头运动前静止的片刻叫作“起幅”。起幅与落幅时间间隔大约为1~2秒。运动镜头和固定镜头组接，同样需要遵循这个规律。如一个固定镜头要接一个摇镜头，则摇镜头开始时要有起幅；相反一个摇镜头接一个固定镜头，那么摇镜头要有落幅，否则画面就会给人一种跳动的视觉感。有时为了实现某种特殊效果，也有静接动或动接静的镜头。

光线、色调的过渡要自然

在组接镜头时，还应该注意相邻镜头的光线与色调不能相差太大，否则也会导致镜头组接的突然，使人感到不连贯、不流畅。

1.6 本章小结

本章介绍了视频编辑相关的基础知识，影视领域的蒙太奇手法的技巧与原则，为今后学习视频编辑打下了良好的基础。

第2章 熟悉Premiere Pro 2022的工作环境

要学好Premiere Pro 2022软件，必须先熟悉Premiere Pro 2022的工作环境。本章主要介绍关于Premiere Pro 2022软件的一些基础知识、软件的安装及配置要求、Premiere Pro 2022的工作界面等内容。

本章重点：

◎系统配置要求　◎“项目”面板　◎“效果”面板
◎“历史记录”面板　◎“时间轴”面板　◎“源”监视器面板
◎“效果控件”面板　◎“音频剪辑混合器”面板
◎“节目”监视器面板　◎“文件”菜单　◎“编辑”菜单
◎“剪辑”菜单　◎“标记”菜单　◎“字幕”菜单

2.1 Premiere Pro简介

Premiere Pro软件是目前流行的非线性编辑软件，也是一个功能强大的实时视频和音频编辑工具，是视频爱好者们使用最多的视频编辑软件之一。作为功能强大的多媒体视频、音频编辑软件，其应用范围不胜枚举，制作效果美不胜收，足以协助用户更加高效地工作。Premiere Pro以其合理化的界面和通用高端工具，兼顾了广大视频创作者的不同需求。

2.2 Premiere Pro 2022的配置要求

Premiere Pro 2022与之前的版本相比，工作体验更加完善，功能进一步创新，同时也提高了对计算机系统的运行环境的要求。下面介绍Premiere Pro 2022在不同操作系统上的配置要求。

2.2.1 Windows 版本

- 处理器：具有快速同步功能的 Intel® 第七代或更新版本的 CPU，或 AMD Ryzen™ 3000 系列/Threadripper 2000 系列或更新版本的 CPU。
- 操作系统：Microsoft Windows 10（64位）版本 1909 或更高版本。
- 内存：16GB RAM，用于HD媒体，32GB或以上，用于4K媒体或更高分辨率。
- GPU：4 GB GPU 内存，适用于 HD 和某些 4K 媒体，6 GB 或以上，适用于 4K 和更高分辨率。
- 硬盘空间：用于应用程序安装和缓存的快速内部SSD、用于媒体的额外高速驱动器。
- 显示器分辨率：1920×1080或更大。
- 声卡：与ASIO兼容或Microsoft Windows Driver Model。
- 网络存储连接：10GB以太网，用于4K共享网络工作流程。

2.2.2 macOS 版本

- 处理器：Intel® 第7代或更高版本的 CPU 或 Apple Silicon M1 或更高版本。
- 操作系统：macOS v10.15 (Catalina) 或更高版本。
- 内存：16GB RAM，用于HD媒体、32GB，用于4K媒体或更高分辨率。
- GPU：4 GB GPU 内存，适用于 HD 和某些 4K 媒体，6 GB 或以上，适用于 4K 和更高分辨率。
- 硬盘空间：用于应用程序安装和缓存的快速内部SSD、用于媒体的额外高速驱动器。

- 显示器分辨率：1920×1080或更大，DisplayHDR 400，适用于 HDR 工作流程。
- 网络存储连接：10GB以太网，用于4K共享网络工作流程。

2.3 启动与进入Premiere Pro 2022

下载安装完成Premiere Pro 2022软件后，双击程序图标，启动Premiere Pro 2022软件，进入Premiere Pro 2022的操作界面。或者右击，在弹出的快捷菜单中选择“打开”选项，启动Premiere Pro 2022软件，启动后进入欢迎界面，如图2-1所示。

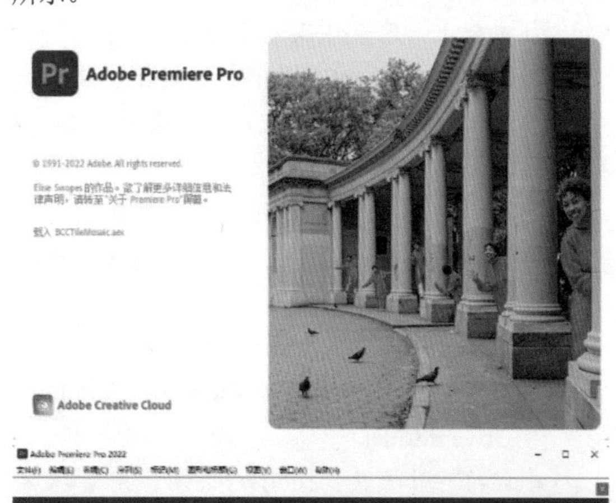

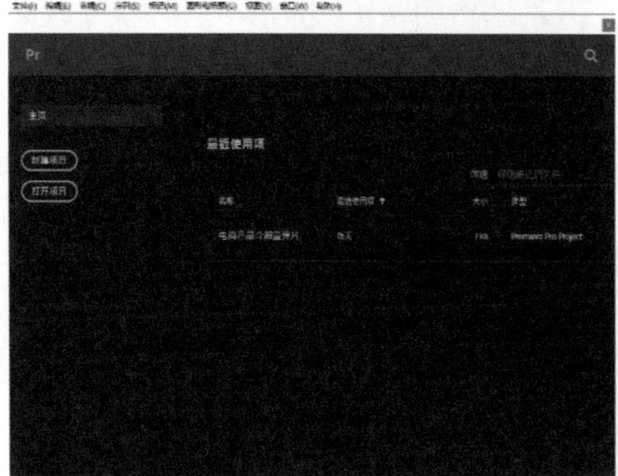

图2-1　启动Premiere Pro 2022软件

下面介绍主页中的各选项。

- 打开项目：打开项目文件。
- 新建项目：新建项目文件。

2.4 Premiere Pro 2022面板详解

初次进入Premiere Pro 2022软件，看到的是Premiere Pro 2022的默认工作界面。其中“项目”面板、“源”监视器面板、“节目”监视器面板，以及“序列”面板，都是在视频编辑中最常用到的基本工作面板。

2.4.1　“项目”面板

“项目”面板用于存放创建的序列和素材，可以对素材选择插入到序列、复制，删除等操作，以及预览素材、查看素材详细属性等，如图2-2所示。

图2-2　“项目”面板

2.4.2　“媒体浏览器”面板

“媒体浏览器”面板用于快速浏览计算机中的其他素材，可以对素材进行导入到“项目”面板、在“源”监视器面板中预览等操作，如图2-3所示。

图2-3　“媒体浏览器”面板

2.4.3　“信息”面板

“信息”面板用于查看所选素材以及当前序

列的详细属性，如图2-4所示。

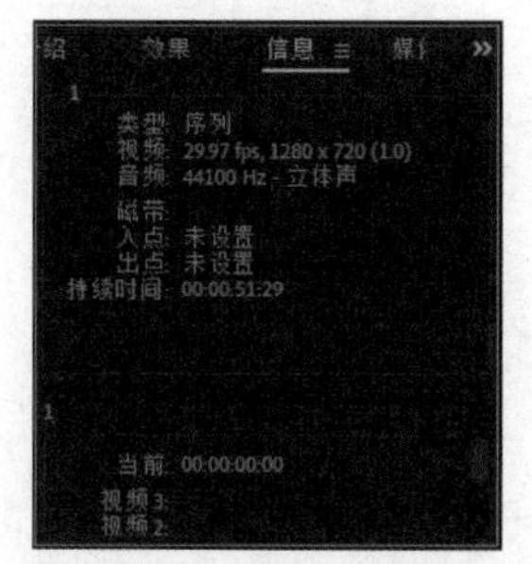

图2-4　“信息”面板

2.4.4　“效果”面板

“效果”面板中有软件所能提供的所有效果，包括预设、Lumetri 预设、音频效果、音频过渡、视频效果和视频过渡效果，如图2-5所示。

图2-5　“效果”面板

2.4.5　“标记”面板

打开“标记”面板可查看打开的剪辑或序列中的所有标记，将会显示与剪辑关联的详细信息，例如彩色编码的标记、入点、出点以及注释，通过单击“标记”面板中的剪辑缩览图，将播放指示器移动至相应标记的位置，如图2-6所示。

图2-6　“标记”面板

2.4.6　“历史记录”面板

“历史记录”面板用于记录历史操作，可以删除一项或多项历史操作，也可以将删除过的操作还原。在“历史记录”面板中，可以选择并删除其中的某个动作，但其后的动作也将一并删除；不可以选择或者删除其中任意不相邻的动作，如图2-7所示。

图2-7　“历史记录”面板

在编辑过程中，按快捷键Ctrl+Z可以撤销当前动作，按快捷键Ctrl+Shift+Z可以恢复为“历史记录”面板中当前动作的下一步。

2.4.7　“工具”面板

“工具”面板中的每个图标都是常用工具的快捷方式，如“选择工具”、“轨道选择工具”、“剃刀工具”等，如图2-8所示。

图2-8　“工具”面板

2.4.8　“时间轴”面板

“时间轴”面板左边是轨道状态区，里面显示了轨道名称和轨道控制符号等，右边是轨道编辑区，可以排列和放置剪辑素材，如图2-9所示。

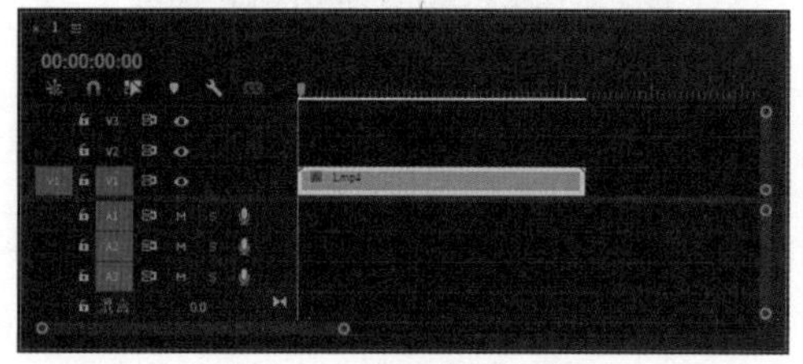

图2-9　“时间轴”面板

“时间轴”面板就是“序列”面板。当项目中没有序列时，窗口左上角的文字显示为“时间轴”；项目中创建了序列后，窗口左上角的文字就显示为“序列01”“序列02”等。

2.4.9 “源”监视器面板

“源”监视器面板可回放各个剪辑。在“源”监视器面板中，可为要添加至序列的剪辑设置入点和出点，并指定剪辑的源轨道（音频或视频）。也可插入剪辑标记以及将剪辑添加至“时间轴”面板上的序列中，如图2-10所示。

图2-10 “源”监视器面板

2.4.10 “效果控件”面板

“效果控件”面板显示了素材的基本效果，分别是运动、不透明度和时间重映射三种，也可以自定义从“效果”面板中文件夹添加的效果，如图2-11所示。

图2-11 “效果控件”面板

2.4.11 “音频剪辑混合器”面板

在“音频剪辑混合器”面板中，可调整平衡各轨道上音频的音量。每条音频轨道混合器轨道均对应活动序列时间轴中的某个轨道，并会在音频控制台布局中显示时间轴音频轨道。通过双击轨道名称可将其重命名。还可使用音频轨道混合器直接将音频录制到序列的轨道中，如图2-12所示。

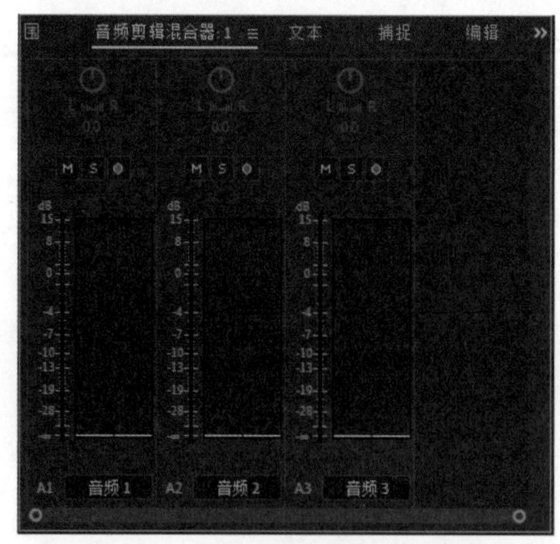

图2-12 “音频剪辑混合器”面板

2.4.12 “元数据”面板

“元数据”面板显示选定资源的剪辑实例元数据和XMP文件元数据。“剪辑”标题下的字段显示的是剪辑实例元数据，与在“项目”面板或序列中选择的剪辑有关的信息。剪辑实例元数据存储在Premiere Pro项目文件中，而不是在该剪辑所指向的文件中。“文件”和“语音分析”标题下的字段显示XMP元数据，使用“语音搜索”工具，可以将剪辑中读出的文字转录为文本，然后通过搜索该文本查找某个特定文字在剪辑中读出的位置，如图2-13所示。

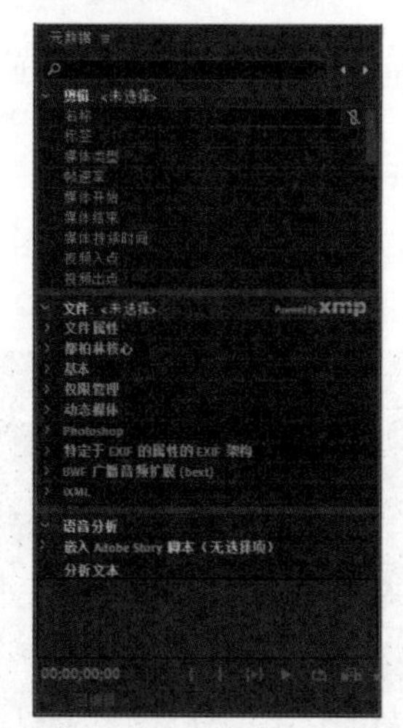

图2-13 “元数据”面板

2.4.13 “节目”监视器面板

“节目”监视器面板可回放正在组合的剪辑的序列。回放的序列就是“时间轴”面板中的活动序列。可以设置序列标记并指定序列的入点和出点。序列入点和出点定义序列中添加或移除帧的位置，如图2-14所示。

图2-14　“节目”监视器面板

2.5 菜单介绍

Premiere Pro 2022菜单栏包含“文件”“编辑”“剪辑”“序列”“标记”“图形和标题”“视图”“窗口”和“帮助”9个菜单，如图2-15所示。下面介绍各个菜单。

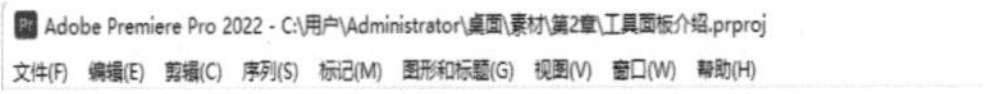

Adobe Premiere Pro 2022 - C:\用户\Administrator\桌面\素材\第2章\工具面板介绍.prproj
文件(F)　编辑(E)　剪辑(C)　序列(S)　标记(M)　图形和标题(G)　视图(V)　窗口(W)　帮助(H)

图2-15　菜单栏

2.5.1 “文件”菜单

“文件”菜单主要用于对项目文件的管理，如新建、打开、保存、导出等，另外还可用于采集外部视频素材，如图2-16所示。

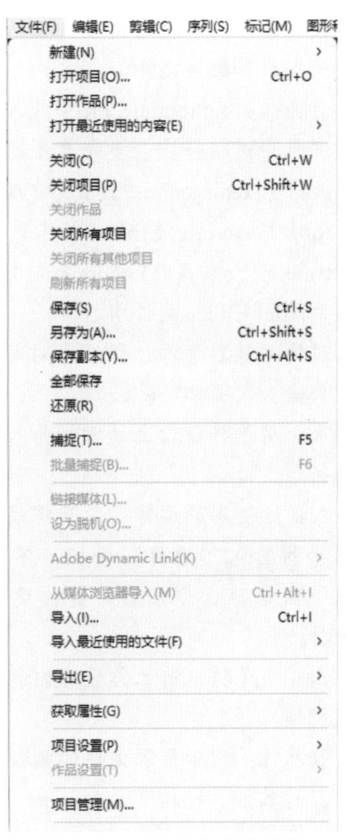

图2-16　“文件”菜单列表

下面对“文件”菜单的子菜单进行介绍。

- 新建：用于创建一个新的项目、序列、字幕、调整图层等。
- 打开项目：用于打开已经存在的项目，快捷键为Ctrl+O。
- 打开作品用于打开团队合作的已经存在的项目。
- 打开最近使用的内容：用于打开最近进行编辑过的项目。
- 关闭：关闭当前所选择的窗口，快捷键为Ctrl+W。
- 关闭项目：关闭当前打开的项目但不退出软件，快捷键为Ctrl+Shift+W。
- 关闭所有项目：关闭软件所打开的所有项目，但不退出软件。
- 刷新所有项目：对打开的所有项目进行刷新。
- 保存：用于存储当前项目，快捷键为Ctrl+S。
- 另存为：用于将当前文件重新存储命名为另一个文件，同时也将进入一个新文件的编辑环境，快捷键为Ctrl+Shift+S。
- 保存副本：为当前项目保存一个副本，但不会进入新的文件编辑环境，快捷键为Ctrl+Alt+S。
- 全部保存：将所有打开的项目全部保存。
- 还原：用于将最近依次编辑的文件或者项目还原，即返回上次保存过的项目状态。
- 捕捉：可通过外部捕捉设备获取视频、音频等素材。
- 批量捕捉：用于通过外部捕捉设备批量获取视频、音频等素材。

- 链接媒体：用于查看链接丢失的文件，并快速查找和链接文件。
- 设为脱机：将Premiere Pro中导入的素材在源文件中进行移出、重命名或删除，这时该素材在Premiere Pro中就成为了脱机文件。
- Adobe Dynamic Link：新建一个链接到Premiere Pro项目的Encore合成中，或是链接到After Effects文件中。
- 从媒体浏览器导入：从媒体浏览器中选择文件输入“项目”面板。
- 导入：用于将硬盘上的素材导入“项目”面板。
- 导入最近使用的文件：用于将最近编辑过的素材输入“项目”面板，不弹出“导入”对话框，方便用户更快更准地输入素材。
- 导出：用于将当前工作区域内的内容输出成视频。
- 获取属性：用于获取文件的属性或者选择内容的属性，包括“文件”和“选择”两个选项。
- 项目设置：包括常规和暂存盘，用于设置视频影片、时间基准和时间显示，显示视频和音频设置，提供了用于采集音频和视频的设置及路径。
- 项目管理：打开“项目管理器”，可以创建项目的修整版本。
- 退出：退出Premiere Pro，关闭程序。

2.5.2 “编辑”菜单

“编辑”菜单主要包括一些常用的基本编辑功能，如撤销、重做、复制、粘贴、查找等。另外还包括Premiere中特有的影视编辑功能，如波纹删除、编辑源素材、标签等，如图2-17所示。

下面对“编辑”菜单的子菜单进行介绍。

- 撤销：撤销上一步的操作，快捷键为Ctrl+Z。
- 重做：与撤销选项相对，撤销选项之后该选项才能被激活，可以取消撤销操作，快捷键为Ctrl+Shift+Z。

be Premiere Pro 2022 - C:\用户\Administrator\桌面\Premier
编辑(E) 剪辑(C) 序列(S) 标记(M) 图形和标题(G) 视图(
撤消(U) Ctrl+Z
重做(R) Ctrl+Shift+Z
剪切(T) Ctrl+X
复制(Y) Ctrl+C
粘贴(P) Ctrl+V
粘贴插入(I) Ctrl+Shift+V
粘贴属性(B)... Ctrl+Alt+V
删除属性(R)...
清除(E) 删除
波纹删除(T) Shift+删除
重复(C) Ctrl+Shift+/
全选(A) Ctrl+A
选择所有匹配项
取消全选(D) Ctrl+Shift+A
查找(F)... Ctrl+F
查找下一个(N)
拼写 >
标签(L) >
移除未使用资源(R)
合并重复项(C)
生成媒体的源剪辑(G)
重新关联源剪辑(R)...
编辑原始(O) Ctrl+E
在 Adobe Audition 中编辑 >
在 Adobe Photoshop 中编辑(H)
快捷键(K)... Ctrl+Alt+K
首选项(N) >

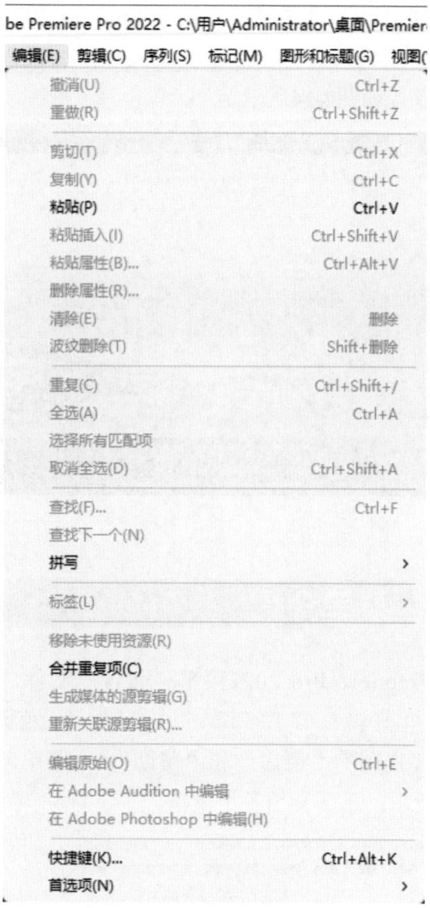

图2-17　“编辑”菜单列表

- 剪切：用于将选中的内容剪切到剪切板，快捷键为Ctrl+X。
- 复制：用于将选中的内容复制一份。
- 粘贴：用于将剪切或是复制的内容粘贴到指定的位置。
- 粘贴插入：用于将复制或剪切的内容以插入的方式粘贴到指定位置。
- 粘贴属性：用于将其他素材上的一些属性粘贴到选中的素材片段上，例如一些过渡特效、运动效果等。
- 删除属性：删除选中素材所添加的属性，包括运动效果、视频效果等。
- 清除：用于将选中的内容删除。
- 波纹删除：用于删除选中的素材且不在轨道中留下空白间隙。
- 重复：用于复制“项目”面板中的素材，只有选中“项目”面板中的素材时，该选项才可用。

- 全选：用于选择当前面板中的全部内容。
- 选择所有匹配项：用于选择“时间轴”面板中的多个源自同一个素材的素材片段。
- 取消全选：用于取消所有选中的状态。
- 查找：用于查找“项目”中的定位素材。
- 查找下一个：自动查找下一个“项目”文件夹中的定位素材。
- 拼写：检查剪辑中的拼写。
- 标签：用于改变“时间轴”面板中素材片段的颜色。
- 移除未使用资源：用于快速删除“项目”面板中未使用的素材。
- 合并重复项：可以将重复的项目进行合并。
- 编辑原始：用于将选中的素材在外部程序软件中进行编辑，如Photoshop等软件。
- 在Adobe Audition中编辑：将音频文件导入Audition中进行编辑。
- 在Adobe Photoshop中编辑：将图片素材导入Photoshop中进行编辑。
- 快捷键：用于指定键盘快捷键。
- 首选项：用于设置Premiere中的一些基本参数，包括常规、外观、音频、音频硬件、同步设置等。

2.5.3　“剪辑”菜单

“剪辑”菜单主要用于对“项目”面板或“时间轴”面板中的各种素材进行编辑处理，如图2-18所示。

下面对“剪辑”菜单的子菜单进行介绍。

- 重命名：对“项目”面板中的素材及“时间轴”面板中的素材片段进行重命名。
- 制作子剪辑：根据在“源”监视器面板中编辑的素材创建附加素材。
- 编辑子剪辑：编辑附加素材的入点和出点。
- 编辑脱机：用于脱机编辑素材。
- 源设置：对素材的源对象进行设置。
- 修改：用于修改时间码或音频声道，以及查看或修改素材信息。

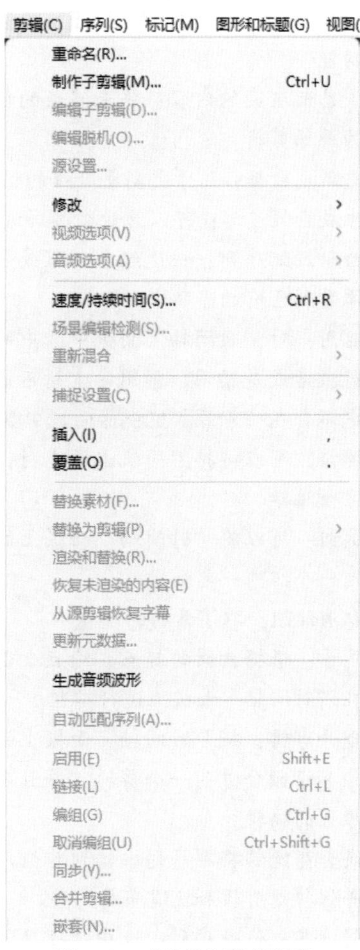

图2-18　“剪辑”菜单列表

- 视频选项：用于设置帧定格、帧混合、场选项及缩放为帧大小等。
- 音频选项：用于设置音频增益、拆分为单声道、渲染和替换等。
- 速度/持续时间：设置素材的播放速度及持续时间。
- 捕捉设置：设置捕捉素材的相关参数。
- 插入：将素材插入“时间轴”面板中的当前时间指示处。
- 覆盖：将素材放置到当前时间指示处，覆盖已有的素材片段。
- 替换素材：使用磁盘上的文件替换“时间轴”面板上的素材。
- 替换为剪辑：用“源”监视器面板中编辑的素材或是素材库中的素材替换“时间轴”面板上已选中的素材。
- 渲染和替换：可以拼合视频剪辑和After

Effects合成，从而加快VFX大型序列的功能。

- 恢复未渲染的内容：将未渲染的视频恢复为原始剪辑。
- 更新元数据：用于更新元数据的信息。
- 生成音频波形：可以为音频添加波形。
- 自动匹配序列：快速组合粗剪或是将素材添加到已有的序列中。
- 启用：对“时间轴”面板中选中的素材进行激活或是禁用，禁用的素材不能被导出也不会在“节目”监视器面板中显示。
- 链接：可以链接不同轨道的素材，从而更方便编辑。
- 编组：可以将“时间轴”面板上的素材放入一个组内一起编辑。
- 取消编组：取消素材的编组。
- 同步：根据素材的起点、终点或是时间码在“时间轴”面板上进行排列。
- 合并剪辑：将“时间轴”面板上的一段视频和音频合并为一个剪辑，并且不会影响原来的编辑。
- 嵌套：能够将源序列编辑到其他序列中，并保持源剪辑和轨道布局完整。
- 创建多机位源序列：选中“项目”面板中的三个或以上素材，选择该选项，可以创建一个多摄像机源序列。
- 多机位：对拍摄的多机位素材进行多机位剪辑。

2.5.4 “序列”菜单

“序列”菜单中可以渲染并查看素材，也能更改“时间轴”面板中的视频和音频轨道数，如图2-19所示。

下面对“序列”菜单的子菜单进行介绍。

- 序列设置：可以将“序列设置”对话框打开，并对序列参数进行设置。
- 渲染入点到出点的效果：渲染工作区域内的效果，创建工作区预览，并将预览文件保存到磁盘上。
- 渲染入点到出点：渲染整个工作区域，并保存到磁盘上。
- 渲染选择项：选择“时间轴”面板上的部分素材进行渲染，并保存到磁盘上。
- 渲染音频：只对工作区域的音频文件进行渲染。

图2-19 “序列”菜单列表

- 删除渲染文件：删除磁盘上的渲染文件。
- 删除入点到出点的渲染文件：删除工作区域内的渲染文件。
- 匹配帧：匹配“节目”监视器面板和“源”监视器面板上的帧。
- 反转匹配帧：反转“节目”监视器面板和“源”监视器面板上的帧。
- 添加编辑：对剪辑进行分割，和剃刀工具功能一样。
- 添加编辑到所有轨道：拆分时间指示处的所有轨道上的剪辑。
- 修剪编辑：对序列的剪辑入点和出点进行调整。
- 将所选编辑点扩展到播放指示器：将最接

近播放指示器的选定编辑点移动到播放指示器的位置。

- 应用视频过渡：在两点素材之间添加默认视频过渡效果。
- 应用音频过渡：在两段音频之间添加默认音频过渡效果。
- 应用默认过渡到选择项：在选择的素材上添加默认的过渡效果。
- 提升：剪切在“节目”监视器面板中设置入点到出点的V1和A1轨道中的帧，并在“时间轴”面板上保留空白间隙。
- 提取：剪切在“节目”监视器面板中设置入点到出点的帧，并不在“时间轴”面板上保留空白间隙。
- 放大：将“时间轴”面板放大。
- 缩小：将“时间轴”面板缩小。
- 封闭间隙：关闭序列中某一段的间隔。
- 转到间隔：跳转到序列的某一段间隔中。
- 在时间轴中对齐：将素材的边缘对齐。
- 链接选择项：用于将音频轨道和视频轨道连接，使两个轨道同步。
- 选择跟随播放指示器：将指针移动到哪个素材就选择哪个素材。
- 显示连接的编辑点：用于显示添加的编辑点。
- 标准化混合轨道：用于所选音频的设置，可以调整音频轨道中声音音量大小。
- 制作子序列：用于在原来的序列中重新新建一个序列。

2.5.5 “标记”菜单

“标记”菜单主要包括添加和删除各类标记点，以及标记点的选择，如图2-20所示。

下面对“标记”菜单的子菜单进行介绍。

- 标记入点：在时间指示处添加入点标记。
- 标记出点：在时间指示处添加出点标记。
- 标记剪辑：设置与剪辑匹配的序列入点和出点。
- 标记选择项：设置与序列匹配的选择项的入点和出点。

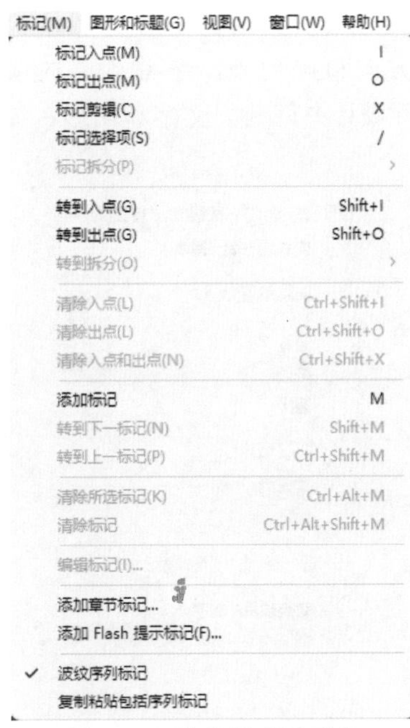

图2-20 “标记”菜单列表

- 标记拆分：在时间指示处添加拆分标记。
- 转到入点：跳转到入点标记。
- 转到出点：跳转到出点标记。
- 转到拆分：跳转到拆分标记。
- 清除入点：清除素材的入点。
- 清除出点：清除素材的出点。
- 清除入点和出点：清除素材的入点和出点。
- 添加标记：在子菜单的指定处设置一个标记。
- 转到下一标记：跳转到素材的下一个标记。
- 转到上一标记：跳转到素材的上一个标记。
- 清除所选标记：清除素材上的指定标记。
- 清除标记：清除素材上的所有标记。
- 编辑标记：编辑当前标记的时间及类型等。
- 添加章节标记：为素材添加章节标记。
- 添加Flash提示标记：为素材添加Flash提示标记。
- 波纹序列标记：打开或关闭波纹序列标记。
- 复制粘贴包括序列标记：打开或关闭复制粘贴，包括序列标记。

2.5.6 “图形和标题”菜单

“图形和标题”菜单包含图形和字幕相关

的一系列选项，如新建字幕、字体、颜色、大小、方向和排列等。字幕菜单选项能够更改在字幕设计中创建的文字和图形，如图2-21所示。

图2-21 “图形和标题”菜单列表

下面对“图形和标题”菜单中的子菜单进行介绍。

- 安装动态图形模板：可以从磁盘中安装动态图形模板。
- 新建图层：可以新建文本、直排文本、矩形框、椭圆框等。
- 对齐：用于设置字幕的对齐方式，包括垂直居中、水平居中、左对齐、右对齐等。
- 排列：当创建的字体互相重叠时，可以通过该选项对字体进行排列。
- 选择：当创建物体重叠时，可以通过该选项对物体进行选择。
- 升级为源图：将图形升级为一个独立的图形。
- 导出为动态图形模板：将编辑好的图形导出为动态图形模板。
- 替换项目中的字体：可对选择的字体进行替换。

2.5.7 “视图”菜单

“视图”菜单包含“节目”监视器面板显示的一些选项，如分辨率、显示模式、放大率、显示标尺等。在“节目”监视器面板中更加清晰直观地观察素材，如图2-22所示。

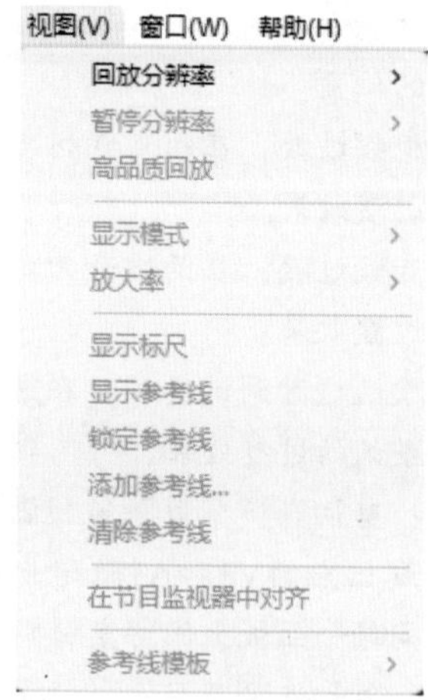

图2-22 “视图”菜单列表

下面对“视图”菜单中的子菜单进行介绍。

- 回放分辨率：可设置预览视频时的分辨率，包括完整、1/2、1/4、1/8、1/16五个选项。
- 暂停分辨率：可设置暂停预览视频时的分辨率，包括完整、1/2、1/4、1/8、1/16五个选项。
- 高品质回放：在回放预览时播放高品质画质。
- 显示模式：可以设置预览时的显示模式，包括合成视频、多机位、音频波形等。
- 放大率：可以设置预览尺寸，可以放大或缩小。
- 显示标尺：用于在“节目”监视器面板中显示标尺。
- 显示参考线：用于在“节目”监视器面板中显示参考线。
- 锁定参考线：将参考线调整到合适位置进行锁定，之后不能进行移动。
- 添加参考线：添加参考线，可以设置其位置、颜色、单位及方向。
- 清除参考线：将所有参考线删除。
- 在节目监视器中对齐：可以在“节目”监视器面板中对齐。
- 参考线模板：可以使用参考线模板，或是将自定义的参考线作为模板。

2.5.8 “窗口”菜单

“窗口”菜单包含Premiere Pro 2022的所有窗

口和面板，可以随意打开或关闭任意面板，也可以恢复到默认面板，如图2-23所示。

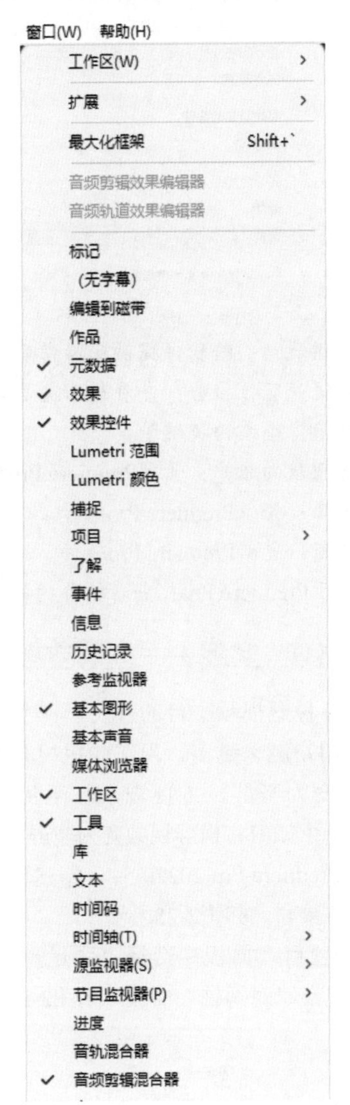

图2-23 “窗口”菜单列表

下面对“窗口”菜单中的子菜单进行介绍。

- 工作区：可以选择需要的工作区布局进行切换或重置管理。
- 扩展：在子菜单中，可以选择打开Premiere Pro的扩展程序，列入默认的Adobe Exchange在线资源下载与信息查询辅助程序。
- 最大化框架：切换到当前面板的最大化显示状态。
- 音频剪辑效果编辑器：可以打开或关闭音频剪辑效果编辑器窗口。
- 音频轨道效果编辑器：可以打开或关闭音频轨道效果编辑器窗口。
- 标记：用于打开或关闭标记窗口，可以在搜索框中快速查找带有不同颜色标记的素材文件。
- （无字幕）：用于打开或关闭字幕窗口，主要用于调整和添加字幕。
- 编辑到磁带：用于打开或关闭编辑到磁带，主要用于磁带上的编辑。
- 元数据：用于打开或关闭元数据窗口，可以用于显示选定资源的剪辑实例元数据和XMP文件元数据。
- 效果：用于打开或关闭效果窗口，可为视频、音频添加特效。
- 效果控件：用于打开或关闭效果控件窗口，可在该面板中设置视频的效果参数及默认的运动属性、不透明度属性等。
- Lumetri范围：用于打开或关闭Lumetri范围窗口，可以显示素材文件的颜色数据。
- Lumetri颜色：用于打开或关闭Lumetri颜色窗口，可以对所选素材文件的颜色进行校正调整。
- 捕捉：用于打开或关闭捕捉窗口，可以捕捉音频和视频。
- 项目：用于打开或关闭项目窗口，可以存放素材和序列。
- 了解：用于打开或关闭了解窗口，可以了解Premiere Pro软件的一些信息。
- 事件：用于打开或关闭事件窗口，查看或管理序列中设置的事件动作。
- 信息：用于打开或关闭事件窗口，查看当前所选素材的剪辑属性。
- 历史记录：用于打开或关闭历史记录窗口，可查看完成的操作记录，或返回之前某一步骤的编辑状态。
- 参考监视器：用于打开或关闭参考监视器窗口，可以选择显示素材当前位置的色彩通道变化。
- 基本图形：用于打开或关闭基本图形窗口，可用于浏览和编辑图形素材。
- 基本声音：用于打开或关闭基本声音窗

口，可对音频文件进行对话、音乐、XFX及环境编辑。

- 媒体浏览器：用于打开或关闭媒体浏览器窗口，可用于查找或浏览用户计算机中各磁盘的文件信息。
- 工作区：用于打开或关闭工作区窗口，主要用于显示当前工作区域。
- 工具：用于打开或关闭工具窗口，可以使用一些常用工具，如剃刀工具、钢笔工具等。
- 库：用于打开或关闭库窗口，可以连接Creative Cloud Libraries。
- 时间码：用于打开或关闭时间码窗口，可以查看视频的持续时间等。
- 时间轴：用来打开或关闭时间轴窗口，可用于组合项目窗口中的各种片段。
- 源监视器：用于打开或关闭源监视器窗口，可以对素材进行预览和剪辑素材文件等。
- 节目监视器：用于打开或关闭节目监视器窗口，可以对视频进行预览和剪辑。
- 进度：用于打开或关闭进度窗口，可以用来观看导入文件的状态。
- 音轨混合器：用来打开或关闭音轨混合器窗口，可以用来调整选择序列的主声道。
- 音频剪辑混合器：用于打开或关闭音频剪辑混合器窗口，能对音频素材的左右声道进行处理。

2.5.9 “帮助”菜单

“帮助”菜单包含程序应用的帮助选项，以及支持中心和产品改进计划等选项，如图2-24所示。选择“帮助”菜单中的“Premiere Pro帮助”选项，可以载入帮助屏幕，然后选择或搜索某个主题进行学习。

下面对“帮助”菜单中的子菜单进行介绍。

- Premiere Pro帮助：可以查看帮助信息。
- Premiere Pro应用内教程：可进入学习工作区。
- Premiere Pro在线教程：获取在线视频教程。

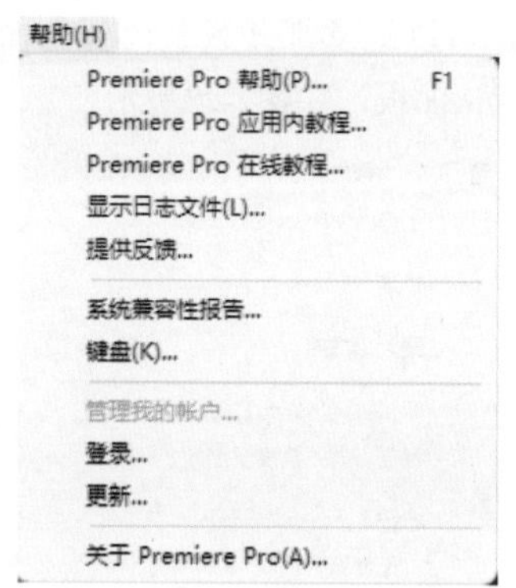

图2-24 “帮助”菜单列表

- 提供反馈：给软件提供反馈意见。
- 系统兼容性报告：查看与系统是否冲突。
- 键盘：查看快捷键等。
- 管理我的账户：管理Premiere Pro账户。
- 登录：登录Premiere Pro账号。
- 更新：更新Premiere Pro软件。
- 关于Premiere Pro：查看软件的一些参数。

2.5.10 实战——横屏变竖屏

由于各种短视频平台的普及，在手机上观看短视频的用户越来越多，现在的短视频也由原来的横屏转变为竖屏，方便观众在手机上观看视频，下面介绍如何将横屏视频变为竖屏视频。

01_ 启动Premiere Pro 2022软件，新建项目，新建序列，导入素材，如图2-25所示。

02_ 在“项目”面板中选择“踢足球.mp4”素材，并拖曳至“时间轴”面板，如图2-26所示。

图2-25 导入素材

03_ 打开“序列”菜单，在快捷菜单中选择“自动重构序列”选项，如图2-27所示。

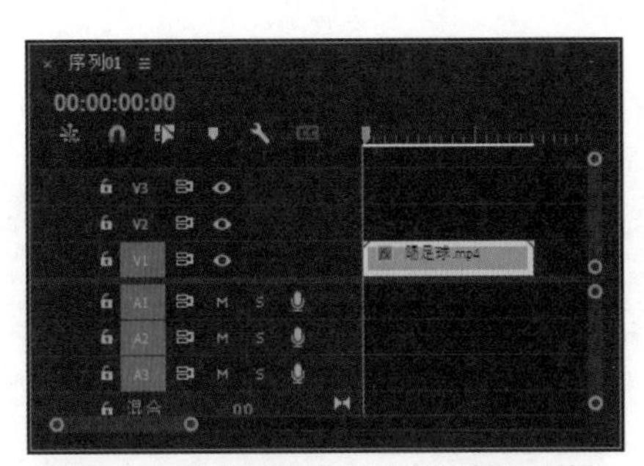

图2-26　将素材拖曳至“时间轴”面板

序列(S)　标记(M)　图形和标题(G)　视图(V)　窗口(W)　帮助(
序列设置(Q)...
渲染入点到出点的效果　Enter
渲染入点到出点
渲染选择项(R)
渲染音频(R)
删除渲染文件(D)
删除入点到出点的渲染文件
匹配帧(M)　F
反转匹配帧(F)　Shift+R
添加编辑(A)　Ctrl+K
添加编辑到所有轨道(A)　Ctrl+Shift+K
修剪编辑(T)　Shift+T
将所选编辑点扩展到播放指示器(X)　E
应用视频过渡(V)　Ctrl+D
应用音频过渡(A)　Ctrl+Shift+D
应用默认过渡到选择项(Y)　Shift+D
提升(L)　;
提取(E)　'
放大(I)　=
缩小(O)　-
封闭间隙(C)
转到间隔(G)　›
✓ 在时间轴中对齐(S)　S
链接选择项(L)
✓ 选择跟随播放指示器(P)
显示连接的编辑点(U)
标准化混合轨道(N)...
制作子序列(M)　Shift+U
自动重构序列(A)...
自动转录序列...
简化序列...

图2-27　选择“自动重构序列”选项

04_ 在弹出的“自动重构序列”对话框中，在“目标长宽比”下拉列表中选择“垂直9:16”选项，单击“创建”按钮，如图2-28所示。

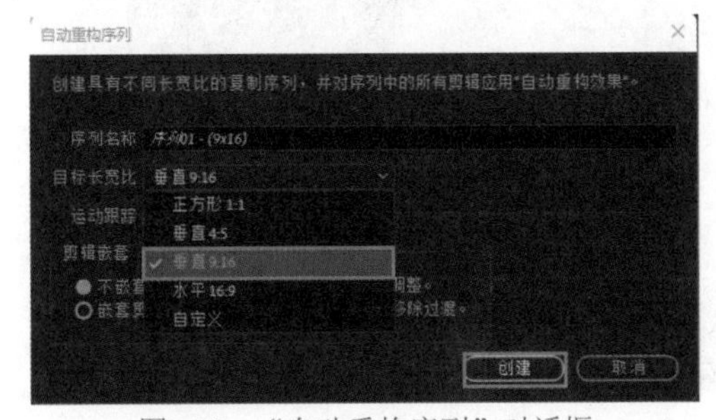

图2-28　“自动重构序列”对话框

05_ 此时在“时间轴”面板中会生成一个“序列01-（9×16）”的新序列，如图2-29所示。

06_ 此时“节目”监视器面板中的效果如图2-30所示。

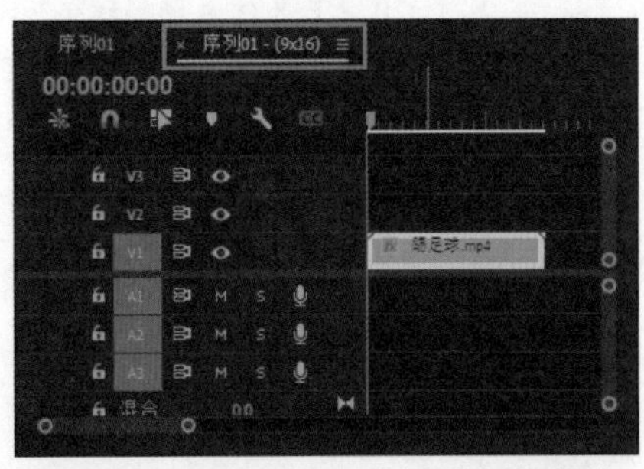

图2-29　“时间轴”面板生成新的序列

图2-30　“节目”监视器面板中的预览效果

2.6 本章小结

本章主要介绍了Premiere Pro 2022的配置要求，包括Windows系统和MAC系统的不同，以及支持的显卡类型，也介绍了Premiere Pro 2022的工作面板和菜单栏的主要作用。让用户能够了解Premiere Pro 2022的工作环境，方便上手。

第3章 Premiere Pro 2022的基本操作

在使用Premiere Pro软件编辑视频时，应该先了解该软件的工作流程。在Premiere Pro 2022中进行影视编辑的基本工作流程是：新建项目和序列→导入素材→编辑素材→视音频特效处理→添加字幕→输出影片。本章讲解Premiere视频编辑的基本操作，并在最后通过一个简单案例，让读者全面了解视频剪辑的工作流程。

本章重点：

◎设置项目属性参数　　◎保存项目文件　　◎导入素材
◎编辑素材　　◎添加视频切换效果　　◎添加音频切换效果
◎输出影片

本章效果欣赏

3.1 影片编辑项目的基本操作

Premiere编辑影片项目的基本操作包括创建项目、导入素材、编辑素材、添加视音频特效和输出影片等。下面介绍影片编辑项目的基本操作。

3.1.1　创建影片编辑项目

Premiere Pro 2022不仅能创建作品，还能管理作品资源，创建和存储字幕以及切换效果和特效等。因此，工作的文件不仅仅是一份作品，而是一个项目。在Premiere Pro中编辑影片的工作流程的第一步是新建项目，具体操作如下。

01_ 双击桌面上的Adobe Premiere Pro 2022图标，启动Premiere Pro 2022软件，如图3-1所示。

图3-1　双击Adobe Premiere Pro 2022图标

02_ 进入Premiere Pro的主页页面，单击“新建项目”按钮，新建一个项目文件，如图3-2所示。

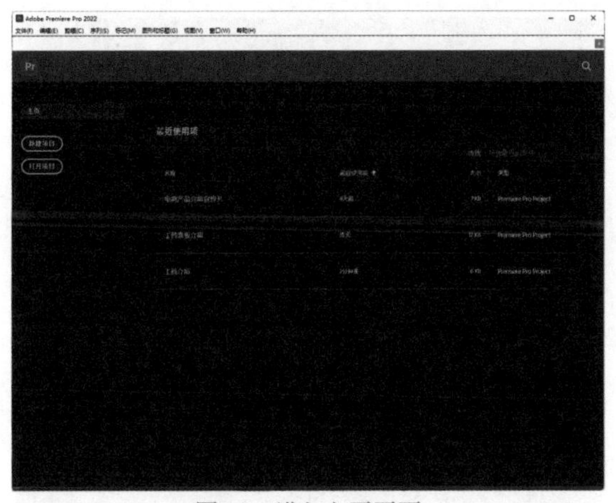

图3-2　进入主页页面

03_ 弹出“新建项目”对话框，设置项目名称及存储位置，如图3-3所示。

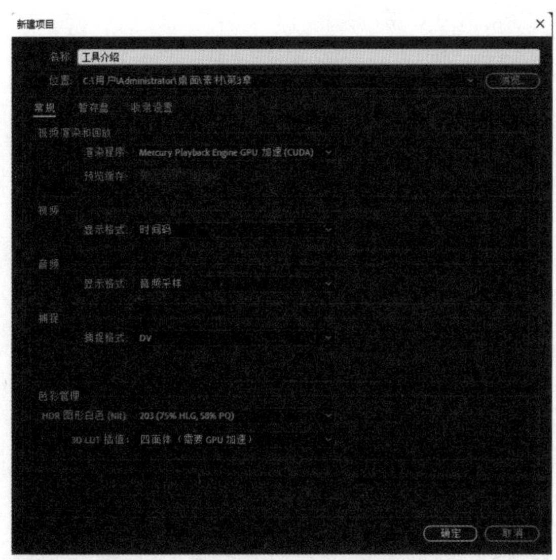

图3-3　设置项目名称及存储位置

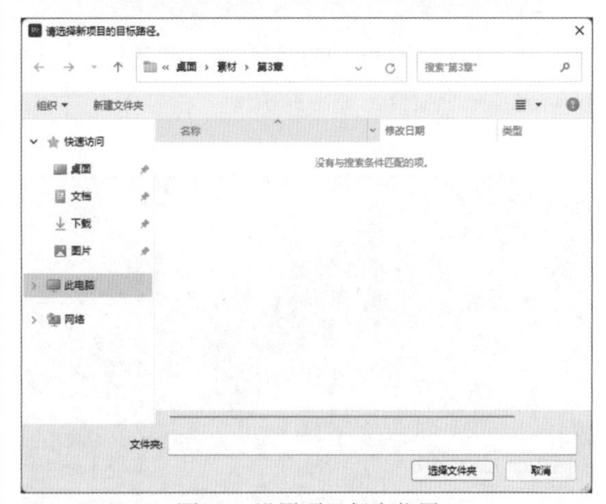

图3-4　设置项目保存位置

04_ 单击“位置”文本框后面的“浏览”按钮，可以在打开的对话框中设置保存项目文件的位置，如图3-4所示，最后单击“选择文件夹”按钮。

05_ 执行“文件”|“新建”|“序列”命令，新建序列，如图3-5所示。

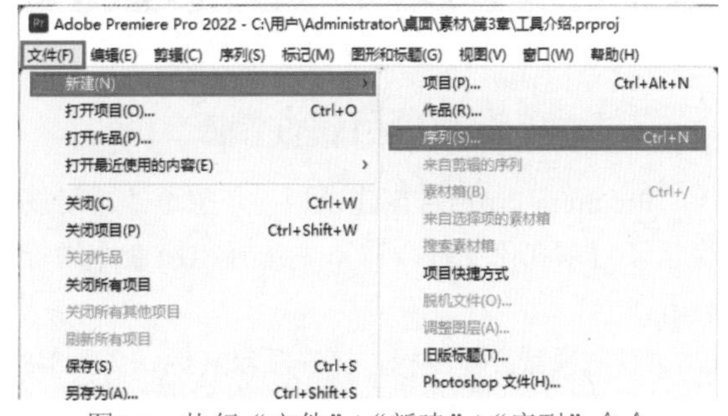

图3-5　执行“文件”|“新建”|“序列”命令

06_ 弹出“新建序列”对话框，执行适合的预设，单击“确定”按钮，如图3-6所示。

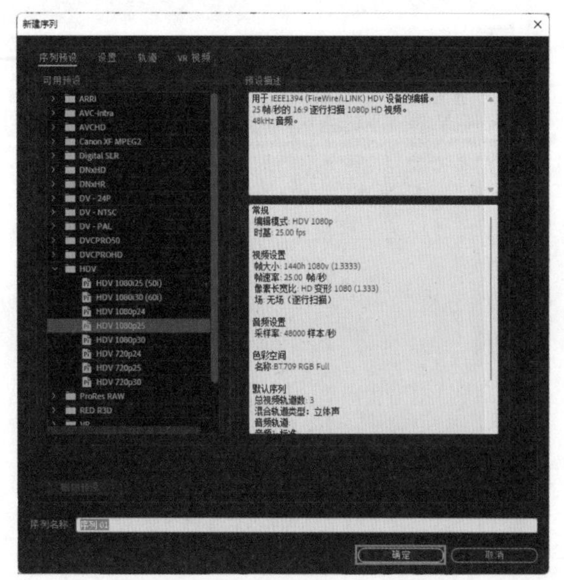

图3-6 “新建序列”对话框

07_ 进入Premiere Pro 2022默认的工作界面，这样就新建了一个项目，如图3-7所示。

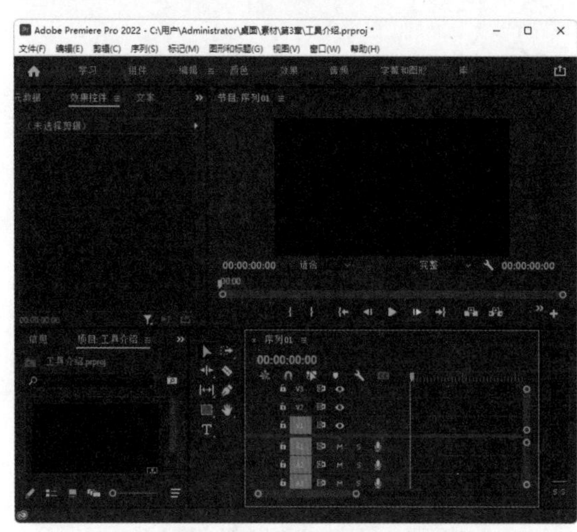

图3-7 进入默认工作界面

3.1.2 设置项目属性参数

Premiere Pro项目创建以后，若想更改项目属性，还可以在“文件”菜单中选择相应命令进行设置。

01_ 双击项目文件图标，打开项目文件，如图3-8所示。

02_ 执行“文件”|“项目设置”|“常规”命令，如图3-9所示。

03_ 弹出“项目设置”对话框，设置视频显示格式和音频显示格式，以及动作与字幕安全区域，单击“确定”按钮，完成设置，如图3-10所示。

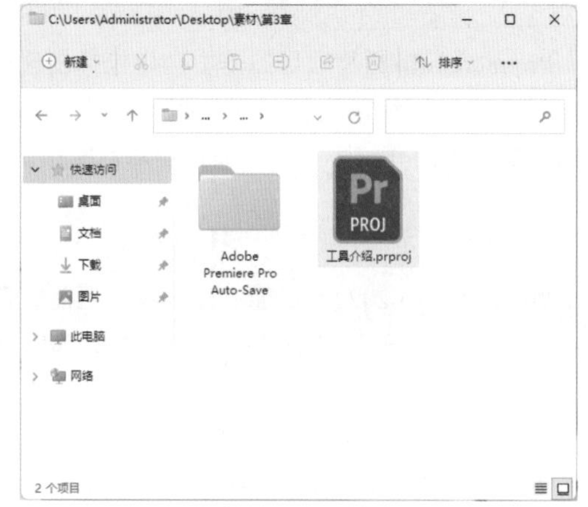

图3-8 打开项目

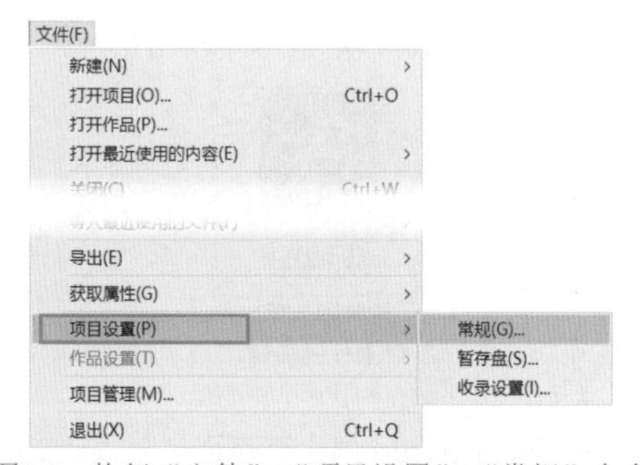

图3-9 执行“文件”|“项目设置”|“常规”命令

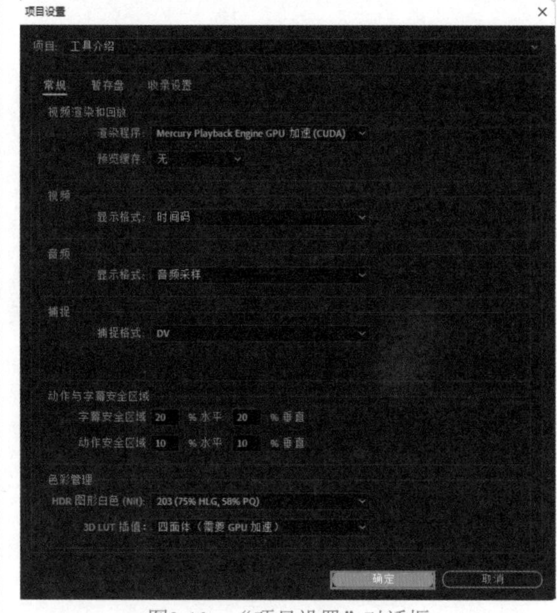

图3-10 “项目设置”对话框

04_ 执行“文件”|“项目设置”|“暂存盘”命令，弹出“项目设置”对话框，选择“暂存盘”选项卡，设置视频、音频的存储路径，如图3-11所示。

图3-11　设置视频、音频的存储路径

05_ 单击“确定”按钮，完成设置。

3.1.3　保存项目文件

在编辑一个项目的过程中，免不了要关闭程序再打开，这就必须要保存项目。在Premiere Pro 2022中保存项目有如下几种方式。

1. 方法一

执行“文件”|“保存”命令，保存项目文件，如图3-12所示。

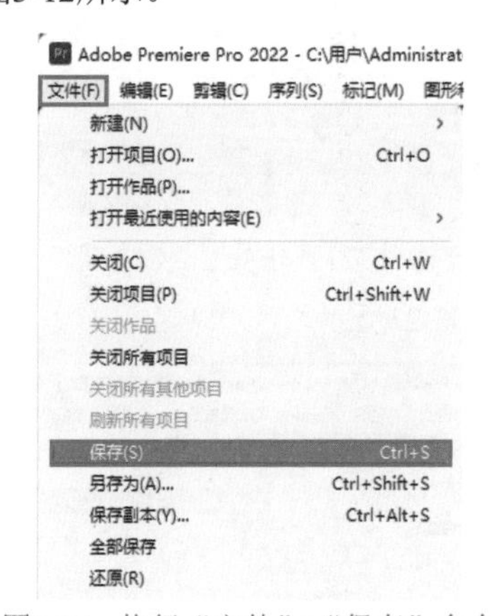

图3-12　执行“文件”|“保存”命令

2. 方法二

执行“文件”|“另存为”命令，如图3-13所示。弹出“保存项目”对话框，设置项目名称及存储位置，单击“保存”按钮，如图3-14所示，保存项目。

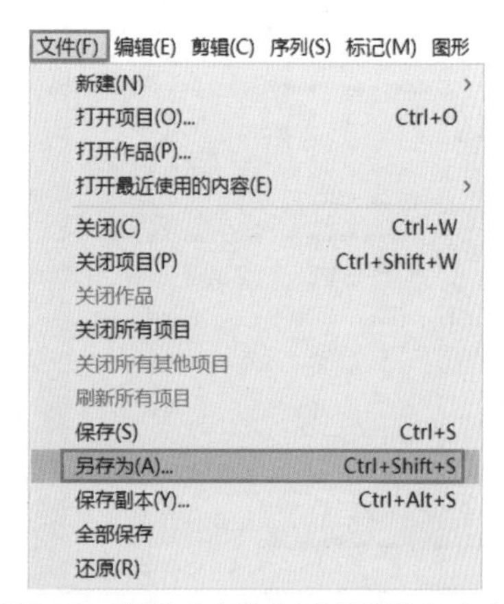

图3-13　执行“文件”|“另存为”命令

图3-14　“保存项目”对话框

3. 方法三

执行“文件”|“保存副本”命令，如图3-15所示。弹出“保存项目”对话框，设置项目名称及存储位置，单击“保存”按钮，如图3-16所示，为项目保存副本。

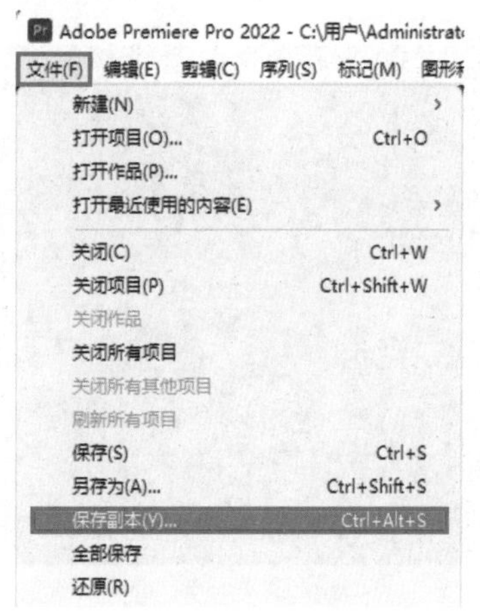

图3-15　执行“文件”|“保存副本”命令

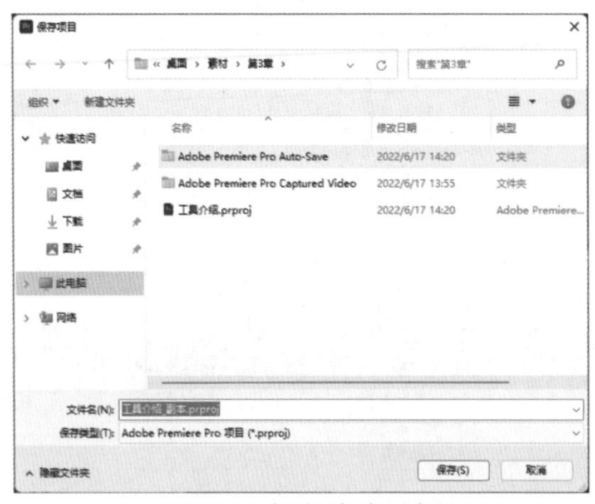

图3-16　为项目保存副本

3.1.4　实战——创建影片项目并保存

制作符合要求的影视作品，首先创建一个符合要求的项目文件，然后对项目文件的相应参数进行设置，这是编辑工作的基本操作。下面以实例来详细讲解如何创建影片项目并保存。

01_ 双击桌面上的Adobe Premiere Pro 2022图标，启动Premiere Pro 2022软件，如图3-17所示。

图3-17　Adobe Premiere Pro 2022图标

02_ 进入Premiere Pro的主页页面，执行“新建项目”命令，新建一个项目文件，如图3-18所示。

图3-18　主页页面

03_ 弹出“新建项目”对话框，设置项目名称及存储位置，如图3-19所示。

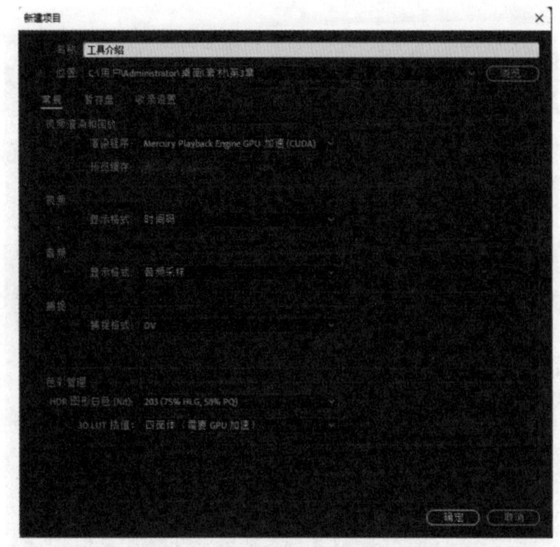

图3-19　“新建项目”对话框

04_ 单击“位置”文本框后面的“浏览”按钮，在打开的对话框中设置保存项目文件的位置，如图3-20所示。

图3-20　设置项目保存位置

05_ 执行“文件”|“新建”|“序列”命令，新建序列，如图3-21所示。

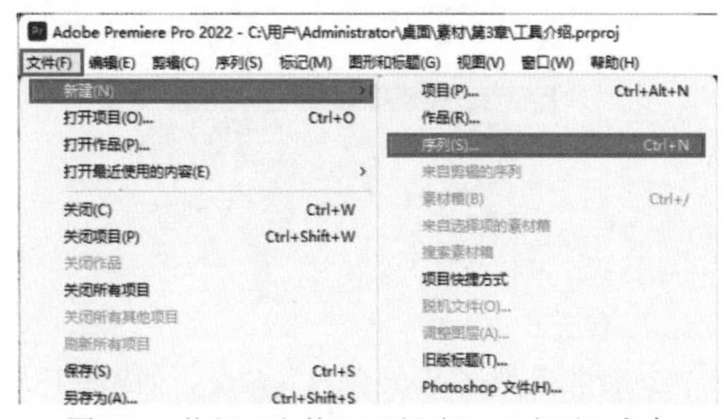

图3-21　执行“文件”|“新建”|“序列”命令

06_ 弹出“新建序列”对话框，选择适合的预设，单击“确定”按钮，如图3-22所示。

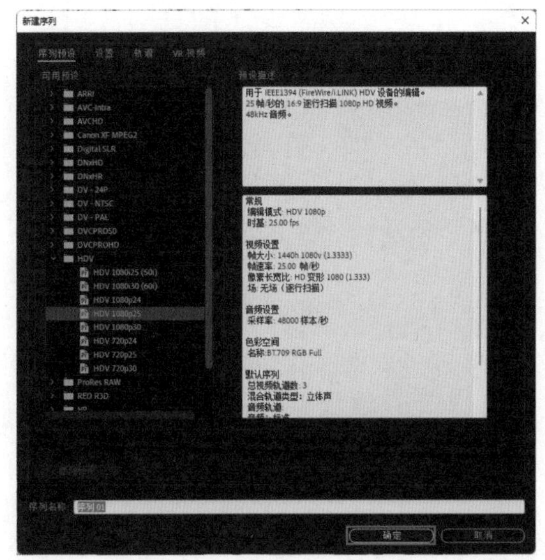

图3-22　“新建序列”对话框

07_ 进入Premiere Pro 2022默认的工作界面，这样就新建了一个项目，如图3-23所示。

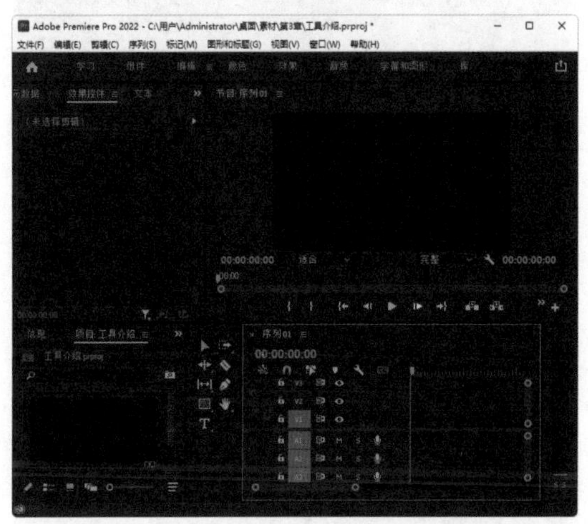

图3-23　默认工作界面

08_ 执行“文件”|“保存”命令，保存项目文件，如图3-24所示。

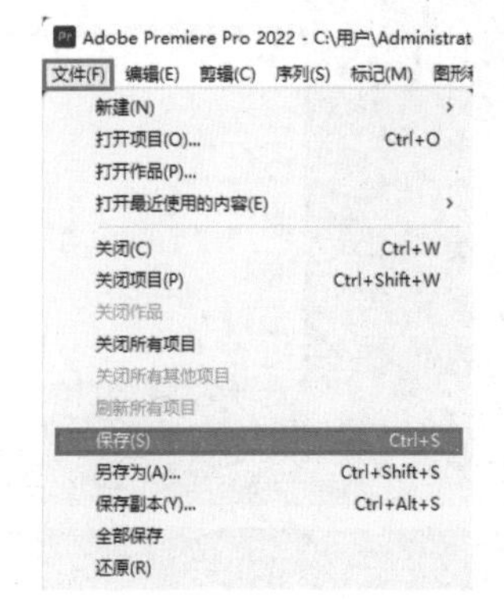

图3-24　执行“文件”|“保存”命令

3.2 导入素材文件

Premiere Pro 2022支持图像、音频、视频、序列和PSD图层文件等多种类型和文件格式的素材，其导入方法大致相同。

3.2.1 导入素材

本小节以导入图像素材为例，介绍导入素材的方法。

1. 方法一

执行“文件”|“导入”命令，或者在“项目”面板的空白位置右击，在弹出的快捷菜单中选择“导入”选项，在弹出的“导入”对话框中选择需要的素材，然后单击“打开”按钮，如图3-25所示，即可将选择的素材导入到“项目”面板，如图3-26所示。

图3-25　“导入”对话框

图3-26　导入素材结果

2. 方法二

打开“媒体浏览器”面板，打开素材所在的文件夹，选择一个或多个素材并右击，在弹出的快捷菜单中选择“导入”选项，即可将需要的素材导入到“项目”面板，如图3-27所示。

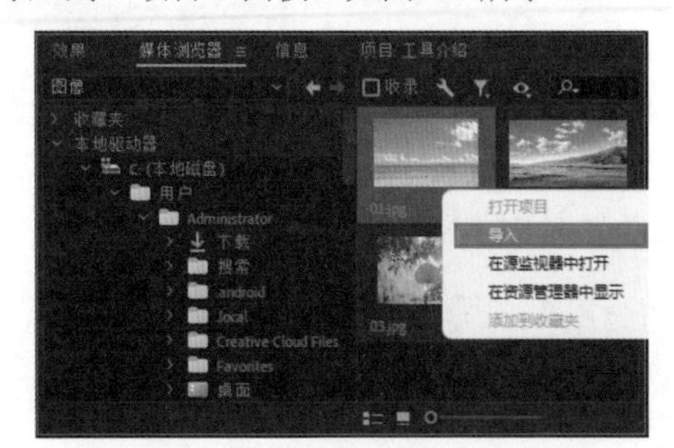

图3-27 “媒体浏览器”面板

3. 方法三

打开素材所在文件夹，选中要导入的一个或多个素材，按住鼠标左键并拖曳至“项目”面板，然后释放鼠标左键，即可将素材导入“项目”面板，如图3-28所示。

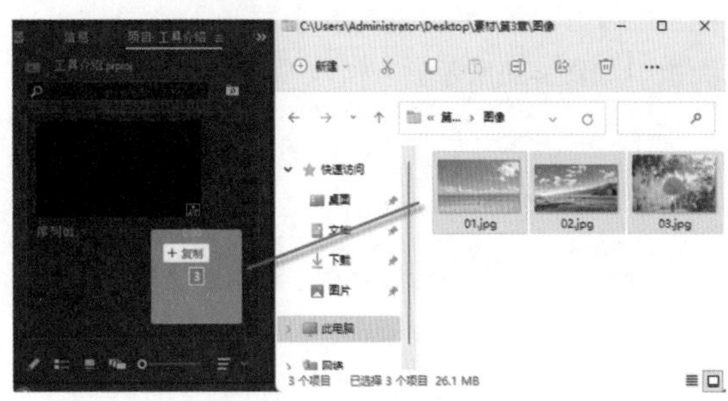

图3-28 拖曳素材

序列文件是带有统一编号的图像文件。导入序列文件时，需要在“导入”对话框中勾选“序列”复选框；如果只需要导入序列文件中的某张图片，直接选择图片，单击“打开”按钮即可。

3.2.2 实战——导入一个PSD图层文件

在Premiere Pro 2022中导入PSD图层文件，可以选择合并图层或者分离图层，在分离图层时又可以选择导入单个图层或者多个图层，功能很强大。

01 启动Premiere Pro 2022软件，在主页页面上单击“新建项目”按钮，如图3-29所示。

02 弹出“新建项目”对话框，设置项目名称以及项目存储位置，单击“确定”按钮，新建项目，如图3-30所示。

03 执行“文件”|“新建”|“序列”命令，弹出“新建序列”对话框，设置序列名称，单击“确定”按钮，新建序列，如图3-31所示。

图3-29 单击“新建项目”按钮

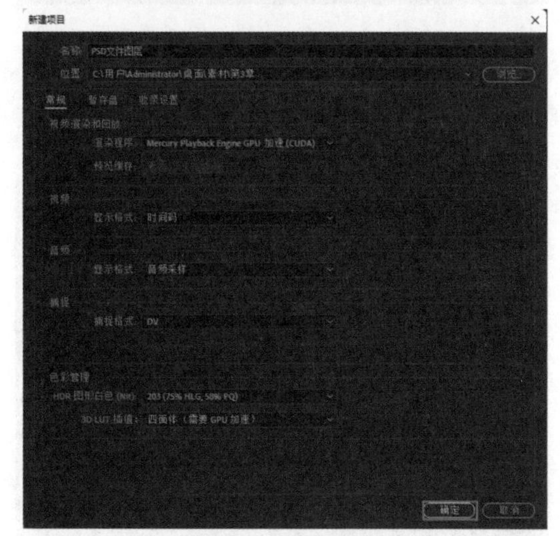

图3-30 新建项目

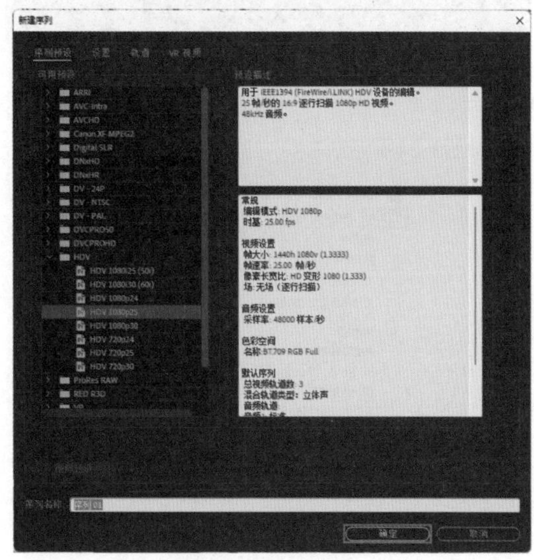

图3-31 新建序列

04_ 打开“媒体浏览器”面板，打开素材所在文件夹，如图3-32所示。

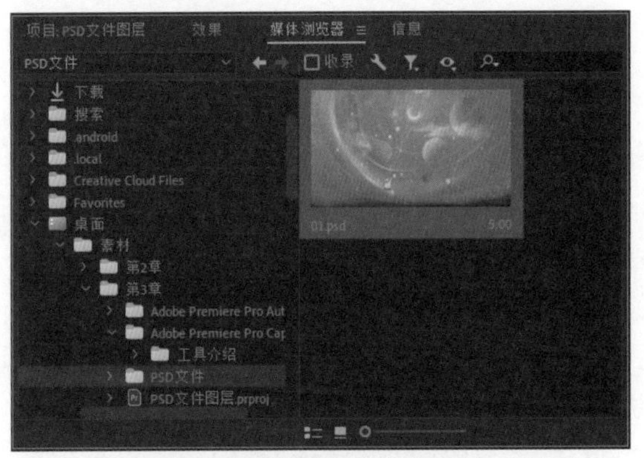

图3-32 “媒体浏览器”面板

05_ 选中要导入的PSD文件素材并右击，在弹出的快捷菜单中选择“导入”选项，如图3-33所示。

图3-33 选择“导入”选项

06_ 弹出“导入分层文件：01”对话框，如图3-34所示。

07_ 在“导入为”下拉列表中选择“各个图层”选项，如图3-35所示。

在“导入分层文件：01”对话框中，选择“合并所有图层”选项，所有图层会被合并为一个整体；选择“合并的图层”选项，选择的其中几个图层将合并成一个整体；选择“各个图层”选项，所选择的图层将全部导入并且保留各自图层的独立性；选择“序列”选项，所选择的图层将全部导入并保留各自图层的相互独立性。

08_ 选择需要的图层，单击“确定”按钮，即可导入图层素材到“项目”面板，如图3-36所示。

09_ 打开“项目”面板，即可看到导入的图层文件素材成为了一个素材箱，双击素材箱，即可看到各个图层的素材，如图3-37所示。

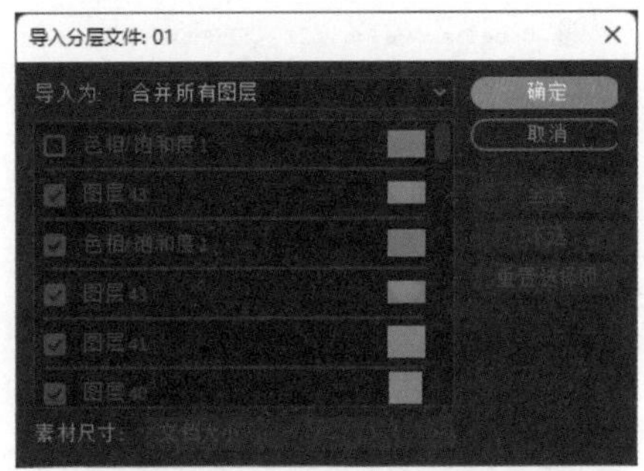

图3-34 “导入分层文件：01”对话框

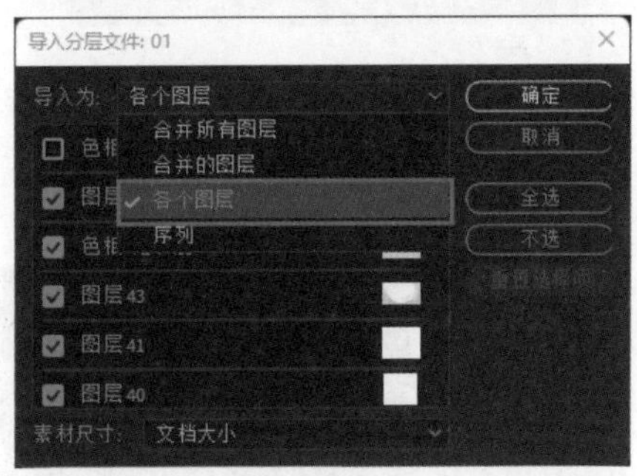

图3-35 选择“各个图层”选项

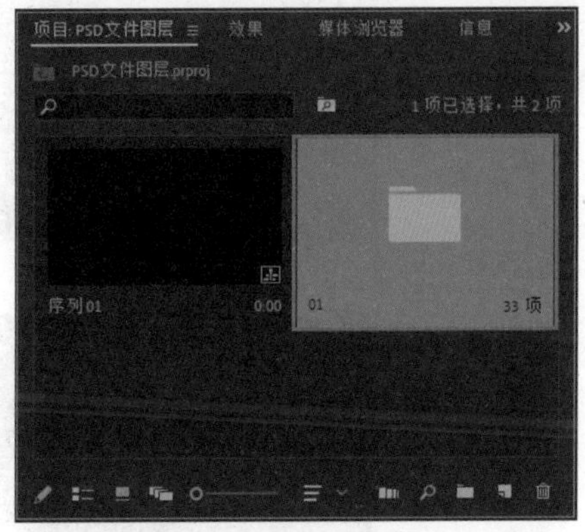

图3-36 导入图层素材

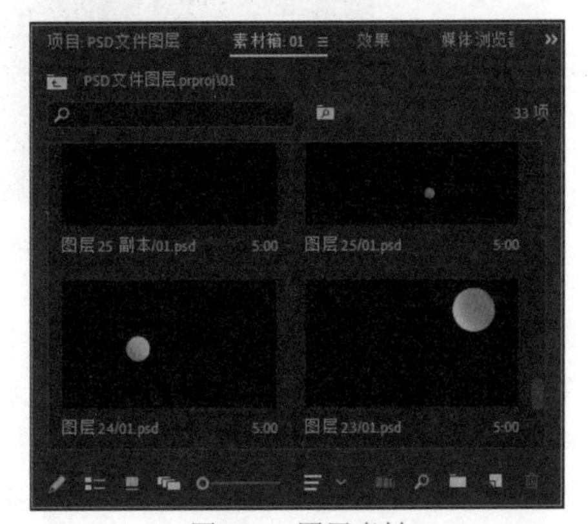

图3-37 图层素材

10_ 关闭素材箱，执行“文件”|“保存”命令，保存该项目，如图3-38所示。

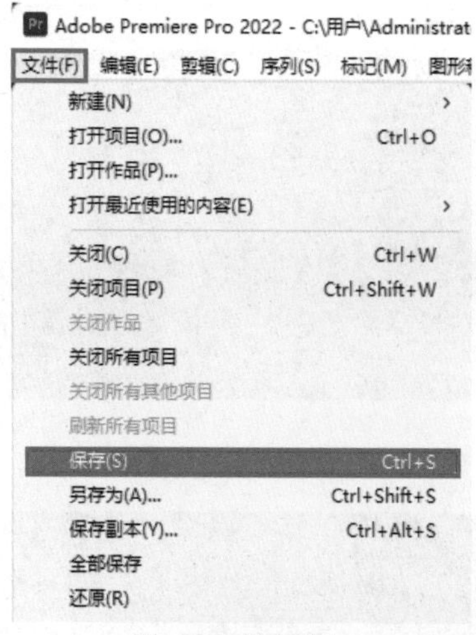

图3-38　保存项目

3.3 编辑素材文件

要将“项目”面板中的素材添加到“时间轴”面板，只需选中“项目”面板的素材，然后将其拖曳至“时间轴”面板的相应轨道上即可。将素材拖曳“时间轴”面板后，需要对素材进行修改编辑，以达到符合视频编辑的要求，例如控制素材播放速度、持续时间等。

下面用实例来讲解如何调整素材的持续时间。

01_ 打开项目文件，在“项目”面板中选择素材，将其拖曳至“时间轴”面板中的视频轨道上，如图3-39所示。

02_ 选择“时间轴”面板中的素材，右击，在弹出的快捷菜单中选择“速度/持续时间”选项，如图3-40所示。

图3-39　拖曳素材

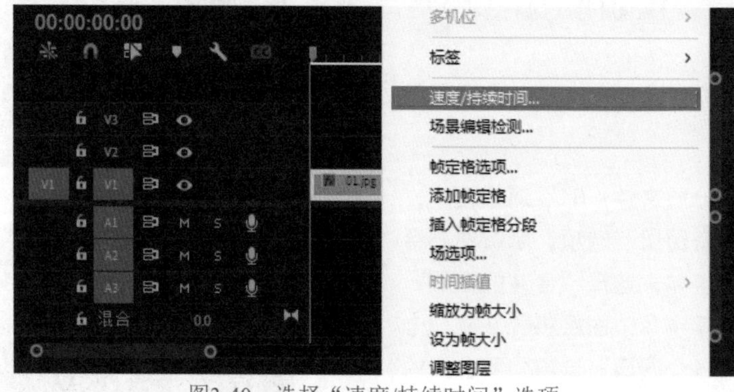

图3-40　选择“速度/持续时间”选项

03_ 在弹出的“剪辑速度/持续时间”对话框中，将持续时间调整为（00:00:10:00）（即10秒），单击“确定”按钮，完成持续时间的更改，如图3-41所示。

04_ 打开“时间轴”面板左边的“信息”面板，此时可以看到素材的持续时间变成了10秒，如图3-42所示。

05_ 在“节目”监视器面板中，单击“播放-停止切换”按钮▶，预览更改持续时间后的效果，如图3-43所示。

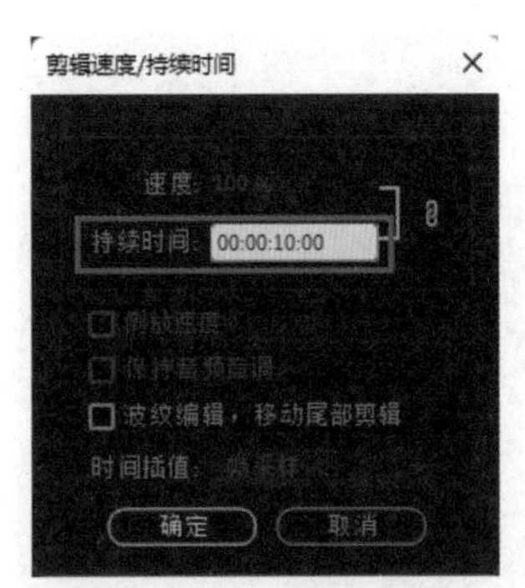

图3-41　更改持续时间

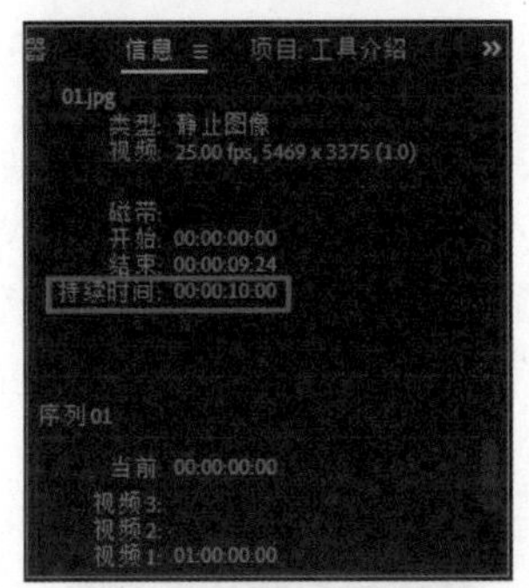

图3-42　“信息”面板

图3-43　预览效果

06_ 按快捷键Ctrl+S保存项目。

按空格键可以快速实现当前序列的预览。

3.4 添加视音频特效

在序列中的素材剪辑之间添加过渡效果，可以使素材间的播放切换更加流畅、自然。为“时间轴”面板中的两相邻素材添加过渡效果，可以在“效果”面板中展开该类型的文件夹，然后将相应的过渡效果拖曳至“时间轴”面板的两相邻素材之间即可。

3.4.1　添加视频切换效果

下面以实例来介绍为视频添加切换效果的操作。

01_ 执行“窗口”|“效果”命令，打开“效果”面板，单击“视频过渡”文件夹前的三角形按钮▶，将其展开，如图3-44所示。

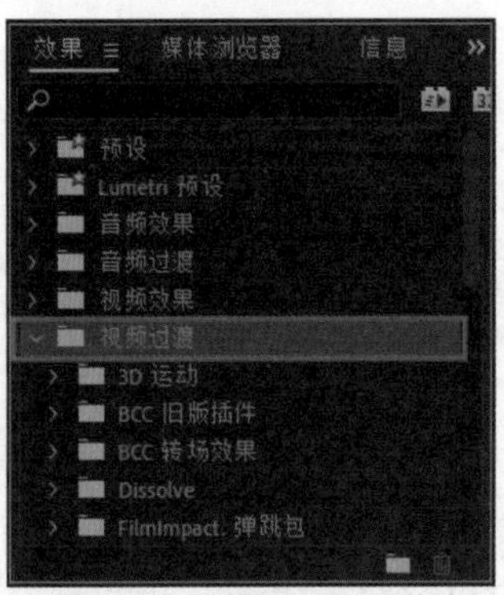

图3-44　“视频过渡”文件夹

02_ 单击“3D运动”文件夹前的三角形按钮▶，将其展开，如图3-45所示。

图3-45　“3D运动”文件夹

03_ 选择“立方体旋转”效果，将其拖曳至“时间轴”面板的“02.jpg”和“03.jpg”素材之间，释放鼠标左键即可添加过渡效果到相应的位置，如图3-46所示。

04_ 选择添加到视频之间的过渡效果，打开“效果控件”面板，单击“对齐”后面的倒三角按钮，打开下拉列表，选择“中心切入”选项，如图3-47所示。

05_ 按空格键预览添加切换效果后的效果，如图3-48所示。

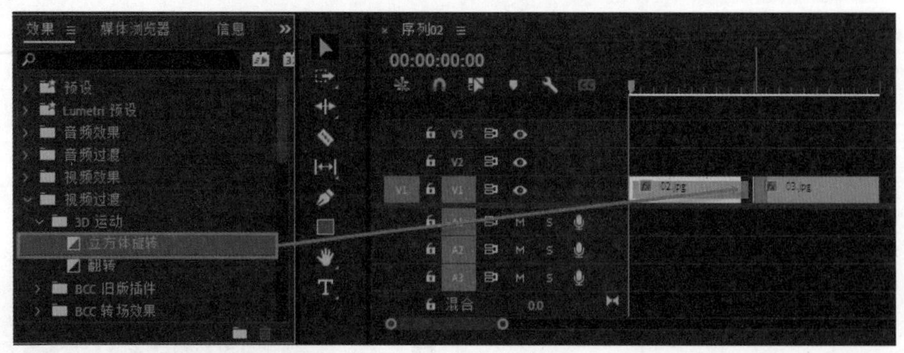

图3-46 添加过渡效果

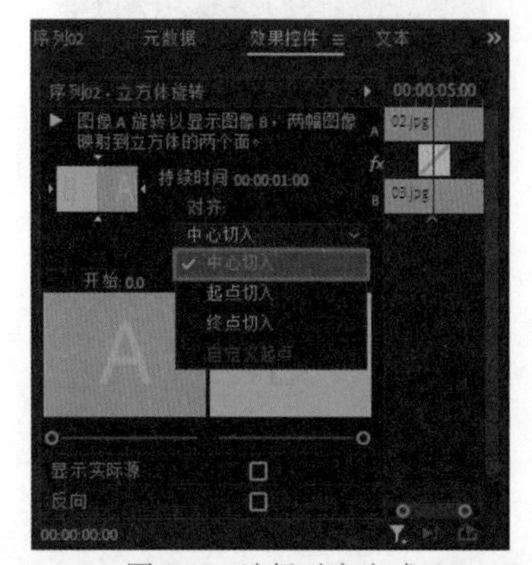

图3-47 选择对齐方式

图3-48 预览效果

3.4.2 添加音频切换效果

下面以实例来介绍为音频添加切换效果的操作。

01 打开项目文件，打开“效果”面板，单击“音频过渡”文件夹前面的小三角按钮▶，如图3-49所示。

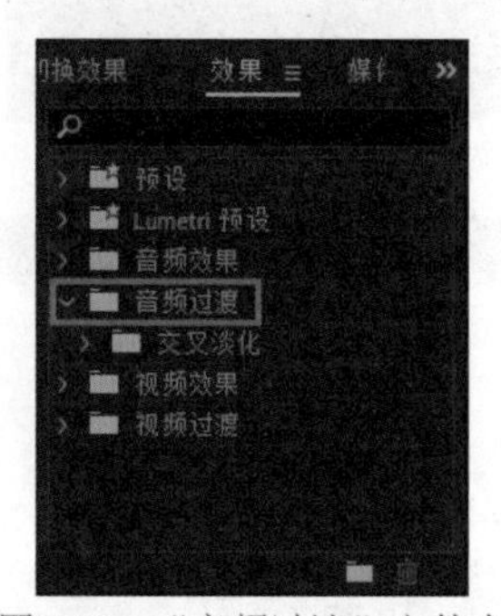

图3-49 “音频过渡”文件夹

02 展开“交叉淡化”文件夹，选择“恒定功率”选项，按住鼠标左键，将其拖曳至“时间轴”面板中的两音频素材之间（两段音频有重复的帧），如图3-50所示。

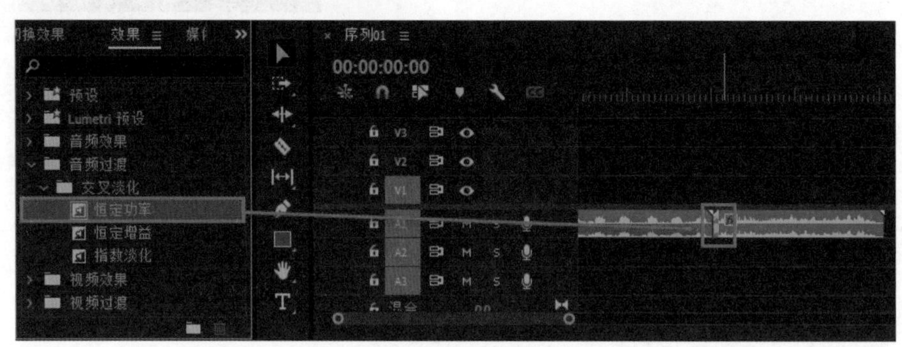

图3-50 添加效果

03 选择“时间轴”面板中的“恒定功率”效果，进入“效果控件”面板，单击“对齐”后面的下拉列表，在展开的列表中选择“中心切入”选项，如图3-51所示。

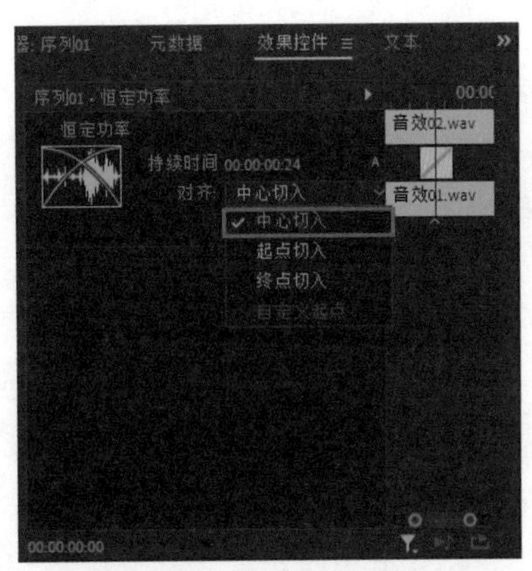

图3-51　选择对齐方式

04_ 按空格键试听切换效果。

若两相邻音频素材没有重复的帧，则不能选择对齐方式，只能将效果放在某段音频的开始或结束处。

3.4.3　实战——为素材添加声音和视频特效

下面以实例来介绍为素材添加声音和视频特效的操作。

01_ 启动Premiere Pro 2022软件，在主页页面上，单击“新建项目”按钮，如图3-52所示。

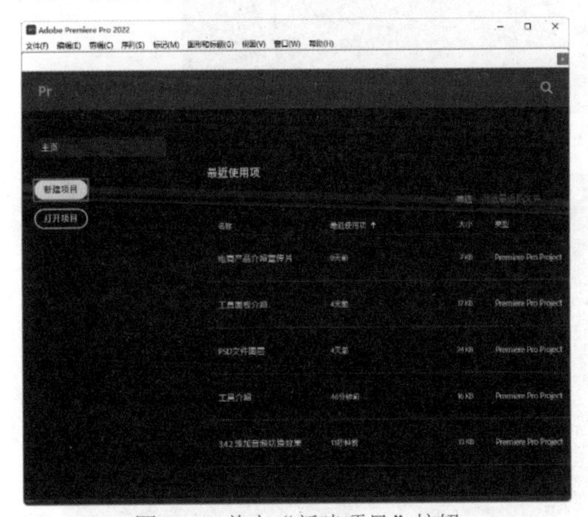

图3-52　单击“新建项目”按钮

02_ 弹出“新建项目”对话框，设置项目名称以及项目存储位置，然后单击“确定”按钮，完成设置，如图3-53所示。

03_ 执行“文件”|“新建”|“序列”命令，弹出“新建序列”对话框，选择适合的序列预设，单击“确定”按钮，新建序列，如图3-54所示。

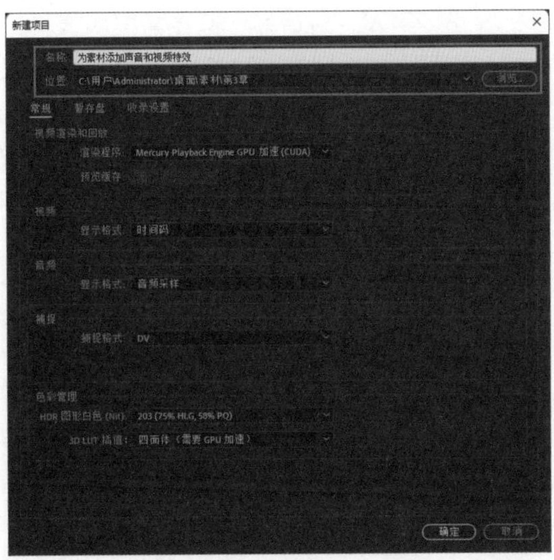

图3-53　“新建项目”对话框

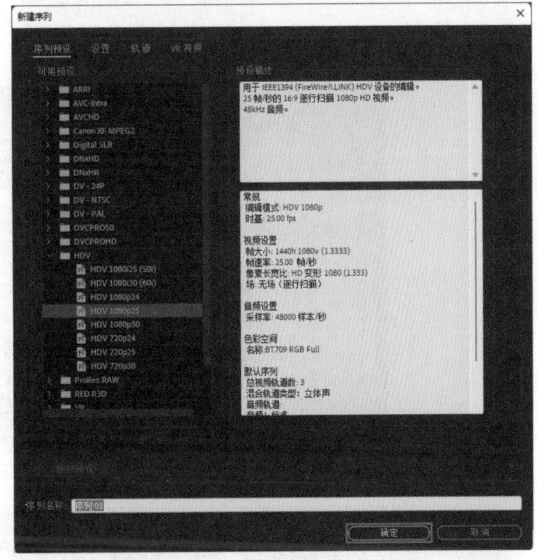

图3-54　新建序列

04_ 在“项目”面板中右击，在弹出的快捷菜单中选择“导入”选项，如图3-55所示。

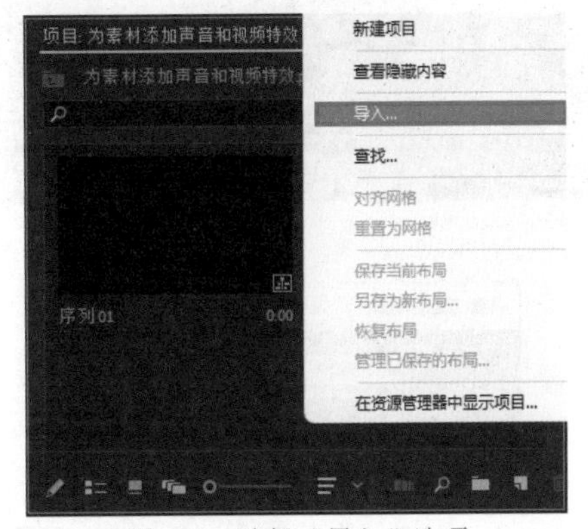

图3-55　选择“导入”选项

05 弹出“导入”对话框，选择需要的素材，单击“打开”按钮，如图3-56所示，将素材导入“项目”面板。

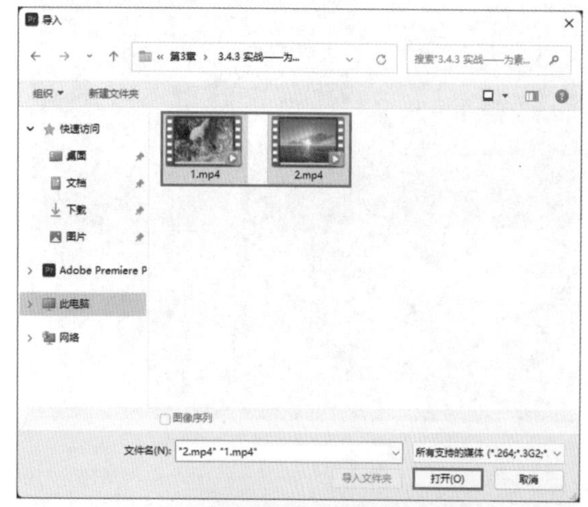

图3-56 导入素材

06 选择“项目”面板中的素材，将其拖曳至“时间轴”面板，如图3-57所示。

07 打开“效果”面板，单击“音频过渡”文件夹前面的小三角按钮，展开“音频过渡”文件夹，单击“交叉淡化”文件夹前的小三角按钮，展开该文件夹，如图3-58所示。

08 选择“恒定功率”效果，将其拖曳至“时间轴”面板的音频素材的开始位置，如图3-59所示。

09 双击已添加到素材上的“恒定功率”效果，弹出“设置过渡持续时间”对话框，设置持续时间为（00:00:02:00）（即2秒），单击“确定”按钮，完成设置，如图3-60所示。

10 进入“效果”面板，展开“视频过渡”文件夹，如图3-61所示。

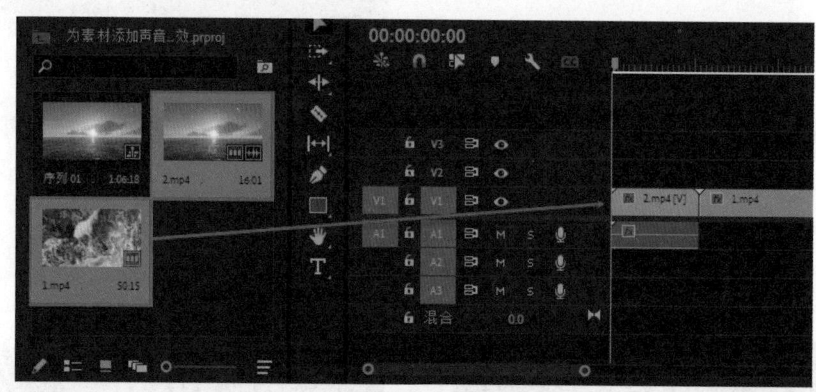

图3-57 拖曳素材

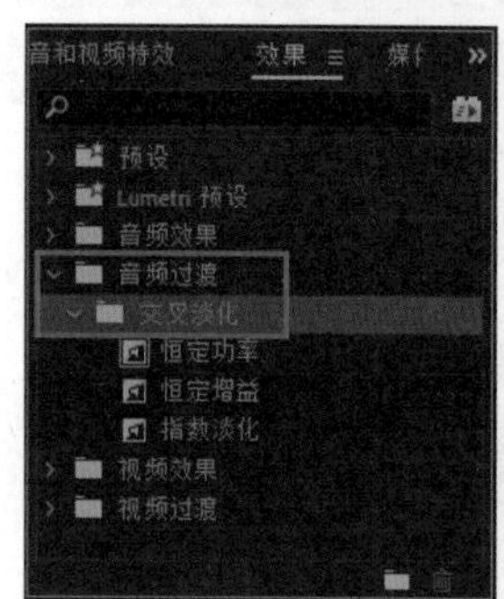

图3-58 展开“交叉淡化”文件夹

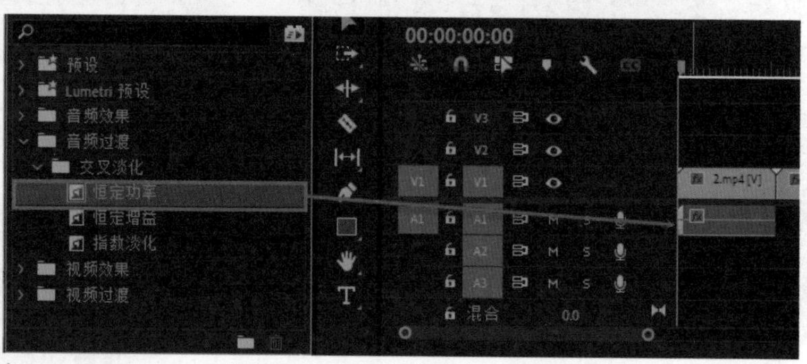

图3-59 添加“恒定功率”效果

图3-60 设置过渡持续时间

11 单击“溶解”文件夹前的小三角按钮，展开“溶解”文件夹，如图3-62所示。

12 选择“溶解”文件夹下的“黑场过渡”效果，将其拖曳至“时间轴”面板的视频素材的开始位置，如图3-63所示。

13 按Enter键渲染项目，预览添加效果后的效果，如图3-64所示。

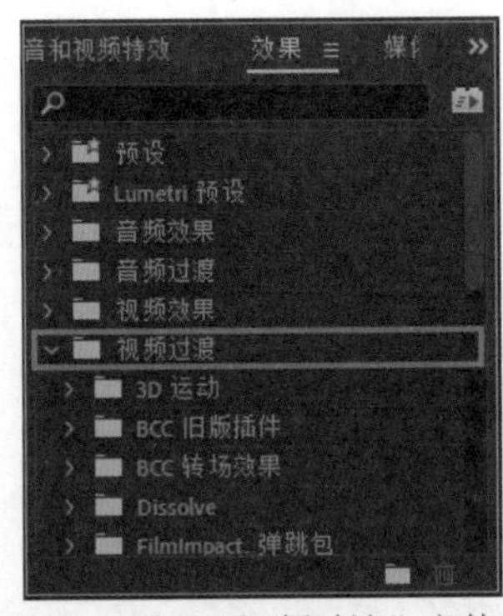

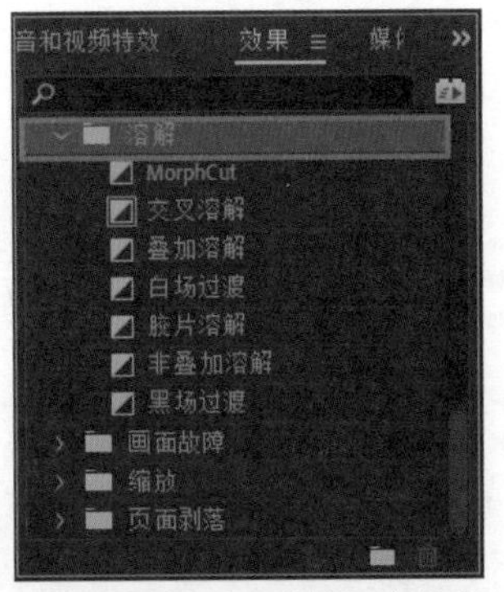

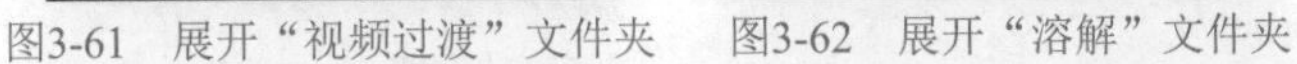
图3-61　展开“视频过渡”文件夹　　图3-62　展开“溶解”文件夹

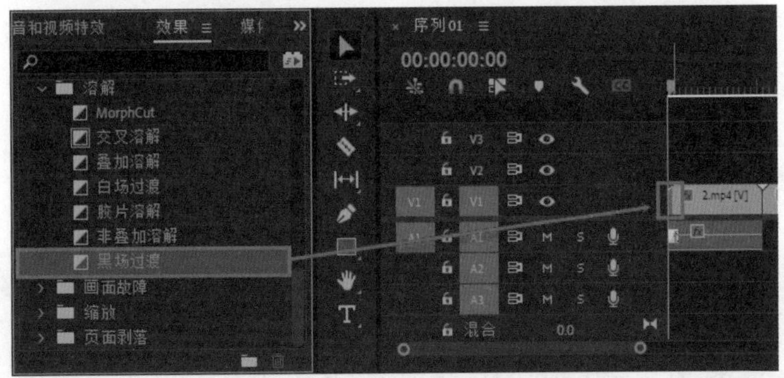

图3-63　添加“黑场过渡”效果

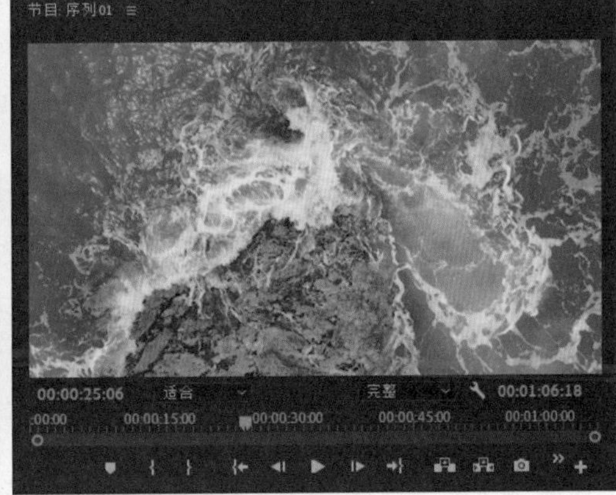

图3-64　预览效果

3.5 导出影片

影片编辑完成后，要得到最终的影片观看视频，可以对影片进行导出。通过Premiere Pro 2022自带的导出功能，可以将影片导出为各种格式，分享到网上与朋友共同观看。下面介绍影片的导出流程及技巧。

3.5.1 影片导出类型

Premiere Pro 2022提供了多种导出类型，可以将影片导出为各种不同的类型来满足不同的需要，也可以与其他编辑软件进行数据交换。

在菜单栏中选择“文件”|“导出”命令，在弹出的子菜单中有Premiere Pro 2022所支持的导出类型，如图3-65所示。

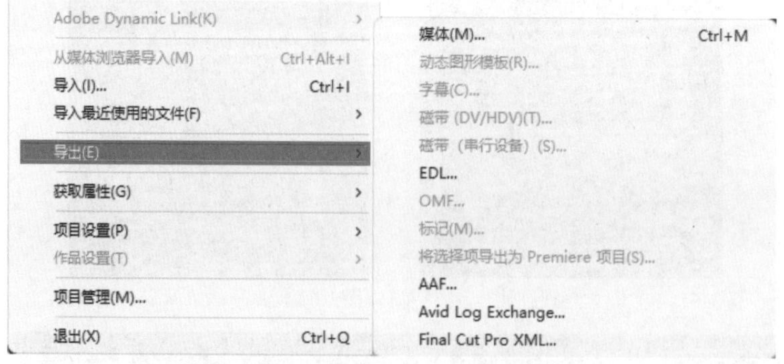

图3-65　Premiere Pro 2022支持的导出类型

下面对各项导出类型进行介绍。

- 媒体：执行该菜单，将弹出“导出设置”对话框，如图3-66所示，在该对话框中可以进行各种格式的媒体导出。

图3-66　“导出设置”对话框

- 字幕（C）：用于单独导出在Premiere Pro 2022软件中创建的字幕文件。
- 磁带（DV/HDV）：该命令可以将完成的影片直接导出到专业录像设备的磁带上。
- EDL（编辑决策列表）：执行该命令将弹出“EDL导出设置”对话框，如图3-67所示，在其中进行设置，导出一个描述剪辑过程的数据文件，可以导入其他的编辑软件中进行编辑。

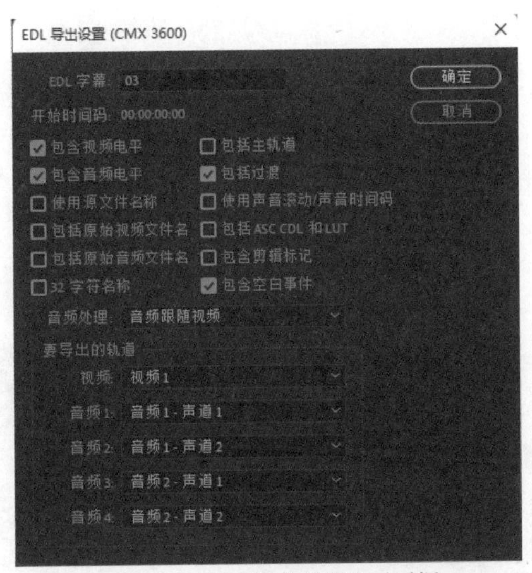

图3-67　“EDL导出设置”对话框

● OMF（公开媒体框架）：可以将序列中所有激活的音频轨道导出为OMF格式，再导入其他软件中继续编辑润色。

● AAF（高级制作格式）：将影片导出为AAF格式，该格式可以支持多平台多系统的编辑软件，是一种高级制作格式。

● Final Cut Pro XML（Final Cut Pro交换文件）：用于将剪辑数据转移到苹果平台的Final Cut Pro剪辑软件上继续进行编辑。

3.5.2　导出参数设置

决定影片质量的因素有很多，例如，编辑所使用的图形压缩类型，导出的帧速率以及播放影片的计算机系统速度等。导出影片之前，需要在“导出设置”面板中对影片的质量进行参数设置，不同的参数设置，导出来的影片效果也会有较大差别。

选择需要导出的序列文件，执行“文件”|“导出”|“媒体”命令，或者按快捷键Ctrl+M，弹出“导出设置”对话框，如图3-68所示。

图3-68　“导出设置”对话框

下面对“导出设置”对话框中各个参数进行简单介绍。

● 与序列设置匹配：勾选该复选框，将导出设置匹配到序列的参数设置。

- 格式：从右侧的下拉列表中可以选择影片导出的格式。
- 预设：用于设置导出影片的制式，一般选择PAL DV制式。
- 输出名称：设置导出影片的名称。
- 导出视频：一般是默认勾选状态，如果取消勾选该复选框，则表示不导出该影片的图像画面。
- 导出音频：一般是默认勾选状态，如果取消勾选该复选框，则表示不导出该影片的声音。
- 摘要：在该命令对话框中显示导出路径、名称、尺寸、质量等信息。
- 视频（命令卡）：主要用于设置导出视频的编码器和质量、尺寸、帧速率、长宽比等基本参数。
- 音频（命令卡）：主要用于设置导出音频的编码器、采样率、声道、样本大小等参数。
- 使用最高渲染质量：勾选该复选框，将使用软件默认的最高质量参数进行影片导出。
- 导出：单击该按钮，开始进行影片导出。
- 源范围：用于设置导出全部素材或"时间轴"面板中指定的工作区域。

3.5.3 实战——导出单帧图像

在Premiere Pro 2022中，可以选择影片序列的任意一帧，将其导出为一张静态图片，下面介绍导出单帧图像的操作方法。

01 打开Premiere Pro 2022项目文件，在"节目"监视器面板中，将"时间轴"面板中的指针移到（00:00:05:00）位置，如图3-69所示。

图3-69　移动帧

02 在菜单栏中执行"文件"|"导出"|"媒体"命令，弹出"导出设置"对话框，如图3-70所示。

图3-70　"导出设置"对话框

03_ 在“导出设置”对话框中展开“格式”下拉列表，在下拉列表中选择“JPEG”格式，然后单击“输出名称”右侧文字，在弹出的“另存为”对话框中，为输出文件设定名称及存储路径，如图3-71和图3-72所示。

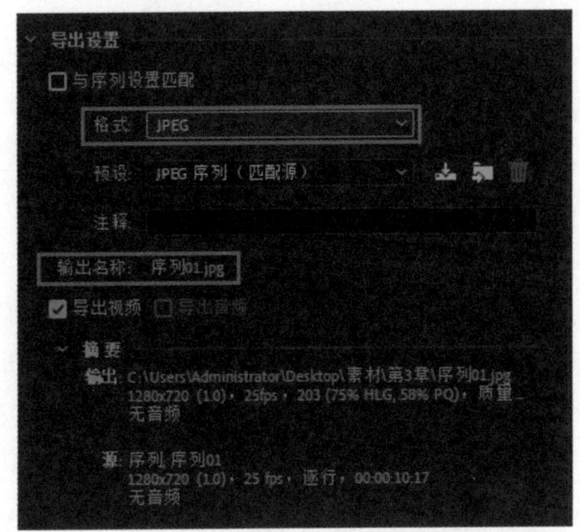

图3-71　设置文件输出格式

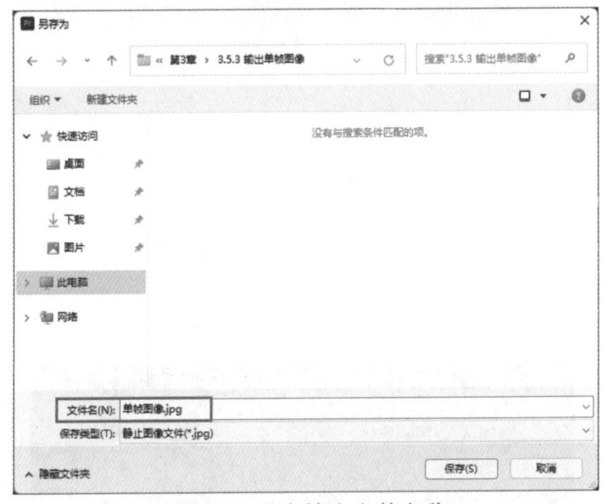

图3-72　设定输出文件名称

04_ 在“视频”选项卡中取消勾选“导出为序列”复选框，如图3-73所示。

05_ 单击“导出设置”对话框底部的“导出”按钮，如图3-74所示。

文件格式的设置应当根据制作需求而定，在设置文件格式后还可以对选择的预设参数进行修改。

图3-73　取消勾选“导出为序列”复选框

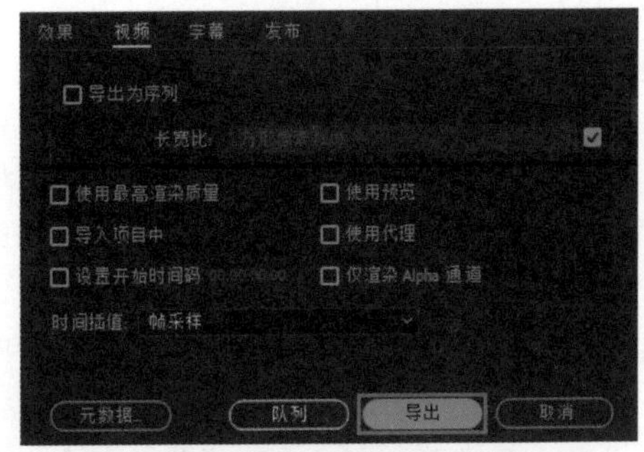

图3-74　单击“导出”按钮

3.5.4　导出序列文件

Premiere Pro 2022可以将编辑完成的影片输出为一组带有序列号的序列图片，下面介绍输出序列图片的操作方法。

01_ 打开Premiere Pro 2022项目文件，选择需要输出的序列，然后在菜单栏中执行“文件”|“导出”|“媒体”命令，弹出“导出设置”对话框。

02_ 单击“输出名称”右侧文字，在弹出的“另存为”对话框中，为其指定名称及存储路径。

03_ 在格式的下拉列表中选择“JPEG”选项，也可以选择“PNG”“TIFF”等文件类型，如图3-75所示。

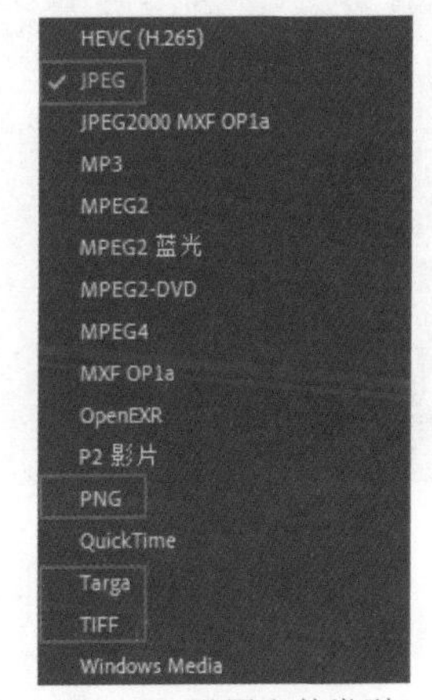

图3-75　设置文件类型

04_ 在“视频”命令卡中勾选“导出为序列”复选框，如图3-76所示。

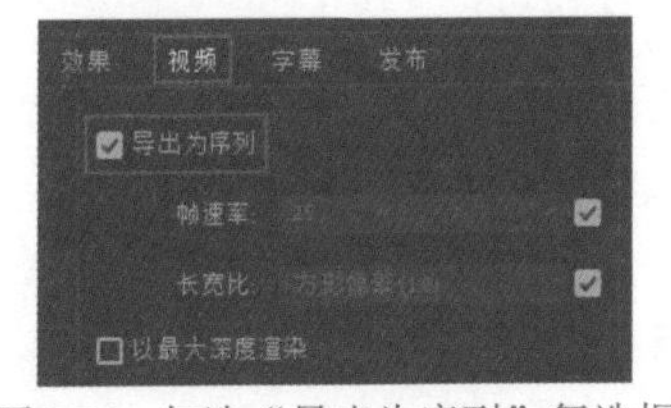

图3-76　勾选“导出为序列”复选框

3.5.5 导出EDL文件

EDL（Editorial Determination List）编辑决策列表，是一个表格形式的列表，由时间码值形式的电影剪辑数据组成。EDL文件是在编辑时由很多编辑系统自动生成的，并可保存到磁盘中。在Premiere Pro 2022中，EDL文件包含了项目中的各种编辑信息，包括项目使用的素材所在的磁带名称、编号、素材文件的长度、项目中所用的特效及转场等。

EDL编辑方式在电视节目的编辑工作中经常被采用，一般是先将素材采集成画质较差的文件，对这个文件进行剪辑，剪辑完成后再将整个剪辑过程输出成EDL文件，并将素材重新采样成画质较高的文件，导入EDL文件并输出最终影片。

在菜单栏中执行“文件”|“导出”|“EDL”命令，弹出“EDL导出设置”对话框，如图3-77所示。

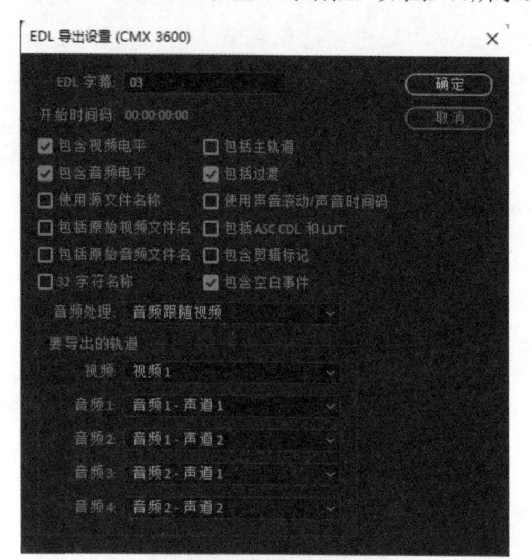

图3-77 “EDL导出设置”对话框

下面介绍“EDL导出设置”对话框中的常用参数。

- EDL字幕：用于设置EDL文件第一行的标题。
- 开始时间码：设置所要输出序列中第一个编辑的起始时间码。
- 包含视频电平：在EDL中包含视频等级注释。
- 包含音频电平：在EDL中包含音频等级注释。
- 使用源文件名称：勾选该复选框，将使用源文件名称进行输出。
- 音频处理：用于设置音频的处理方式，从右侧的下拉列表中可以选择“音频跟随视频”“分离音频”“结尾音频”三种方式。
- 要导出的轨道：用于指定所要导出的轨道信息。

各项参数设置完成后，单击“确定”按钮，即可将当前序列中被选择的轨道剪辑数据导出为EDL文件。

3.5.6 导出AVI格式影片

AVI英文全称为Audio Video Interleave，即音频视频交错格式，是将语音和影像同步组合在一起的文件格式。这种视频格式的优点是图像质量好，可以在多个平台使用，其缺点是文件占用内存太大。该文件格式是目前比较主流的格式，经常在一些游戏、教育软件的片头、多媒体光盘中用到。下面介绍如何在Premiere Pro 2022中输出AVI格式的影片。

01 打开Premiere Pro 2022项目文件，选择需要输出的序列，然后在菜单栏中执行“文件”|“导出”|“媒体”命令，弹出“导出设置”对话框。

02 在“导出设置”对话框中单击“格式”下拉按钮，在下拉列表中选择“AVI”选项，如图3-78所示。

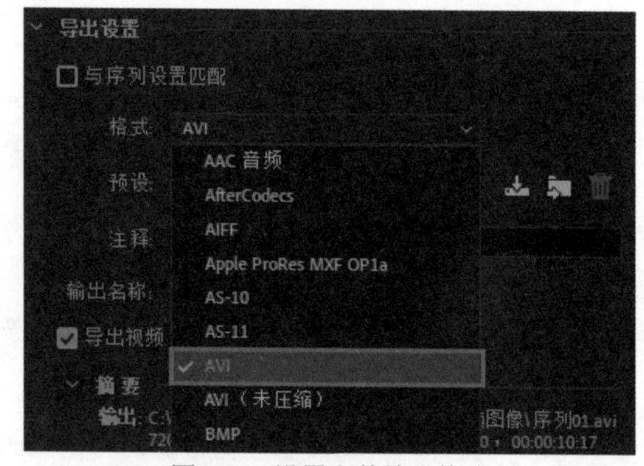

图3-78 设置文件输出格式

03 单击“输出名称”右侧的文字，在弹出的“另存为”对话框中，为其指定名称及存储路径，最后单击“导出”按钮，如图3-79所示。

04 影片开始导出，同时弹出正在渲染对话框，在该对话框中可以看到导出进度和剩余时间，如图3-80所示。

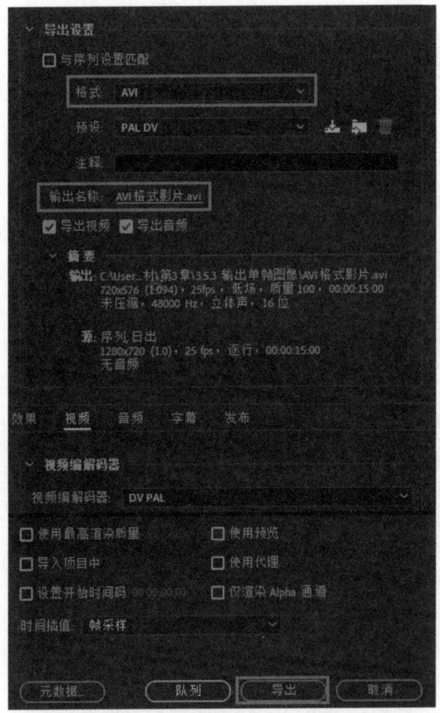

图3-79　设置输出名称及路径

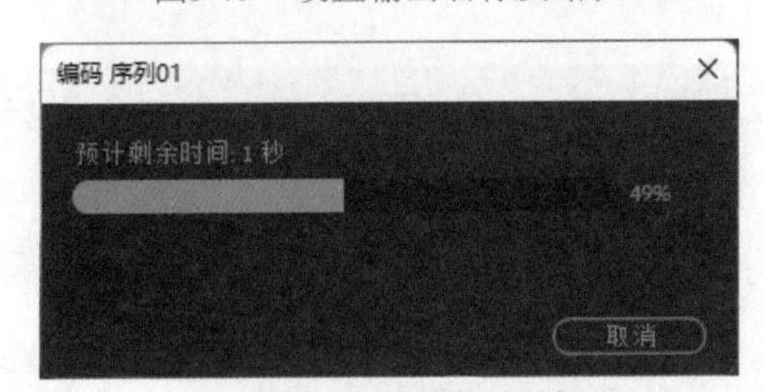

图3-80　正在渲染对话框

在输出视频文件时，可以设置导出文件画面的大小，需要注意导出文件不能比原始文件大。

3.5.7 实战——导出MP4格式的影片

MP4格式是目前比较主流且常用的一种视频格式，下面介绍如何在Premiere Pro 2022中导出MP4格式的影片。

01 启动Premiere Pro 2022软件，新建项目，新建序列。

02 执行"文件"|"导入"命令，弹出"导入"对话框，选择要导入的素材，单击"打开"按钮，关闭对话框，如图3-81所示。

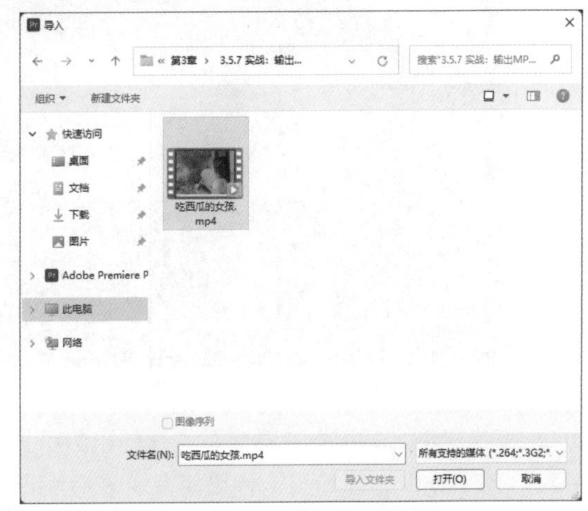

图3-81　"导入"对话框

03 在"项目"面板中，选择"吃西瓜的女孩.mp4"素材，并拖曳至"时间轴"面板的V1轨道，如图3-82所示。

04 弹出"剪辑不匹配警告"对话框，单击"更改序列设置"按钮，如图3-83所示，保持素材序列设置。

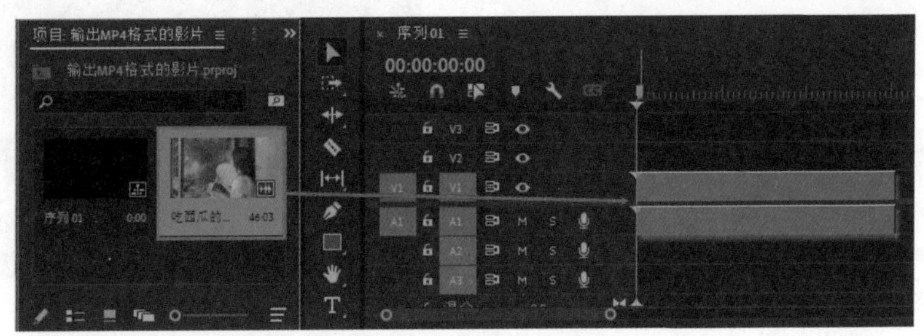

图3-82　将素材拖曳至"时间轴"面板

图3-83　保持素材序列设置

05 执行"文件"|"导出"|"媒体"命令，或按快捷键Ctrl+M，打开"导出设置"对话框。展开"格式"下拉列表，在下拉列表中选择"MPEG4"格式，然后展开"源缩放"下拉列表，选择"缩放以填充"选项，如图3-84所示。

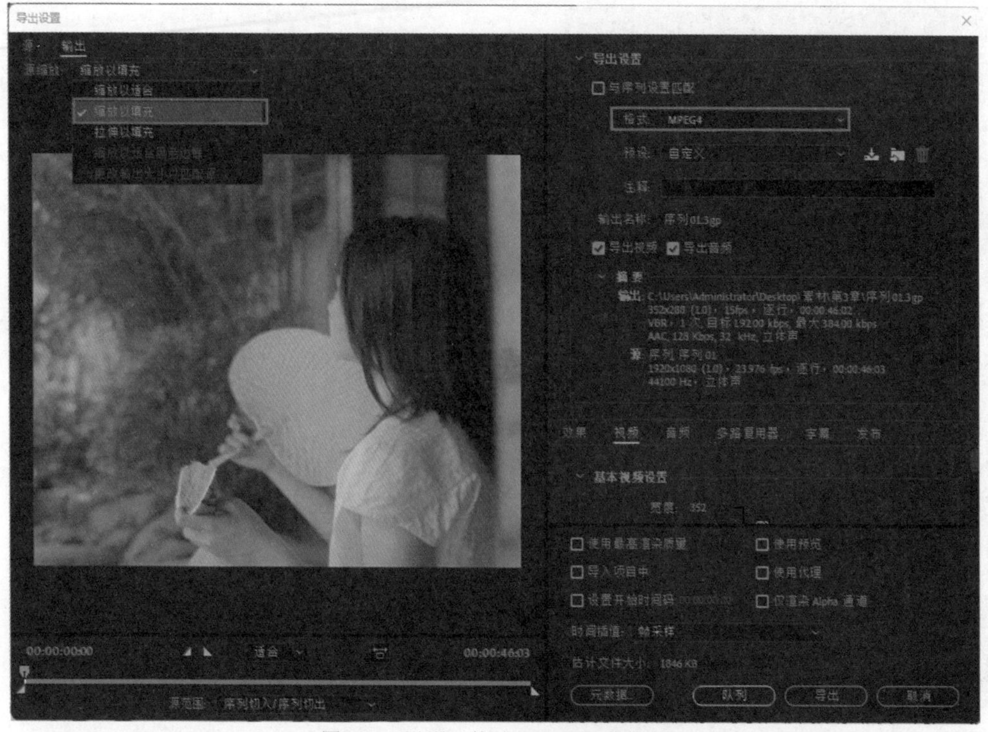

图3-84　设置“格式”及“源缩放”

06_ 单击“输出名称”右侧文字，在弹出的“另存为”对话框中，为输出文件设定名称及存储路径，如图3-85所示。

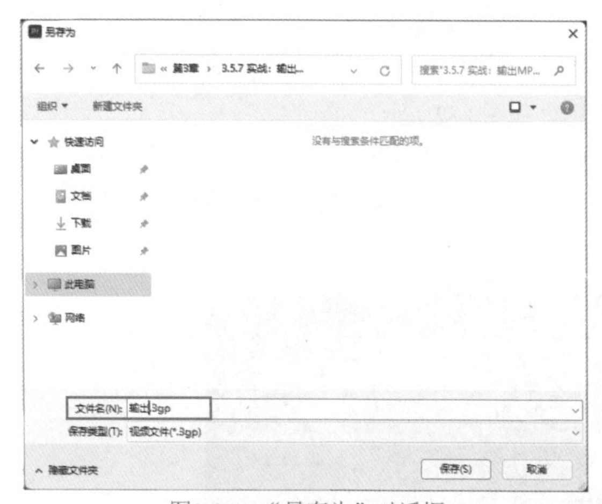

图3-85　“另存为”对话框

07_ 切换至“多路复用器”选项卡，在“多路复用器”下拉菜单中选择“MP4”选项，如图3-86所示。

08_ 切换至“视频”命令卡，在该命令卡中设置“帧速率”为25，“长宽比”为“D1/DV PAL宽银幕16：9（1.4587）”，“电视标准”为“PAL”，如图3-87所示。

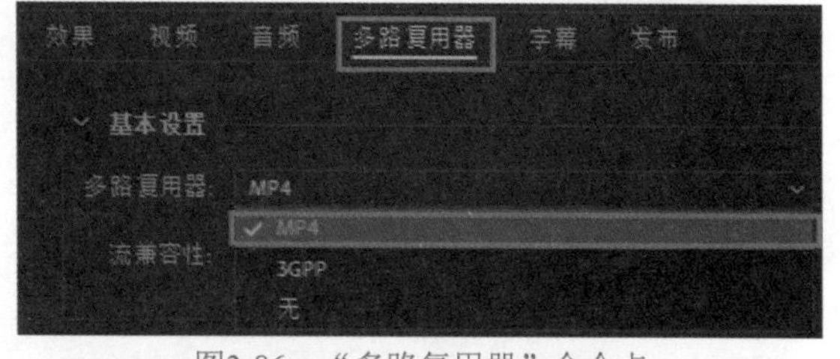

图3-86　“多路复用器”命令卡

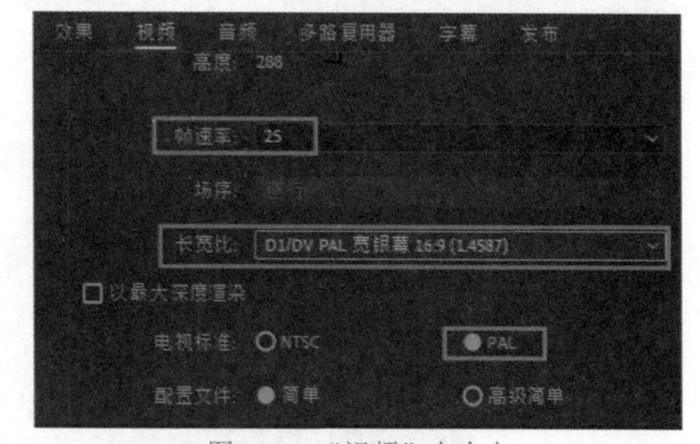

图3-87　“视频”命令卡

09_ 设置完成后，单击“导出”按钮，影片开始输出，同时弹出正在渲染对话框，在该对话框中可以看到输出进度和剩余时间，如图3-88所示。

10_ 导出完成后可在设定的计算机存储文件夹中找到输出的MP4格式视频文件，如图3-89所示。

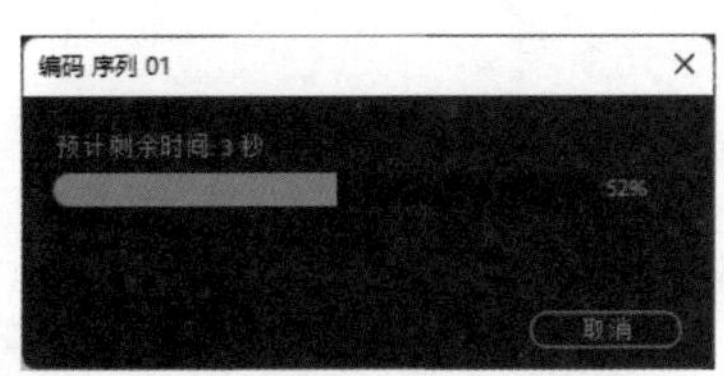

图3-88　正在渲染对话框

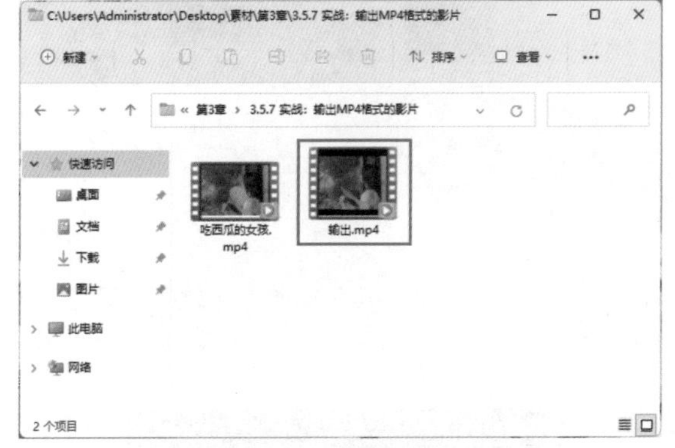

图3-89　输出文件

3.6 综合实例—3D相册

在生活中，人们经常会将一些照片打印出来，制作成相册，可这些都需要花费漫长的时间去等待。

随着网络技术的发展，3D相册也逐渐进入人们眼帘，将一张张图片转化成3D图样做成相册展示在人们面前，不仅节省了印刷排版等待的时间，还节约了相关费用。下面详细介绍如何制作3D相册。

01_ 启动Premiere Pro 2022软件，在主页页面上，单击“新建项目”按钮，如图3-90所示。

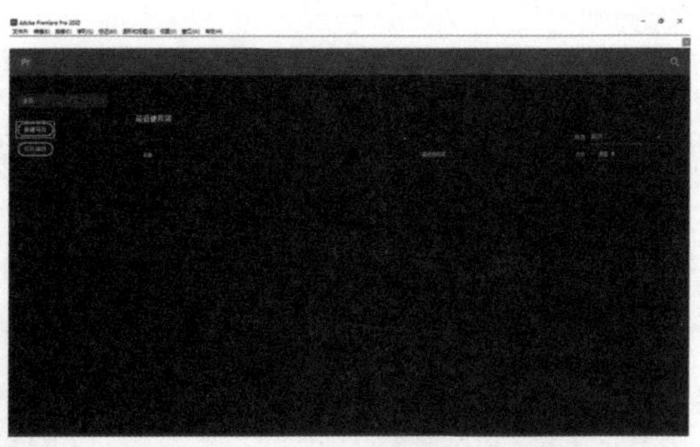
图3-90　单击“新建项目”按钮

02_ 弹出“新建项目”对话框，设置项目名称和项目存储位置，单击“确定”按钮，关闭对话框，如图3-91所示。

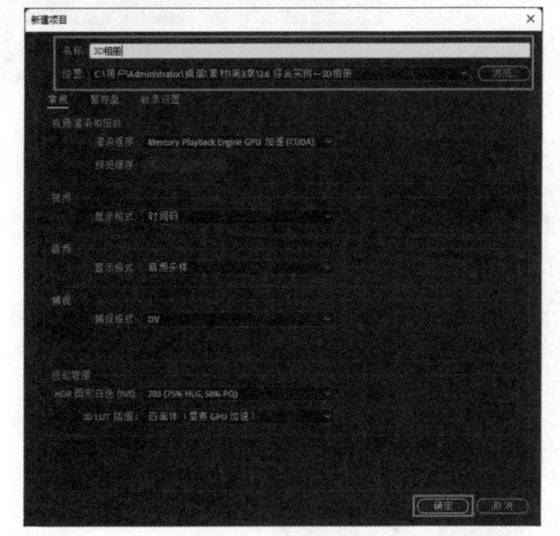

图3-91　新建项目

03_ 在“项目”面板中右击，在弹出的快捷键菜单中执行“新建项目”|“序列”命令，如图3-92所示。

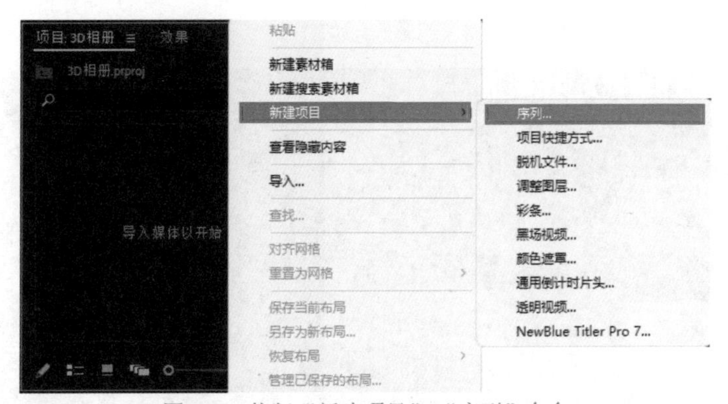

图3-92　执行“新建项目”|“序列”命令

04_ 弹出“新建序列”对话框，选择合适的序列预设，单击“确定”按钮，关闭对话框，如图3-93所示。

05_ 在“项目”面板中右击，在弹出的快捷菜单中选择“导入”选项，如图3-94所示。

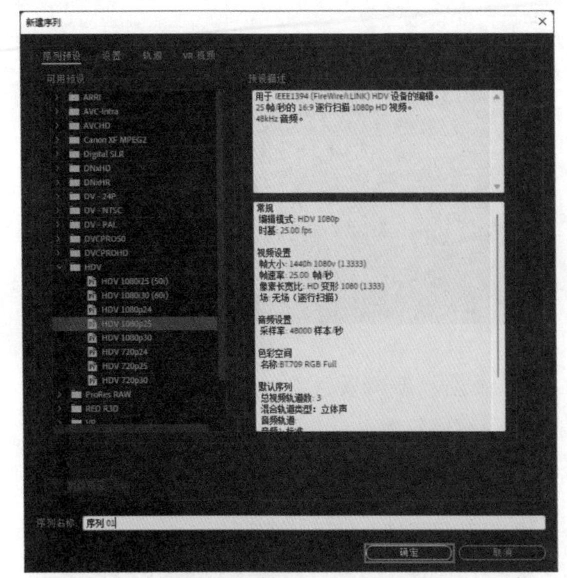

图3-93　单击“确定”按钮

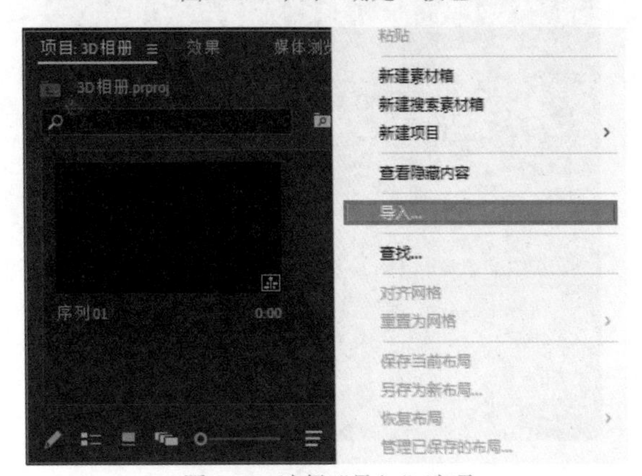

图3-94　选择“导入”选项

06_ 弹出“导入”对话框，打开素材所在文件夹，选择要导入的素材，单击“打开”按钮，导入素材，如图3-95所示。

07_ 进入“项目”面板，可以看到已导入的素材，如图3-96所示。

图3-95　“导入”对话框

图3-96　已导入的素材

08_ 选择“项目”面板中的“01.jpg”素材，拖曳至“时间轴”面板，如图3-97所示。

09_ 选择“时间轴”面板中的“01.jpg”素材，进入“效果控件”面板，设置“缩放”数值为28，如图3-98所示。

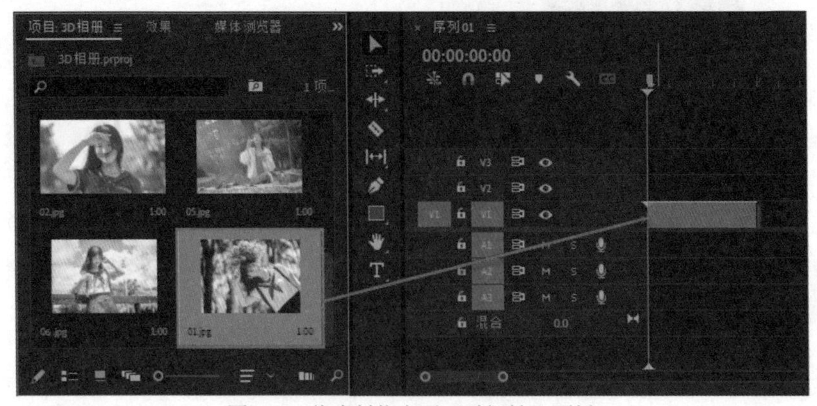

图3-97　将素材拖曳至“时间轴”面板

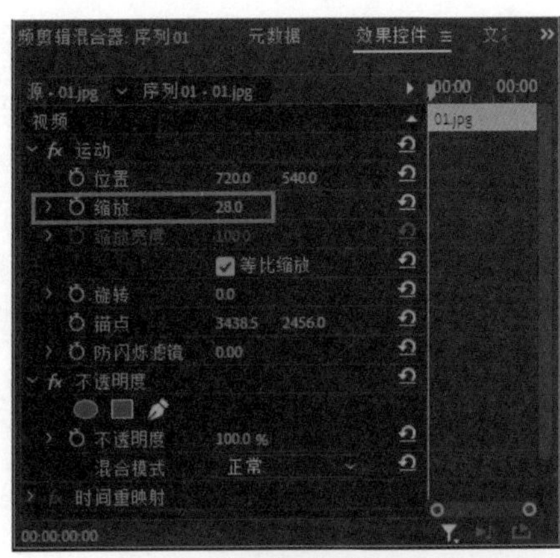

图3-98 设置“缩放”参数

10_ 按照素材序号顺序依次拖曳至“时间轴”面板，进入“效果控件”面板，调整“缩放”数值，如图3-99所示。

11_ 框选所有素材，按住Alt键，向上复制一层，如图3-100所示。

12_ 选择“时间轴”面板中V2轨道上的“01.jpg”素材，进入“效果控件”面板，设置“缩放”数值为14，此时“节目”监视器面板中呈现画中画效果，如图3-101所示。

13_ 对V2轨道上其他素材进行相同操作，如图3-102所示。

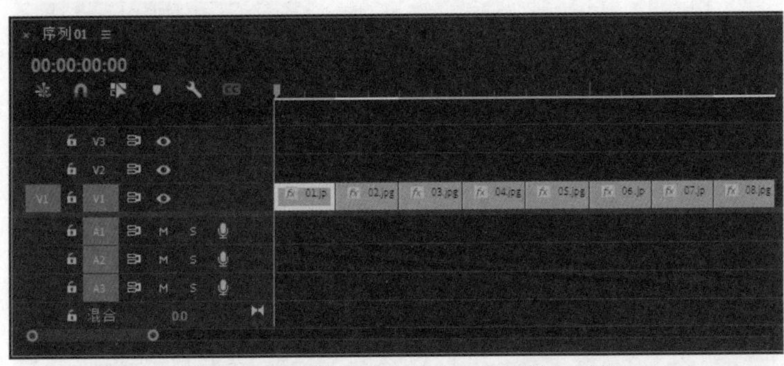

图3-99 将素材依次拖曳至“时间轴”面板

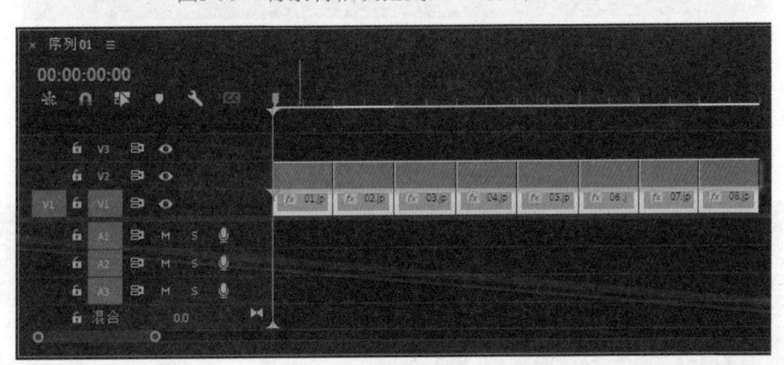

图3-100 复制素材

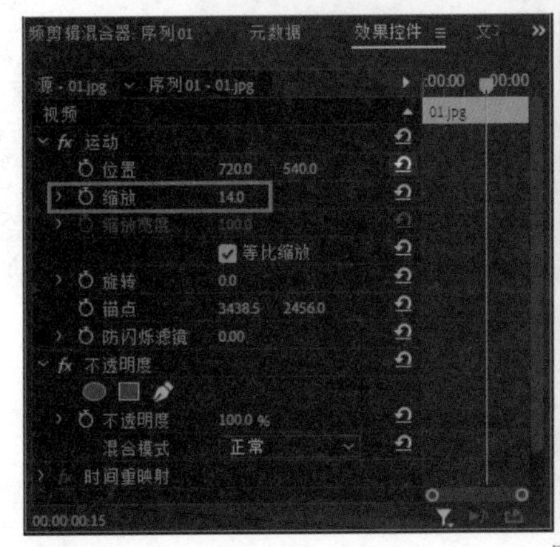

图3-101 画中画效果

图3-102　其他素材效果

14＿在“效果”面板中，依次展开“视频效果”|“模糊与锐化”文件夹，选择“高斯模糊”效果，并将其拖曳至“时间轴”面板V1轨道上的“01.jpg”素材上方，如图3-103所示。

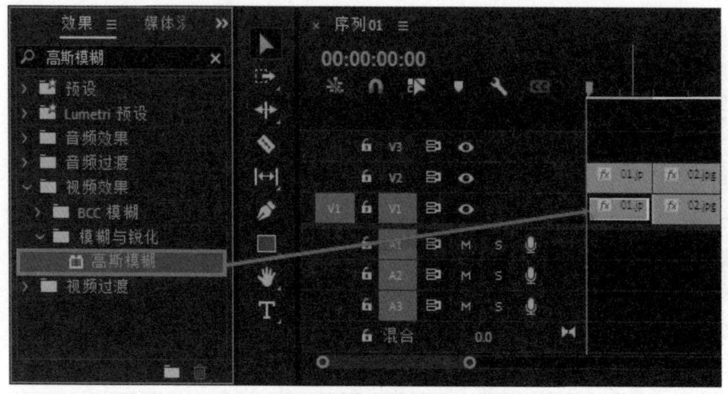

图3-103　添加“高斯模糊”效果

15＿选择V1轨道上的“01.jpg”素材，进入“效果控件”面板，在“高斯模糊”参数中，设置“模糊度”数值为300，如图3-104所示。

16＿此时“节目”监视器面板中画面效果如图3-105所示。

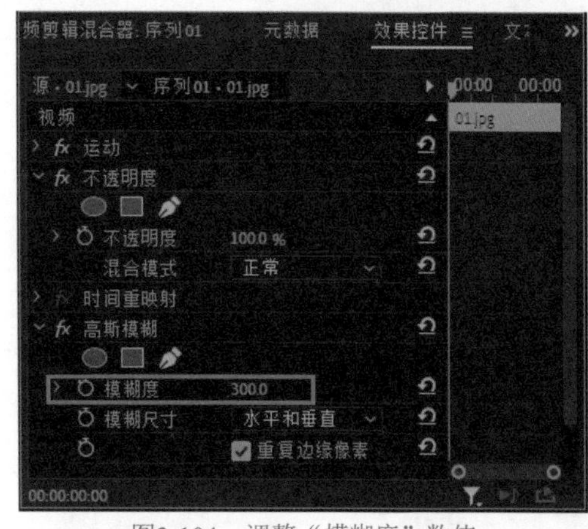

图3-104　调整“模糊度”数值

图3-105　“节目”监视器面板中画面效果

17＿选择V1轨道上的“01.jpg”素材，复制（按快捷键Ctrl+C），再框选其他素材，粘贴属性（按快捷键Ctrl+C+V），在弹出的“粘贴属性”对话框中，取消勾选“运动”复选框，然后单击“确定”按钮，如图3-106所示。

图3-106　“粘贴属性”对话框

18_ 在“工具”面板中选择“矩形工具”■，在“节目”监视器面板中单击并绘制一个矩形，如图3-107所示。

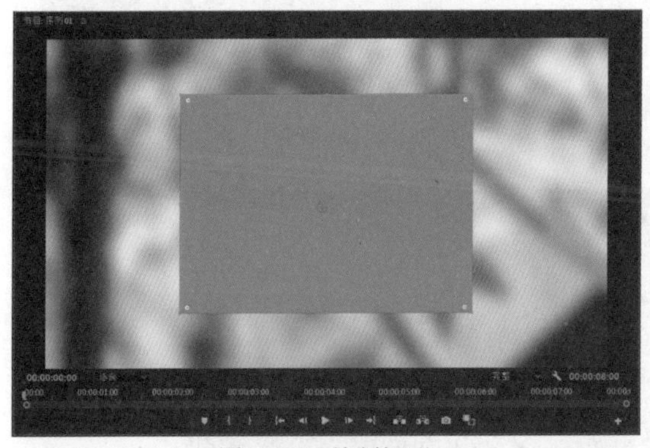

图3-107　绘制矩形

19_ 在“工具”面板中选择“选择工具”▶，在“效果控件”面板中，展开“形状（形状01）”下拉列表，取消勾选“填充”复选框，勾选“描边”复选框，并设置数值为25，如图3-108所示。

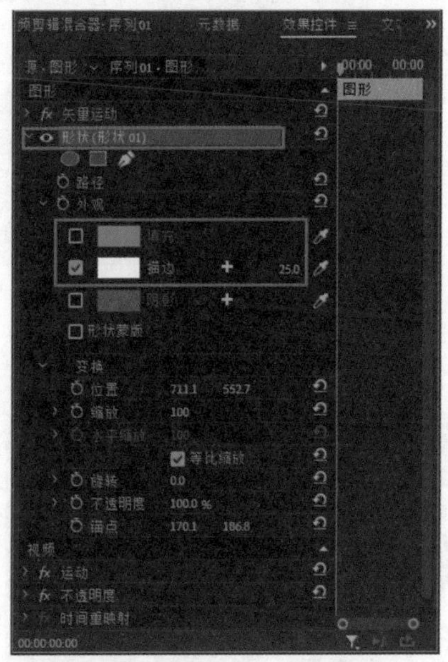

图3-108　调整“矩形”参数

20_ 调整完成边框后，选择“图形”素材和V2轨道上的“01.jpg”素材，右击，在弹出的快捷菜单中选择“嵌套”选项，如图3-109所示。

21_ 其他素材同理，如图3-110所示。

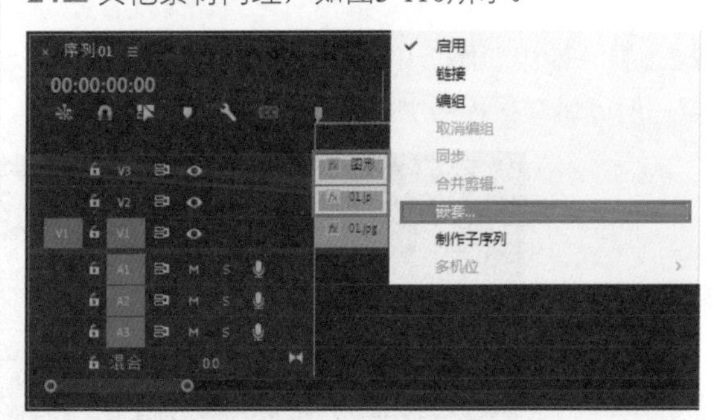

图3-109　选择“嵌套”选项

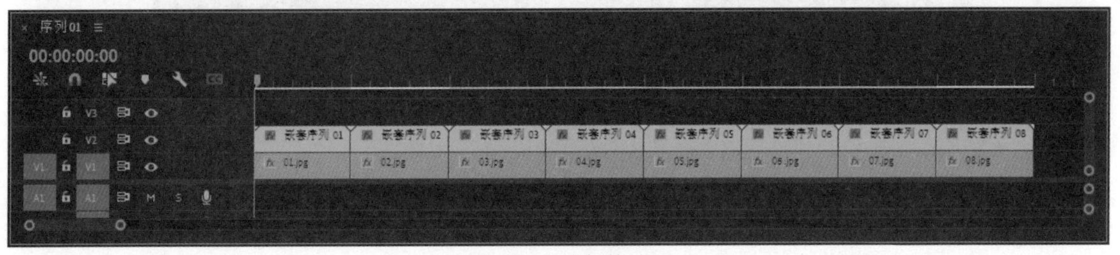

图3-110　添加特效

22_ 在“效果”面板中，依次展开“视频效果”|“透视”文件夹，选择“投影”效果，并将其拖曳至

“时间轴”面板中“嵌套序列01”素材上方，如图3-111所示。

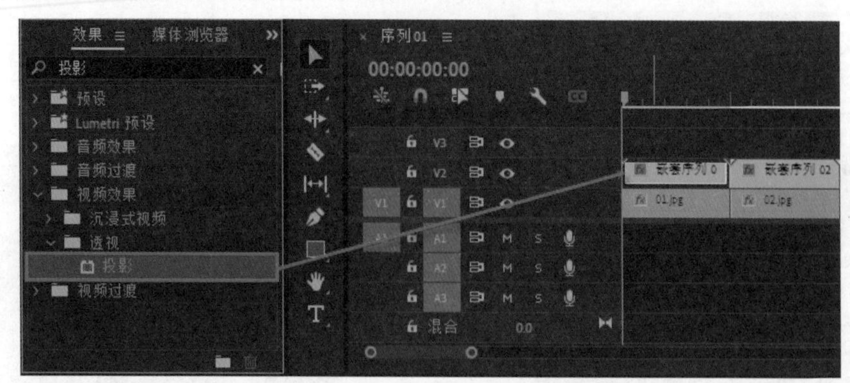

图3-111　添加“投影”效果

23_ 在“效果控件”面板中，在“投影”参数中，设置“距离”数值为25，“柔和度”数值为20，如图3-112所示。

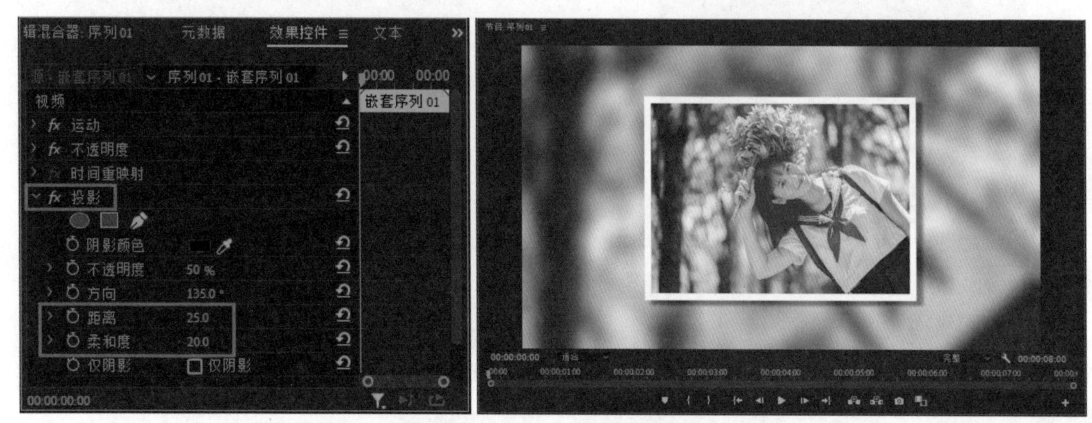

图3-112　调整“投影”参数

24_ 在“效果”面板中，依次展开“视频效果”|“透视”文件夹，选择“基本3D”效果，并将其拖曳至“时间轴”面板中“嵌套序列01”素材上方，如图3-113所示。

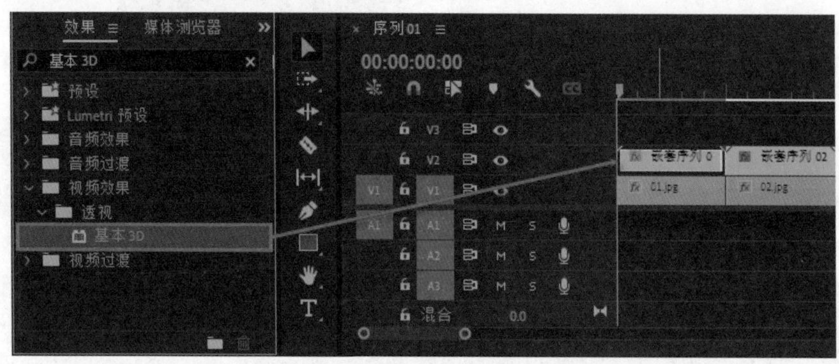

图3-113　添加“基本3D”效果

25_ 将时间线移动到起始时间，进入“效果控件”面板，单击“旋转”和“倾斜”前的“切换动画”按钮，设置“旋转”数值为22，“倾斜”数值为-20，添加第一个关键帧，如图3-114所示。

26_ 将时间线移动到（00:00:00:24）位置，调整“旋转”数值为-31，“倾斜”数值为5，添加第二个关键帧，如图3-115所示。

27_ 选择V2轨道上的“嵌套序列01”素材，复制（按快捷键Ctrl+C），再框选其他素材，粘贴属性（按快捷键Ctrl+C+V），在弹出的“粘贴属性”对话框中，勾选“投影”和“基本3D”复选框，然后单击“确定”按钮，如图3-116所示。

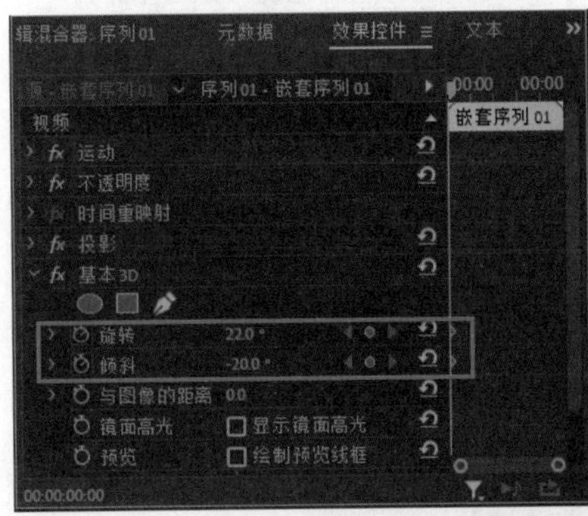

图3-114　添加第一个关键帧

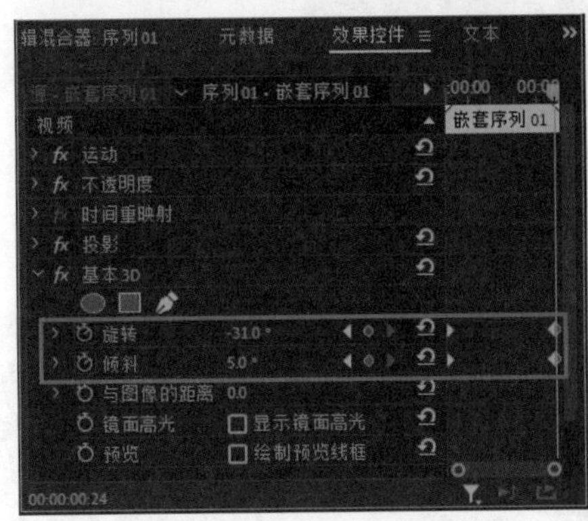

图3-115　添加第二个关键帧

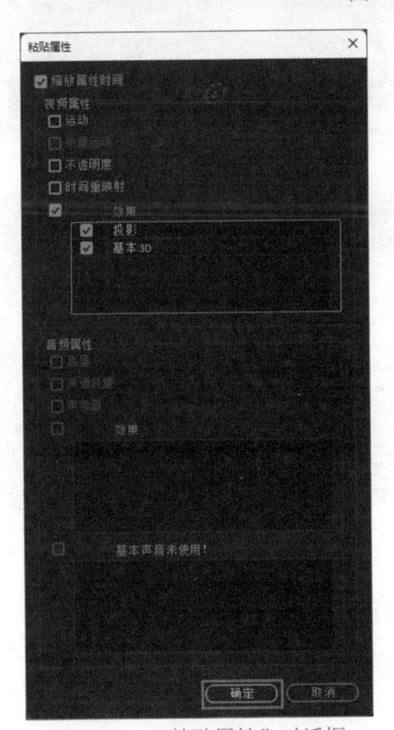

图3-116　“粘贴属性”对话框

28 在“项目”面板中选择“背景音乐.wav”素材并将其拖曳至“时间轴”面板，如图3-117所示。

29 在“工具”面板中选择“剃刀工具”，将时间线移动到（00:00:08:00）位置，将“背景音乐.wav”素材裁断，并删除后半段素材，如图3-118所示。

30 在“效果”面板中，依次展开“视频过渡”|“溶解”文件夹，选择“黑场过渡”效果，拖曳至“时间轴”面板中“08.jpg”和“嵌套序列08”素材结尾处，如图3-119所示。

31 在“效果”面板中，依次展开“音频过渡”|“交叉淡化”文件夹，选择“恒定增益”效果，拖曳至“时间轴”面板中“背景音乐.wav”素材结尾处，如图3-120所示。

32 在“时间轴”面板中双击“恒定增益”效果，在弹出的“设置过渡持续时间”对话框中设置“持续时间”为（00:00:00:10），单击“确定”按钮，如图3-121所示。

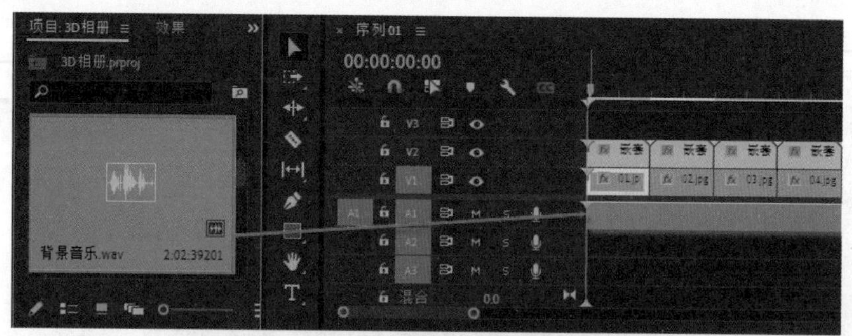

图3-117　将素材拖曳至“时间轴”面板

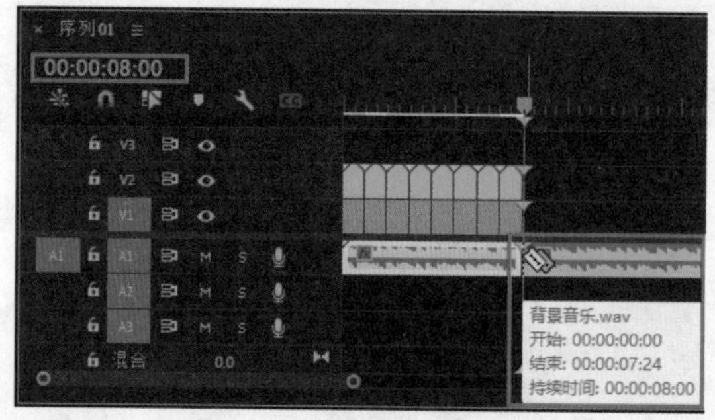

图3-118　删除多余音频素材

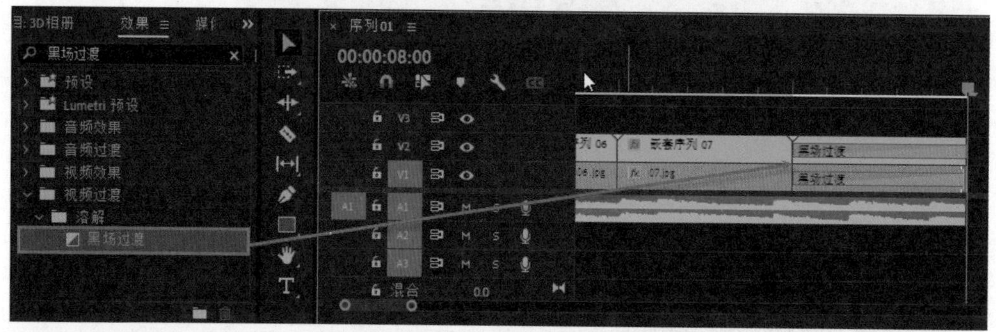

图3-119　添加“黑场过渡”效果

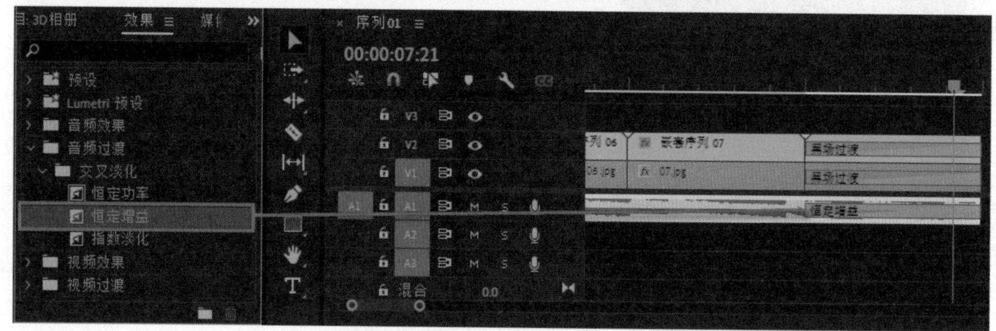

图3-120　添加“恒定增益”效果

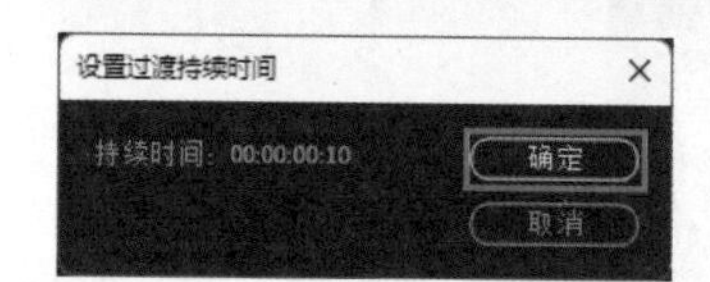

图3-121　设置过渡持续时间

33 同理，设置“黑场过渡”效果的持续时间，如图3-122所示。

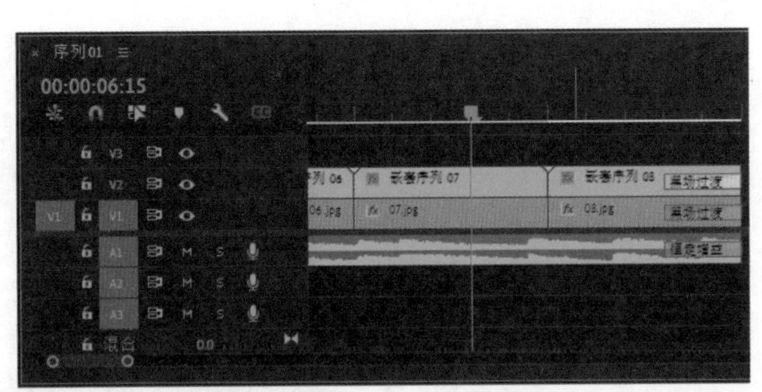

图3-122　调整效果的过渡持续时间

34_ 按Enter键渲染项目，渲染后可预览视频效果，如图3-123所示。

图3-123　预览视频效果

35_ 输出影片。执行“文件”|“导出”|“媒体”命令，弹出“导出设置”对话框，如图3-124所示。

图3-124　“导出设置”对话框

36 单击“输出名称”后面的名称，弹出“另存为”对话框，设置输出名称及存储位置，单击“保存”按钮，完成设置，如图3-125所示。

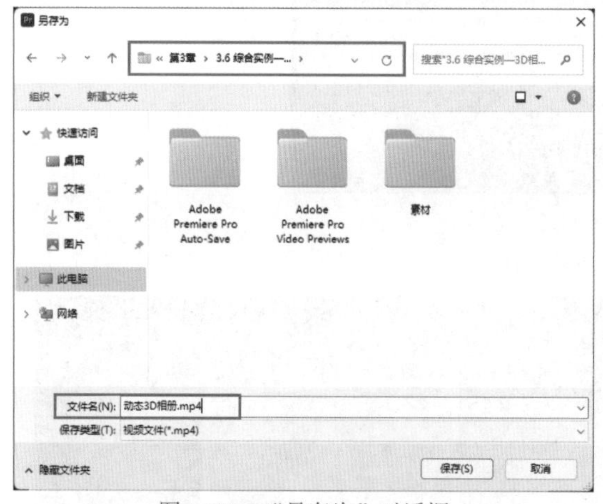

图3-125 “另存为”对话框

37 单击“导出设置”对话框中的“导出”按钮，如图3-126所示。

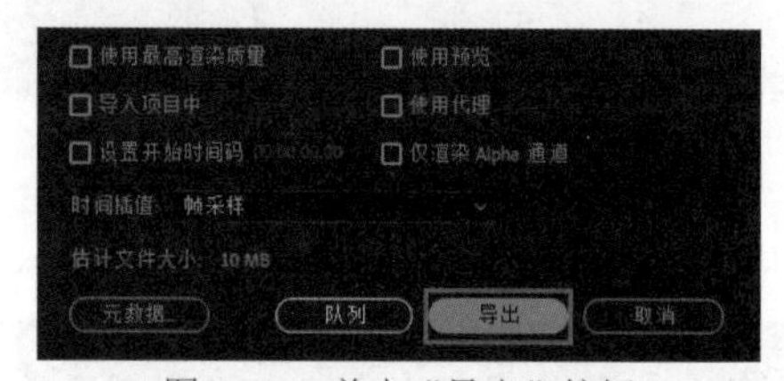

图3-126 单击“导出”按钮

38 弹出“编码”对话框，显示当前编码进度条，如图3-127所示。

图3-127 编码进度

39 导出完成后打开输出的影片，观看影片效果，如图3-128所示。

图3-128 观看影片效果

图3-128 观看影片效果（续）

3.7 本章小结

本章介绍了Premiere Pro 2022的工作流程，包括创建影片、导入素材、编辑素材、添加视音频特效和输出影片，然后用多个实例让用户更快地熟悉和学习Premiere Pro 2022的工作流程。

第4章 素材剪辑基础

剪辑素材是确定影片内容的主要操作，需要熟练掌握各类素材剪辑的技法。用户可以在“源”监视器面板中设置素材的入点和出点，也可以在“时间轴”面板中编辑。本章介绍素材剪辑的基本操作。

本章重点：

◎在“源”监视器面板中播放素材　◎添加和删除轨道　◎设置标记点
◎调整素材的播放速度　◎群组　◎嵌套素材
◎切割素材　◎插入和覆盖编辑　◎提升和提取编辑
◎分离和链接素材　◎通用倒计时片头　◎彩条
◎颜色遮罩　◎透明视频　◎黑场

本章效果欣赏

4.1 素材剪辑的基本操作

素材剪辑的基本操作包括播放素材、切割素材、添加或删除轨道、插入和覆盖素材、提升和提取编辑等。

4.1.1 在“源”监视器面板中播放素材

在将素材放入视频序列之前，可以在“源”监视器面板中对素材进行预览和修整，“源”监视器面板如图4-1所示。要使用“源”监视器面板预览素材，只要将“项目”面板中的素材拖曳至“源”监视器面板（或双击“项目”面板中的素材），然后单击“播放-停止切换”按钮▶，即可预览素材。

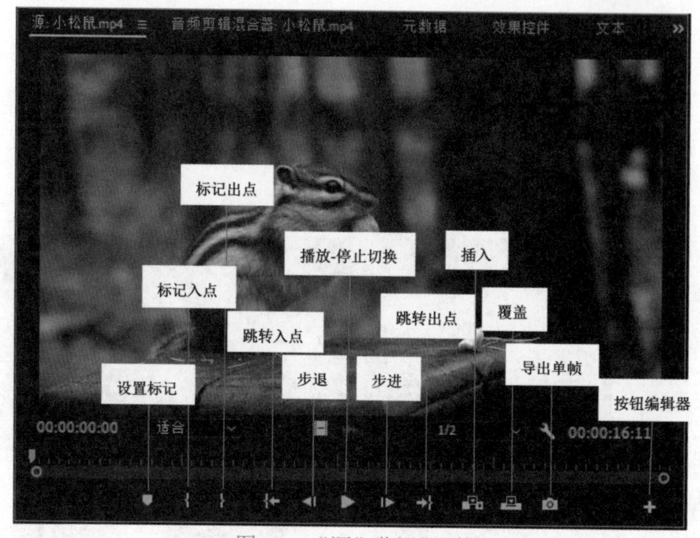

图4-1　“源”监视器面板

功能按钮具体说明如下。

- 设置标记：单击该按钮，可在播放指示器位置添加一个标记，快捷键为M。添加标记后再次单击该按钮，可打开“标记设置”对话框。
- 标记入点：单击该按钮，可将播放指示器所在位置标记为入点。
- 标记出点：单击该按钮，可将播放指示器所在位置标记为出点。
- 跳转入点：单击该按钮，可以使播放指示器快速跳转到片段的入点位置。
- 步退（左侧）：单击该按钮，可以使播放指示器向左侧移动一帧。
- 播放-停止切换：单击该按钮，可进行素材片段的播放预览。
- 步进（右侧）：单击该按钮，可以使播放指示器向右侧移动一帧。
- 跳转出点：单击该按钮，可以使播放指示器快速跳转到片段的出点位置。
- 插入：单击该按钮，可将“源”监视器面板中的素材插入序列中播放指示器的后方。
- 覆盖：单击该按钮，可将“源”监视器面板中的素材插入序列中播放指示器的后方，并会对其后的素材进行覆盖。
- 导出单帧：单击该按钮，将打开“导出帧”对话框，如图4-2所示，可供用户选择并导出播放指示器所处位置的单帧画面图像。

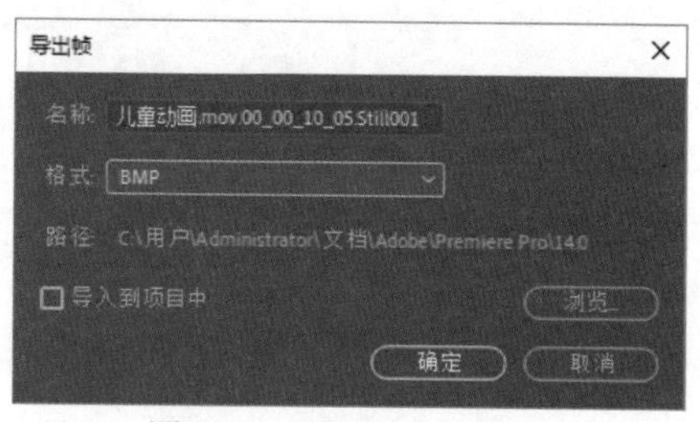

图4-2　“导出帧”对话框

- 按钮编辑器：单击该按钮，将打开如图4-3所示的“按钮编辑器”面板，可供用户根据实际需求调整按钮的布局。

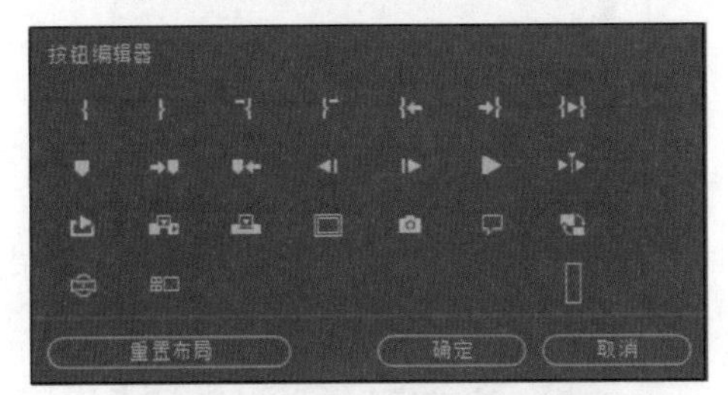

图4-3　“按钮编辑器”面板

- 仅拖动视频：将光标移至该按钮上方，将出现手掌形状图标，此时可将视频素材中的视频单独拖曳至序列。
- 仅拖动音频：将光标移至该按钮上方，将出现手掌形状图标，此时可将视频素材中的音频单独拖曳至序列。

4.1.2　添加和删除轨道

Premiere Pro 2022软件支持视频轨道、音频轨道和音频子混合轨道各103个，完全能满足影视编辑的需要。下面介绍如何添加和删除轨道。

01 启动Premiere Pro 2022软件，新建项目，新建序列。轨道分布情况如图4-4所示。

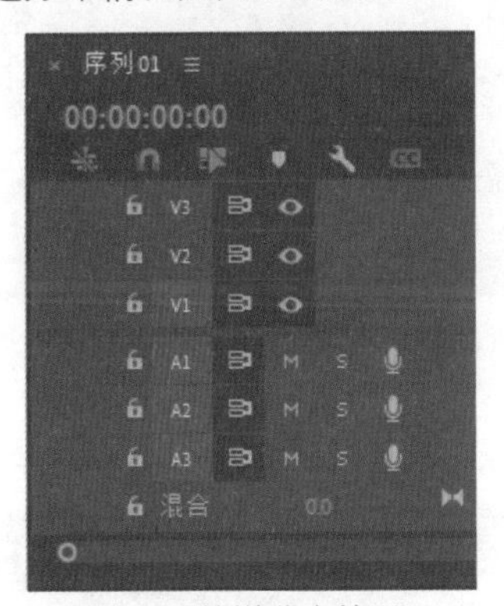

图4-4　轨道分布情况1

02 在轨道编辑区的空白区域右击，在弹出的快捷菜单中选择“添加轨道”选项，如图4-5所示。

03 弹出“添加轨道”对话框，在其中可以添加视频轨道、音频轨道和音频子混合轨道。单击“视频轨道”选区“添加”选项后的数字1，激活文本框，输入数字2，单击“确定”按钮，如图4-6所示，即可在序列中添加指定数量的视频轨道。

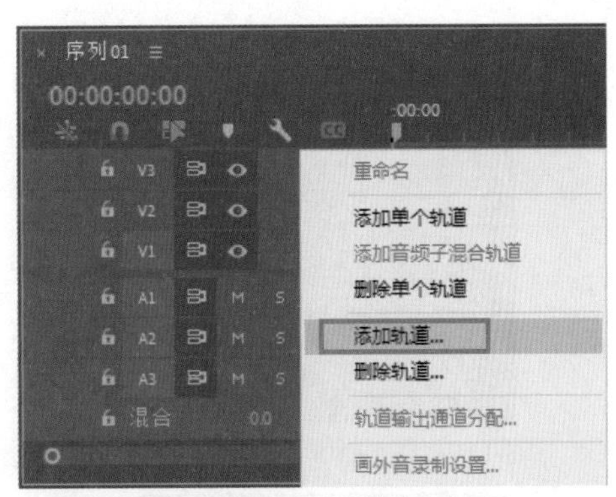

图4-5　选择“添加轨道”选项

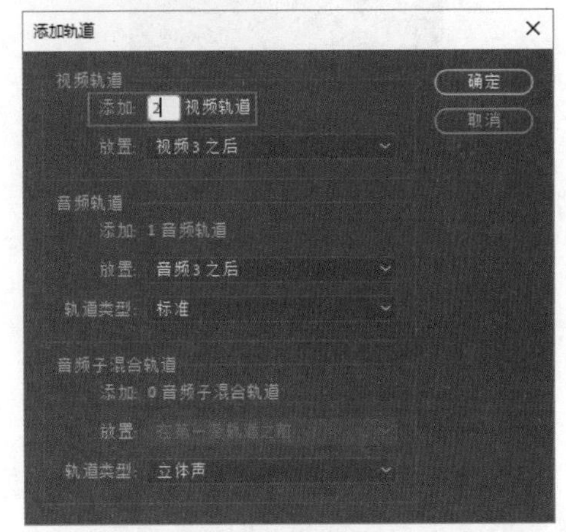

图4-6　添加视频轨道

04 下面进行轨道的删除操作。在轨道编辑区的空白区域右击，在弹出的快捷菜单中选择“删除轨道”选项，如图4-7所示。

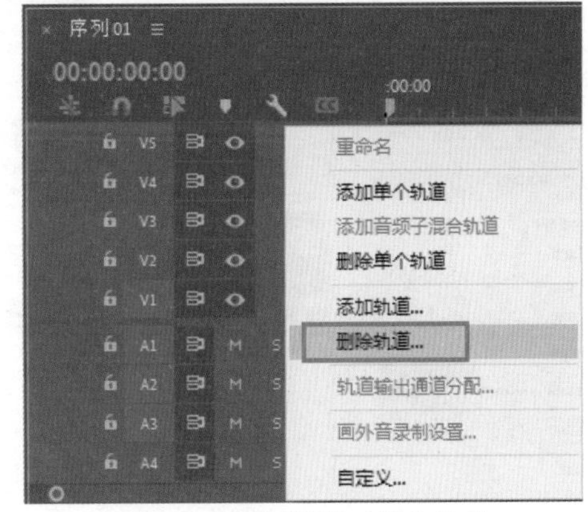

图4-7　选择“删除轨道”选项

05 弹出“删除轨道”对话框，在其中勾选“删除音频轨道”复选框，单击“确定”按钮，关闭对话框，如图4-8所示。

06 上述操作完成后，可查看序列中的轨道分布情况，如图4-9所示。

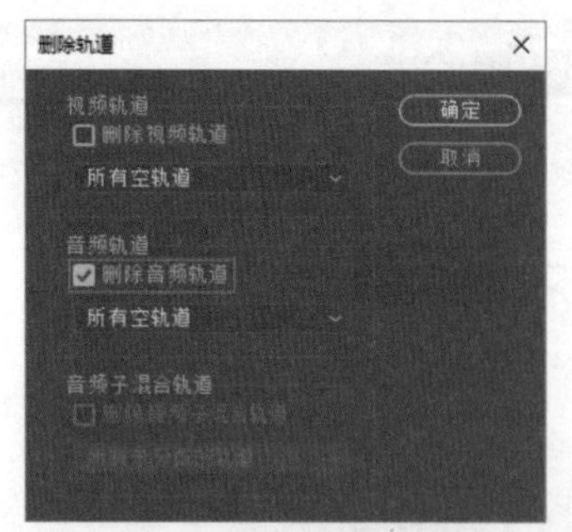

图4-8　勾选“删除音频轨道”复选框

图4-9　轨道分布情况2

4.1.3　截取素材文件

将素材应用到“源”监视器面板中，执行截取素材的操作，以选取需要的素材部分。

01 启动Premiere Pro 2022软件，新建项目，新建序列。

02 执行“文件”|“导入”命令，弹出“导入”对话框，选择要导入的素材，单击“打开”按钮，如图4-10所示。

图4-10　单击“打开”按钮

03 在“项目”面板中，选择素材，按住鼠标左键将其拖曳至“源”监视器面板，如图4-11所示。

图4-11　将素材拖曳至“源”监视器面板

04 在“源”监视器面板中，将播放指示器移动到（00:00:01:07）位置，单击“标记入点”按钮，标记入点，如图4-12所示。

图4-12　标记入点1

05 将播放指示器移动到（00:00:03:21）位置，单击“标记出点”按钮，标记出点，如图4-13所示。

图4-13　标记出点2

用户在对素材设置入点和出点时所做的改变，将影响剪辑后素材文件的显示，不会影响磁盘上源素材本身的设置。

06_ 将素材从“项目”面板中拖曳至“时间轴”面板，如图4-14所示，即可看到素材由原来的（00:00:17:09）变成了现在的（00:00:02:16）。

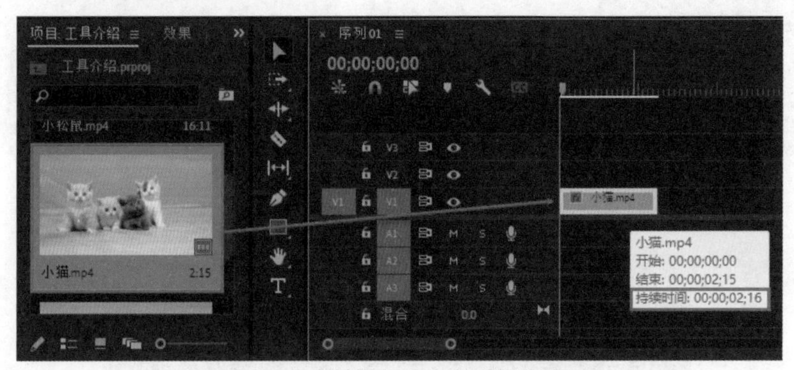

图4-14　素材拖曳至“时间轴”面板

4.1.4　设置入点和出点

素材开始帧的位置称为入点，素材结束帧的位置称为出点。下面介绍如何使用选择工具在“时间轴”面板中设置入点和出点。

01_ 打开项目文件，在“项目”面板中导入素材，将素材添加到“时间轴”面板，将播放指示器移动到“时间轴”面板中想作为影片起始位置的地方，如图4-15所示。

02_ 单击“工具”面板中的“选择工具”，如图4-16所示。

图4-15　移动播放指示器位置

图4-16　选中“选择工具”

03_ 将光标移动到“时间轴”面板中素材的左边缘，“选择工具”将会变成一个向右的边缘图标，如图4-17所示。

04_ 单击素材边缘，并将其拖动到时间指示器的位置，即可设置素材的入点。在单击并拖动素材时，一个时间码读数会显示在该素材旁边，显示编辑更改，如图4-18所示。

05_ 将光标移动到“时间轴”面板中素材的右边缘，此时选择工具变为一个向左的边缘图标，如图4-19所示。

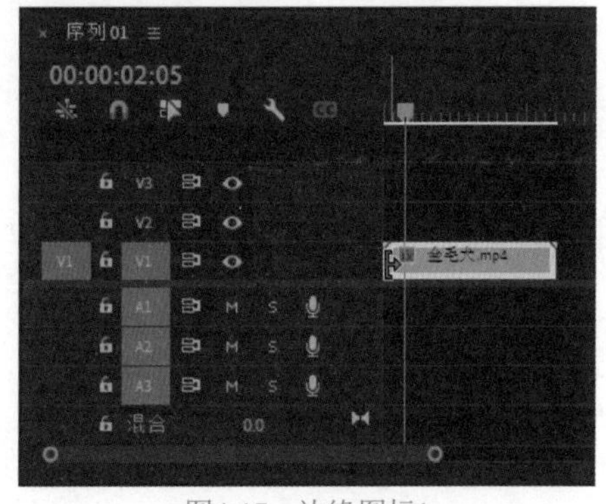

图4-17　边缘图标1

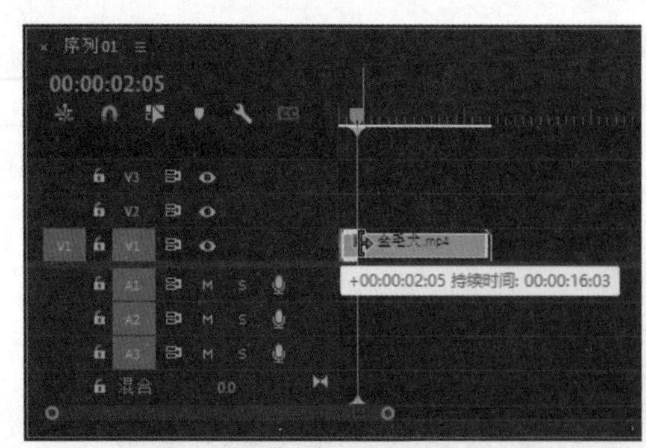

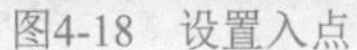
图4-18　设置入点

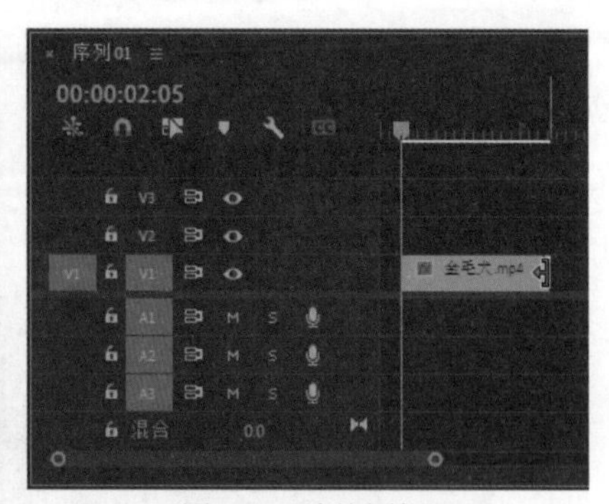

图4-19　边缘图标2

06_ 单击素材边缘，并将其拖动到想作为素材结束点的地方，即可设置素材的出点。在单击并拖动素材时，一个时间码读数会显示在该素材的旁边，显示编辑更改，如图4-20所示。

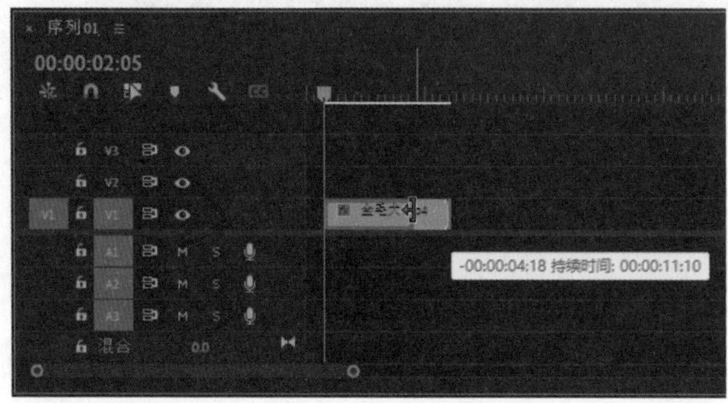

图4-20　设置出点

4.1.5　调整素材的播放速度

出于影片需要，有时需要将素材快放或慢放，增加画面表现力，这时就需要调整素材的播放速度。下面介绍调整素材播放速度的操作方法。

调整素材的播放速度会改变原始素材的帧数，这会影响影片素材的运动效果和音频素材的声音效果。例如，设置一个影片的播放速度为50%，影片产生慢动作效果；设置影片的速度为200%，将会产生快进效果。

01_ 打开项目文件，导入素材，将素材拖曳至“时间轴”面板，如图4-21所示。

图4-21　将素材拖曳至“时间轴”面板

02_ 选择“时间轴”面板中的素材，右击，在弹出的快捷菜单中选择“速度/持续时间”选项，如图4-22所示。

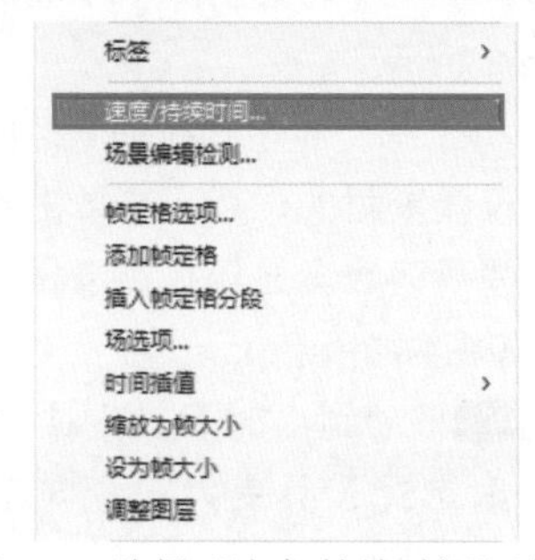

图4-22　选择“速度/持续时间”选项

03_ 弹出“剪辑速度/持续时间”对话框，在“速度”后的输入框中输入参数为200，单击“确定”按钮，完成设置，如图4-23所示。加快播放速度后，素材的持续时间就会相应缩短。

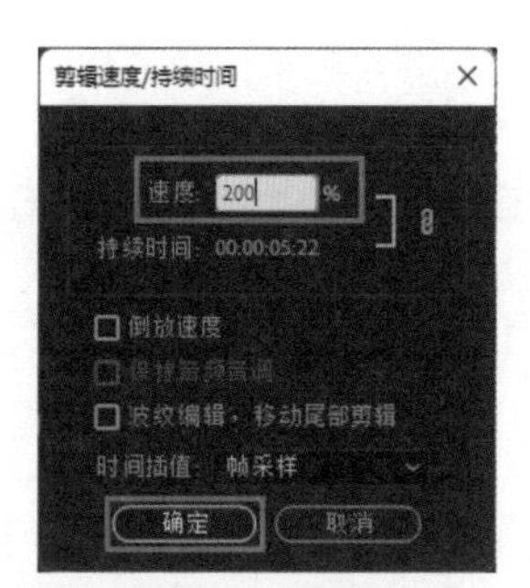

图4-23 设置参数

04_ 按空格键预览调整播放速度后的效果，如图4-24所示。

图4-24 预览效果

4.1.6 实战——为素材设置标记入点和出点

标记入点是指将播放指示器在所选位置标记为入点，标记出点是指将播放指示器在所选位置标记为出点，下面用实例来详细介绍为素材设置标记入点和出点截取素材的操作。

01_ 打开“为素材设置标记入点和出点.prproj”项目文件，在“项目”面板中导入素材，将素材拖曳至“源”监视器面板。设置时间为（00:00:01:03），单击“标记入点”按钮，添加入点标记，同时在“源”监视器面板下方，会出现一个入点标记，如图4-25所示。

02_ 设置时间为（00:00:14:06），单击“标记出点”按钮，添加出点标记，同时在“源”监视器面板下方，会出现一个出点标记，如图4-26所示。

图4-25 标记入点

图4-26 标记出点

标记入点的快捷键为I键；标记出点的快捷键为O键。

03_ 将素材从“源”监视器面板拖曳至“时间轴”面板，如图4-27所示。

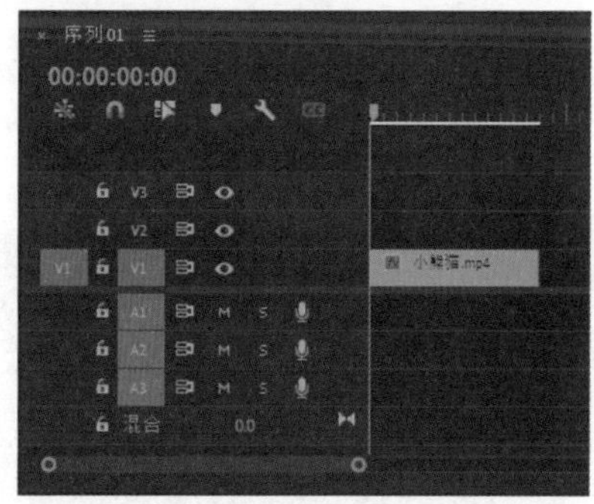

图4-27 添加素材到“时间轴”面板

04_ 这段素材有链接的音频文件，需要将音频文件删除。选择“时间轴”面板中的素材，右击，在弹出的快捷菜单中选择“取消链接”选项，解除视频和音频之间的链接。

05_ 在“源”监视器面板中，设置时间为

（00:00:16:02），单击“标记入点”按钮，添加入点标记，同时在“源”监视器面板下方，会出现一个入点标记，如图4-28所示。

图4-28　添加入点标记

06_ 在“源”监视器面板中，设置时间为00:00:23:24，单击“标记出点”按钮，添加出点标记，同时在“源”监视器面板下方，会出现一个出点标记，如图4-29所示。

图4-29　添加出点标记

07_ 将“源”监视器面板中的素材拖曳至“时间轴”面板，放置在第一个素材相应的位置，如图4-30所示。

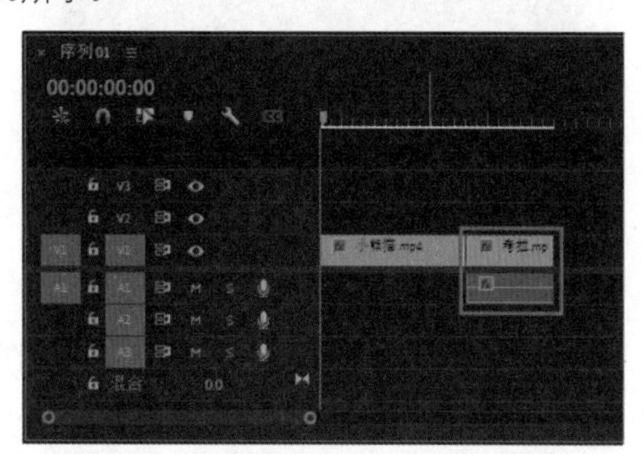

图4-30　添加素材至“时间轴”面板

08_ 选择“时间轴”面板中的音频素材，右击，在弹出的快捷菜单中选择“取消链接”选项，解除视频和音频的链接关系，如图4-31所示。

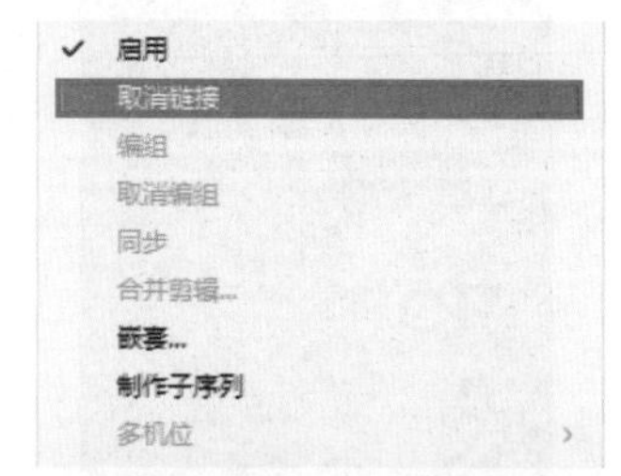

图4-31　选择“取消链接”选项

09_ 选择“时间轴”面板中的音频素材，右击，在弹出的快捷菜单中选择“清除”选项，清除音频素材，如图4-32所示。

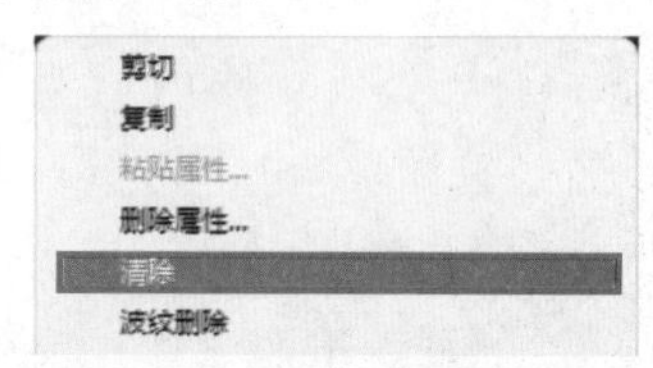

图4-32　选择“清除”选项

10_ 在“源”监视器面板中，设置时间为（00:00:09:20），单击“标记入点”按钮，添加入点标记，如图4-33所示。

图4-33　标记入点

11_ 设置时间为（00:00:16:14），单击“标记出点”按钮，添加出点标记，如图4-34所示。

图4-34　标记出点

12_ 用同样的方法将素材从“源”监视器面板拖曳至“时间轴”面板，并与前一个素材剪辑相邻放置，如图4-35所示。

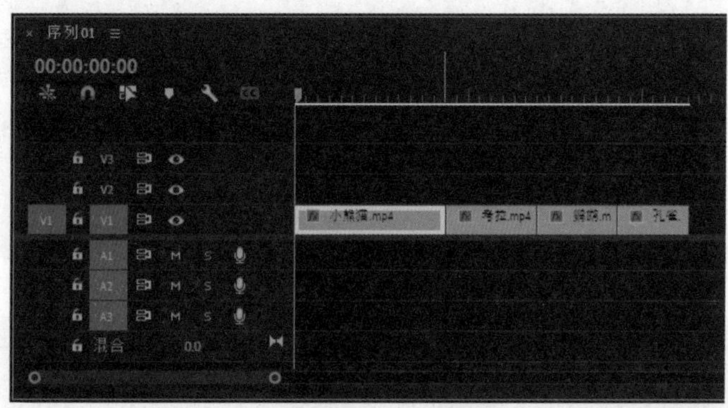

图4-35 添加素材拖曳至“时间轴”面板

13_ 打开“效果”面板，依次展开“视频过渡”|“溶解”文件夹，选择“交叉溶解”效果，拖曳至“时间轴”面板中的第一个素材和第二个素材之间，使之中心切入，如图4-36所示。

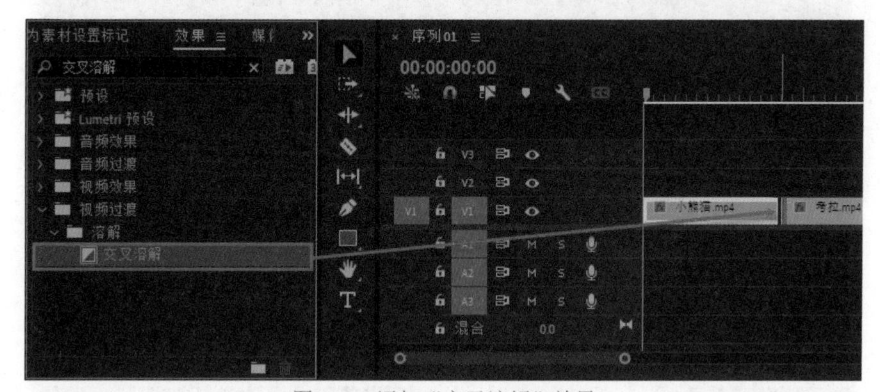

图4-36 添加“交叉溶解”效果

14_ 在“效果”面板中选择“溶解”文件夹下的“胶片溶解”效果，将其拖曳至“时间轴”面板中的第二个素材和第三个素材之间，使之中心切入，如图4-37所示。

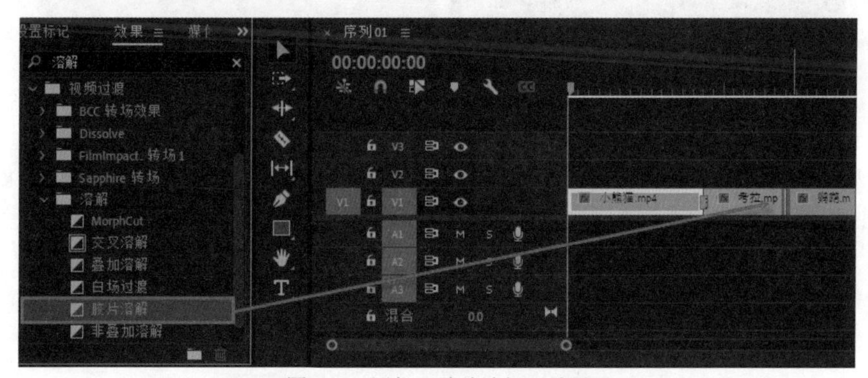

图4-37 添加“胶片溶解”效果

15_ 在“效果”面板中选择“溶解”文件夹下的“叠加溶解”效果，将其拖曳至“时间轴”面板中的第三个素材和第四个素材之间，使之溶解切入，如图4-38所示。

16_ 在“效果”面板中选择“溶解”文件夹下的“黑场过渡”效果，将其拖曳至“时间轴”面板中的最后一个素材的结束处，如图4-39所示。

17_ 在“节目”监视器面板中可以预览调整后的影片效果，如图4-40所示。

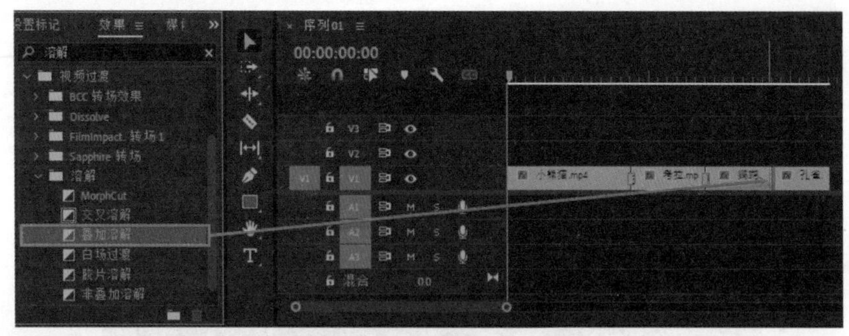

图4-38　添加“叠加溶解”效果

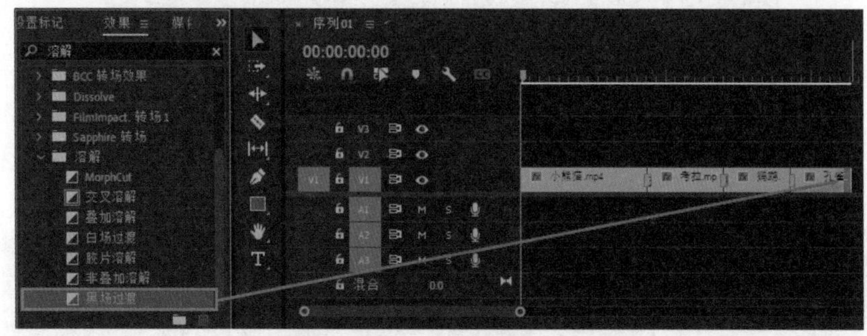

图4-39　添加“黑场过渡”效果

图4-40　预览效果

在“时间轴”面板的时间线上右击，在弹出的快捷菜单中可以设置、访问或清除序列标记。

4.2 分离素材

分离素材的方法有很多种，包括切割素材、提升和提取编辑、插入和覆盖编辑等。下面具体介绍这些分离素材的方法。

4.2.1　切割素材

使用“工具”面板中的“剃刀工具”可以快速剪辑素材，下面介绍具体操作方法。

01 打开项目文件，将素材添加到“时间轴”面板，如图4-41所示。

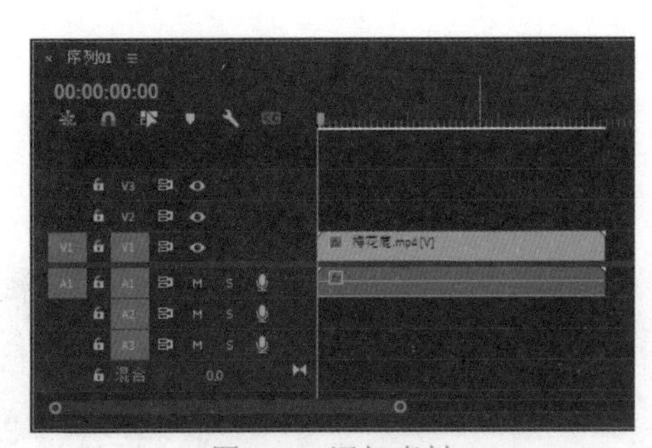

图4-41　添加素材

02_ 将时间指示器移动到想要切割的帧上。在“工具”面板中选择“剃刀工具”，如图4-42所示。

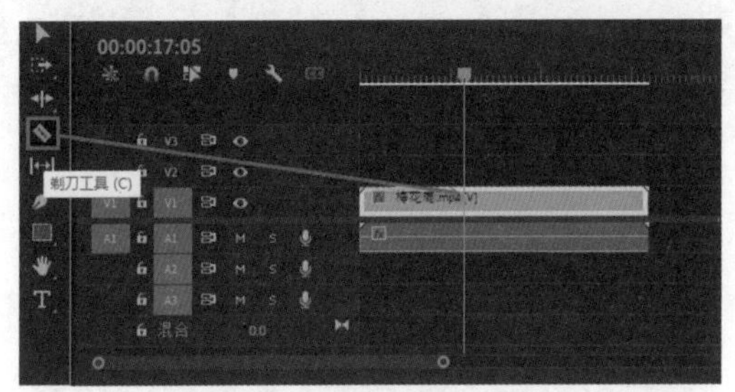

图4-42　选择“剃刀工具”

03_ 单击时间指示器选择的帧，即可切割轨道上的素材，如图4-43所示。

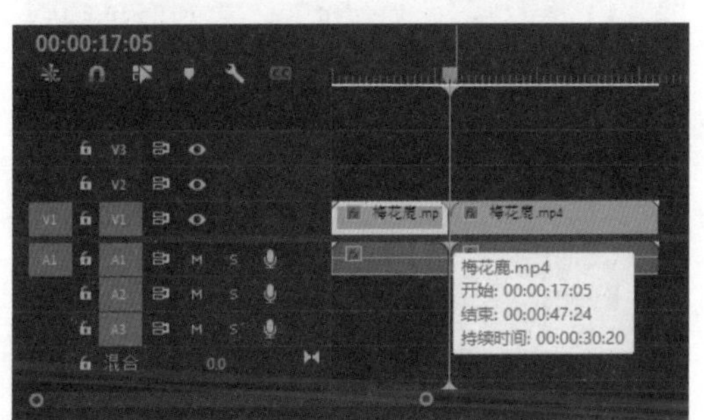

图4-43　用剃刀工具切割素材

如果要将多个轨道上的素材在同一位置进行切割，则按住Shift键，这时会显示多重刀片，轨道上未锁定的素材都在该位置被分割为两段。

4.2.2　插入和覆盖编辑

插入编辑是指在时间指示器位置添加素材，时间指示器后面的素材向后移动；而覆盖编辑是指在时间指示器位置添加素材，重复部分被覆盖，并不会向后移动。

01_ 打开项目文件，将时间指示器放置在合适的位置，如图4-44所示。

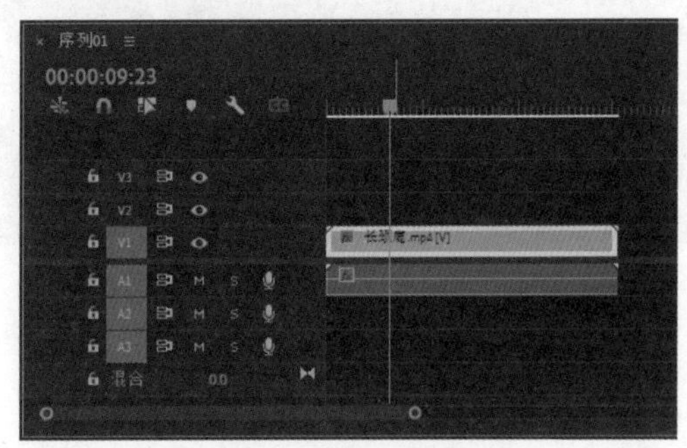

图4-44　打开项目文件

02_ 将“项目”面板中的“小兔子.mp4”素材拖曳至“源”监视器面板，单击“源”监视器面板下方的“插入”按钮，如图4-45所示。

图4-45　单击“插入”按钮

03_ 在时间指示器位置插入素材，如图4-46所示。可以看到，序列的出点向后移动了7秒3帧。

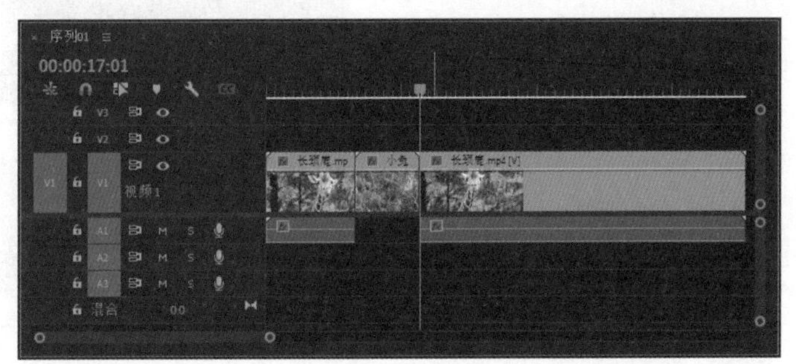

图4-46　插入结果

04_ 保持时间指示器位置不变，将“项目”面板的“火烈鸟.mp4”素材拖曳至“源”监视器面板，单击“源”监视器面板下方的“覆盖”按钮，如图4-47所示。

05_ 在时间指示器位置添加素材，如图4-48所示，可以看到，序列总长度并没有发生变化。

图4-47　单击“覆盖”按钮

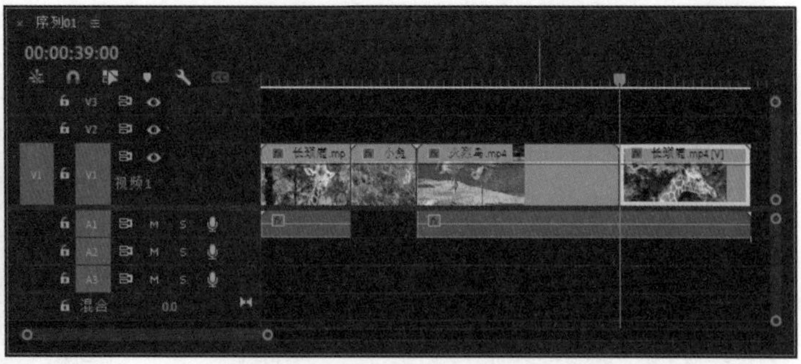

图4-48　覆盖结果

4.2.3　提升和提取编辑

通过对序列执行“提升”或“提取”编辑操作，可以从“时间轴”面板中轻松移除素材片段。在执行“提升”编辑操作时，从“时间轴”面板提升出一个片段，然后在已删除素材的地方留下一段空白区域。在执行“提取”编辑操作时，移除素材的一部分，然后素材后面的帧会前移，补上删除部分的空缺，因此不会有空白区域。

01_ 打开项目文件，将时间指针放置在00:00:04:00位置，按I键，标记入点，如图4-49所示。

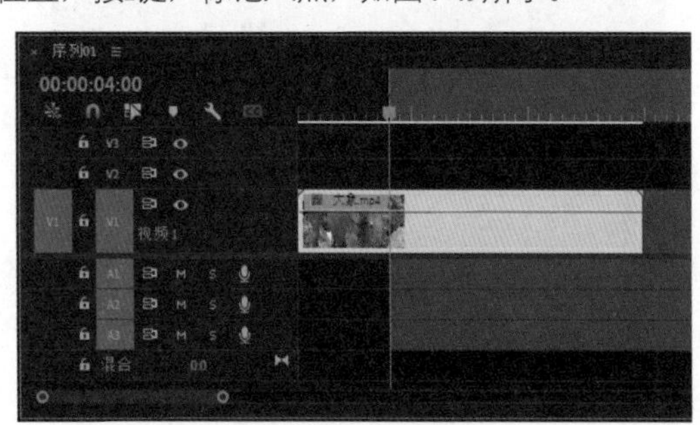

图4-49　标记入点

02_ 将时间指针放置在00:00:09:00位置，按O键，标记出点，如图4-50所示。

03_ 执行“序列”|“提升”命令，或者单击“节目”监视器面板中的“提升”按钮，即可完成提升编辑操作，如图4-51所示，此时视频轨中留下了一段空白区域。

04_ 执行“编辑”|“撤销”命令，撤销上一步操作，使素材回到未执行“提升”命令前的状态，如图4-52所示。

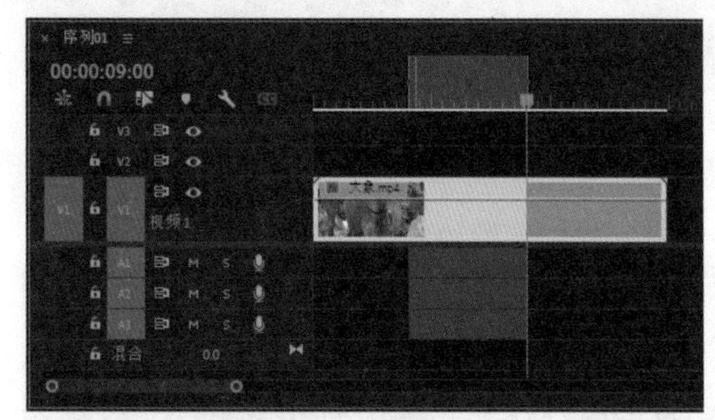

图4-50　标记出点

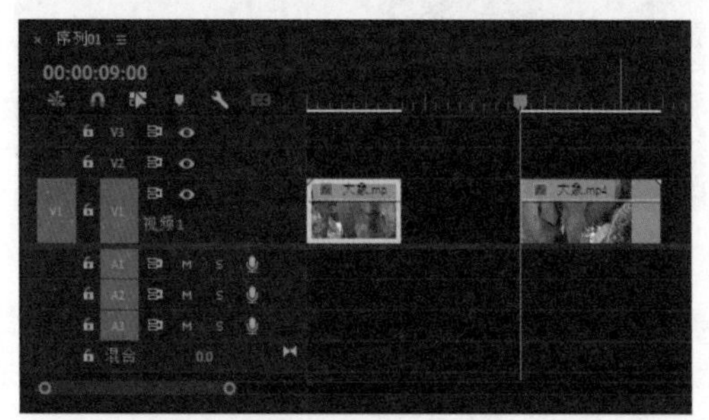

图4-51　提升编辑

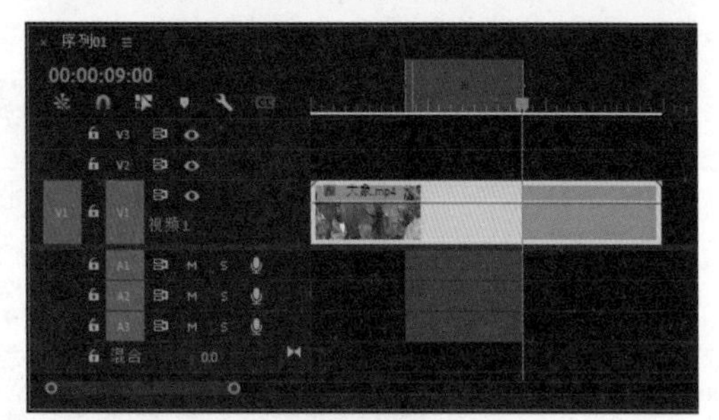

图4-52　撤销操作

05_ 执行“序列”|“提取”命令，或单击“节

目”监视器面板中的“提取”按钮，即可完成提取编辑操作，如图4-53所示。此时从入点到出点之间的素材都已被移除，并且出点之后的素材向前移动，没有留下空白。

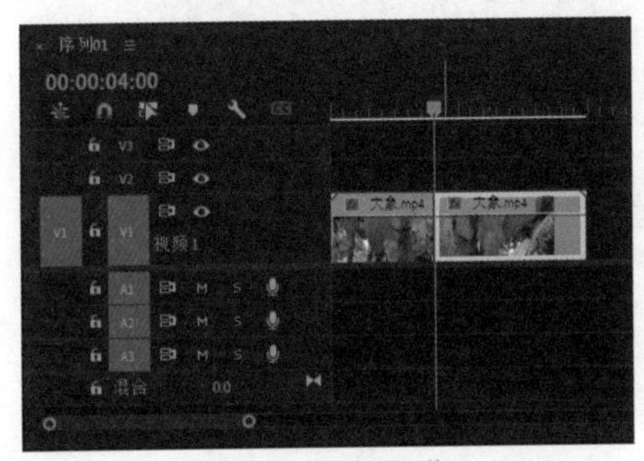

图4-53　提取操作

4.2.4　分离和链接素材

在Premiere Pro 2022中处理带有音频的视频文件时，有时需要把视频和音频分开处理，这就需要用到分离操作。而某些单独的视频和音频需要同时编辑时，则需要将其链接起来以方便操作。

要将链接的视音频分离开，只需要执行“剪辑”|“取消链接”命令，即可分离视频和音频，此时视频素材的命名后没有“[V]”字符，如图4-54所示。

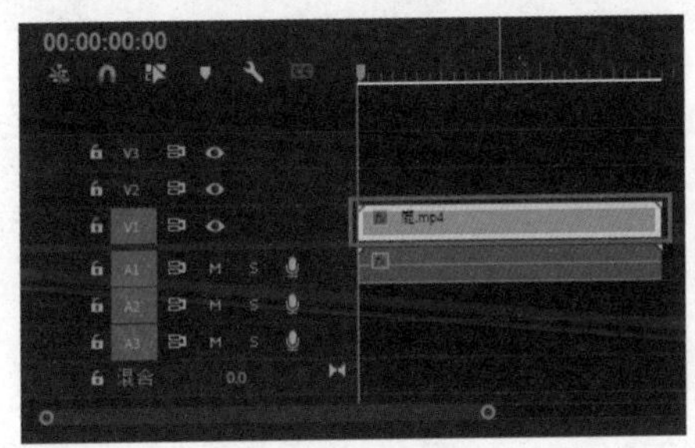

图4-54　分离操作

若要将视频和音频链接起来，只需要同时选择要链接的视频和音频素材，执行“剪辑”|“链接”命令，即可链接视频和音频素材，此时原来的视频素材的命名后多了“[V]”字符，如图4-55所示。

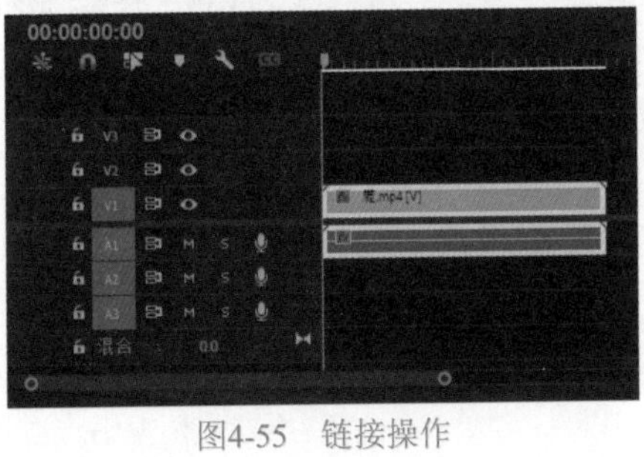

图4-55　链接操作

4.2.5　实战——在素材中插入新的素材

下面进行在素材中插入新素材的操作。

01_ 启动Premiere Pro 2022软件，新建项目，新建序列，如图4-56所示。

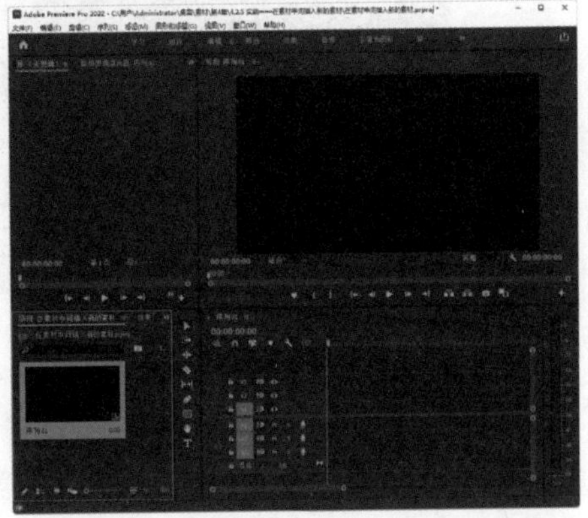

图4-56　新建项目

02_ 在“项目”面板中右击，在弹出的快捷菜单中选择“导入”选项，如图4-57所示。

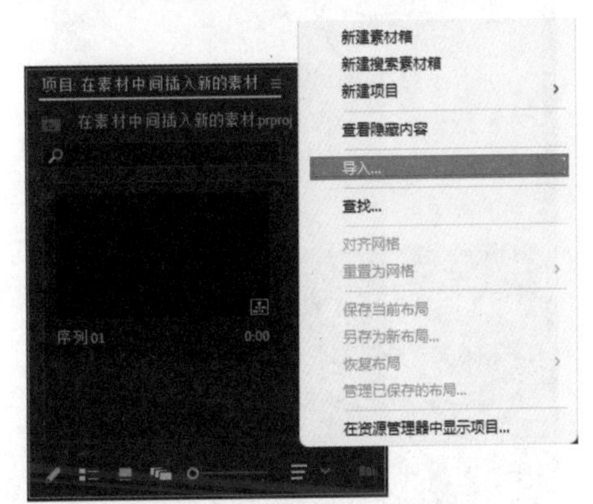

图4-57　选择“导入”选项

03_ 弹出“导入”对话框，选择需要导入的素材，单击“打开”按钮，导入素材，如图4-58所示。

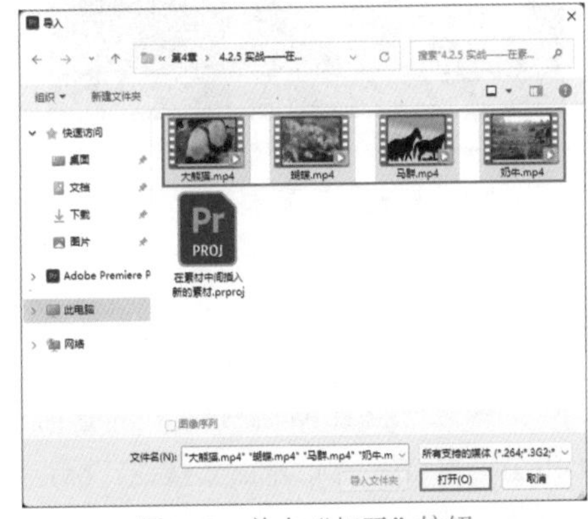

图4-58　单击“打开”按钮

04 在“项目”面板中选择“奶牛.mp4”素材，将其拖曳至“时间轴”面板，并将时间指针移动到合适的位置（00:00:04:10），如图4-59所示。

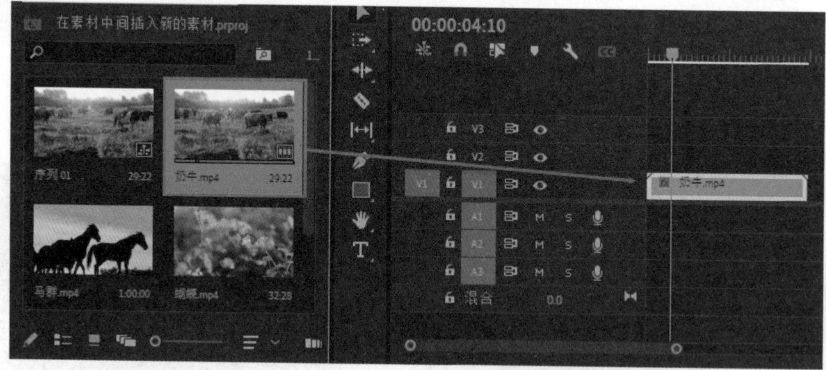

图4-59　拖曳素材

05 在“项目”面板中选择“马群.mp4”素材，将其拖曳至“源”监视器面板，查看素材，添加“入点”和“出点”，然后单击“源”监视器面板下方的“覆盖”按钮，如图4-60所示。

图4-60　覆盖编辑

06 此时“马群.mp4”素材就添加到了“时间轴”面板，如图4-61所示。

07 在“项目”面板中选择“蝴蝶.mp4”素材，将其拖曳至“时间轴”面板，如图4-62所示。

08 在“节目”监视器面板中，设置时间为00:00:40:14，单击“标记入点”按钮，标记序列入点，如图4-63所示。

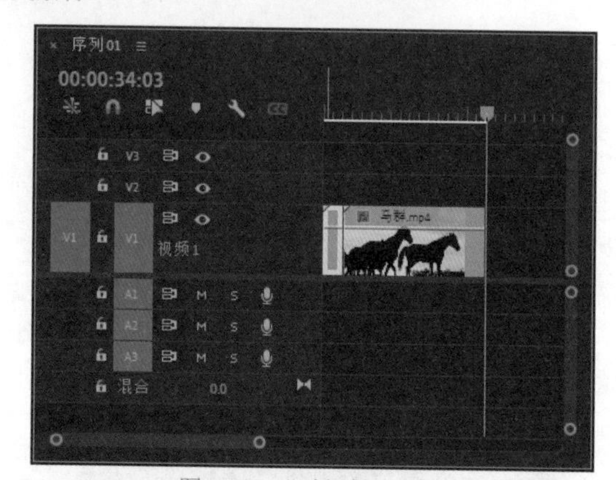

图4-61　“时间轴”面板

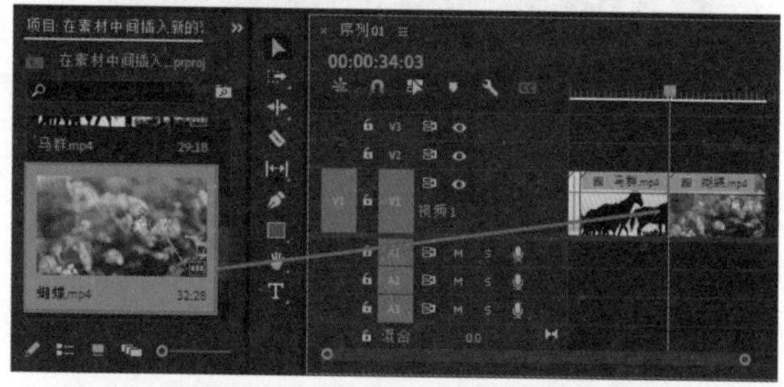

图4-62　拖曳素材

图4-63　标记序列入点

09_ 设置时间为00:00:48:16，单击“标记出点”按钮，标记序列出点，如图4-64所示。

图4-64　标记序列出点

10_ 单击“节目”监视器面板下方的“提取”按钮，如图4-65所示。

图4-65　单击“提取”按钮

11_ 此时“时间轴”面板中“蝴蝶.mp4”素材中间提取了一段素材，且不留空白，如图4-66所示。

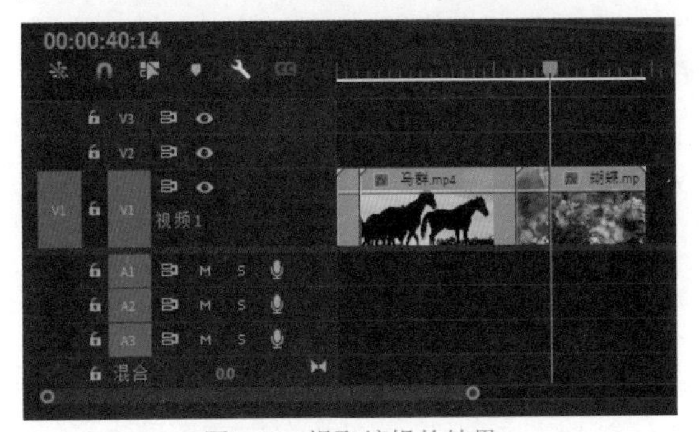

图4-66　提取编辑的结果

12_ 在“项目”面板中选择“大熊猫.mp4”素材，将其拖曳至“源”监视器面板，查看素材，如图4-67所示。

13_ 在“源”监视器面板中，设置时间为00:00:30:07，单击“标记入点”按钮，添加入点标记，如图4-68所示。

图4-67　将素材拖曳至“源”监视器面板

图4-68　标记入点

14_ 设置时间为00:00:39:00，单击“添加出点”按钮，添加出点标记，如图4-69所示。

图4-69　标记出点

15_ 单击“源”监视器面板下方的“插入”按钮，在“时间轴”面板中插入入点和出点之间的素材，如图4-70所示。

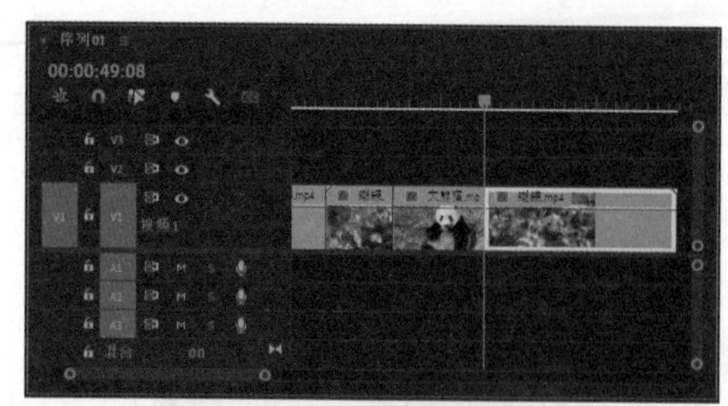

图4-70 插入编辑

16_ 在“项目”面板中选择“奶牛.mp4”素材，将其拖曳至“时间轴”面板，将光标放置在素材左边缘，变为边缘图标，如图4-71所示。

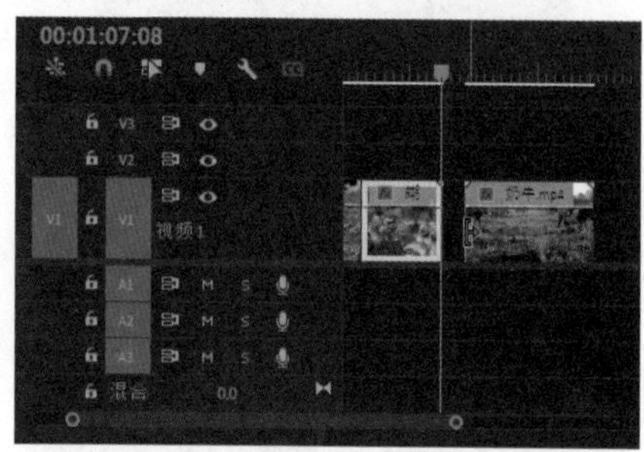

图4-71 添加素材

17_ 按住鼠标左键，将边缘图标向右拖动到合适的位置，如图4-72所示。

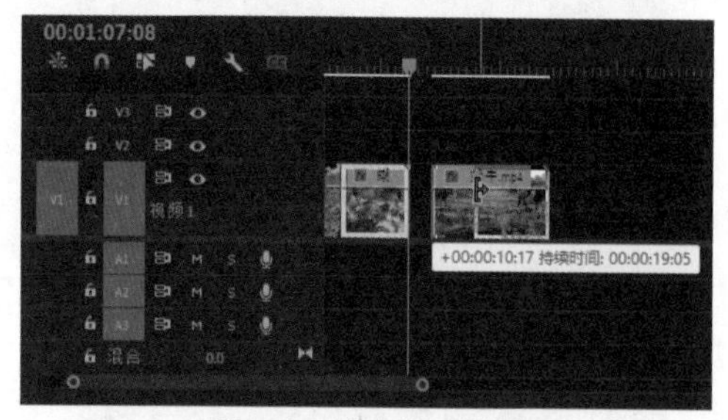

图4-72 向右拖动图标

18_ 释放鼠标左键即可剪辑素材，将剩下的素材部分移动到与前一段素材相邻的位置，如图4-73所示。

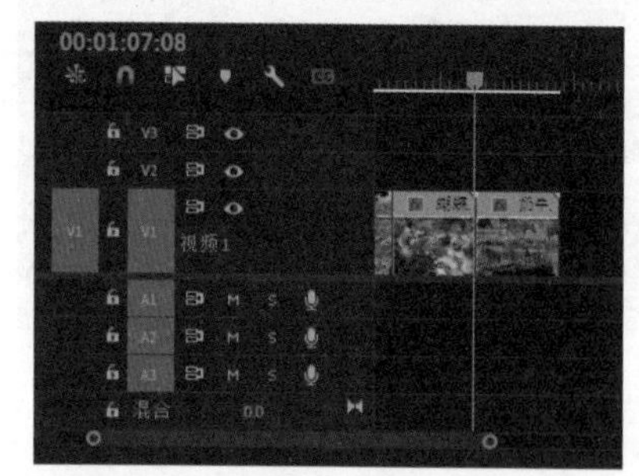

图4-73 剪辑并移动素材

19_ 按空格键预览影片效果，如图4-74所示。

图4-74 预览剪辑效果

20_ 执行“文件”|“保存”命令，保存项目。

4.3 使用Premiere Pro 2022创建新元素

在“文件”菜单的“新建”子菜单中，执行“彩条”“黑场”“隐藏字幕”“颜色遮罩”“HD彩条”等命令，能快速创建新的实用素材，如图4-75所示。

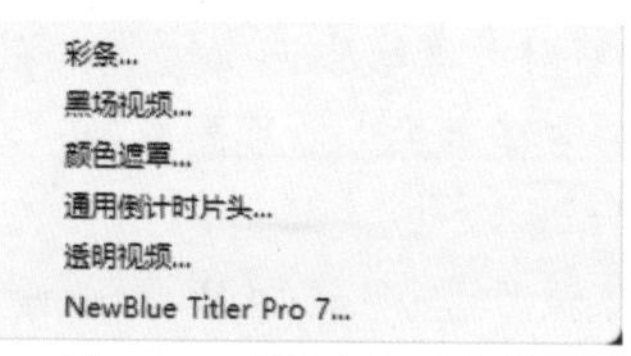

图4-75 “新建”子菜单

4.3.1　通用倒计时片头

通用倒计时片头是一段倒计时的视频素材，常用于影片的开头。在Premiere Pro 2022中可以快速创建倒计时片头，还可以调整其中的参数，使之更适合影片。

01 启动Premiere Pro 2022软件，新建项目，新建序列。执行“文件”|“新建”|“通用倒计时片头”命令，如图4-76所示。

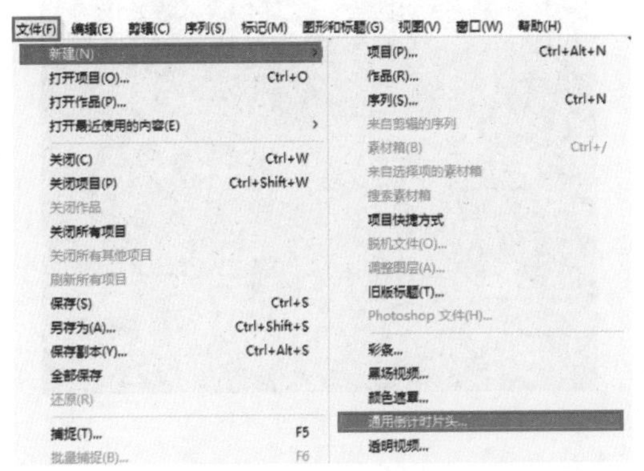

图4-76　执行“文件”|“新建”|“通用倒计时片头”命令

02 弹出“新建通用倒计时片头”对话框，选择默认设置，单击“确定”按钮，如图4-77所示。

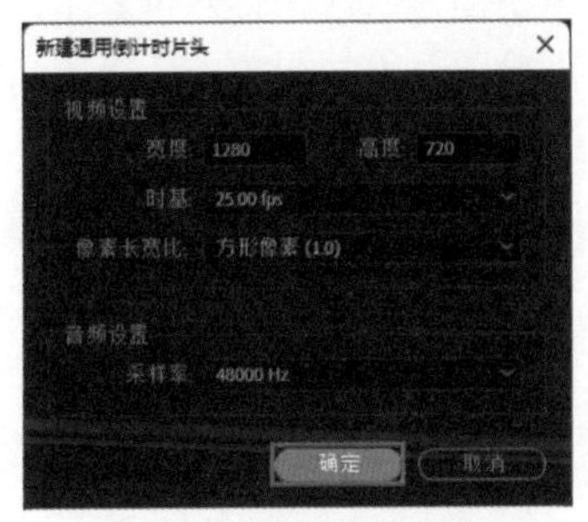

图4-77　设置片头参数

03 弹出“通用倒计时设置”对话框，单击“数字颜色”后的色块，如图4-78所示。

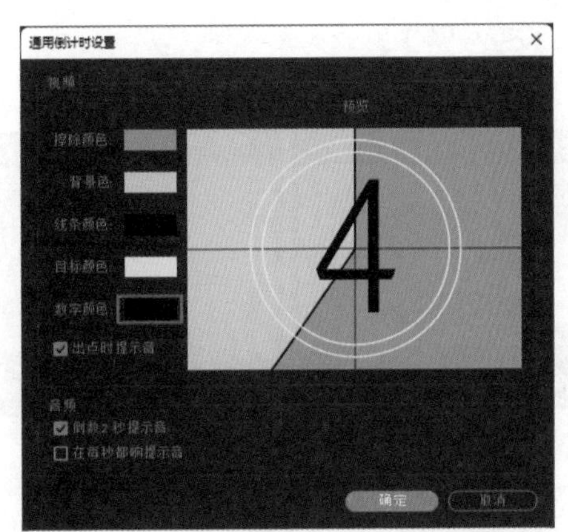

图4-78　单击“数字颜色”后的色块

04 弹出“拾色器”对话框，选择颜色，单击“确定”按钮，完成设置，如图4-79所示。

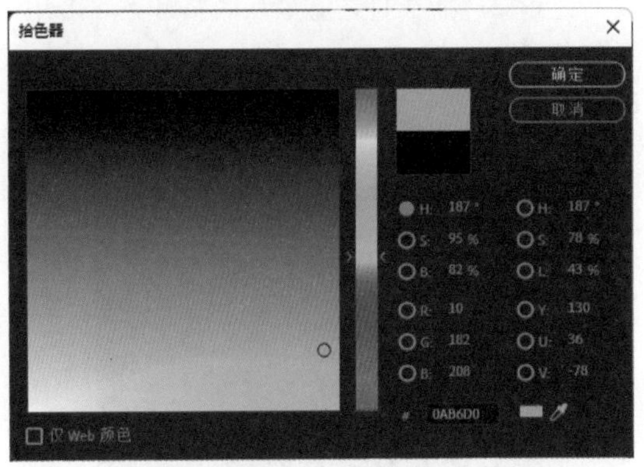

图4-79　选择颜色

在“通用倒计时片头设置”对话框中，可以根据制作需要设置倒计时片头原色的颜色，还可以更改声音的相关设置。

05 单击“确定”按钮，关闭“拾色器”对话框。此时可以看到“项目”面板中增加了“通用倒计时片头”素材，将其拖曳至“时间轴”面板，如图4-80所示。

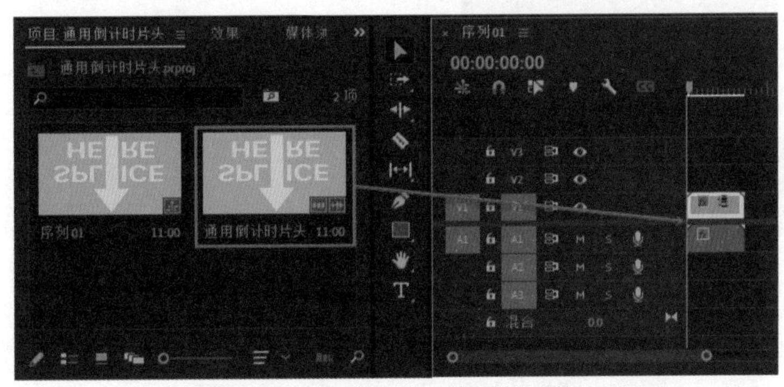

图4-80　添加素材至“时间轴”面板

06_ 按空格键预览通用倒计时片头的效果，如图4-81所示。

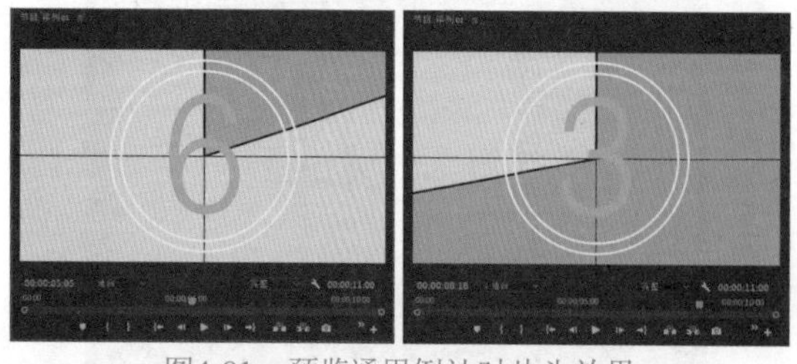

图4-81 预览通用倒计时片头效果

4.3.2 彩条和黑场

1. 彩条

彩条是一段带音频的彩条视频图像，即电视机上在正式转播节目之前显示的彩虹条，多用于颜色的校对，其音频是持续的“嘟……”的音调，如图4-82所示。

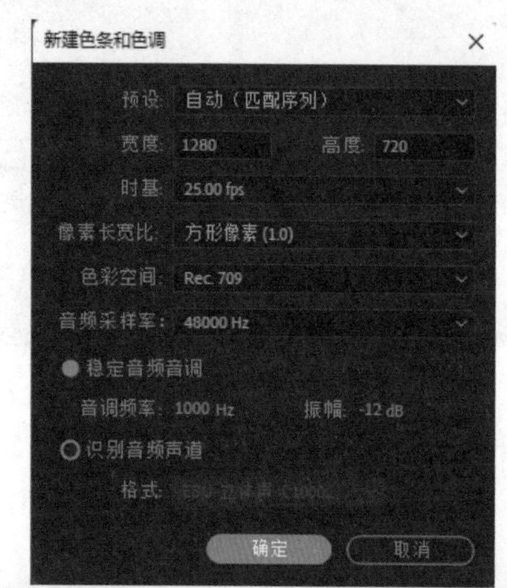

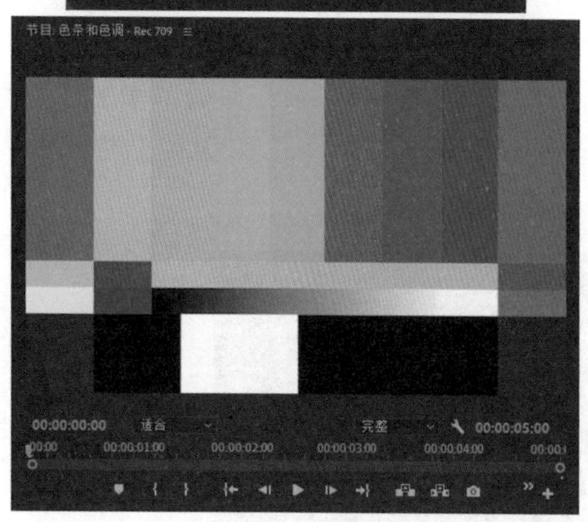

图4-82 新建彩条

2. 黑场

黑场是一段黑屏画面的视频素材，多用于转场，默认的时间长度与默认的静止图像持续时间相同，如图4-83所示。

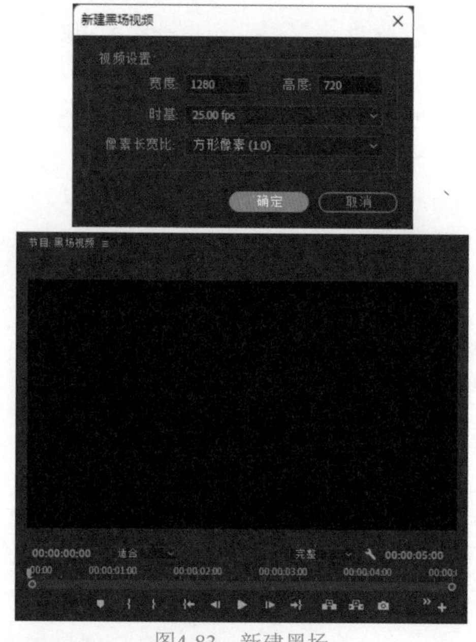

图4-83 新建黑场

4.3.3 颜色遮罩

颜色遮罩相当于单一颜色的图像素材，可以用于背景色彩图像，或通过其设置不透明度参数及图像混合模式，对下层视频轨道中的图像应用色彩调整效果。

01_ 启动Premiere Pro 2022软件，新建项目，新建序列。执行“文件”|“导入”命令，在弹出的“导入”对话框中选择需要的素材，单击“确定”按钮，导入素材，如图4-84所示。

图4-84 导入素材

02_ 将素材拖曳至“时间轴”面板，如图4-85所示。

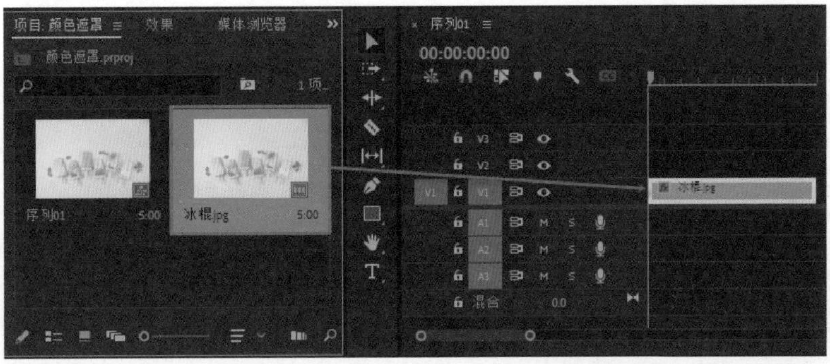

图4-85　拖曳素材

03_ 选择“时间轴”面板中的素材图像，进入“效果控件”面板，设置缩放参数为31，如图4-86所示。

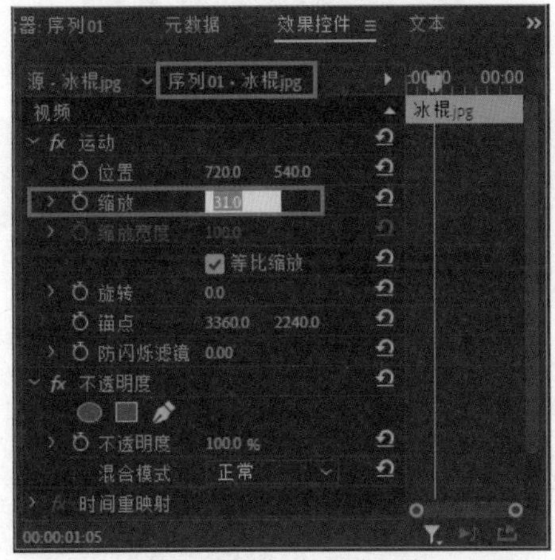

图4-86　设置缩放参数

04_ 在“项目”面板中依次选择“新建项目”1选择“颜色遮罩”选项，如图4-87所示。

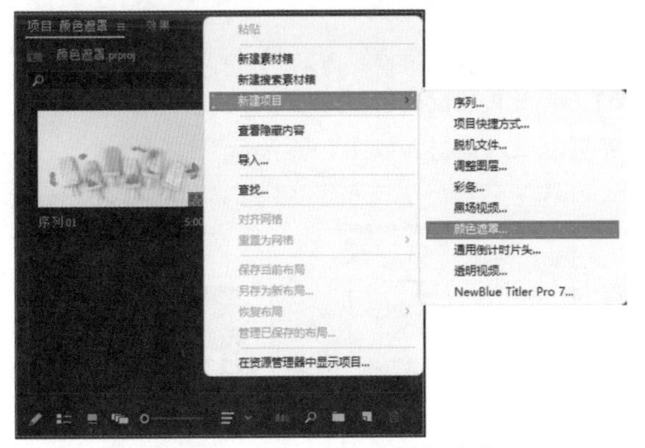

图4-87　选择“颜色遮罩”选项

05_ 弹出“新建颜色遮罩”对话框，设置参数，单击“确定”按钮，如图4-88所示。

06_ 弹出“拾色器”对话框，设置参数，单击“确定”按钮，如图4-89所示，完成设置。

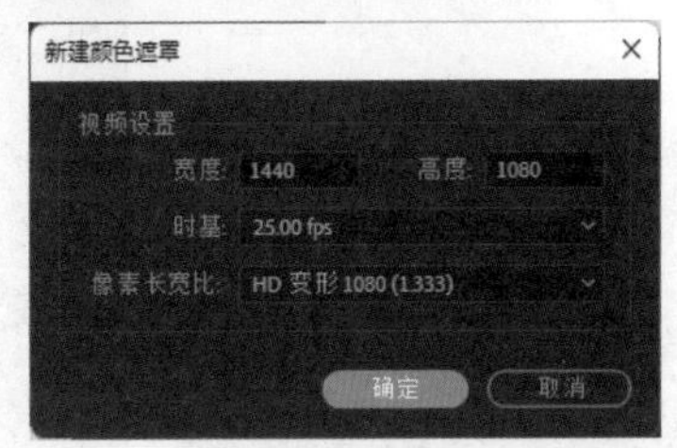

图4-88　新建颜色遮罩

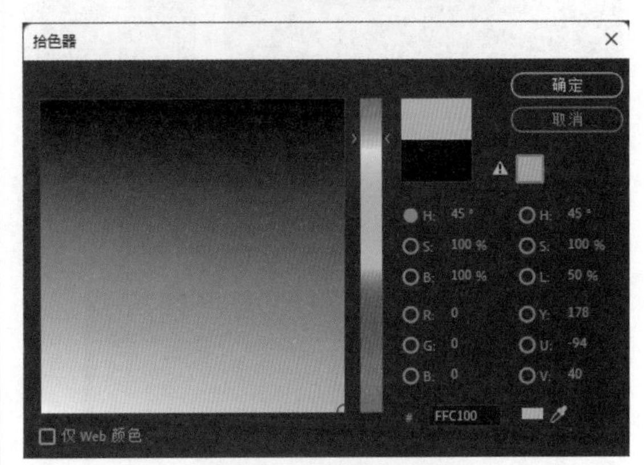

图4-89　设置遮罩颜色

07_ 弹出“选择名称”对话框，设置素材名称，单击“确定”按钮，如图4-90所示。

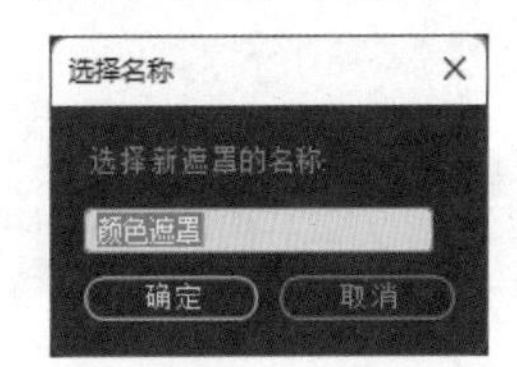

图4-90　单击“确定”按钮

08_ 将“项目”面板中的“颜色遮罩”素材拖曳至“时间轴”面板，如图4-91所示。

09_ 选择视频轨中的“颜色遮罩”素材，进入“效果控件”面板，展开“不透明度”效果，单击“混合模式”后的倒三角按钮，如图4-92所示。

10_ 在弹出的下拉列表中选择“饱和度”选项，如图4-93所示。

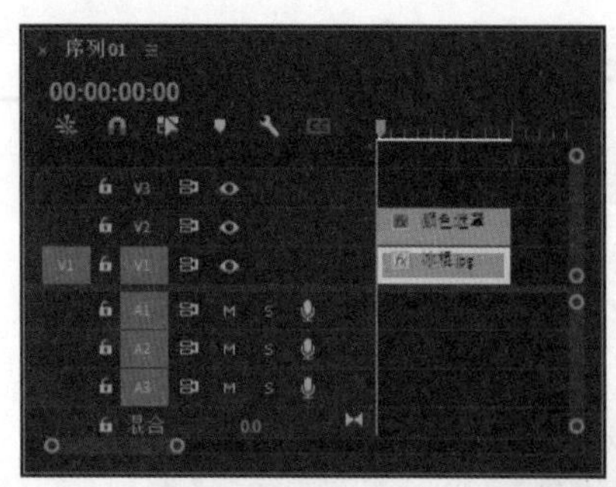

图4-91　添加素材至“时间轴”面板

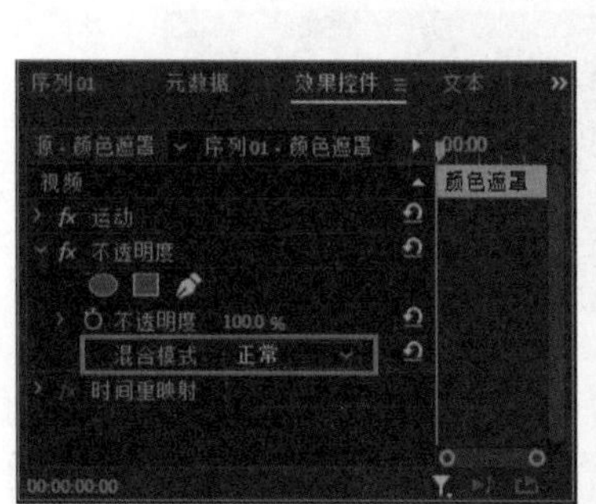

图4-92　设置混合模式

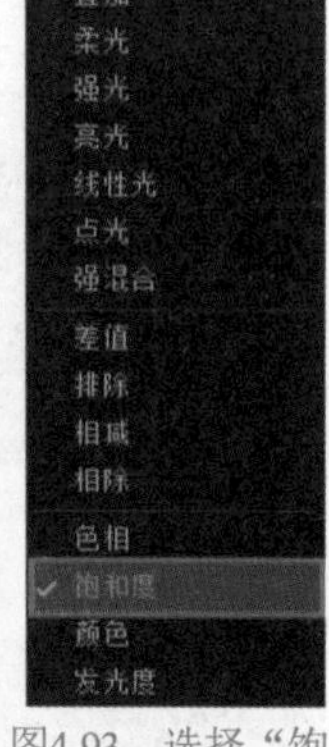

图4-93　选择“饱和度”选项

11_ 查看图像素材添加颜色遮罩的前后效果，如图4-94所示。

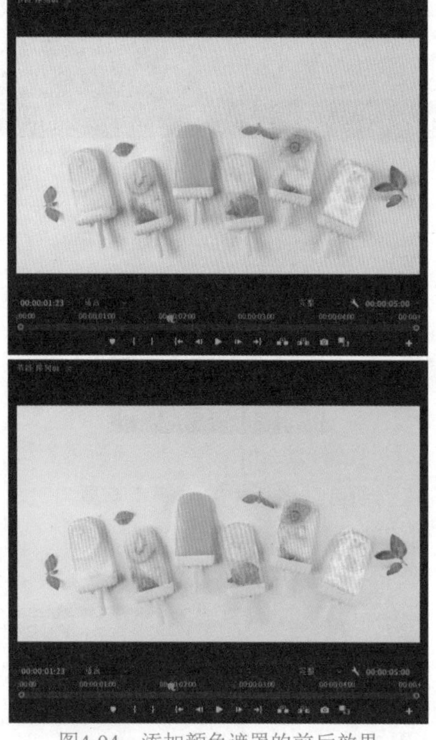

图4-94　添加颜色遮罩的前后效果

用户可以在“项目”面板或“时间轴”面板中双击颜色遮罩，随时打开“拾色器”对话框修改颜色。

4.3.4 透明视频

透明视频是一个不含音频的透明画面的视频，相当于一个透明的图像文件，可用于时间占位或为其添加视频效果，生成具有透明背景的图像内容，或者编辑需要的动画效果，如图4-95所示。

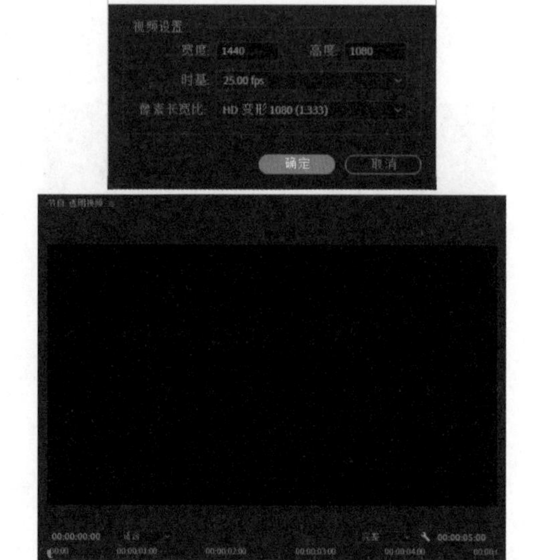

图4-95　新建透明视频

4.3.5 实战——倒计时片头的制作

下面用实例来详细介绍倒计时片头的制作。

01_ 启动Premiere Pro 2022软件，新建项目，新建序列，导入素材，如图4-96所示。

图4-96　导入素材

02_ 执行“编辑”|“首选项”|“常规”命令，弹出“首选项”对话框，设置“静止图像默认持续时间”参数为25帧，单击“确定”按钮，完成设置，如图4-97所示。

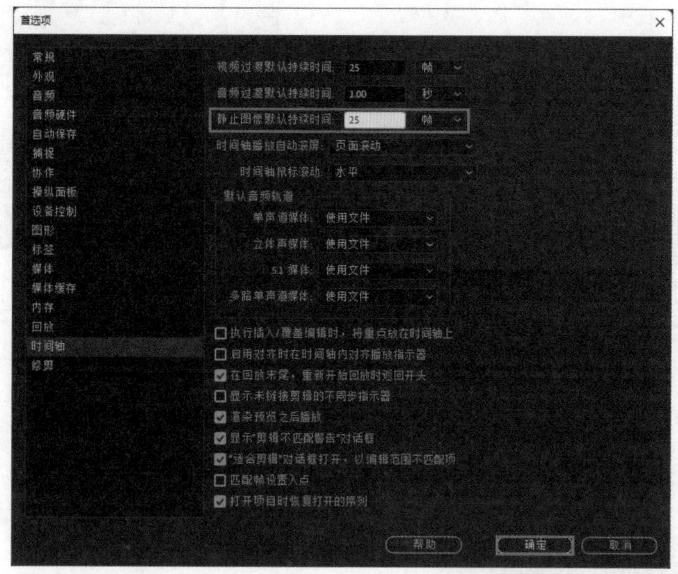

图4-97 设置首选项

03_ 执行“文件”|“新建”|“彩条”命令，弹出“新建色条和色调”对话框，设置参数，单击“确定”按钮，如图4-98所示，在“项目”面板中创建了“彩条”素材。

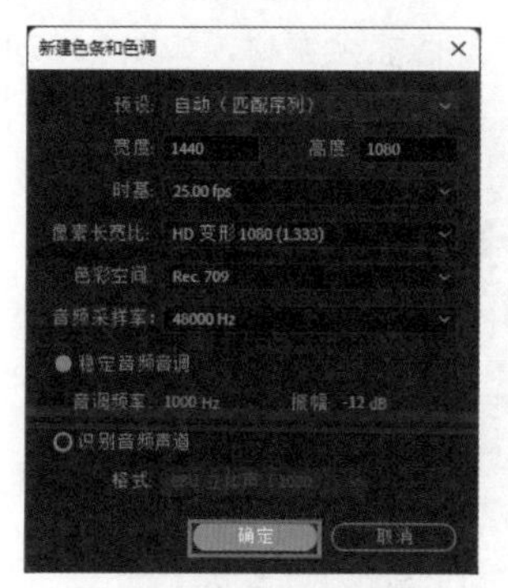

图4-98 新建彩条素材

04_ 将“项目”面板中的“彩条”素材拖曳至“时间轴”面板，如图4-99所示。

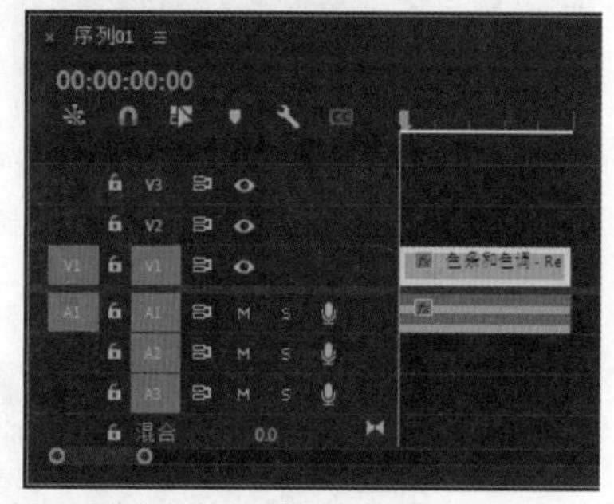

图4-99 将“彩条”素材拖曳至“时间轴”面板

05_ 在“项目”面板中选择“背景.jpg”素材，将其拖曳至“时间轴”面板，设置持续时间为00:00:07:01秒，如图4-100所示，在“效果控件”面板中，设置缩放参数为65。

06_ 在“工具”面板中选择“文字工具”T，在“节目”监视器面板中单击并输入数字8，如图4-101所示。

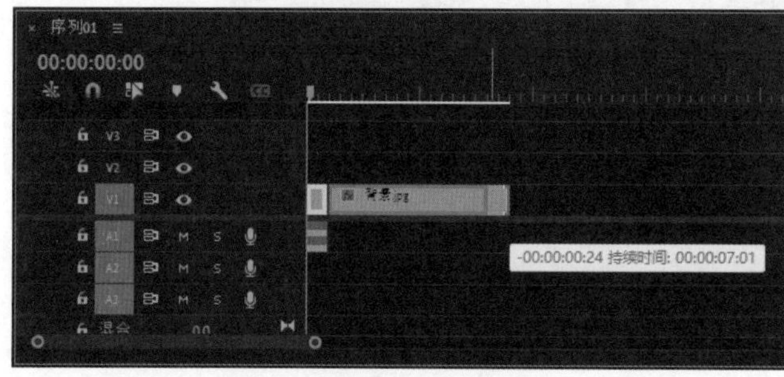

图4-100 设置素材持续时间

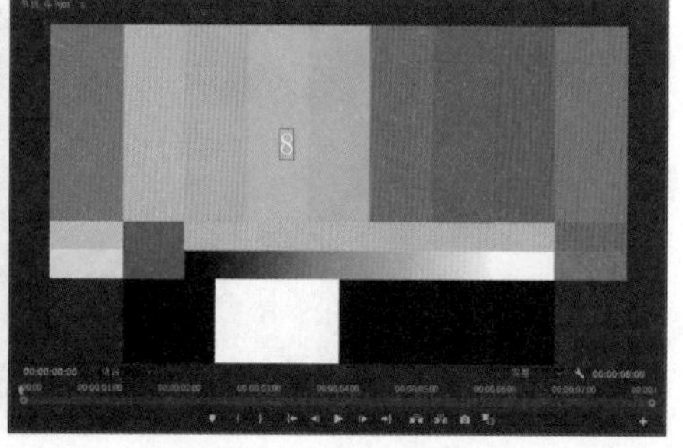

图4-101 输入数字

07_ 在“工具”面板中选择“选择工具”▶，选择“8”图形素材，进入“效果控件”面板，在“文本（8）”下拉列表中，设置字体、大小、颜色、位置及阴影等，如图4-102所示。

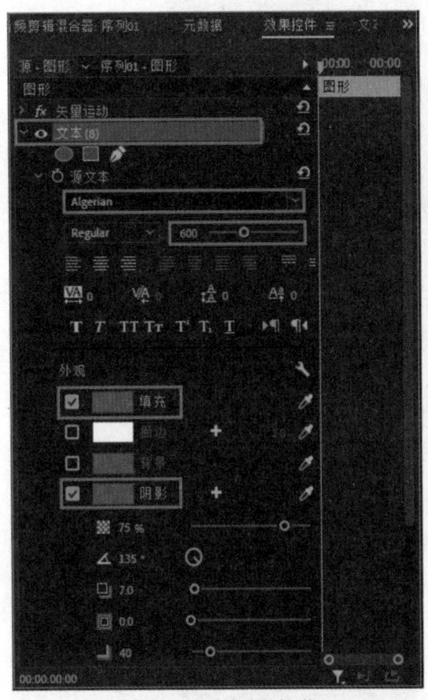

图4-102　编辑字幕

08_ 在“节目”监视器面板中的效果如图4-103所示。

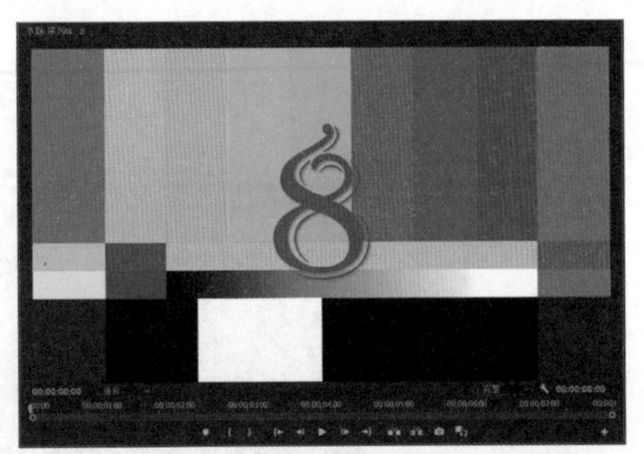

图4-103　“节目”监视器面板中的效果

09_ 在“时间轴”面板中，选择“8”图形素材，复制7次（快捷键按Alt），如图4-104所示。

10_ 选择第二个“8”图形素材，在“工具”面板中选择“文字工具”T，单击“节目”监视器面板中的“输入框”，修改数字为7，修改完成后，用同样的方法将其他6个素材分别改为6、5、4、3、2、1，如图4-105所示。

11_ 使用“选择工具”单击“8”图形素材，当光标变成边缘图标后，按住鼠标左键并向右拖动，移动10帧，如图4-106所示，释放鼠标左键即可切割素材。

12_ 框选所有图形素材向左移动至对齐下层的图像素材，并删除多余素材，如图4-107所示。

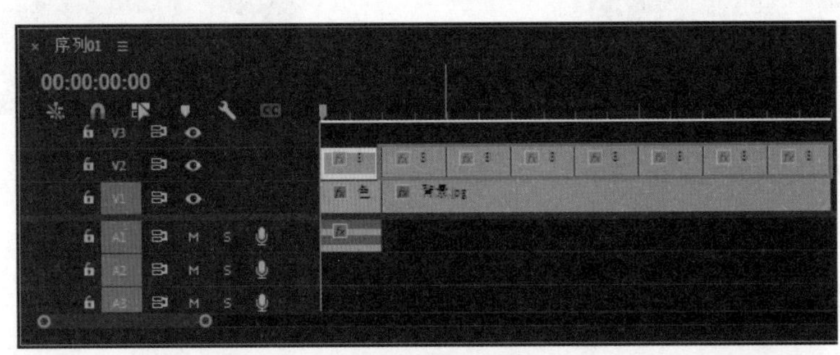

图4-104　复制字幕

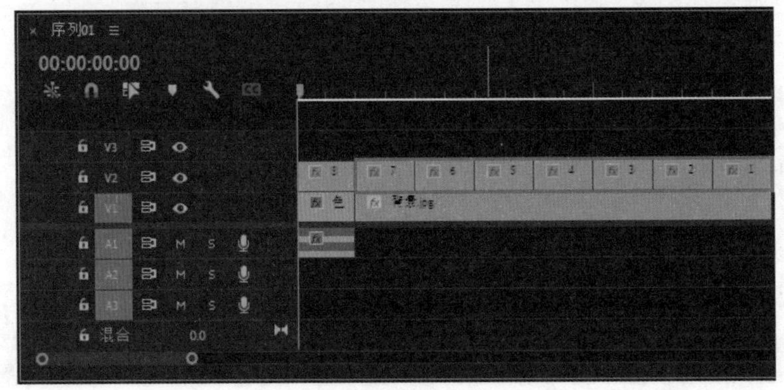

图4-105　修改字幕

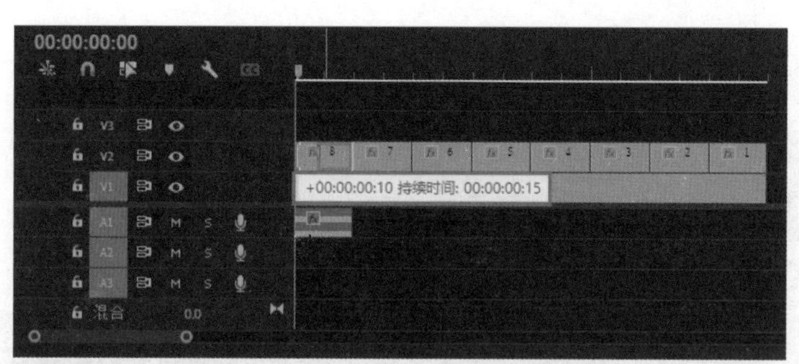

图4-106　切割素材

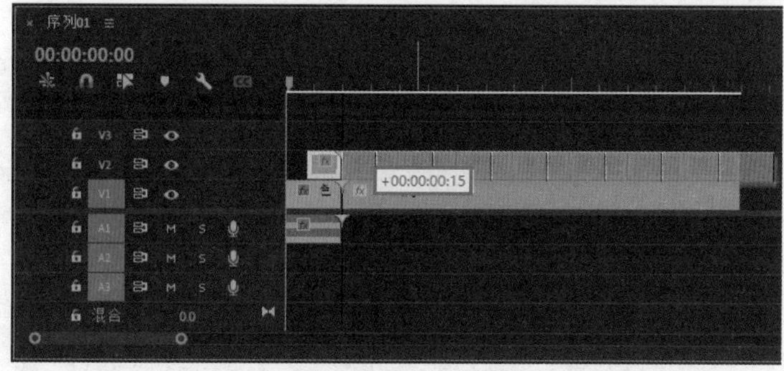

图4-107　编辑素材

13_ 在"效果"面板中依次展开"视频过渡"|"擦除"文件夹，选择"时钟式擦除"效果，如图4-108所示。

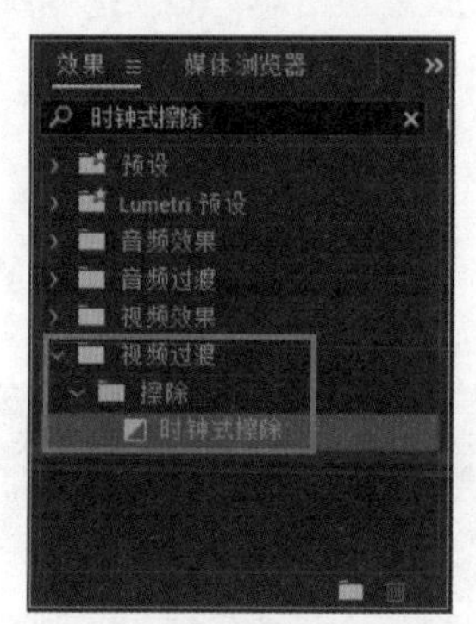

图4-108　选择效果

14_ 按住鼠标左键，将"时钟式擦除"效果拖曳至第一个图形素材和第二个图形素材之间，释放鼠标左键即可为素材添加效果，如图4-109所示。

15_ 用同样的方法将"时钟式擦除"效果添加到所有字幕素材之间，如图4-110所示。

16_ 双击"时间轴"面板中的第一个"时钟式擦除"效果，弹出"设置过渡持续时间"对话框，设置持续时间参数为00:00:00:20（即20帧），单击"确定"按钮，完成设置，如图4-111所示。

17_ 用同样的方法，将"时间轴"面板中的所有"时钟式擦除"效果的持续时间设置为20帧，结果如图4-112所示。

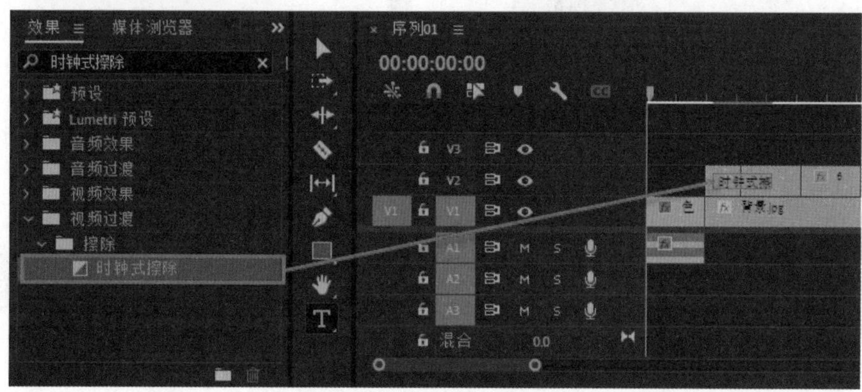

图4-109　添加效果

图4-110　添加效果结果

图4-111　设置持续时间

图4-112　设置过渡持续时间

18_ 选择"时间轴"面板中的"时钟式擦除"效果，进入"效果控件"面板，设置"边框宽度"数值为5.0，"边框颜色"为#0000BF，如图4-113所示，用同样的方法，修改所有效果。

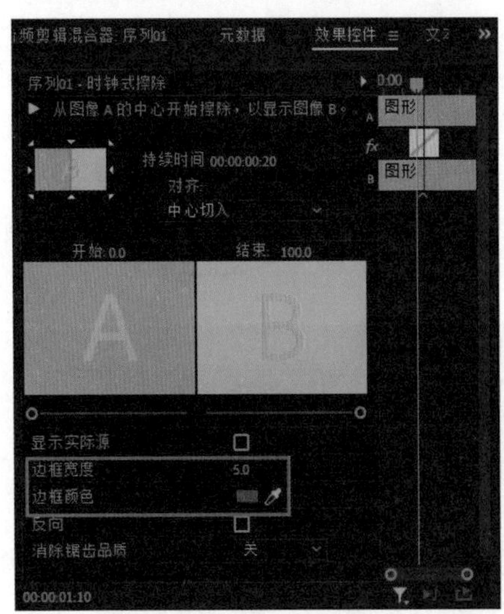

图4-113　设置效果参数

19_ 按Enter键渲染项目，渲染完成后预览倒计时片头的效果，如图4-114所示。

图4-114　预览倒计时片头的效果

4.4 综合实例——卡点抽帧

视频就是逐帧播放单幅画面，利用肉眼的视觉暂留特性，产生连续动画错觉。

视频抽帧就是指在一段视频中，通过间隔一定帧抽取若干帧的方式，模拟每隔一段时间拍摄一张照片，并接合起来形成视频的过程（即低速摄像）。视频抽帧相比单纯快进会有不一样的感觉。掌握了这种剪辑方法，能给视频效果增色。本节通过实例——卡点抽帧的剪辑练习来熟悉剪辑操作。

01_ 启动Premiere Pro 2022软件，在主页页面上单击“新建项目”按钮，弹出“新建项目”对话框，设置项目名称及项目存储位置，单击“确定”按钮，如图4-115所示。

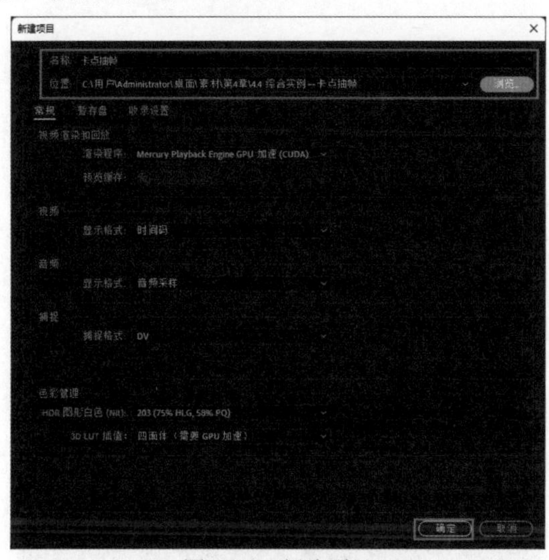

图4-115　新建项目

02_ 执行“文件”|“新建”|“序列”命令，弹出“新建序列”对话框，单击“确定”按钮，如图4-116所示。

03_ 执行“文件”|“导入”命令，弹出“导入”对话框，选择需要导入的素材，单击“打开”按钮，如图4-117所示。

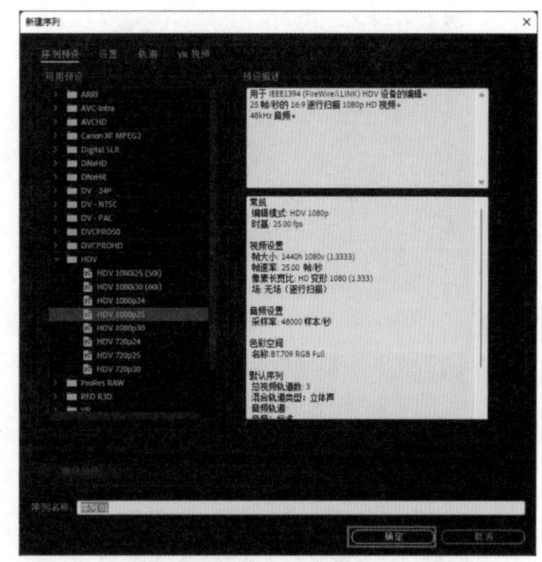

图4-116　新建序列

图4-117　导入素材

04_ 在“项目”面板中选择“背景音乐.wav”素材，拖曳至“时间轴”面板，如图4-118所示。

05_ 播放“背景音乐.wav”素材，根据鼓点位置添加标记（快捷键M），如图4-119所示。

06_ 在“项目”面板中，选择“01.mp4”素材，拖曳至“时间轴”面板，如图4-120所示。

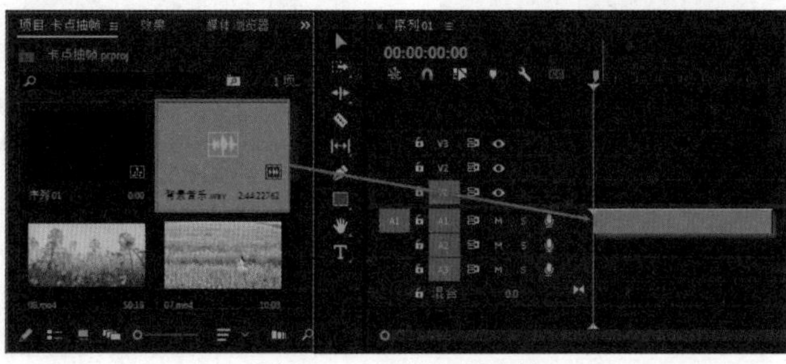

图4-118　添加音频素材

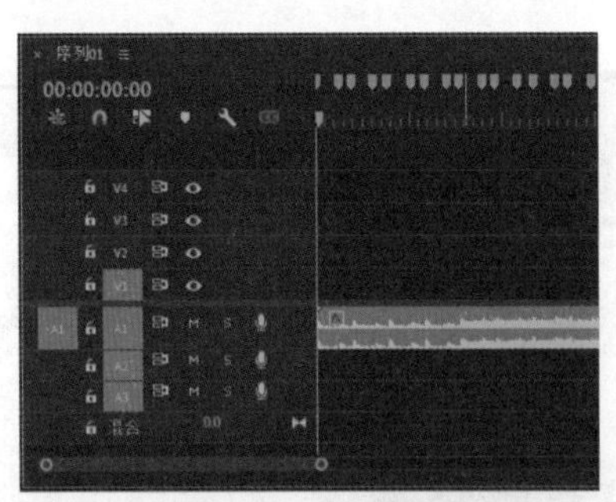

图4-119　添加标记

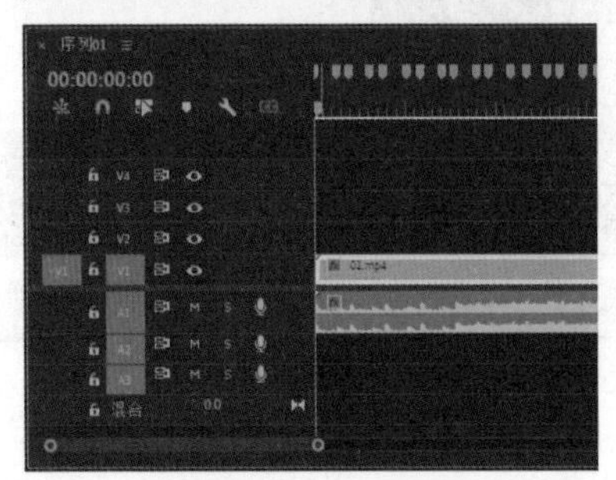

图4-120　添加素材

单击“时间轴”面板空白区域，按快捷键可以在“时间轴”面板上方添加标记，用户可以在“时间轴”面板上方调整标记位置。若选中素材按快捷键添加标记，标记将在素材上方，此时就不能调整标记位置。

07_ 在“工具”面板中选择“剃刀工具”，在“01.mp4”素材上随意切断几处，如图4-121所示。

08_ 选择第二段“01.mp4”素材，移动对齐至第二个标记处，如图4-122所示。

09_ 选择第三段“01.mp4”素材，移动对齐至第三个标记处，其余素材进行同样操作，如图4-123所示。

10_ 标记入点，如图4-124所示。

11_ 按照序号依次拖曳素材，使用“剃刀工具”进行裁剪，再移动素材对齐至标记处，如图4-125所示。

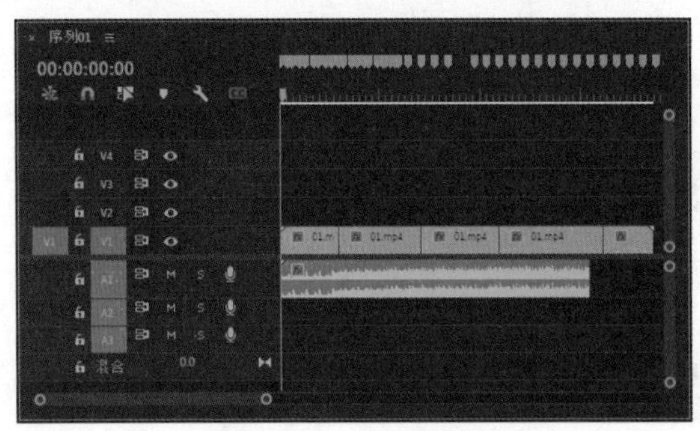

图4-121　分割素材

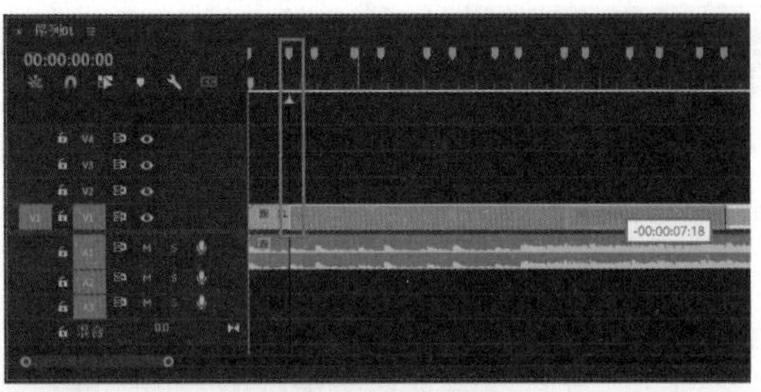

图4-122　移动素材1

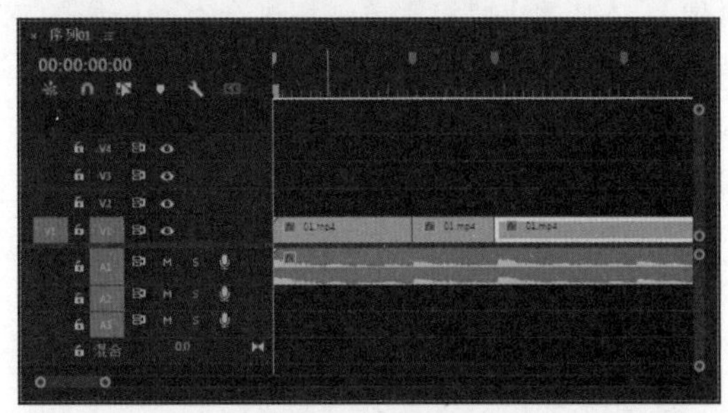

图4-123　移动素材2

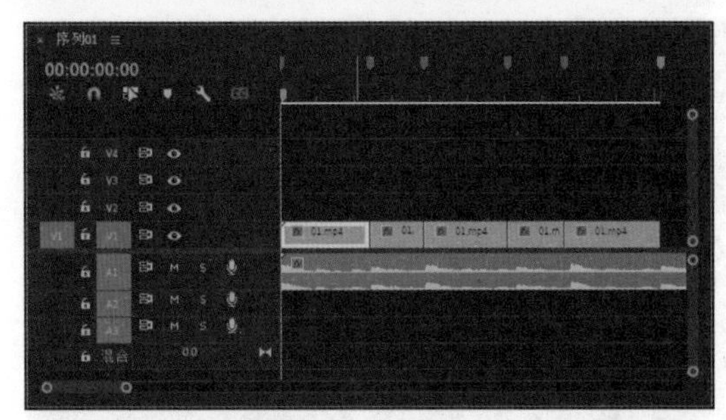

图4-124　标记入点

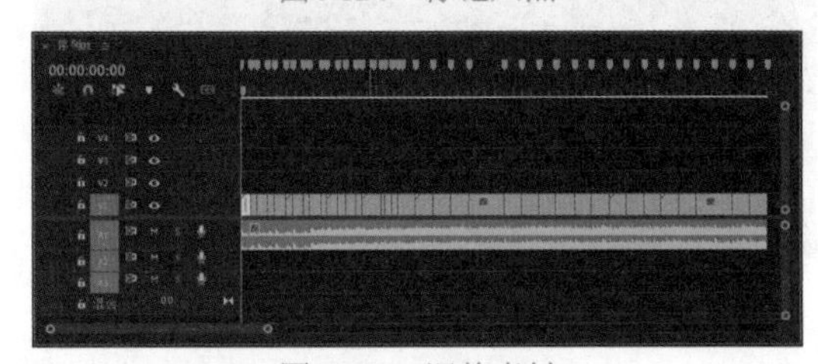

图4-125　调整素材

12_ 在“效果”面板中，依次展开“视频过渡”|“溶解”文件夹，选择“黑场过渡”效果并拖曳至素材结尾处，如图4-126所示。

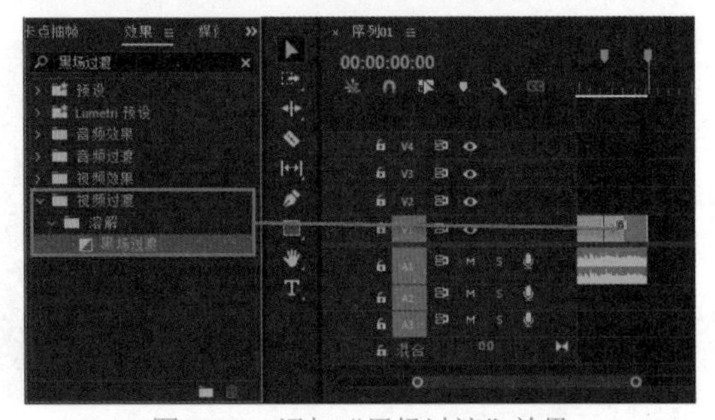

图4-126　添加“黑场过渡”效果

13_ 在“效果”面板中，依次展开“音频过渡”|“交叉淡化”文件夹，选择“恒定增益”效果并拖曳至音频素材结尾处，如图4-127所示。

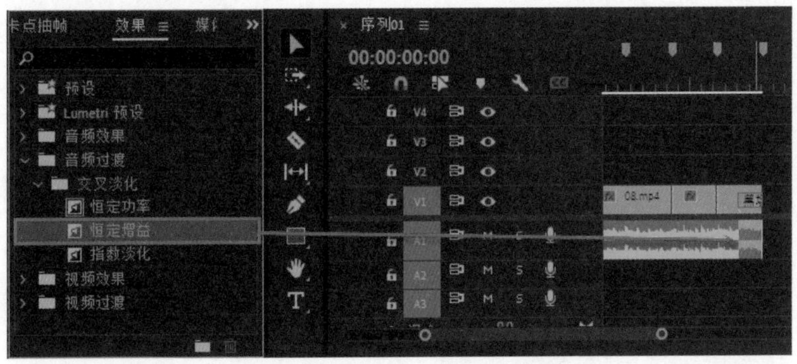

图4-127　添加“恒定增益”效果

14_ 按Enter键渲染项目，渲染完成可预览视频效果，如图4-128所示。

图4-128　预览效果

4.5 本章小结

本章主要介绍了素材剪辑的基础，包括剪辑素材、分离素材、插入、覆盖、提升、提取和链接素材等操作。在编辑影片中，灵活地运用“提升”和“提取”选项，可以大大节省操作时间，提高工作效率。

第5章 视频转场效果

过渡效果在电影中叫作效果或镜头切换，标志着一段视频的结束，另一段视频的开始。相邻场景（即相邻素材）之间添加相关的过渡，如划像、叠变、卷页等，可以实现场景或情节之间的平滑过渡，并达到丰富画面吸引观众的效果，这就是视频转场。

使用各种视频转场效果，可以使影片衔接得更加自然或更加有趣。制作出令人赏心悦目的过渡效果，可以大大增加影视作品的艺术感染力。

本章重点：

◎添加视频效果　　◎调整效果的参数　　◎熟悉效果类型

本章效果欣赏

5.1 使用效果

效果应用于相邻素材之间，也可以应用于同一段素材的开始与结尾。

Premiere Pro 2022中的视频转场效果都存放在“效果”面板的“视频过渡”文件夹中，如图5-1所示。

图5-1　“效果”面板

5.1.1　如何添加视频效果

视频效果在影视作品中应用十分频繁，可以使场景之间衔接得自然，带给观众流畅的视频观看体验。

01　启动Premiere Pro 2022软件，在主页页面中单击“新建项目”按钮，在弹出的“新建项目”对话框中设置项目名称及存储位置，单击“确定”按钮，如图5-2所示。

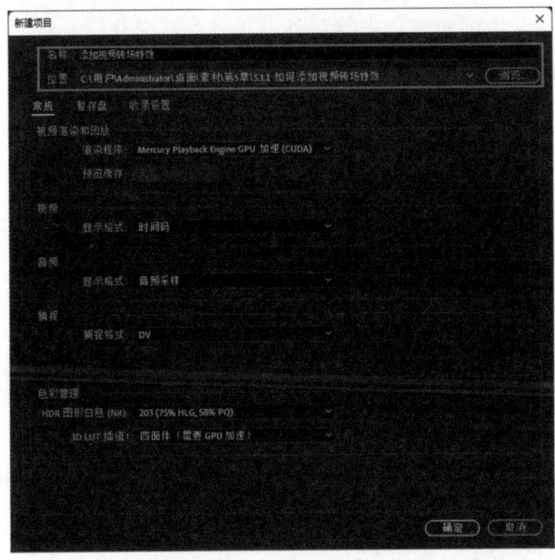

图5-2　新建项目

02　执行“文件”|“新建”|“序列”命令，弹出“新建序列”对话框，这里选择默认设置，单击“确定”按钮完成设置，如图5-3所示。

03　进入Premiere Pro 2022操作界面，执行“文件”|“导入”命令，在弹出的“导入”对话框中选择需要的素材，单击“打开”按钮，如图5-4所示。

04　在“项目”面板中选择刚导入的图片素材，按住鼠标左键将其拖曳到“时间轴”面板的V1轨道中，如图5-5所示。

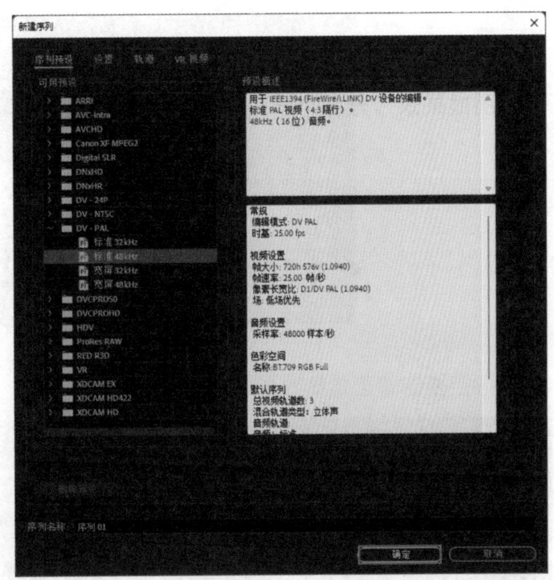

图5-3　单击“确定”按钮

图5-4　选择素材

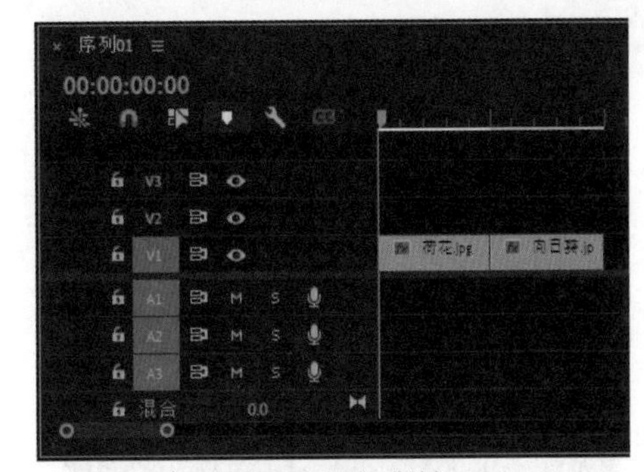

图5-5　添加素材

05　在“效果”面板中，依次展开“视频过渡”|“内滑”文件夹，选择“中心拆分”效果，按住鼠标左键，将该效果拖到两段素材之间，如图5-6所示。

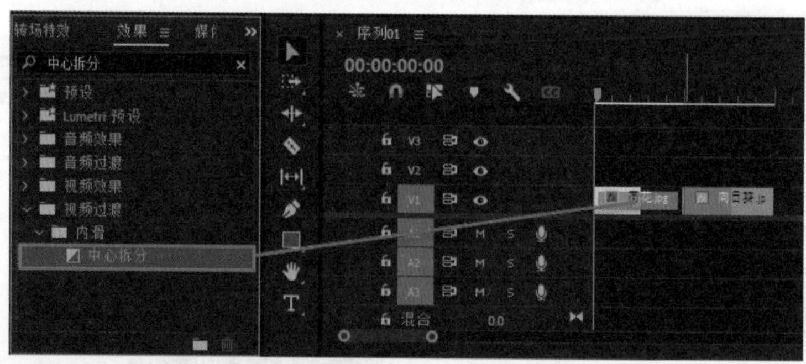

图5-6　添加效果

06_ 按空格键即可预览效果，如图5-7所示。

图5-7　预览效果

5.1.2　视频效果参数调整

应用过渡效果之后，还可以对效果进行编辑，使之更符合影片需要。视频效果的参数调整，可以在“时间轴”面板中编辑，也可以在“效果控件”面板中编辑。前提是必须在“时间轴”面板中选中效果，然后再对其进行编辑。

1. 调整效果的作用区域

在“效果控件”面板中可以调整效果的作用区域，在“对齐”下拉列表中有4种对齐方式，如图5-8所示。

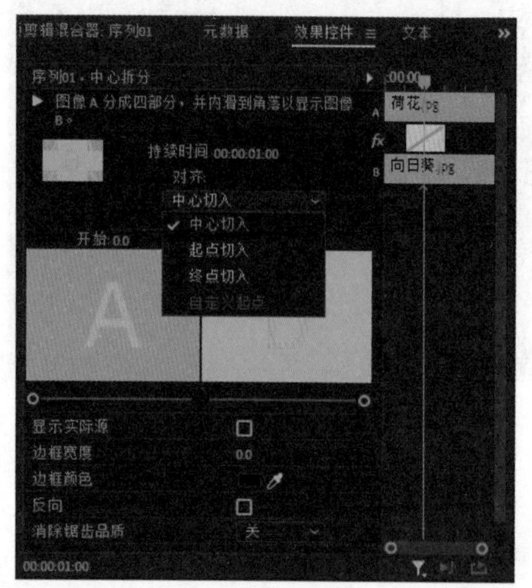

图5-8　对齐方式

下面对选项中的对齐方式进行详细介绍。

- 中心切入：效果添加在相邻素材的衔接处位置。
- 起点切入：效果添加在第二个素材的开始位置。
- 终点切入：效果添加在第一个素材的结束位置。
- 自定义起点：通过鼠标拖动效果，自定义效果的起始位置。

用户可以通过设置不同的对齐类型来控制效果的呈现形式。

2. 调整效果的持续时间

效果的持续时间是可以自定义调整的。

01_ 打开项目文件，单击“时间轴”面板中的“插入”效果，打开“效果控件”面板，如图5-9所示。

02_ 单击“持续时间”后的时间数字，进入编辑状态，输入00:00:00:20，按Enter键结束编辑，如图5-10所示。

03_ 按空格键预览调整效果持续时间后的效果，如图5-11所示。

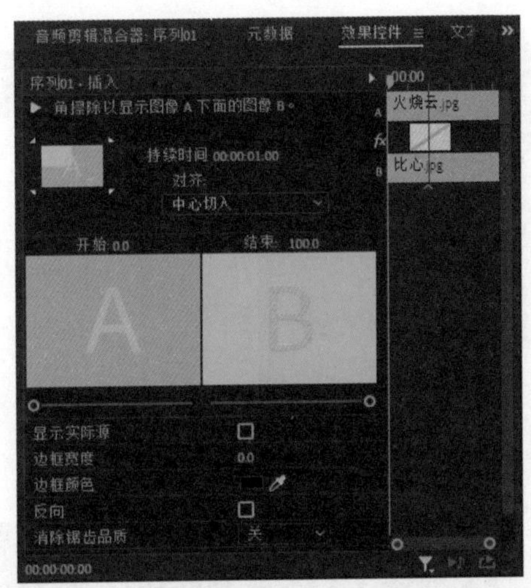

图5-9　“效果控件”面板

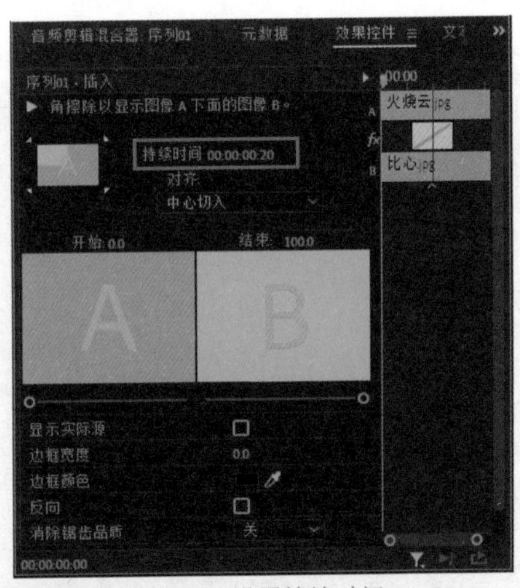

图5-10　设置持续时间

图5-11　预览效果

双击“时间轴”面板中的效果，可以在弹出的对话框中直接调整持续时间。

3. 调整其他参数

“效果控件”面板还可以调整开始和结束的数值、边框宽度、边框颜色、反向以及消除锯齿品质的参数，以“棋盘”素材为例，如图5-12所示。

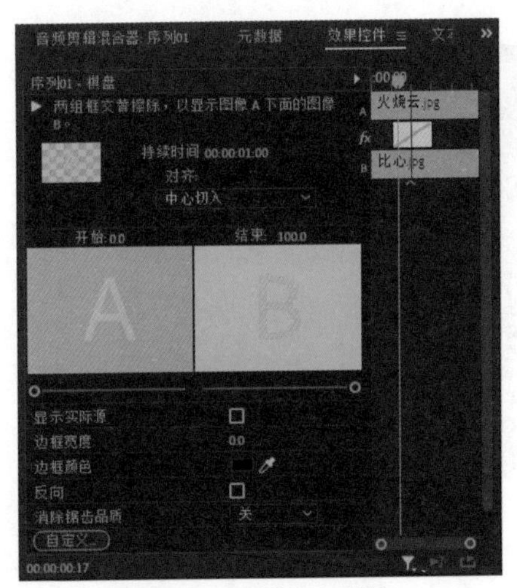

图5-12　“棋盘”素材

5.1.3　实战——为视频添加效果

本小节用实例来详细介绍怎样为视频添加效果，以及调整效果的参数。

01_ 启动Premiere Pro 2022软件，在主页页面中单击“新建项目”按钮，设置项目名称以及存储位置，如图5-13所示。

02_ 单击“确定”按钮，进入Premiere Pro 2022操作界面，按快捷键Ctrl+N新建序列，弹出“新建序列”对话框，这里保持默认设置，单击“确定”按钮，如图5-14所示。

03_ 执行“文件”|“导入”命令，弹出“导入”对话框，选择需要的素材，单击“打开”按钮，导入素材，如图5-15所示。

04_ 将素材拖到V1轨道中，如图5-16所示。

05_ 打开“效果”面板，依次展开“视频过渡”|“擦除”文件夹，选择“径向擦除”效果，将其拖到“时间轴”面板中的两个素材之间，如图5-17所示。

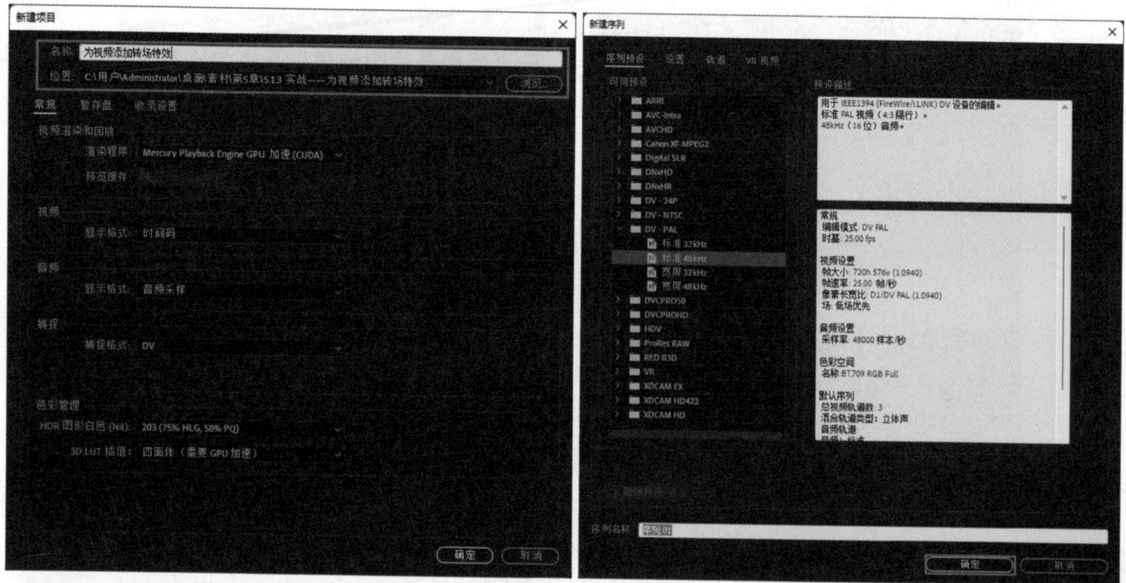

图5-13　新建项目

图5-14　“新建序列”对话框

图5-15　导入素材

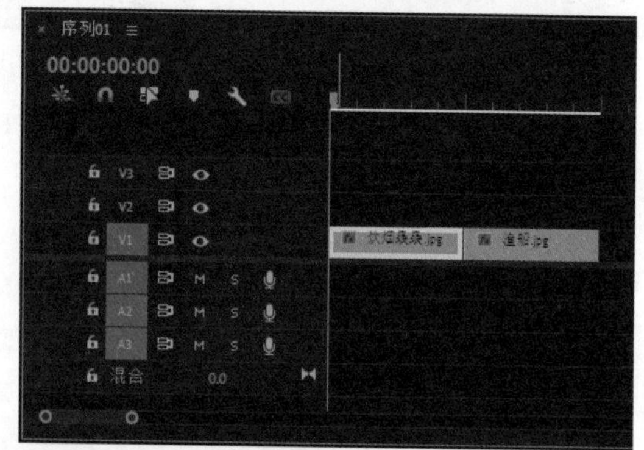

图5-16　添加素材至V1轨道

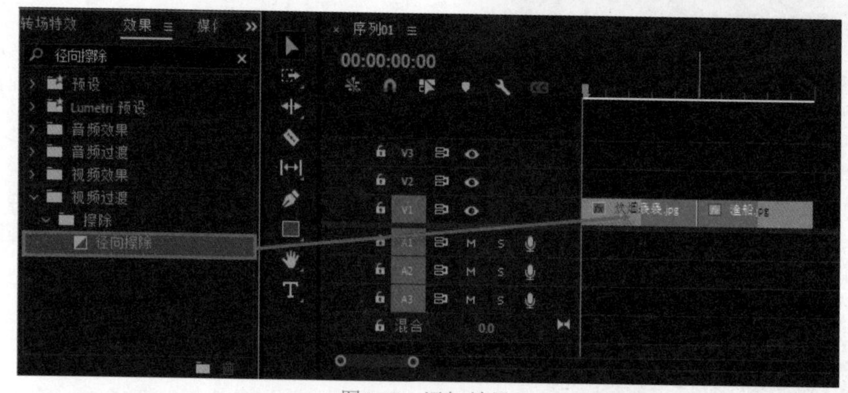

图5-17　添加效果

06_选择效果，打开“效果控件”面板，单击“开始”后的数值，修改参数为25，如图5-18所示。

07_按空格键预览添加效果后的视频效果，如图5-19所示。

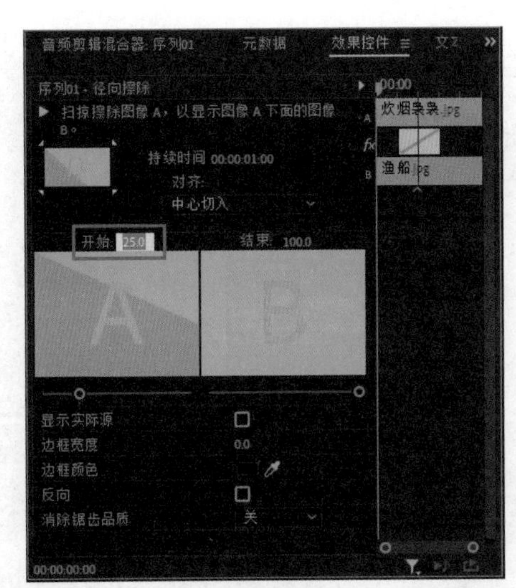

图5-18　修改参数

图5-19　预览最终效果

5.2 转场效果的类型

Premiere Pro 2022提供了多种典型的转场效果，如“百叶窗”“交叉溶解”和“推”等。

5.2.1 “3D 运动”效果组

“3D运动”效果组主要用于体现场景的层次感，以及从二维空间到三维空间的视觉效果。

1. 立方体旋转

“立方体旋转”效果是将两个场景作为立方体的两面，以旋转的方式实现前后场景的切换。“立方体旋转”效果可以切换从左至右、从上至下、从右至左或从下至上的过渡效果。效果如图5-20所示。

图5-20　“立方体旋转”效果

2. 翻转

“翻转”效果是将两个场景当作一张纸的两面，通过翻转纸张的方式来实现两个场景之间的转换。单击“效果控制”面板中的“自定义”按钮，可以设置不同的“带”和“背景颜色”。效果如图5-21所示。

图5-21 “翻转”效果

5.2.2 “划像”效果组

“划像”效果组包括4种视频效果。

1. 交叉划像

“交叉划像”效果是第二个场景以十字形在画面中心出现，然后由小变大，逐渐遮盖住第一个场景的效果。效果如图5-22所示。

图5-22 “交叉划像”效果

2. 圆划像

“圆划像”效果是第二个场景以圆形在画面中心出现，然后由小变大，逐渐遮盖住第一个场景的效果。效果如图5-23所示。

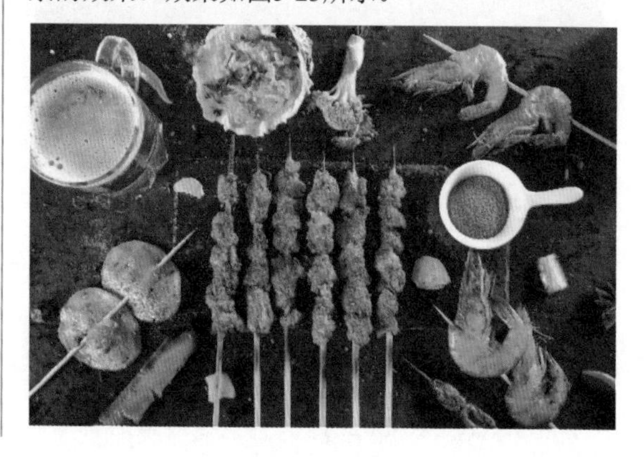

图5-23　“圆划像”效果

3. 盒型划像

“盒型划像”效果是第二个场景以矩形在画面中心出现，然后由小变大，逐渐遮盖住第一个场景的效果。如有要求，也可以设置为由大变小。效果如图5-24所示。

图5-24　“盒型划像”效果

4. 菱形划像

“菱形划像”效果是第二个场景以菱形在画面中心出现，然后由小变大，逐渐遮盖住第一个场景的效果。效果如图5-25所示。

图5-25　“菱形划像”效果

5.2.3 “擦除”效果组

“擦除”是通过两个场景的相互擦除来实现场景转换的。“擦除”效果组共有17种擦除方式的视频效果。

1. 划出

“划出”效果是第二个场景从屏幕一侧逐渐展开，从而遮盖住第二个场景的效果。效果如图5-26所示。

图5-26 “划出”效果

2. 双侧平推门

“双侧平推门”效果是第一个场景像两扇门一样被拉开，逐渐显示出第二个场景的效果。效果如图5-27所示。

图5-27 “双侧平推门”效果

3. 带状擦除

“带状擦除”效果是第二个场景在水平方向以条状进入画面，逐渐覆盖第一个场景的效果。效果如图5-28所示。

图5-28　“带状擦除”效果

4. 径向擦除

“径向擦除”效果是第二个场景从第一个场景的一角扫入画面，并逐渐覆盖第一个场景的效果。效果如图5-29所示。

图5-29　“径向擦除”效果

5. 插入

“插入”效果是第二个场景以矩形从第一个场景的一角斜插进入画面，并逐渐覆盖第一个场景的效果。效果如图5-30所示。

图5-30　“插入”效果

6. 时钟式擦除

“时钟式擦除”效果是第二个场景以时钟旋转的方式逐渐覆盖第一个场景的效果。效果如图5-31所示。

图5-31 “时钟式擦除”效果

7. 棋盘

“棋盘”效果是第二个场景分成若干个小方块以棋盘的方式出现，并逐渐布满整个画面，从而遮盖住第一个场景的效果。效果如图5-32所示。

8. 棋盘擦除

“棋盘擦除”效果是第二个场景以方格形样式逐渐将第一个场景擦除的效果。效果如图5-33所示。

图5-32 “棋盘”效果

图5-33 “棋盘擦除”效果

9. 楔形擦除

“楔形擦除”效果是第二个场景在屏幕中心以扇形展开的方式逐渐覆盖第一个场景的效果。效果如图5-34所示。

图5-34 “楔形擦除”效果

10. 水波块

“水波块”效果是第二个场景以块状从屏幕一角按Z字形逐行扫入画面，并逐渐覆盖第一个场景的效果。效果如图5-35所示。

图5-35 “水波块”效果

11. 油漆飞溅

“油漆飞溅”效果是第二个场景以墨点的形状飞溅到画面并覆盖第一个场景的效果。效果如图5-36所示。

图5-36 “油漆飞溅”效果

12. 渐变擦除

“渐变擦除”效果是用一张灰度图像实现渐变切换。在渐变切换中，第二个场景充满灰度图像的黑色区域，然后通过每一个灰度级开始显现进行转换，直到白色区域变得完全透明。效果如图5-37所示。

图5-37 “渐变擦除”效果

在应用“渐变擦除”效果时，可以设置过渡图片，通过这一设置可以控制画面过渡的效果。

13. 百叶窗

“百叶窗”效果是第二个场景以百叶窗的形式逐渐显示，并逐渐覆盖第一个场景的效果。效果如图5-38所示。

图5-38 “百叶窗”效果

14. 螺旋框

“螺旋框”效果是第二个场景以螺旋块状旋转显示，并逐渐覆盖第一个场景的效果。效果如图5-39所示。

图5-39　“螺旋框”效果

15. 随机块

“随机块”效果是第二个场景以块状样块随机出现在画面中，并逐渐覆盖第一个场景的效果。效果如图5-40所示。

图5-40　“随机块”效果

16. 随机擦除

“随机擦除”效果是第二个场景以小方块的形式从第一个场景的一边随机扫走第一个场景的效果。效果如图5-41所示。

图5-41 “随机擦除”效果

17. 风车

“风车”效果是第二个场景以风车状样式逐渐旋转显示，并覆盖第一个场景的效果。效果如图5-42所示。

图5-42 “风车”效果

5.2.4 “沉浸式视频”效果组

“沉浸式视频”过渡效果需要用户通过头显设备来体验视频编辑内容。该效果组包含了8种VR效果，如图5-43所示。

图5-43 “沉浸式视频”效果组

5.2.5 “溶解”效果组

“溶解”效果是第一个素材逐渐淡入第二个素材的效果，是编辑视频中最常用的一种效果，用于表现事物之间的缓慢过渡或变化。Premiere Pro 2022中有7种溶解方式视频效果，下面介绍常用的6种。

1. 交叉溶解

“交叉溶解”效果是第一个场景淡出的同时，第二个场景淡入的效果。效果如图5-44所示。

图5-44 “交叉溶解”效果

2. 叠加溶解

“叠加溶解”效果是将第一个场景作为纹理贴图映像给第二个场景，实现高亮度叠化的转换效果。效果如图5-45所示。

图5-45 “叠加溶解”效果

3. 白场过渡

“渐隐为白色（白场过渡）”效果是第一个场景逐渐淡化到白色场景，然后从白色场景淡化到第二个场景的效果。效果如图5-46所示。

图5-46 “渐隐为白色”效果

4. 黑场过渡

“渐隐为黑色（黑场过渡）”效果是第一个场景逐渐淡化到黑色场景，然后从黑色场景淡化到第二个场景的效果。效果如图5-47所示。

图5-47 “渐隐为黑色”效果

5. 胶片溶解

“胶片溶解”效果是使第一个场景产生胶片朦胧的效果然后转换至第二个场景的效果。效果如图5-48所示。

图5-48 “胶片溶解”效果

6. 非叠加溶解

“非叠加溶解”效果是将第二个场景中亮度较高的部分直接叠加到第一个场景中，从而逐渐显示出第二个场景的效果。效果如图5-49所示。

图5-49　“非叠加溶解”效果

5.2.6　“内滑”效果组

“内滑”效果组包含5种视频过渡效果，该效果组主要是以滑动的形式来实现场景的切换。

1. 中心拆分

“中心拆分”效果是将第一个场景分成四块，逐渐从画面的四个角滑动出去，从而显示出第二个场景的效果。效果如图5-50所示。

图5-50　“中心拆分”效果

2. 内滑

“内滑”效果是使第二个场景从一侧滑入画面，然后逐渐覆盖第一个场景。效果如图5-51所示。

图5-51　“内滑”效果

3. 带状滑动

“带状滑动”效果是第二个场景以条状样式从两侧滑入画面，直至覆盖住第一个场景的效果。效果如图5-52所示。

图5-52 “带状滑动”效果

4. 拆分

“拆分”效果是将第一个场景分成两块，从两侧滑出，从而显示出第二个场景的效果。效果如图5-53所示。

图5-53 “拆分”效果

5. 推

“推”效果是第二个场景从画面的一侧将第一个场景推出画面的效果。效果如图5-54所示。

图5-54　“推”效果

5.2.7　“缩放”效果组

“缩放”效果组中的效果都是以场景的缩放来实现场景之间的转换。

其中“交叉缩放”效果是先将第一个场景放大到最大，将第二个场景切换到最大化，然后将其缩放到合适大小的效果。效果如图5-55所示。

图5-55　“交叉缩放”效果

5.2.8　“页面剥落”效果组

“页面剥落”效果组的效果模仿翻开书页，然后打开下一页画面的动作。“页面剥落”效果组包含5种视频效果，下面介绍常用的2种。

1. 翻页

“翻页”效果是将第一个场景从一角卷起，卷起后的背面会显示出第一个场景，从而露出第二个场景的效果。效果如图5-56所示。

图5-56　“翻页”效果

2. 页面剥落

“页面剥落”效果是将第一个场景像翻页一样从一角卷起，显示出第二个场景的效果。效果如图5-57所示。

图5-57 “页面剥落”效果

5.3 综合实例——旅游相册

和朋友或者家人出去旅游时，我们会拍下不少值得纪念的照片。这些照片存储在手机中，如果不去整理，那些美好的时光会渐渐被遗忘，将这些照片做成电子相册是很好的保存方式，又能方便与朋友分享。本节以实例来具体介绍如何用转场效果制作旅游相册。

01_ 启动Premiere Pro 2022软件，在欢迎页面中单击“新建项目”按钮，如图5-58所示。

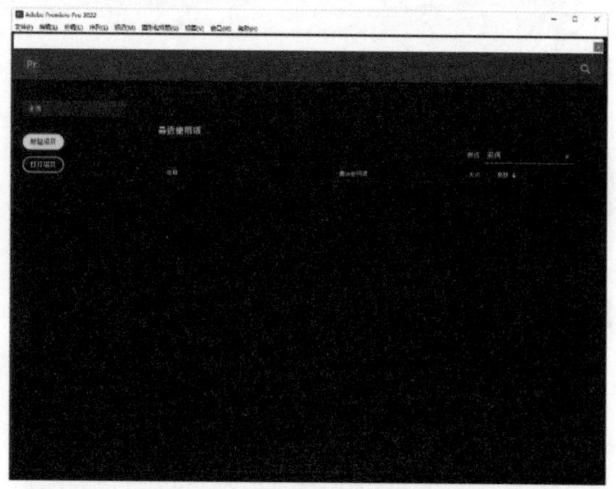

图5-58 单击“新建项目”按钮

02_ 弹出“新建项目”对话框，设置项目名称和项目存储位置，单击“确定”按钮，关闭对话框，如图5-59所示。

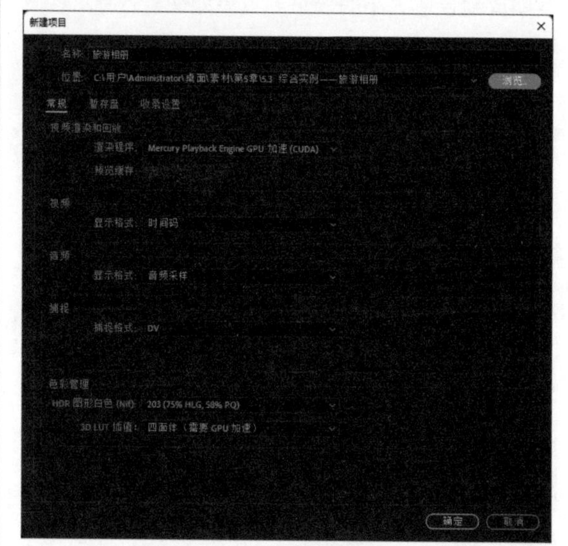

图5-59 新建项目

03_ 执行“文件”|“新建”|“序列”命令，弹出“新建序列”对话框，单击“确定”按钮，关闭对话框，如图5-60所示。

04_ 进入“项目”面板，右击，在弹出的快捷菜单中选择“导入”选项，弹出“导入”对话框，选择需要导入的素材，单击“打开”按钮，如图5-61所示。

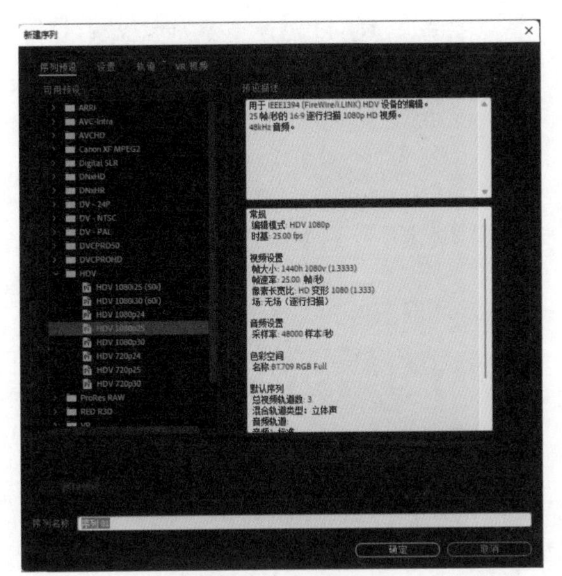

图5-60　新建序列

图5-61　导入素材

05_ 在“项目”面板中，选择“01.jpg”素材拖曳至“时间轴”面板，如图5-62所示。

06_ 选择“01.jpg”素材，进入“效果控件”面板，设置“缩放”数值为35，设置“位置”数值为（1031,540），如图5-63所示。

07_ 在“效果”面板中，依次展开“视频效果”|“变换”文件夹，选择“裁剪”效果拖曳至“时间轴”面板中“01.jpg”素材上方，如图5-64所示。

08_ 选择“01.jpg”素材，进入“效果控件”面板，展开“裁剪”参数，设置“左侧”数值为40，如图5-65所示。

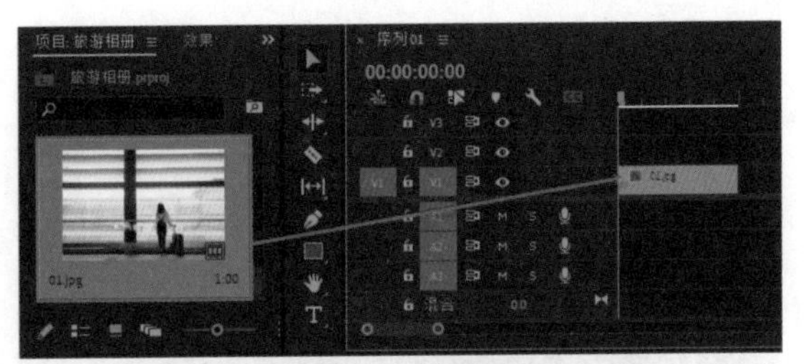

图5-62　添加素材

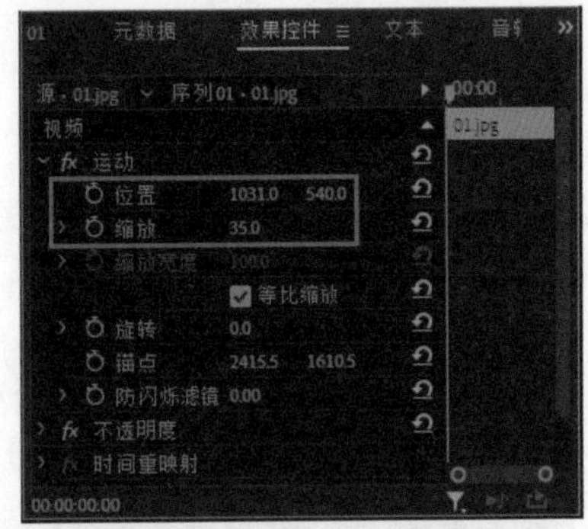

图5-63　调整“缩放”参数

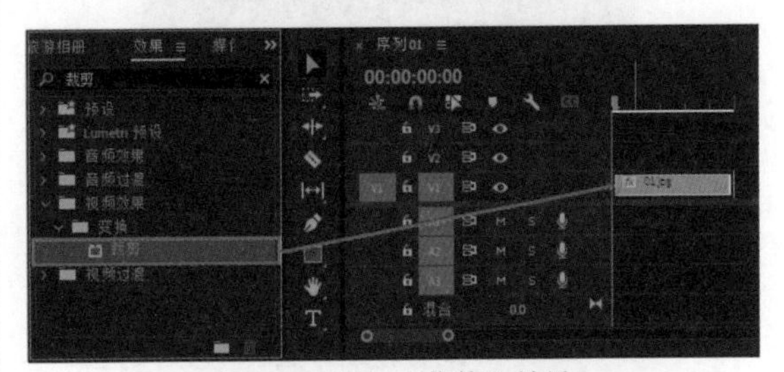

图5-64　添加“裁剪”效果

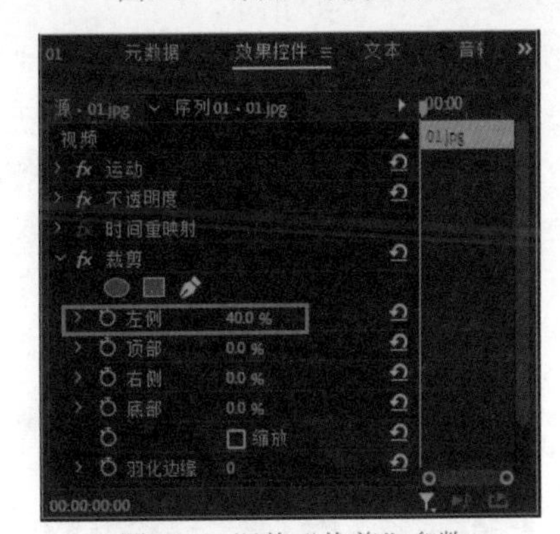

图5-65　调整“裁剪”参数

09_ 在“项目”面板中选择“02.jpg”素材拖曳至“时间轴”面板中V2轨道上，如图5-66所示。

10_ 进入“效果控件”面板，调整“缩放”和“位置”参数，并添加“裁剪”效果，设置“左侧”数值为60%，如图5-67所示。

图5-66　添加素材

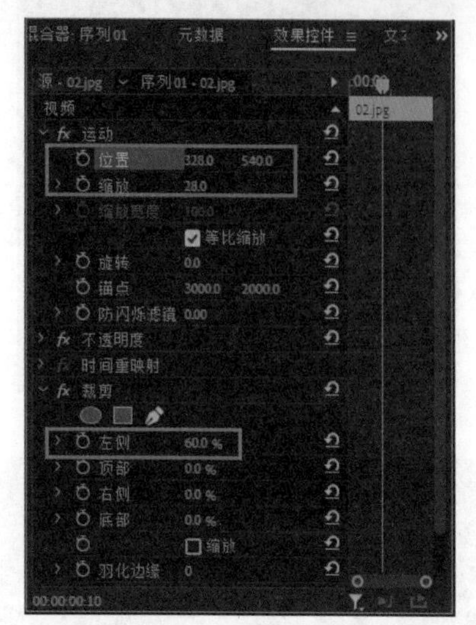

图5-67　调整参数

11_ 在“项目”面板中选择“03.jpg”素材拖曳至“时间轴”面板中V3轨道上，进入“效果控件”面板调整参数，如图5-68所示。

12_ 在“工具”面板中选择“矩形工具”，在“节目”监视器面板中单击并绘制一个矩形，如图5-69所示，并且在“效果控件”面板中调整颜色及大小参数。

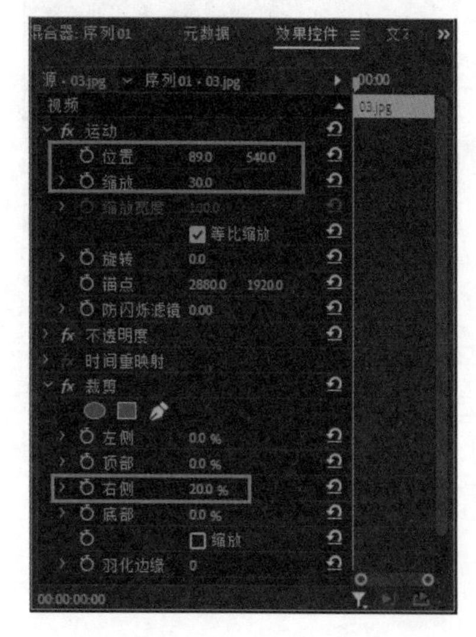

图5-68　调整素材参数

图5-69　绘制矩形

13_ 在“节目”监视器面板中选择矩形，执行复制（快捷键Ctrl+C）和粘贴（快捷键Ctrl+V）操作，并将其移动到“02.jpg”素材与“03.jpg”素材衔接处，如图5-70所示。

图5-70　复制矩形

14_ 在“时间轴”面板中，框选所有素材，右击，在弹出的快捷菜单中选择“嵌套”选项，如图5-71所示。

15_ 在弹出的“嵌套序列名称”对话框中，单击“确定”按钮，如图5-72所示。

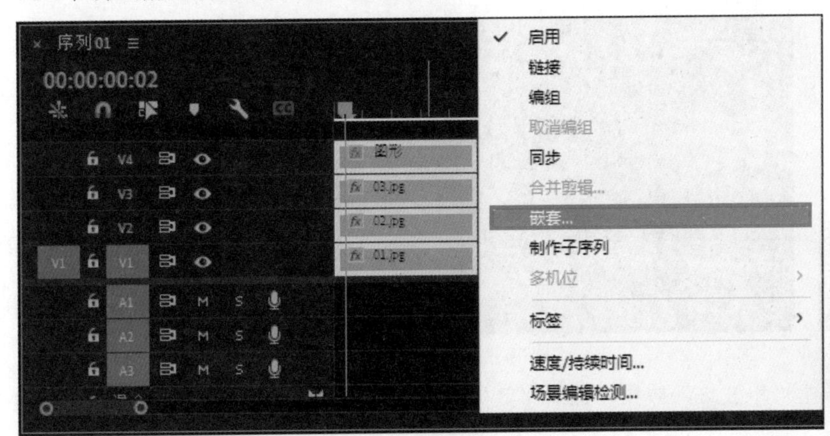

图5-71 选择“嵌套”选项

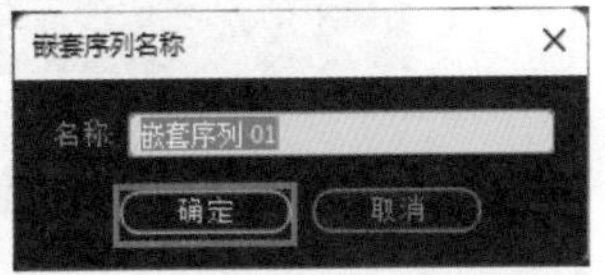

图5-72 “嵌套序列名称”对话框

16_ 在“项目”面板空白区域右击，在弹出的快捷菜单中选择“新建项目”|“颜色遮罩”选项，如图5-73所示。

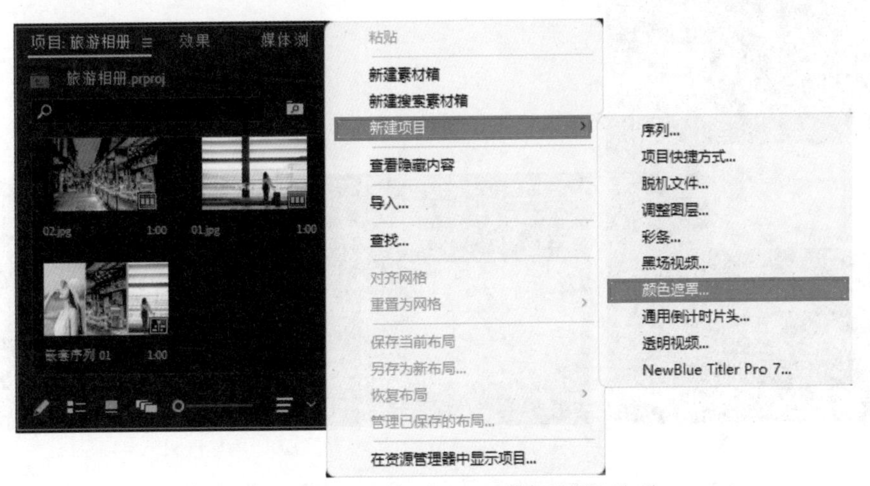

图5-73 选择“新建项目”|“颜色遮罩”选项

17_ 在弹出的“新建颜色遮罩”对话框中，单击“确定”按钮，如图5-74所示。

18_ 在弹出的“拾色器”对话框中，颜色设置为蓝色，单击“确定”按钮，如图5-75所示。

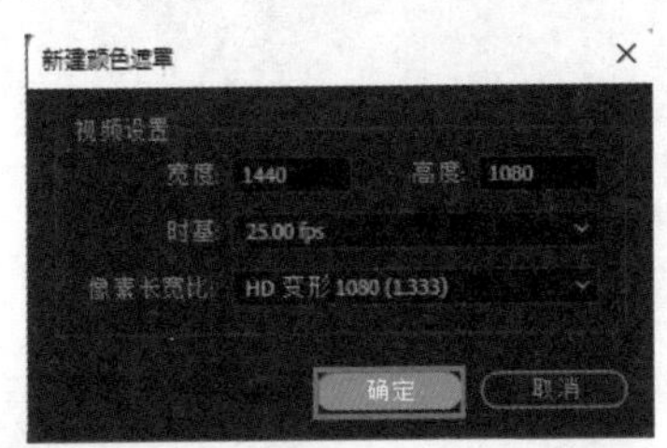

图5-74 “新建颜色遮罩”对话框

19_ 在弹出的“选择名称”对话框中，单击“确定”按钮，如图5-76所示。

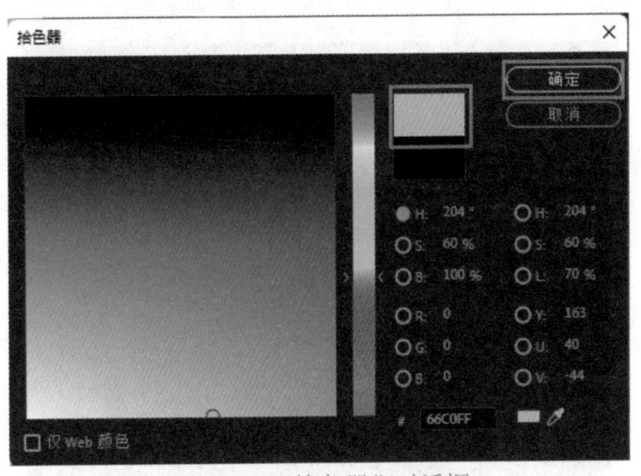

图5-75 “拾色器”对话框

20_ 在“项目”面板中选择“颜色遮罩”素材，并拖曳至“时间轴”面板中V2轨道上，打开“效

果”面板，依次展开“视频过渡”|“擦除”文件夹，选择“水波块”效果并将其拖曳至“时间轴”面板，放于V2轨道上“颜色遮罩”素材上方，如图5-77所示。

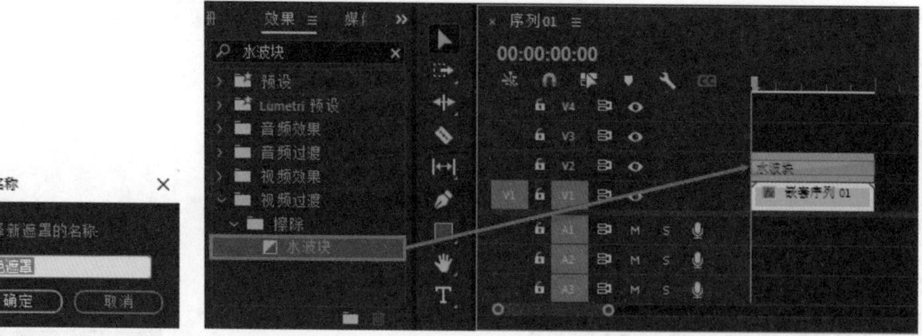

图5-76 “选择名称”对话框　　图5-77 添加“水波块”效果

21_ 在“时间轴”面板中单击“水波块”效果，进入“效果控件”面板，勾选“反向”复选框，如图5-78所示。

22_ 在“项目”面板中选择“04.jpg”素材并将其拖曳至“时间轴”面板，如图5-79所示。

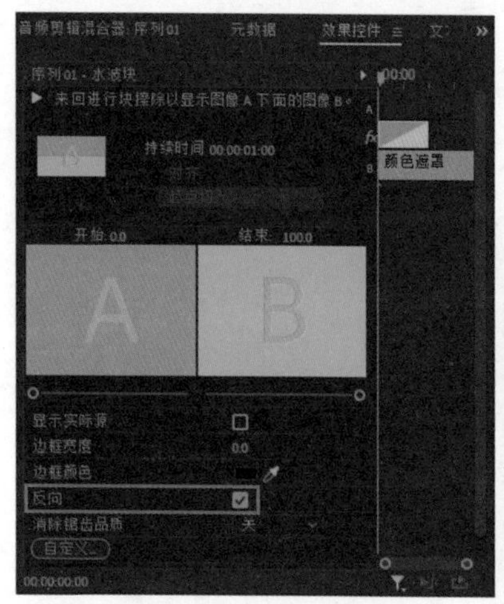

图5-78 勾选“反向”复选框

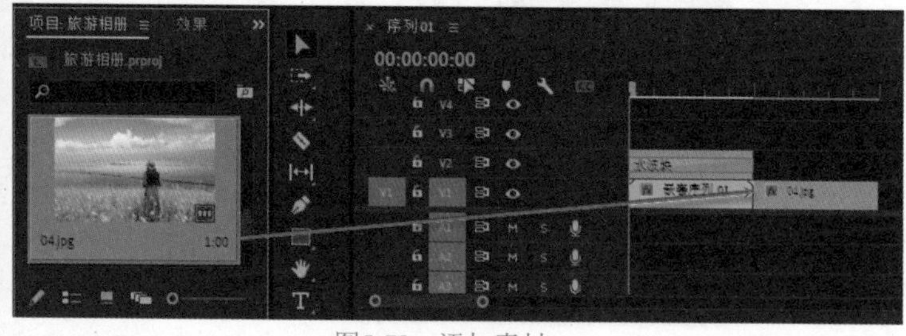

图5-79 添加素材

23_ 选择“04.jpg”素材，进入“效果控件”面板，设置“缩放”数值为8，如图5-80所示。

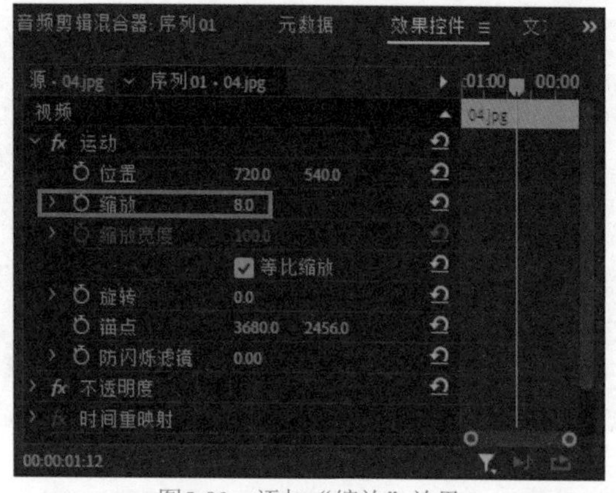

图5-80 添加“缩放”效果

24_ 在“项目”面板中将“04.jpg”“05.jpg”“06.jpg”“07.jpg”“08.jpg”素材依次按照顺序拖曳至“时间轴”面板，在“效果控件”面板中设置“缩放”与“位置”的数值，在“节目”监视器面板中的效果如图5-81所示。

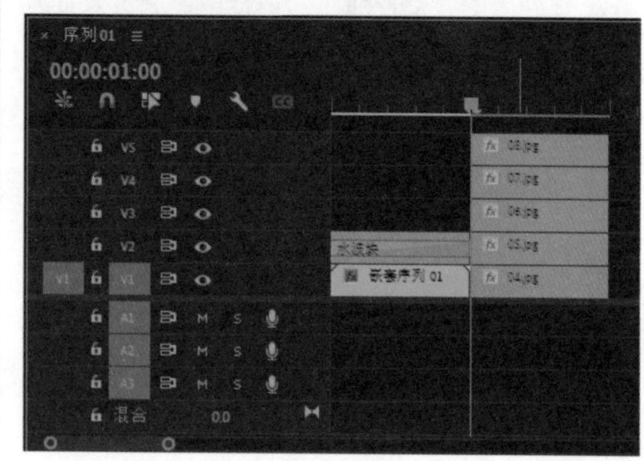

图5-81　添加素材

25 框选“04.jpg”“05.jpg”“06.jpg”“07.jpg”“08.jpg”素材，将这些素材向上移动一个轨道，在“项目”面板中选择“颜色遮罩”素材，并拖曳至“时间轴”面板中V1 轨道上，如图5-82所示。

26 框选素材，右击，在弹出的快捷菜单中选择“嵌套”选项，如图5-83所示，在弹出的“嵌套序列名称”对话框中单击“确定”按钮。

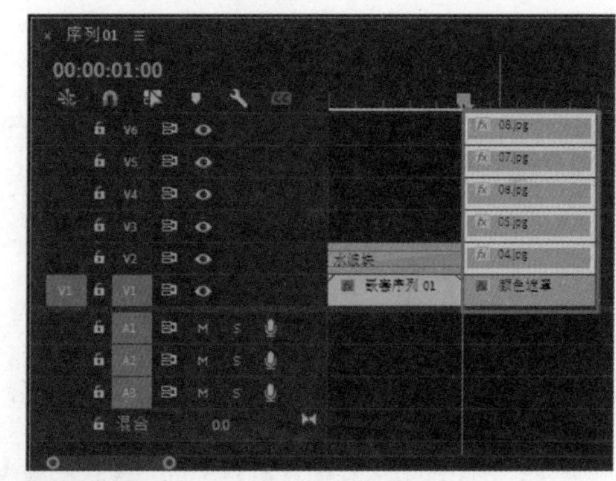

图5-82　添加“颜色遮罩”素材

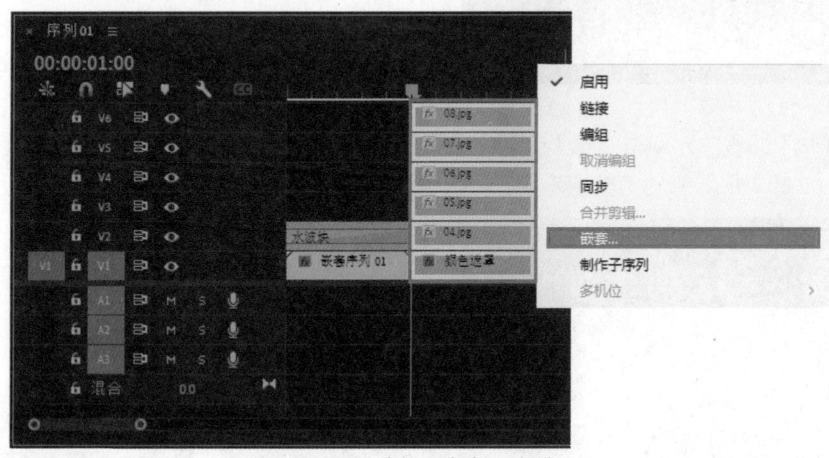

图5-83　选择“嵌套”选项

27 选择“嵌套序列02”素材，在“效果控件”面板中，单击“位置”和“缩放”前的“切换动画”按钮，设置“缩放”数值为332，“位置”数值为（720,540），添加第一个关键帧，如图5-84所示。

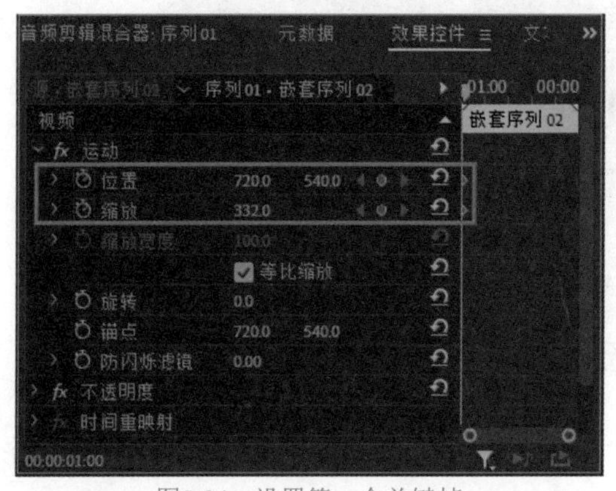

图5-84　设置第一个关键帧

28 将时间线移动到（00:00:01:08）位置，进入“效果控件”面板，设置“缩放”数值为109，“位置”处再添加一个关键帧，数值不变，如图5-85所示。

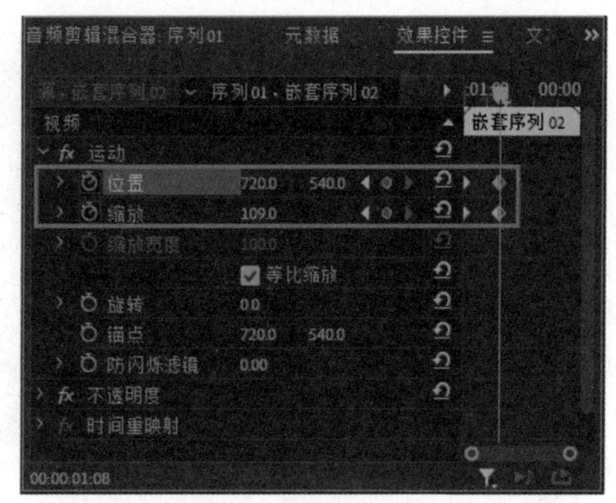

图5-85　设置第二个关键帧

29 将时间线移动到（00:00:01:12）位置，设置

“位置”数值为（780,491），添加第三个关键帧，“缩放”数值不变，如图5-86所示。

30_ 将时间线移动到（00:00:01:20）位置，设置“位置”数值为（2141,491），添加第四个关键帧，“缩放”数值为309，如图5-87所示。

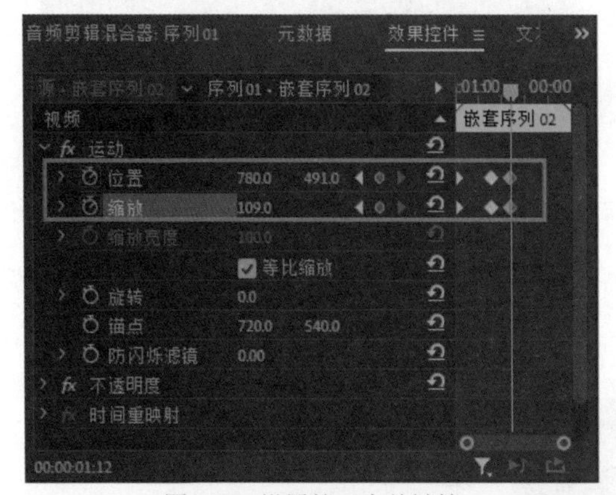

图5-86 设置第三个关键帧

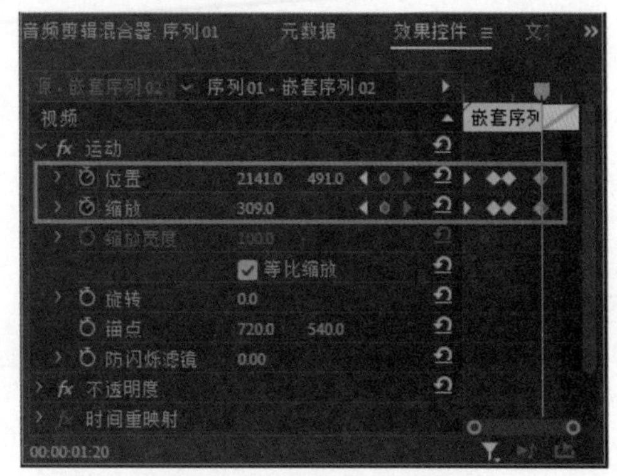

图5-87 设置第四个关键帧

31_ 在“项目”面板中选择“09.jpg”素材拖曳至“时间轴”面板，并调整大小，在“效果”面板中，依次展开“视频过渡”|“内滑”文件夹，选择“推”效果并将其拖曳至“时间轴”面板，放于“嵌套序列02”素材与“09.jpg”素材衔接处，如图5-88所示。

32_ 在“时间轴”面板中，双击“推”效果，在弹出的“设置过渡持续时间”对话框中，将“持续时间”改为（00:00:00:10），单击“确定”按钮，如图5-89所示。

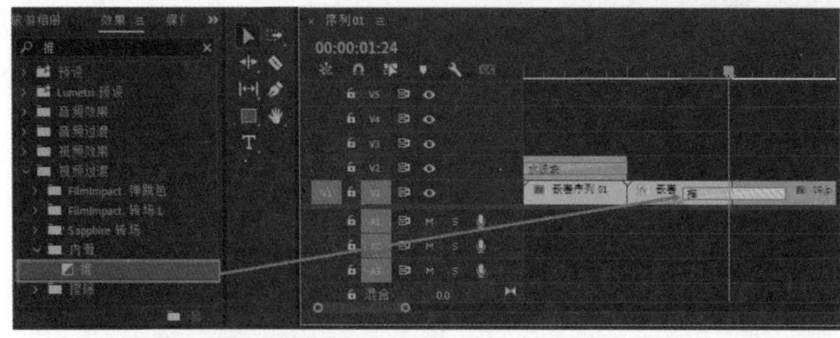

图5-88 添加“推”效果

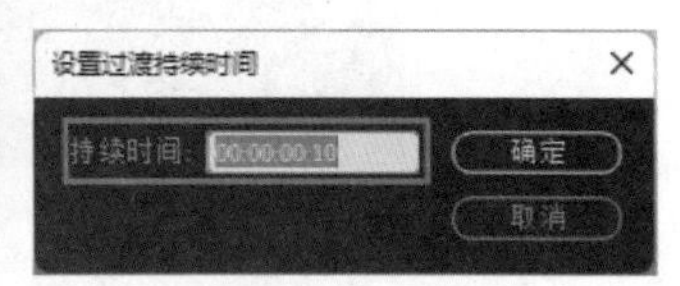

图5-89 “设置过渡持续时间”对话框

33_ 在“项目”面板中，选择“10.jpg”素材拖曳至“时间轴”面板，并调整大小，在“效果”面板中，依次展开“视频过渡”|“擦除”文件夹，选择“百叶窗”效果并将其拖曳至“09.jpg”素材与“10.jpg”素材衔接处，如图5-90所示。

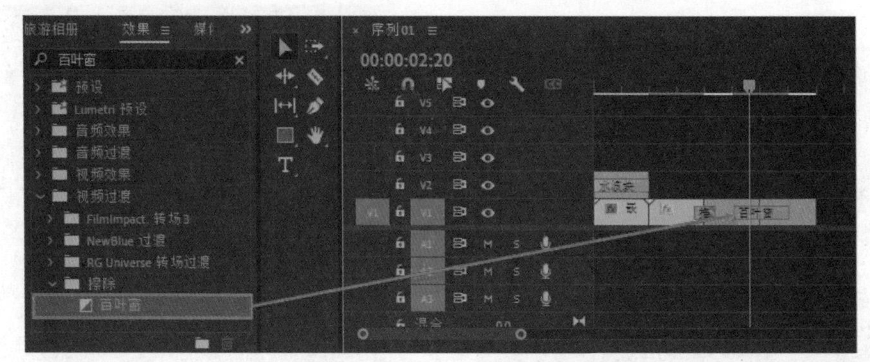

图5-90 添加“百叶窗”效果

34_ 在“时间轴”面板中选择“百叶窗”效果，进入“效果控件”面板，单击“边框颜色”的色块，在弹出的“拾色器”对话框中选取蓝色，单击“确定”按钮，如图5-91所示。

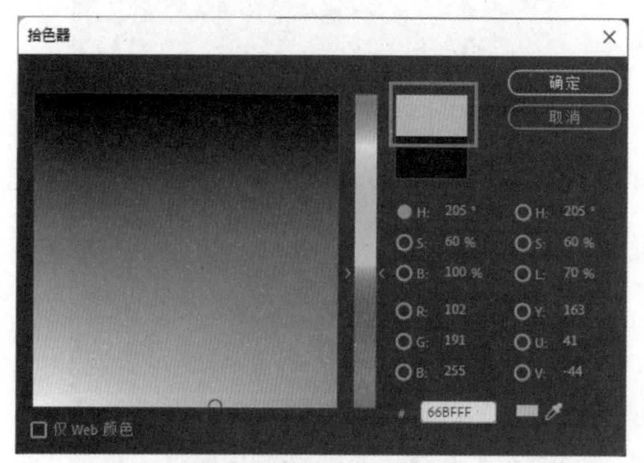

图5-91　“拾色器”对话框

35 在“效果控件”面板中，设置“边框宽度”数值为50，设置“持续时间”数值为（00:00:00:10），如图5-92所示。

36 在“项目”面板中选择“11.jpg”“12.jpg”素材将其拖曳至“时间轴”面板，并调整大小及位置，如图5-93所示。

37 在“效果”面板中，依次展开“视频效果”|“变换”文件夹，选择“裁剪”效果拖曳至“时间轴”面板中V2轨道上“12.jpg”素材上方，如图5-94所示。

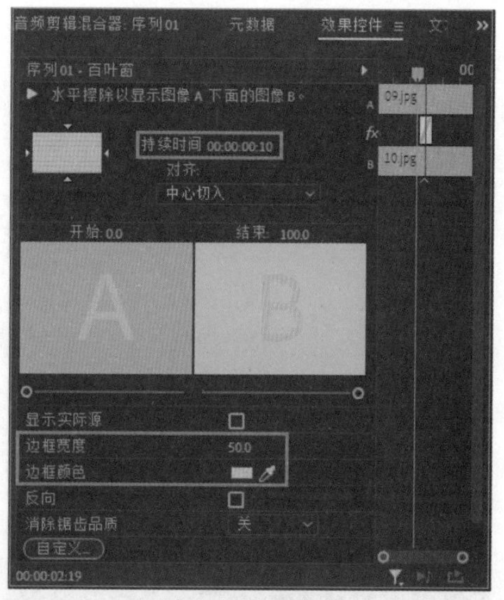

图5-92　设置参数

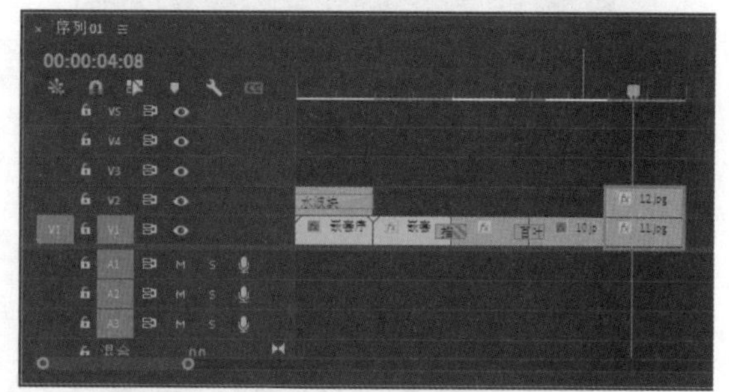

图5-93　添加素材

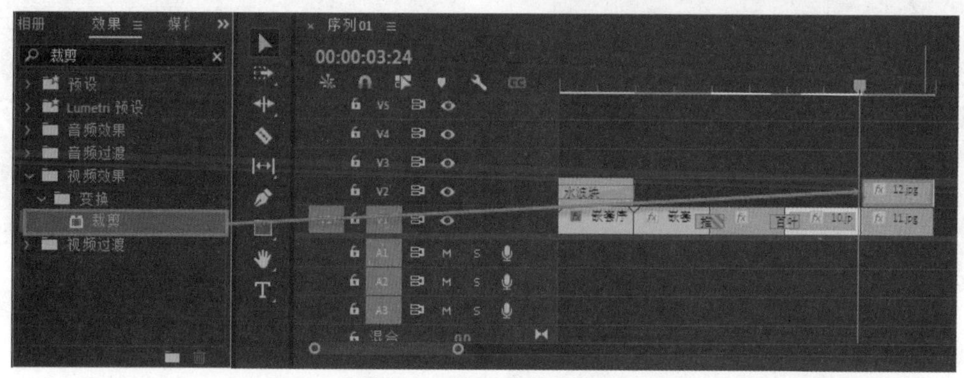

图5-94　添加“裁剪”效果

38 将时间线移动到（00:00:04:05）位置，选择“12.jpg”素材，进入“效果控件”面板，激活“右侧”的“切换动画”按钮，数值不变，添加第一个关键帧如图5-95所示。

39 将时间线移动到（00:00:04:20）位置，设置“右侧”数值为55，如图5-96所示。

40 在“工具”面板中选择“矩形工具”，在“节目”监视器面板中单击并绘制一个矩形，在“效果控件”面板中设置颜色、大小，如图5-97所示。

41 选择“图形”素材，将时间线移动到（00:00:04:05）位置，在“效果控件”面板中，单击“位置”前的“切换动画”按钮，设置“缩放”数值为（1559,540），移动到（00:00:04:20）位置，设置“位置”数值为（712,540），添加“矩形”位置关键帧，如图5-98所示。

42 框选“图形”“12.jpg”“11.jpg”素材并选择“嵌套”选项，如图5-99所示。

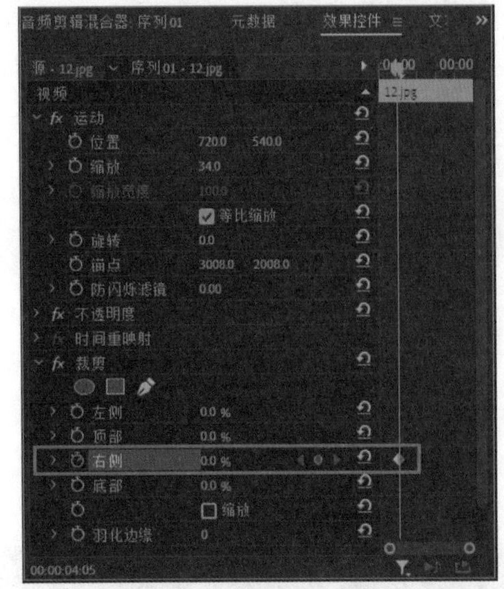

图5-95 设置第一个关键帧

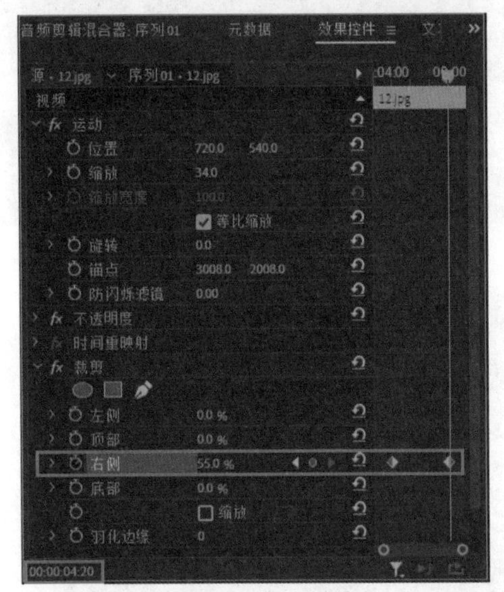

图5-96 修改参数

图5-97 绘制矩形

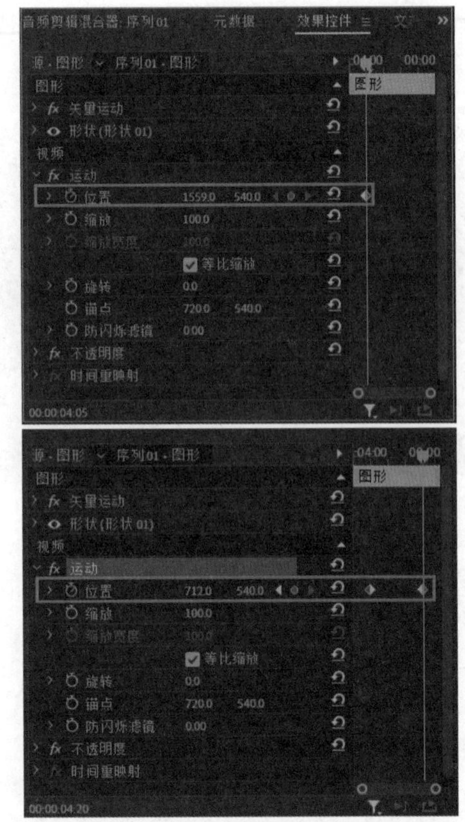

图5-98 添加矩形“位置”关键帧

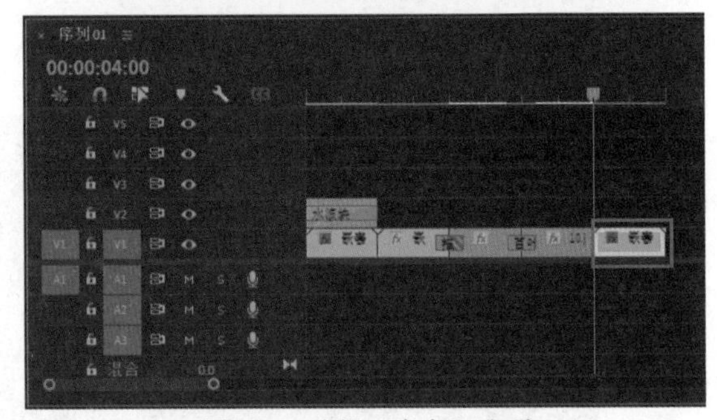

图5-99 选择“嵌套”选项

43 在“效果”面板中，依次打开“视频过渡”|“擦除”文件夹，选择“双侧平推门”效果，并将其拖曳至“时间轴”面板中“10.jpg”素材和“嵌套序列03”素材衔接处，设置持续过渡时间为（00:00:00:10），如图5-100所示。

44 在“项目”面板中选择“13.jpg”素材拖曳至“时间轴”面板，并调整大小，在“效果”面板中，依次展开“视频过渡”|“页面剥落”文件夹，选择“页面剥落”效果并将其拖曳至素材“嵌套序列03”和“13.jpg”素材衔接处，设置持续过渡时间为（00:00:00:10），如图5-101所示。

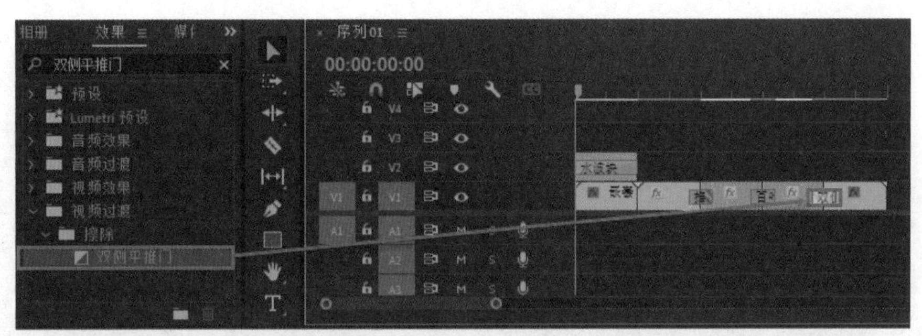
图5-100 添加“双侧平推门”效果

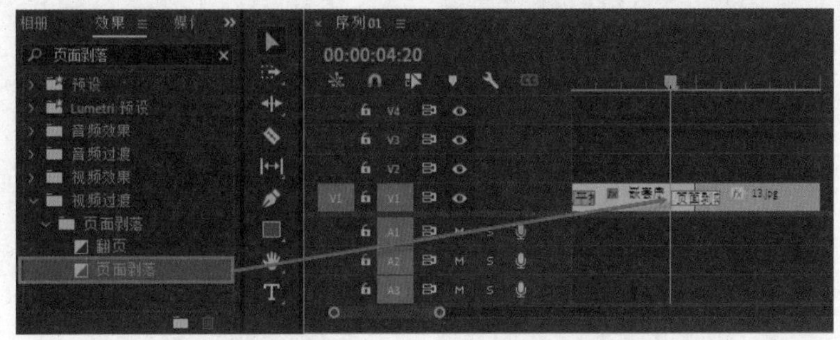
图5-101 添加“页面剥落”效果

45 在“项目”面板中依次将“14.jpg”“15.jpg”“16.jpg”素材拖曳至“时间轴”面板，并调整位置和大小，如图5-102所示。

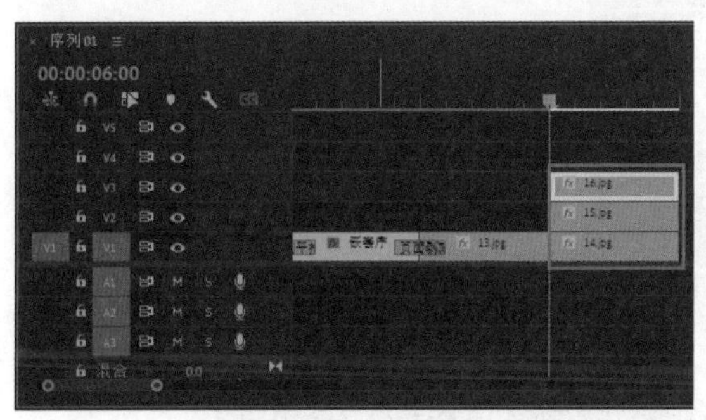
图5-102 添加素材

46 在“效果”面板中，依次展开“视频效果”|“变换”文件夹，选择“裁剪”效果，并拖曳至“时间轴”面板中“16.jpg”素材上方，将时间线移动到（00:00:06:00）位置，选择“16.jpg”素材，进入“效果控件”面板，在“裁剪”参数中，激活“左侧”和“右侧”前的“切换动画”按钮，添加第一个关键帧，如图5-103所示。

47 将时间线移动到（00:00:06:20）位置，在“效果控件”面板中，设置“左侧”数值为30，“右侧”数值为30，添加第二个关键帧，如图5-104所示。

48 在“工具”面板中选择“矩形工具”，在“节目”监视器面板中单击并绘制两个矩形，在“效果控件”面板，调整颜色和大小，并添加关键帧进行移动，如图5-105所示。

49 框选“14.jpg”“15.jpg”“16.jpg”“图形”素材，选择“嵌套”选项，如图5-106所示。

50 在“效果”面板中，依次展开“视频过渡”|“缩放”文件夹，选择“交叉缩放”效果，并拖曳至“时间轴”面板中“13.jpg”素材和“嵌套序列04”素材衔接处，设置过渡持续时间为（00:00:00:10），如图5-107所示。

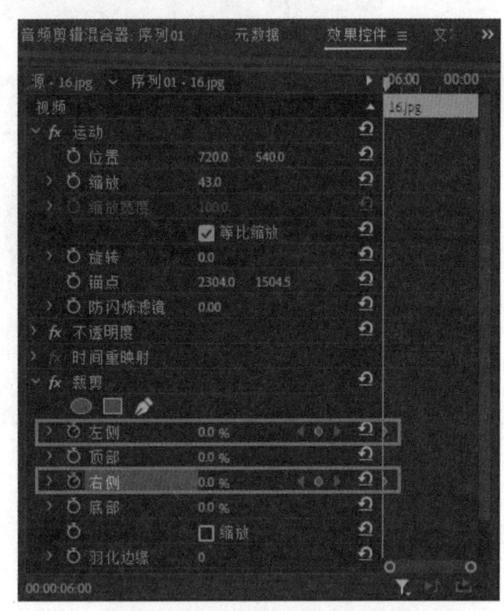
图5-103 设置第一个关键帧

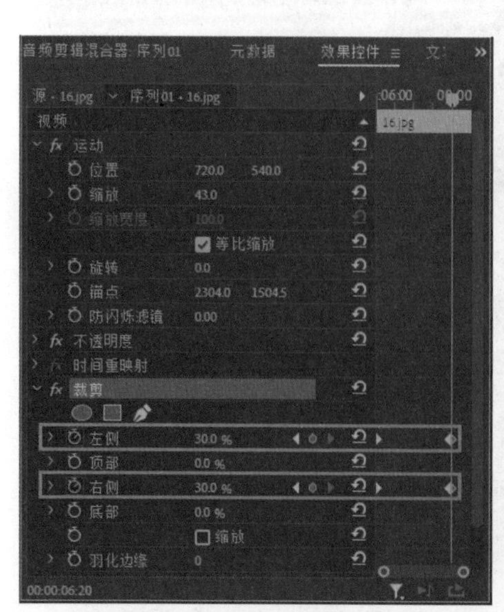

图5-104　设置第二个关键帧

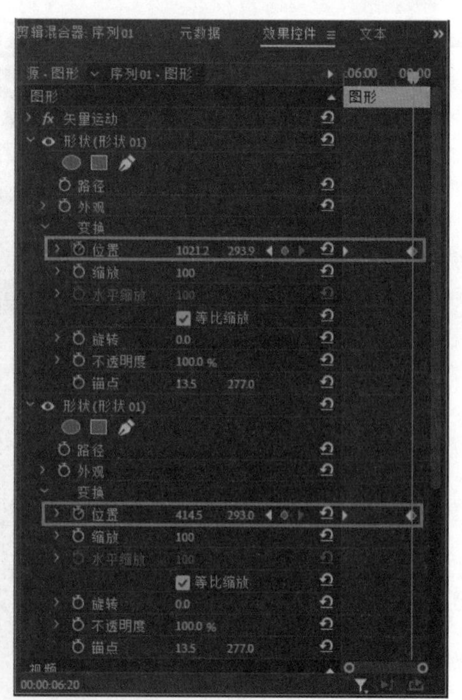

图5-105　绘制矩形并添加关键帧

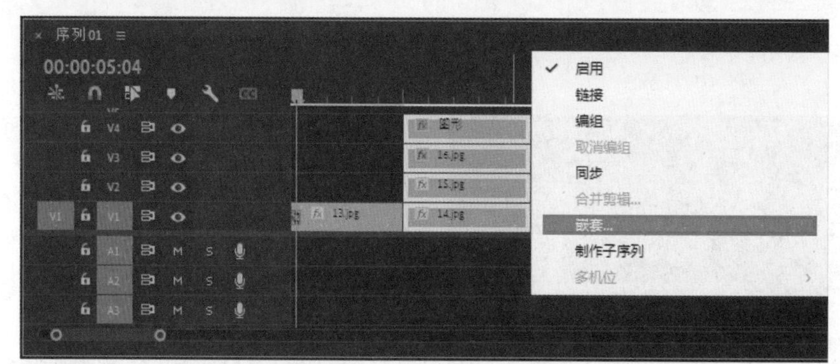

图5-106　选择“嵌套”选项

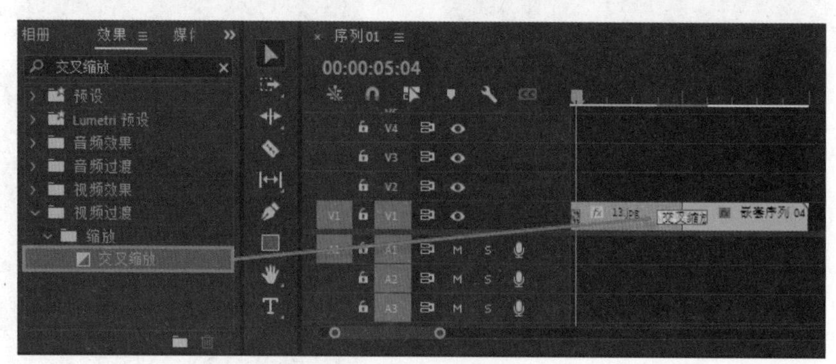

图5-107　添加“交叉缩放”效果

51 在“项目”面板中选择“17.jpg”和“18.jpg”素材并将其拖曳至“时间轴”面板，调整大小，如图5-108所示。

52 在“效果”面板中，依次展开“视频过渡”|“擦除”文件夹，选择“随机块”效果拖曳至“嵌套序列04”素材和“17.jpg”素材衔接处，并设置过渡持续时间为（00:00:00:10），如图5-109所示。

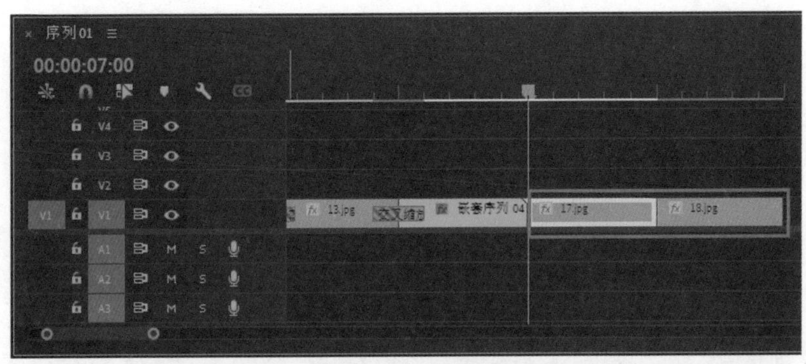

图5-108　添加素材

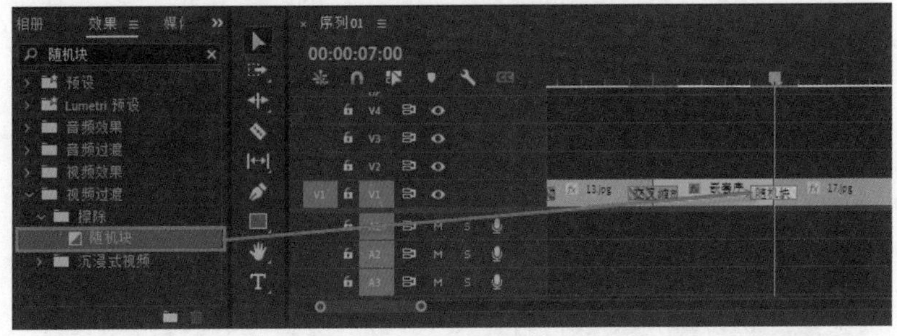

图5-109　添加“随机块”效果

53_ 在“效果”面板中，依次展开“视频过渡”|“溶解”文件夹，选择“交叉溶解”效果拖曳至“17.jpg”素材和“18.jpg”素材衔接处，并设置过渡持续时间为（00:00:00:10），如图5-110所示。

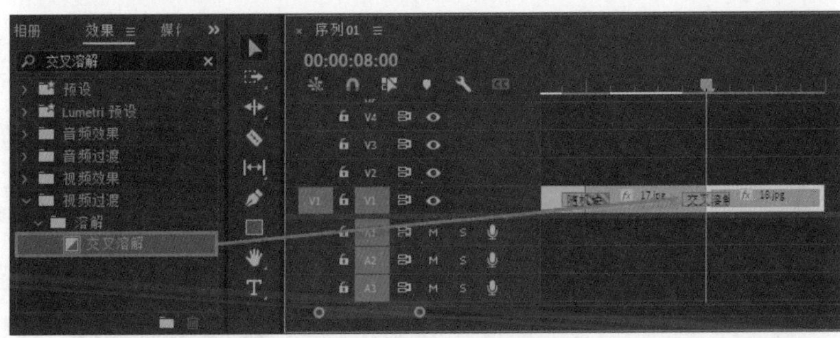

图5-110　添加“交叉溶解”效果

54_ 在“效果”面板中，依次展开“视频过渡”|“溶解”文件夹，选择“黑场过渡”效果拖曳至 “18.jpg”素材结尾处，并设置过渡持续时间为（00:00:00:10），如图5-111所示。

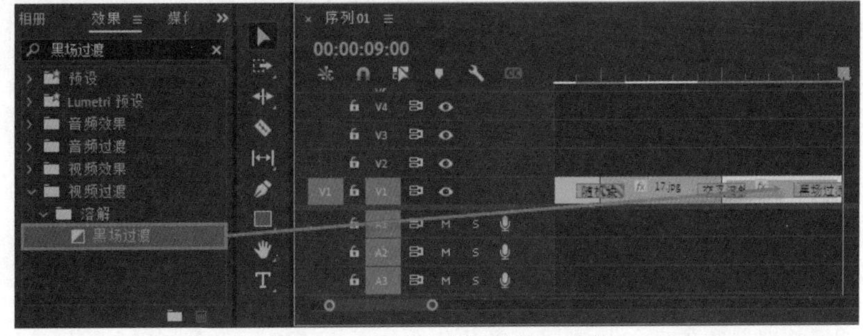

图5-111　添加“黑场过渡”效果

55_ 在“项目”面板中，选择“背景音乐.wav”素材并将其拖曳至“时间轴”面板，然后删除多余部分，如图5-112所示。

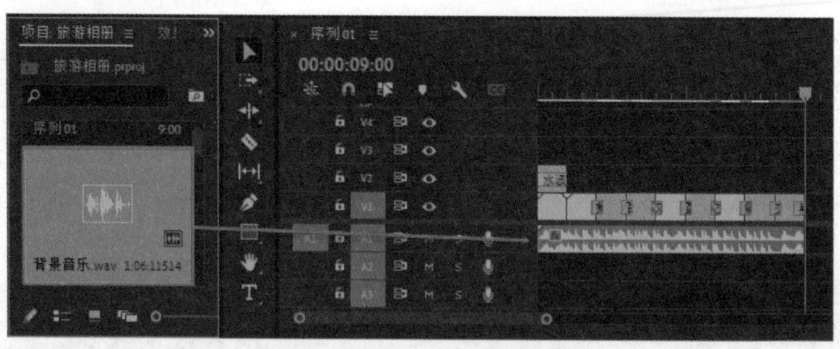

图5-112　添加音频素材

56_ 在“效果”面板中，依次展开“音频过渡”|“交叉淡化”文件夹，选择“恒定增益”效果并将其拖曳至“背景音乐.wav”结尾处，然后设置过渡持续时间为（00:00:00:10），如图5-113所示。

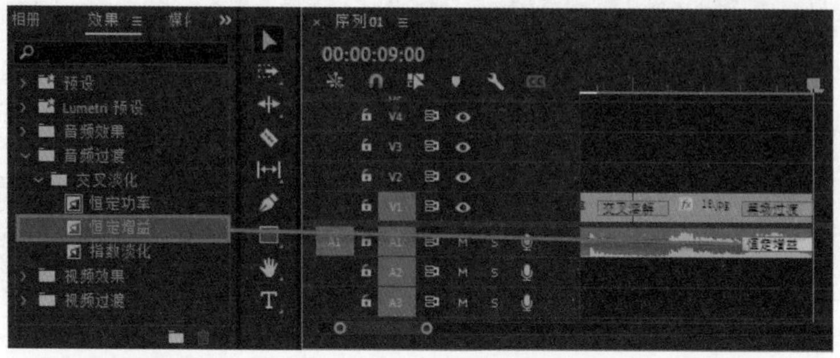

图5-113　添加“恒定增益”效果

57_ 按Enter键，渲染项目，渲染完成后可预览视频效果，如图5-114所示。

图5-114　预览效果

5.4 本章小结

本章主要介绍了视频效果的添加与应用，以及各个效果的特点，并通过多个实例使用户熟练掌握效果的应用。这些可以节省用户制作镜头过渡效果的时间，极大地提高用户的工作效率。在编辑影片时，用户可以非常方便地在两个视频素材衔接处添加转场，使影片得过渡更自然、更有吸引力。

第6章 字幕效果

使用字幕是影视编辑处理软件中的一项基本功能，字幕除了可以帮助影片更完整地展现相关内容信息外，还可以起到美化画面、表现创意的作用。Premiere Pro 2022的字幕还提供制作视频作品所需的所有字幕特性，而且无须脱离Premiere Pro环境就能够实现。字幕设计器可用于实现各种文字编辑、属性设置以及绘图功能进行字幕的编辑。

本章重点：

◎新建字幕　◎静态字幕　◎滚动字幕　◎游动字幕
◎字幕样式　◎运动设置与动画实现

本章效果欣赏

6.1 创建字幕素材

在Premiere Pro 2022中，用户可以通过创建字幕来制作需要添加到影片画面中的文字信息。下面介绍在Premiere Pro 2022中创建字幕的几种方法。

6.1.1 创建字幕

1. 使用新版字幕进行创建

自Premiere Pro 2022版本开始，菜单栏中的“字幕”菜单变为“图形和标题”菜单，在工具箱中单击“文字工具”T，然后在“节目”监视器面板中单击并输入文本，即可在画面中创建字幕，如图6-1所示，这种方式操作起来非常简单便捷。

在默认状态下，创建字幕的字体颜色为白色，若要对文字的颜色等属性进行更改，则选择轨道上的字幕素材，在“效果控件”面板中展开“文本”属性栏，在其中对文字的属性进行调整，如图6-2所示。

此外，还可以执行“窗口”|“基本图形”命令，打开“基本图形”面板，在“编辑”选项卡中可对文字的参数及属性进行设置，如图6-3所示。

图6-1　创建字幕

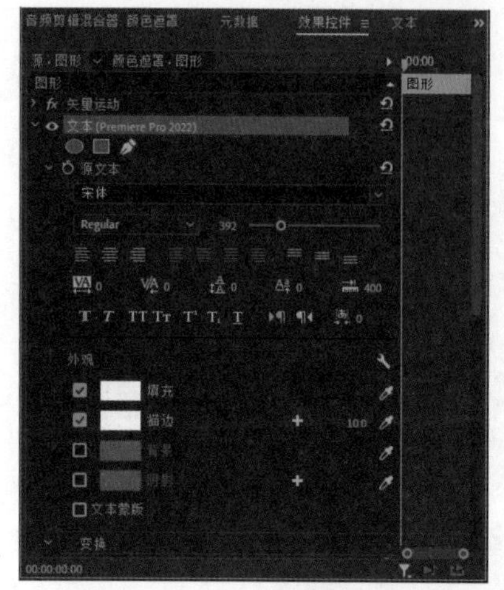

图6-2　“文本”属性栏

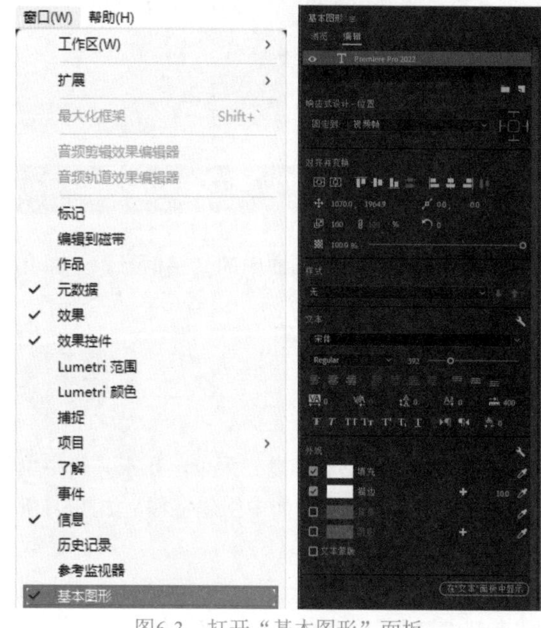

图6-3　打开“基本图形”面板

2. 通过“旧版标题”选项创建字幕

用户如果需要按旧版模式创建字幕，需执行“文件”|“新建”|“旧版标题”命令，如图6-4所示。弹出“新建字幕”对话框，在其中可设置字幕名称，单击“确定”按钮，如图6-5所示，即可打开 “旧版标题设计器”（也可以称为“字幕”面板）进行字幕编辑。

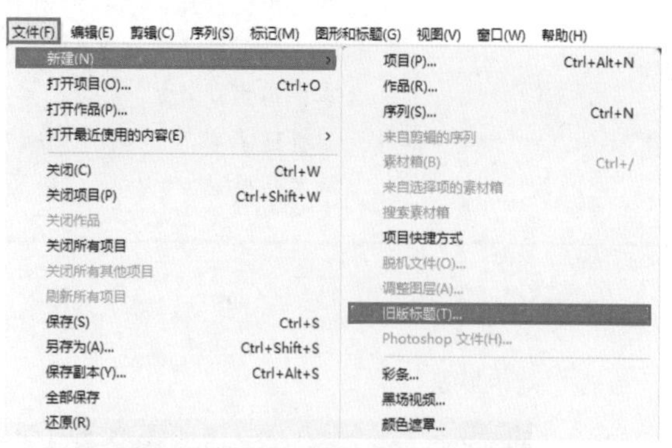

图6-4　执行“文件”|“新建”|“旧版标题”命令

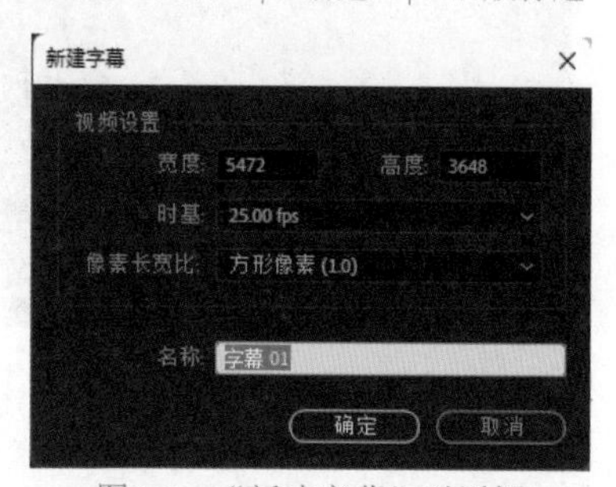

图6-5　“新建字幕”对话框

3. 通过“图形和标题”菜单创建字幕

启动Premiere Pro 2022软件，执行“图形和标题”|“新建图层”|“文本”命令，如图6-6所示。将在“节目”监视器面板中出现文本框，即可进行字幕编辑。

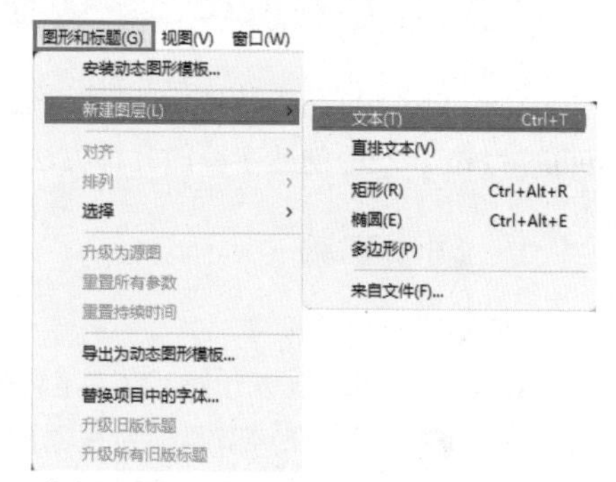

图6-6　执行“图形和标题”|“新建图层”|“文本”命令

6.1.2　在“时间轴”面板中添加字幕

使用“选择工具”，将“项目”面板中的字幕文件拖到“时间轴”面板的视频轨中，即可在

“时间轴”面板中添加字幕，如图6-7所示。

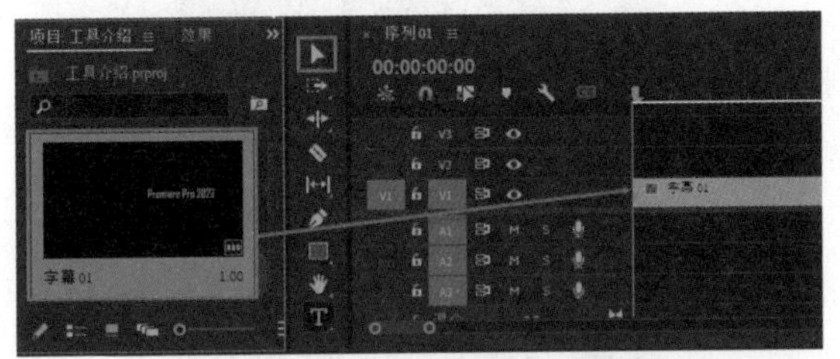

图6-7　在“时间轴”面板中添加字幕

6.1.3　实战——为视频画面添加字幕

本小节通过实例来具体介绍字幕的添加操作。

01_ 打开项目文件，在“项目”面板中选择图像素材，将其拖到“时间轴”面板，如图6-8所示。

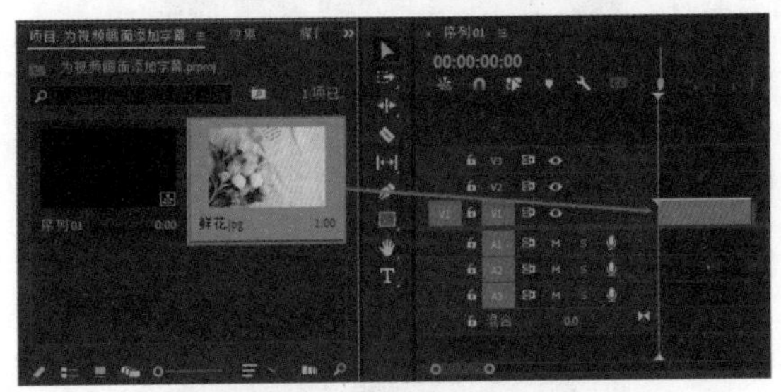

图6-8　添加图像素材

02_ 选择“时间轴”面板中的素材，打开“效果控件”面板，设置缩放参数为37，如图6-9所示。

03_ 在“工具”面板中选择“文字工具”![T]，在“节目”监视器面板中单击并输入文字，如图6-10所示。

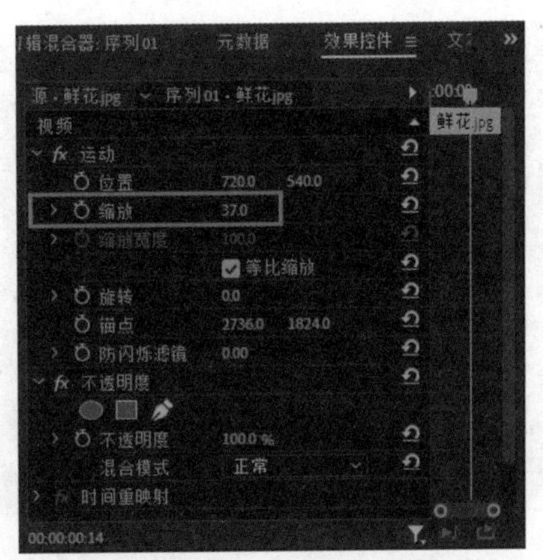

图6-9　设置缩放参数

图6-10　输入文字

04_ 在“工具”面板中单击“选择工具”按钮▶，进入“效果控件”面板，展开“文本”属性，设置字体、颜色等参数，如图6-11所示。

图6-11　编辑字幕

05_ 在“项目”面板中将自动生成字幕素材，如图6-12所示。

06_ 预览添加字幕前后的视频效果对比，如图6-13和图6-14所示。

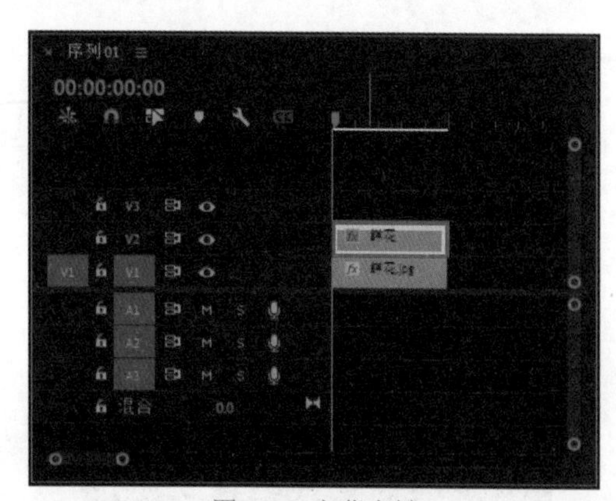

图6-12　字幕素材

图6-13　原图像

图6-14　添加字幕的画面

新建字幕时，用户可以设置字幕的“宽”“高”“纵横比”等参数，一般情况下使用默认设置。

6.2 字幕素材的编辑

6.2.1 介绍字幕工具

在创建字幕时，会用到“文字工具”和“基本图形”面板。在“效果”工作区中找到“基本图形”面板。“基本图形”面板包含“浏览”和“编辑”两个选项卡，如图6-15所示。

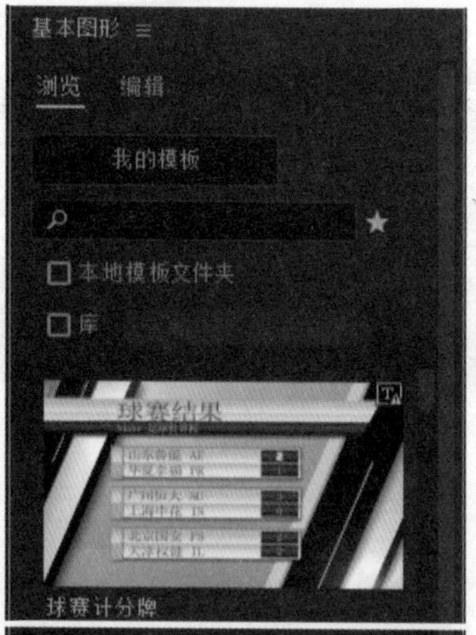

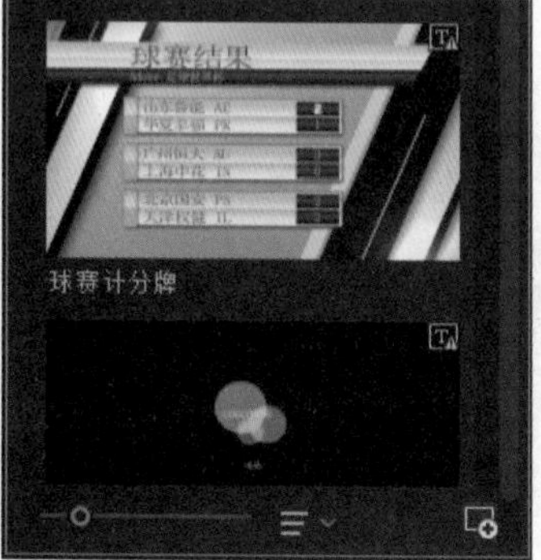

图6-15　“基本图形”面板

“基本图形”面板中两个选项卡的作用如下。

- “浏览选项卡”：用于浏览内置的字幕面板，其中许多模板还包含了动画。
- “编辑选项卡”：对添加到序列中的字幕或在序列中创建的字幕进行修改。

用户可使用模板，也可以使用“文字工具”，在“节目”监视器面板中单击创建字幕，还可以用“钢笔工具”在“节目”监视器面板中创建形状。长按“文字工具”后还可选择“垂直文字工具”；长按“钢笔工具”后可选择“矩形工具”或“椭圆形工具”。用户创建了形状或文字元素后，可使用“选择工具”调整其位置与大小。

在激活选择工具的前提下，在“节目”监视器面板中单击激活形状后，即可调整控制手柄改变其形状。随后切换至“钢笔工具”，则可以看到锚点，调整锚点即可重塑形状。切换回“选择工具”，单击形状之外的区域，隐藏控制手柄，则可更加清晰地看到结果。

打开“基本图形”面板，在“编辑”选项卡中对文字的参数即及属性进行设置，如图6-16所示。

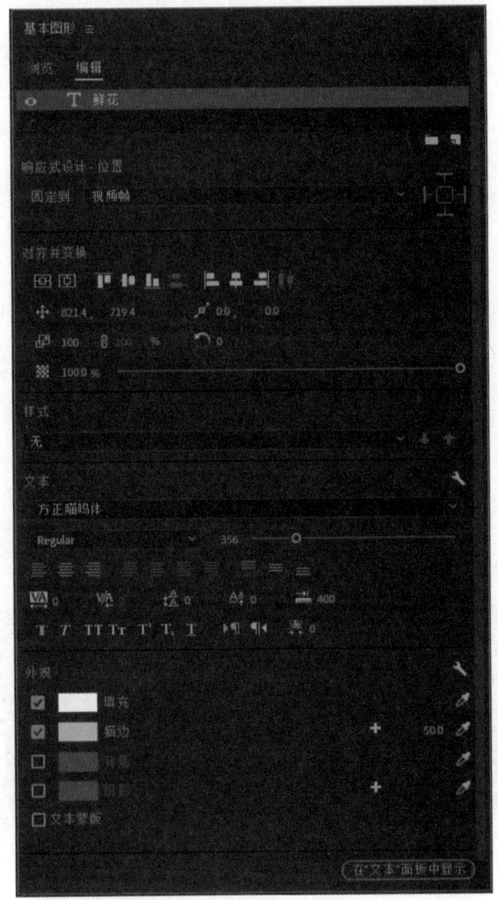

图6-16　“编辑”选项卡

1. “响应式设计-位置”栏

固定到 视频帧 位置：使当前活动图层响应所选图层位置、旋转或缩放比例的变化。

2. “对齐并变换”栏

在“对齐并变换”栏中可针对多个字幕或形状进行对齐与分布设置，如图6-17所示。

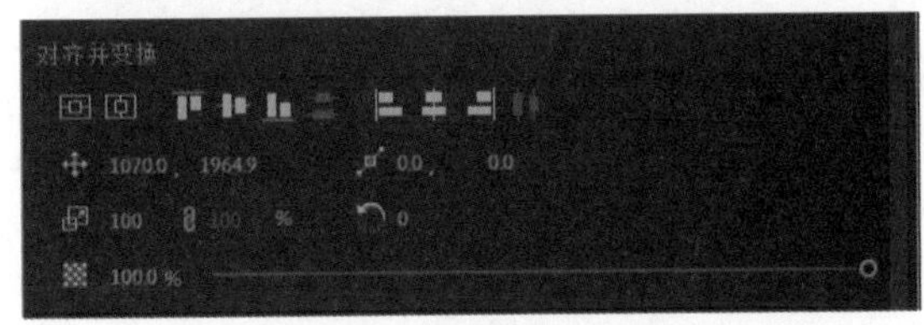

图6-17　“对齐并变换”栏

“对齐并变换”栏中各工具的作用如下。

- 垂直居中：移动对象使其垂直居中。
- 水平居中：移动对象使其水平居中。
- 垂直靠上：使所选对象在垂直方向上靠顶部对齐。
- 垂直居中：使所选对象在垂直方向上居中对齐。
- 垂直靠下：使所选对象在垂直方向上靠底部对齐。
- 垂直居中：对多个对象进行垂直方向上的居中均匀对齐分布。
- 水平靠左：使所选对象在水平方向上靠左边对齐。
- 水平居中：使所选对象在水平方向上居中对齐。
- 水平靠右：使所选对象在水平方向上靠右边对齐。
- 水平居中：对多个对象进行水平方向上的居中均匀对齐分布。
- 1070.0 1964.9 切换动画的位置：用于移动所选对象位置。
- 切换动画的锚点：可以对锚点进行调整（即所选对象的轴心点，所选对象的位置、旋转和缩放都是基于锚点进行操作的）。
- 切换动画的比例：调整所选对象的比例大小。
- 设置缩放锁定：单击该按钮，可以自定义调节长宽比。
- 切换动画的旋转：所选对象以其锚点作为中心进行旋转。
- 切换动画的不透明度：数值越小，所选对象就越透明，数值越大，所选对象就越清晰。

3. “样式”栏

“样式”栏可以直接选择应用，还可以自定义新的字幕样式或导入外部样式文件。如图6-18所示，单击样式的列表可选择“创建样式”选项，在弹出的“新建文本样式”对话框中设置样式的“名称”，如图6-19所示。

图6-18　“样式”栏

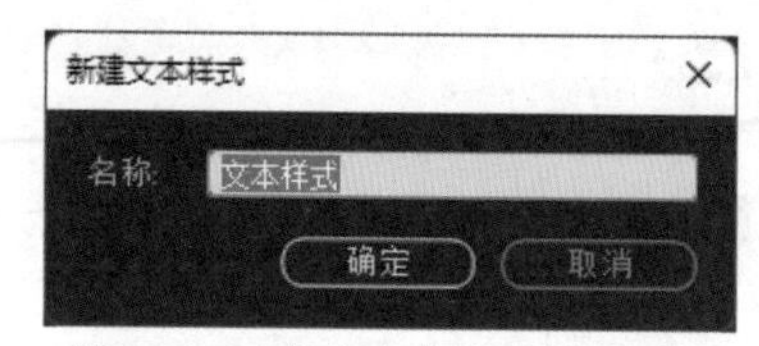

图6-19 “新建文本样式”对话框

4. “文本”栏

“文本”栏选项用于“字体系列”“字体大小”“行距”“字偶间距”“倾斜”等参数的设置，如图6-20所示。

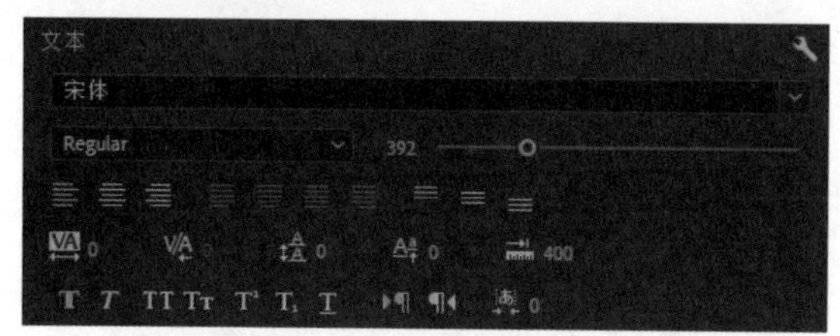

图6-20 “文本”栏

“文本”栏中各参数的作用如下。

- 宋体 字体：在列表中可以选择需要的字体。
- Regular 字体类型：在列表中可以选择需要的文本样式。
- 100 字体大小：设置文字字号的大小。
- 左对齐、居中、右对齐：设置文字的对齐方式。
- 最后一行左对齐、最后一行居中、最后一行对齐、最后一行右对齐：设置文字最后一行的对齐方式。
- 顶对齐、居中对齐、底对齐：设置文字的对齐方式。
- 字偶调整：设置整体文字间距的协调性。
- 字偶间距：设置文字之间的间距。
- 行距：通过调整文字按钮或直接单击并输入数值，可以设置文本段落中文字行之间的间距。
- 基线位移：用来调整文字的基线位置。
- 制表符宽度：用于对所选段落文本的制表位进行设置，对段落文本进行排列的格式化处理。
- 粗体：可以将所选文本对象设置为粗体。
- 斜体：可以将所选文本对象设置为斜体。
- 全部大写字母：可以将所选文本对象全部设置为大写字母。
- 小型大写字母：针对小写的英文字母进行调整。
- 上标：可以在所选文本对象右（或左）上角添加标记。
- 下标：可以在所选文本对象右（或左）下角添加标记。
- 下划线：可以将所选文本对象设置为下划线。
- 从左至右输入：将文本从左至右输入。
- 从右至左输入：将文本从右至左输入。
- 比例间距：设置文字之间的间距。

5. “外观”栏

“外观”栏主要是设置文字样式的参数，如图6-21所示。

图6-21 “外观”栏

参数介绍如下。

- 填充：可以设置颜色在文字或图形中的填充类型，包括“实底”“线性渐变”“径向渐变”3种类型，如图6-22所示。

图6-22 填充类型

- 实底：可以为文字或图形对象填充单一的颜色。
- 线性渐变：两种颜色以垂直或水平方向进行的混合性渐变，并可在“填充”选项面板中调整渐变颜色的透明度和角度。
- 径向渐变：两种颜色由中心向四周发生混合渐变。
- 描边：用于文字或形状的描边处理。
- 背景：可针对工作区域的背景部分进行更

改处理。

- 阴影：可以为文字及图形对象添加阴影效果。

6.2.2　实战——文本样式的制作

下面用实例来具体介绍文本样式的制作。

01_ 启动Premiere Pro 2022软件，新建项目，新建序列。执行“图形和标题”|“新建图层”|“文本”命令，如图6-23所示。

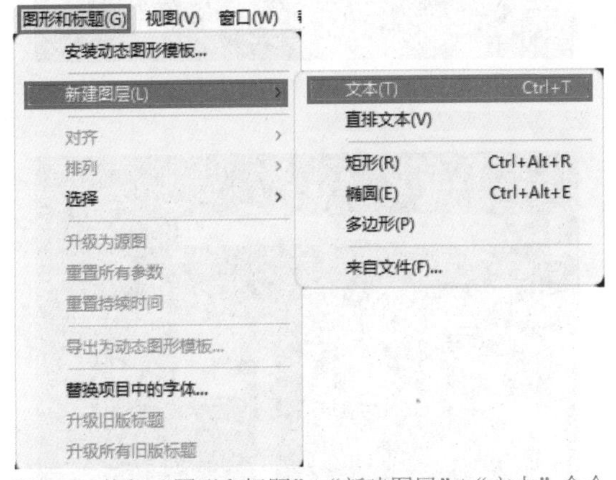

图6-23　执行“图形和标题”|“新建图层”|“文本”命令

02_ 在“节目”监视器面板中出现横版文本框，如图6-24所示。

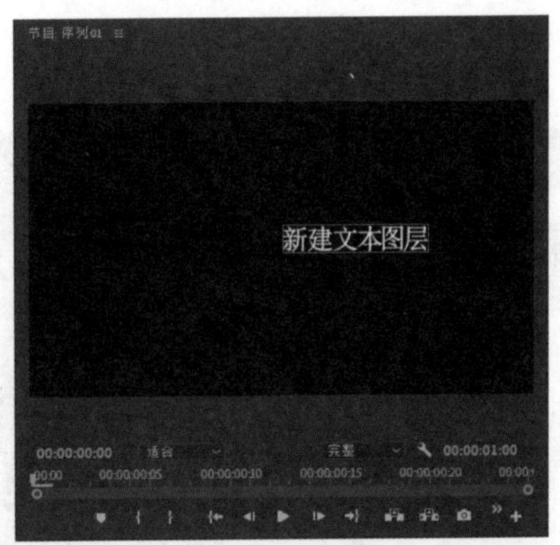

图6-24　新建字幕

03_ 单击“节目”监视器面板中的文本框并输入“SHADOWS!”，如图6-25所示。

图6-25　输入文本

04_ 在“工具”面板中单击“选择工具”按钮▶，在“基本图形”面板中设置文本大小，如图6-26所示。

图6-26　设置文本大小

05_ 单击文本区域的“字体”按钮，在列表中选择“Impact”字体，如图6-27所示。

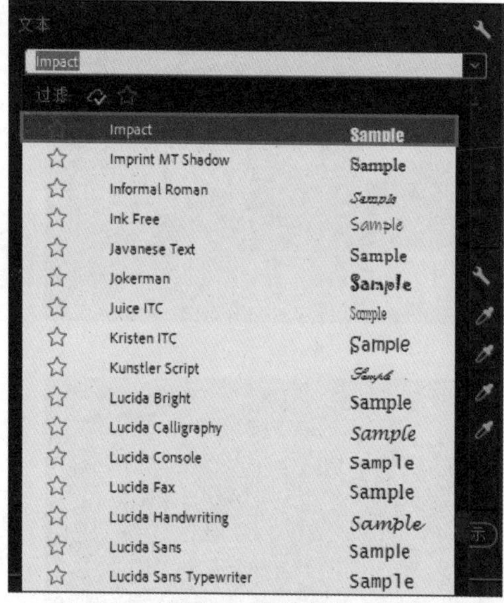

图6-27 设置字体

06_ 在“对齐并变换”区域中，单击“垂直居中”按钮，使文本移动到垂直方向上居中的位置，如图6-28所示。

图6-28 垂直居中

07_ 单击“水平居中”按钮，使文本在水平方向上也居中，如图6-29所示。

08_ 单击“填充”前的色块，在弹出的“拾色器”对话框中，将“填充类型”设置为“线性渐变”，选择合适的颜色，单击“确定”按钮，如图6-30所示。

09_ 勾选“描边”复选框，单击“描边”前的色块，在弹出的“拾色器”对话框中选择合适的颜色，单击“确定”按钮，调整数值为10，如图6-31所示。

图6-29 水平居中

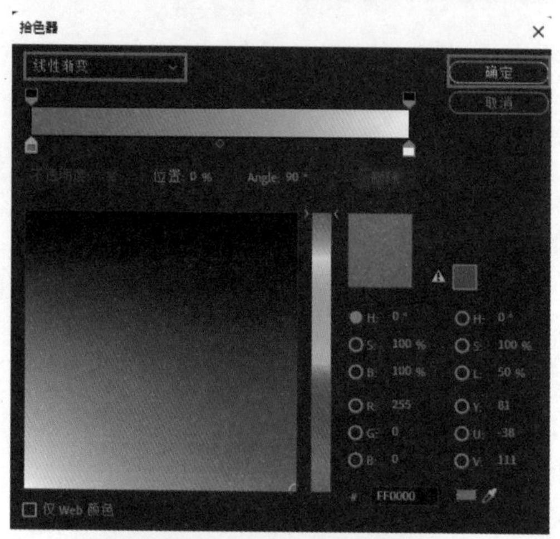

图6-30 设置“填充类型”

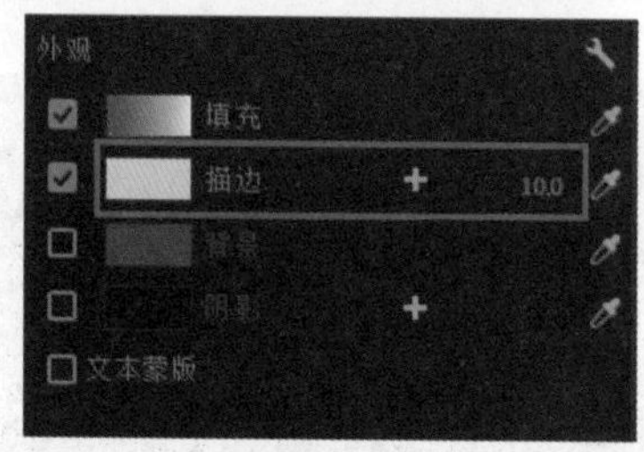

图6-31 描边参数设置

10_ 单击“描边”后的“向此图层添加描边”按钮，再添加一层描边，如图6-32所示。

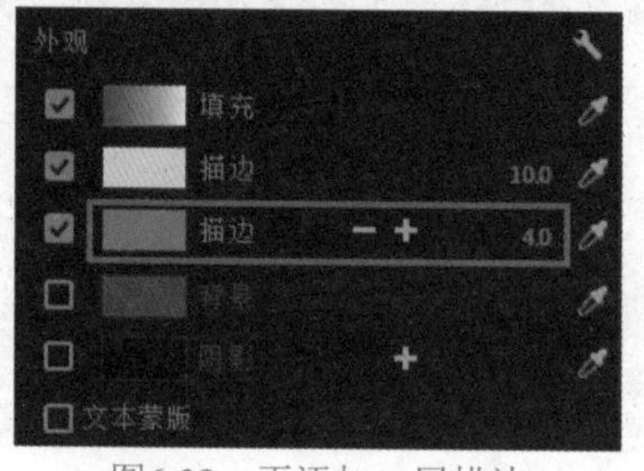

图6-32 再添加一层描边

11_ 勾选“阴影”复选框，为字幕添加阴影效果，然后单击“阴影”前的色块，选择合适的颜色，调整“角度”数值为154°，设置“距离”数值为31.9，设置“大小”数值为11.9，设置“模糊”数值为95，如图6-33所示。

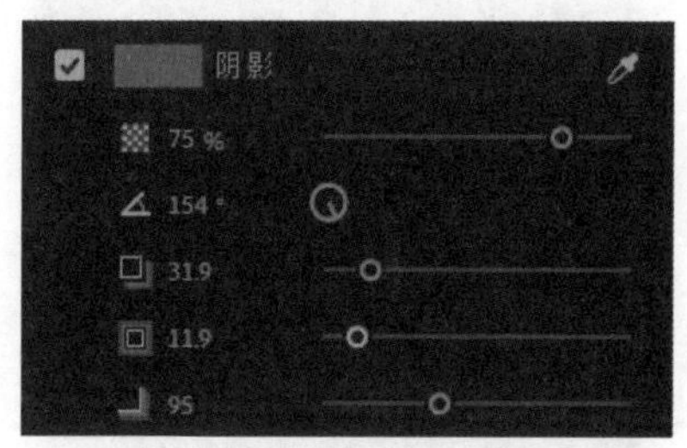

图6-33　设置阴影参数

12_ 同理，再添加两个阴影图层，如图6-34所示。

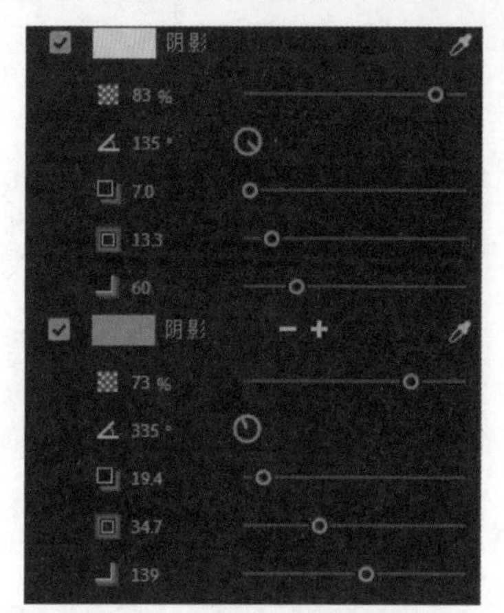

图6-34　添加两个阴影图层

13_ 预览字幕效果，如图6-35所示。

图6-35　预览效果

6.3 字幕样式和字幕模板

Premiere Pro 2022中有很多种字幕样式，可用于简化创作流程。而字幕模板与字幕样式有所不同，字幕模板是背景图片、几何形状和占位文字的组合，可用于快速创建自己需要的图片主题。

6.3.1　使用内置字幕模板

在视频内添加动态图形能让视频细节更加丰富，满足不同种类视频的需求。Premiere内置了一些经典动态图形模板，可供用户直接使用。

Premiere内置的字幕模板在“基本图形”面板中的“浏览”选项卡中，如图6-36所示。

图6-36　字幕模板

6.3.2　实战——使用字幕模板

通常情况下，电视节目的制作经常要用到固定的栏目标题和新闻字幕，如果每次都重新设置其样式，是比较麻烦的，而应用字幕模板则可以解决该问题，提高工作效率。

下面用实例讲解Premiere Pro 2022中字幕模板的制作、保存和调用的方法。

01_ 启动Premiere Pro 2022软件，新建项目，新建序列。在“基本图形”面板中选择“浏览”选项卡，如图6-37所示。

02_ 选择“游戏下方三分之一靠左”模板，将其拖曳至“时间轴”面板，模板素材会以浅红色显示，如图6-38所示。

图6-37 “浏览”选项卡

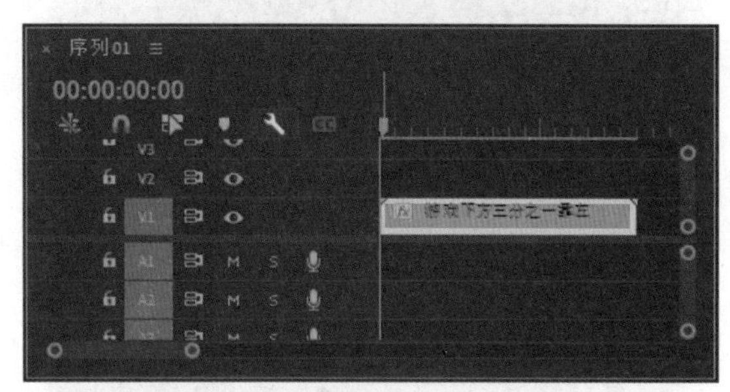

图6-38 拖曳至“时间轴”面板

03_ 在“节目”监视器面板中预览模板的样式，如图6-39所示。

图6-39 预览模板样式

04_ 模板上的文字默认为英文。若要修改模板上的文字，则可以选择序列中的模板素材，在“基本图形”面板中选择“编辑”选项卡，修改“标题”和“字幕”的内容，如“全国电子竞技职业联赛”和“决赛”，如图6-40所示。

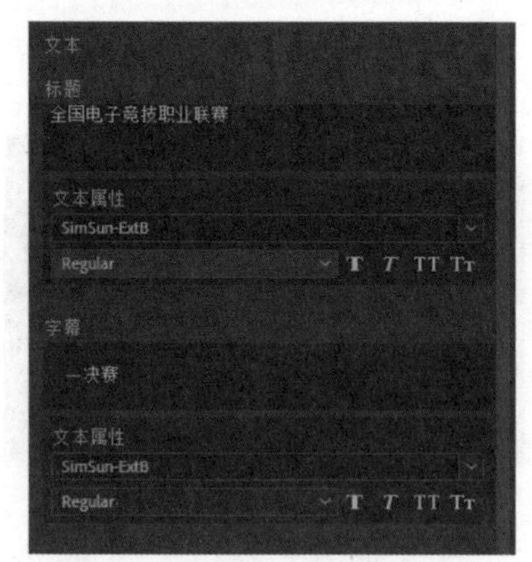

图6-40 修改模板素材

05_ 在设置样式区域，设置合适的颜色，如图6-41所示。

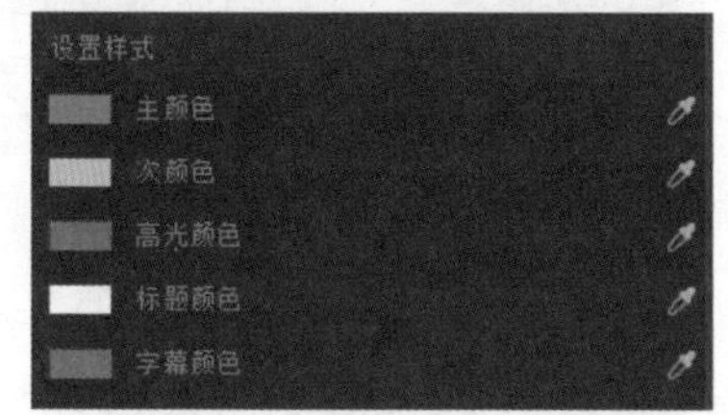

图6-41 设置样式颜色

06_ 按Enter键渲染项目，渲染完成后预览效果，如图6-42所示。

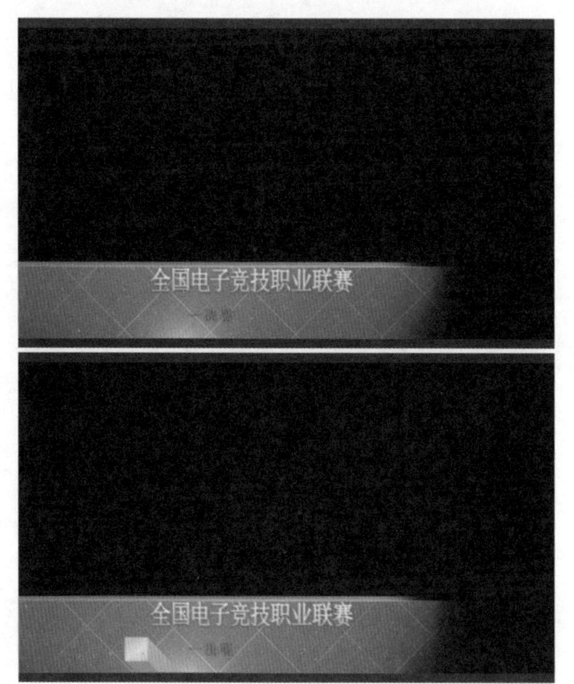

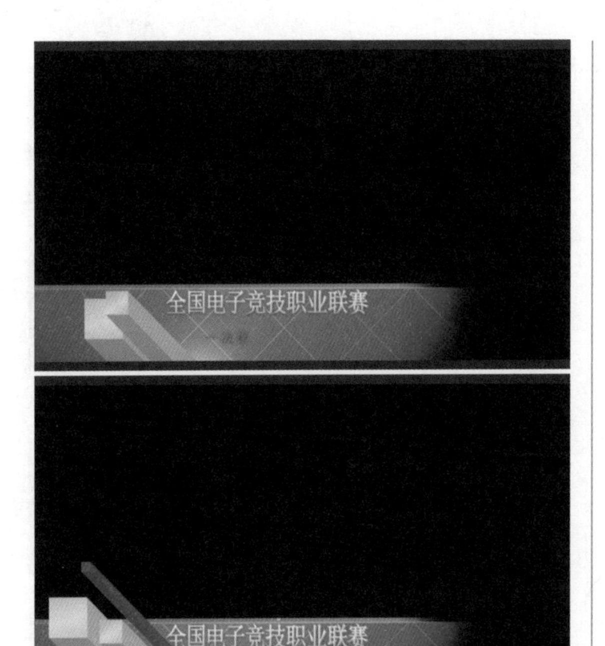

图6-42　预览效果

6.4 运动设置与动画实现

在Premiere Pro 2022中，用户可以通过调整文字的位置、缩放比例和旋转角度等为文字设置动画。

6.4.1 “滚动”选项

Premiere制作的字幕不仅有静态效果，还可以设置运动效果。在“基本图形”面板中选择“编辑”选项卡，勾选“滚动”复选框，即可打开“滚动”选项，如图6-43所示。

图6-43　“滚动”选项参数

下面对“滚动”选项中的参数进行介绍。

- 启动屏幕外：将字幕设置为开始时完全从屏幕外滚进。
- 结束屏幕外：将字幕设置为完全滚动出屏幕。
- 预卷：设置第一个文本在屏幕上显示之前要延迟的帧数。
- 过卷：设置字幕结束后播放的帧数。
- 缓入：设置在开始的位置将滚动或游动的速度从零逐渐增大到最大速度的帧数。
- 缓出：设置在末尾的位置放慢滚动或游动字幕速度的帧数。

播放速度是由“时间轴”面板上滚动或游动字幕的长度决定的。较短字幕的滚动或游动速度比较长字幕的滚动或游动速度快。

6.4.2 设置动画的基本原理

1. 运动设置

将素材拖曳至“时间轴”面板，进入“效果控件”面板，“运动”效果的设置界面如图6-44所示。

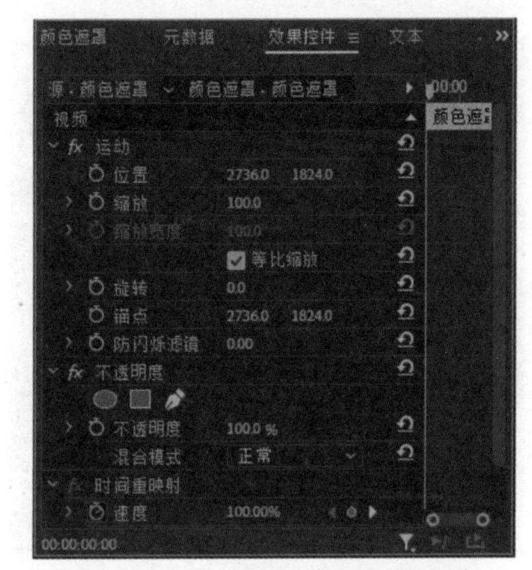

图6-44　“运动”效果设置界面

下面对“运动”效果中各选项进行介绍。

- 位置：设置对象在屏幕中的位置坐标。
- 缩放：设置对象的缩小或放大。
- 旋转：设置对象的旋转角度。
- 锚点：设置对象的旋转或移动控制点。
- 防闪烁滤镜：消除视频中的闪烁现象。

2. 设置动画的基本原理

在Premiere Pro 2022中，用户可以通过调整文字的位置、缩放和旋转角度等为文字设置动画，其运动的实现都是基于关键帧。所谓关键帧，即对不同时间点的同一对象的同种属性设置不同的属性参数，而时间点之间的变化由计算机来完成。例如，设置两个关键帧，在第一处设置对象的旋转参数为10，如图6-45所示；在第二处设置对象的旋转参数为100，如图6-46所示。计算机通过给定的关键帧，可以计算出对象在两时间点之间的旋转变化过程。一般为对象设置的关键帧越多，所产生的运动变化越复杂，计算机的计算时间也就越长。

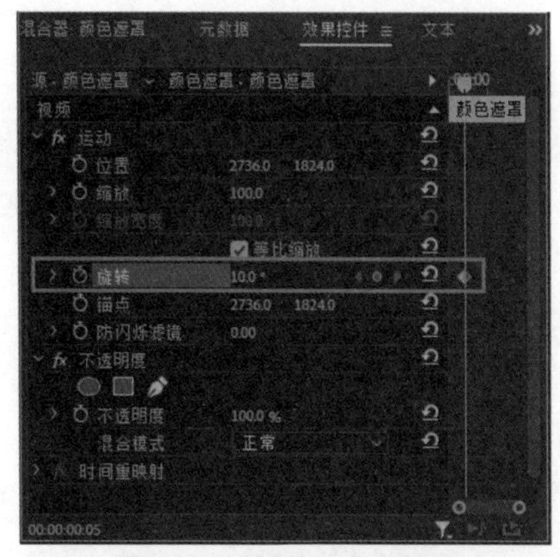

图6-45 设置第一个关键帧

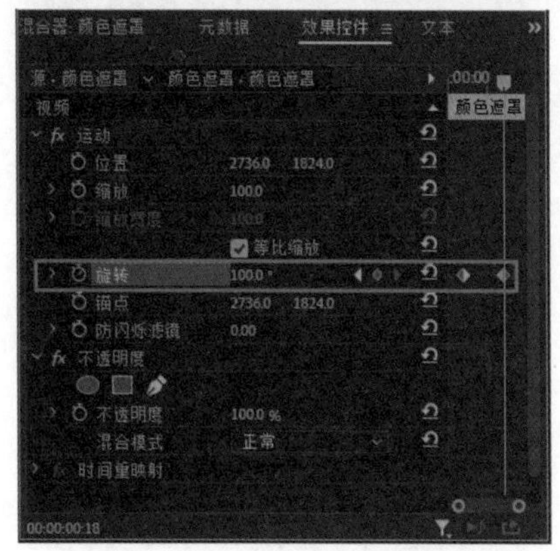

图6-46 设置第二个关键帧

6.4.3 实战——制作滚动字幕

本小节通过实例来具体介绍制作滚动字幕的操作。

01 启动Premiere Pro 2022软件，按快捷键Ctrl+O，打开路径文件夹中的“滚动字幕.prproj”项目文件。进入工作界面后，可以看到“时间轴”面板中已经添加好的背景图像素材，如图6-47所示。在“节目”监视器面板中可以预览当前素材效果，如图6-48所示。

02 打开路径文件夹中的文本文档，复制文本内容，单击“文字工具”按钮T，进入“节目”监视器面板，然后按快捷键Ctrl+V粘贴复制的文本内容，如图6-49所示。

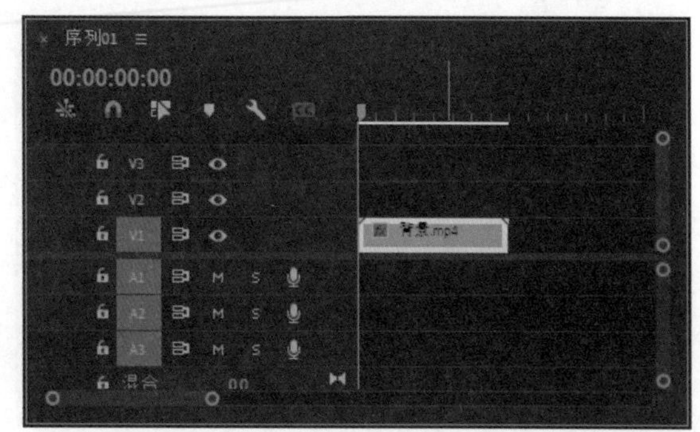

图6-47 “时间轴”面板

图6-48 素材预览效果

图6-49 粘贴文本

提示 **部分创建的文字不能正常显示，是由于当前的字体类型不支持该文字的显示，替换合适的字体后即可正常显示。**

03 切换“选择工具”选择文本内容，在“基本图形”面板中设置字体、行距和填充颜色等参数，并将文字摆放至合适位置，如图6-50所示。

图6-50　设置文本参数

04_ 单击“节目”监视器面板空白处，在“基本图形”面板中勾选“滚动”复选框，则“节目”监视器面板中会出现一个滚动条，根据需求可以设置“滚动”参数来控制播放速度，如图6-51所示。

图6-51　勾选“滚动”复选框

05_ 在“时间轴”面板中右击V2轨道上的字幕素材，在弹出的快捷菜单中选择“速度/持续时间”选项，弹出“剪辑速度/持续时间”对话框，修改“持续时间”为（00:00:08:00），如图6-52所示，单击“确定”按钮。

06_ 上述操作完成后，“时间轴”面板中的字幕素材的时长将与V1轨道的“背景jpg”素材一致，如图6-53所示。

07_ 在“节目”监视器面板中可预览最终的字幕效果，如图6-54所示。

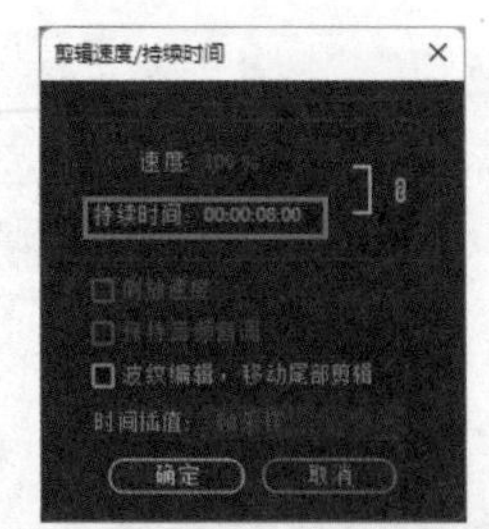

图6-52 “剪辑速度/持续时间”对话框

图6-53 “时间轴”面板

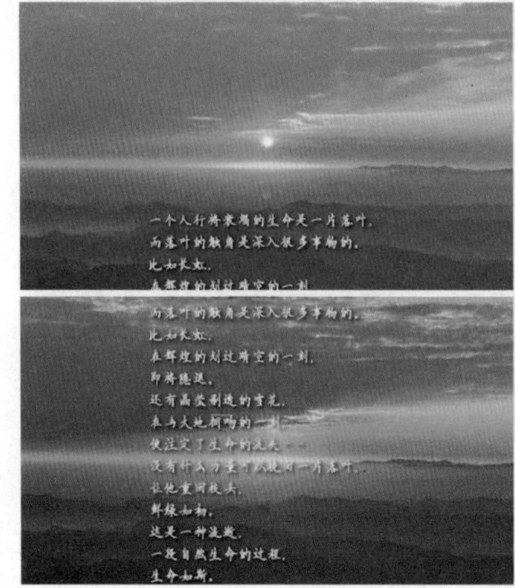

图6-54 预览效果

6.5 语音转文本

6.5.1 语音转文本功能介绍

Premiere Pro 2022新增加了语音转文本功能，可以自动生成转录文本并为视频添加字幕，从而提高视频的可访问性和吸引力，同时还能对结果进行完全的创意操控。语音转文本功能具有14 种语言可供世界各地的用户使用，并可提供准确的结果。

“字幕和图形”工作区包含“文本”面板（包括“转录文本”“字幕”和图形“选项卡”），如图6-55所示。可在“转录文本”选项卡中自动转录视频，然后生成字幕，可在“字幕”选项卡以及“节目”监视器面板中进行编辑，字幕在“时间轴”面板上有独立的轨道CC，使用“基本图形”面板中的设计工具设置字幕样式。

图6-55 “字幕和图形”工作区

1. 转录文本

在“文本”面板中单击“转录序列”按钮，弹出“创建转录文本”对话框，如图6-56所示。

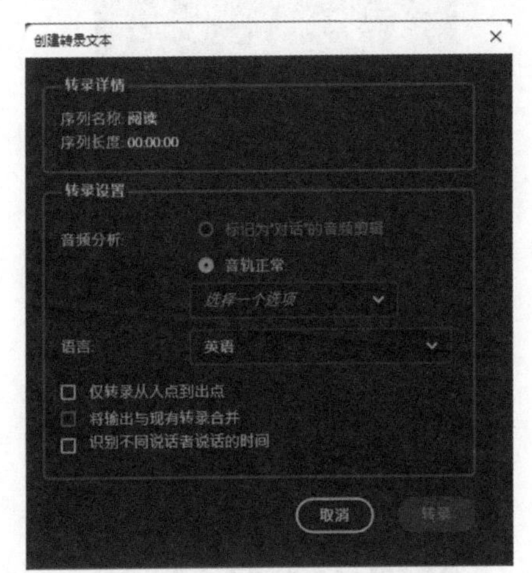

图6-56 “创建转录文本”对话框

- 音频分析：选中“标记为对话的音频剪辑”单选按钮以进行转录，或从特定音轨中选择音频并转录。
- 语言：选择视频中的语言。
- 语言：Premiere Pro 22.2（及更高版本）附带安装了英文语言包。可以从“语言”列表中安装其他语言包。可以在没有互联网连接的情况下使用语音转文本功能，且文本转录速度更快。
- 仅转录从入点到出点：已标记入点和出点，则可以指定 Premiere Pro 转录该范围内的音频。
- 将输出与现有转录合并：在特定入点和出点之间进行转录时，可以将自动转录文本插入到现有文本中。勾选此复选框可在现有转录文本和新转录文本之间建立连续性。
- 识别不可说话者说话的时间：如果序列或视频中有多个说话者，需勾选此复选框。

2. 编辑转录中的说话者

在“转录文本”选项卡中单击“未知”按钮■，在列表中选择“编辑发言者”选项，弹出“编辑发言者”对话框，如图6-57所示。

- 搜索：可以在多个说话者中，快速找到需要的说话者。
- 重命名■：可以命名说话者名称。
- 添加发言者：如果没有识别到的发言者，可以手动添加发言者。

图6-57 “编辑发言者”对话框

3. 查找和替换转录中的文本

01 在搜索文本字段中输入搜索词。Premiere Pro会突出显示搜索词在转录文本中的所有文本。

02 使用向上和向下箭头浏览搜索词的所有文本，如图6-58所示。

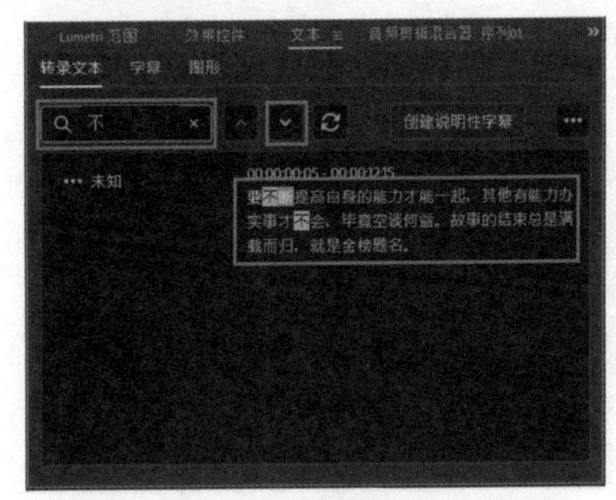

图6-58 查找文本

03 单击“替换”按钮■并输入替换文本，如图6-59所示。

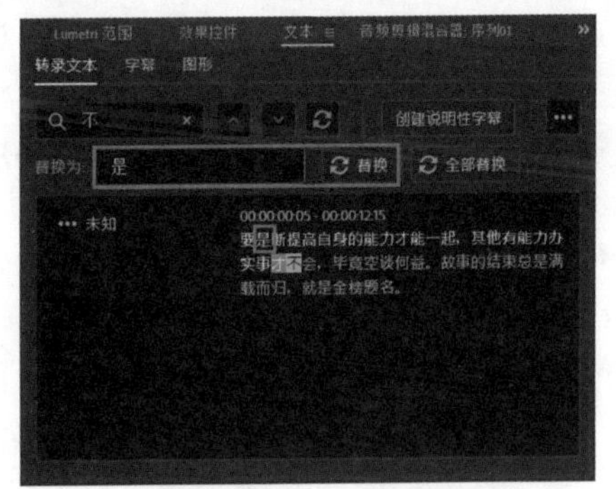

图6-59 替换文本内容

04 要替换搜索词的选定文本，单击“替换”按钮。要替换搜索词的所有文本，单击“全部替换”按钮，如图6-60所示。

双击文本框，可编辑全部文本内容。

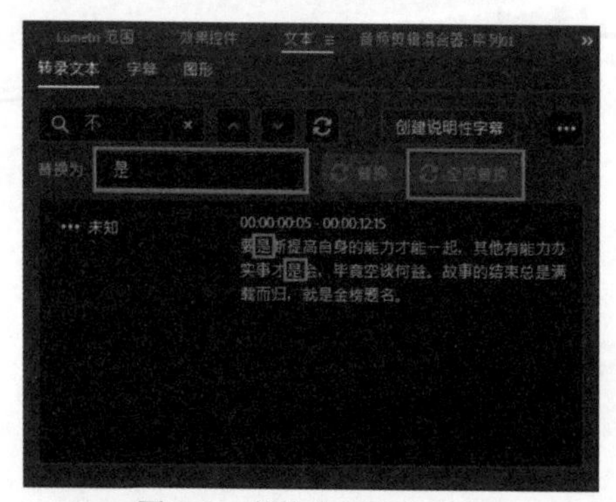

图6-60 替换全部文本内容

4. 其他转录选项

还有其他选项可用于处理转录文本。在“文本”面板中“转录文本”选项卡中单击“更多”按钮■，如图6-61所示。

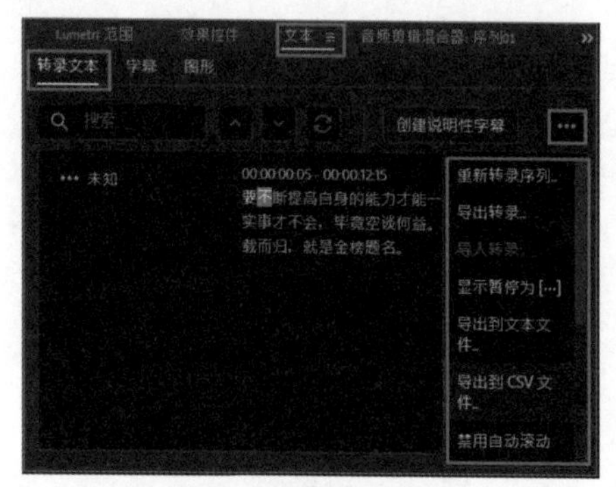

图6-61 其他转录选项

- 重新转录序列：更改编辑。
- 导出转录：可以创建一个 .prtranscript 文件，该文件可以在“转录文本”面板选择“导入转录文本”选项打开。
- 导入转录：进行最终编辑并且转录已由其他用户生成。
- 显示暂停为 [...]：将停顿显示为省略号，以便转录文本显示对话中存在空白的位置。
- 导出到文本文件：创建 .txt 文件以进行校对、与客户共享或为视频创建文字内容。
- 禁用自动滚动：在“时间轴”面板中拖动或播放序列时，在“文本”面板中一部分转录内容可见。

5. 生成字幕

完成调整转录文本之后，可将其转换为“时间轴”面板上的字幕。在“转录文本”选项卡中单击“创建说明性字幕”按钮，弹出“创建字幕”对话框，如图6-62所示。

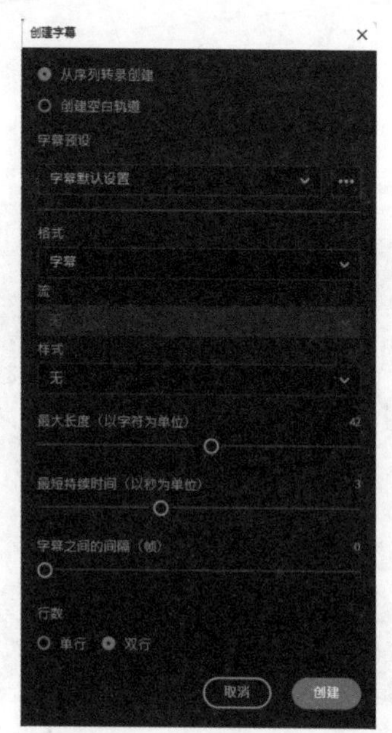

图6-62 “创建字幕”对话框

- 从序列转录创建：使用序列转录文本创建字幕。
- 创建空白轨道：手动添加字幕或将现有“.srt”文件导入“时间轴”面板。
- 字幕预设：默认字幕选项适用于大多数用例。
- 格式：视频设置的字幕格式类型。
- 流：一些字幕格式（例如 Teletext）。
- 样式：保存任何字幕样式。
- 最大长度、最短持续时间和字幕之间的间隔：设置每行字幕文本的最大字符数和最短持续时间，以及指定字幕之间的间隔。
- 行数：选择字幕的行数。

完成调整后，单击“创建”按钮，Premiere Pro会创建字幕并将其添加到“时间轴”面板的字幕轨道中，与视频中的对话节奏保持一致，如图6-63所示。

图6-63　生成字幕轨道

还可以在“字幕”选项卡中（位于文本窗口）查看所有字幕。可以继续编辑字幕文本、查找和替换文本，以及通过单击“字幕”选项卡中的字词或直接在“节目”监视器面板中导航到视频的特定部分。

6.5.2　实战——使用语音转文本创建字幕

01 启动Premiere Pro 2022软件，按快捷键Ctrl+O，打开路径文件夹中的“使用语音转文本创建字幕.prproj”项目文件。进入工作界面后，可以看到“时间轴”面板中已经添加好的背景图像素材，如图6-64所示。

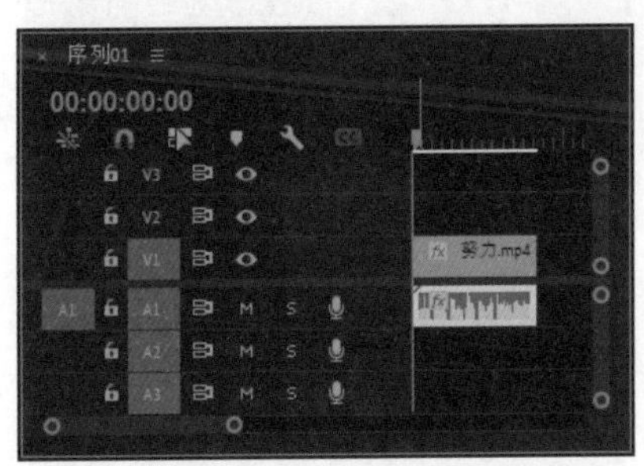

图6-64　打开项目文件夹

02 在“时间轴”面板中选择“努力.mp4”素材，打开“字幕和图像”工作界面中的“文本”面板，单击“转录序列”按钮，弹出“创建转录文本”对话框，转录语言可设置13种语言，此外也可以设置仅转录从入点到出点，设置完成之后单击“转录”按钮，如图6-65所示。

03 如果转录完成后，识别后的文本中有错别字，可以双击文本区域，对文字进行修改，如图6-66所示。单击文本中的文字时，“节目”监视器面板中的画面也会对应有所变化，如图6-67所示。

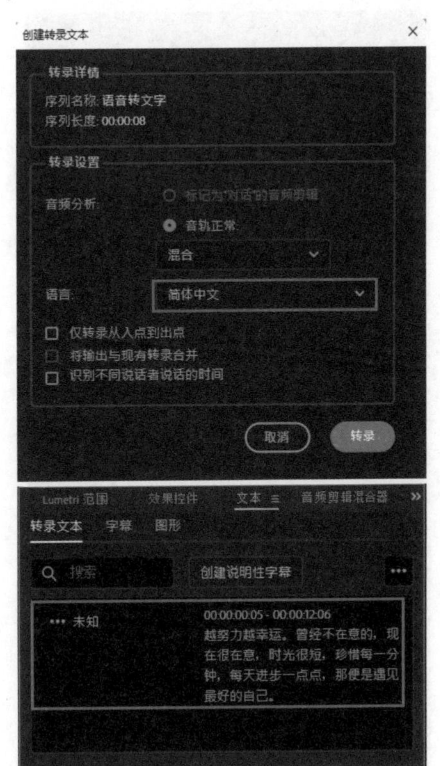

图6-65　转录文本

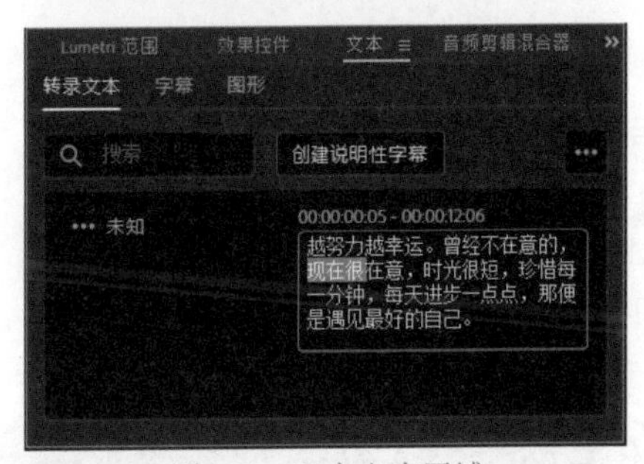

图6-66　双击文本区域

图6-67　文字对应时间线位置

04 转录完成后单击“创建说明性字幕”按钮，弹出“创建字幕”对话框，具体设置字幕预设、格式、样式等功能后，单击“确定”按钮，如图6-68所示。

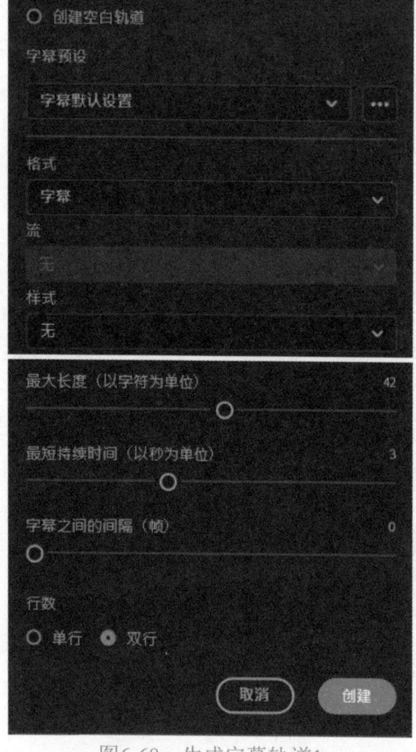

图6-68 生成字幕轨道1

05_ 在“时间轴”面板自动形成字幕轨道，在“节目”监视器面板视频中也会自动显示字幕，如图6-69所示。

06_ 此时自动生成的字幕不清晰，在右侧的“基本图形”面板中调整字幕字体、外观等属性，画面中的字幕会显示得更加清晰，如图6-70所示。

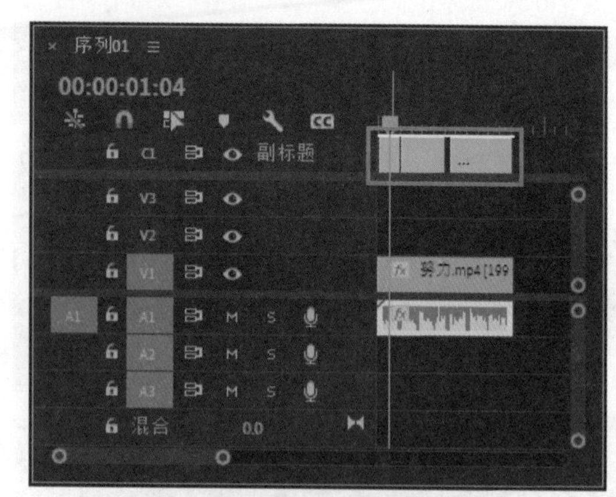

图6-69 生成字幕轨道2

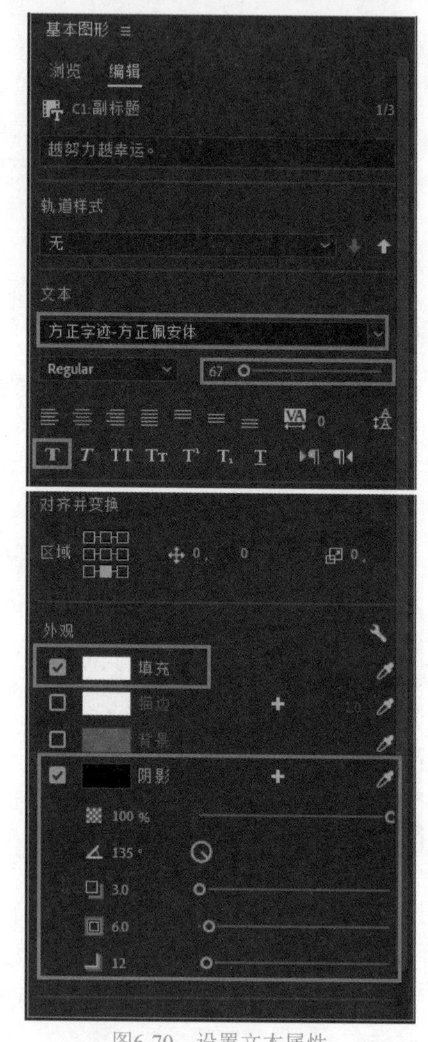

图6-70 设置文本属性

07_ 调整完成后，在“节目”监视器面板中可预览最终的字幕效果，如图6-71所示。

图6-71　预览效果

6.6 综合实例——综艺花字

综艺花字字幕通常起到烘托节目氛围、引导节目流程、调侃节目内容、解释说明节目疑难部分等作用。花字有两类设计：一是图形设计，在视觉设计中围绕一个主导整体视觉的元素；二是风格设计，以风格为主导进行设计。下面通过一个实例介绍综艺花字的制作方法。

1. 导入并整理素材

01_ 启动Premiere Pro 2022软件，在主页页面上单击“新建项目”按钮，然后在弹出的“新建项目”对话框中设置项目的名称及存储位置，单击“确定”按钮，新建项目，如图6-72所示。

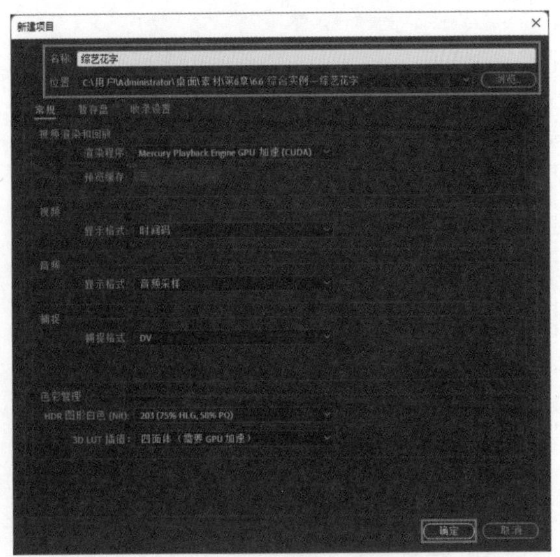

图6-72　新建项目

02_ 执行“文件”|“新建”|“序列”命令，弹出“新建序列”对话框，选择合适的预设，单击“确定”按钮，新建序列，如图6-73所示。

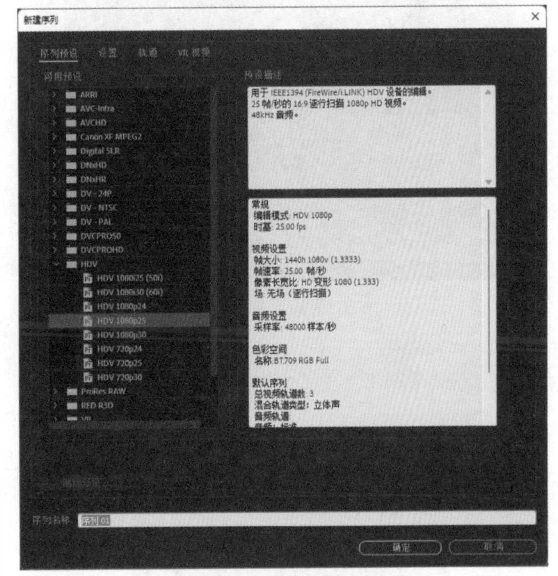

图6-73　新建序列

03_ 执行“文件”|“导入”命令，在弹出的“导入”对话框中打开素材所在文件夹，选择需要的素材，单击“打开”按钮，如图6-74所示。

04_ 由于素材过多，在导出素材后，单击“项目”面板底部的“新建素材箱”按钮■，并修改“素材箱”名称，整理归纳素材，如图6-75

所示。

图6-74　单击“打开”按钮

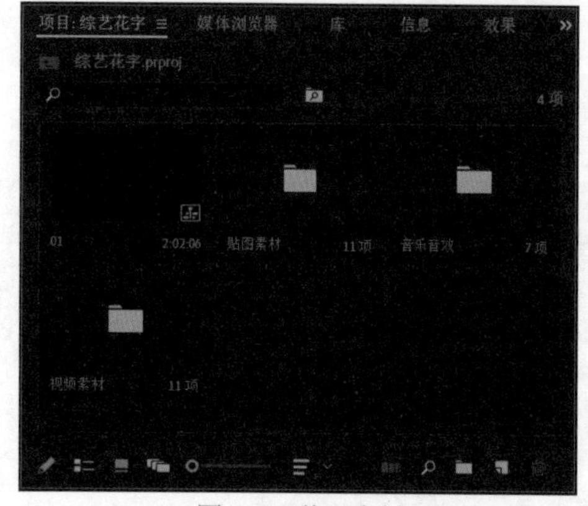

图6-75　整理素材

2. 设置边框

01_ 执行“文件”|“新建”|“颜色遮罩”命令，弹出“新建颜色遮罩”对话框，根据需要设置相关参数，单击“确定”按钮，如图6-76所示。

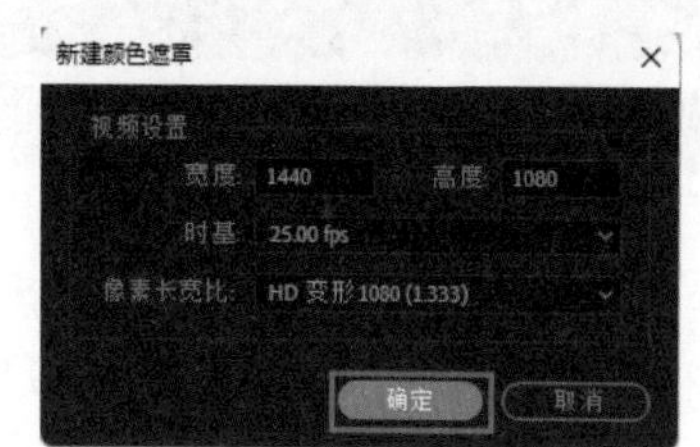

图6-76　“新建颜色遮罩”对话框

02_ 弹出“拾色器”对话框，在色彩区域选择黄色，如图6-77所示，单击“确定”按钮，弹出“选择名称”对话框，设置素材名称，单击“确定”按钮，完成设置。

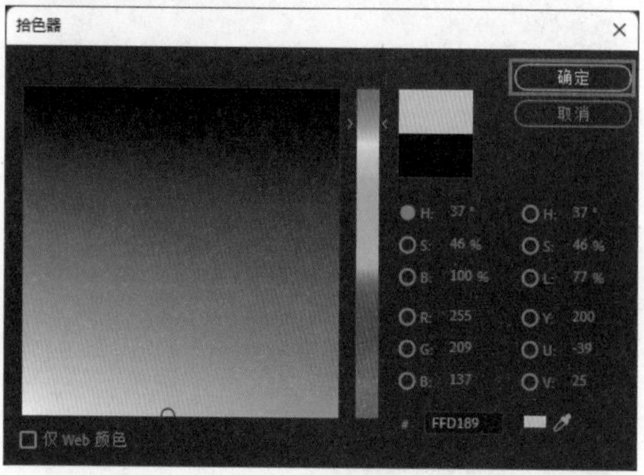

图6-77　选择颜色

03_ 在“项目”面板中，选择“颜色遮罩”素材，将其拖曳至“时间轴”面板，如图6-78所示。

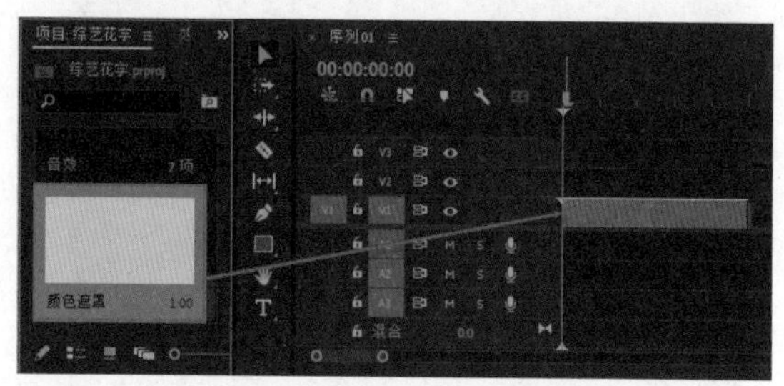

图6-78　添加“颜色遮罩”素材

04_ 在“工具”面板中单击“矩形工具”按钮■，在“节目”监视器面板中单击并绘制一个矩形，如图6-79所示。

图6-79　绘制矩形

05_ 在“工具”面板中单击“选择工具”按钮▶，选择“图形”素材，进入“效果控件”面板，展开“形状（形状01）”列表，取消勾选“填充”复选框，勾选“描边”复选框，选取橘色并设置数值为100，如图6-80所示。

图6-80　调整矩形外观参数

06_ 在“项目”面板中，展开“图片素材”素材箱，按照序号顺序依次将素材拖曳至“时间轴”面板，并调整其大小及位置，如图6-81所示。

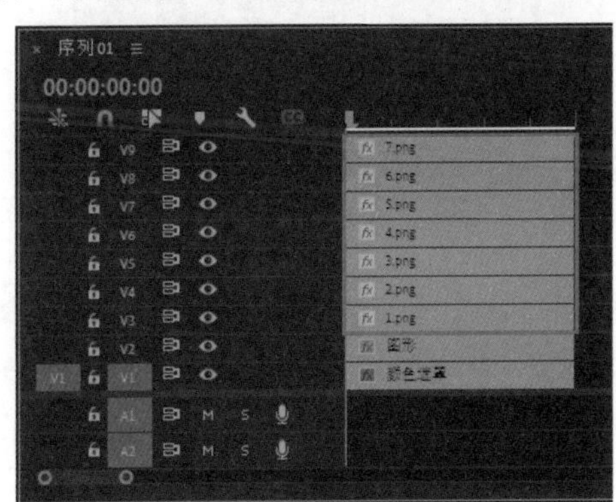

图6-81　添加图片素材

07_ 在“节目”监视器面板中的效果如图6-82所示。

08_ 在“时间轴”面板中框选V2~V9轨道上的素材，右击，在弹出的快捷菜单中选择“嵌套”选项，如图6-83所示。

09_ 在弹出的“嵌套序列名称”对话框中单击“确定”按钮，如图6-84所示。

图6-82　“节目”监视器面板

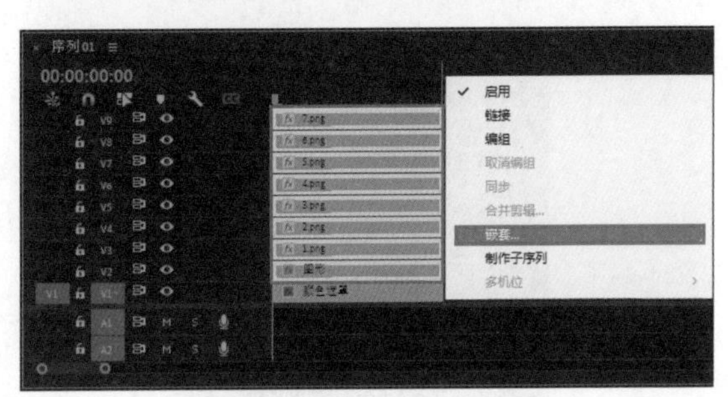

图6-83　选择“嵌套”选项

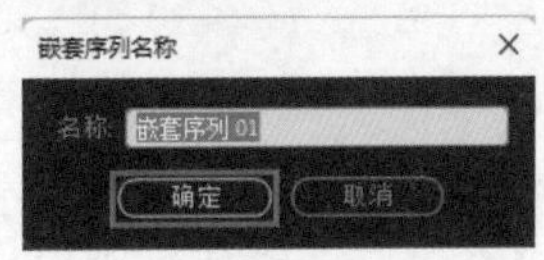

图6-84　“嵌套序列名称”对话框

10_ 在“项目”面板中双击“嵌套序列01”素材，在“嵌套序列01”面板中框选所有素材，并延长素材时间至00:01:00:03，如图6-85所示。

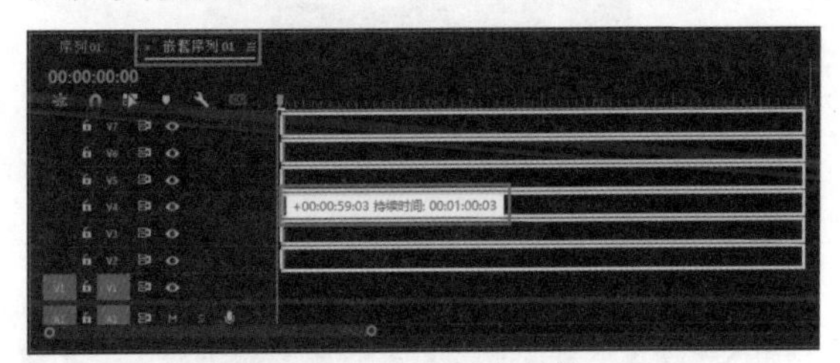

图6-85　延长素材时长

3. 添加标题字幕

01_ 在“工具”面板中选择“文字工具”，在“节目”监视器面板中单击并输入文字，如图6-86所示。

02_ 在“工具”面板中选择“选择工具”，选择字幕素材，进入“效果控件”面板，展开“文本（月饼怎么做）”列表，设置字体，调整位置，勾选“描边”复选框，颜色选取黑色，设置参数为5，勾选“阴影”复选框，如图6-87所示。

图6-86　输入文字

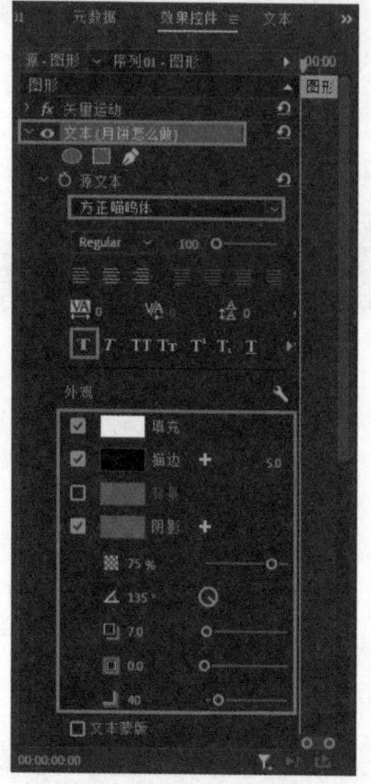

图6-87　设置文字参数

03 在“效果”面板中，依次展开“视频效果”|“变换”文件夹，选择“裁剪”效果并将其拖曳至“字幕”素材上方，如图6-88所示。

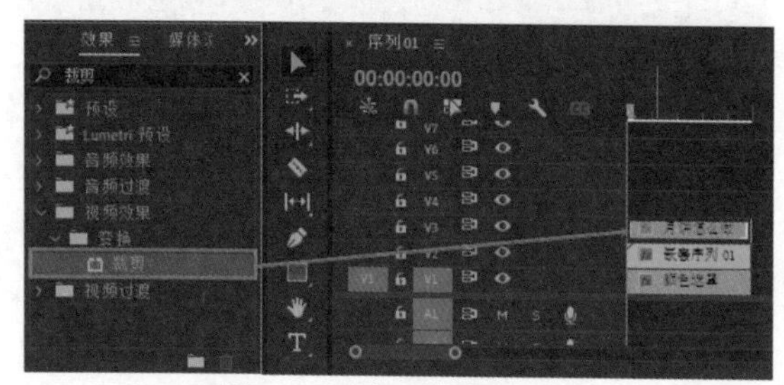

图6-88　添加“裁剪”效果

04 在“效果控件”面板中，在“裁剪”参数中，单击“右侧”前的“切换动画”按钮，并设置数值为80，如图6-89所示。

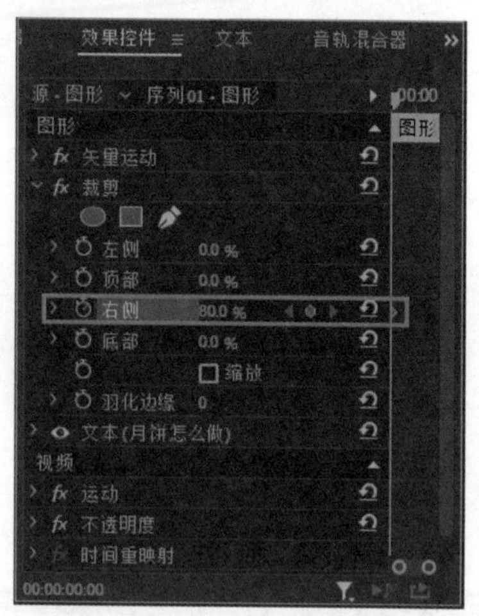

图6-89　设置第一个关键帧

05 将时间线移动到（00:00:00:20）位置，在“效果控件”面板中，设置“右侧”数值为20，如图6-90所示。

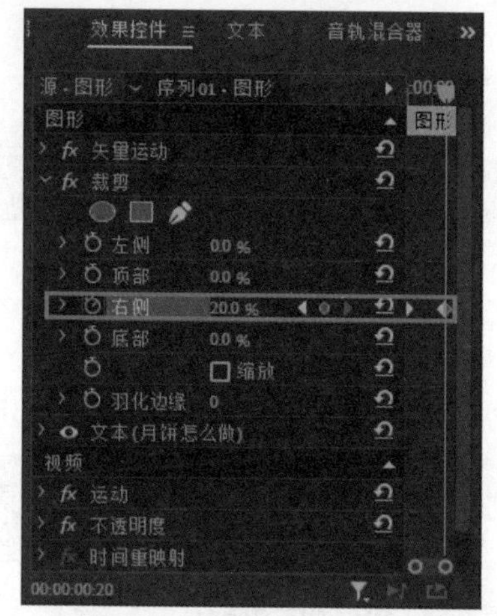

图6-90　设置第二个关键帧

4. 添加素材

01 在“项目”面板中打开“视频素材”素材箱，选择“01.mp4”素材并将其拖曳至“时间轴”面板，如图6-91所示。

02 在“时间轴”面板中，选择“01.mp4”素材，右击，在弹出的快捷菜单中选择“取消链接”选项，并删除音频素材，如图6-92所示。

03 在“时间轴”面板中，将光标放置在“01.mp4”素材结尾处，出现移动光标，向前移动，设置持续时间为（00:00:02:00），如图6-93所示。

04 在“项目”面板中，打开“视频素材”素材箱，按照序号顺序依次拖曳至“时间轴”面板，调整素材的长度和大小，如图6-94所示。

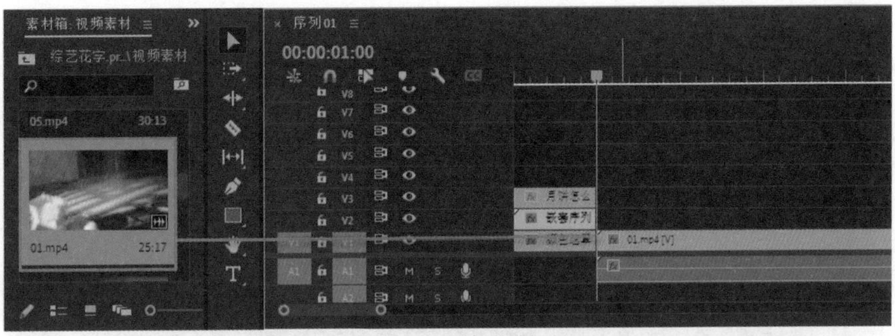

图6-91　添加素材

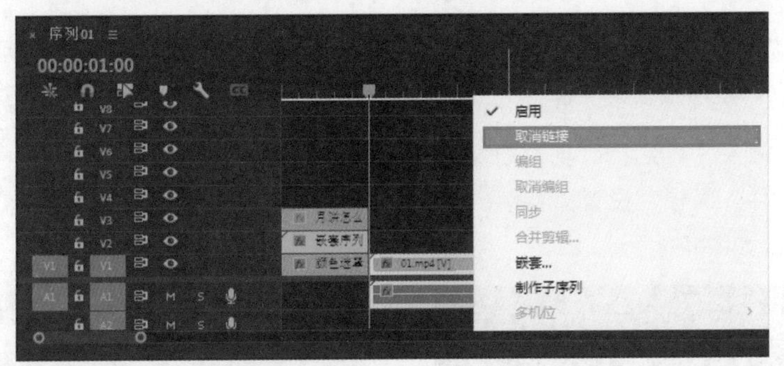

图6-92　选择“取消链接”选项

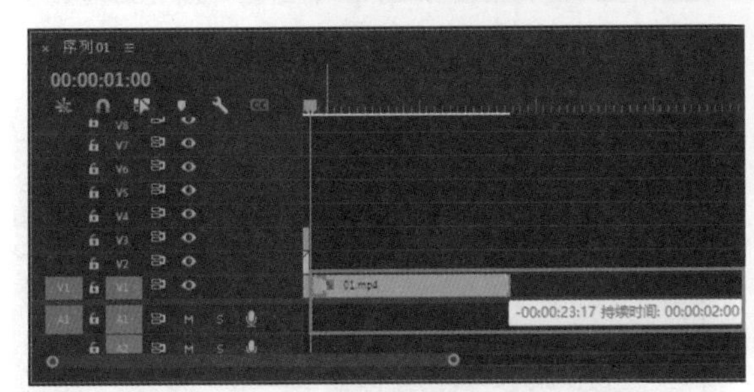

图6-93　设置持续时间

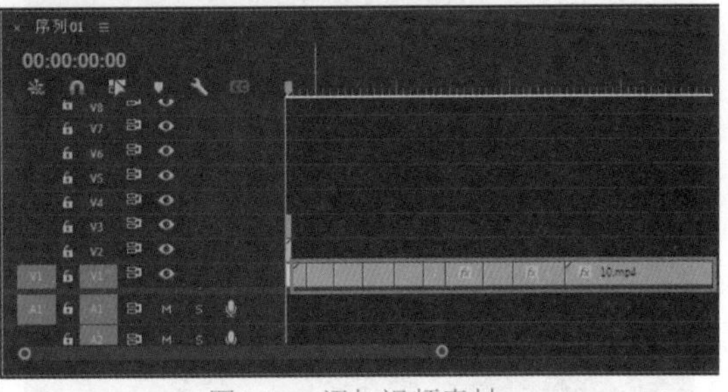

图6-94　添加视频素材

05_ 在“时间轴”面板中选择“嵌套序列01”素材，右击，在弹出的快捷菜单中选择“速度/持续时间”选项，如图6-95所示。

06_ 在弹出的“剪辑速度/持续时间”对话框中，设置“持续时间”为（00:00:57:04），单击“确定”按钮，如图6-96所示。

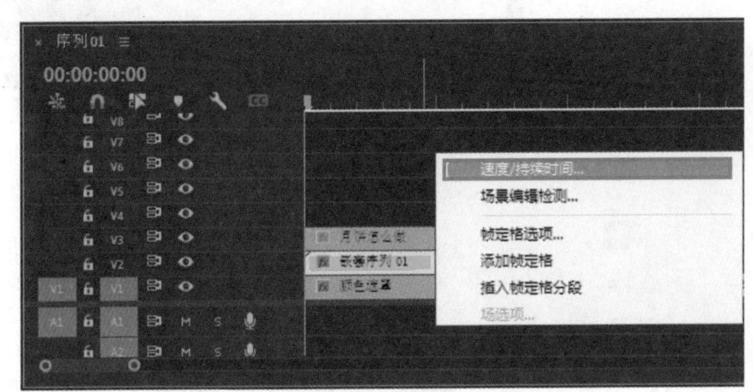

图6-95　选择“速度/持续时间”选项

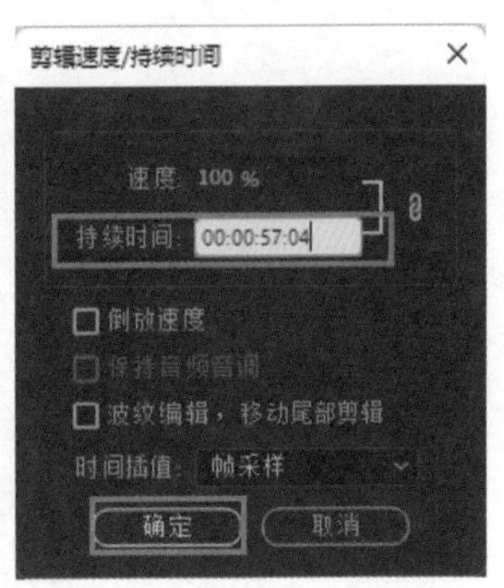

图6-96　设置“持续时间”

07_ 在“效果”面板中，依次展开“视频过渡”|“划像”文件夹，选择“菱形划像”效果，将其拖曳至“时间轴”面板中“颜色遮罩”素材和“01.mp4”素材中间，如图6-97所示。

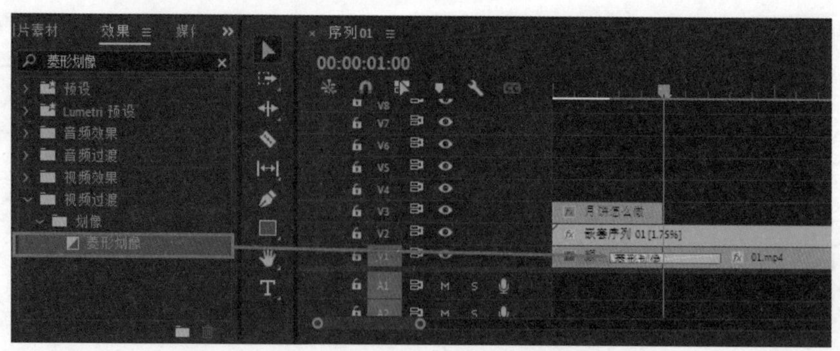

图6-97　添加“菱形划像”效果

为静态字幕添加运动的转场特效可制作出具有动态运动效果的字幕。

08_ 在“时间轴”面板中，选择“菱形划像”效果，进入“效果控件”面板，设置“持续时间”为（00:00:00:10），如图6-98所示。

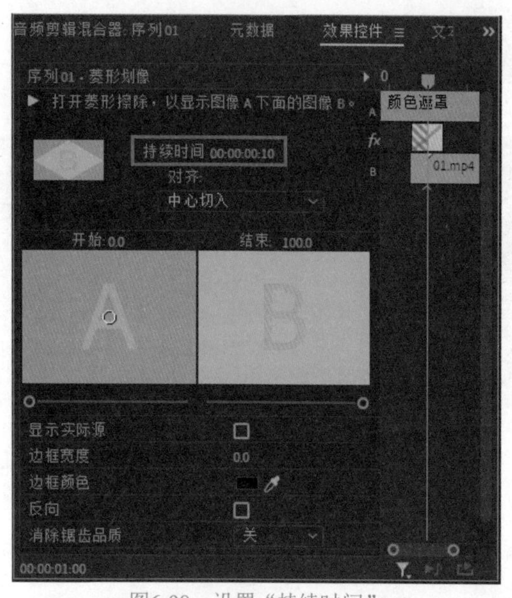

图6-98　设置“持续时间”

5. 添加静态字幕

01_ 在“工具”面板中单击“文字工具”按钮T，在“节目”监视器面板中单击并输入文字，如图6-99所示。

02_ 在“工具”面板中单击“选择工具”按钮▶，进入“效果控件”面板，字体设置为“方正喵呜体”，单击“填充”前的色块，在弹出的“拾色器”对话框中，“填充选项”的列表中选择“线性渐变”选项，颜色为黄色，然后单击“确定”按钮，如图6-100所示。

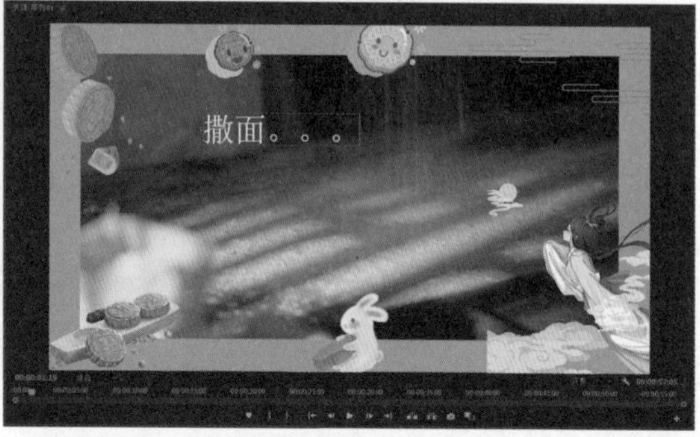

图6-99　输入文字

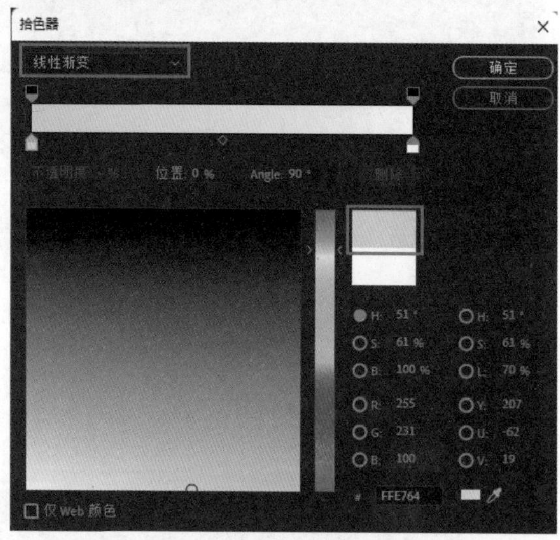

图6-100　设置字体及颜色

03_ 在“效果控件”面板的“变换”属性中单击“缩放”前的“切换动画”按钮⏱，并设置“缩放”数值为0，添加第一个关键帧，将时间线移动到（00:00:02:10）位置，设置“缩放”数值为100，添加第二个关键帧，如图6-101所示。

04_ 将时间线移动到（00:00:03:00）位置，在“工具”面板中选择“文字工具”，在“节目”监视器面板中单击并输入文字，如图6-102所示。

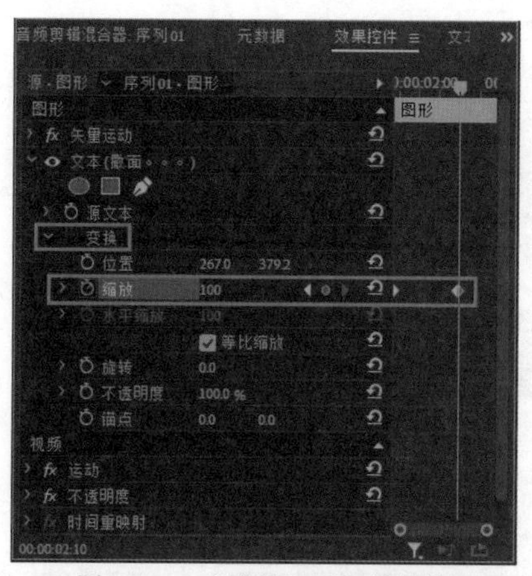

图6-101 “缩放”添加关键帧

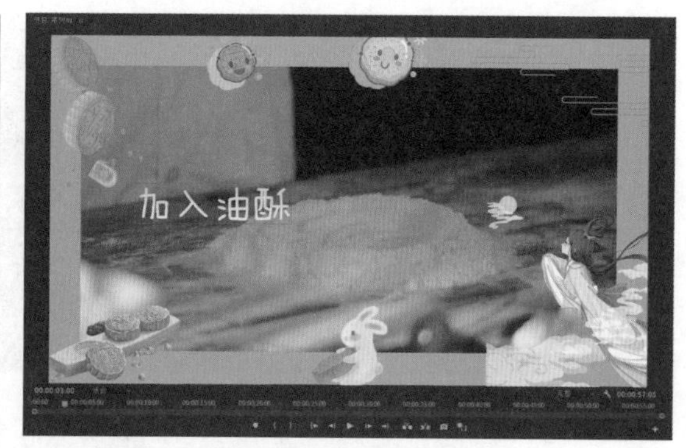

图6-102 移动文本位置

05 在“时间轴”面板中，选择“加入油酥”字幕素材，按住Alt键向上复制一层，如图6-103所示。

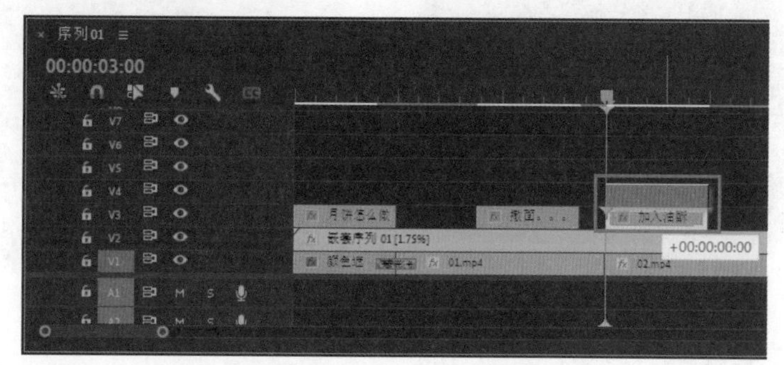

图6-103 拖入字幕素材

06 选择“时间轴”面板中V3轨道上的“加入油酥”的字幕素材，进入“效果控件”面板，设置“填充”颜色为白色，结果如图6-104所示。

07 选择“时间轴”面板中V4轨道上的“加入油酥”字幕素材，进入“效果控件”面板，在“变换”属性中，单击“不透明度”前的“切换动画”按钮，并设置“不透明度”数值为0，将时间线移动到（00:00:03:10）位置，设置“不透明度”数值为100，如图6-105所示。

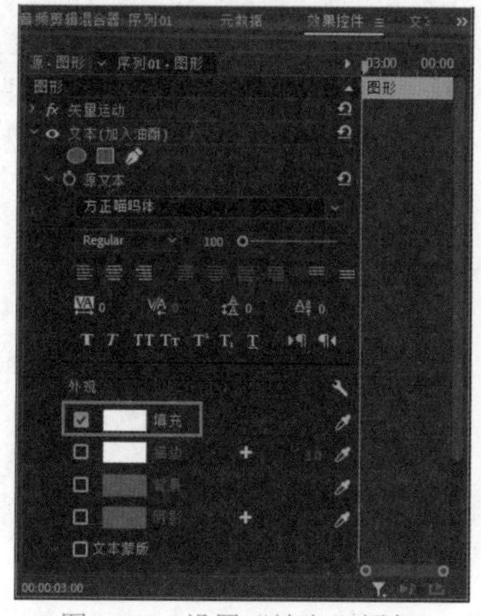

图6-104 设置“填充”颜色

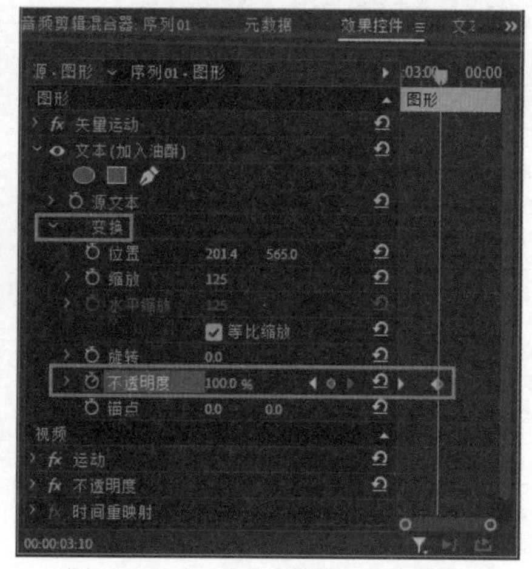

图6-105 为“不透明度”添加关键帧

08 在“项目”面板中，打开“动画效果”素材箱，选择“星星.mov”素材并将其拖曳至“时间轴”面板的V5轨道上，如图6-106所示。

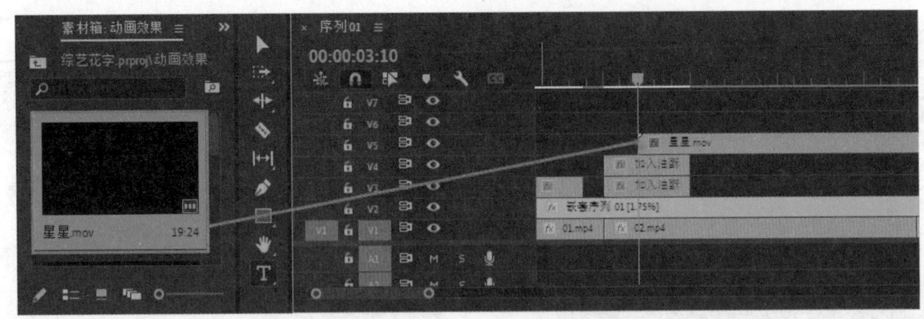

图6-106　添加素材

09_ 在“工具”面板中选择“剃刀工具”，将时间线移动到（00:00:06:15）位置，切断“星星.mov”素材，并删除后半段素材，如图6-107所示。

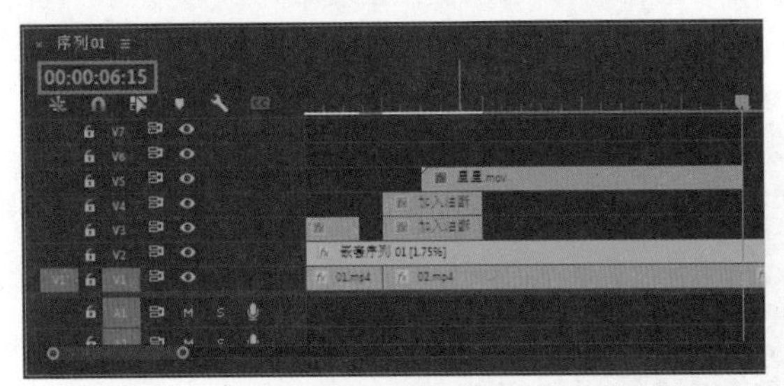

图6-107　切断素材

10_ 选择“星星.mov”素材，进入“效果控件”面板，调整“位置”和“缩放”参数，如图6-108所示。

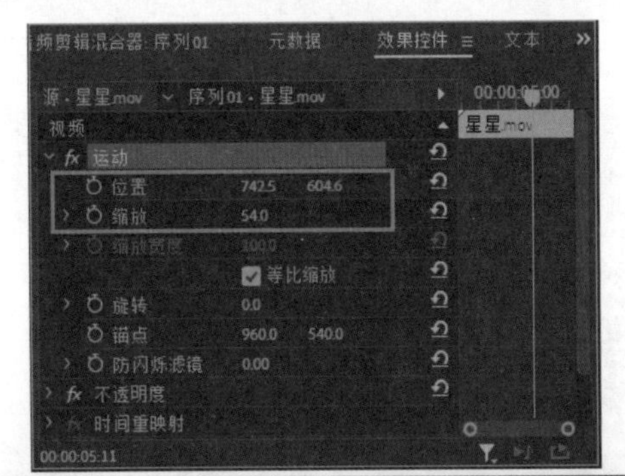

图6-108　调整参数

6. 添加动态字幕

01_ 在“工具”面板中单击“文字工具”按钮，在“节目”监视器面板中单击并输入文字，如图6-109所示。

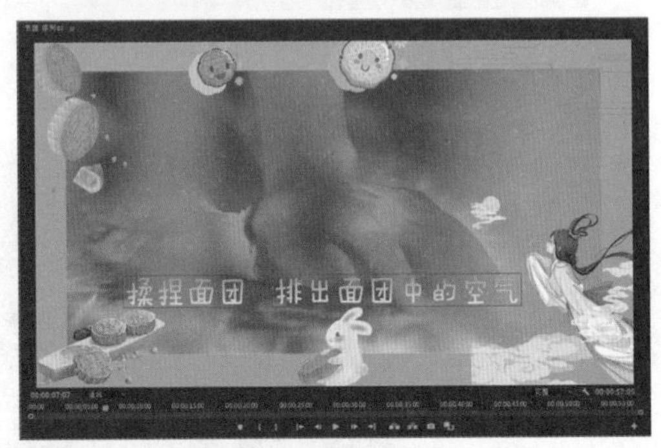

图6-109　输入文字

02_ 在“工具”面板中单击“选择工具”按钮，进入“效果控件”面板，展开“文本（揉捏面团）”列表，单击“填充”前的色块，在弹出的“拾色器”对话框“填充选项”的列表中选择“径向渐变”选项，颜色为黄色，然后单击“确定”按钮，如图6-110所示。

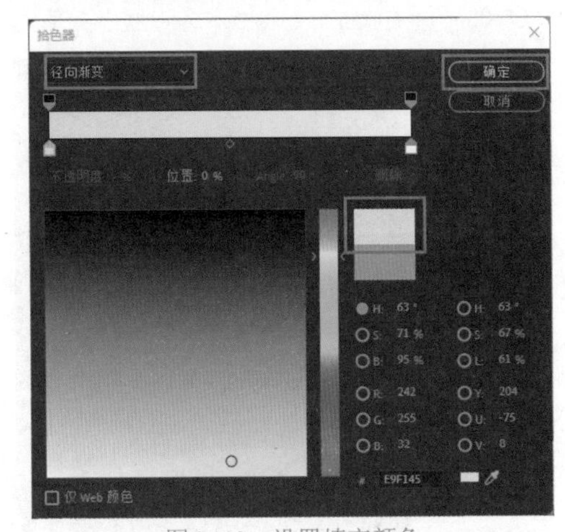

图6-110　设置填充颜色

03_ 在“效果控件”面板的“变换”属性中，给“缩放”添加关键帧，如图6-111所示。

04_ 在“效果控件”面板中，“文本（排出面团中的空气）”的填充颜色同理，给“不透明度”和“旋转”添加关键帧，如图6-112所示。

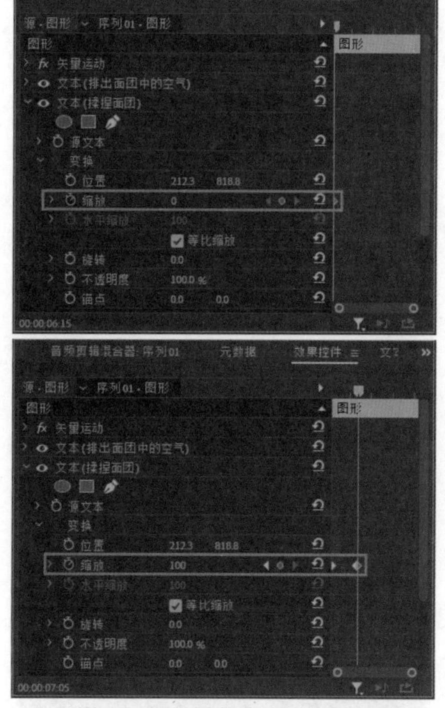

图6-111　设置“缩放”关键帧

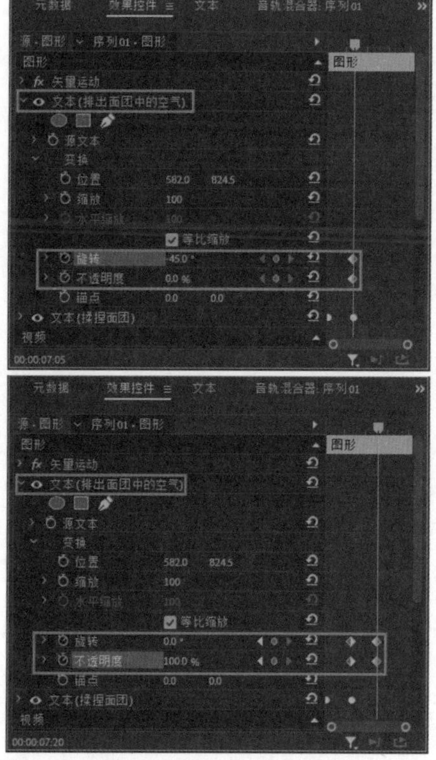

图6-112　设置“不透明度”和“旋转”关键帧

05_ 将时间线移动到（00:00:10:13）位置，在“工具”面板中选择“文字工具”，在“节目”监视器面板中单击并输入文字，如图6-113所示。

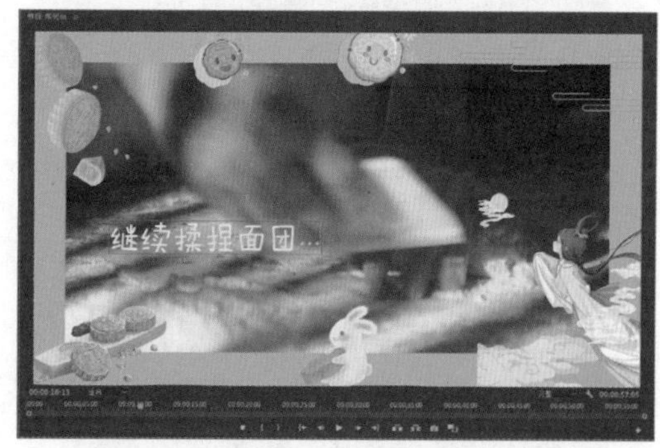

图6-113　输入文字

06_ 进入“效果控件”面板，展开“文本（继续揉捏面团…）”列表，在“变换”属性中，设置“锚点”数值为（250,–32），单击“缩放”前的“切换动画”按钮，设置“缩放”数值为0，将时间线移动到（00:00）位置，设置“缩放”数值为100，如图6-114所示。

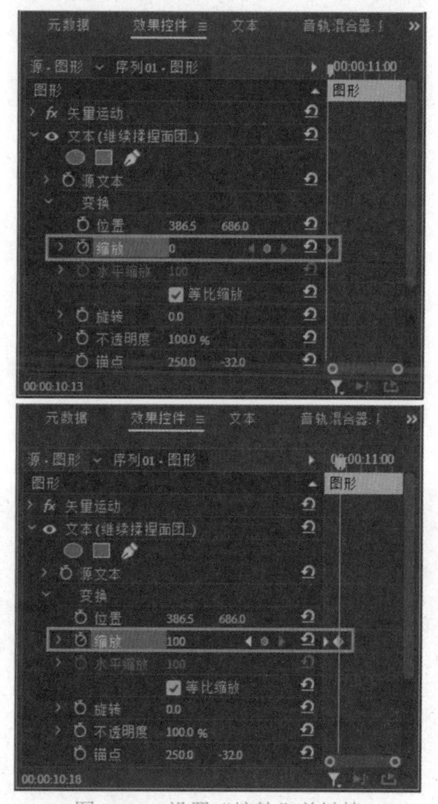

图6-114　设置“缩放”关键帧

07_ 将时间线移动到（00:00:10:23）位置，设置“缩放”数值为80，移动到（00:00:11:03）位置，设置“缩放”数值为100，如图6-115所示。

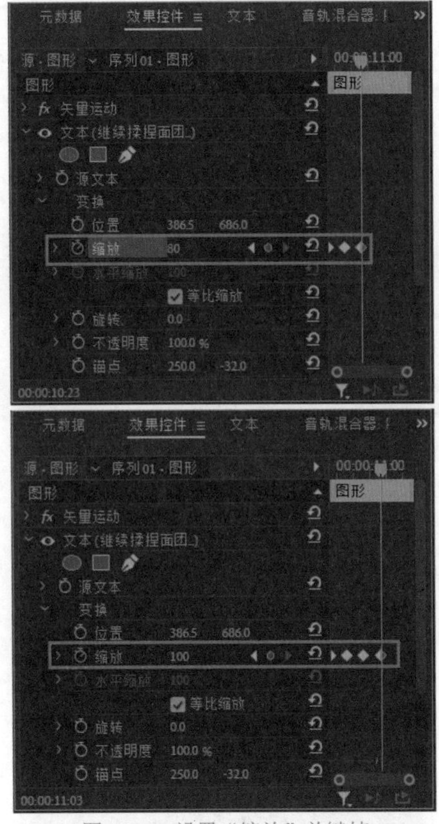

图6-115　设置“缩放”关键帧

08_ 框选后三个关键帧，按住Alt键向右复制两次，每个关键帧之间间隔5帧，如图6-116所示。

09_ 在“项目”面板中，打开“动画效果”素材箱，选择“卡通元素.mp4”素材并将其拖曳至“源”监视器面板，如图6-117所示。

10_ 在“源”监视器面板中，将时间线移动到（00:00:01:18）位置，单击“标记入点”按钮，添加入点，如图6-118所示。

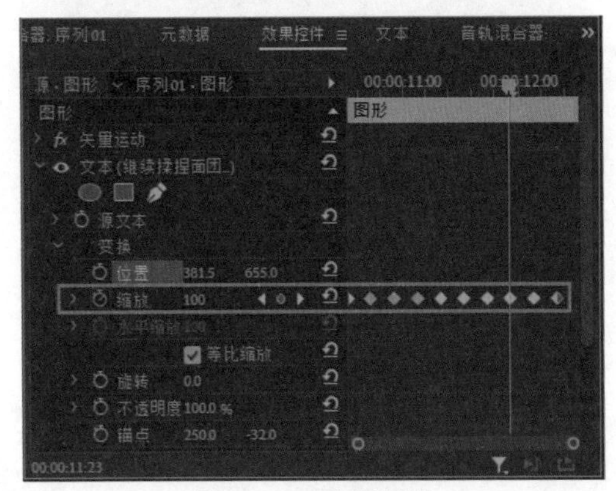

图6-116　复制关键帧

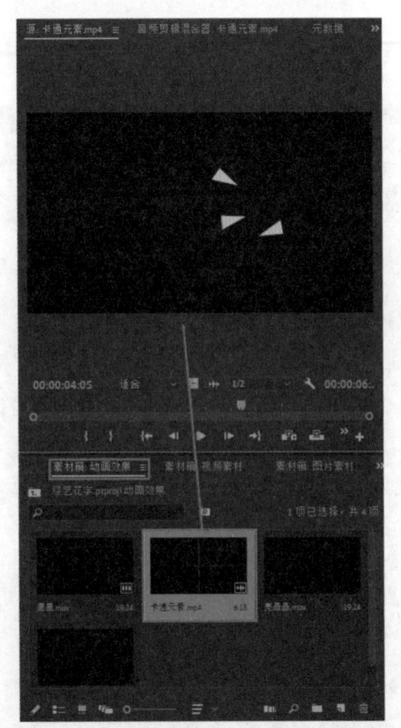
图6-117　素材拖曳至“源”监视器面板

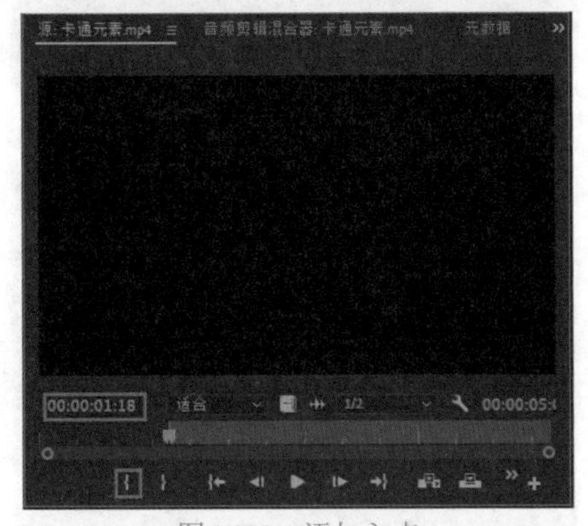

图6-118　添加入点

11_ 将移动时间线到（00:00:02:07）位置，单击“标记出点”按钮，添加出点，如图6-119所示。

图6-119　添加出点

12 完成标记添加后，单击“源”监视器面板中的“仅拖动视频”按钮，将素材拖曳至“时间轴”面板中时间线后方，如图6-120所示。

13 在“效果”面板中，依次展开“视频效果”|“颜色键”文件夹，选择“颜色键”效果并将其拖曳至“时间轴”面板，放于“卡通元素.mp4”素材上方，如图6-121所示。

14 在“效果控件”面板中，在“颜色键”属性中，设置“主要颜色”为黑色，设置“颜色容差”数值为25，设置“边缘细化”数值为1，如图6-122所示。

15 在“运动”属性中，设置“位置”数值为（356.3,473.7），设置“缩放”数值为60，如图6-123所示。

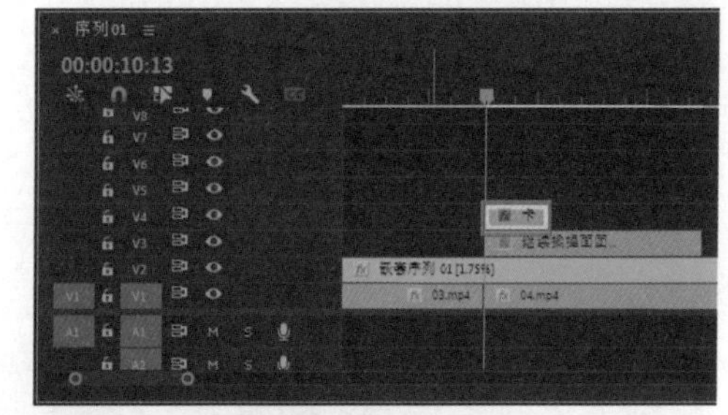

图6-120　添加素材

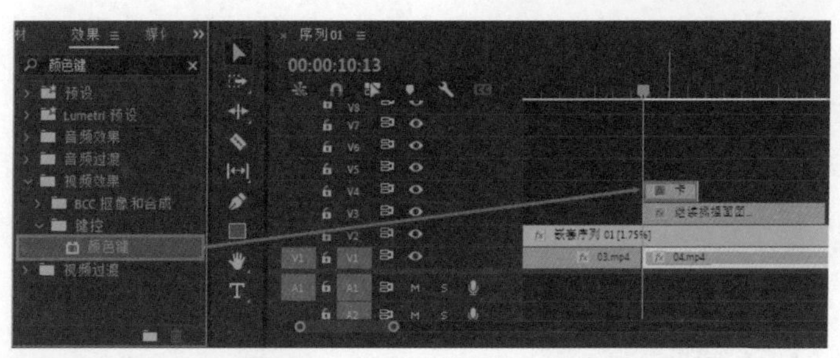

图6-121　添加“颜色键”效果

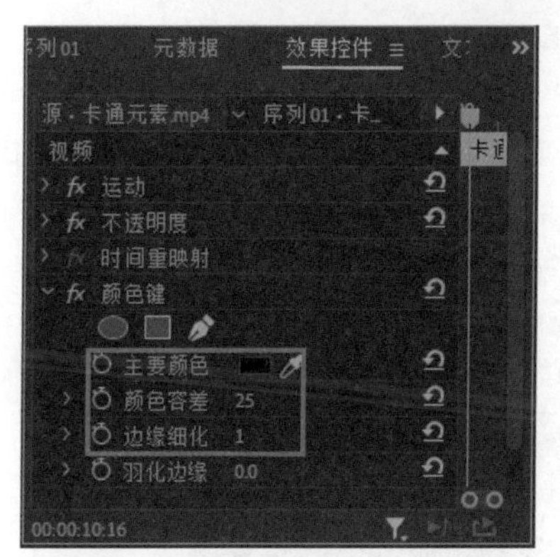

图6-122　设置“颜色键”属性参数

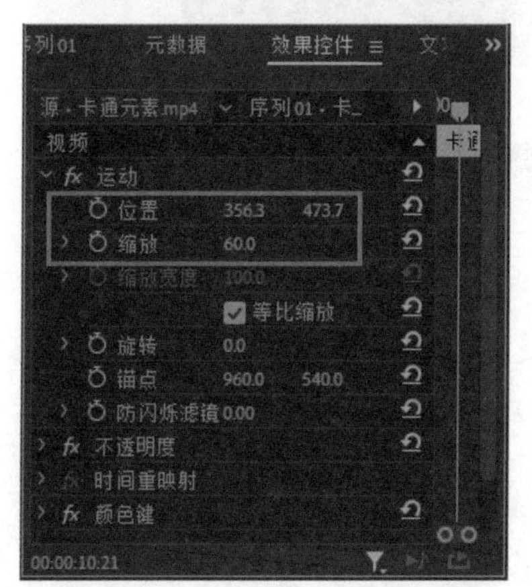

图6-123　设置“运动”属性参数

16 在“工具”面板中单击“文字工具”按钮T，在“节目”监视器面板中单击并输入文字，如图6-124所示。

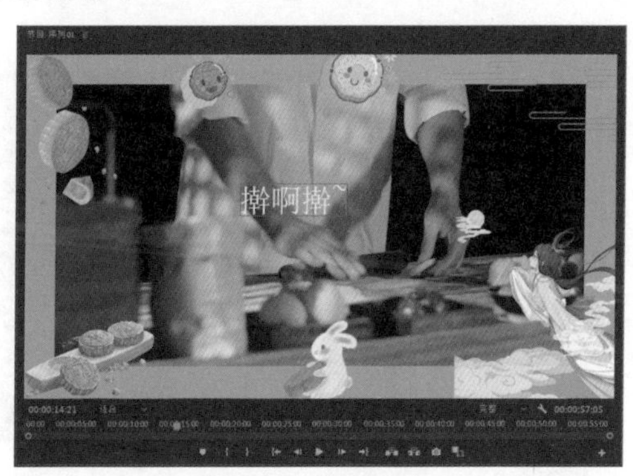

图6-124　输入文字1

17 在“工具”面板中单击“选择工具”按钮▶，进入“效果控件”面板，展开“文本（擀啊擀~）”列表，设置“字体”为方正喵呜体，单击“填充”前的色块，在弹出的“拾色器”对话框“填充选项”的列表中选择“线性渐变”选项，设置颜色为蓝色，然后单击“确定”按钮，如图6-125所示。

18 根据画面的动作，给文字添加“位置”关键帧，形成动态效果，如图6-126所示。

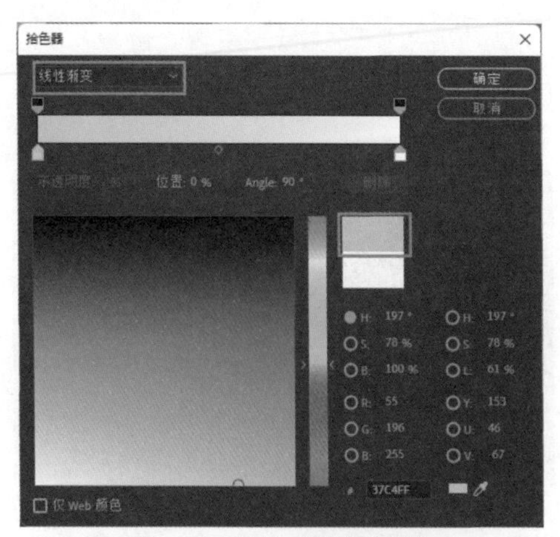

图6-125　设置“填充选项”

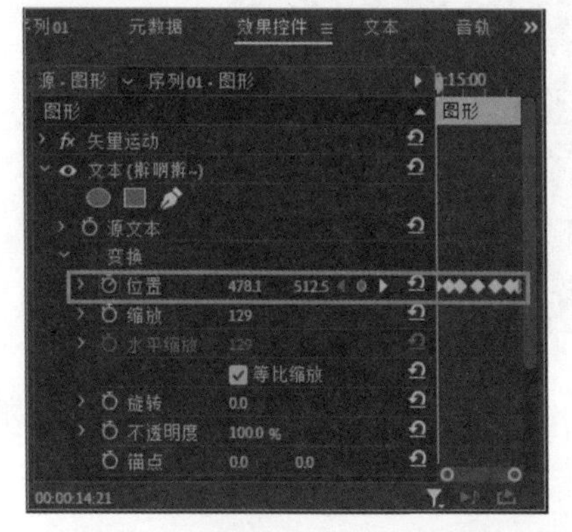

图6-126　设置“位置”关键帧

图6-126　设置“位置”关键帧（续）

19 在“项目”面板中，打开“动画效果”素材箱，选择“白烟.mov”素材并将其拖曳至“时间轴”面板中时间线后方，如图6-127所示。

20 进入“效果控件”面板，设置“位置”数值为（720,626），“缩放”数值为50，如图6-128所示。

21 在“工具”面板中单击“文字工具”按钮，在“节目”监视器面板中单击并输入文字，如图6-129所示。

22 在“工具”面板中单击“选择工具”按钮，进入“效果控件”面板，调整文字的颜色、大小及位置，效果如图6-130所示。

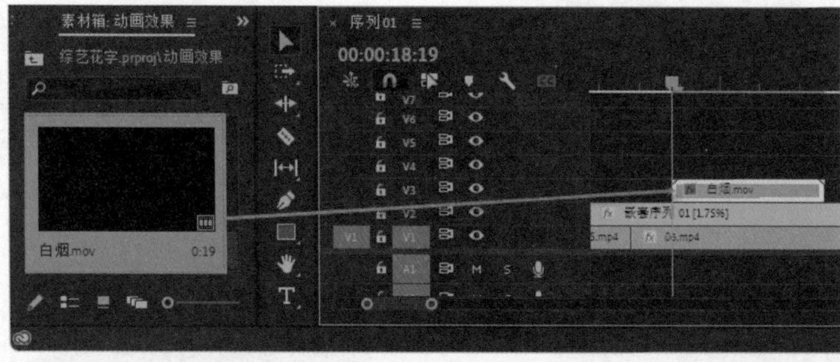

图6-127　添加素材

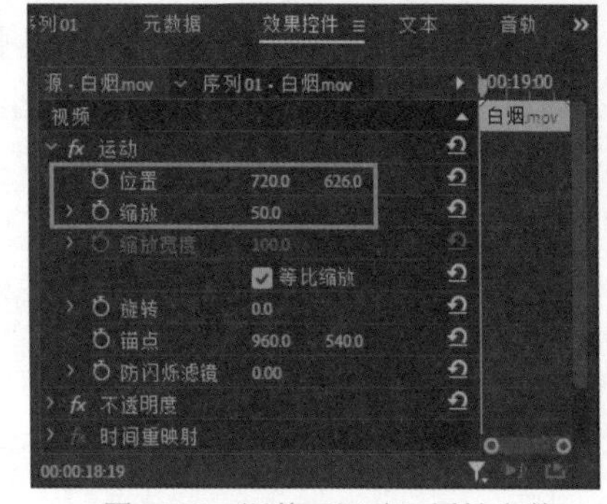

图6-128　调整“运动”属性参数

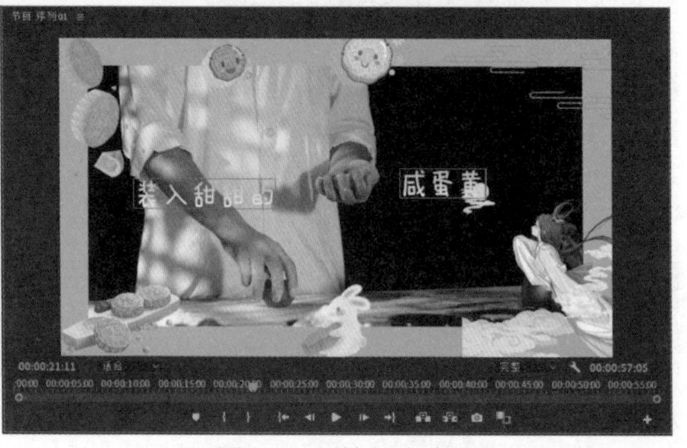

图6-129　输入文字2

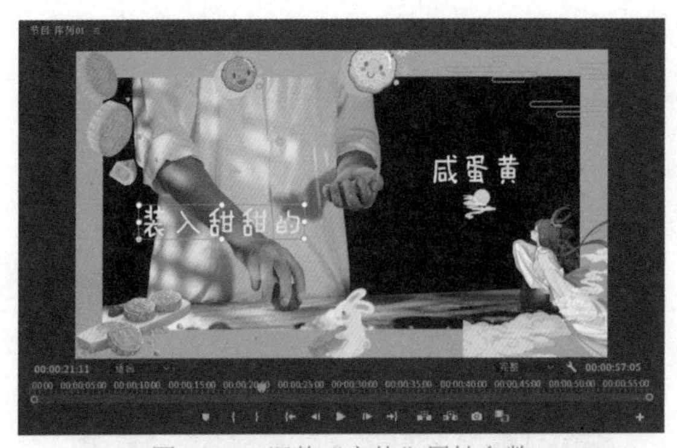

图6-130 调整“字体”属性参数

23_ 分别给“文本（装入甜甜的）”字幕素材和“文本（咸蛋黄）”字幕素材的“缩放”添加关键帧，如图6-131所示。

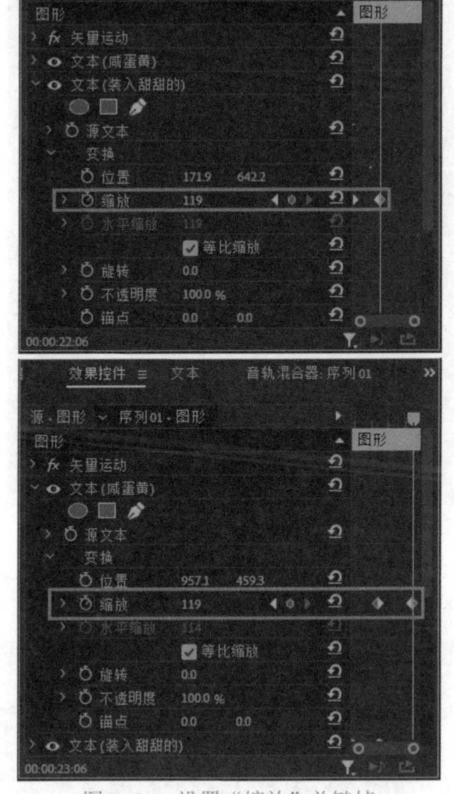

图6-131 设置“缩放”关键帧

24_ 在“工具”面板中长按“文字工具”按钮T，在弹出的列表中单击“垂直文字工具”按钮IT，在在“节目”监视器面板中单击并输入文字，进入“效果控件”面板，调整文字的颜色、大小及位置，如图6-132所示。

25_ 在“变换”属性中，给“位置”和“缩放”添加关键帧，调整“锚点”数值，如图6-133所示。

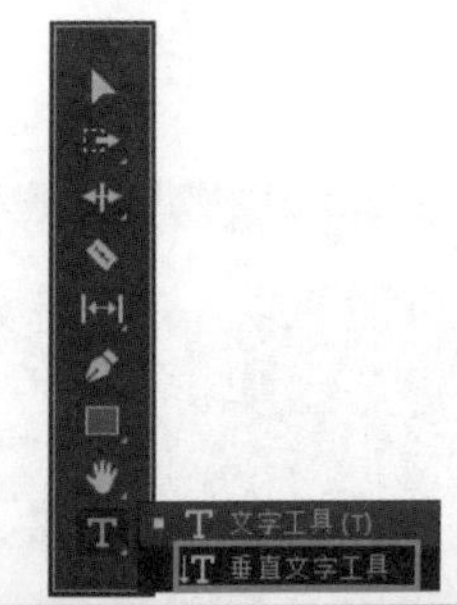

图6-132 输入垂直文字

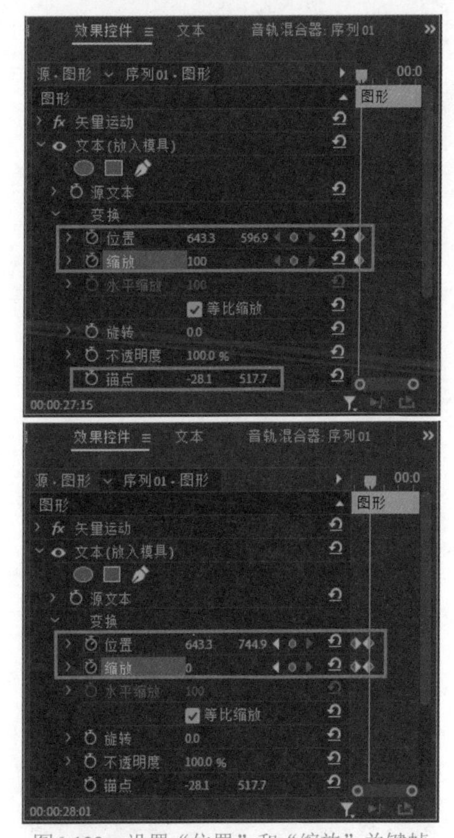

图6-133 设置“位置”和“缩放”关键帧

26_ 在“工具”面板中单击“文字工具”按钮T，

在“节目”监视器面板中单击并输入文字，在“效果控件”面板中调整文字的颜色、大小及位置，如图6-134所示。

图6-134 输入文字

27_ 根据月饼脱落的运动曲线给字幕添加“位置”关键帧，将时间线移动到（00:00:30:17）位置，设置“位置”数值为（-11.7,320），“缩放”数值为0，将时间线移动到（00:00:31:07）位置，设置“位置”数值为（188.5,774.6），“缩放”数值为100，如图6-135所示。

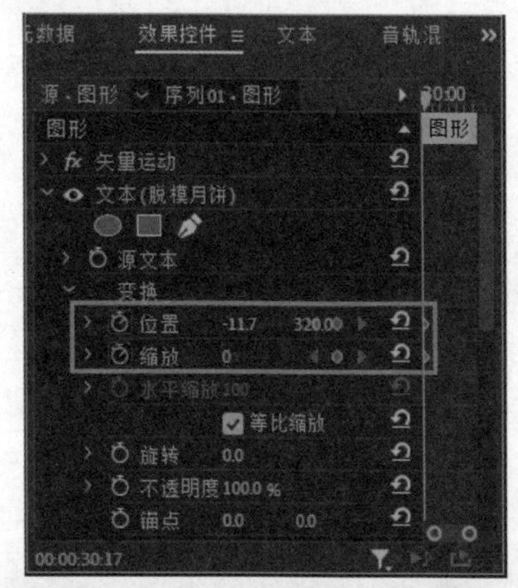

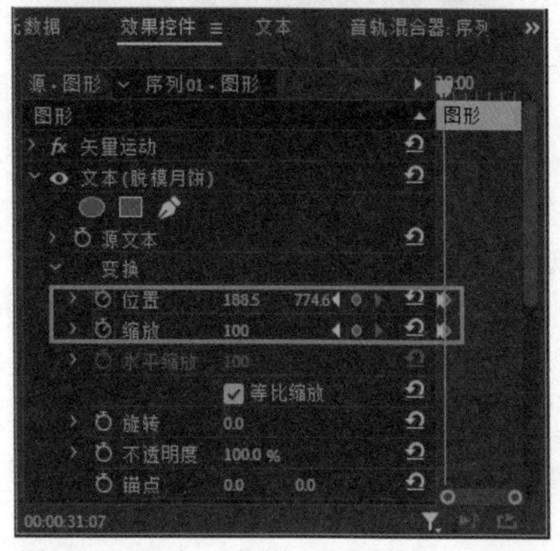

图6-135 添加“位置”和“缩放”关键帧

28_ 根据月饼脱落的运动曲线给字幕添加“位置”关键帧，将时间线移动到（00:00:32:24）位置，设置“位置”数值为（206.5,603.8），将时间线移动到（00:00:33:23）位置，设置“位置”数值为（254.5,769.7），如图6-136所示。

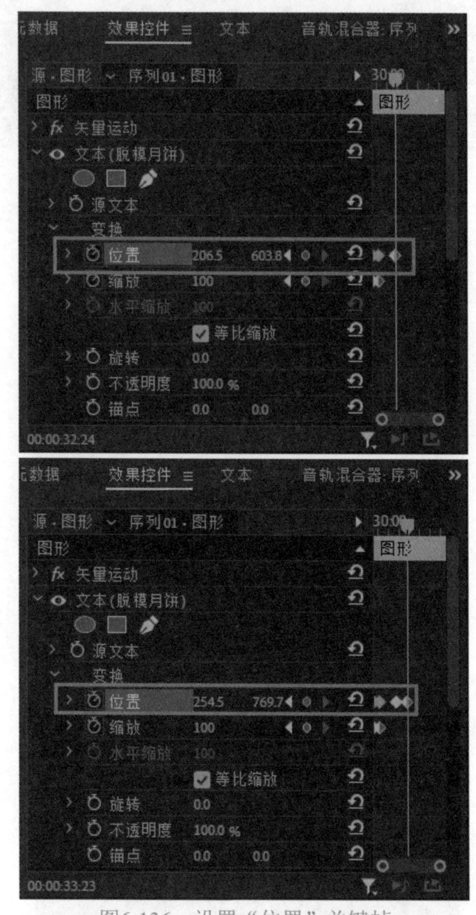

图6-136 设置“位置”关键帧

29_ “节目”监视器面板中关键帧的运动轨迹如图6-137所示。

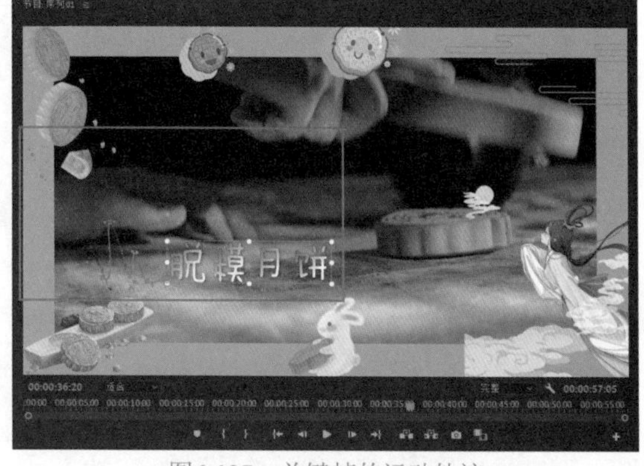

图6-137 关键帧的运动轨迹

30_ 在“项目”面板中，打开“动画效果”素材箱，选择“星星.mov”素材并将其拖曳至“时间轴”面板中时间线后方，如图6-138所示。

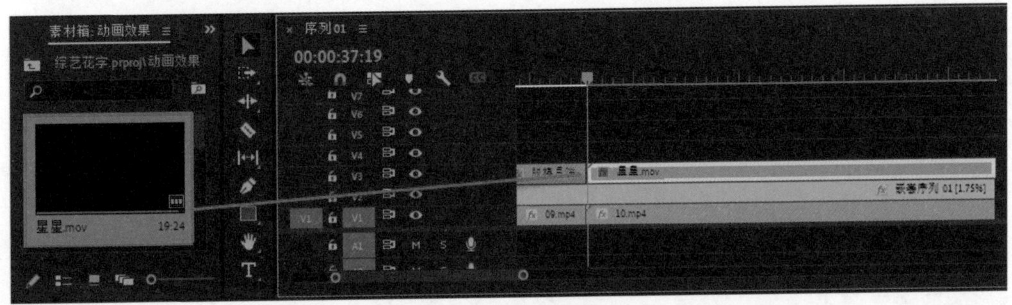

图6-138 添加素材

31_ 按Enter键渲染项目，完成后可预览视频效果，如图6-139所示。

图6-139 预览视频

6.7 本章小结

本章介绍了字幕的创建与应用，其中包括创建字幕素材、静态字幕的制作、滚动字幕的制作以及为字幕设置动画效果。在各种影视节目中，字幕是不可缺少的。熟练掌握编辑字幕的技能，能帮助用户制作出更好的影视作品。

第7章 视频效果

Premiere Pro 2022提供了大量的视频效果，可用于对视频画面的效果进行再处理，使视频画面更加有艺术感或者更适合主题，例如使图像产生扭曲、模糊、变色等。

本章重点：

◎添加视频效果　◎使用关键帧控制效果　◎熟悉视频效果

◎熟练效果操作　◎文字雨效果

本章效果展示

7.1 视频效果概述

Premiere Pro 2022提供了大量的视频效果，用于改变或增强视频画面的效果。通过应用视频效果，可以使图像产生扭曲、模糊、变色、构造以及其他的一些视频效果。

除Premiere Pro 2022提供的这些视频效果外，用户可以自己创建视频效果，然后保存在“预设”文件夹中，以供以后使用。用户还可以增加第三方插件，这些插件通常情况下放置在Premiere Pro 2022中的Plug-ins目录中。

7.2 视频效果的使用

在 Premiere Pro 2022中，主要使用“效果”和“效果控件”这两个面板添加视频效果。

7.2.1　应用和控制视频效果

视频效果中有可以为画面直接添加滤镜的效果，从而快速为视频进行调色。在“效果”面板（图7-1）中展开“Lumetri预设”文件夹，如图7-2所示，在展开的列表中可根据需求选择滤镜。

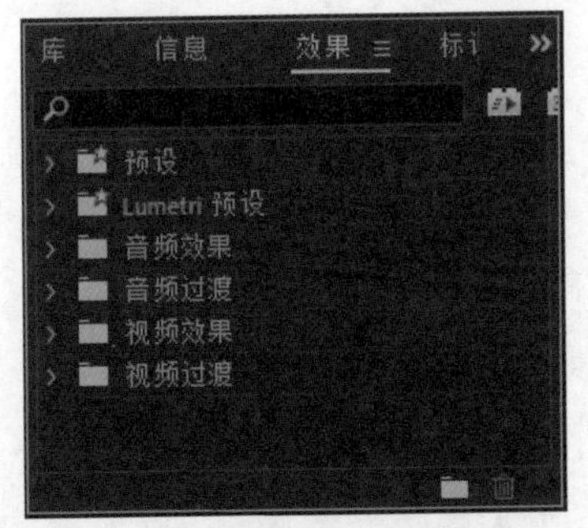

图7-1　“效果”面板

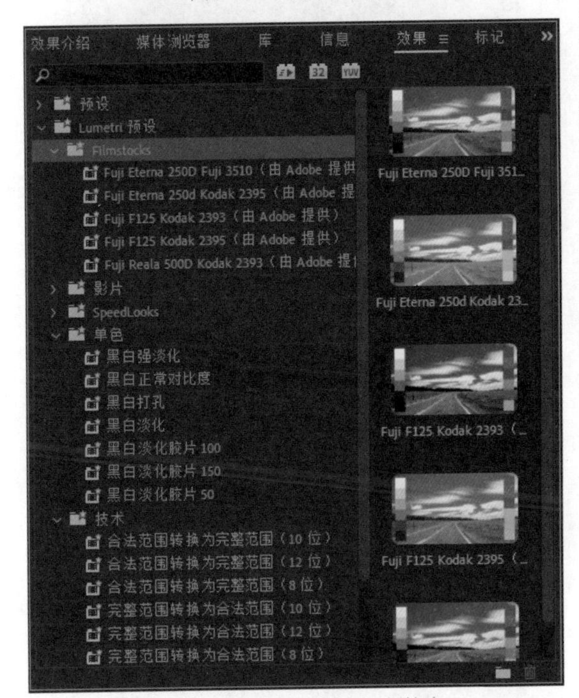

图7-2　“Lumetri预设”文件夹

在“效果”面板中依次展开“Lumetri预设”|“Filmstocks”文件夹，将“Fuji Reala 500D Kodak 2393”效果拖曳至素材上方，释放鼠标左键，即可为素材画面添加滤镜效果，如图7-3所示。

如图7-4所示为应用“Fuji Reala 500D Kodak 2393”效果的前后对比图。

选中效果后，在“效果控件”面板中可以调整滤镜效果，如图7-5所示。

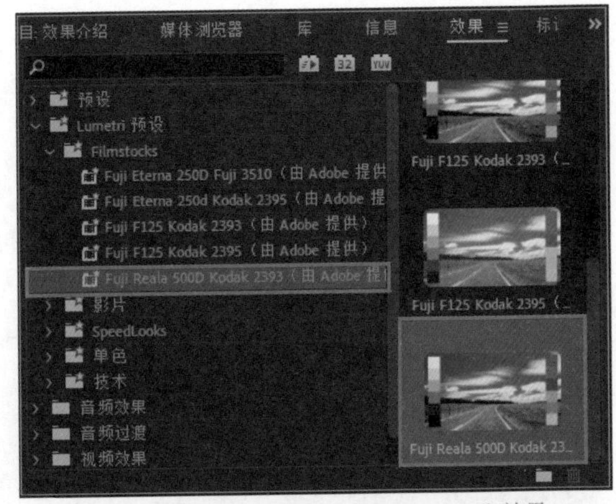

图7-3　“Fuji Reala 500D Kodak 2393”效果

图7-4　预览效果

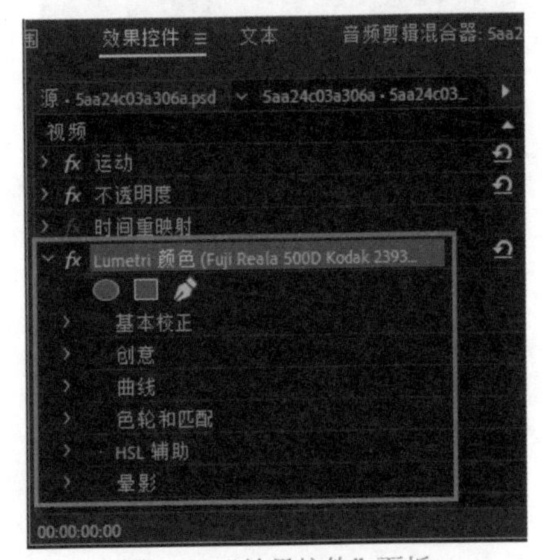

图7-5　“效果控件”面板

在“效果控件”面板中，单击效果属性，或单击添加效果右侧的“重置”按钮，可以将属性参数或效果参数恢复到默认状态。

7.2.2 运用关键帧控制效果

在“效果控件”面板中，用户可以利用关键帧来更为灵活地控制效果。首先在“时间轴”面板中为素材添加效果，然后进入“效果控件”面板，如图7-6所示。展开“创意”选项，对滤镜的强度进行控制，如图7-7所示。

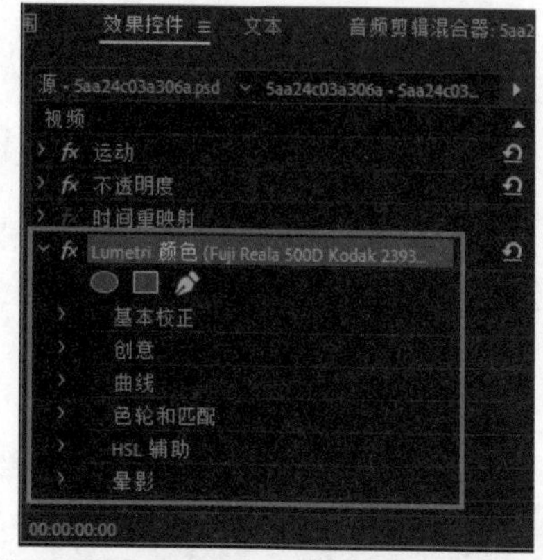

图7-6 “Fuji Reala 500D Kodak 2393”效果

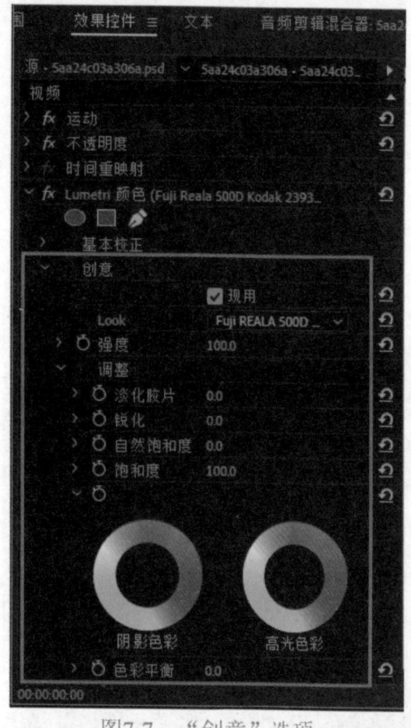

图7-7 “创意”选项

通过关键帧控制滤镜效果的方法是：在视频的任意位置展开滤镜效果，添加“淡化胶片”关键帧，并将数值设置为0，如图7-8所示；接着在视频的结尾处，将数值调整到100，添加第二个关键帧，如图7-9所示。

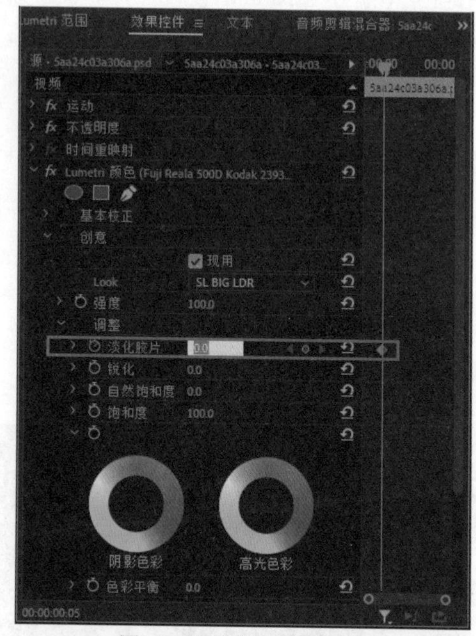

图7-8 添加第一个关键帧

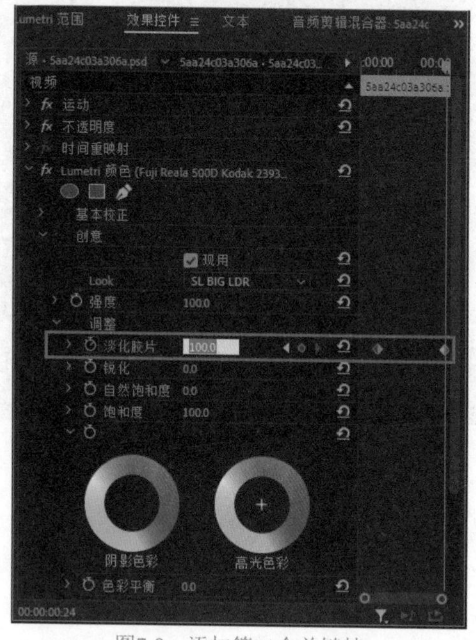

图7-9 添加第二个关键帧

7.2.3 实战——添加视频效果

下面通过实例来具体介绍如何使用视频效果。

01 打开项目文件，在“项目”面板中选择“蝴蝶桃花2.mov”素材，将其拖曳至“时间轴”面板，如图7-10所示。

02 选择“时间轴”面板中的“蝴蝶桃花2.mov”素材，打开“效果控件”面板，设置位置参数为（697,353），设置缩放参数为73，如图7-11所示。

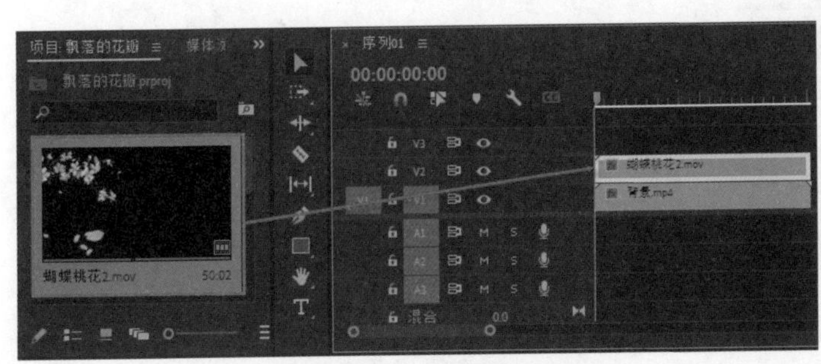

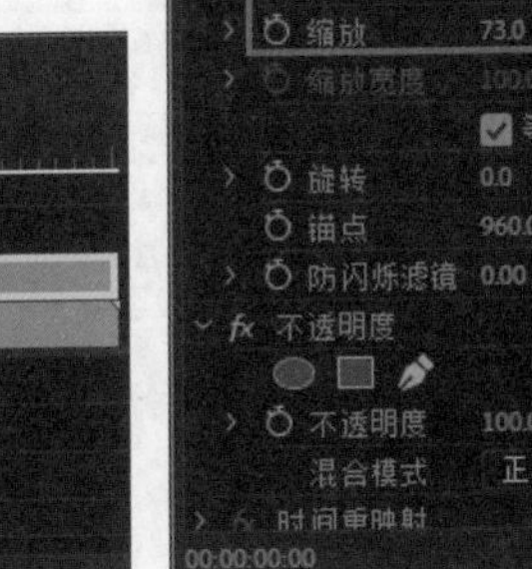

图7-10　拖曳素材　　图7-11　设置位置及缩放参数

03 打开“效果”面板，单击“视频效果”文件夹，然后单击“过时”文件夹，如图7-12所示。

04 选择该文件夹下的“颜色平衡（HLS）”效果，将其拖曳至“时间轴”面板中的“蝴蝶桃花2.mov”素材上方。打开“效果控件”面板，设置“颜色平衡（HLS）”中的“色相”数值为–22，设置“亮度”数值为20，设置“饱和度”数值为40，如图7-13所示。

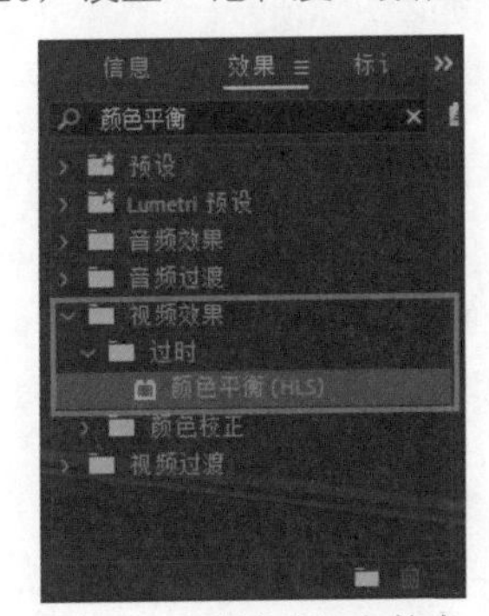

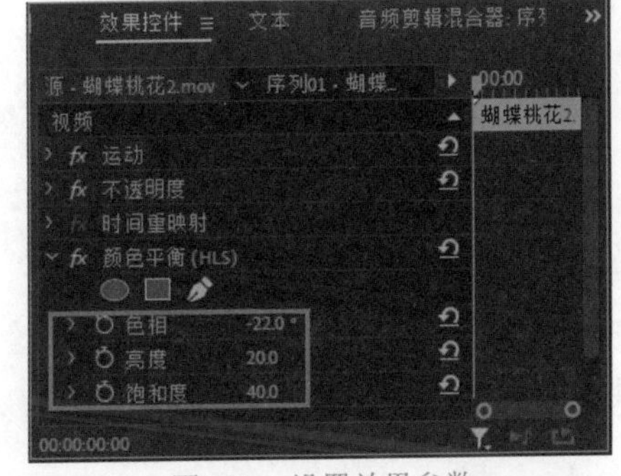

图7-12　“过时”文件夹　　图7-13　设置效果参数

05 进入“效果”面板，单击“变换”文件夹，选择该文件夹下的“水平翻转”效果，将其拖曳至“时间轴”面板中的“蝴蝶桃花2.mov”素材上方，如图7-14所示。

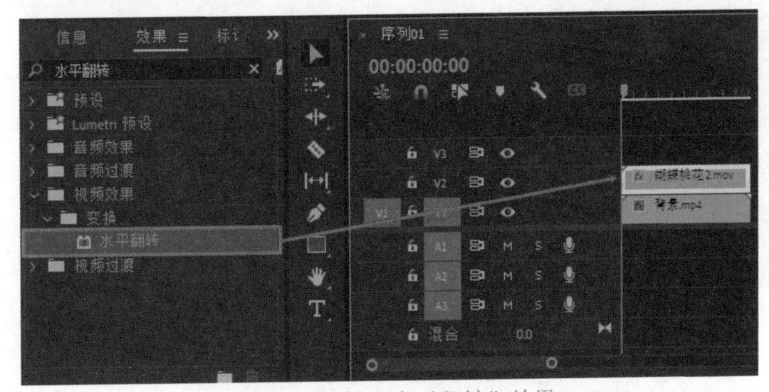

图7-14　添加“水平翻转”效果

06 按空格键渲染项目，渲染完成后预览最终效果，如图7-15所示。

图7-15　预览效果

7.3 Premiere Pro 2022视频效果详解

Premiere Pro 2022的“效果”面板中有多种视频效果，下面分别介绍常用视频效果的应用方法。

7.3.1　变换效果

在“效果”面板中展开“变换”文件夹，其中的效果可以使图像产生二维或三维的空间变化，该文件夹包含了5个效果，如图7-16所示。

图7-16　“变换”文件夹

1. 垂直翻转

“垂直翻转”效果可以使画面沿水平中心翻转180°，效果如图7-17所示。

图7-17　“垂直翻转”效果

2. 水平翻转

“水平翻转”效果是将画面沿垂直中心翻转180°，如图7-18所示。

图7-18　“水平翻转”效果

3. 羽化边缘

“羽化边缘”效果是在画面周围产生像素羽化的效果，可以通过设置“数量”选项的数值来控制边缘羽化的程度，效果如图7-19所示。

图7-19　“羽化边缘”效果

4. 自动重构

“自动重构”效果可以动态调节画面比例，自动生成方形、竖屏以及宽屏幕视频，如图7-20所示。

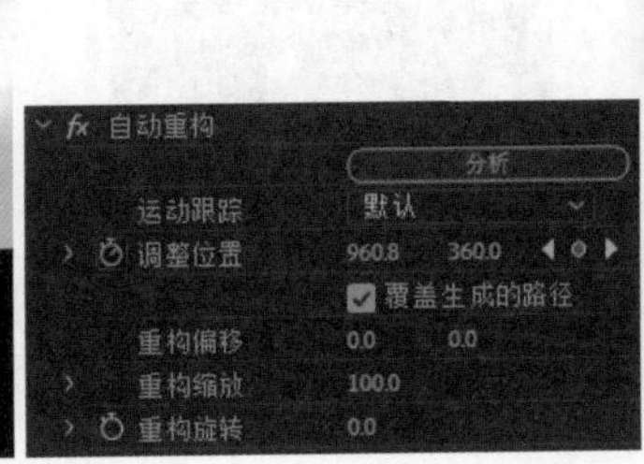

图7-20　“自动重构”效果

5. 裁剪

“裁剪”效果用于对素材进行裁剪边缘，修改素材的尺寸，效果如图7-21所示。

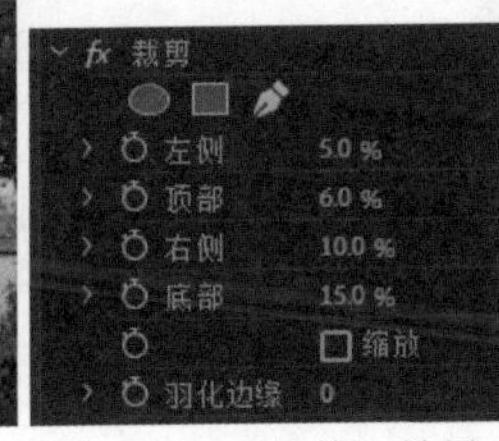

图7-21　“裁剪”效果

7.3.2　图像控制效果

“图像控制”文件夹中的效果主要用于调整图像的颜色，该文件夹包含了4种效果，如图7-22所示。

1. Color Pass（颜色过滤）

“颜色过滤”效果是将图像中没有选中的颜色区域变成灰度色，选中的色彩区域保持不变的效果，如图7-23所示。

2. Color Replace（颜色替换）

“颜色替换”效果是在不改变灰度的情况下，将选中的色彩以及与之有一定相似度的色彩都用一种新的颜色代替的效果，如图7-24所示。

图7-22　“图像控制”文件夹

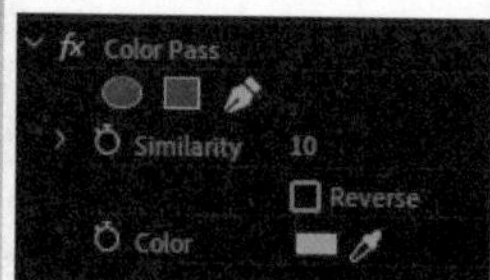

图7-23 “颜色过滤”效果

图7-24 “颜色替换”效果

3. Gamma Correction（灰度系数校正）

“灰度系数校正”效果是在不改变图像高亮区域和低亮区域的情况下，使图像变亮或者变暗的效果，如图7-25所示。

图7-25 “灰度系数校正”效果

4. 黑白

“黑白”效果是将彩色图像直接转换成灰度图像的效果，如图7-26所示。

图7-26 “黑白”效果

7.3.3 实用程序效果

“实用程序”文件夹中只有一种“Cineon转换器”效果，用于对图像的色相、亮度等进行快速调整，如图7-27所示。

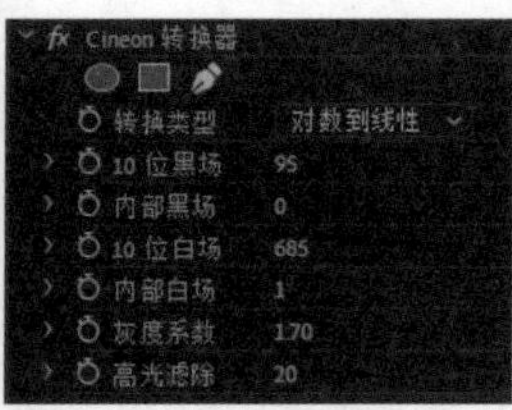

图7-27 “Cineon转换器”效果

7.3.4 扭曲效果

“扭曲”文件夹中的效果用于对图形进行几何变形，该文件夹包含12种扭曲类视频效果，如图7-28所示。

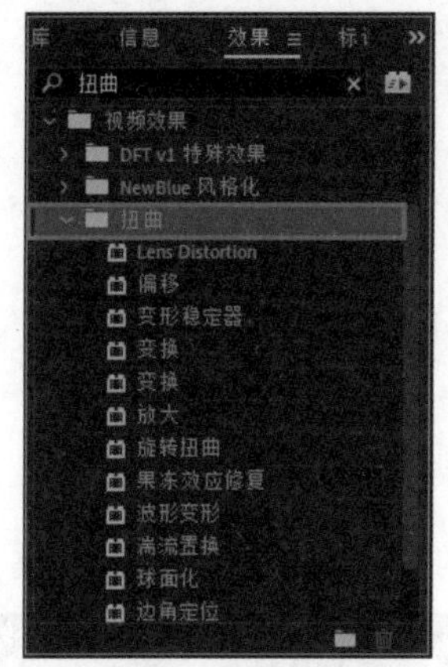

图7-28 “扭曲”文件夹

1. Lens Distortion(透镜畸变)

“Lens Distortion （透镜畸变）”效果是对图像沿着透视半径方向分布的畸变效果，如图7-29所示。

图7-29 “Lens Distortion（透镜畸变）”效果

图7-29 “Lens Distortion（透镜畸变）”效果（续）

2. 偏移

“偏移”效果是通过设置图像位置的偏移量，对图像进行水平或垂直方向上的位移，而移出的图像会在对面方向上显示，如图7-30所示。

图7-30 “偏移”效果

3. 变形稳定器

“变形稳定器”效果用于对视频画面中拍摄时的抖动造成的不稳定进行修复处理，减轻画面播放时的抖动问题。

4. 变换

“变换”效果是对图像的位置、缩放、透明度、倾斜度等进行综合设置的效果，如图7-31所示。

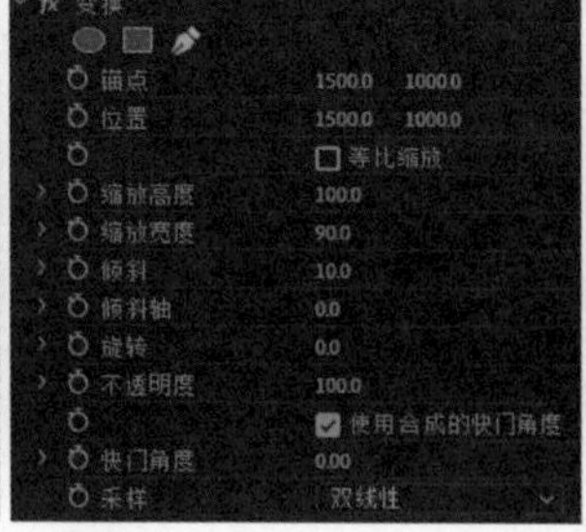

图7-31 “变换”效果

5. 放大

“放大”效果是放大图像指定区域的效果，如图7-32所示。

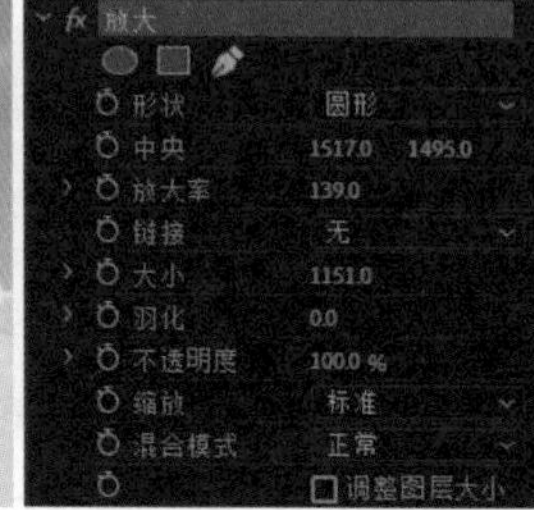

图7-32 “放大”效果

6. 旋转扭曲

“旋转扭曲”效果是使视频画面产生沿中心轴旋转扭曲变形的效果，如图7-33所示。

图7-33 “旋转扭曲”效果

7. 果冻效应修复

“果冻效应修复”效果是设置视频素材的场序类型，得到需要的匹配效果，或者降低各行扫描视频素材的画面闪烁。

8. 波形变形

“波形变形”效果可创建不同形状、方向及宽度的波纹效果，和“弯曲”效果类似，效果如图7-34所示。

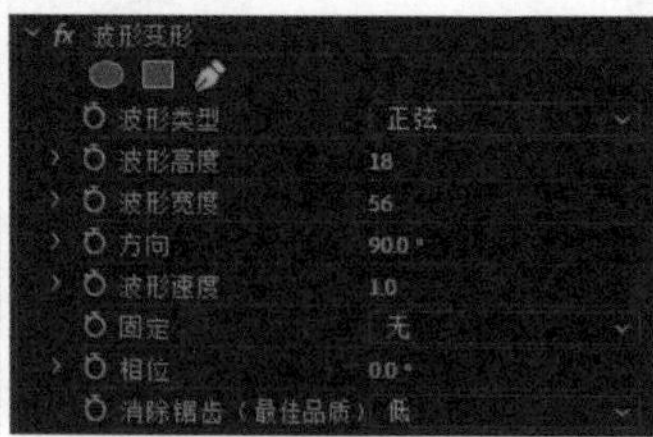

图7-34 “波形变形”效果

9. 湍流置换

“湍流置换”效果是对素材图像进行多种方式的扭曲变形的效果，如图7-35所示。

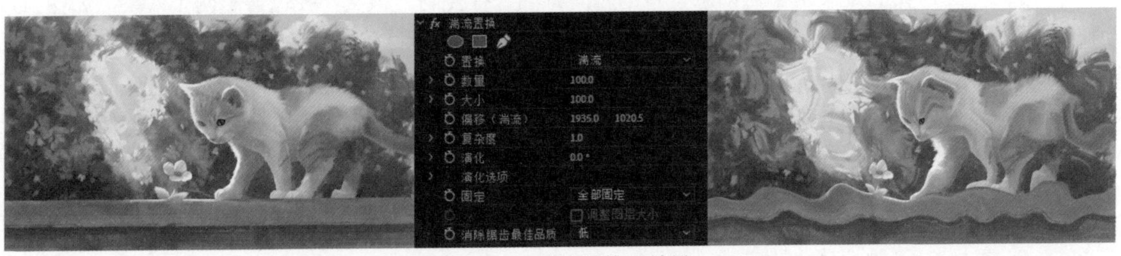

图7-35　“湍流置换”效果

10. 球面化

“球面化”效果使画面产生球面变形的效果，如图7-36所示。

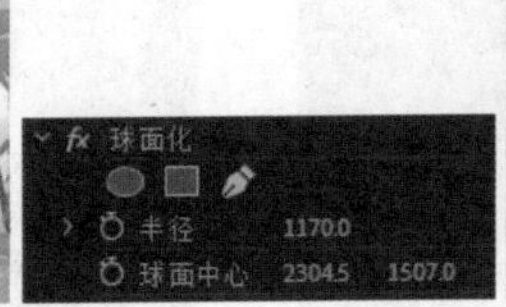

图7-36　“球面化”效果

11. 边角定位

“边角定位”效果通过设置参数重新定位图像的4个顶点位置，从而得到变形的效果，如图7-37所示。

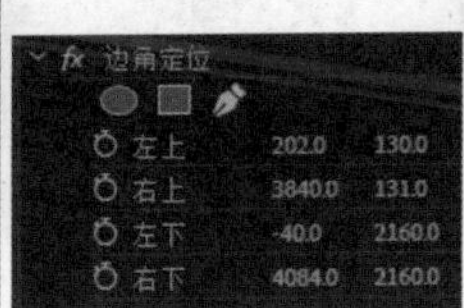

图7-37　“边角定位”效果

12. 镜像

“镜像”效果使图像沿指定角度的射线进行反射，形成镜像的效果，如图7-38所示。

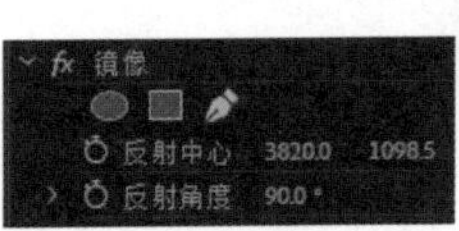

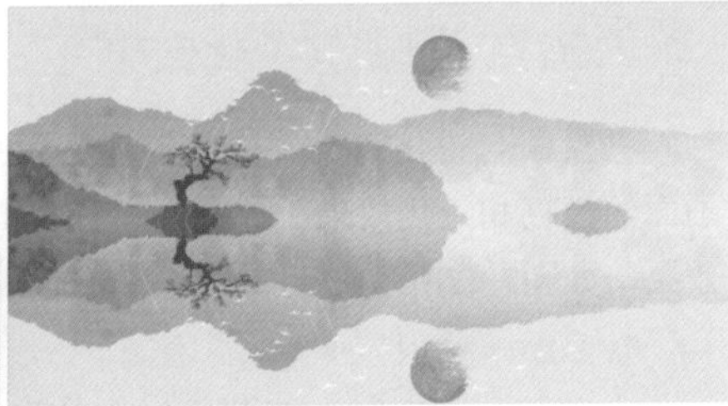

图7-38　“镜像”效果

7.3.5 时间效果

“时间”文件夹的效果用于对动态素材的时间特性进行控制。该文件夹包含了两个效果，如图7-39所示。

1. 残影

“残影”效果是将一个素材中很多不同的时间帧混合，可以产生视觉回声或者飞奔的动感效果。

2. 色调分离时间

“色调分离时间”效果是为动态素材指定一个帧速率，使得素材以跳帧的形式播放产生动画的效果。

7.3.6 杂色与颗粒效果

“杂色与颗粒”文件夹中的效果用于对画面进行柔和处理，在图像上添加杂色或者去除图像上的噪点。该文件夹中只有1种效果，如图7-40所示。

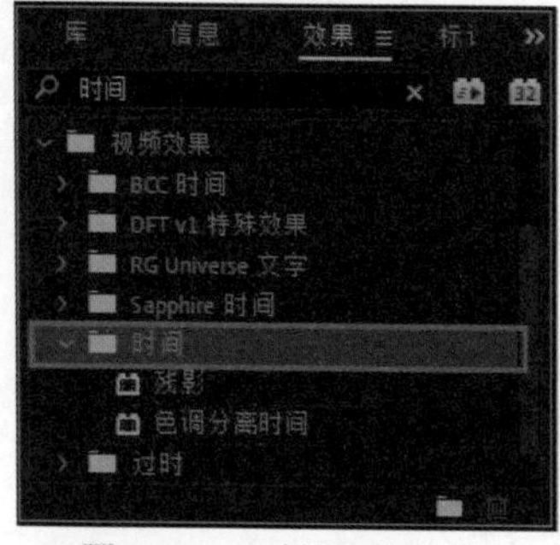

图7-39　“时间”文件夹

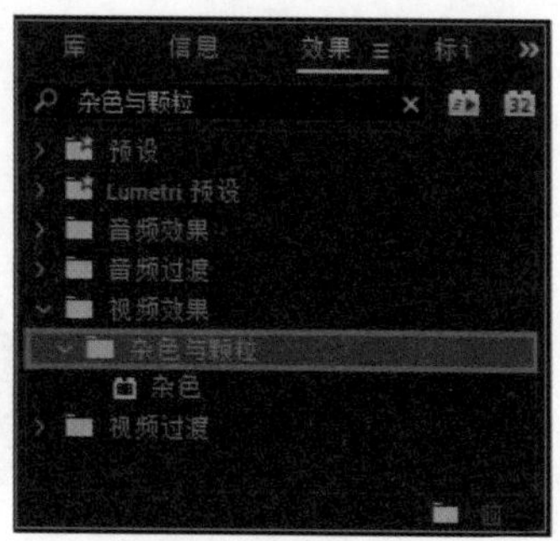

图7-40　“杂色与颗粒”文件夹

“杂色”效果是在画面中添加模拟的噪点效果，如图7-41所示。

图7-41　“杂色”效果

若取消“使用颜色杂色”复选框的勾选，则产生的噪点为黑白色。通过设置不同时间的“杂色数量”参数值，可以模拟不同的干扰效果。

7.3.7 模糊与锐化效果

“模糊与锐化”文件夹中的视频效果是调整画面的模糊和锐化效果。该文件夹包含了6种视频效果，如图7-42所示。

1. Camera Blur（相机模糊）

“Camera Blur（相机模糊）”效果是使图像产生类似拍摄时没有对准焦点的“虚焦”模糊的效果，如图7-43所示。

图7-42　“模糊与锐化”文件夹

图7-43　“相机模糊”效果

2. 减少交错闪烁

“减少交错闪烁”效果是减少图像播放时的闪烁频率，柔和画面质感的效果，如图7-44所示。

图7-44　“减少交错闪烁”效果

3. 方向模糊

“方向模糊”效果是使图像按照指定方向模糊的效果，如图7-45所示。

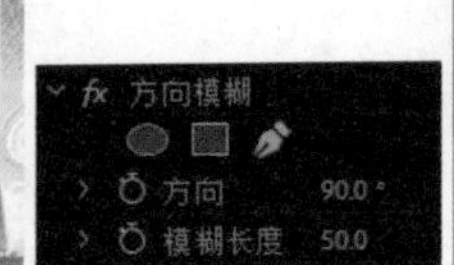

图7-45　“方向模糊”效果

应用“方向模糊”效果，可以制作出快速移动的效果。

4. 钝化蒙版

“钝化蒙版”效果是在图像边缘的侧面制作出一条对比度较强的晕光，给图像目标以反衬效果，从而达到突出目标、使图像清晰化的作用，如图7-46所示。

图7-46　“钝化蒙版”效果

5. 锐化

“锐化”效果是通过增强相邻像素间的对比度，使图像变得更加清晰的效果，如图7-47所示。

图7-47 “锐化”效果

“锐化数量”参数值越大，画面锐化强度越大，但是过度锐化会使画面看起来生硬、杂乱，因此在使用该效果时要注意画面的变化。

6. 高斯模糊

“高斯模糊”效果是使图像产生不同程度的虚化的效果，如图7-48所示。

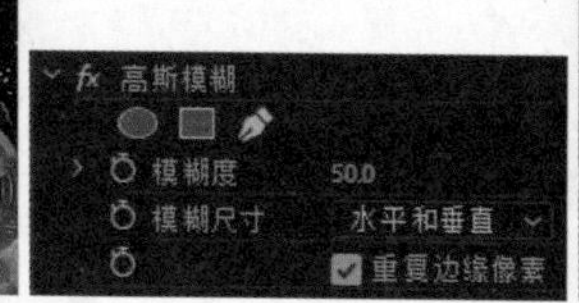

图7-48 “高斯模糊”效果

7.3.8 生成效果

“生成”文件夹中的效果主要是对光和填充颜色的处理，使画面具有光感和动感。该文件夹包含了4种视频效果，如图7-49所示。

图7-49 “生成”文件夹

1. 四色渐变

“四色渐变”效果是可以设置4种相互渐变的颜色来填充图像的效果，如图7-50所示。

2. 渐变

“渐变”效果是在图像上叠加一个双色渐变填充的蒙版的效果，如图7-51所示。

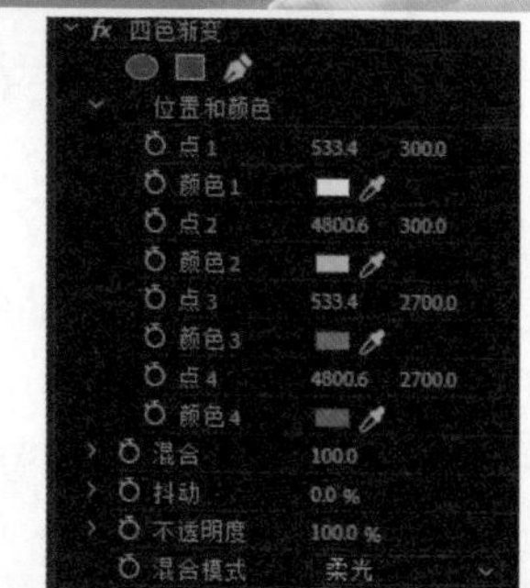

图7-50 “四色渐变”效果

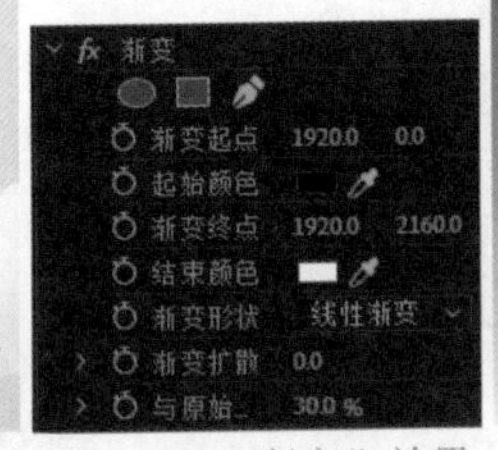

图7-51 “渐变”效果

3. 镜头光晕

“镜头光晕”效果是在画面中模拟出相机镜头拍摄的强光折射的效果，如图7-52所示。

图7-52 “镜头光晕”效果

4. 闪电

“闪电”效果是在图像上产生类似闪电或火花的效果，如图7-53所示。

图7-53 “闪电”效果

7.3.9 视频效果

“视频”文件夹中的效果主要是模拟视频信号的电子变动。该文件夹包含两种效果，如图7-54所示。

1. SDR遵从情况

“SDR遵从情况”效果是可以调节画面的亮度、对比度和软阈值的效果，如图7-55所示。

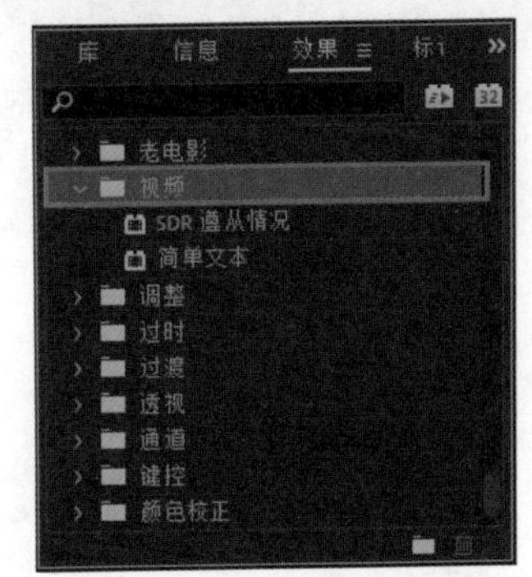

图7-54 “视频”文件夹

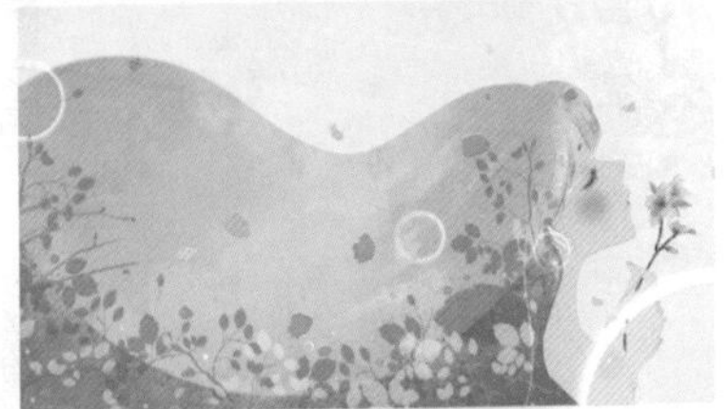

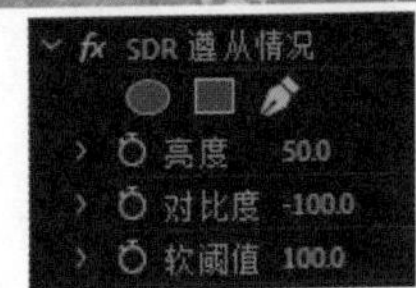

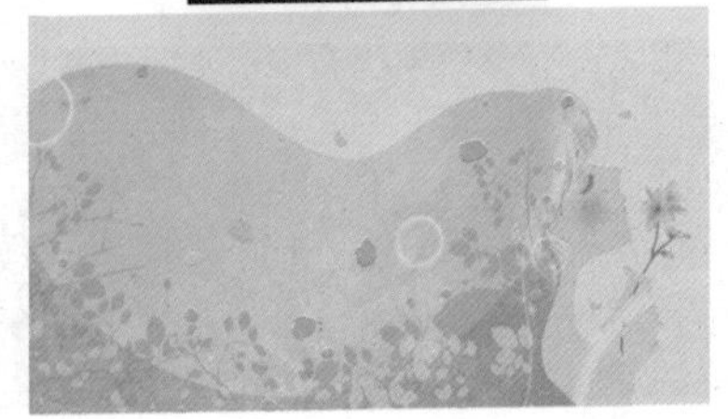

图7-55 “SDR遵从情况”效果

2. 简单文本

“简单文本”效果是在“节目”监视器面板中播放素材时，在屏幕显示文本内容的效果，如图7-56所示。

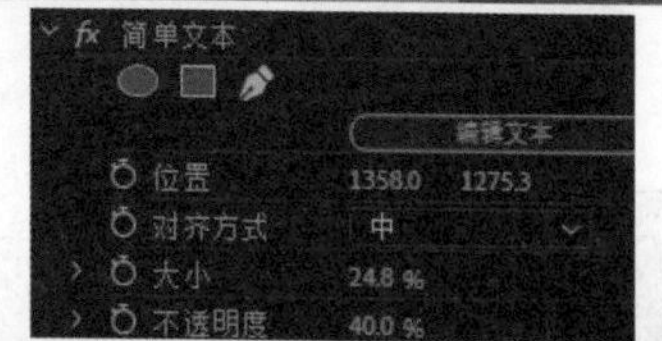

图7-56 “简单文本”效果

7.3.10 调整效果

“调整”文件夹中的效果主要是调整素材的颜色效果，包含4种调整效果的视频效果，如图7-57所示。

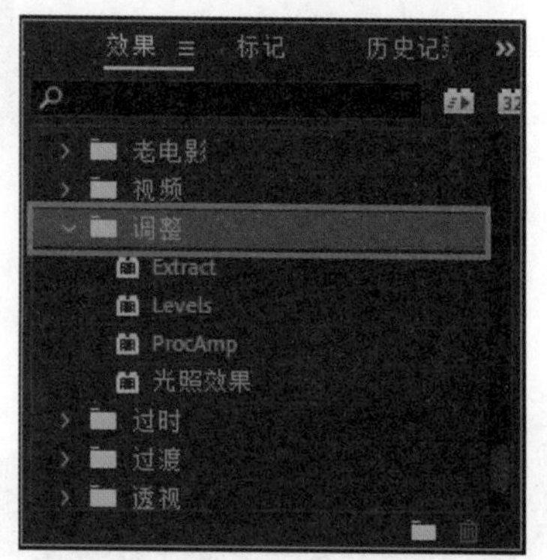

图7-57 “调整”文件夹

1. Extract（提取）

“Extract（提取）”效果是将素材的颜色转换成黑白色的效果，如图7-58所示。

2. Levels（水平）

“Levels（水平）”效果是可以调整图像的RGB颜色的效果，如图7-59所示。

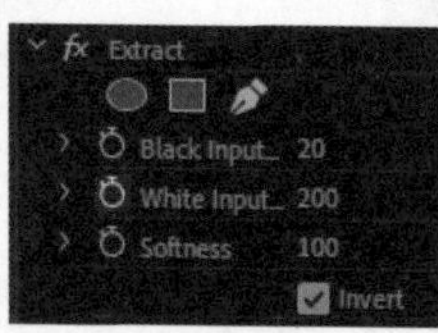

图7-58 “提取”效果

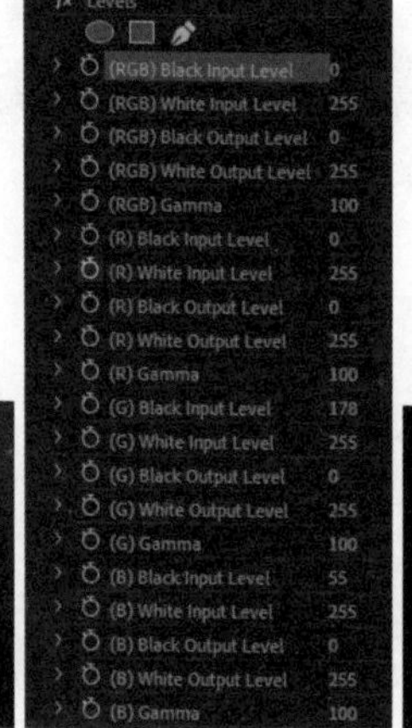

图7-59 “Levels（水平）”效果

3. ProcAmp

“ProcAmp（调色）”效果是可以调整视频的亮度、对比度、色相、饱和度以及分离百分比的效果，如图7-60所示。

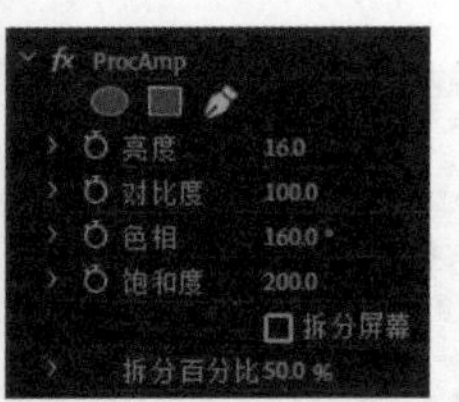

图7-60 “ProcAmp”效果

4. 光照效果

“光照效果”效果是给图像添加照明的效果，如图7-61所示。

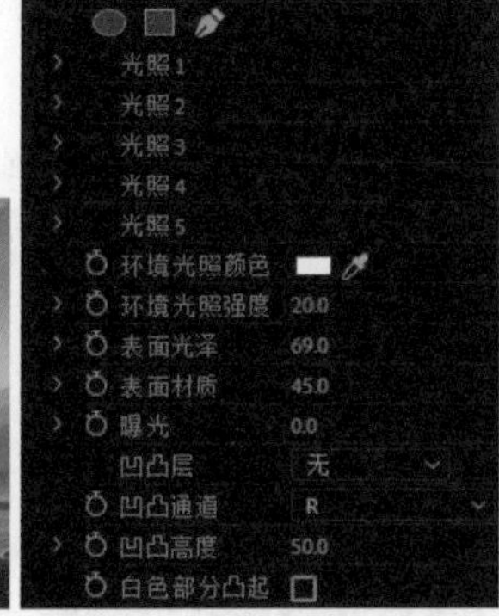

图7-61 “光照效果”效果

“光照效果”视频效果可以制作出多个灯光照射的效果，也可以制作出聚光灯照射的效果。

7.3.11 过时效果

过时效果组可用于调整画面的颜色。“过时”文件夹包括RGB曲线、RGB颜色校正器、三向颜色校正器、亮度曲线等50种视频效果，如图7-62所示。

图7-62 “过时”文件夹

1. Color Balance（RGB）

“Color Balance(RGB)”效果可以按RGB的参数值调整视频的颜色，可以有效地校正或改变图像色彩的效果，如图7-63所示。

2. Convolution Kernel（卷积内核）

“Convolution Kernel（卷积内核）”效果是调整图像的亮度和清晰度的效果，如图7-64所示。

图7-63　“Color Balance（RGB）”效果

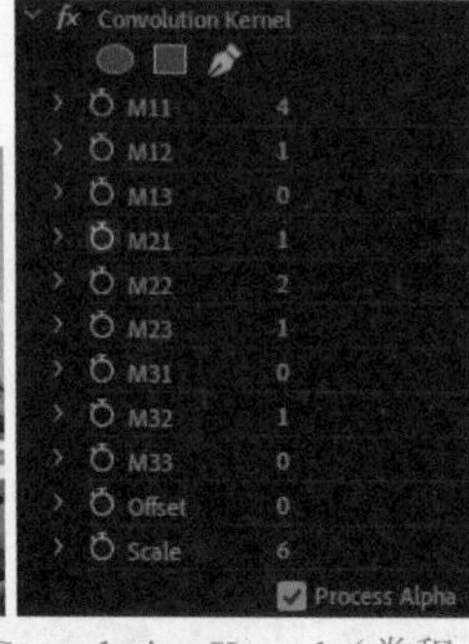

图7-64　“Convolution Kernel（卷积内核）”效果

3. RGB曲线

“RGB曲线”效果是常见的调色效果之一，可分别针对每个颜色通道进行调节，并且能实现比较丰富颜色的效果，如图7-65所示。

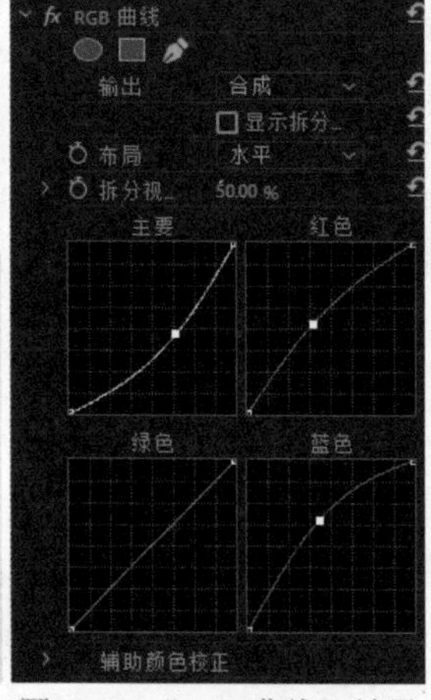

图7-65　“RGB曲线”效果

4. RGB颜色校正器

“RGB颜色校正器”效果是通过修改RGB参数来改变颜色和亮度的效果，如图7-66所示。

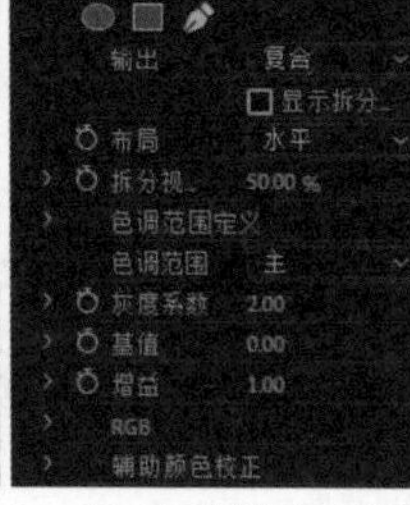

图7-66　“RGB颜色校正器”效果

5. Solarize（曝光过度）

“Solarize（曝光过度）”效果是将图像调整为类似相机曝光过度的效果，如图7-67所示。

图7-67　“Solarize（曝光过度）”效果

6. 三向颜色校正器

“三向颜色校正器”效果是通过调整阴影、中间调和高光来调节颜色的效果，如图7-68所示。

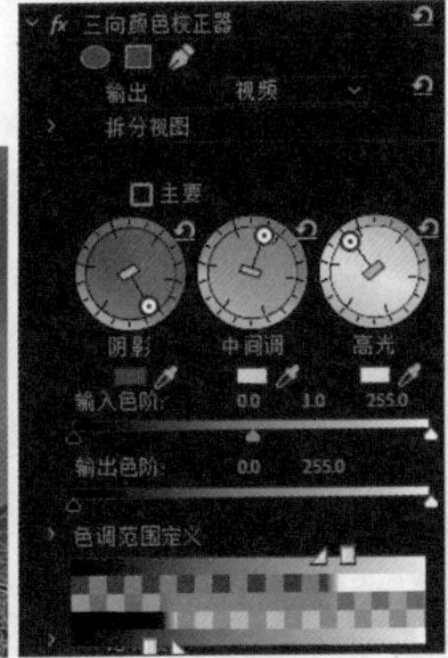

图7-68　“三向颜色校正器”效果

7. 中间值

“中间值”效果是将图像中的像素都用其周围像素的RGB平均值来代替，减轻图像上的杂色和噪点的效果，如图7-69所示。

图7-69　“中间值”效果

8. 书写

“书写”效果是在图像上创建类似画笔书写的关键帧动画的效果，如图7-70所示。

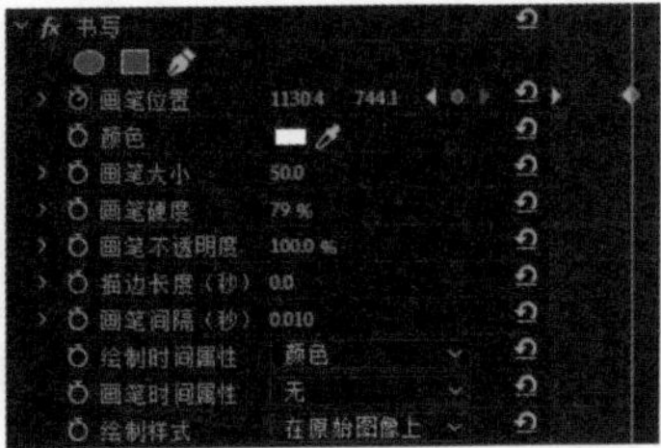

图7-70　“书写”效果

9. 亮度曲线

“亮度曲线”效果是通过调整亮度值的曲线来调节图像的亮度值的效果，如图7-71所示。

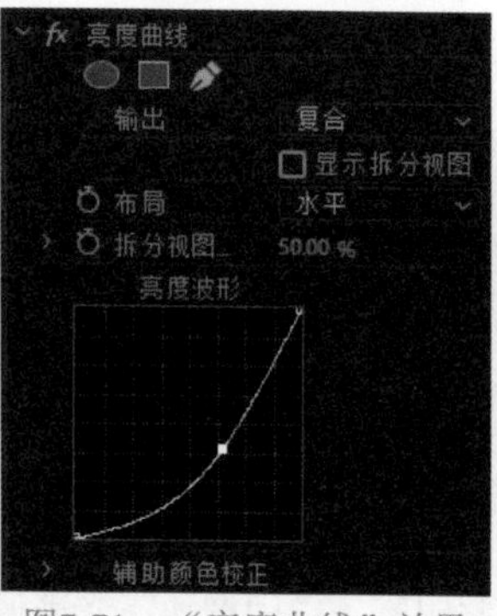

图7-71 “亮度曲线”效果

10. 亮度校正器

“亮度校正器”效果是调整图像亮度的效果，如图7-72所示。

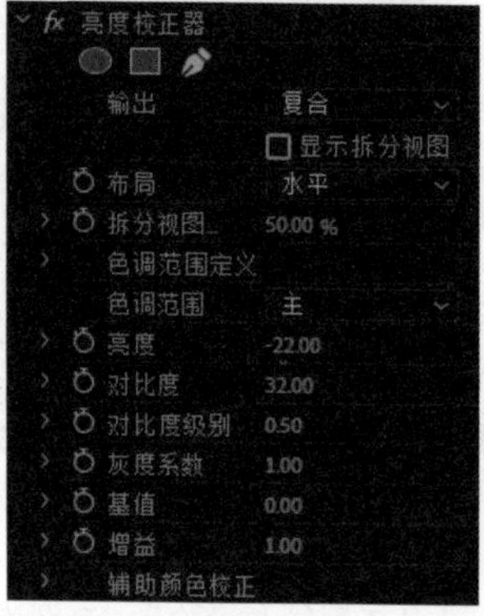

图7-72 “亮度校正器”效果

11. 保留颜色

“保留颜色”效果是可以选择保留图像中的一种颜色，并将其他颜色变为灰度的效果，如图7-73所示。

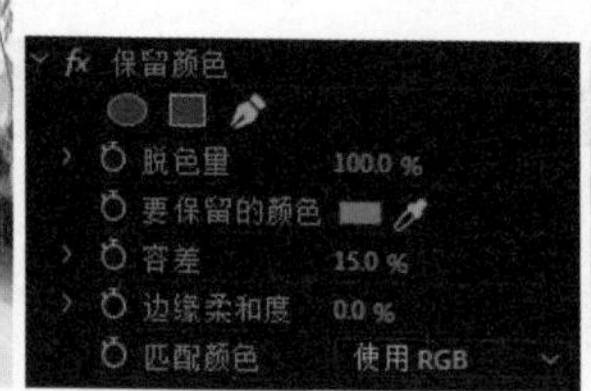

图7-73 “保留颜色”效果

12. 剪辑名称

“剪辑名称”效果是在“节目”监视器面板中播放素材时，在屏幕中显示该素材剪辑的名称的效果，如图7-74所示。

13. 单元格图案

“单元格图案”效果是在图像上模拟生成不规则单元格的效果，如图7-75所示。

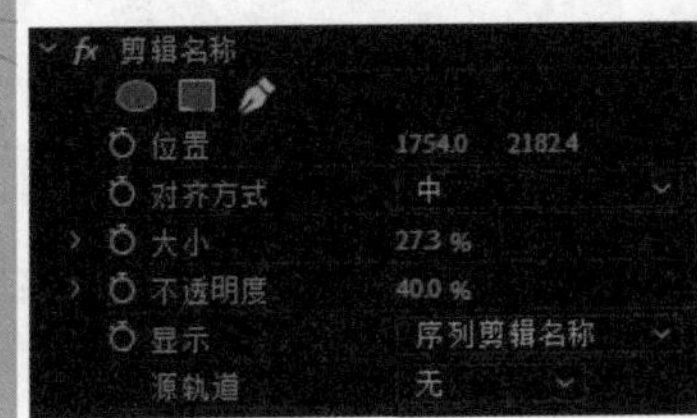

图7-74　“剪辑名称”效果

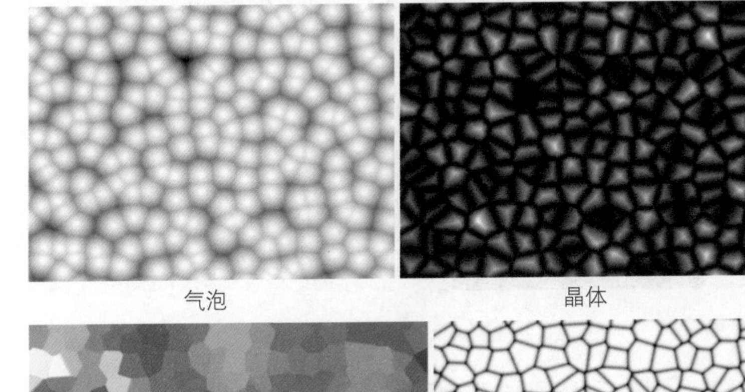

气泡　晶体

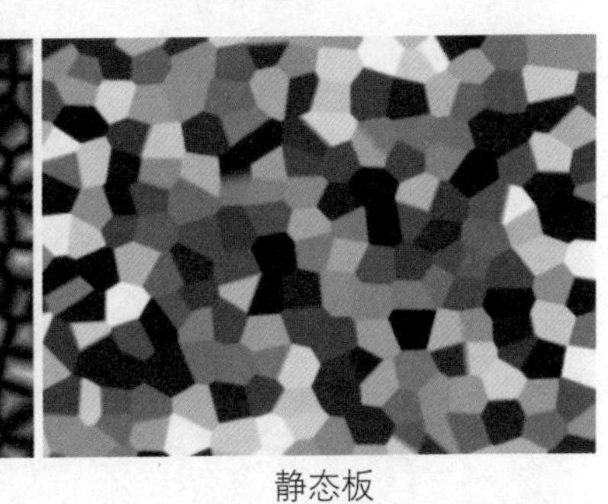

静态板

晶格化

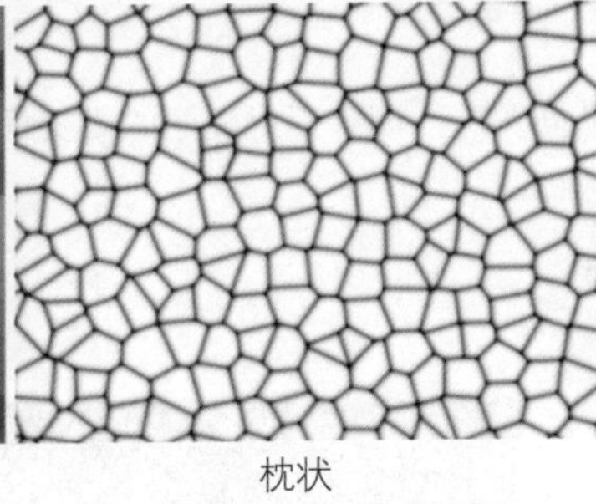

枕状

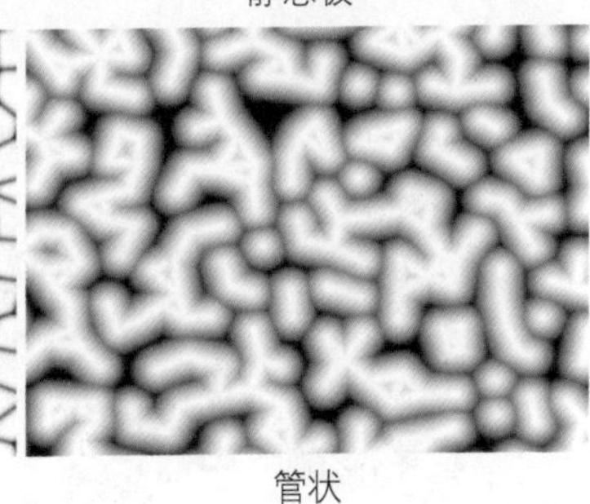

管状

图7-75　“单元格图案”效果

14. 吸管填充

“吸管填充”效果是提取采样点的颜色来填充整个画面，得到整体画面的偏色效果，如图7-76所示。

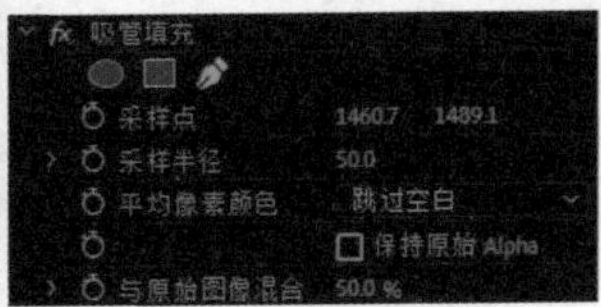

图7-76　“吸管填充”效果

15. 图像遮罩键

“图像遮罩键”效果可以使用遮罩图像的Alpha通道或亮度控制透明区域。

16. 圆形

“圆形”效果是在图像上创建一个自定义的圆形或圆环图案的效果，如图7-77所示。

17. 均衡

“均衡”效果是对图像中的颜色值和亮度进行平均化处理的效果，如图7-78所示。

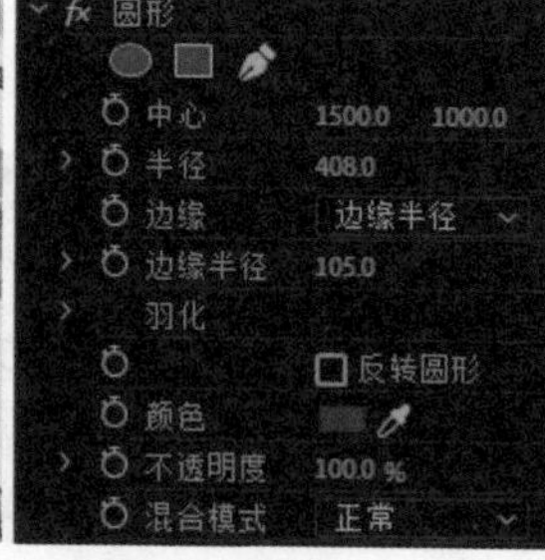

图7-77 “圆形”效果

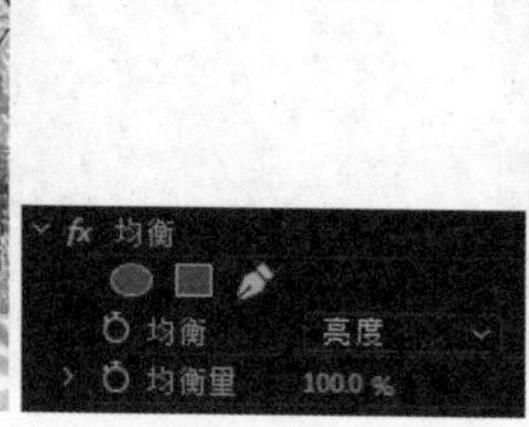

图7-78 “均衡”效果

18. 复合模糊

“复合模糊”效果可以选择模糊图层，调整素材画面的模糊程度，如图7-79所示。

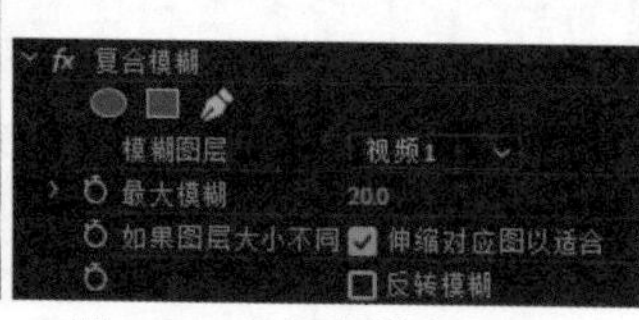

图7-79 “复合模糊”效果

19. 复合运算

“复合运算”效果是使用数学运算的方式创建图层组合的效果，如图7-80所示。

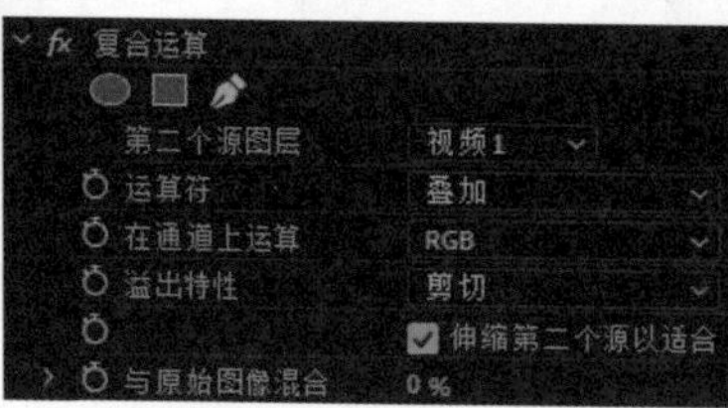

图7-80 “复合运算”效果

20. 差值遮罩

“差值遮罩”效果在为对象建立遮罩后可建立透明区域，显示出该图像下方的素材文件，如图7-81所示。

21. 径向擦除

“径向擦除”效果是以指定的点为中心，以旋转的方式逐渐将图像擦除的效果，如图7-82所示。

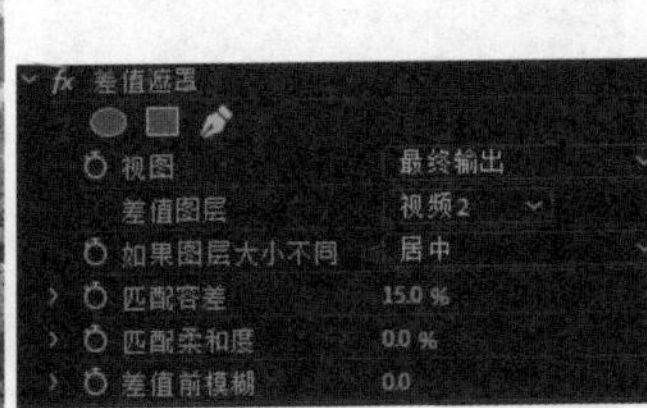

图7-81 “差值遮罩”效果

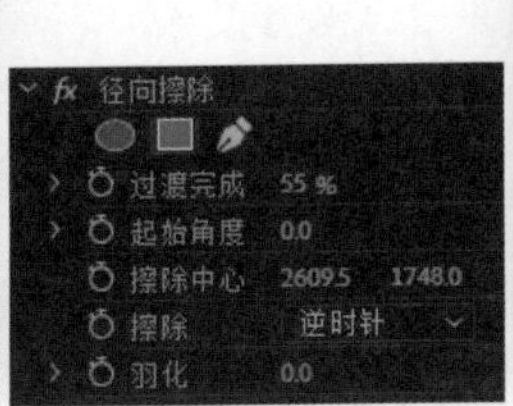

图7-82 “径向擦除”效果

22. 径向阴影

“径向阴影”效果是为图像添加一个点光源，使阴影投射到下层素材上，如图7-83所示。

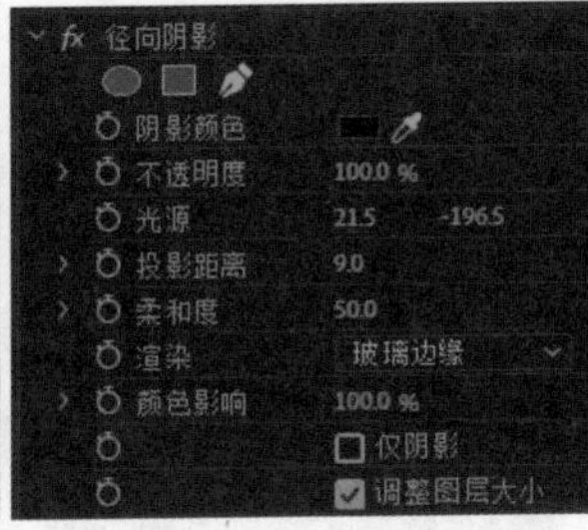

图7-83 “径向阴影”效果

23. 快速模糊

“快速模糊”效果是可以快速对画面整体或局部进行模糊处理的效果，如图7-84所示。

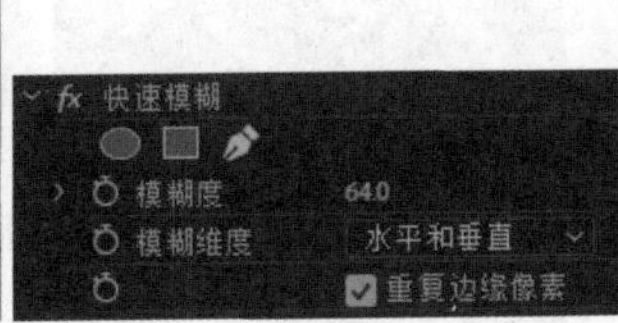

图7-84 “快速模糊”效果

24. 快速颜色校正器

“快速颜色校正器”效果是可以快速调整颜色的效果，如图7-85所示。

25. 斜面Alpha

“斜面Alpha”效果是使图像的Alpha通道倾斜，使二维图像看起来具有三维效果，如图7-86所示。

26. 时间码

“时间码”效果是将时间码“录制”到影片中，以便在“节目”监视器面板中显示的效果，如图7-87所示。

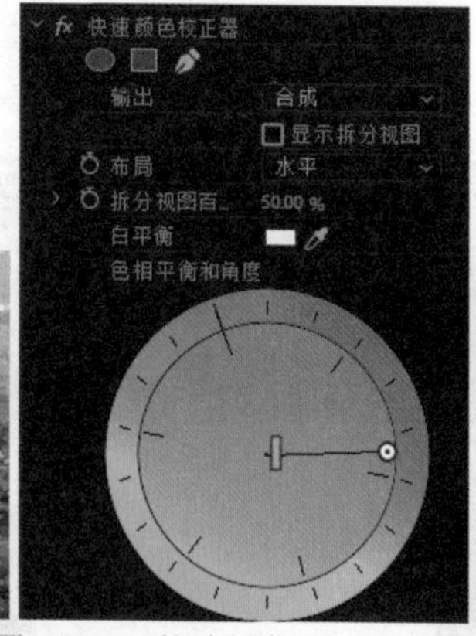

图7-85 “快速颜色校正器”效果

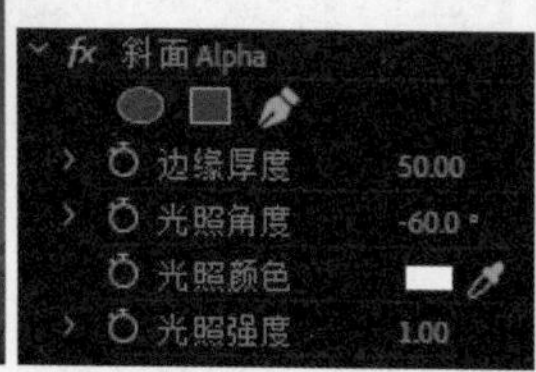

图7-86 “斜面Alpha”效果

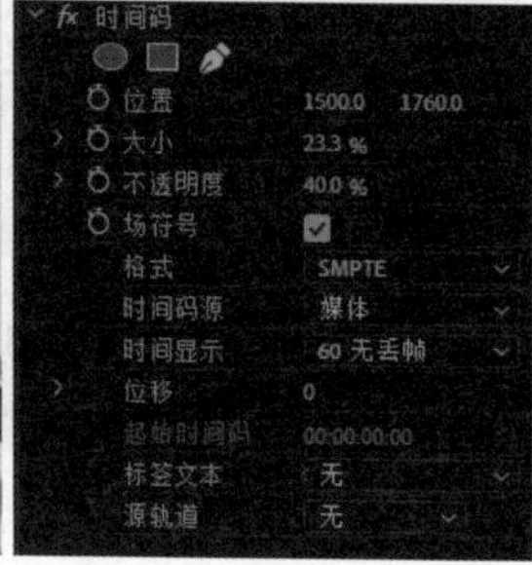

图7-87 “时间码”效果

27. 更改为颜色

“更改为颜色”效果是将图像中选定的一种颜色更改为其他颜色的效果，如图7-88所示。

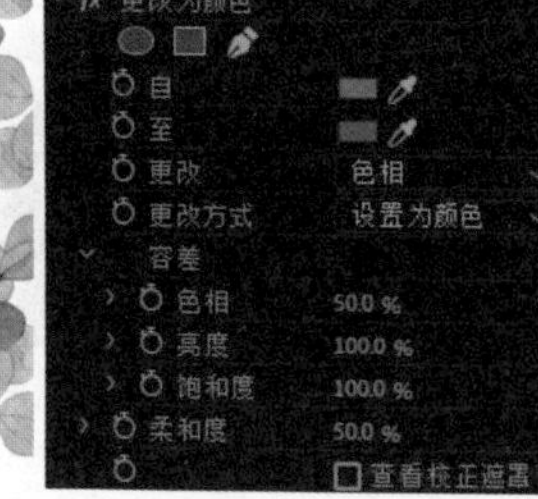

图7-88 “更改为颜色”效果

28. 更改颜色

“更改颜色”效果是选定图像中的某种颜色，更改其色相、饱和度、亮度等的效果，如图7-89所示。

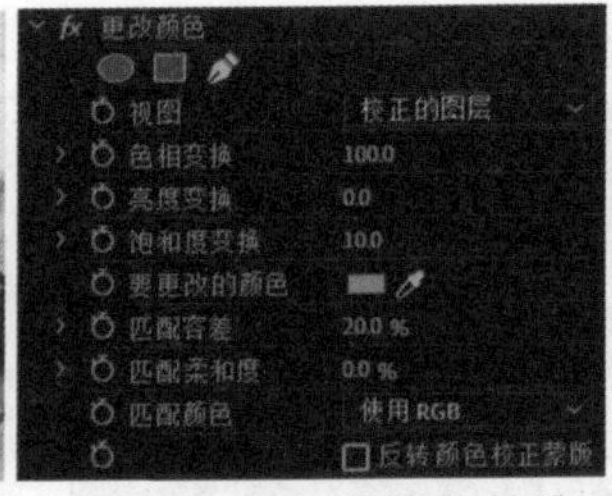

图7-89　“更改颜色”效果

29. 棋盘

“棋盘”效果是在图像上创建一种棋盘格图案的效果，如图7-90所示。

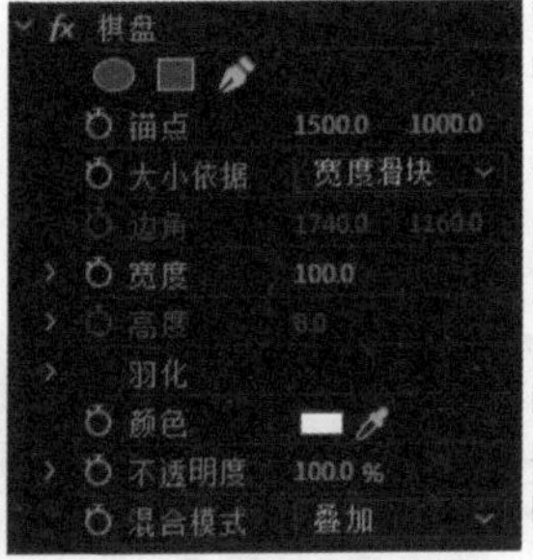

图7-90　“棋盘”效果

30. 椭圆

“椭圆”效果是在图像上创建一个椭圆形的光圈图案的效果，如图7-91所示。

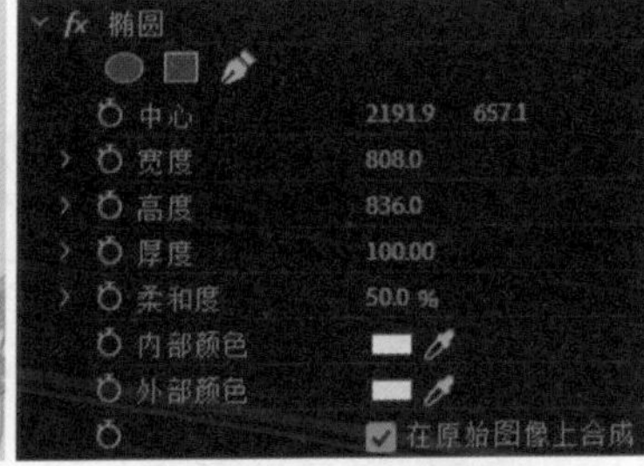

图7-91　“椭圆”效果

31. 油漆桶

“油漆桶”效果是将图像上指定区域的颜色用另外一种颜色来代替的效果，如图7-92所示。

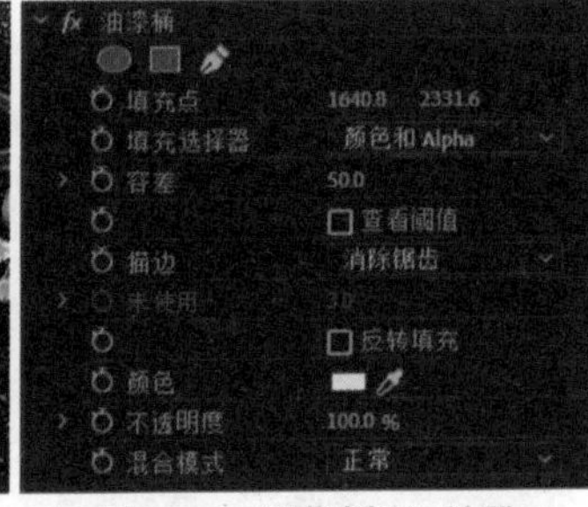

图7-92　“油漆桶”效果

32. 浮雕

“浮雕”效果是使图像产生浮雕效果，并且去除颜色的效果，如图7-93所示。

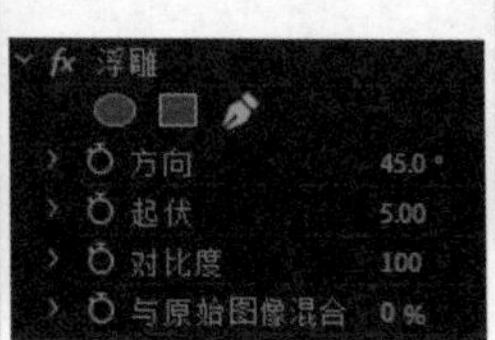

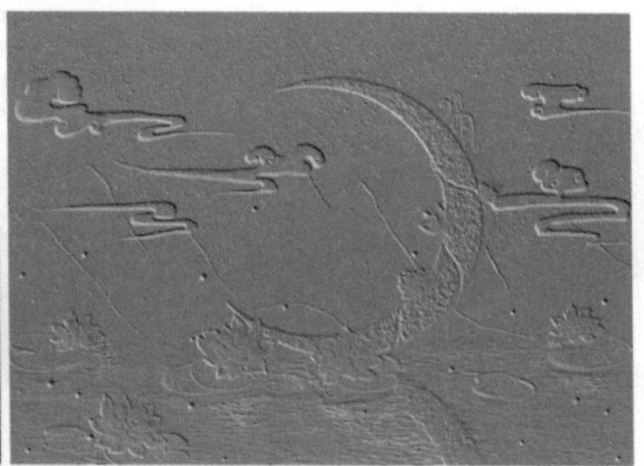

图7-93 “浮雕”效果

33. 混合

“混合”效果是将指定轨道的图像进行混合的效果，如图7-94所示。

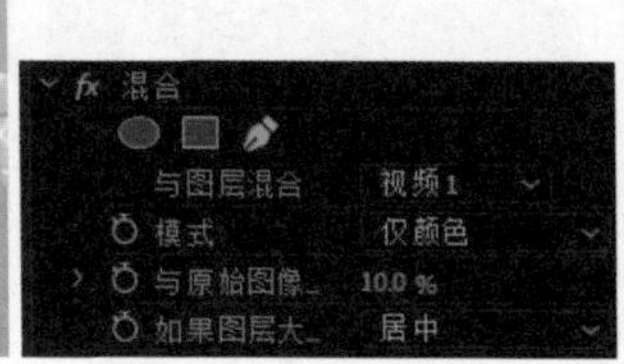

图7-94 “混合”效果

34. 百叶窗

“百叶窗”效果是用类似百叶窗的条纹蒙版逐渐遮挡住源素材，并显示出新素材的效果，如图7-95所示。

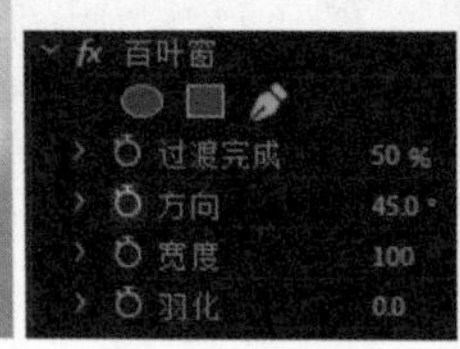

图7-95 “百叶窗”效果

35. 移除遮罩

“移除遮罩”效果是将已抠像素材的彩色边缘移除的效果，如图7-96所示。

图7-96 “移除遮罩”效果

36. 算术

“算术”效果是对图像的色彩通道进行算术运算的效果，如图7-97所示。

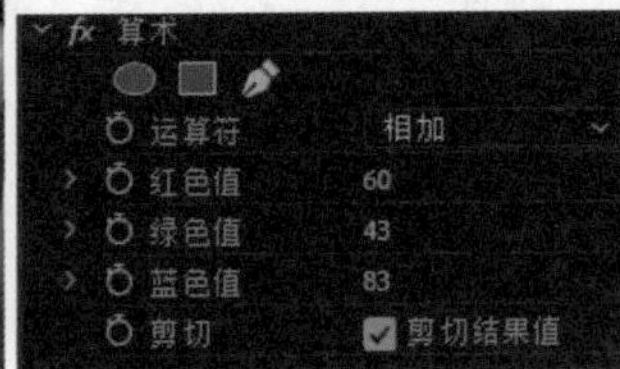

图7-97 “算术”效果

37. 纯色合成

“纯色合成”效果是将一种颜色覆盖在素材上，将其以不同的方式混合的效果，如图7-98所示。

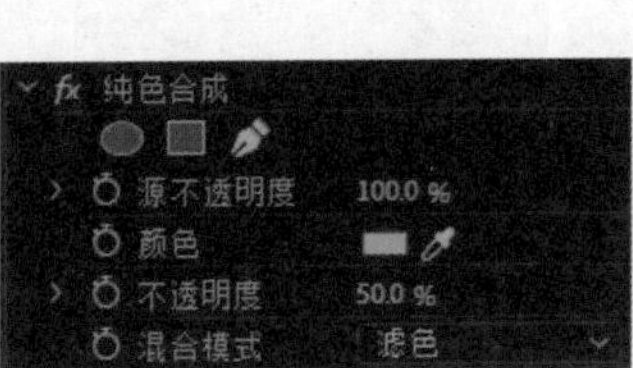

图7-98 “纯色合成”效果

38. 纹理

“纹理”效果是在当前图层中创建指定图层的浮雕纹理的效果，如图7-99所示。

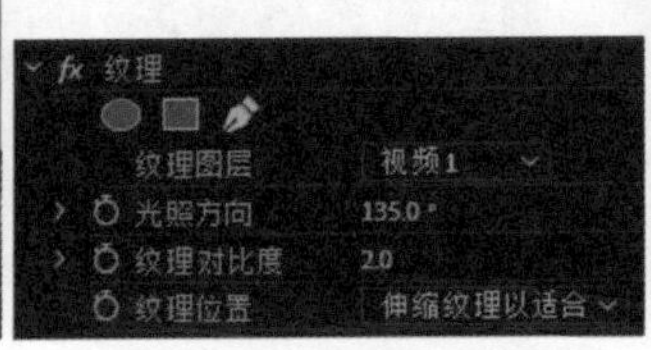

图7-99 “纹理”效果

39. 网格

“网格”效果是在图像上创建自定义的网格效果，如图7-100所示。

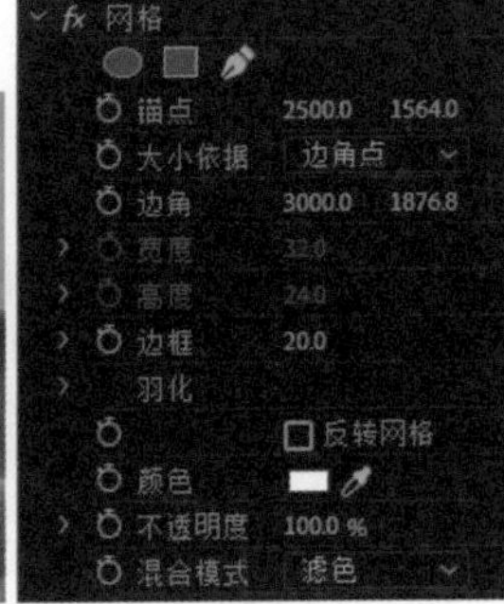

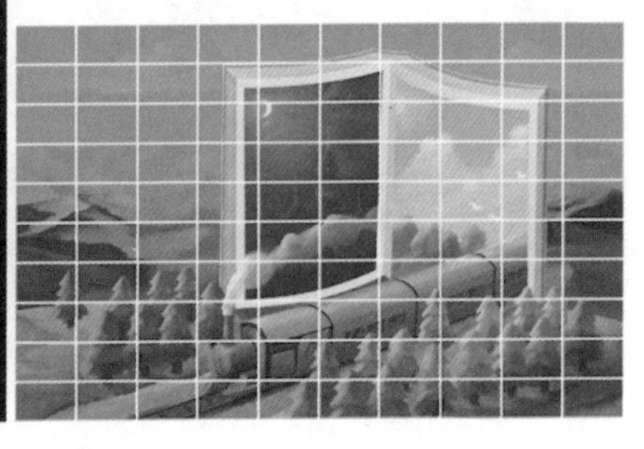

图7-100 “网格”效果

40. 自动对比度

“自动对比度”效果是可以快速校正素材颜色的对比度的效果，如图7-101所示。

41. 自动色阶

“自动色阶”效果是可以快速校正素材颜色的色阶亮度的效果，如图7-102所示。

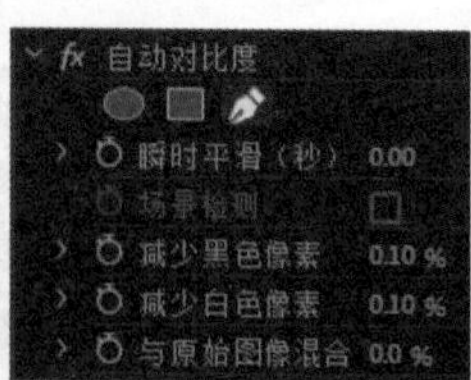

图7-101 “自动对比度”效果

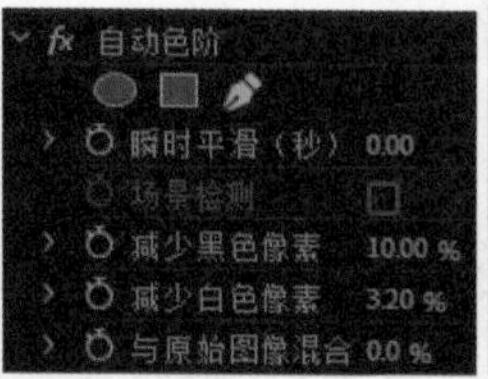

图7-102 “自动色阶”效果

42. 自动颜色

“自动颜色”效果是可以快速校正素材颜色的效果，如图7-103所示。

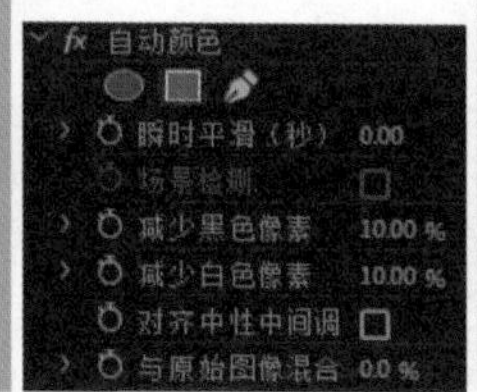

图7-103 “自动颜色”效果

43. 蒙尘与划痕

“蒙尘与划痕”效果是在图像上生成类似灰尘的杂色噪点的效果，如图7-104所示。

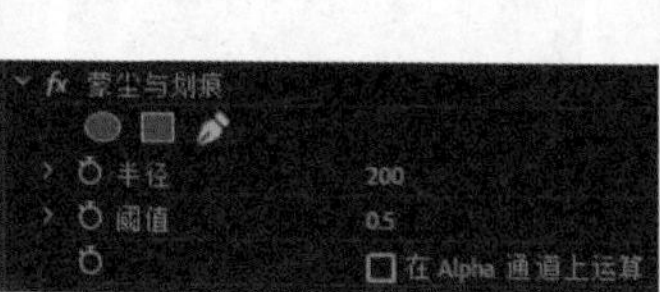

图7-104 “蒙尘与划痕”效果

44. 视频限幅器（旧版）

“视频限幅器（旧版）”效果是对图像的色彩值进行调整，可设置视频限制的范围，使其符合视频限制的要求，以保证能其能在正常范围内显示的效果，如图7-105所示。

45. 计算

“计算”效果是通过混合指定的通道和各种混合模式的设置，来调整图像颜色的效果，如图7-106所示。

视频限幅器（旧版）
显示拆分视图
布局　水平
拆分视图百分比　50.00 %
缩小轴　智能限制
信号最小值　30.00 %
信号最大值　70.00 %
缩小方式　压缩全部
色调范围定义

图7-105　“视频限幅器（旧版）”效果

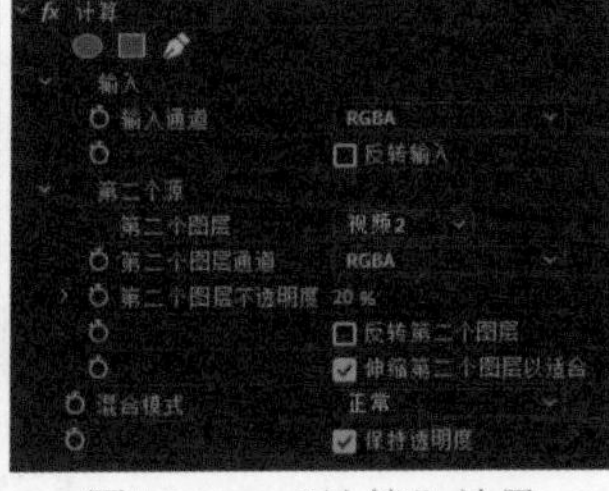

图7-106　“计算”效果

46. 边缘斜面

“边缘斜面”效果是在图像四周产生立体斜边的效果，如图7-107所示。

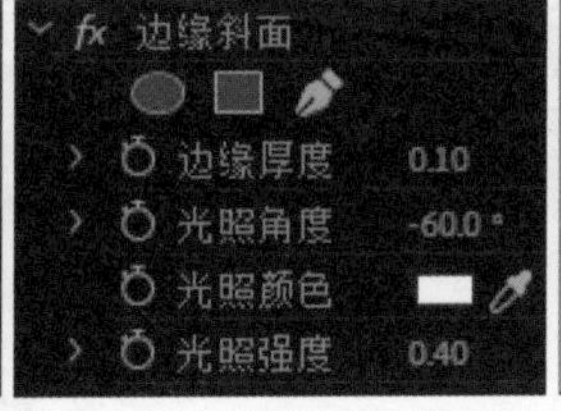

图7-107　“边缘斜面”特效

47. 通道模糊

“通道模糊”效果是可对图像各通道分别进行模糊处理的效果，如图7-108所示。

图7-108　“通道模糊”效果

48. 阴影/高光

“阴影/高光”效果是处理图像的逆光效果，如图7-109所示。

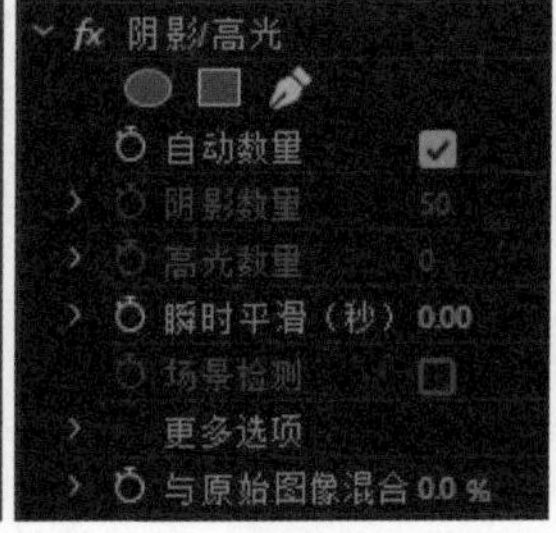

图7-109　“阴影/高光”效果

49. 非红色键

“非红色键”效果是使抠像素材中的蓝色或绿色背景变为透明，以达到抠像的效果，如图7-110所示。

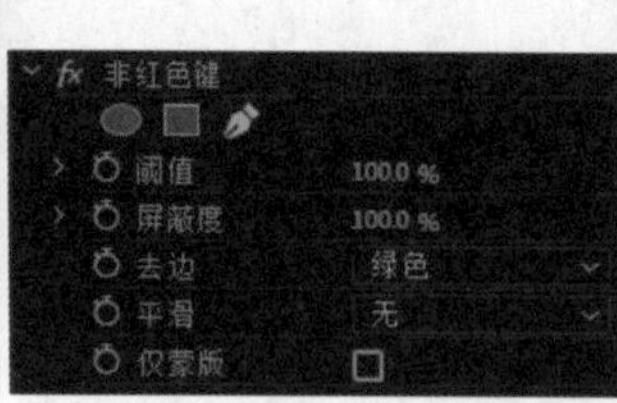

图7-110 “非红色键”效果

50. 颜色平衡（HLS）

“颜色平衡（HLS）”效果是可以分别对不用颜色通道的色相、亮度、饱和度进行调整，使图像颜色达到平衡的效果，如图7-111所示。

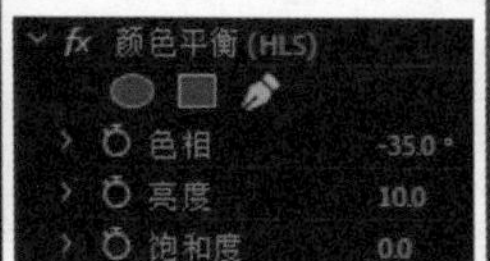

图7-111 “颜色平衡（HLS）”效果

7.3.12 过渡效果

“过渡”文件夹中的效果与“效果”面板的“视频过渡”文件夹中的效果类似，不同的是，该文件夹中的效果默认持续时间长度是整个素材范围。该文件夹包含了3种视频过渡效果，如图7-112所示。

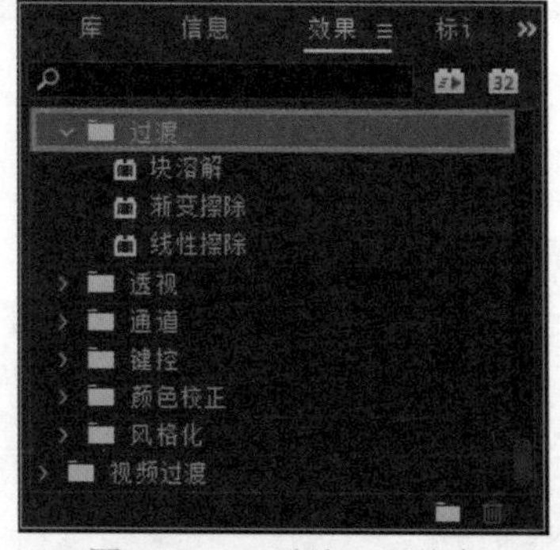

图7-112 “过渡”文件夹

1. 块溶解

“块溶解”效果是在图像上生成随机块，然后使素材消失在随机块中的效果，如图7-113所示。

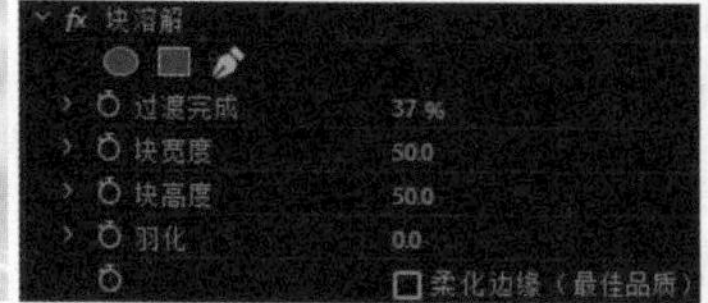

图7-113 “块溶解”效果

2. 渐变擦除

“渐变擦除”效果是基于亮度值将素材进行渐变切换的效果，如图7-114所示。

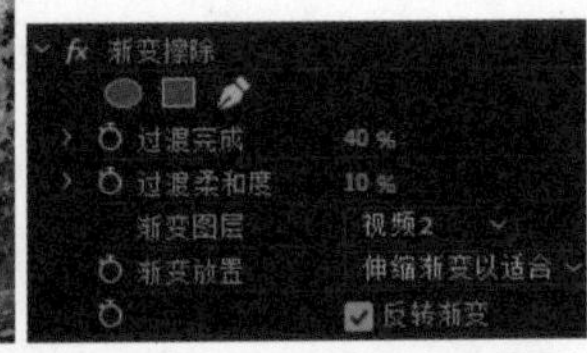

图7-114 “渐变擦除”效果

3. 线性擦除

“线性擦除”效果是通过线条划动的方式，擦除源素材，显示出下方的新素材的效果，如图7-115所示。

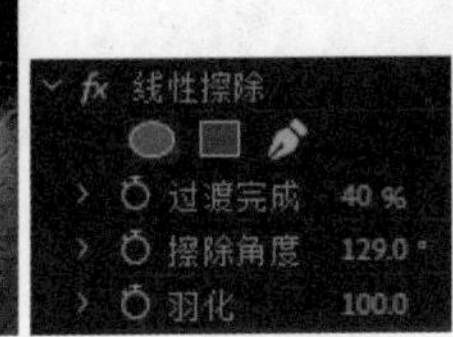

图7-115 “线性擦除”效果

7.3.13 透视效果

“透视”文件夹中的效果是给图像添加深度，使图像看起来有立体控件的效果，如图7-116所示。

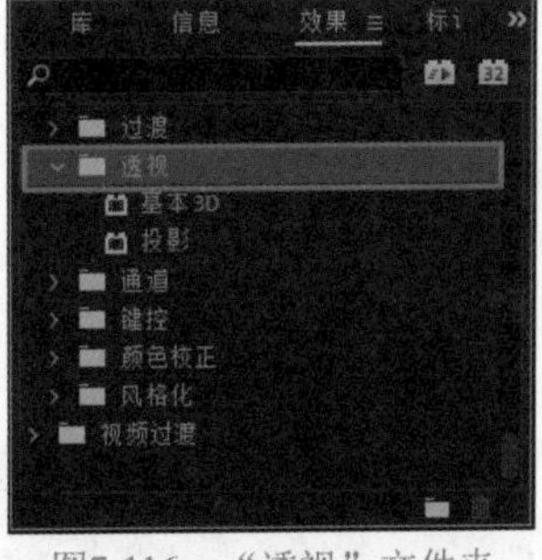

图7-116 “透视”文件夹

1. 基本3D

“基本3D”效果是将图像放置在一个虚拟的3D空间中，给图像创建旋转和倾斜的效果，如图7-117所示。

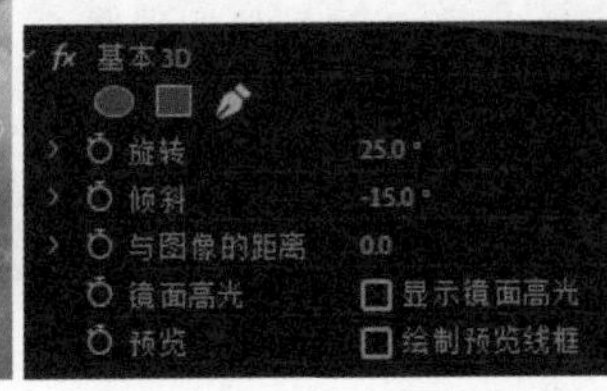

图7-117 “基本3D”效果

2. 投影

“投影”效果是为图像创建阴影的效果，如图7-118所示。

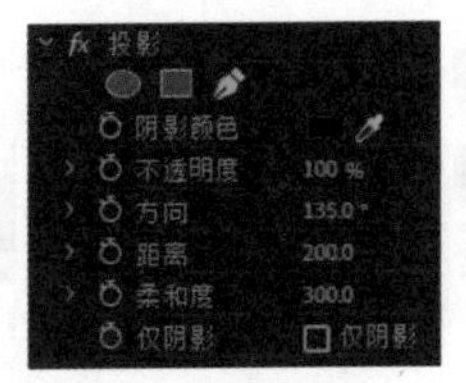

图7-118 “投影”效果

7.3.14 通道效果

“通道”文件夹中的效果是对素材的通道进行处理，达到调整图像颜色、色阶等颜色属性的效果。该文件夹中只有1种效果，如图7-119所示。

“反转”效果是将图像中的颜色反转成相应的互补色的效果，如图7-120所示。

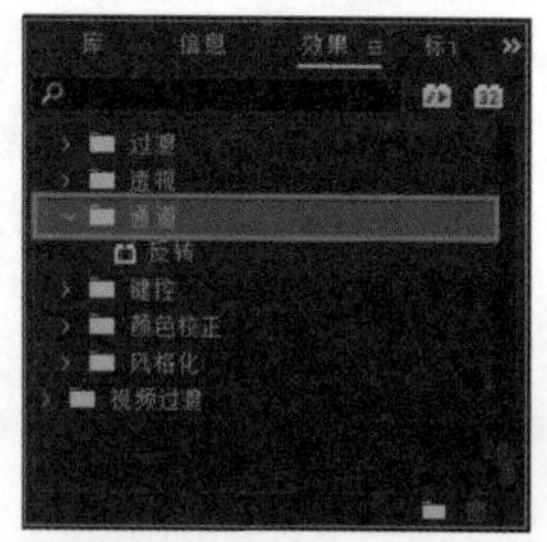

图7-119 “通道”文件夹

图7-120 “反转”效果

7.3.15 颜色校正效果

“颜色校正”文件夹中的效果主要用于对图像颜色的校正。该文件夹包含6种视频效果，如图7-121所示。

1. ASC CDL

“ASC CDL”效果是对图像进行简单的色彩校正和饱和度调整的效果，如图7-122所示。

图7-121 “颜色校正”文件夹

图7-122 “ASC CDL”效果

2. Brightness & Contrast（亮度和对比度）

“Brightness & Contrast （亮度和对比度）”效果是调节图像的亮度和对比度的效果，如图7-123所示。

图7-123 “亮度和对比度”效果

3. Lumetri 颜色

“Lumetri 颜色”效果是可以对画面进行一些基础调整，在该效果的“基本校正”选项中可以调整画面的曝光、对比度、阴影、高光等，在“效果”面板中直接选择应用的效果，如图7-124所示。

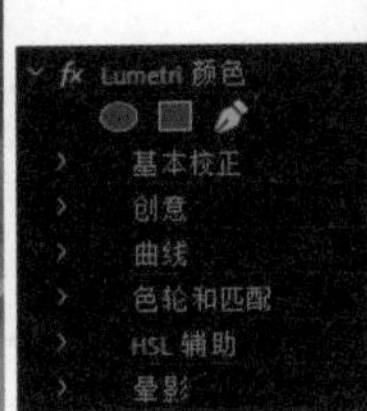

图7-124 “Lumetri颜色”效果

4. 色彩

“色彩”效果是可以调节视频中的黑白色着色量的效果，如图7-125所示。

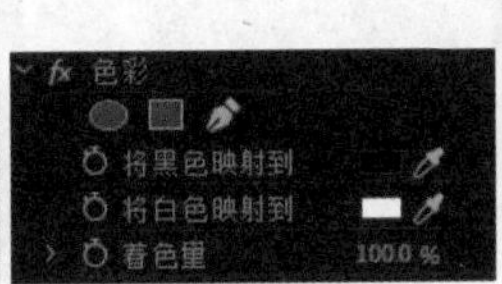

图7-125 “色彩”效果

5. 视频限制器

“视频限制器”效果是为图像的色彩限定范围的效果，如图7-126所示。

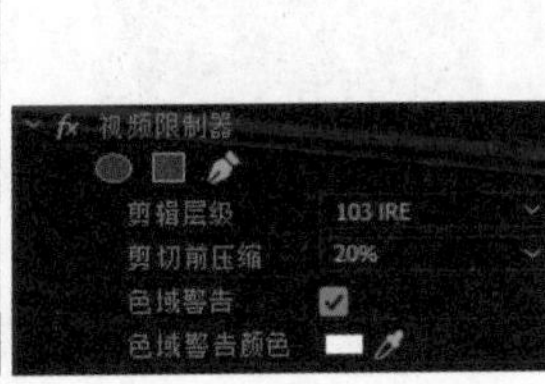

图7-126 “视频限制器”效果

6. 颜色平衡

“颜色平衡”效果是可以分别对不用颜色通道的阴影、中间调、高光范围进行调整，使图像颜色达到平衡的效果，如图7-127所示。

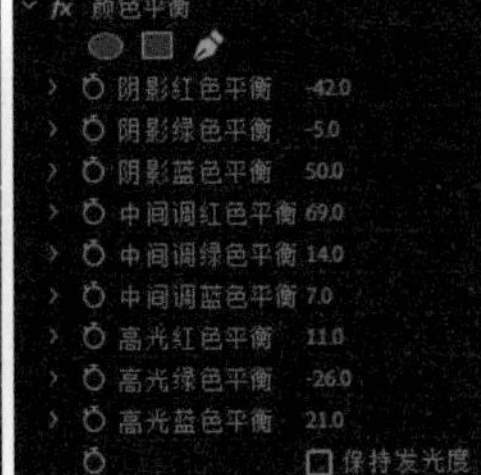

图7-127 “颜色平衡”效果

7.3.16 风格化效果

“风格化”文件夹中的效果主要用于对图像进行艺术化处理，不会进行重大的扭曲。该文件夹包含了9种视频效果，如图7-128所示。下面介绍常用的8种。

1. Alpha发光

“Alpha发光”效果是在图像的Alpha通道中生成向外的发光效果，如图7-129所示。

2. Replicate（复制）

“Replicate（复制）”效果是在画面中将图像复制的效果，如图7-130所示。

图7-128 “风格化”文件夹

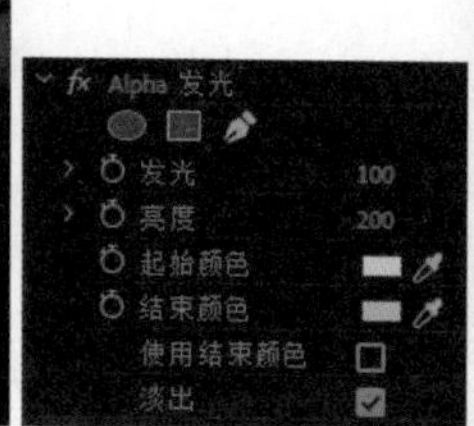

图7-129 “Alpha发光”效果

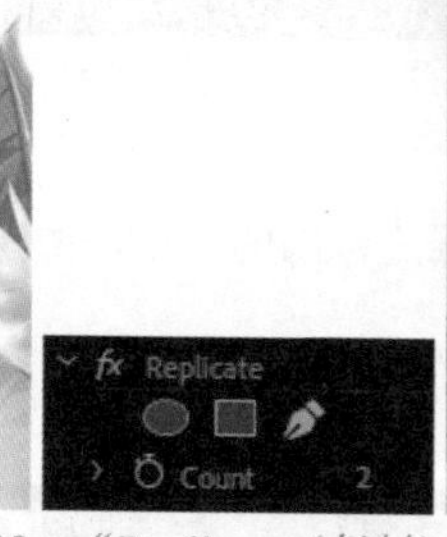

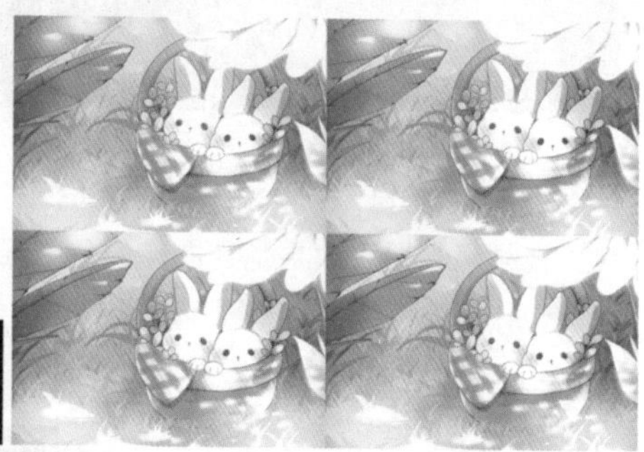

图7-130 “Replicate（复制）”效果

3. 彩色浮雕

“彩色浮雕”效果是将图像处理成浮雕，不移除图像颜色的效果，如图7-131所示。

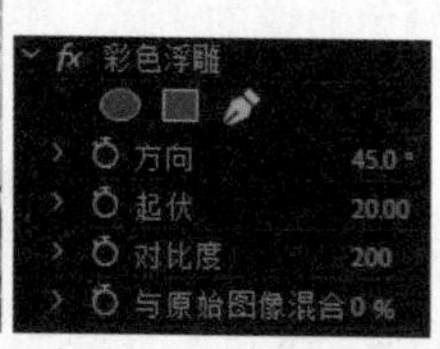

图7-131 “彩色浮雕”效果

4. 查找边缘

“查找边缘”效果是通过查找对比度高的区域，将其以线条进行边缘勾勒的效果，如图7-132所示。

5. 画笔描边

“画笔描边”效果是模仿画笔绘图的效果，如图7-133所示。

图7-132 “查找边缘”效果

图7-133 “画笔描边”效果

6. 粗糙边缘

“粗糙边缘”效果是使图像边缘粗糙化的效果，如图7-134所示。

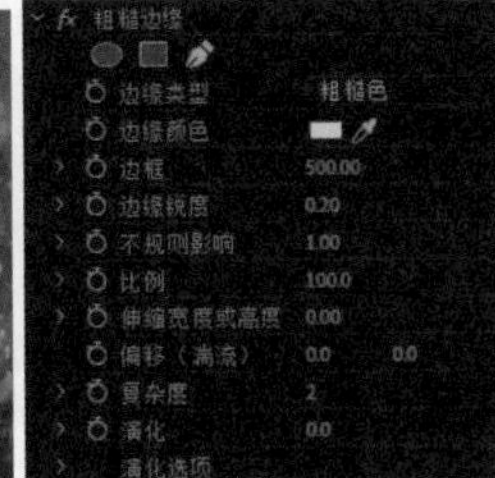

图7-134 “粗糙边缘”效果

7. 闪光灯

“闪光灯”效果是在指定时间的帧画面中创建闪烁的效果，如图7-135所示。

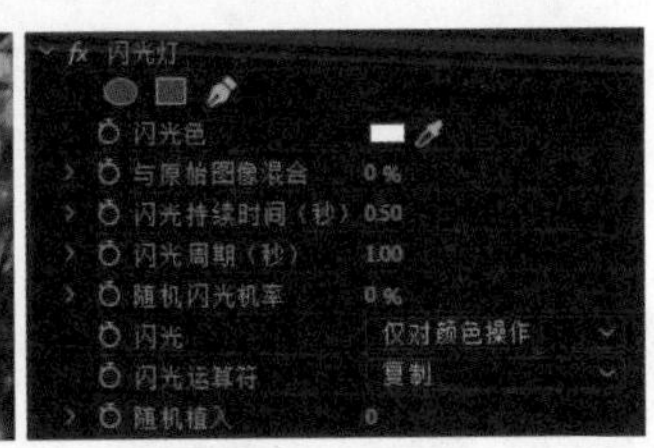

图7-135 “闪光灯”效果

8. 马赛克

“马赛克”效果是在画面上生成马赛克的效果，如图7-136所示。

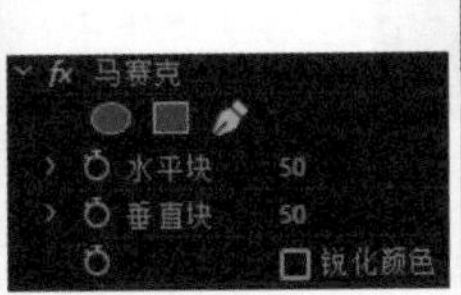

图7-136 “马赛克”效果

7.3.17 实战——变形画面

下面通过实例来介绍视频效果的应用与操作。

01 启动Premiere Pro 2022软件，新建项目，新建序列。执行"文件"|"导入"命令，弹出"导入"对话框，选择需要导入的素材，单击"打开"按钮，如图7-137所示，将素材导入到"项目"面板。

图7-137 导入素材

02 执行"文件"|"新建"|"颜色遮罩"命令，弹出"新建颜色遮罩"对话框，单击"确定"按钮，如图7-138所示。

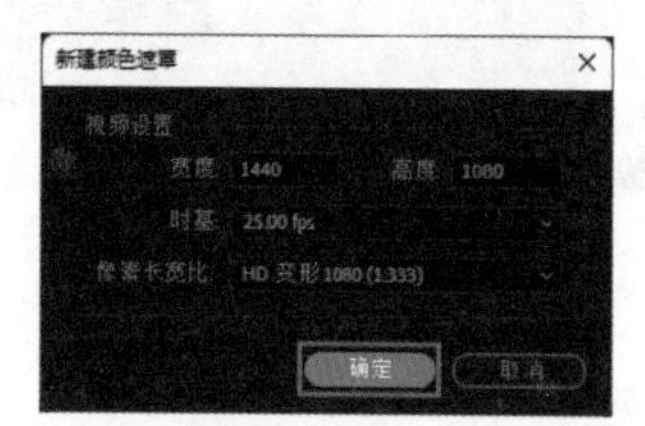

图7-138 "新建颜色遮罩"对话框

03 弹出"拾色器"对话框，选择颜色为白色，单击"确定"按钮，如图7-139所示。

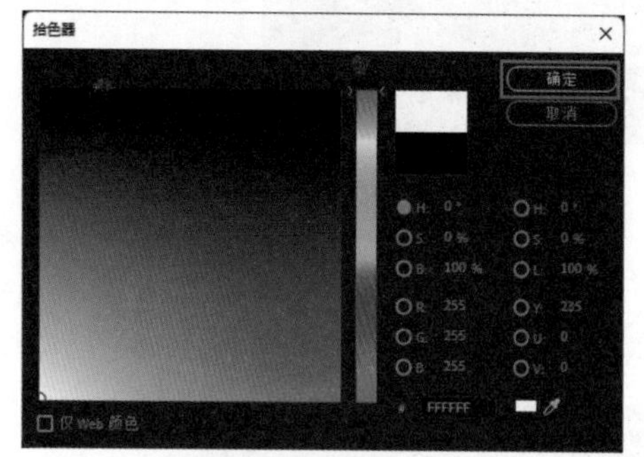

图7-139 选择颜色

04 弹出"选择名称"对话框，设置素材名称，单击"确定"按钮，完成设置，如图7-140所示。

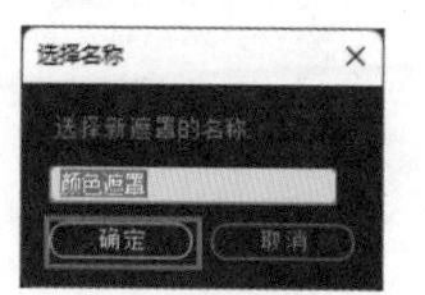

图7-140 "选择名称"对话框

05 在"项目"面板中选择"颜色遮罩"素材，将其拖曳至"时间轴"面板，如图7-141所示。

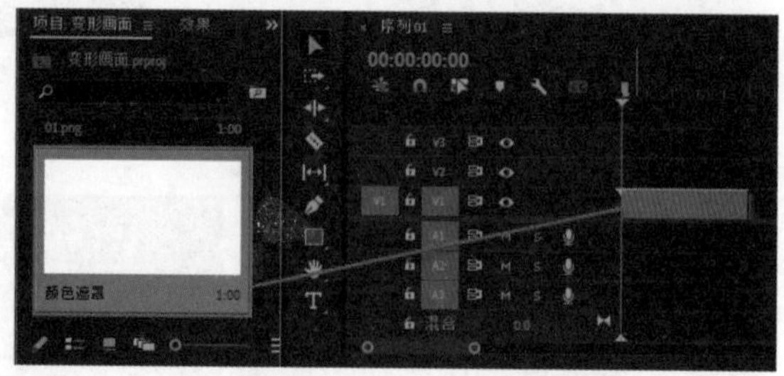

图7-141 拖曳素材

06 选择"时间轴"面板中的"颜色遮罩"素材，右击，在弹出的快捷菜单中选择"速度/持续时间"选项，弹出"剪辑速度/持续时间"对话框，设置持续时间为（00:00:07:00）（即7秒），单击"确定"按钮，完成设置，如图7-142所示。

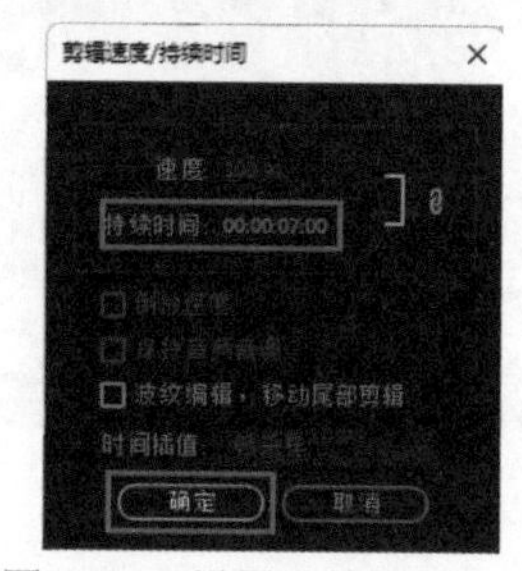

图7-142 设置"持续时间"

07 在"项目"面板中选择"01.png"素材，将其拖曳至"时间轴"面板的V3轨道中，如图7-143所示。

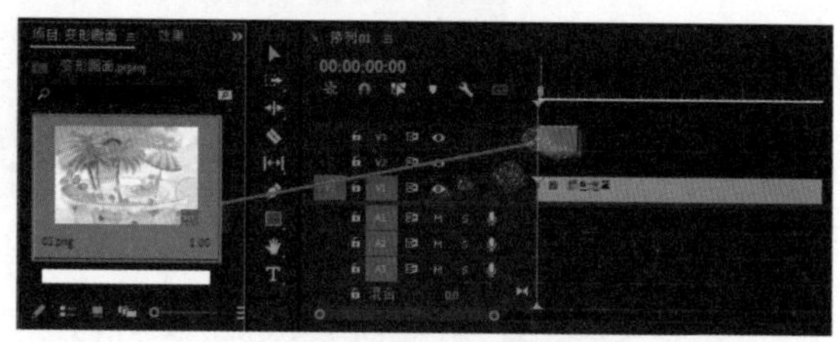

图7-143 拖曳素材

08 打开"效果"面板，依次打开"视频效果"|"扭曲"文件夹，选择"球面化"效果，如图7-144所示。

09 将"球面化"效果拖曳至"时间轴"面板中的"1.jpg"素材上，打开"效果控件"面板，设置时间为（00:00:00:00），单击“半径”前的“切换动画”按钮，如图7-145所示。

图7-144 “扭曲”文件夹

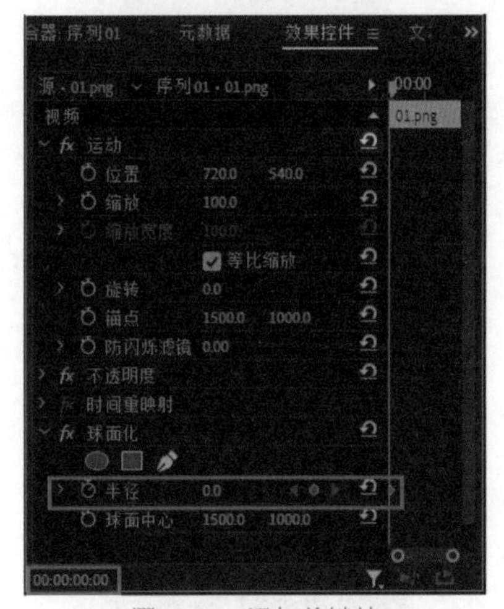

图7-145 添加关键帧

10_ 在“效果”面板中选择“扭曲”文件夹中的“边角定位”效果，如图7-146所示。

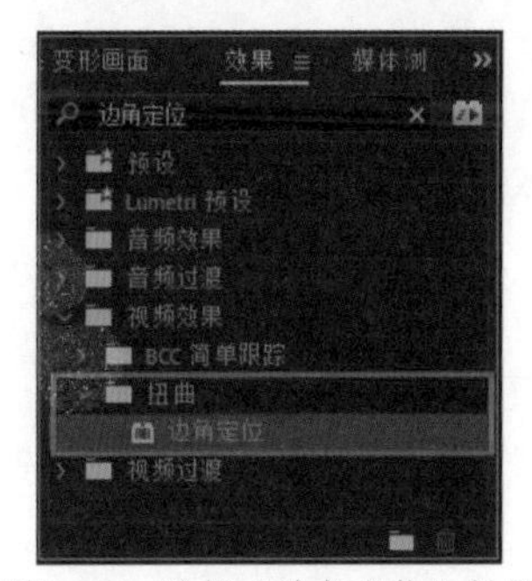

图7-146 选择“边角定位”效果

11_ 将其拖曳至“时间轴”面板中的“1.jpg”素材上，打开“效果控件”面板，设置时间为（00:00:00:10），激活“左上”“右上”“左下”“右下”前的“切换动画”按钮，并设置球面化效果中的半径参数为1954，如图7-147所示。

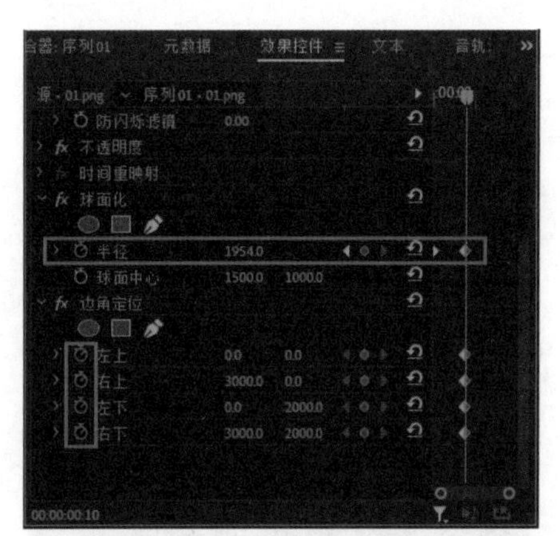

图7-147 设置第二个关键帧

12_ 在“效果控件”面板中设置时间为（00:00:00:18），设置半径参数为0，左上参数为（–1396.7，–623.9），右上参数为（4446.4，–623.9），左下参数为（–1508.5，2661.3），右下参数为（4446.3,2661.3），如图7-148所示。

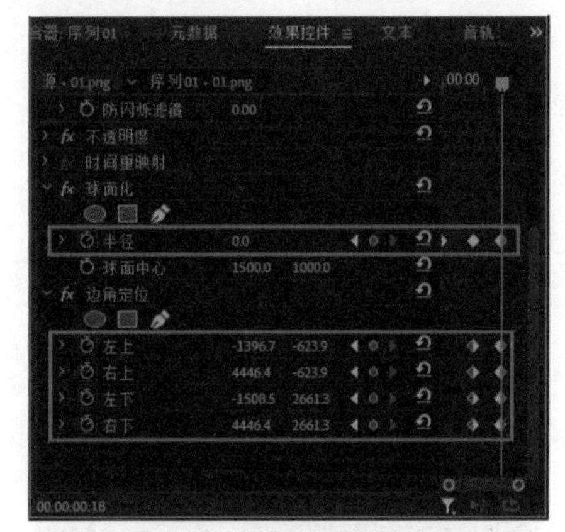

图7-148 设置第三个关键帧

13_ 打开“效果”面板，打开“视频效果”文件夹，选择“过时”文件夹中的“纹理”效果，如图7-149所示。

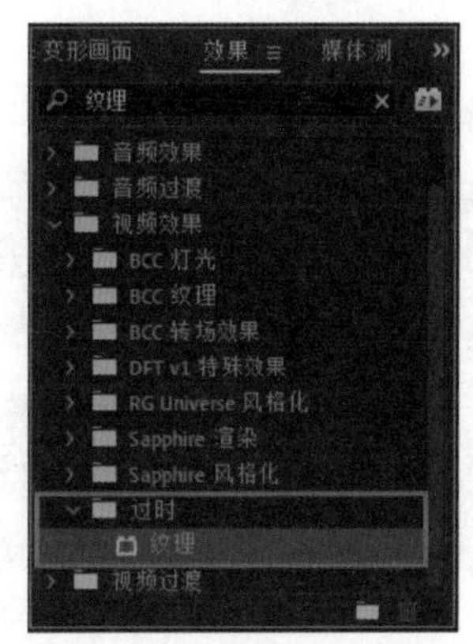

图7-149 选择“纹理”效果

14. 将“纹理”效果拖曳至“时间轴”面板的“1.jpg”素材上，选择“1.jpg”素材，打开“效果控件”面板，选择纹理图层为“视频2”，选择纹理位置为“伸缩纹理以适合”，设置时间为（00:00:00:21），激活“纹理对比度”的“切换动画”按钮，设置纹理对比度参数为0，如图7-150所示。

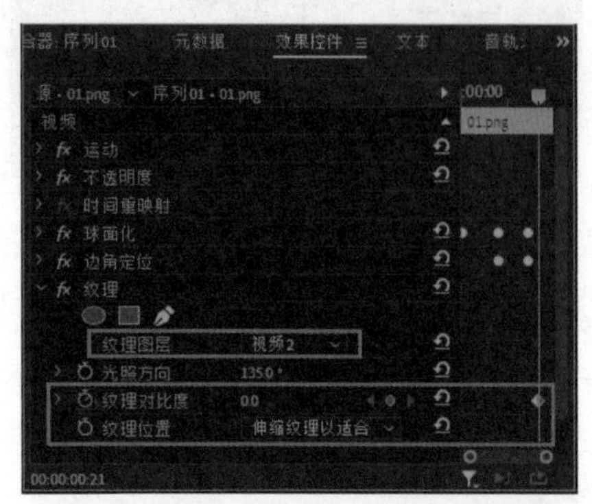

图7-150 添加关键帧

15. 设置时间为（00:00:00:24），设置纹理对比度参数为2，如图7-151所示。

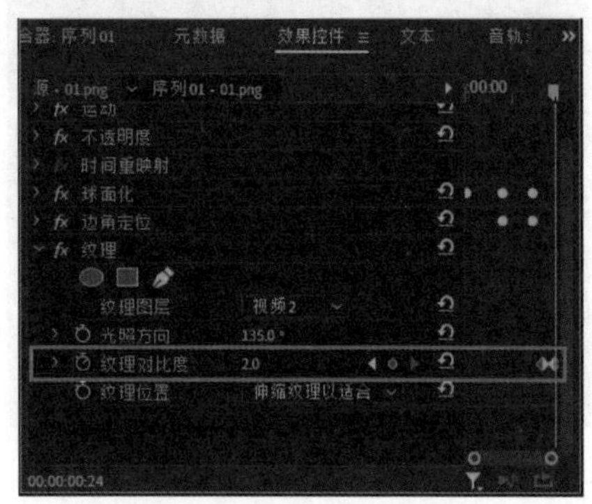

图7-151 设置参数

16. 在“时间轴”面板中，将时间指针放置在（00:00:00:21）位置，将“项目”面板中的“02.png”“03.png”“04.png”素材按序号的顺序，分别拖曳至“时间轴”面板中的V2轨道中，如图7-152所示。

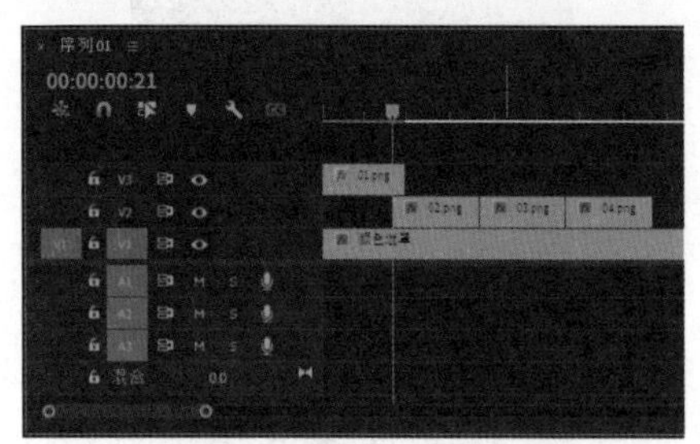

图7-152 拖曳素材

17. 选择“时间轴”面板中的“02.png”素材，打开“效果控件”面板，取消“等比缩放”复选框勾选，设置“缩放高度”参数为125，“缩放宽度”为115，如图7-153所示。

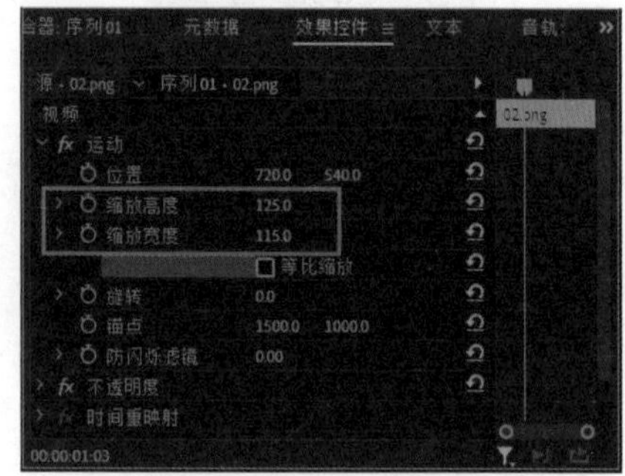

图7-153 设置缩放参数

18. 打开“效果”面板，单击“视频效果”文件夹，选择“过时”文件夹下的“网格”效果，如图7-154所示。

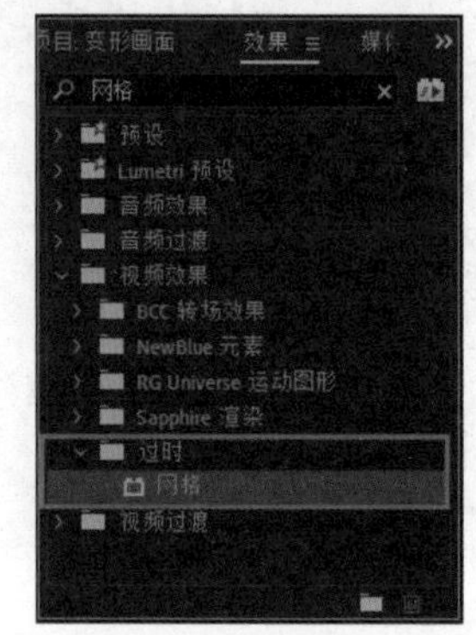

图7-154 选择“网格”效果

19. 将“网格”效果拖曳至“时间轴”面板中的“02.png”素材上，选择“02.png”素材，打开“效果控件”面板，设置时间为（00:00:01:15），设置大小依据为“宽度和高度滑块”，宽度参数为50，高度参数为50，混合模式为滤色。单击“边框”前的“切换动画”按钮，设置边框参数为0，如图7-155所示。

20. 在“效果控件”面板中，设置时间为（00:00:01:20），设置边框参数为50，如图7-156所示。

21. 打开“效果”面板，单击“视频效果”文件夹，单击“透视”文件夹，选择“基本3D”效果，如图7-157所示。

22. 将“基本3D”效果拖曳至“时间轴”面板中的“03.png”素材上。选择该素材，打开“效果控件”面板，设置缩放参数为51，设置时间为

（00:00:01:21），激活“旋转”“倾斜”“与图像的距离”三者前的“切换动画”按钮，然后设置旋转数值为90°，倾斜数值为90°，与图像的距离数值为50，如图7-158所示。

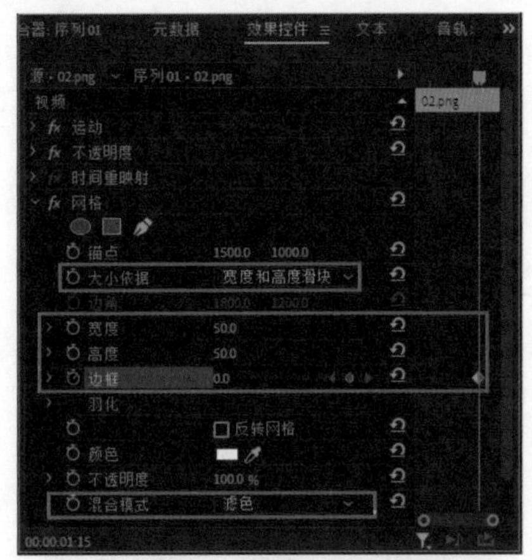

图7-155　设置第一个关键帧

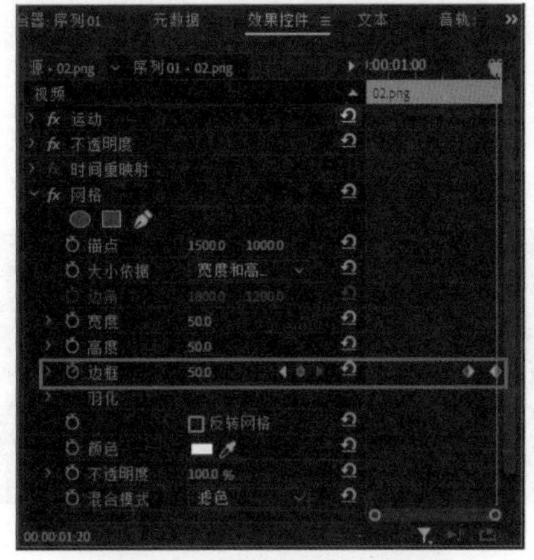

图7-156　设置第二个关键帧

图7-157　选择效果

23 在“效果控件”面板中，设置时间为（00:00:02:08），设置旋转数值为1°，倾斜数值为0°，如图7-159所示。

24 设置时间为（00:00:02:12），设置与图像的距离数值为-2，如图7-160所示。

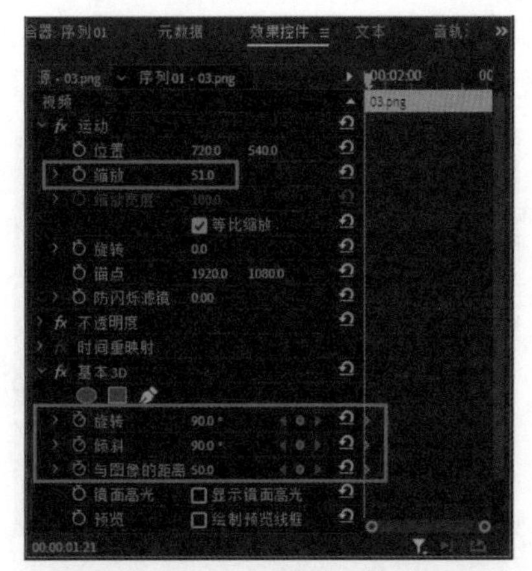

图7-158　设置参数

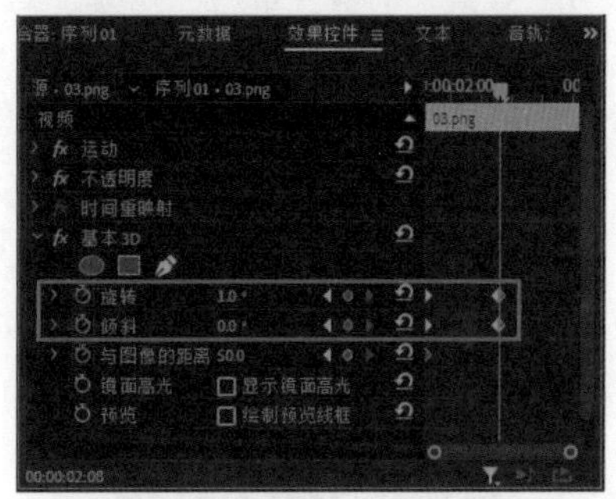

图7-159　设置第二个关键帧

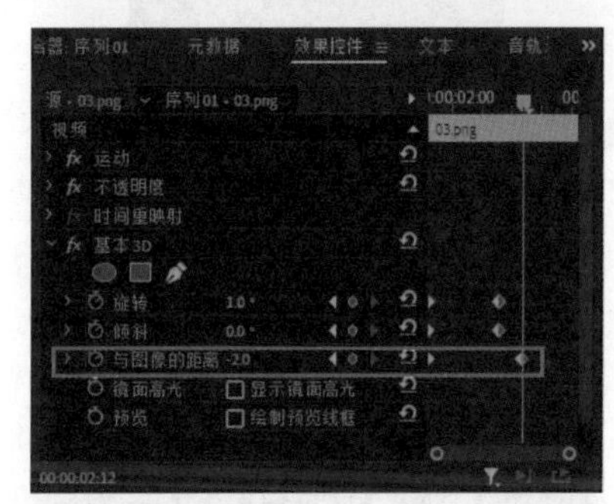

图7-160　设置第三个关键帧

25 设置时间为（00:00:02:18），单击“与图像的距离”后的“添加/移除关键帧”按钮，添加关键帧，如图7-161所示。

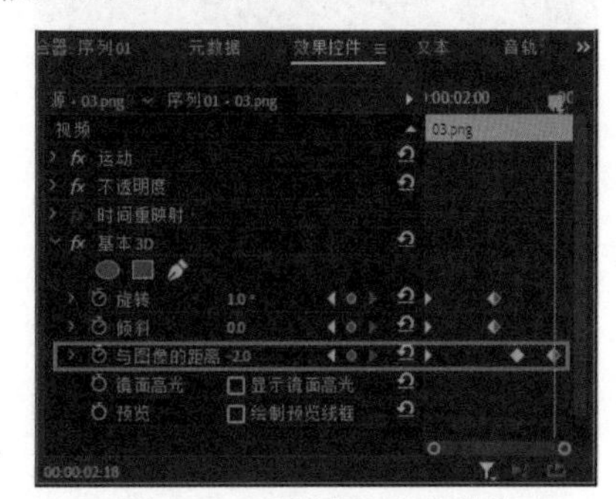

图7-161　设置第四个关键帧

26 设置时间为（00:00:02:20），设置与图像的距离数值为1000，如图7-162所示。

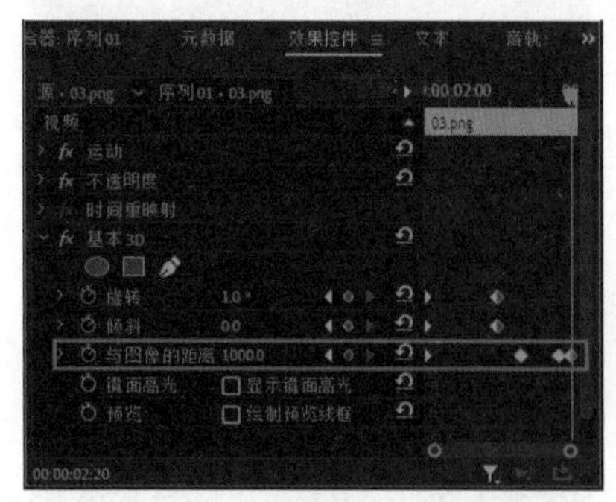

图7-162　设置第五个关键帧

27 打开“效果”面板，单击“视频效果”文件夹，单击“扭曲”文件夹，选择“波形变形”效果，如图7-163所示。

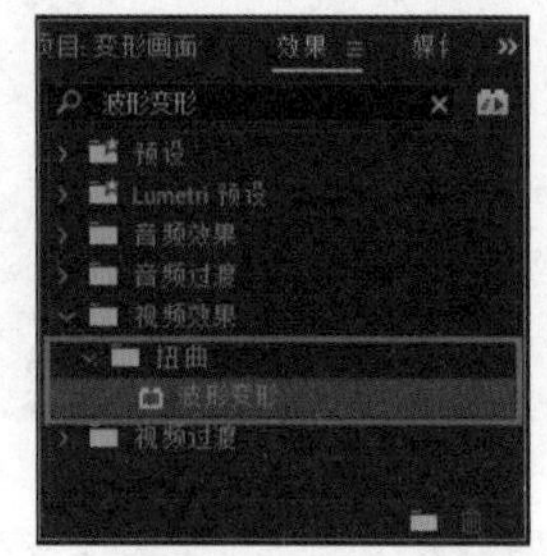

图7-163　选择效果

28 将“波形变形”效果拖曳至“时间轴”面板中的“04.png”素材上。选择该素材，打开“效果控件”面板，设置时间（00:00:02:21），单击“缩放”前的“切换动画”按钮，设置缩放数值为0。激活“波形高度”和“波形宽度”前的“切换动画”按钮，如图7-164所示。

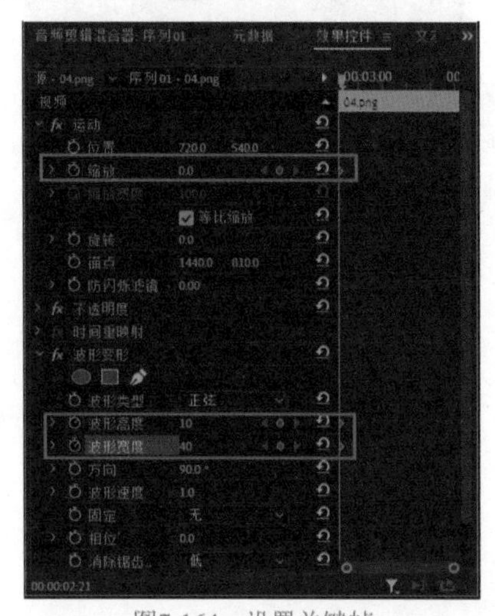

图7-164　设置关键帧

29 在“效果控件”面板中，设置时间为（00:00:03:15），设置“缩放”数值为68，“波形高度”数值为20，“波形宽度”数值为50，如图7-165所示。

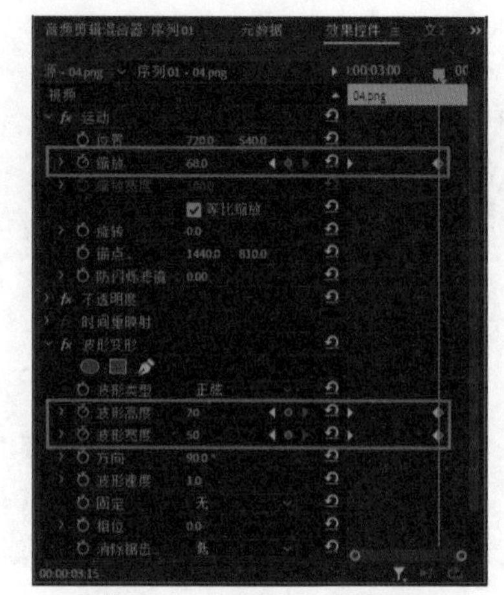

图7-165　设置第二个关键帧

30 将光标放置在“时间轴”面板的“颜色遮罩”素材的右边缘，直到光标变成边缘图小，向左拖动鼠标，使该素材的持续时间更改为3秒21帧，如图7-166所示。

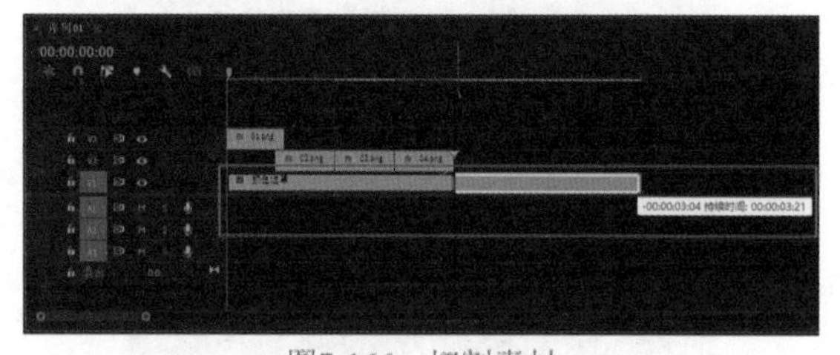

图7-166　切割素材

31 按Enter键渲染项目，渲染完成后预览效果，如图7-167所示。

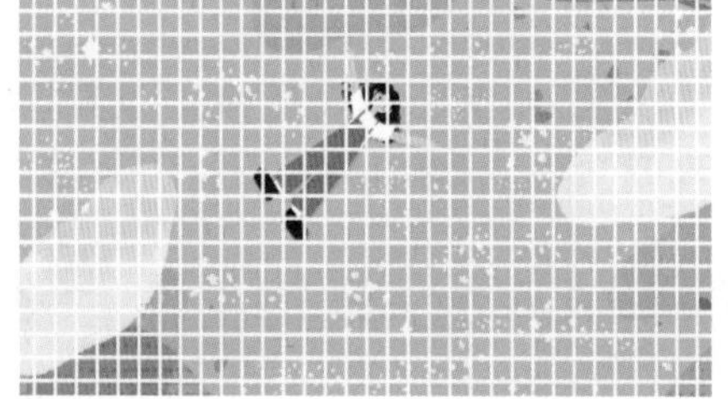

图7-167 预览效果

7.4 综合实例——炫酷城市片头

大部分城市都有着象征性的建筑，在相关宣传片中，将图形与字幕结合起来介绍城市特点，再利用关键帧让图形与字幕动起来，这是城市宣传片的常用制作手法。本节学习如何制作炫酷城市片头。

01_ 启动Premiere Pro 2022软件，在欢迎页面上单击“新建项目”按钮，弹出“新建项目”对话框，设置项目名称及项目存储位置，单击“确定”按钮，如图7-168所示。

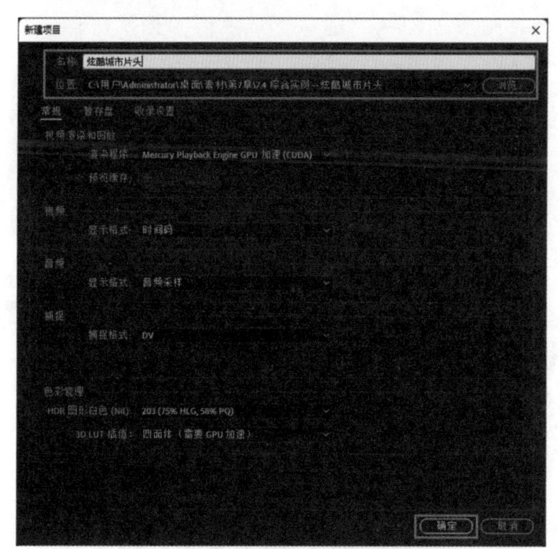

图7-168 新建项目

02_ 执行“文件”|“新建”|“序列”命令，弹出“新建序列”对话框，选择合适的序列预设，单击“确定”按钮，完成设置，如图7-169所示。

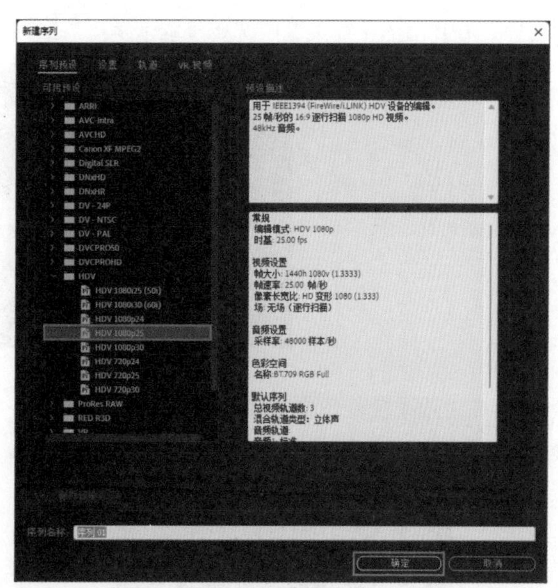

图7-169 新建序列

03_ 执行“文件”|“导入”命令，弹出“导入”对话框，打开素材所在文件夹，选择需要的素材，单击“打开”按钮，如图7-170所示。

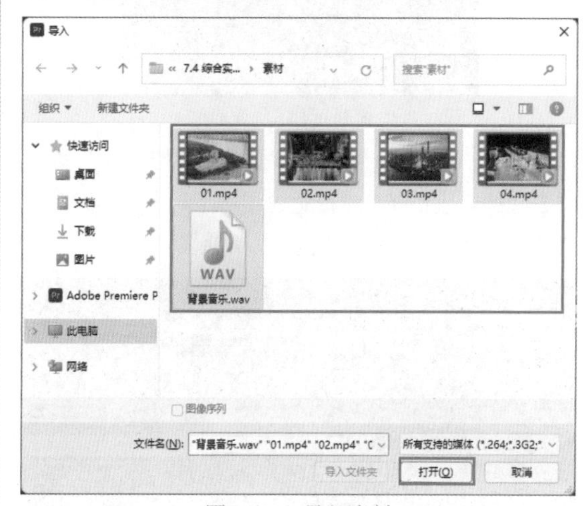

图7-170 导入素材

04_ 在“项目”面板中选择“01.mp4”素材并将其拖曳至“时间轴”面板，如图7-171所示。

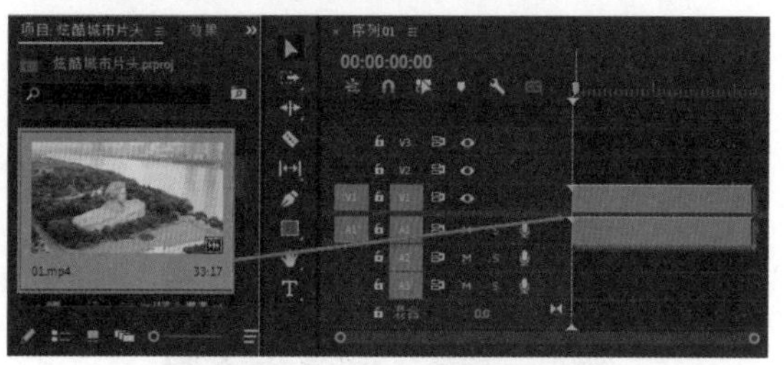

图7-171 拖曳素材

05_ 在“时间轴”面板中选择“01.mp4”素材，

右击，在弹出的快捷菜单中选择“取消链接”选项，删除音频素材，如图7-172所示。

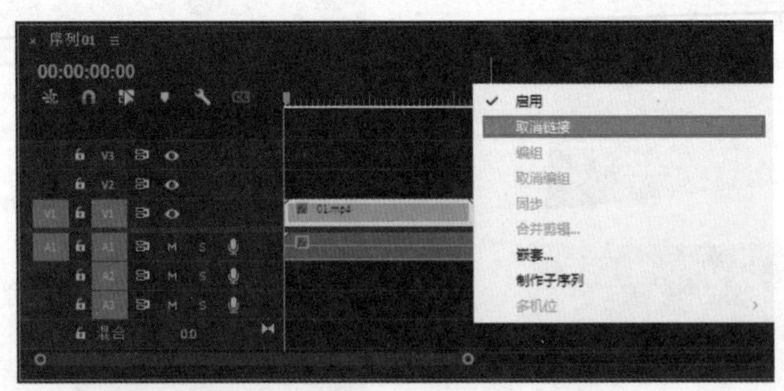

图7-172　选择“取消链接”选项

06_ 在“效果控件”面板中，设置“缩放”数值为152，如图7-173所示。

图7-173　设置缩放参数

07_ 将光标放置在“时间轴”面板中“01.mp4”素材的右边缘，直到光标变成边缘图小，向左拖动光标，使该素材的持续时间更改为5秒，如图7-174所示。

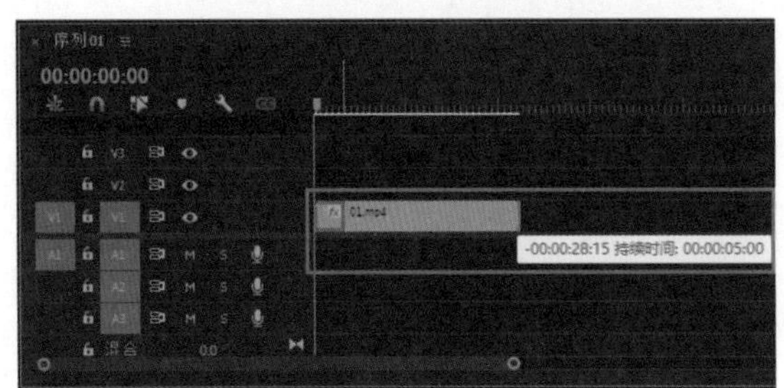

图7-174　切割素材

08_ 选择“01.mp4”素材并按住Alt键向上复制一层，如图7-175所示。

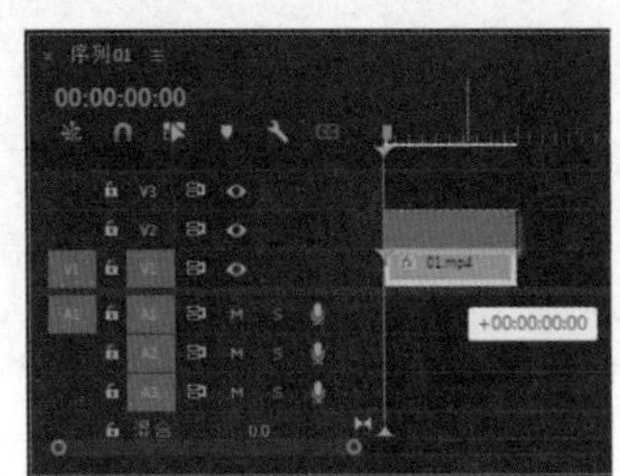

图7-175　复制素材

09_ 在“工具”面板中单击“矩形工具”按钮，在“节目”监视器面板中单击并绘制一个矩形，如图7-176所示。

图7-176　绘制矩形

10_ 在“工具”面板中单击“选择工具”按钮，在“效果控件”面板中展开“形状（形状01）”列表，取消勾选“填充”复选框，勾选“描边”复选框，设置数值为100，如图7-177所示。

图7-177　设置“外观”参数

11_ 在“时间轴”面板中，选择“图形”素材，右击，在弹出的快捷菜单中选择“速度/持续时间”选项，如图7-178所示。

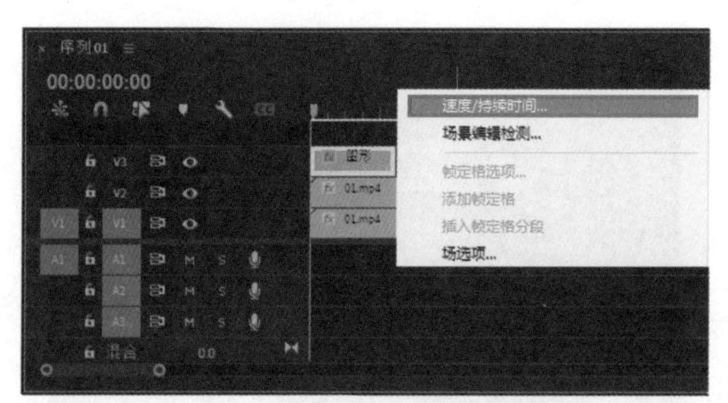

图7-178　选择“速度/持续时间”选项

12 弹出“剪辑速度/持续时间”对话框，设置“持续时间”为（00:00:05:00），单击“确定”按钮，如图7-179所示。

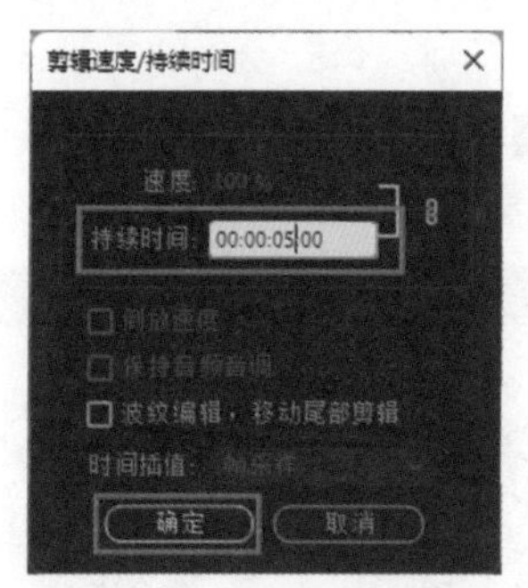

图7-179　设置“持续时间”

13 在“效果”面板中，依次展开“视频效果”|“键控”文件夹，选择“轨道遮罩键”效果，并将其拖曳至“时间轴”面板中V2轨道上的“01.mp4”素材上方，如图7-180所示。

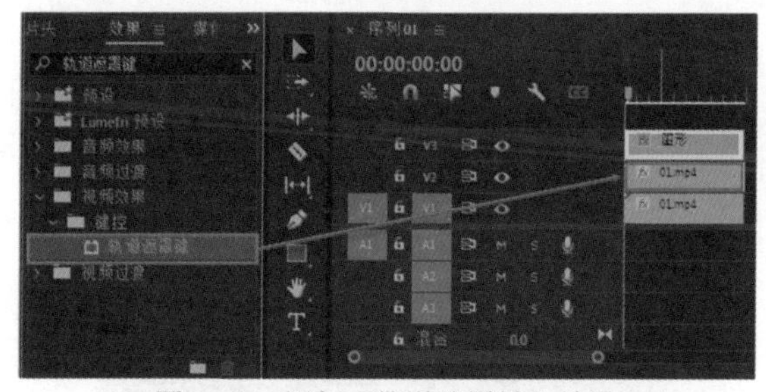

图7-180　添加“轨道遮罩键”效果

14 在“时间轴”面板中选择V2轨道上的“01.mp4”素材，在“效果控件”面板中，在“轨道遮罩键”属性中设置“遮罩”为“视频3”，如图7-181所示。

15 在“效果”面板中，依次展开“视频效果”|“变换”文件夹，选择“垂直翻转”效果，拖曳至“时间轴”面板中V2轨道上的“01.mp4”素材上方，如图7-182所示。

16 在“效果”面板中，依次展开“视频效果”|“透视”文件夹，选择“投影”效果，并将其拖曳至“时间轴”面板中V2轨道上的“01.mp4”素材上方，如图7-183所示。

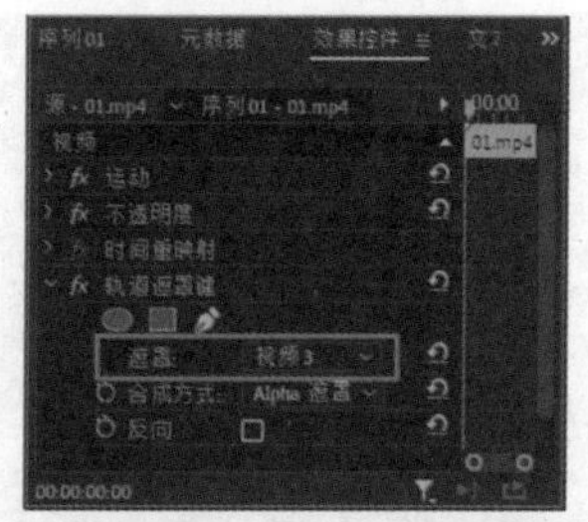

图7-181　设置“遮罩”参数

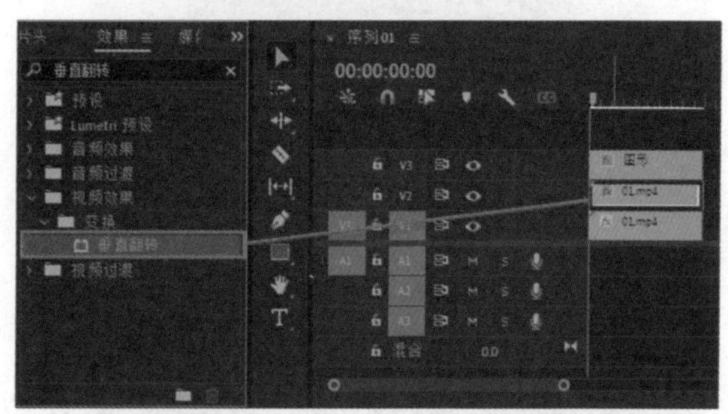

图7-182　添加“垂直翻转”效果

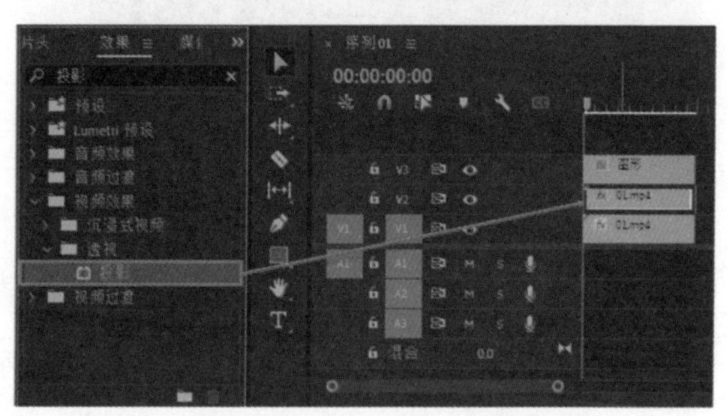

图7-183　添加“投影”效果

17 进入“效果控件”面板，在“投影”属性中设置“不透明度”数值为80，“距离”数值为15，“柔和度”数值为20，如图7-184所示。

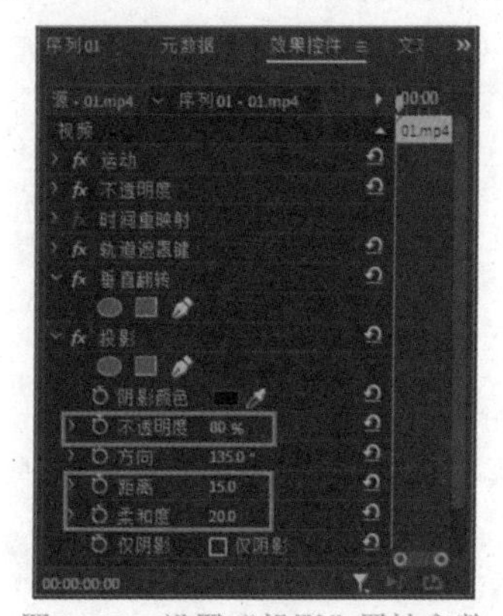

图7-184　设置“投影”属性参数

18 在“工具”面板中单击“文字工具”按钮，将时间线移动到空白区域，在“节目”监视器面板中单击并输入文字，如图7-185所示。

图7-185　输入文字

19 在“项目”面板中，选择“字幕”素材移动至V4轨道上，并设置“持续时间”为（00:00:05:00），如图7-186所示。

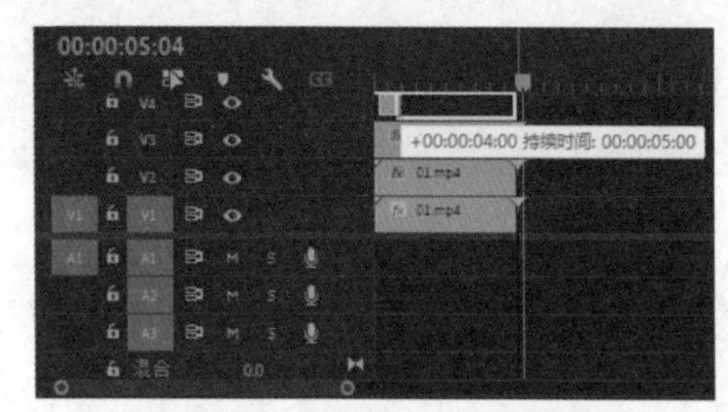

图7-186　设置“持续时间”

20 在“工具”面板中选择“选择工具”，在“效果控件”面板中，展开“文本（长沙—橘子洲头）”列表，设置字体、大小以及外观，效果如图7-187所示。

图7-187　编辑字幕

21 在“效果控件”面板中，在“文本（长沙—橘子洲头）”列表中，单击“创建4点多边形蒙版”按钮，在“节目”监视器面板中绘制一个矩形，并调整顶点位置，如图7-188所示。

图7-188　添加蒙版

22 在“文本（长沙—橘子洲头）”列表中，展开“变换”属性列表，单击“位置”前的“切换动画”按钮，设置“位置”数值为（345.7,1000），将时间线移动到（00:00:04:24）位置，设置“位置”数值为（345.7,456），如图7-189所示。

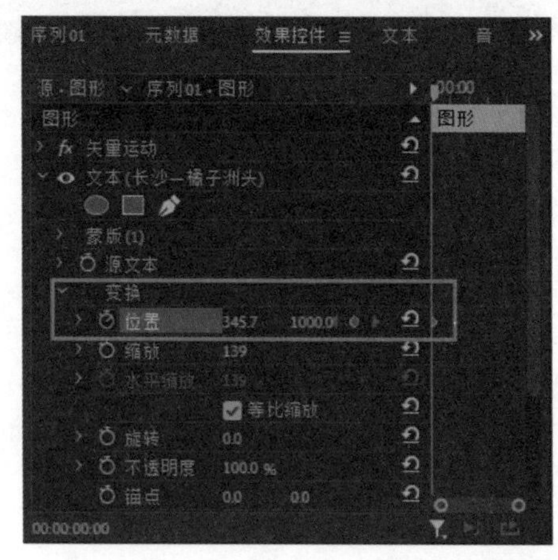

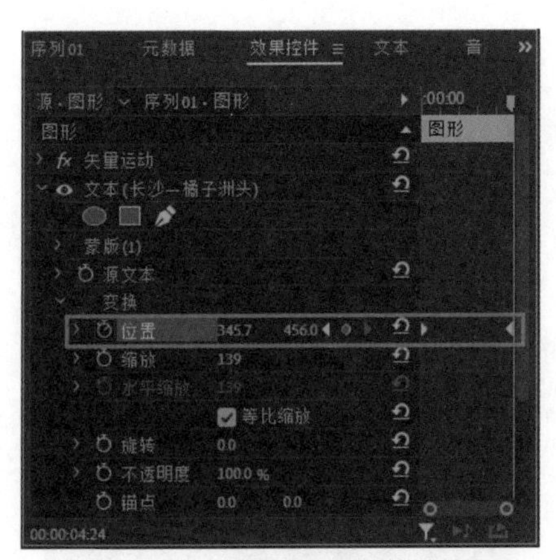

图7-189　设置“位置”关键帧

23 在“项目”面板中选择“02.mp4”素材，并拖曳至“时间轴”面板，调整缩放参数和持续时间，并向上复制一层，如图7-190所示。

24 在“工具”面板中长按“矩形工具”，在弹出的列表中选择“多边形工具”，在“节目”监视器面板中绘制一个三角形，并设置“持续时间”为5秒，如图7-191所示。

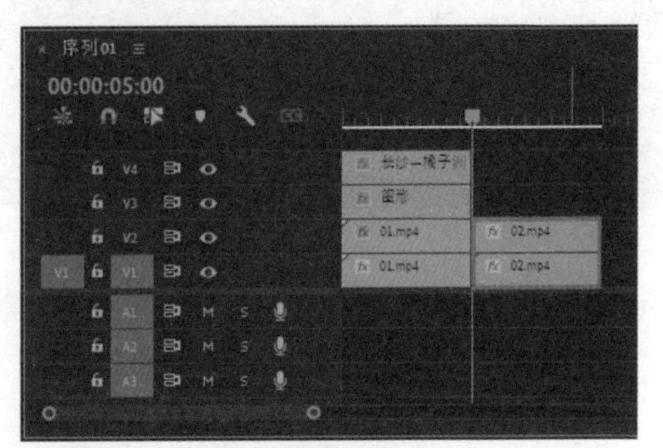

图7-190　添加素材

图7-191　绘制三角形

25 在“时间轴”面板中选择V2轨道上的“01.mp4”素材，复制（按快捷键Ctrl+C），选择V2轨道上的“02.mp4”素材，粘贴属性（按快捷键Ctrl+Alt+V），在弹出的“粘贴属性”对话框中单击“确定”按钮，如图7-192所示。

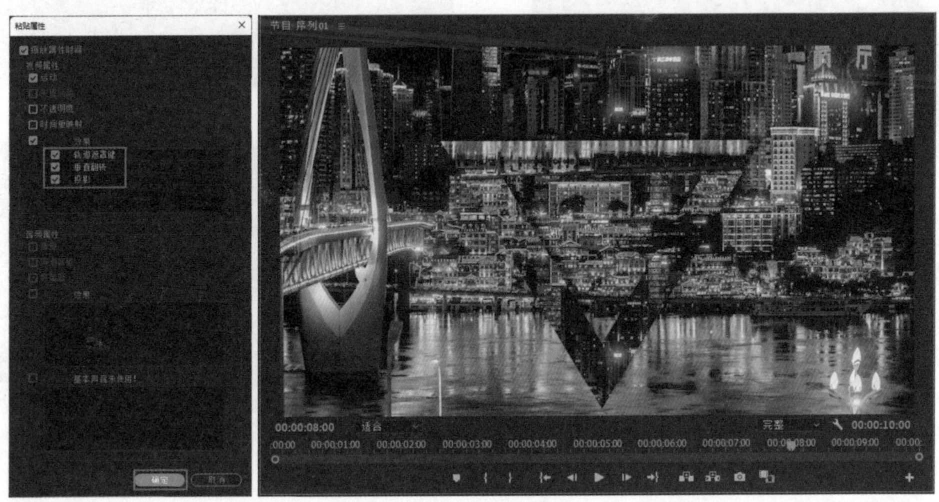

图7-192　粘贴属性

26 在“时间轴”面板中选择“长沙—橘子洲头”字幕素材，按住Alt键向右复制一层，并在“工具”面板中选择“文字工具”修改文字，如图7-193所示。

图7-193　编辑字幕

27_ 在“效果控件”面板“文本（重庆—洪崖洞）”列表中，展开“蒙版（1）”属性，在“节目”监视器面板中修改控制点位置，并勾选“已反转”复选框，如图7-194所示。

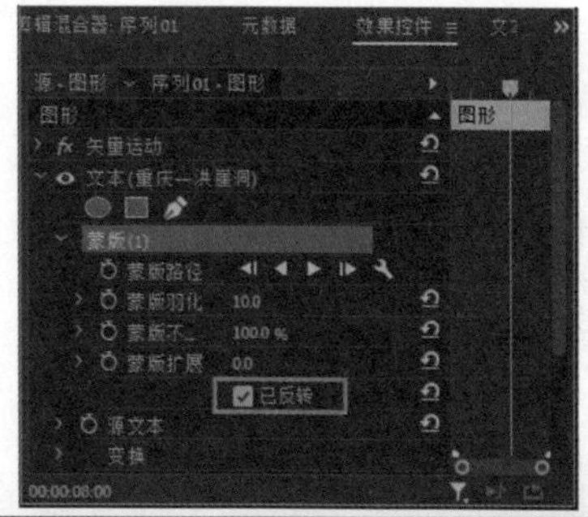

图7-194　添加蒙版

28_ 在“效果控件”面板“文本（重庆—洪崖洞）”列表中，展开“变换”属性，单击“位置”前的“切换动画”按钮，设置“位置”数值为（139,678），将时间线移动到（00:00:09:24）位置，设置“位置”数值为（605,678），如图7-195所示。

29_ “03.mp4”和“04.mp4”素材同理操作，如图7-196所示。

30_ 在“项目”面板中选择“背景音乐.wav”素材，拖曳至“时间轴”面板，并调整音频长度，如图7-197所示。

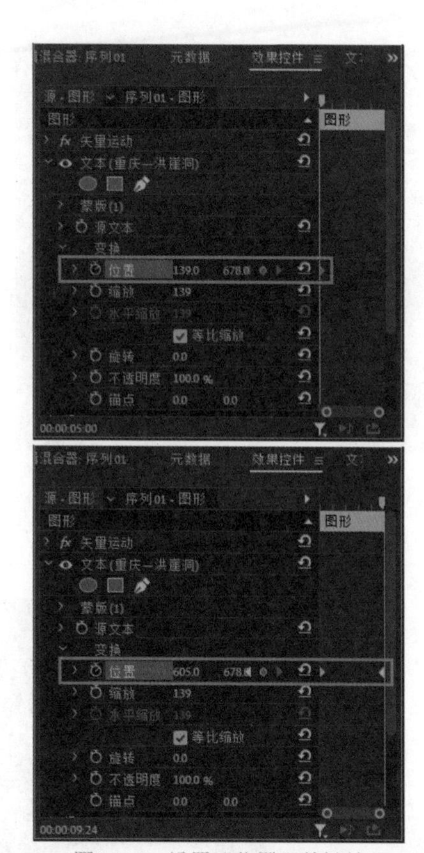

图7-195　设置“位置”关键帧

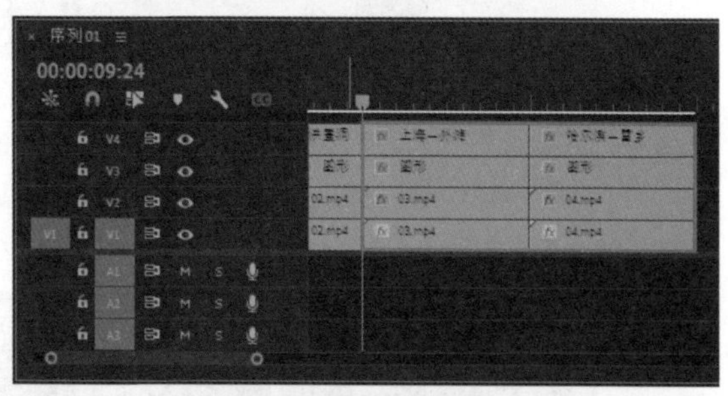

图7-196　同理操作

图7-197　添加音频素材

31_ 在“效果”面板中，依次展开“视频过渡”|“溶解”文件夹，选择“黑场过渡”效果，拖曳至“时间轴”面板中V1、V2、V3、V4轨道上素材结尾处，如图7-198所示。

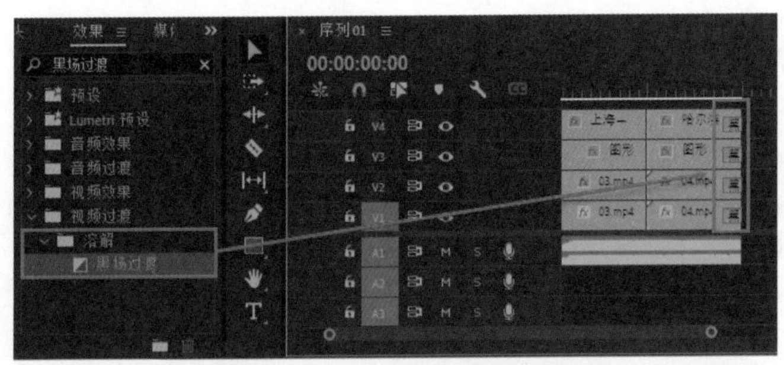

图7-198　添加“黑场过渡”效果

32 在“效果”面板中，依次展开“音频过渡”|“交叉淡化”文件夹，选择“恒定增益”效果，并将其拖曳至“时间轴”面板中“背景音乐.wav”素材结尾处，如图7-199所示。

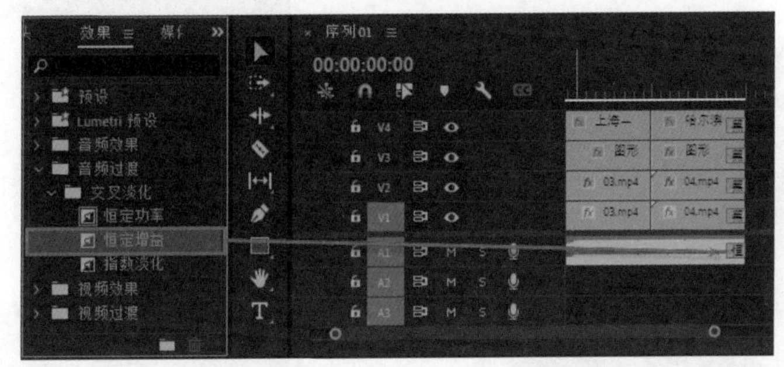

图7-199　添加“恒定增益”效果

33 按Enter键渲染项目，渲染完成后预览效果，如图7-200所示。

图7-200　预览效果

7.5 本章小结

本章主要介绍了各类视频效果的添加与应用。在Premiere Pro 2022中，为素材添加视频效果的操作很简单，只需从“效果”面板中将选择的效果拖曳至“时间轴”面板中的素材上。当素材区域为选择状态时，用户也可以将效果直接拖曳至“效果控件”面板。

第8章 运动效果

运动效果可以使静止的图片或者视频产生运动效果，是视频剪辑中常见的表现技巧，Premiere Pro 2022中可以为对象创建运动效果，来改变对象的位置、缩放、旋转等属性，还可以为各个属性添加关键帧，产生运动动画。

本章重点：

◎运动效果的使用　　◎滑动遮罩

本章效果欣赏

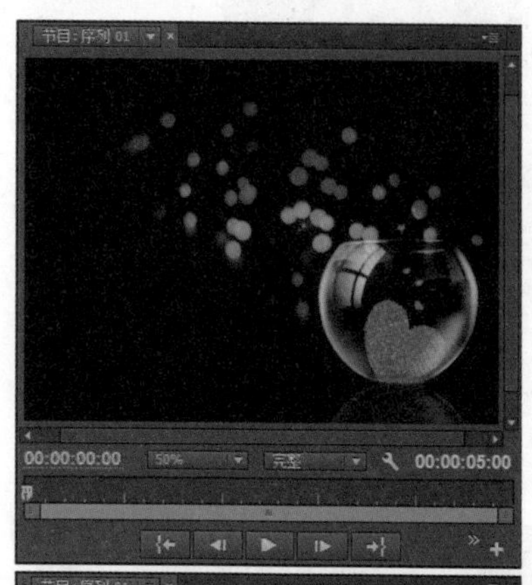

8.1 运动基本知识要点

在Premiere Pro 2022中，要想为对象添加运动效果，需要对运动的基本知识有所了解，理解运动效果中的各个属性，下面对运动的基本知识进行详细介绍。

8.1.1 运动效果的概念

所谓运动效果就是对象在随时间变化时，其位置、大小、旋转角度等属性也在不断改变。如图8-1所示，这种非静止的效果即称为运动效果。

图8-1 随时间变化的运动效果

8.1.2 添加运动效果

在Premiere Pro 2022中可以对轨道中的素材添加运动效果，选中“时间轴”面板中的素材后，展开“效果控件”面板中的运动选项，可以看到Premiere Pro 2022运动设置的相关参数，如图8-2所示。

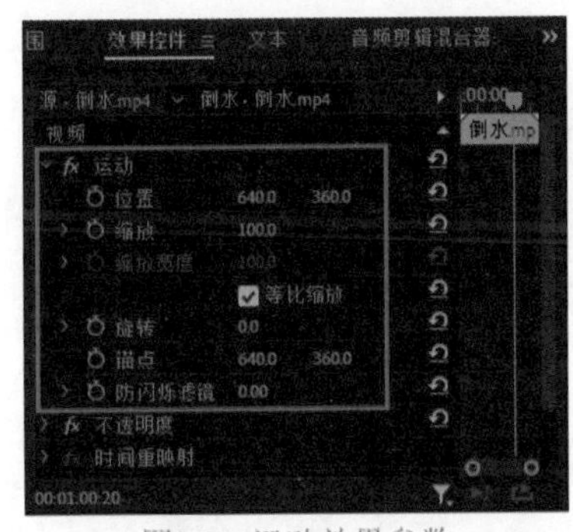

图8-2 运动效果参数

下面对运动效果的各项参数进行简单介绍。

- 位置：可以通过调整素材的坐标来控制素材在画面中的位置，主要用来制作素材的位移动画。
- 缩放：主要用于控制素材的尺寸大小，勾选“等比例缩放”复选框会对素材的高、宽同时进行等比缩放。
- 等比缩放：默认是勾选状态，当取消勾选该复选框时可以单独对素材的高度和宽度进行设置。
- 旋转：用于设置素材在画面中的旋转角度。
- 锚点：即素材的轴心点，素材的位置、旋转和缩放都是基于锚点来操作的。
- 防闪烁滤镜：对处理的素材进行颜色的提取，减少或避免素材中画面闪烁的现象。

Premiere Pro 2022主要是通过关键帧对目标的运动、缩放和旋转等属性进行动画设置。所有的运动效果都是在“效果控件”面板中的运动选项中设置。下面介绍为素材添加运动效果的基本操作步骤。

01 在“项目”面板中导入一张图片素材，然后将其拖曳到“时间轴”面板的任意一个视频轨道中，如图8-3和图8-4所示。

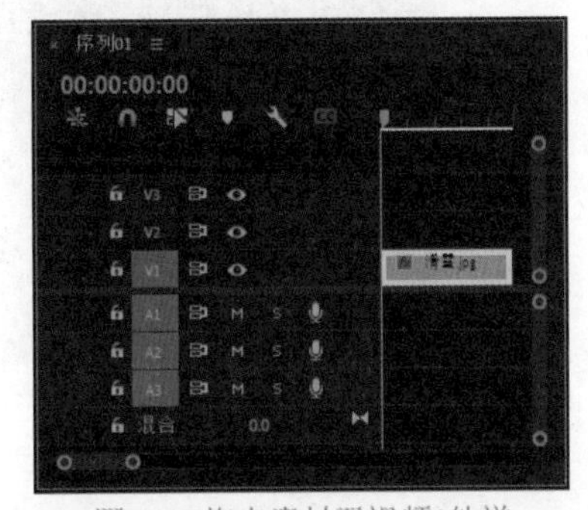

图8-3 拖曳素材至视频1轨道

图8-4 “节目”监视器面板预览效果

02 选中“时间轴”面板中的素材，然后展开“效果控件”面板中的运动选项，如图8-5和图8-6所示。

03 将时间线移到（00:00:00:00）位置，设置素材的缩放参数，然后单击“缩放”名称前的“切换动画”按钮，设置第一个关键帧，如图8-7所示。

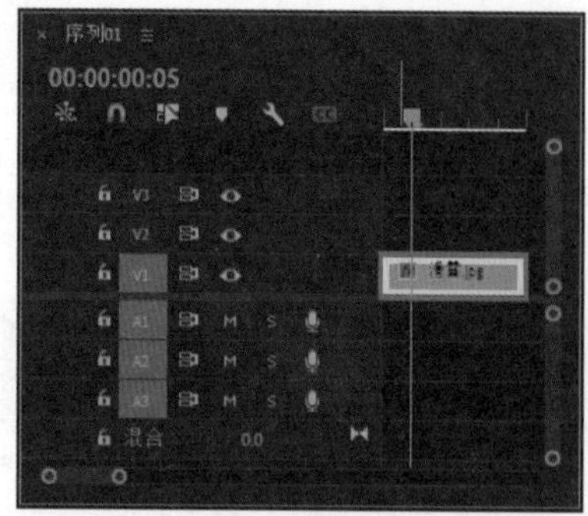

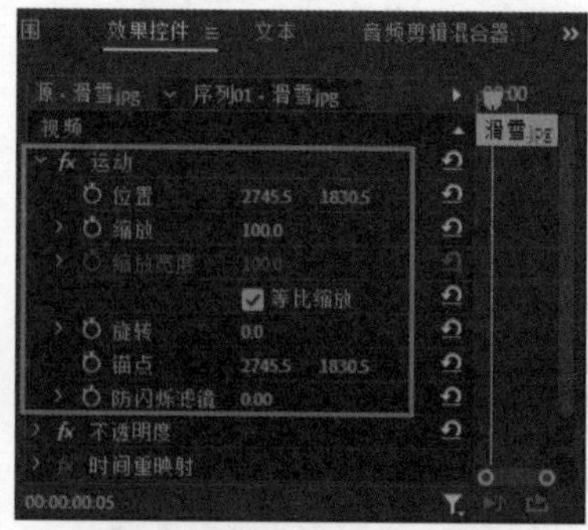

图8-5　拖曳素材至视频1轨道　　图8-6　“效果控件”面板

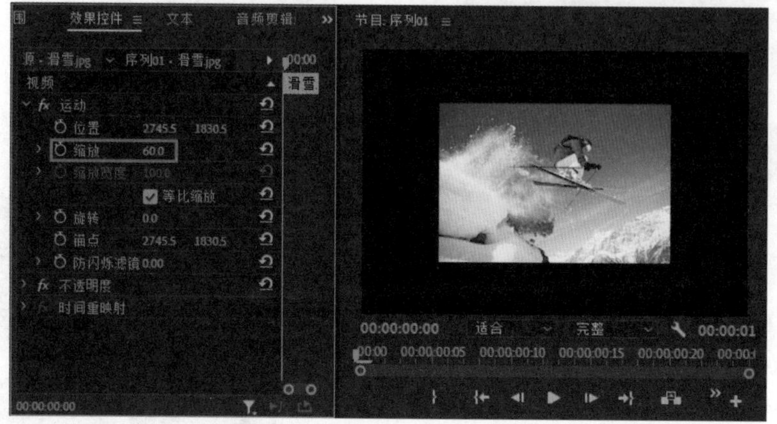

图8-7　设置第一个关键帧

04 将时间线移到（00:00:00:15）位置，设置素材的缩放参数，将自动设置第二个关键帧，如图8-8所示。

图8-8　设置第二个关键帧

05 简单的运动动画已经制作完成，单击“节目”监视器面板中的播放按钮，可以看到当前素材已经产生了由小变大的运动效果，如图8-9所示。

在设置运动效果的动画时，不仅可以对一个参数设置动画，还可以根据需要同时对多个参数设置动画关键帧，关键帧的多少也是因实际需要而定。

图8-9　动画效果

8.2 运动效果的应用

在Premiere Pro 2022中可以通过调整素材的方向来旋转素材，或者调整素材的大小来制作素材的缩放动画，本节介绍这些运动效果的使用技巧。

8.2.1 实战——古诗词短片

下面用实例来具体介绍运动动画效果的应用。

01 启动Premiere Pro 2022软件，新建项目，新建序列。

02 执行“文件”|“导入”命令，弹出“导入”对话框，选择要导入的素材，单击“打开”按钮，如图8-10所示。

图8-10　“导入”对话框

03 在“项目”面板中，选择“池塘.jpg”和“荷花.png”图片素材，按住鼠标左键，将其拖曳至“时间轴”面板，释放鼠标左键，如图8-11所示。

图8-11　素材预览效果

04 选择“荷花.png”图片素材，在“效果控件”面板中展开“运动”选项，设置“缩放”数值为54，设置“位置”数值为（640,287），具体数值设置及在“节目”监视器面板中的对应效果如图8-12和图8-13所示，使荷花能够全部显示出来。

05 将时间线移到（00:00:00:00）的位置，在

“效果控件”面板中设置“不透明度”数值为0，“旋转”数值为2°，并单击“切换动画”按钮，为“位置”参数设置一个关键帧，移动到（00:00:02:00）位置，设置“不透明度”数值为100，“旋转”数值为-2°，如图8-14和图8-15所示。

06_ 然后每间隔2秒为“旋转”添加一个关键帧，形成荷花左右摇摆的动作画面，如图8-16所示。

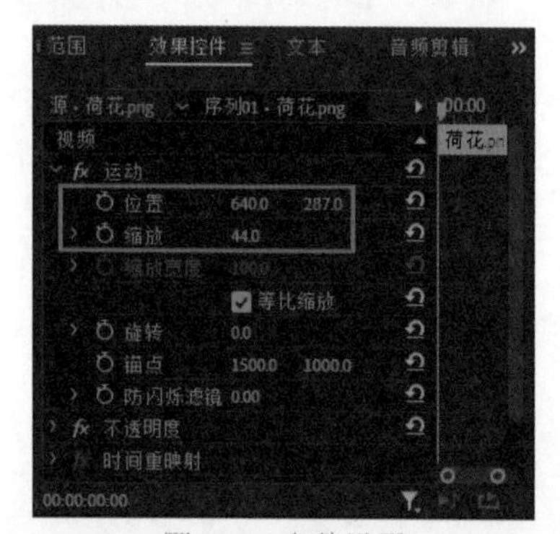

图8-12 参数设置

图8-13 “节目”监视器面板中的效果

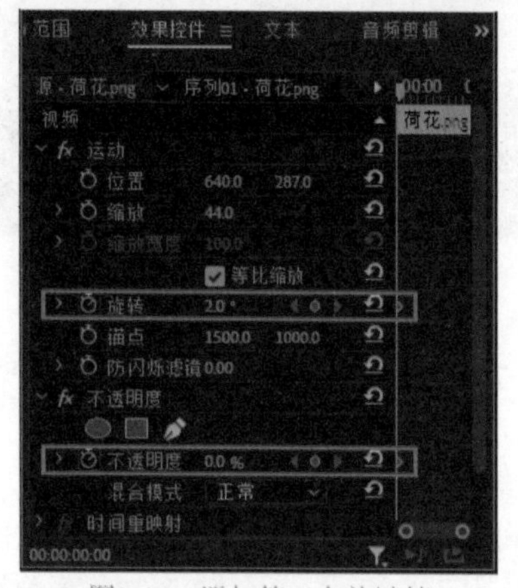

图8-14 添加第一个关键帧

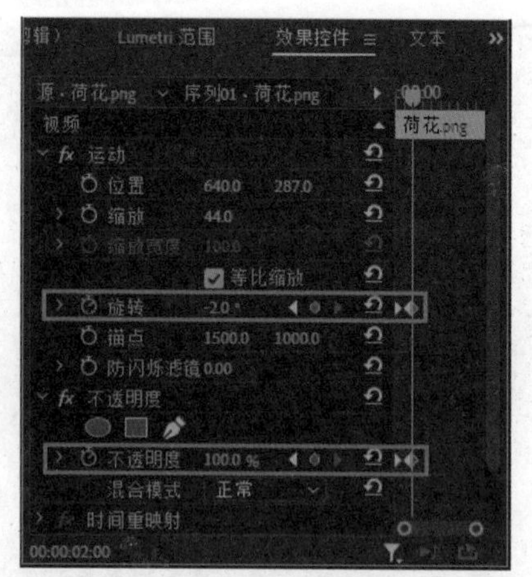

图8-15 添加第二个关键帧

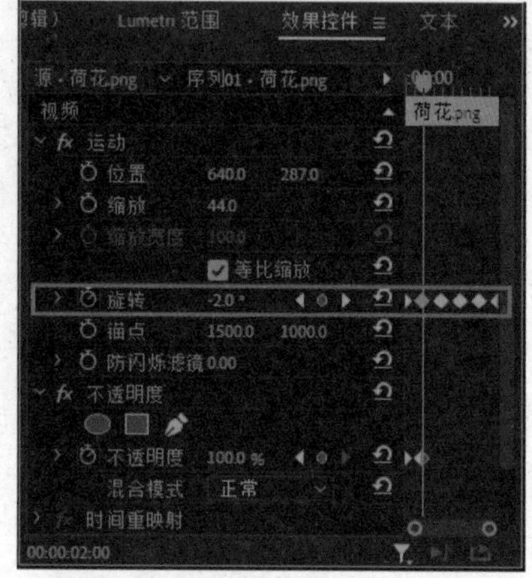

图8-16 为“旋转”添加关键帧

07_ 选择“池塘.mp4”素材，将时间线移到（00:00:00:00）的位置，在“效果控件”面板中展开“运动”属性，设置“缩放”数值为300，“位置”数值为（640,1062），并单击“切换动画”按钮，为“位置”参数设置一个关键帧，具体数值设置及在“节目”监视器面板中的对应效果如图8-17和图8-18所示。

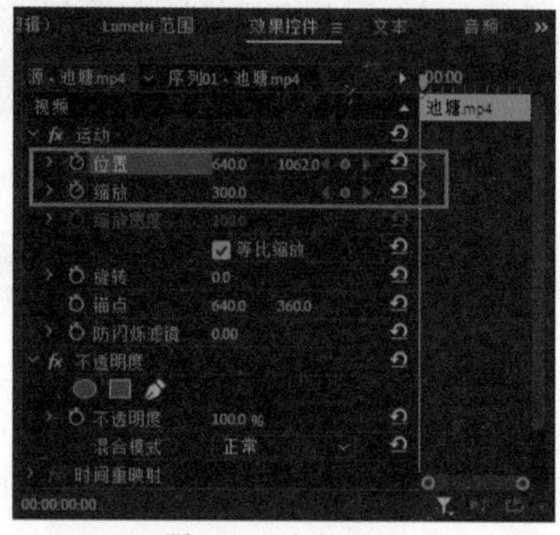

图8-17 参数设置

图8-18　“节目”监视器面板中的效果

08_ 将时间线移到（00:00:02:00）的位置，在“效果控件”面板中设置“缩放”数值为100，“位置”数值为（640,360），具体数值设置及在“节目”监视器面板中的对应效果如图8-19和图8-20所示。

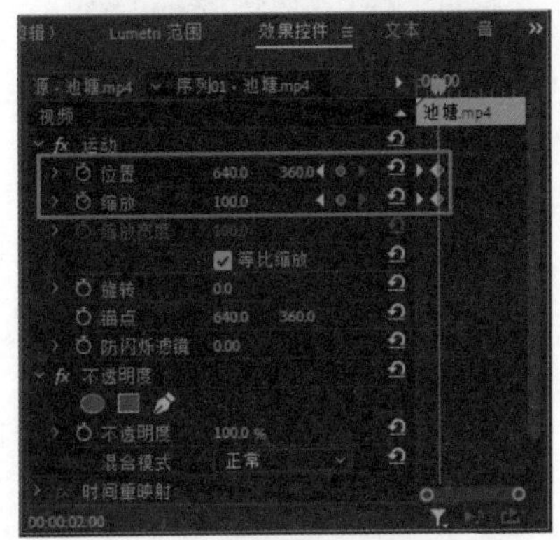

图8-19　参数设置

图8-20　“节目”监视器面板中的效果

09_ 在“工具”面板中单击“文字工具”按钮![T]，在“节目”监视器面板中单击并输入古诗，如图8-21所示。

10_ 在“工具”面板中选择“选择工具”按钮![▶]，在“基本图形”面板中设置文字的字体、位置及大小，如图8-22所示。

图8-21　添加文字

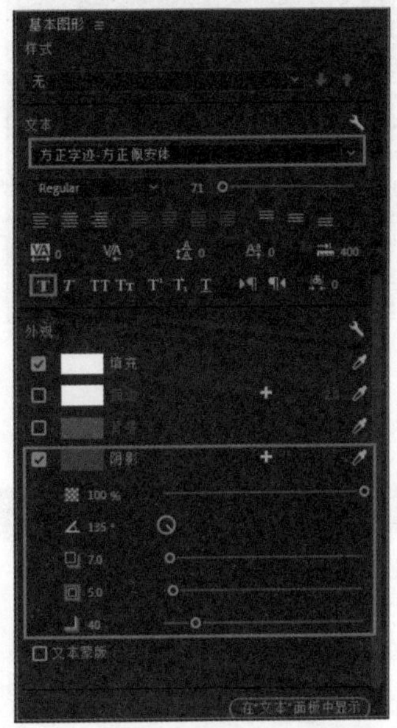

图8-22　参数设置

11_ 在“时间轴”面板中，调整“小池”字幕素材其长度，直至与其他素材长度一样，如图8-23所示。

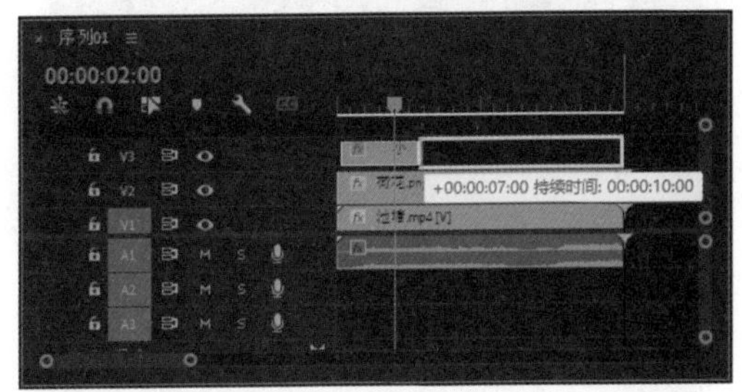

图8-23　调整长度

12_ 选择“小池”文字素材，把时间线移到（00:00:02:00）的位置，在“效果控件”面板中设置“不透明度”数值为0，并单击“切换动画”按钮![⏱]，为“不透明度”参数设置一个关键帧，将时间线移动到（00:00:02:00）位置，设置“不透明度”数值为100，如图8-24和图8-25所示。

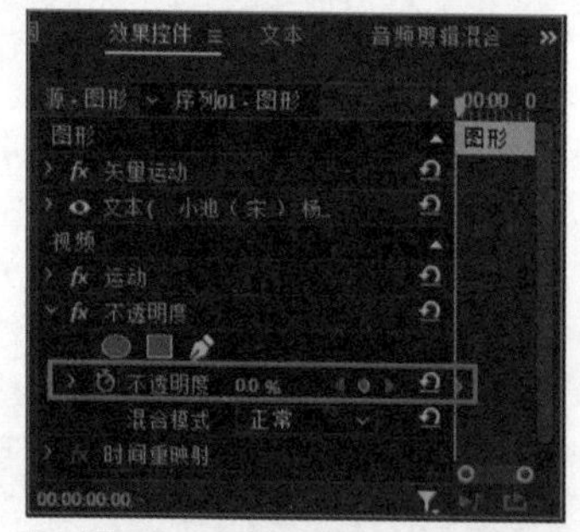

图8-24　添加第一个关键帧

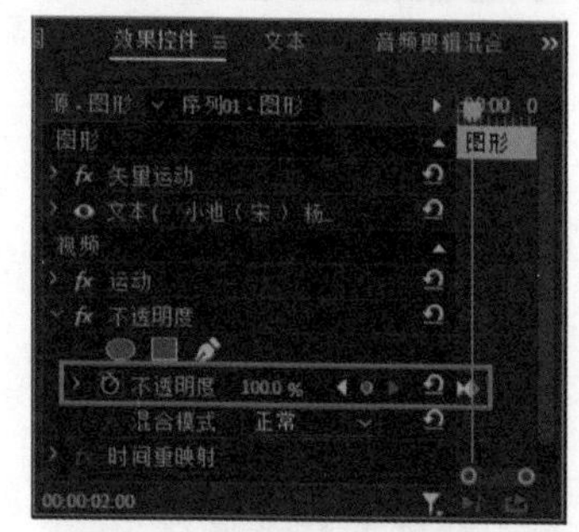

图8-25　添加第二个关键帧

13 按Enter键渲染项目，渲染完成后预览效果如图8-26所示。

图8-26　预览效果

8.2.2 实战——创建滑动遮罩转场

滑动遮罩是一种特效，结合了运动和蒙版技术。

创建一个滑动遮罩效果，需要两个视频素材，一个用于作为背景使用，另外一个可以为其添加动画，使其在遮罩内滑动，还需要一个图像用于遮罩本身。下面详细讲解创建滑动遮罩的操作方法。

01 启动Premiere Pro 2022软件，新建项目，新建序列。

02 执行“文件”|“导入”命令，导入素材到“项目”面板，如图8-27所示。

图8-27　导入素材

03 在“项目”面板中，选择要用做背景的“屋檐.mp4”视频素材，按住鼠标左键，将其拖曳至视频1轨道中，然后拖动将要出现在遮罩中的“暴雨.mp4”视频素材到视频2轨道中，如图8-28所示。

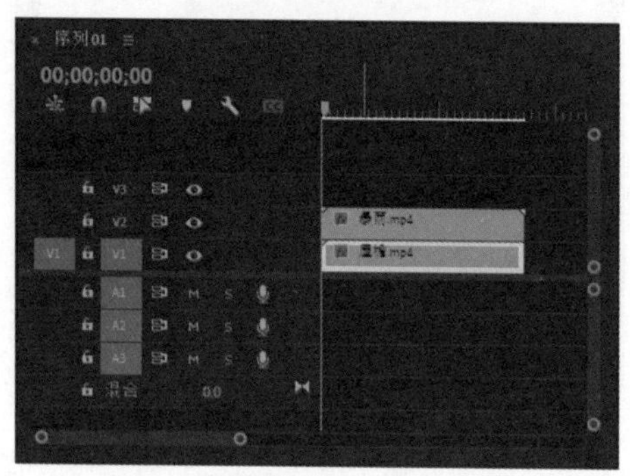

图8-28　将素材拖曳至视频轨道

04 在“项目”面板中，选择要用做遮罩的“窗外.mp4”视频素材，按住鼠标左键，将其拖曳至视频3轨道中，如图8-29所示。

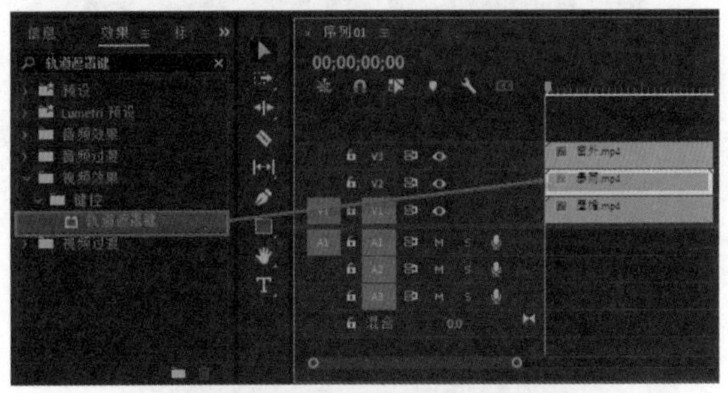
图8-29　将素材拖曳至视频3轨道

05_ 在“效果”面板中展开“视频效果”文件夹，再展开“键控”文件夹，选择“轨道遮罩键”特效，将其拖到V2轨道中的“暴雨.mp4”素材上方，如图8-30所示，接着在“效果控件”面板设置“遮罩”参数为“视频3”，如图8-31所示。

图8-30　赋予素材“轨道遮罩键”特效

图8-31　设置“遮罩”参数

06_ 在“时间轴”面板中，选择视频3轨道中的图像“窗外.mp4”，为其创建一个由画面中心向左平移出镜的运动效果，如图8-32所示。

07_ 在“时间轴”面板单击“切换轨道输出”图标，隐藏视频3轨道，按下Enter键，渲染项目，渲染完成后预览效果如图8-33所示。

图8-32　创建运动效果

图8-33　预览效果

8.2.3　实战——制作希区柯克变焦

希区柯克变焦又叫作滑动变焦（Dolly Zoom），是电影拍摄中一种很常见的镜头技法，希区柯克变焦的特点是：镜头中的主体大小不变，而背景大小改变。通过为“位置”“缩放”添加关键帧，可以制作希区柯克变焦效果，下面简单介绍相应的操作步骤。

01_ 启动Premiere Pro 2022软件，新建项目，新建序列。

02_ 执行“文件”|“导入”命令，导入素材到“项目”面板，如图8-34所示。

图8-34 导入素材

03 在“项目”面板中，选择素材并将其拖曳至时间轴面板，监视器显示效果如图8-35所示。

图8-35 监视器面板显示效果

04 选择“风景.mp4”素材，右击，在弹出的快捷菜单中选择“速度/持续时间”选项，在弹出的“剪辑速度/持续时间”对话框中，勾选“倒放速度”复选框，如图8-36所示。

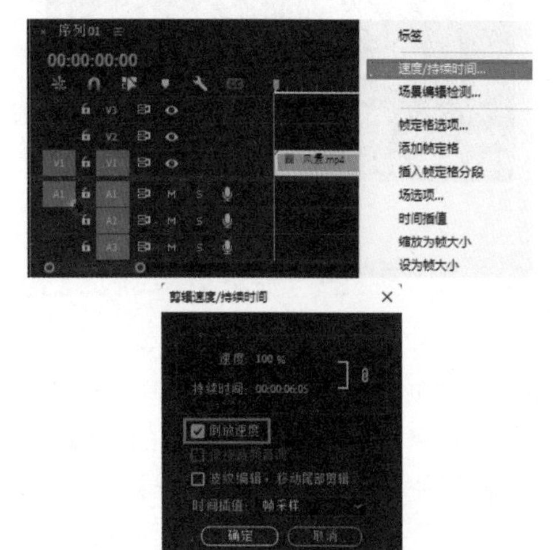

图8-36 勾选“倒放速度”复选框

05 将时间线移动到（00:00:00:00）位置，在“效果控件”面板中，单击“位置”和“缩放”前的“切换动画”按钮，添加第一个关键帧，如图8-37所示。

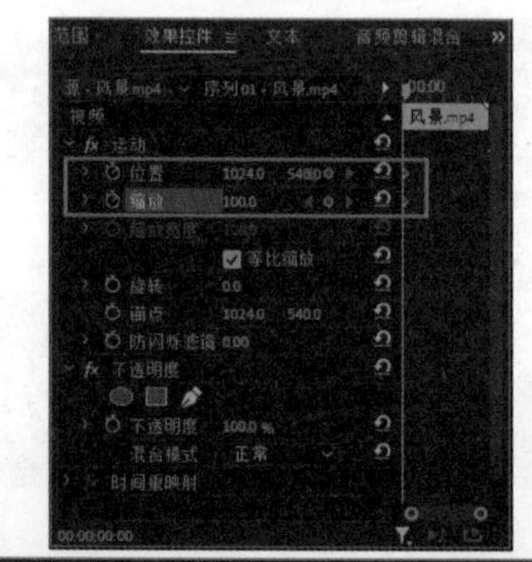

图8-37 设置第一个关键帧

06 接下来，将中间的建筑物作为主体，保持主体不变，将时间线移动到（00:00:06:04）位置，在“效果控件”面板中设置“位置”参数为（1024,593），“缩放”参数为177，如图8-38所示。

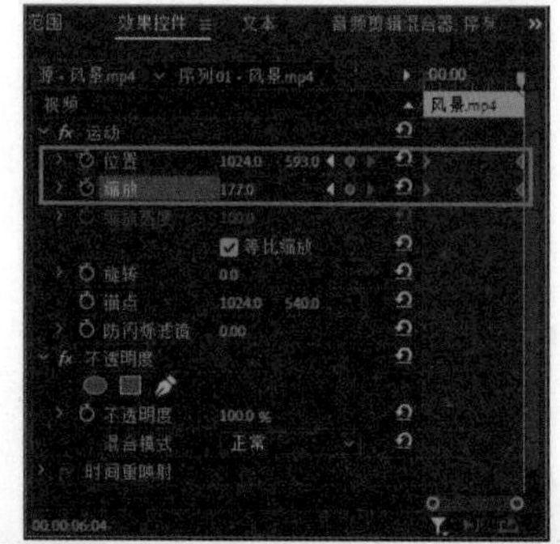

图8-38 设置第二个关键帧

07__ 按Enter键渲染项目，渲染完成后可预览视频效果，如图8-39所示。

图8-39　预览效果

8.3 综合实例——拉镜转场

拍摄一个视频时，两个画面之间的过渡称为转场，转场的方式非常多，而且一个好的转场可以让观众眼前一亮，本案例介绍的是如何利用后期制作来实现前期拍摄的拉镜转场，让两个画面过渡自然。

1. 缩放转场

01__ 启动Premiere Pro 2022软件，新建项目，新建序列。

02__ 执行“文件”|“导入”命令，弹出“导入”对话框，选择要导入的素材，单击“打开”按钮，如图8-40所示。

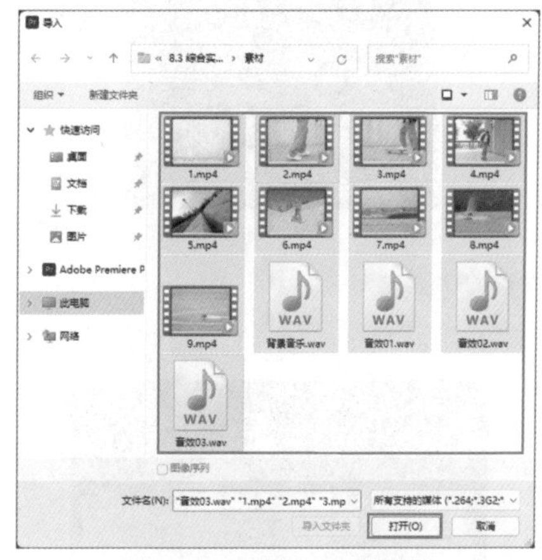

图8-40　“导入”对话框

03__ 在“项目”面板中选择“1.mp4”素材拖曳至“时间轴”面板，并在“效果控件”面板中设置“缩放”数值为153，如图8-41所示。

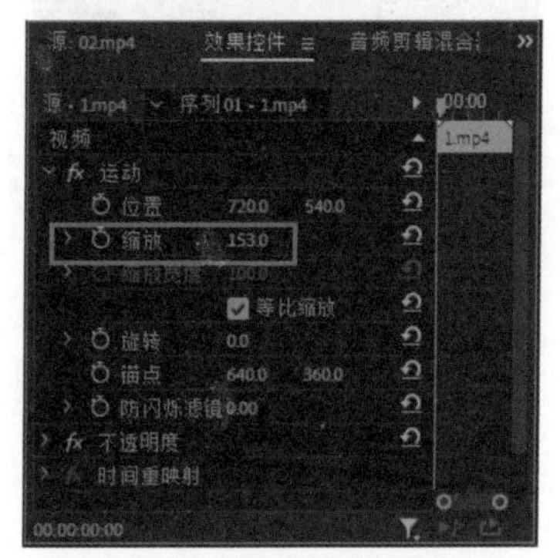

图8-41　拖曳素材

04__ 在“时间轴”面板中选择“1.mp4”素材，右击，在弹出的快捷菜单中选择“速度/持续时间”选项，在弹出的“剪辑速度/持续时间”对话框中，设置“持续时间”为（00:00:05:00），如图8-42所示。

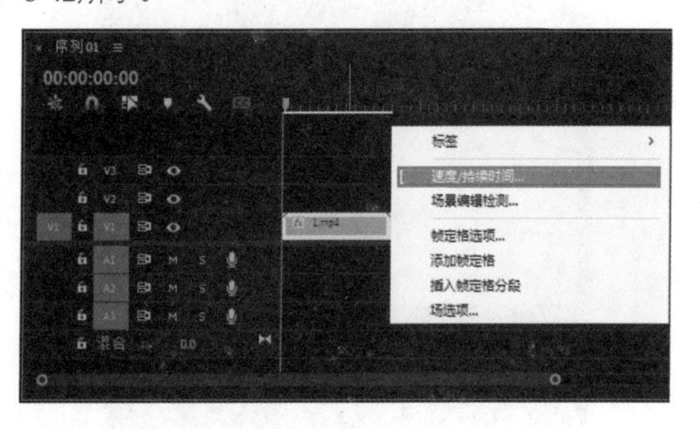

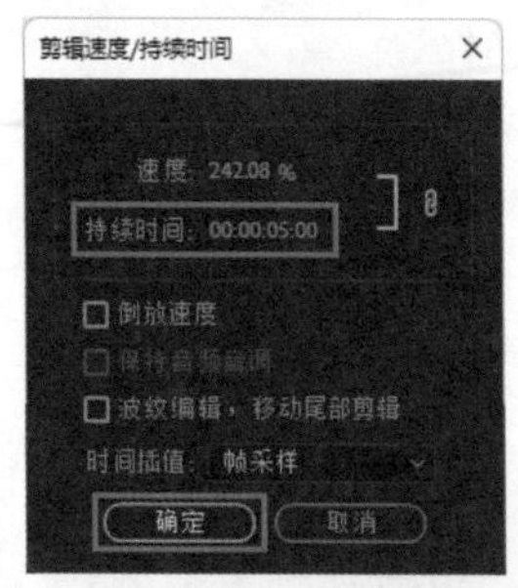

图8-42 设置“持续时间”

05_ 在“项目”面板中选择“2.mp4”素材并将其拖曳至“源”监视器面板，如图8-43所示。

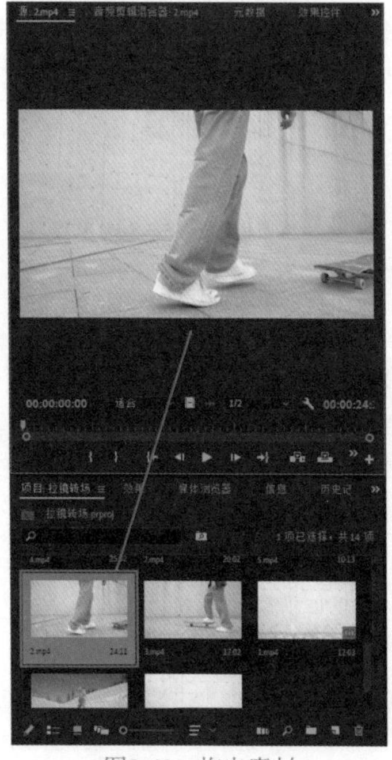

图8-43 拖曳素材

06_ 在“源”监视器面板中，将时间线移动到（00:00:00:00）位置，单击“标记入点”按钮，添加入点，将时间线移动到（00:00:08:00）位置，单击“标记出点”按钮，添加出点，如图8-44所示。

图8-44 添加入点和出点

07_ 在“源”监视器面板中单击“仅拖动视频”按钮，将素材拖曳至“时间轴”面板，并在“效果控件”面板中设置“缩放”数值为153，如图8-45所示。

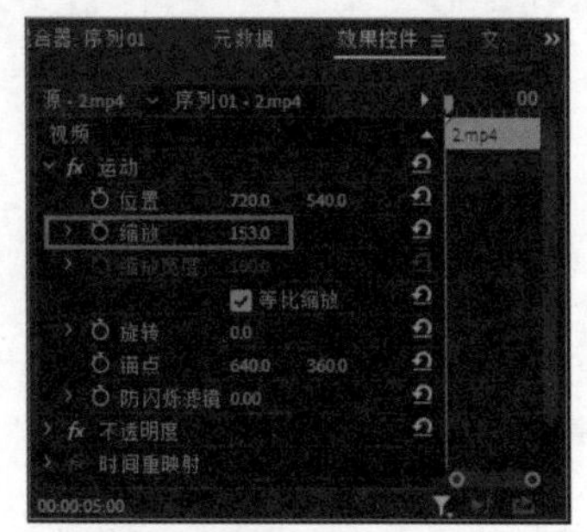

图8-45 调整“缩放”参数

08_ 在“项目”面板中空白区域右击，在弹出的快捷菜单中选择“新建项目”|“调整图层”选项，如图8-46所示。

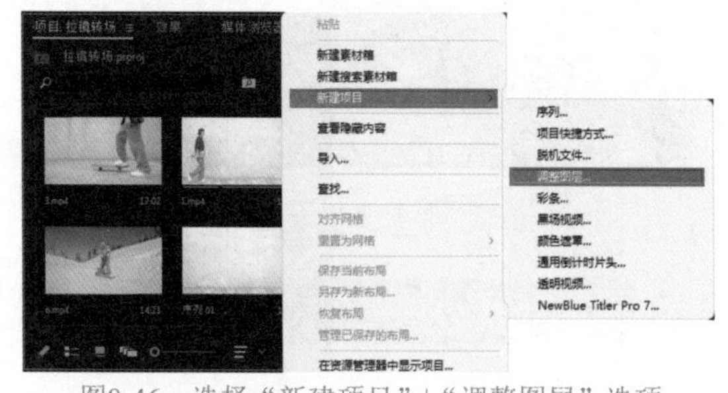

图8-46 选择“新建项目”|“调整图层”选项

09_ 在弹出的“调整图层”对话框中，单击“确定”按钮，如图8-47所示。

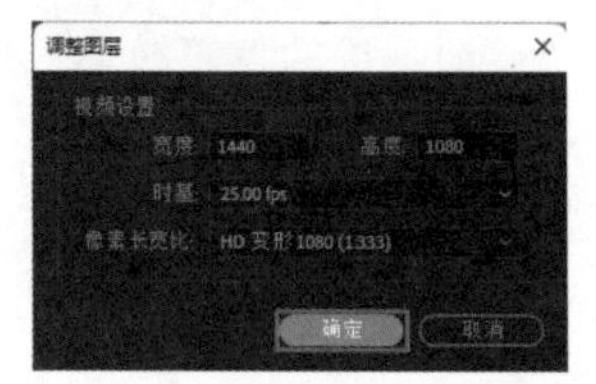

图8-47 “调整图层”对话框

10_ 在“项目”面板中选择“调整图层”素材，并拖曳至“时间轴”面板中V2轨道上，如图8-48所示。

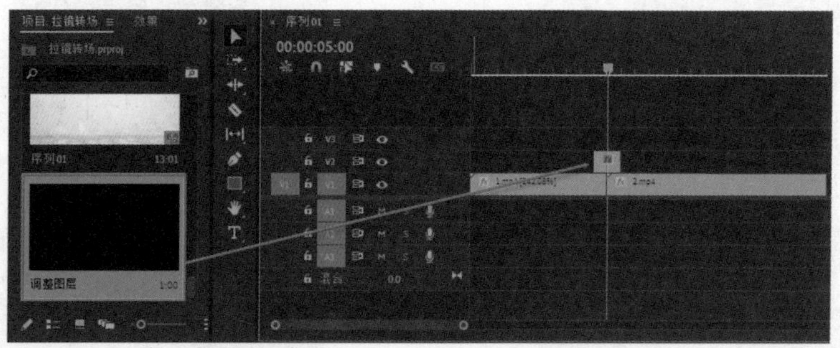

图8-48 添加“调整图层”素材

11_ 将光标放置在“时间轴”面板的“调整图层”素材的左边缘，直到光标变成边缘图小，向右拖动光标，使该素材的持续时间更改为18帧，光标放置在“调整图层”素材的右边缘，向左拖动光标，使该素材的持续时间更改为10帧，如图8-49所示。

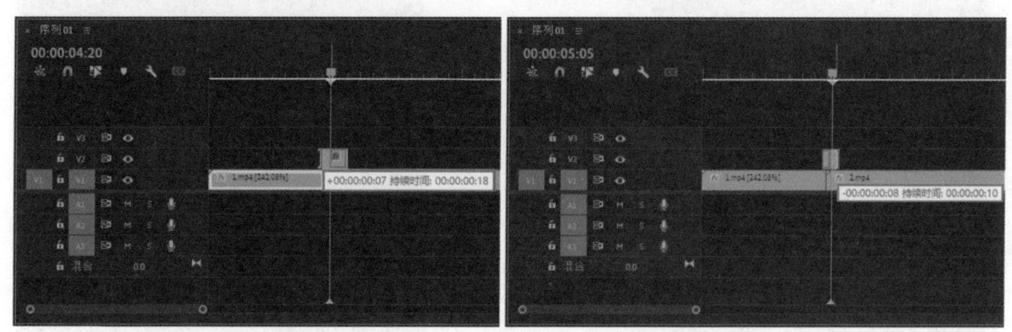

图8-49 调整素材时长

12_ 将时间线移动到（00:00:05:00）位置，在“工具”面板中单击“剃刀工具”按钮，切断“调整图层”素材，如图8-50所示。

完成操作后，在“工具”面板中切换为“选择工具”，便于后续剪辑操作。

13_ 在“效果”面板中，依次展开“视频效果”|“扭曲”文件夹，选择“变换”效果，并将其拖曳至“时间轴”面板中前半段的“调整图层”素材上方，如图8-51所示。

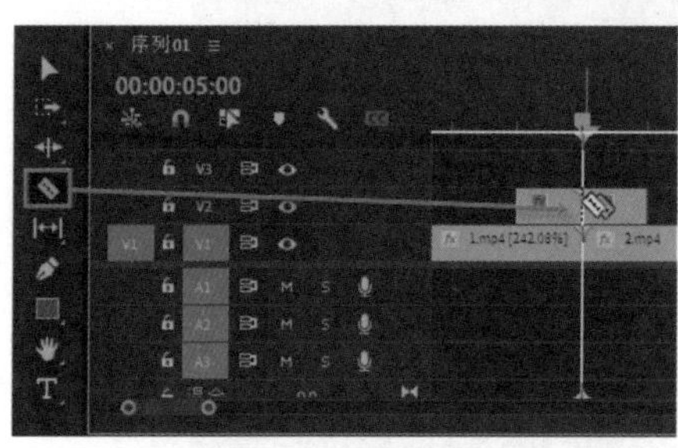

图8-50 切割素材

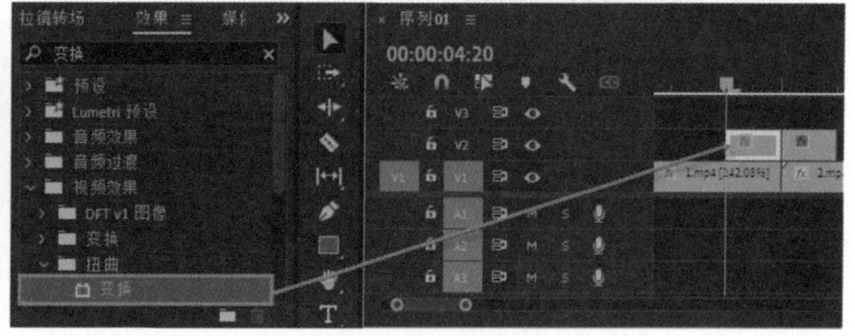

图8-51 添加“变换”效果

14_ 将时间线移动到（00:00:04:20）位置，进入“效果控件”面板中，在“变换”属性中激活“缩放”前的“切换动画”按钮，如图8-52所示。

15_ 将时间线移动到（00:00:04:24）位置，设置“缩放”数值为350，如图8-53所示。

16_ 在“效果控件”面板中框选两个关键帧，右击，在弹出的快捷菜单中选择“缓入”“缓出”选项，如图8-54所示。

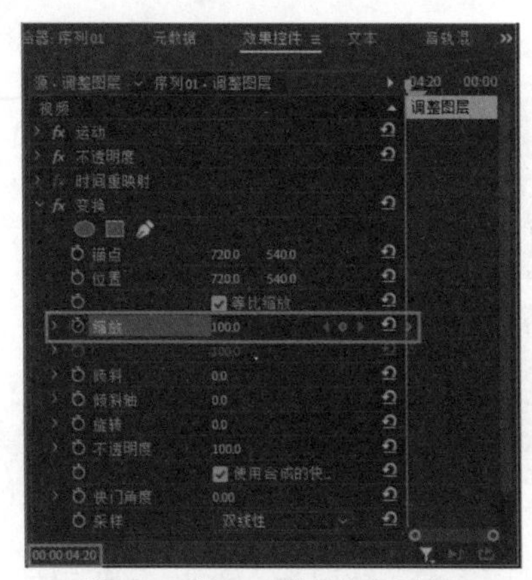

图8-52　添加“缩放”关键帧1

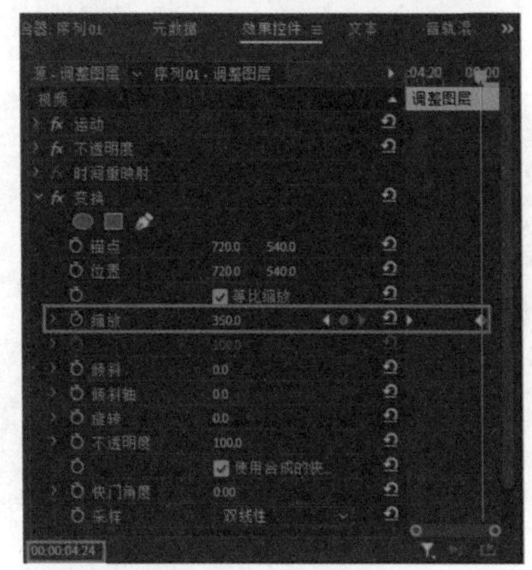

图8-53　添加“缩放”关键帧2

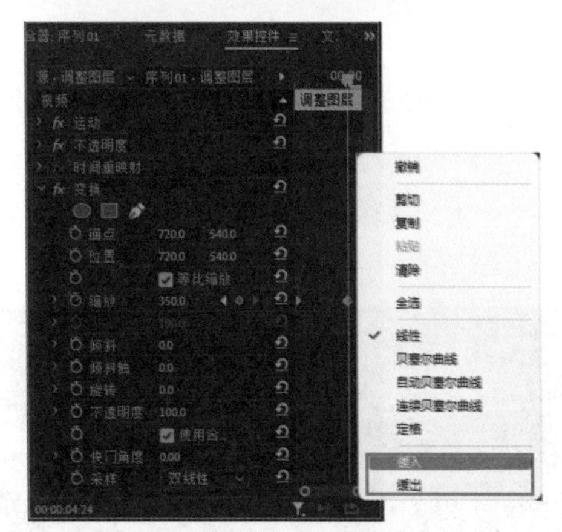

图8-54　选择“缓入”“缓出”选项

17. 单击“缩放”前的三角按钮▶，展开“缩放”列表，选择第一个关键帧的控制点，向右平行移动，选择第二个关键帧的控制点，也向右平行移动，如图8-55所示。

18. 在“变换”属性中，取消勾选“使用合成的快门角度”复选框，设置“快门角度”数值为300，如图8-56所示。

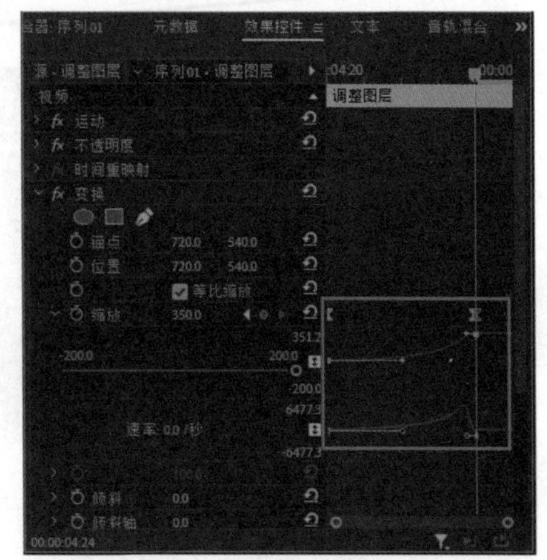

图8-55　移动关键帧控制点

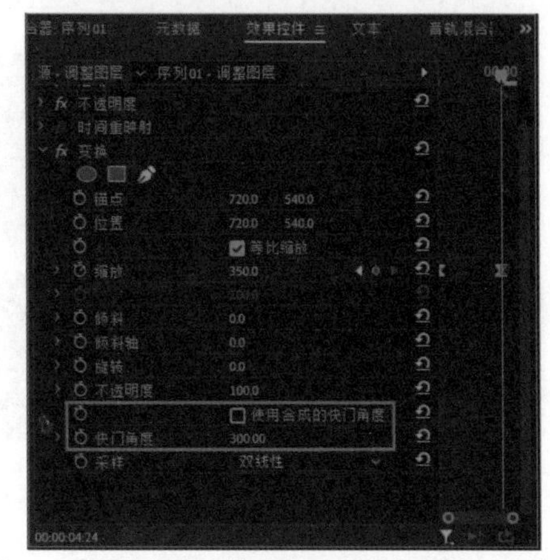

图8-56　取消勾选“使用合成的快门角度”复选框

19. 将“缩放”参数的第二个关键帧移动到“调整图层”的结尾处，如图8-57所示。

图8-57　移动关键帧

20. 在“时间轴”面板中选择前半段“调整图层”素材，复制（按快捷键Ctrl+C），选择后半段“调整图层”素材，粘贴属性（按快捷键

Ctrl+Alt+V），在弹出的“粘贴属性”对话框中，单击“确定”按钮，如图8-58所示。

图8-58　“粘贴属性”对话框

21 选择后半段“调整图层”素材，进入“效果控件”面板，设置“缩放”第一个关键帧数值为350，设置第二个关键帧数值为100，如图8-59所示。

22 单击“缩放”前的三角按钮▶，展开“缩放”列表，选择第一个关键帧的控制点，向左平行移动，选择第二个关键帧的控制点，也向左平行移动，如图8-60所示。

23 在“效果”面板中，依次展开“视频效果”|“调整”文件夹，选择“ProcAmp”效果拖曳至“时间轴”面板中“调整图层”素材上方，如图8-61所示。

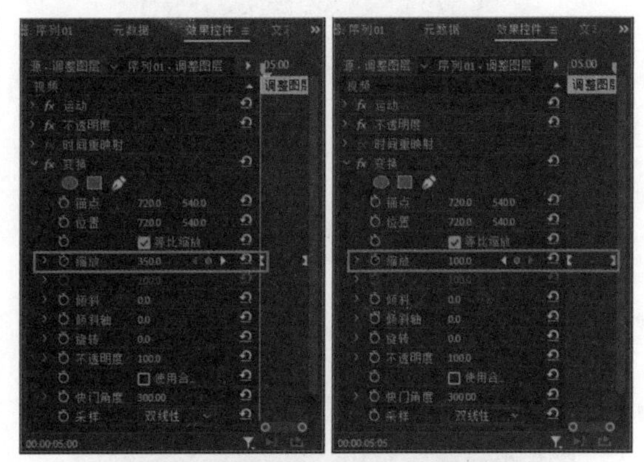

图8-59　设置“缩放”数值

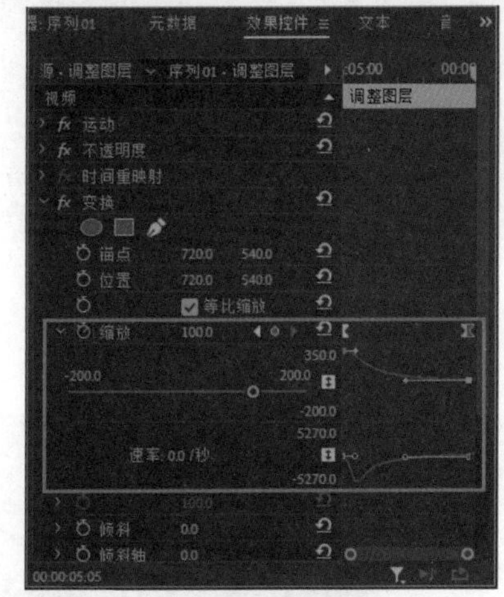

图8-60　移动关键帧控制点

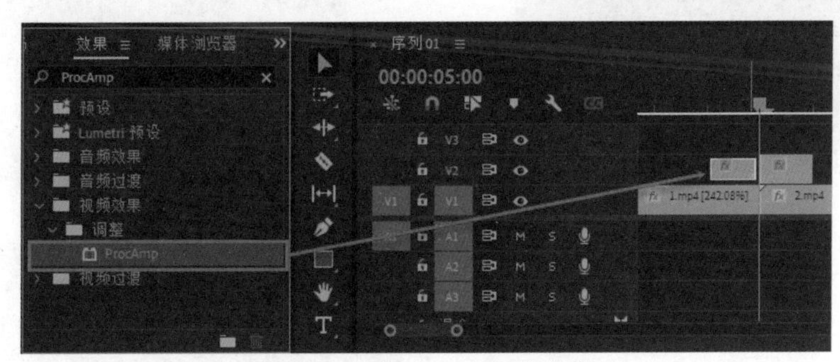

图8-61　添加“ProcAmp”效果

24 在“效果控件”面板的“ProcAmp”属性中，在“调整图层”素材起始处激活“亮度”前的“切换动画”按钮，在“调整图层”素材结尾处，设置“亮度”数值为100，如图8-62所示。

25 展开“亮度”列表，与“缩放”参数一样，右击，在弹出的快捷菜单中选择“缓入”“缓出”选项，并调整关键帧的控制点，如图8-63所示。

素材结尾处的关键帧的控制点无法显示，可将结尾处的关键帧向左移动一帧，调整完控制点后，再将关键帧移动到素材结尾处。

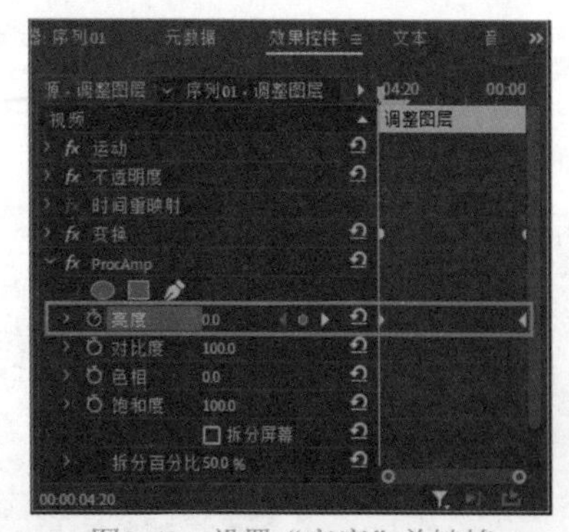

图8-62　设置“亮度”关键帧

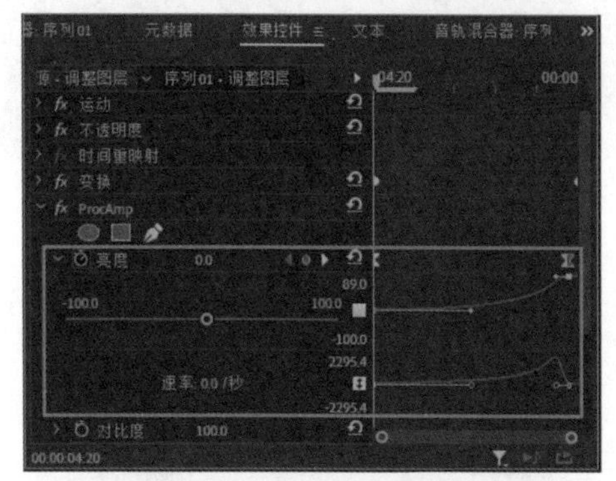

图8-63　移动关键帧控制点

26_ 后半段“调整图层”素材同理，前后关键帧数值相反，如图8-64所示。

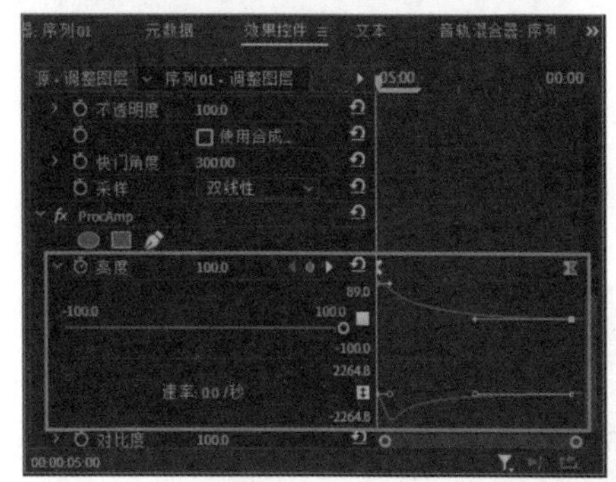

图8-64　粘贴属性

2. 旋转转场

01_ 在“项目”面板中选择“03.mp4”素材并将其拖曳至“源”监视器面板，将时间线移动到（00:00:08:00）位置，单击“标记入点”按钮，添加入点，将时间线移动到（00:00:12:00）位置，单击“标记出点”按钮，添加出点，如图8-65所示。

02_ 在“源”监视器面板中单击“仅拖动视频”按钮，将“3.mp4”素材拖曳至“时间轴”面板，并调整“缩放”数值为153，如图8-66所示。

03_ 在“时间轴”面板中，在“2.mp4”和“3.mp4”素材衔接处上方添加一个5帧的“调整图层”素材，如图8-67所示。

图8-65　添加入点和出点

图8-66　拖曳素材

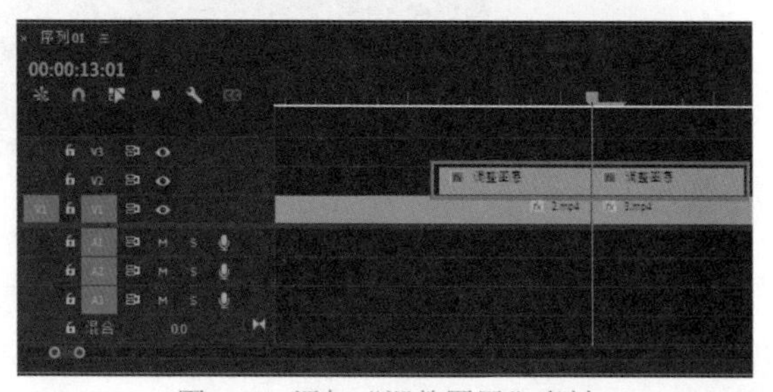

图8-67　添加“调整图层”素材

04_ 在“效果”面板中，依次展开“视频效果”|“扭曲”文件夹，选择“变换”效果并将其

拖曳至“时间轴”面板中前半段“调整图层”素材上方，如图8-68所示。

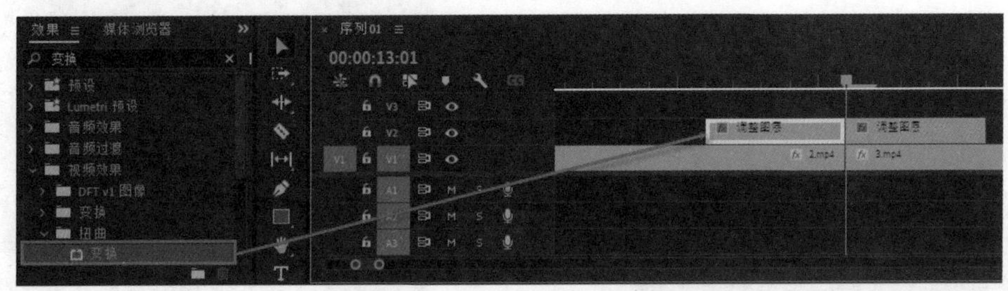

图8-68　添加“变换”效果

05_ 在“效果控件”面板中，在“变换”属性中设置“缩放”数值为50，如图8-69所示。

06_ 在“效果”面板中，依次展开“视频效果”|“扭曲”文件夹，选择“镜像”效果并将其拖曳至“时间轴”面板中前半段“调整图层”素材上方，如图8-70所示。

07_ 在“效果控件”面板中，在“镜像”属性中设置“反射中心”数值为（1079,540），如图8-71所示。

08_ 再复制3个“镜像”效果，第二个“镜像”效果，设置“反射中心”数值为（363,540），设置“反射角度”数值为180°，第三个“镜像”效果，设置“反射中心”数值为（1440,806），设置“反射角度”数值为90°，第四个“镜像”效果，设置“反射中心”数值为（1440,273），设置“反射角度”数值为–90°，如图8-72所示。

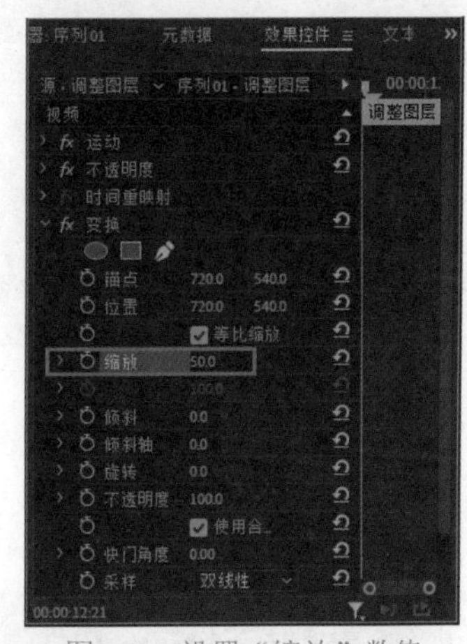

图8-69　设置“缩放”数值

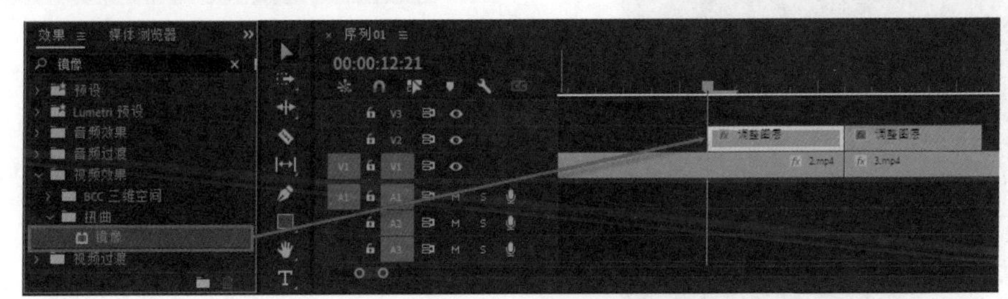

图8-70　添加“镜像”效果

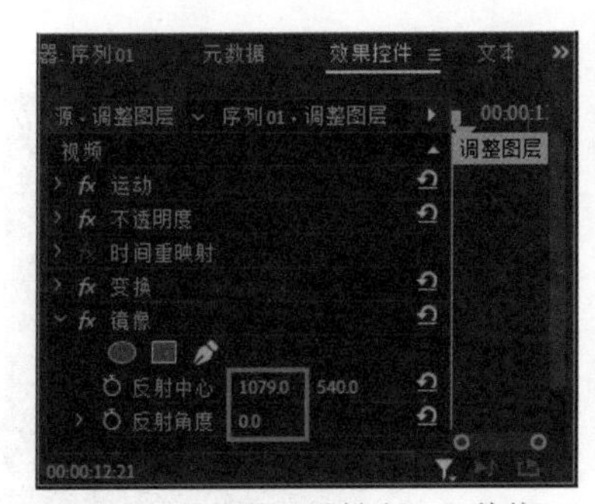

图8-71　设置“反射中心”数值

图8-72　设置“镜像”属性数值

09 在“效果”面板中，依次展开“视频效果”|“扭曲”文件夹，选择“变换”效果并将其拖曳至“时间轴”面板中前半段“调整图层”素材上方，进入“效果控件”面板，设置“缩放”数值为200，如图8-73所示。

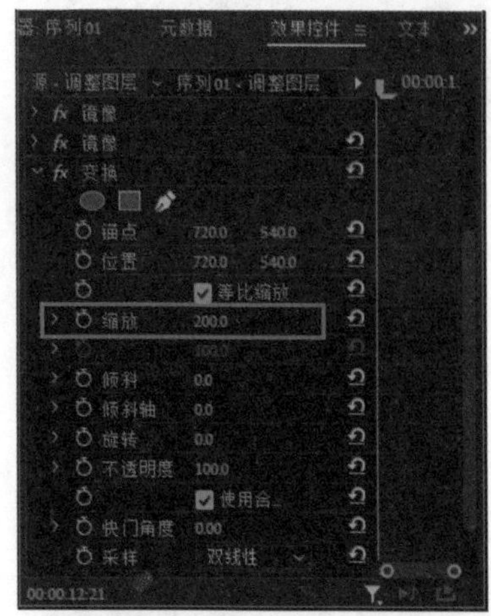

图8-73 设置“缩放”数值

10 在“变换”属性中，激活“旋转”前的“切换动画”按钮，将时间线移动到（00:00:13:00）位置，设置“旋转”数值为180°，如图8-74所示。

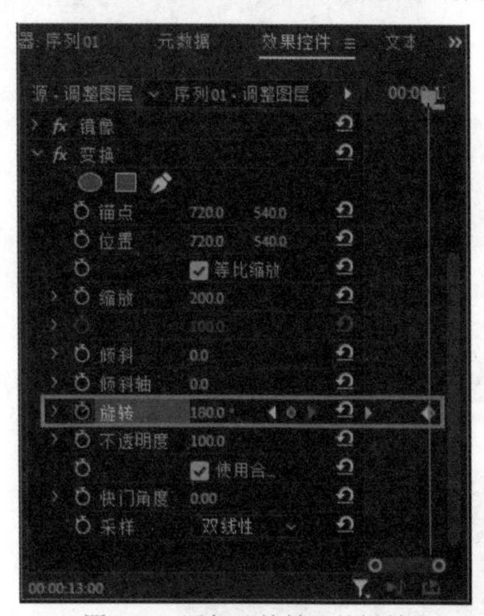

图8-74 添加“旋转”关键帧

11 在“效果控件”面板中，框选“旋转”两个关键帧，右击，在弹出的快捷菜单中选择“缓入”“缓出”选项，并展开“旋转”列表，调整关键帧控制点，如图8-75所示。

12 在“变换”属性中，取消勾选“使用合成的快门角度”复选框，设置“快门角度”数值为300，如图8-76所示。

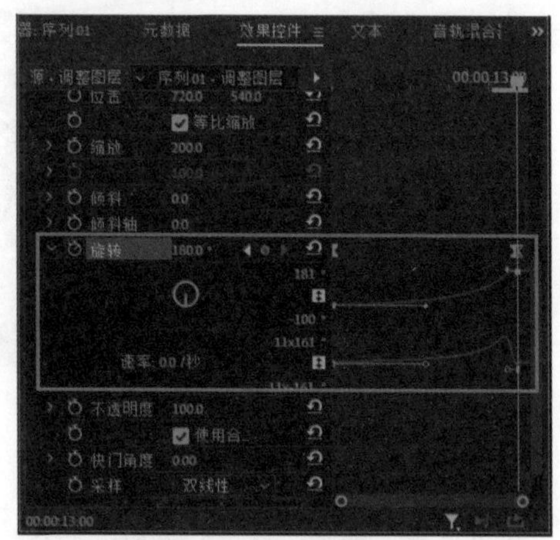

图8-75 移动关键帧控制点

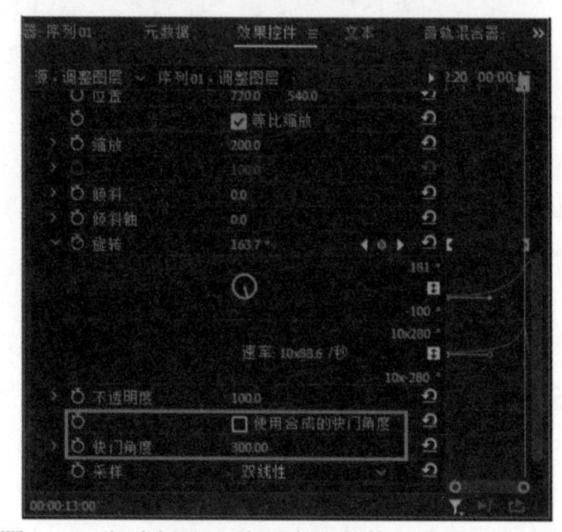

图8-76 取消勾选“使用合成的快门角度”复选框

13 在“时间轴”面板中选择前半段“调整图层”素材，复制（按快捷键Ctrl+C），选择后半段“调整图层”素材粘贴属性（按快捷键Ctrl+Alt+V），并调整“变换”属性，设置“旋转”第一个关键帧数值为-180，第二个关键帧数值为0，向右移动控制点，如图8-77所示。

14 选择“调整图层”素材，在“效果控件”面板中，按着Shift键选择“变换”和4个“镜像”效果，右击，在弹出的快捷菜单中选择“保存预设”选项，如图8-78所示。

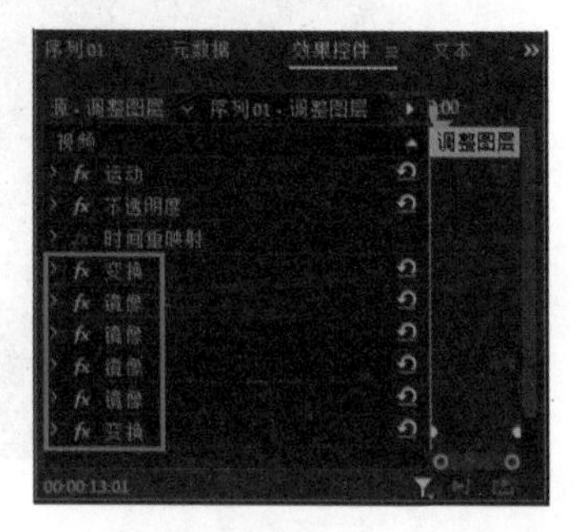

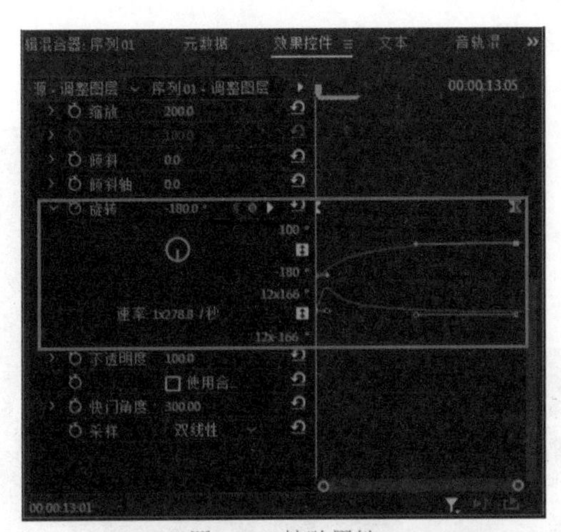

图8-77 粘贴属性

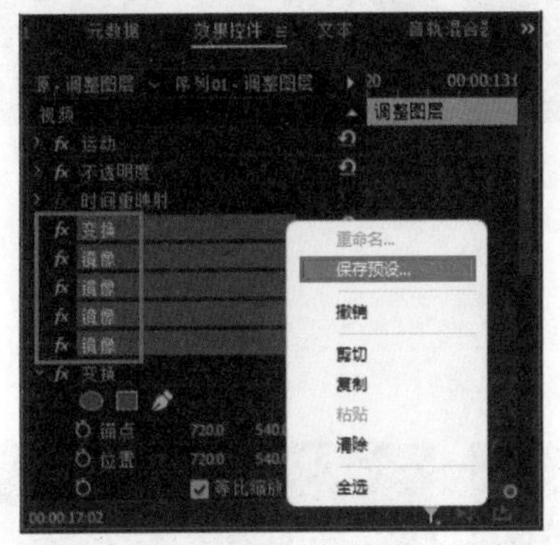

图8-78 选择“保存预设”选项

15 在弹出的“保存预设”对话框中，设置“名称”为“转场填充背景”，单击“确定”按钮，如图8-79所示。

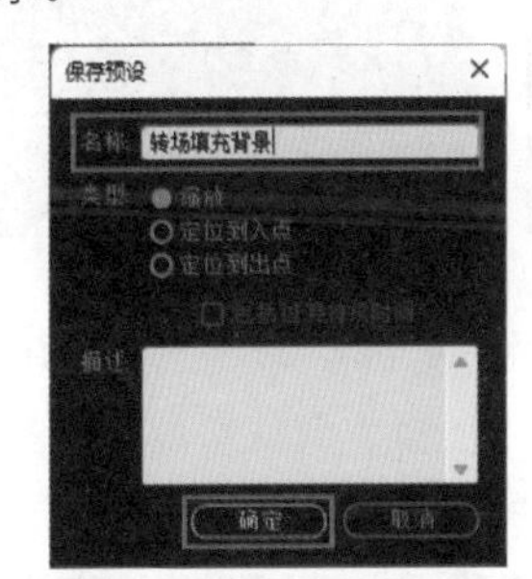

图8-79 “保存预设”对话框

3. 位移转场

01 在“项目”面板选择“4.mp4”素材拖曳至“源”监视器面板，将时间线移动到（00:00:07:00）位置，添加入点，将时间线移动到（00:00:12:00）位置，添加出点，并将素材拖曳至“时间轴”面板，并调整“缩放”为153，如图8-80所示。

02 在“时间轴”面板中，在“3.mp4”和“4.mp4”素材衔接处上方添加一个5帧的“调整图层”素材，如图8-81所示。

图8-80 添加入点和出点

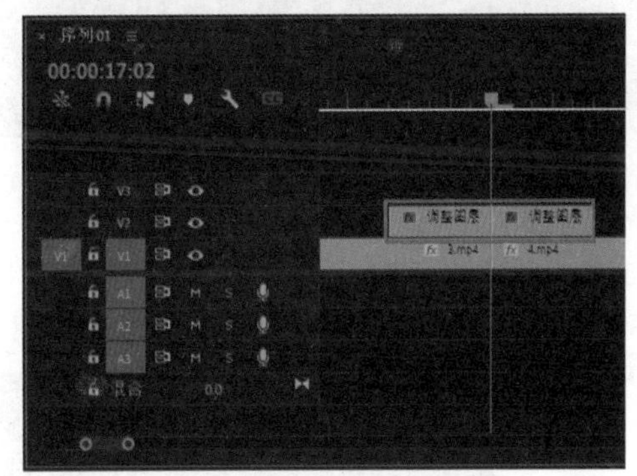

图8-81 添加“调整图层”素材

03 在“效果”面板中，展开“预设”文件夹，选择“转场填充背景”效果，拖曳至“时间轴”面板中“3.mp4”和“4.mp4”素材上的前半段“调整图层”素材上方，如图8-82所示。

04 在“效果”面板中，依次展开“视频效果”|“扭曲”文件夹，选择“变换”效果，拖

曳至“时间轴”面板中前半段“调整图层”素材上方，进入“效果控件”面板，设置“缩放”数值为200，取消勾选“使用合成的快门角度”复选框，设置“快门角度”数值为300，如图8-83所示。

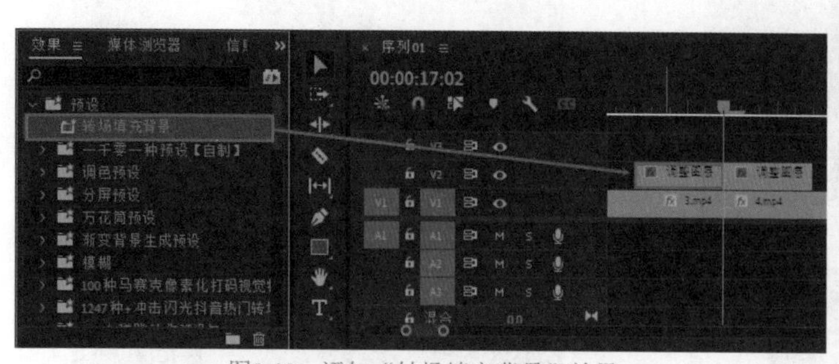

图8-82 添加“转场填充背景”效果

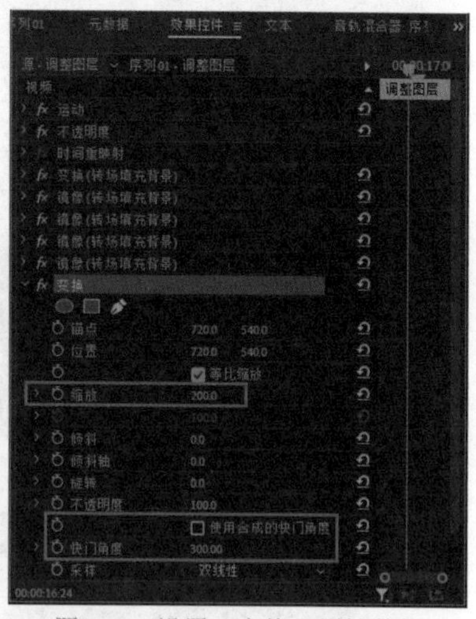

图8-83 设置“变换”属性数值

05_ 在“变换”属性中，激活“位置”前的“切换动画”按钮，将时间线移动到（00:00:17:01）位置，设置“位置”数值为（360,540），如图8-84所示。

06_ 在“效果控件”面板中，框选“位置”两个关键帧，右击，在弹出的快捷菜单中选择“缓入”“缓出”选项，并展开“旋转”列表，调整关键帧控制点，如图8-85所示。

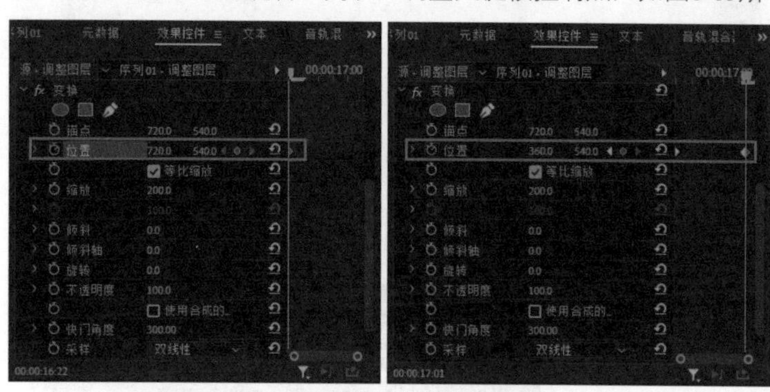

图8-84 设置“位置”关键帧

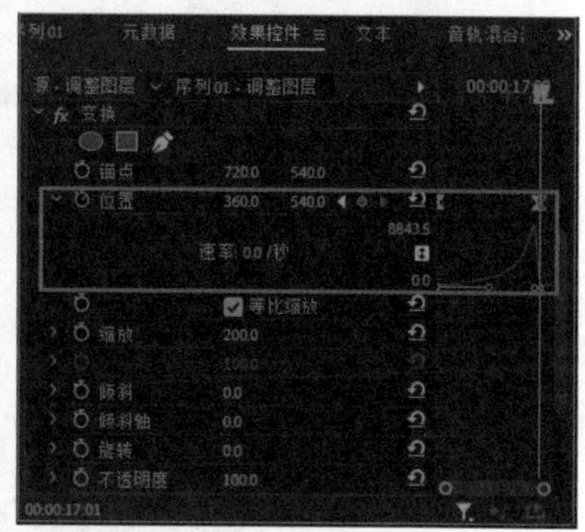

图8-85 移动关键帧控制点

07_ 在“时间轴”面板中选择“3.mp4”素材上的“调整图层”素材，复制（按快捷键Ctrl+C），选择后半段“调整图层”素材粘贴属性（按快捷键Ctrl+Alt+V），并调整“变换”属性，设置“位置”第一个关键帧数值为（1291,540），第二个关键帧数值为（720,540），向右移动控制点，如图8-86所示。

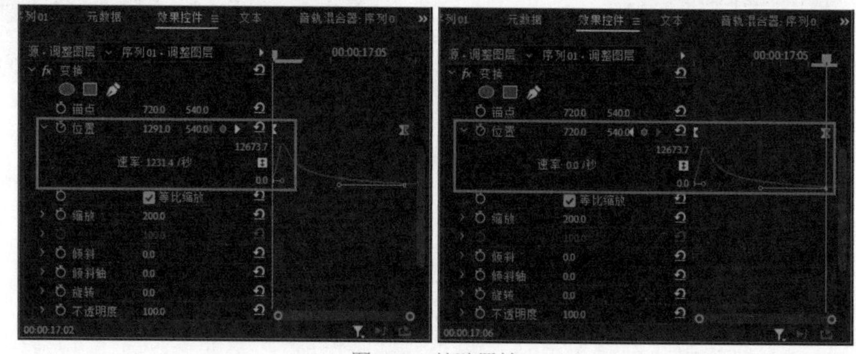

图8-86 粘贴属性

08_ 三种镜头位移效果完成后，在“项目”面板中将其他素材拖曳至“时间轴”面板，并且在V2轨道上复制“调整图层”素材，如图8-87所示。

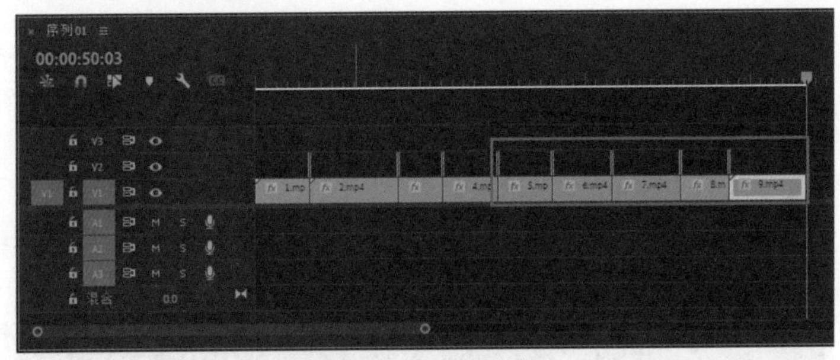

图8-87　添加素材

09_ 在“效果”面板中选择“背景音乐.wav”素材并将其拖曳至“时间轴”面板，调整长度，如图8-88所示。

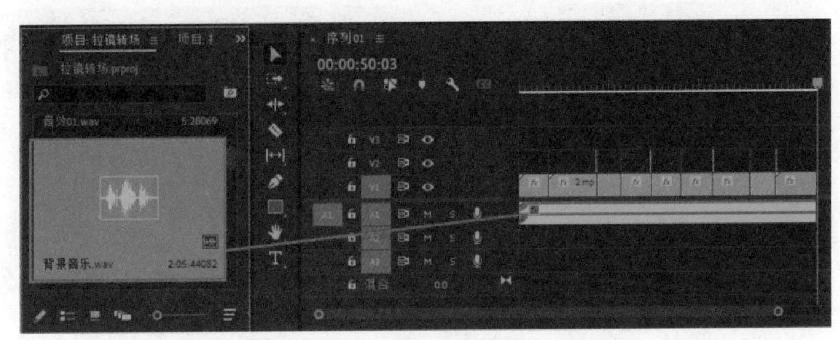

图8-88　添加音频素材

10_ 在“项目”面板中选择“音效01.wav”“音效02.wav”“音效03.wav”素材，并分别添加在每个“调整图层”素材下方，如图8-89所示。

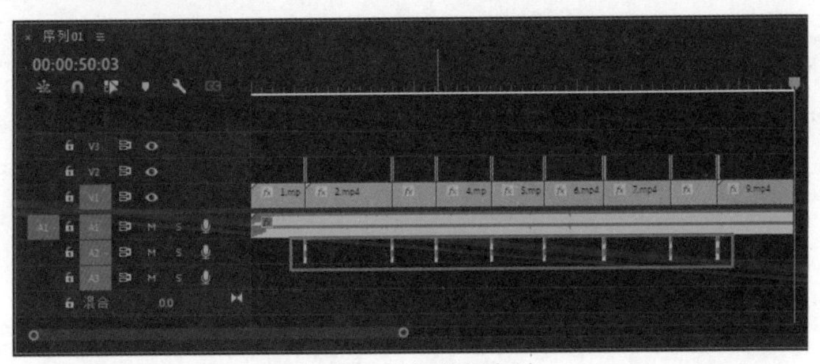

图8-89　添加音频素材

11_ 在“效果”面板中，依次展开“视频过渡”|“溶解”文件夹，选择“黑场过渡”效果，将其拖曳至“时间轴”面板中“9.mp4”素材结尾处，如图8-90所示。

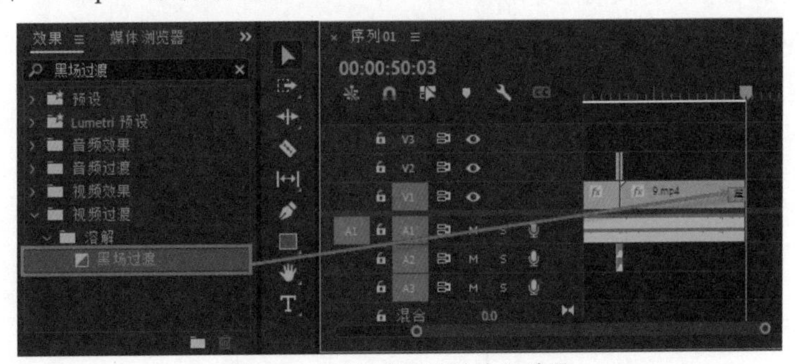

图8-90　添加“黑场过渡”效果

12_ 在“效果”面板中，依次展开“音频过渡”|“交叉淡化”文件夹，选择“恒定增益”效果，拖曳至“时间轴”面板中“背景音乐.wav”素材结尾处，如图8-91所示。

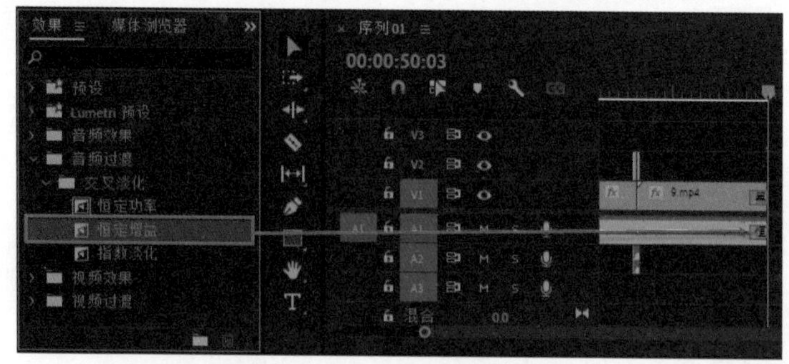

图8-91 添加“恒定增益”效果

13_ 按Enter键渲染项目，渲染完成后预览效果，如图8-92所示。

图8-92 预览视频

8.4 本章小结

本章主要对运动效果的相关知识进行了详细讲解，通过对本章的学习，可以利用Premiere Pro 2022的运动参数项对图像或者视频剪辑创建运动效果。

Premiere Pro 2022中的运动参数项主要有位置、缩放、旋转、锚点和防闪烁滤镜5种参数设置。每种参数设置所对应的效果不同，也可以对各个参数设置进行关键帧动画制作。

第9章　音频效果的应用

一部完整的作品包括图像和声音，声音在影视作品中可以起到解释、烘托、渲染气氛和感染力、增强影片的表现力度等作用，前面讲的都是影视作品中图像方面的效果处理，本章将讲解在Premiere Pro 2022中音频效果的编辑与应用。

本章重点：

◎更改音频的增益与速度　　◎使用音轨混合器控制音量

◎交叉淡化效果　　◎超重低音效果的制作

9.1 关于音频效果

Premiere Pro 2022具有很强大的音频理解能力，通过“音轨剪辑混合器”面板，如图9-1所示，可以很方便地编辑与控制声音。其最新的声道处理能力及实时录音功能，以及音频素材和音频轨道的分离处理功能也使得在Premiere Pro 2022中编辑音效更为轻松、便捷。

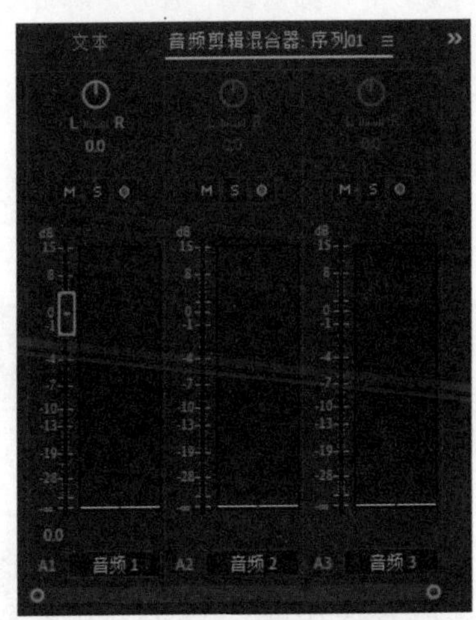

图9-1　“音轨剪辑混合器”面板

9.1.1 Premiere Pro 2022 对音频效果的处理方式

首先简要介绍Premiere Pro 2022对音频效果的处理方式。在“音轨剪辑混合器”面板中可以看到音频轨道分为左（L）、右（R）两个声道，如果音频素材的声音使用的是单声道，就可以在Premiere Pro 2022中对其声道效果进行改变；如果音频素材使用的是双声道，则可以在两个声道之间实现音频特有的效果。另外在声音的效果处理上，Premiere Pro 2022还提供了多种处理音频的特效，这些特效跟视频特效一样，不同的特效能够产生不同的效果，可以很方便地将其添加到音频素材上，并能转化成帧，方便对其进行编辑与设置。

9.1.2 Premiere Pro 2022 处理音频的顺序

在Premiere Pro 2022中处理音频时，需要讲究一定的顺序，例如按次序添加音频特效，Premiere会对序列中所应用的音频特效进行优先处理，等这些音频特效处理完了，再对“音轨剪辑混合器”面板的音频轨道中所添加的摇移或者增益效果进行调整。可以按照以下的两种操作方法对素材的音频增益进行调整。

方法1：在“时间轴”面板中选择素材，执行“剪辑”|“音频选项”|“音频增益”命令，如图9-2所示，然后在弹出的“音频增益”对话框中调整增益数值，如图9-3所示。

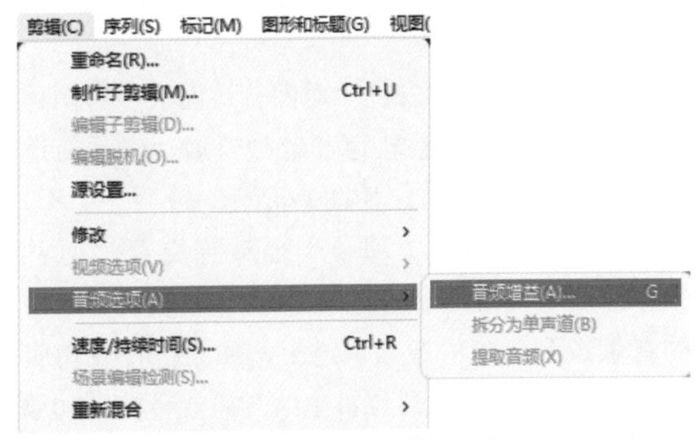

图9-2　执行“音频增益”命令

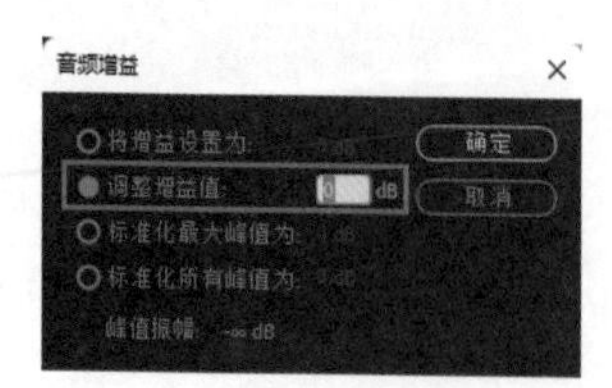

图9-3 “音频增益”对话框

方法2：在“时间轴”面板中选择素材，右击，在弹出的快捷菜单中选择“音频增益”选项，如图9-4所示，然后在弹出的“音频增益”对话框中调整增益数值，如图9-5所示。

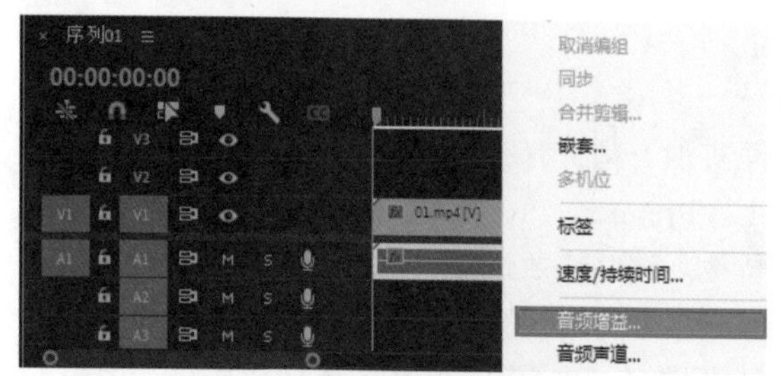

图9-4 选择“音频增益”选项

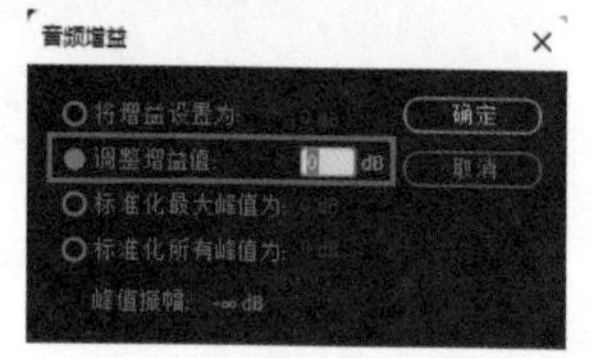

图9-5 “音频增益”对话框

“调整增益值”参数的范围为–96～96dB。

9.2 基本知识要点

在Premiere Pro 2022中进行音频效果编辑前，首先得熟悉和了解音频相关的基本知识，本节将详细介绍音频编辑与应用的基本知识要点。

9.2.1 音频轨道

Premiere Pro 2022的“时间轴”面板中有两种类型的轨道，即视频轨道和音频轨道，音频轨道位于视频轨道的下方，如图9-6所示。

把视频剪辑从“项目”面板拖曳至“时间轴”面板上时，Premiere Pro 2022会自动将剪辑中的音频放到相应的音频轨道上，如果把视频剪辑放在视频1轨道上，则剪辑中的音频就会被自动放置在音频1轨道上，如图9-7所示。

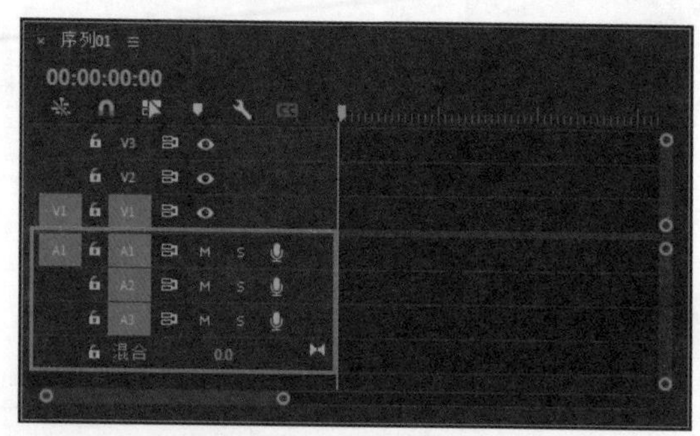

图9-6 音频轨道

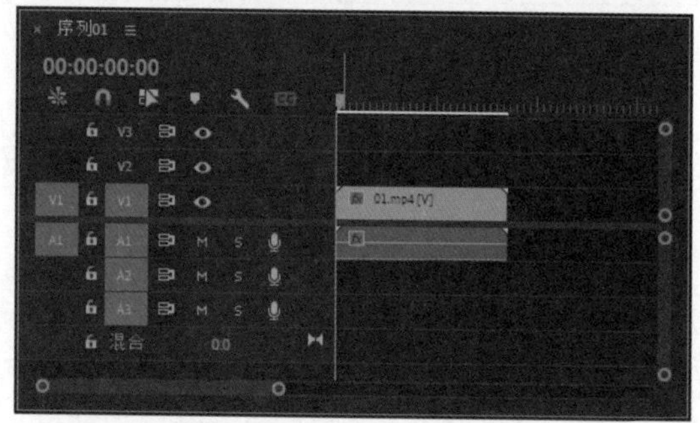

图9-7 视频剪辑素材拖曳至“时间轴”面板

在Premiere Pro 2022中处理音频时，使用“剃刀工具”切割视频剪辑，则与该剪辑相连接的音频也同时被切割，如图9-8所示。选择视频剪辑素材，执行“剪辑”|“取消链接”命令，或者在视频剪辑素材上右击，在弹出的快捷菜单中选择“取消链接”选项，如图9-9所示，可以将剪辑中的视频跟音频断开链接。

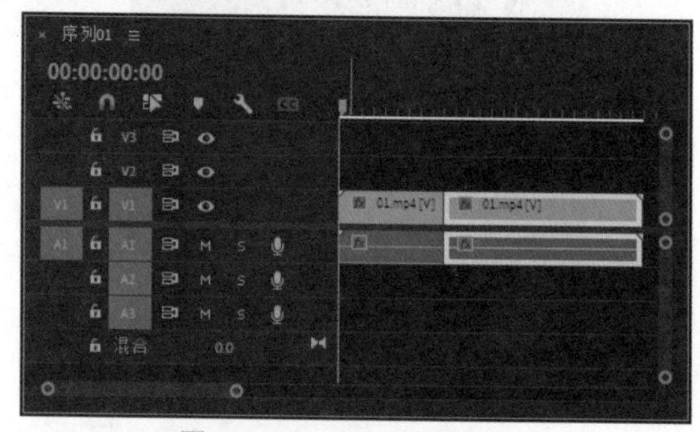

图9-8 对视频剪辑进行切割

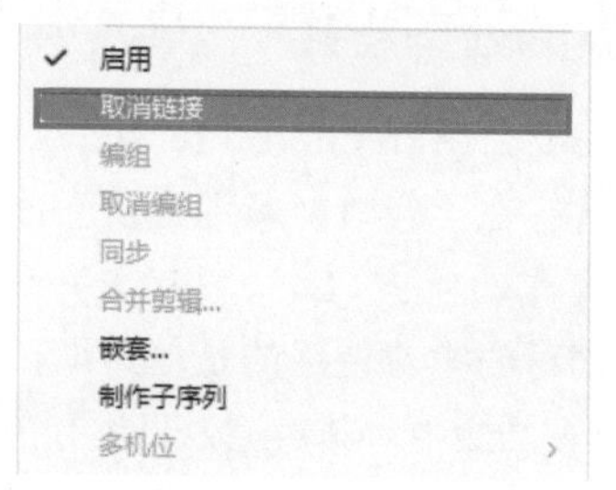

图9-9 选择“取消链接”选项

9.2.2　调整音频的持续时间和速度

音频的持续时间是指音频的入点和出点之间的素材持续时间，因此可以通过改变音频的入点或者出点位置来调整音频的持续时间。在“时间轴”面板中使用“选择工具”直接拖动音频的边缘，以改变音频轨道上音频素材的长度，还可以选择“时间轴”面板中的音频素材，右击，在弹出的快捷菜单中选择“速度/持续时间”选项，如图9-10所示，在打开的“剪辑速度/持续时间”对话框中设置音频的持续时间，如图9-11所示。

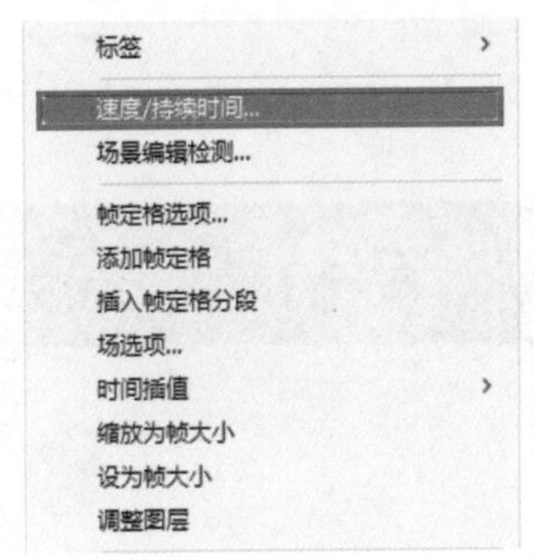

图9-10　选择“速度/持续时间”选项

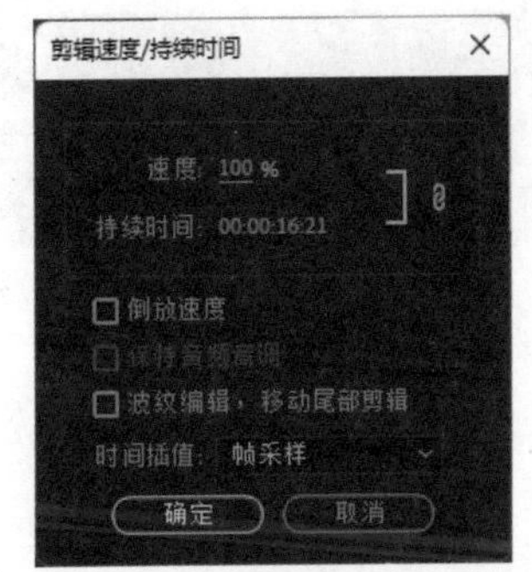

图9-11　“剪辑速度/持续时间”对话框

在“剪辑速度/持续时间”对话框中，可以通过设置音频素材的速度来改变音频的持续时间，改变音频的播放速度后会影响音频的播放效果，音调会因速度的变化而改变，同时，播放速度变化了，播放时间也会随着改变，但是这种改变与单纯的改变音频素材的出点、入点而改变持续时间是不同的。

9.2.3　音量的调节与关键帧技术

在对音频素材进行编辑时，经常会遇到音频素材固有的音量过高或者过低的情况，此时就需要对素材的音量进行调节。调节素材的音量有多种方法，下面简单介绍两种调节音频素材音量的操作方法。

方法1：通过“音频剪辑混合器”面板来调节音量。在“时间轴”面板中选择音频素材，然后在“音频剪辑混合器”面板中拖动相应音频轨道的音量调节滑块，如图9-12所示。

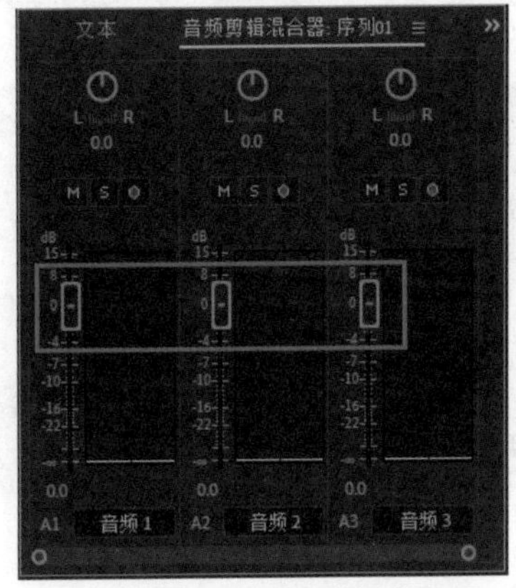

图9-12　音量调节滑块

每个音频轨道都有一个对应的音量调节滑块，上下拖动该滑块，可以增加或降低对应音频轨道中音频素材的音量。滑块下方的数值栏中显示当前音量，用户也可以直接在数值栏中输入声音数值。

方法2：在“效果控件”面板中调节音量。选择音频素材，在“效果控件”面板中展开“音频”效果属性，然后通过设置“级别”参数值调节所选音频素材的音量大小，如图9-13所示。

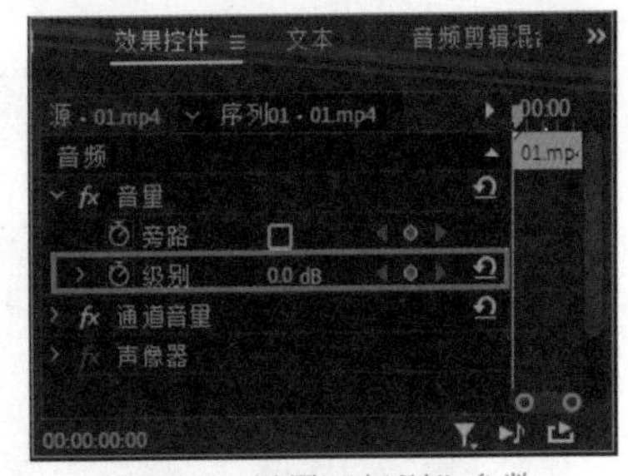

图9-13　设置“级别”参数

在“效果控件”面板中可以对所选择的音频素材参数设置关键帧，制作音频关键帧动画。单击“音频”效果属性右侧的添加关键帧按钮，如图9-14所示，接着把时间线移到其他时间位置，设置音频属性参数，Premiere Pro 2022会自动在该时间处添加一个关键帧，如图9-15所示。

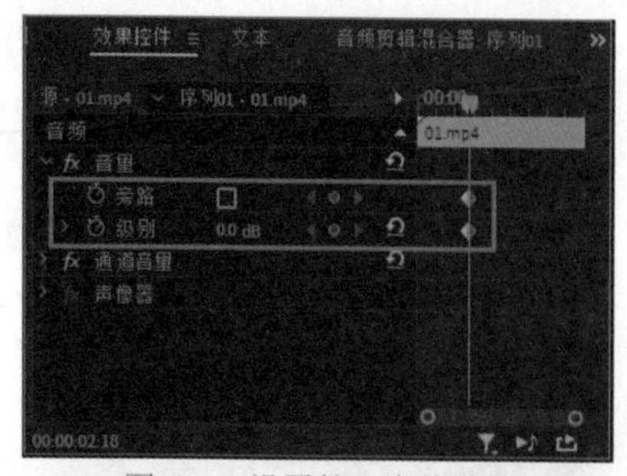

图9-14　设置第一个关键帧

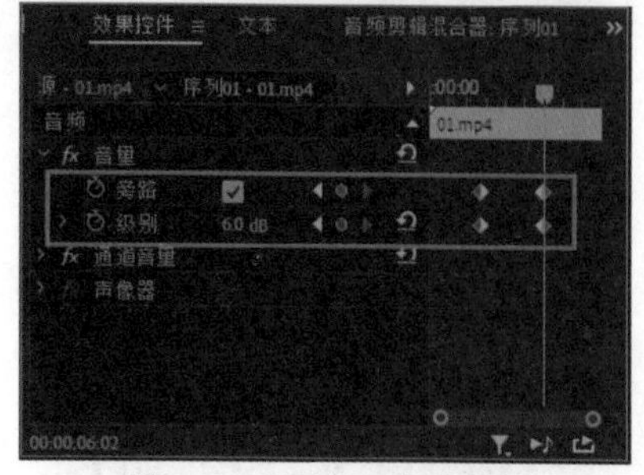

图9-15　设置第二个关键帧

9.2.4　实战——更改音频的增益与速度

下面用实例来具体介绍如何更改音频的增益与速度。

01_ 启动Premiere Pro 2022软件，新建项目，新建序列。

02_ 执行“文件”|“导入”命令，弹出“导入”对话框，选择要导入的素材，单击“打开”按钮，如图9-16所示。

03_ 在“项目”面板中，选择“水果.mov”素材，按住鼠标左键，将其拖曳至“节目”监视器面板，释放鼠标左键，如图9-17所示。

图9-16　“导入”对话框

图9-17　将素材拖曳至“节目”监视器面板

04_ 在“时间轴”面板中选择素材“水果.mov”，在“效果控件”面板设置素材的“缩放”参数为148，如图9-18所示。

图9-18　设置“缩放”参数

05_ 选择素材“水果.mov”，右击，在弹出的快捷菜单中选择“速度/持续时间”选项，如图9-19所示，在弹出的“剪辑速度/持续时间”对话框中设置音频的“速度”为90%，如图9-20所示。

图9-19　选择“速度/持续时间”选项

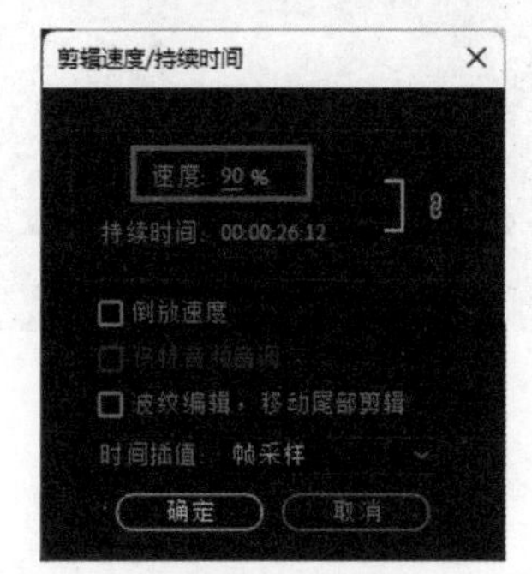

图9-20　“剪辑速度/持续时间”对话框

在“剪辑速度/持续时间”对话框中设置“持续时间”参数，还可以精确地调整音频素材的速率。

06 继续选择素材“水果.mov”，执行“剪辑”|“音频选项”|“音频增益”命令，如图9-21所示，在弹出的“音频增益”对话框中设置“调整增益值”参数为5，单击“确定”按钮，如图9-22所示。

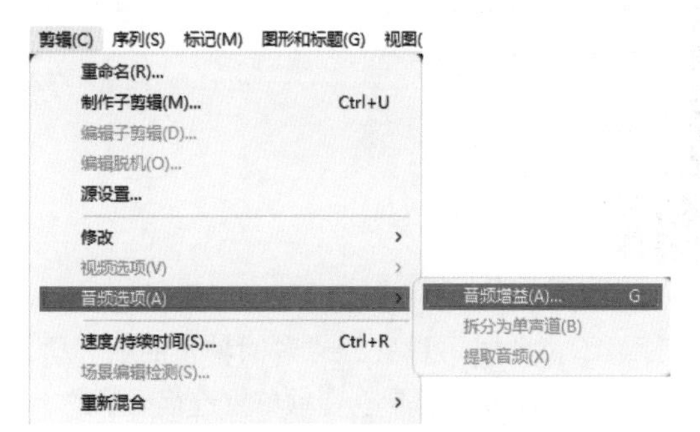

图9-21　执行“音频增益”命令

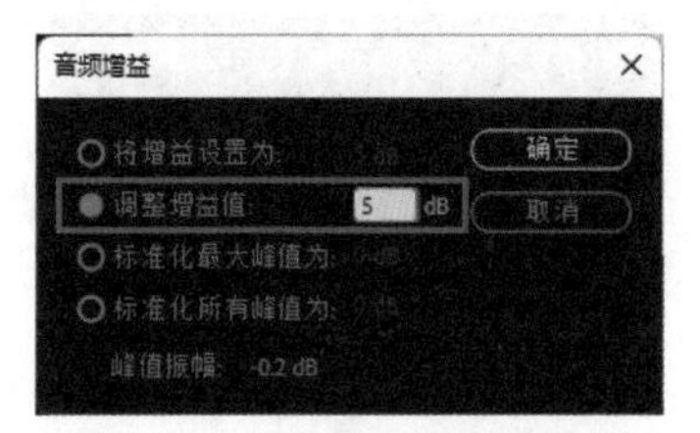

图9-22　“音频增益”对话框

9.3 使用音轨混合器

“音轨混合器”面板可以实时混合“时间轴”面板中各个轨道中的音频素材，可以在该面板中选择相应的音频控制器进行调整，以调节其在“时间轴”面板中对应轨道中的音频素材，通过“音轨混合器”面板可以很方便地把控音频的声道、音量等属性。

9.3.1 认识“音轨混合器”面板

“音轨混合器”面板由若干个轨道音频控制器、主音频控制器和播放控制器组成，如图9-23所示。其中轨道音频控制器主要是用于调节“时间轴”面板中与其对应轨道上的音频。轨道音频控制器的数量跟“时间轴”面板中音频轨道的数量一致，轨道音频控制器由控制按钮、声道调节滑轮和音量调节滑杆3部分组成。

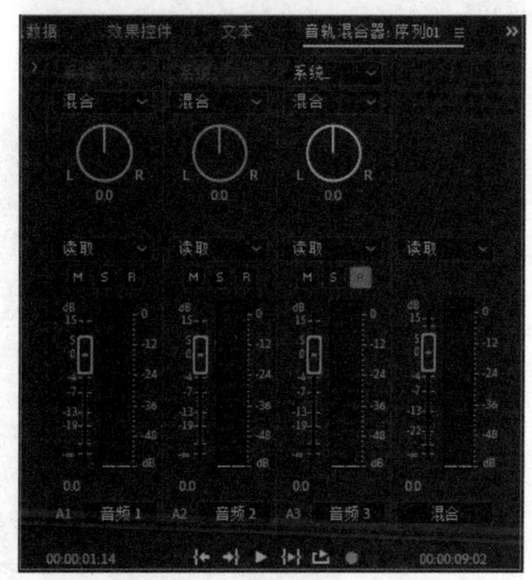

图9-23　“音轨混合器”面板

1. 控制按钮

轨道音频控制器的控制按钮主要用于控制音频调节器的状态，下面分别介绍各个按钮名称及其功能作用。

- M 静音轨道按钮：主要用于设置轨道音频是否为静音状态，单击该按钮后，变为绿色，表示该音轨处于静音状态，再次单击该按钮，取消静音。
- S 独奏轨道按钮：单击独奏轨道按钮，变为黄色，则其他普通音频轨道将会自动被设置为静音模式。

● R 启用轨道以进行录制按钮：单击启用轨道以进行录制按钮，颜色变为红色，此时可以利用输入设备将声音录制到目标轨上，该按钮仅在单声道和立体声普通音频轨道中出现。

2. 声道调节滑轮

声道调节滑轮如图9-24所示，主要是用来实现音频素材的声道切换，当音频素材为双声道音频时，可以使用声道调节滑轮来调节播放声道。在滑轮上按住鼠标左键向左拖动滑轮，则输出左声道的音量增大，向右拖动滑轮则输出右声道的音量增大。

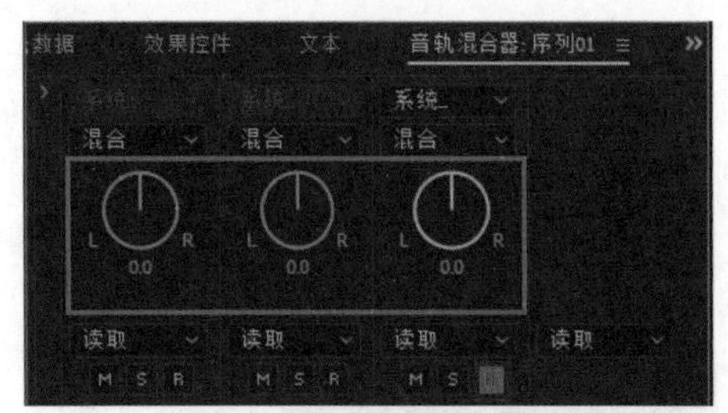

图9-24　声道调节滑轮

3. 音量调节滑杆

音量调节滑杆如图9-25所示，主要用于控制当前轨道音频素材的音量大小，按住鼠标左键向上拖动滑块增加音量，向下拖动滑块降低音量。

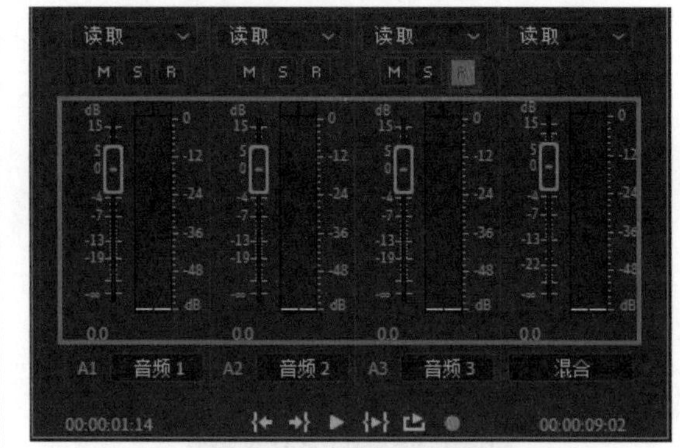

图9-25　音量调节滑杆

9.3.2　设置“音轨混合器”面板

单击“音轨混合器”面板右上角的☰按钮，在弹出的菜单中可以对面板进行相关设置，如图9-26所示。

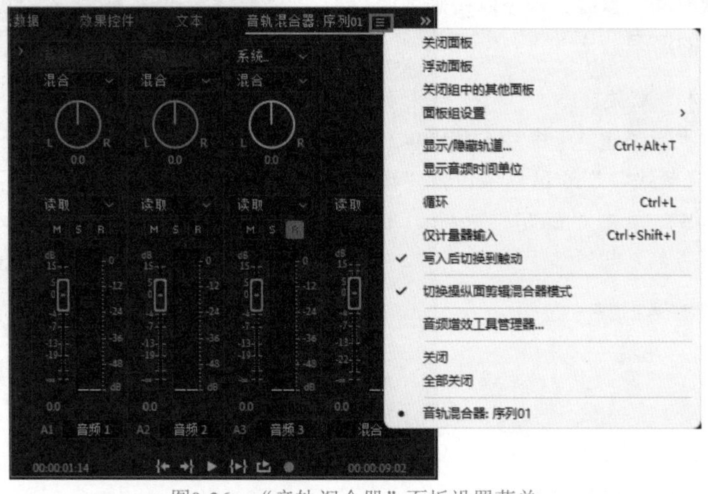

图9-26　“音轨混合器”面板设置菜单

1. 显示/隐藏轨道

该选项可以对“音轨混合器”面板中的轨道进行显示或者隐藏设置。选择该选项后会弹出“显示/隐藏轨道”对话框，如图9-27所示。在该对话框中选择所要显示或隐藏的轨道，然后单击“确定”按钮，即可在“音轨混合器”面板中显示或隐藏选定的轨道。

2. 显示音频时间单位

该选项可以在“时间轴”面板上以音频单位进行显示，此时可以看到“时间轴”面板和“音轨混合器”面板中都是以音频单位进行显示的。

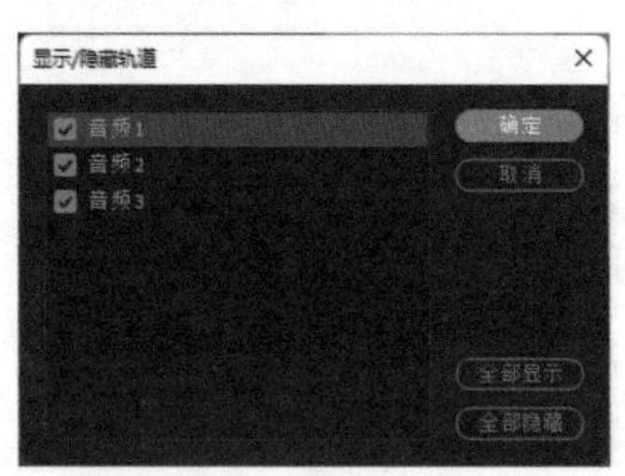

图9-27　“显示/隐藏轨道”对话框

3. 循环

选择该菜单选项，系统会自动循环播放音乐。

9.3.3 实战——使用“音轨混合器”控制音频

下面用实例具体介绍如何调节影片的音频。

01 启动Premiere Pro 2022软件，打开项目文件，如图9-28和图9-29所示。

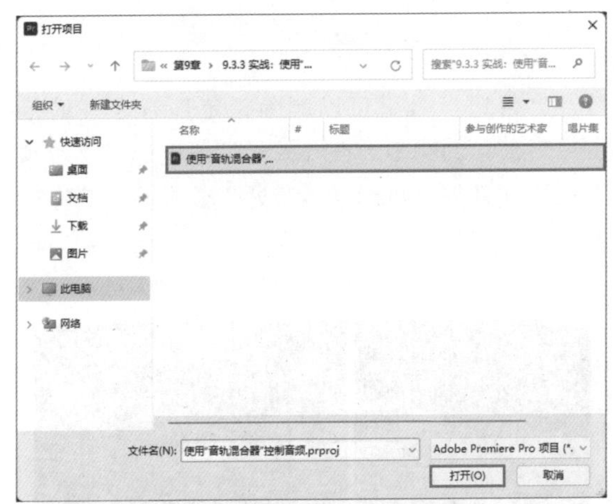

图9-28　打开项目文件

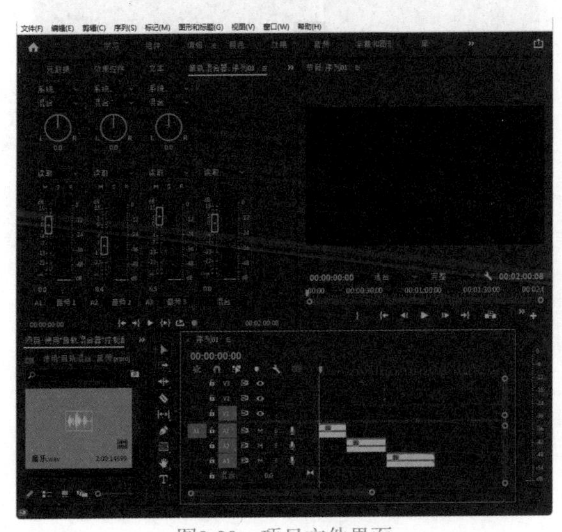

图9-29　项目文件界面

02 通过预览“时间轴”面板中的三段音频素材，发现第二段音频素材音量过低，而第三段音频素材音量过高。在“时间轴”面板中选择音频2轨道中的音频素材，在“音轨混合器”面板中单击相应的音量调节滑块，如图9-30所示，然后按住鼠标左键向上拖动到音量表中0的位置，如图9-31所示。

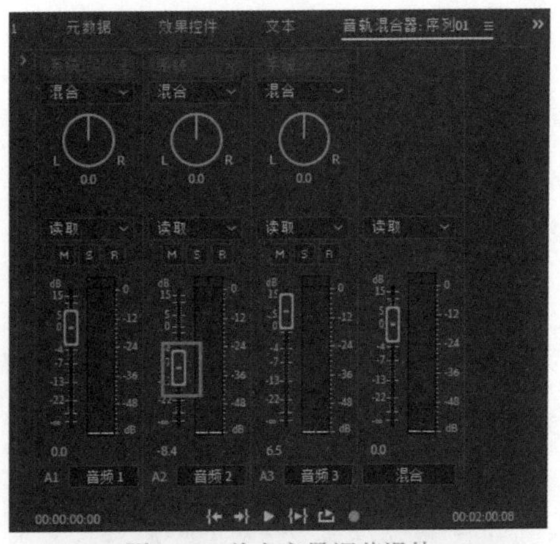

图9-30　单击音量调节滑块

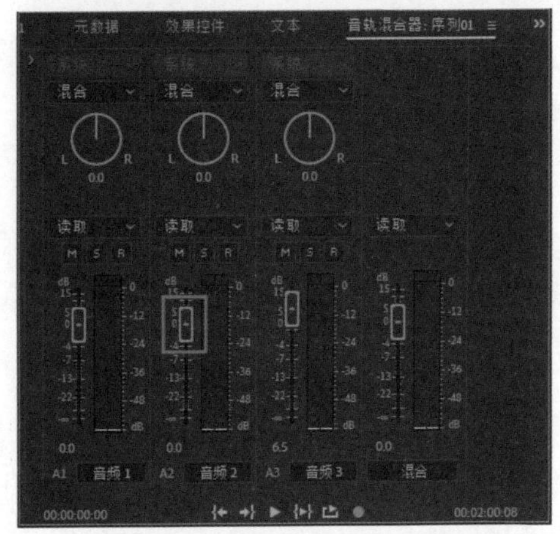

图9-31　向上拖动音量调节滑块

03 接着在“时间轴”面板中选择音频3轨道中的音频素材，在“音轨混合器”面板中单击相应的音量调节滑块，如图9-32所示，然后按住鼠标左键向下拖动到音量表中0的位置，如图9-33所示。

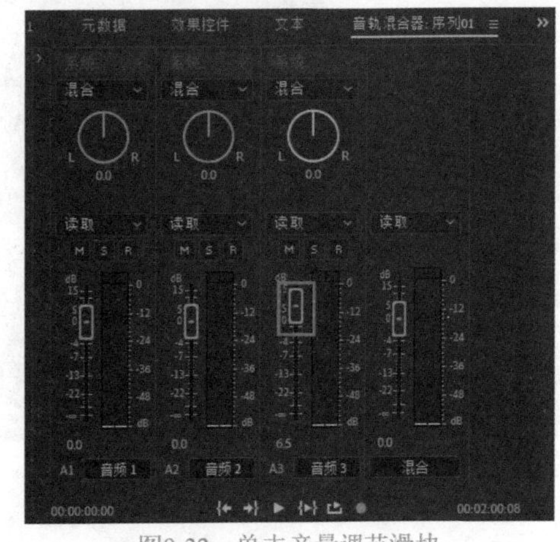

图9-32　单击音量调节滑块

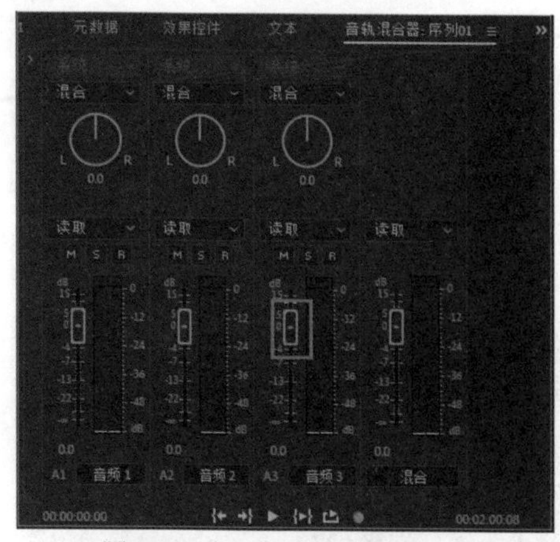

图9-33　向下拖动音量调节滑块

9.4 音频效果

Premiere Pro 2022具有很强的音频编辑功能，其“音频效果”文件夹包含大量的音频效果，可以满足多种音频特效的编辑需求，下面简单介绍一些常用的音频效果。

9.4.1　多功能延迟效果

延迟效果可以使音频剪辑产生回音效果，“多功能延迟”效果则可以产生4层回音，可以通过调节参数来控制每层回音发生的延迟时间与程度。

在“效果”面板选择“音频效果”文件夹，再选择“多功能延迟”效果，将其拖曳到需要应用该效果的音频素材上，并在“效果控件”面板对其进行参数设置即可，如图9-34所示。

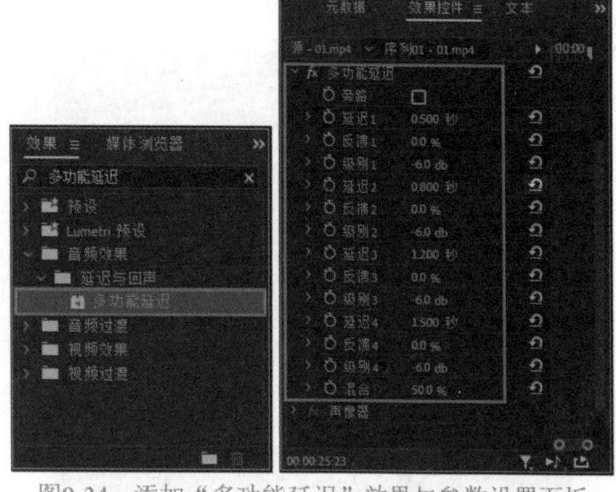

图9-34　添加“多功能延迟”效果与参数设置面板

下面对“多功能延迟”效果的各项属性参数进行简单介绍。

- 延迟1/2/3/4：用于指定原始音频与回声之间的时间量。
- 反馈1/2/3/4：用于指定延迟信号的叠加程度，以产生多重衰减回声的百分比。
- 级别1/2/3/4：用于设置每层的回声音量强度。
- 混合：用于控制延迟声音和原始音频的混合百分比。

9.4.2　带通效果

“带通”效果可以删除指定声音之外的范围或者波段的频率。在“效果”面板选择“音频效果”文件夹，再选择“带通”效果，将其拖曳到需要应用该效果的音频素材上，并在“效果控件”面板对其进行参数设置即可，如图9-35所示。

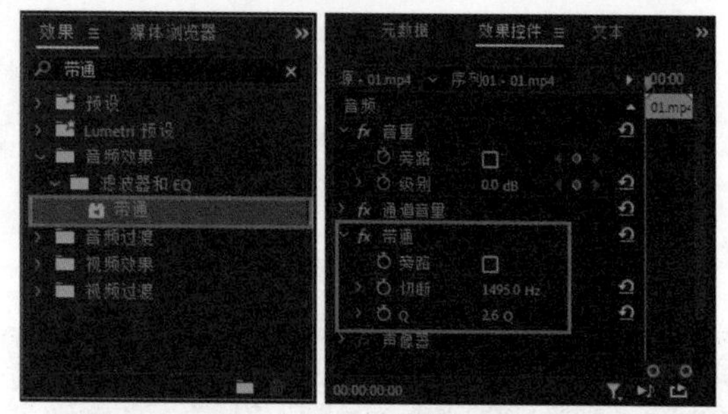

图9-35　添加“带通”效果与参数设置面板

下面对“带通”效果的各项属性参数进行简单介绍。

- 旁路：勾选该复选框，可以取消带通音效效果。
- 切断：数值越小，音量越小；数值越大，音量越大。
- Q：用于设置波段频率的宽度。

9.4.3　降噪效果

“降噪”效果主要用于自动探测音频中的噪声并将其消除。在“效果”面板选择“音频效果”文件夹，再选择“降噪”效果，将其拖曳到需要应用该效果的音频素材上，并在“效果控件”面板对其进行参数设置即可，如图9-36所示。

在其参数设置中，可以根据语音的类型和具体情况，选择对应的预设处理方式，对指定的频率范围进行限制，以便能高效地完成音频内容的优化处理。

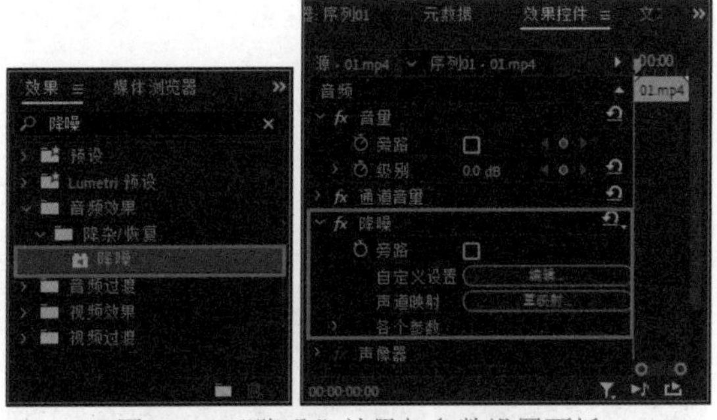

图9-36　“降噪”效果与参数设置面板

9.4.4　镶边效果

“镶边”效果可以将时间推迟，以制造一种古典的音乐气息。在“效果”面板选择“音频效果”文件夹，再选择“镶边”效果，将其拖曳到需要应用该效果的音频素材上，并在“效果控件”面板对其进行参数设置即可，如图9-37所示。

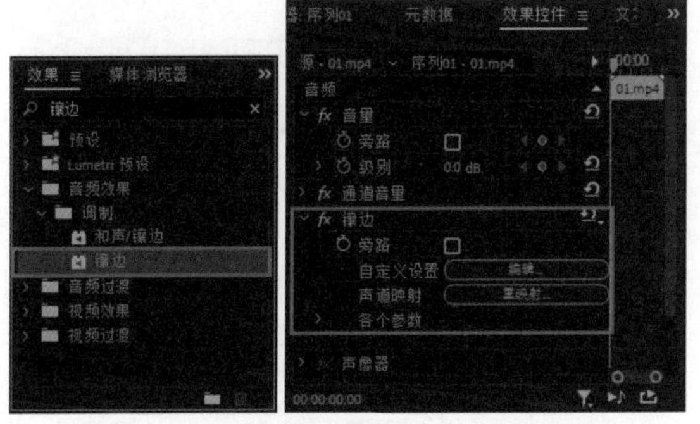

图9-37　“镶边”效果与参数设置面板

9.4.5　低通/高通效果

“低通”效果用于删除高于指定频率界限的频率，使音频产生浑厚的低音音场效果；“高通”效果用于删除低于指定频率界限的频率，使音频产生清脆的高音音场效果。

在“效果”面板选择“音频效果”文件夹，再分别将“低通”和“高通”效果拖曳到需要应用该效果的音频素材上，并在“效果控件”面板对其进行参数设置即可，如图9-38所示。

“低通”和“高通”效果属性中都只有一个参数选项，即“屏蔽度”，在“低通”中该选项用于设定可通过声音的最高频率；在“高通”中该选项则用于设定可通过声音的最低频率。

下面对“低通”和“高通”效果的各项属性参数进行简单介绍。

- 旁路：勾选该复选框，可以取消带通音效效果。
- 切断：数值越小，音量越小；数值越大，音量越大。

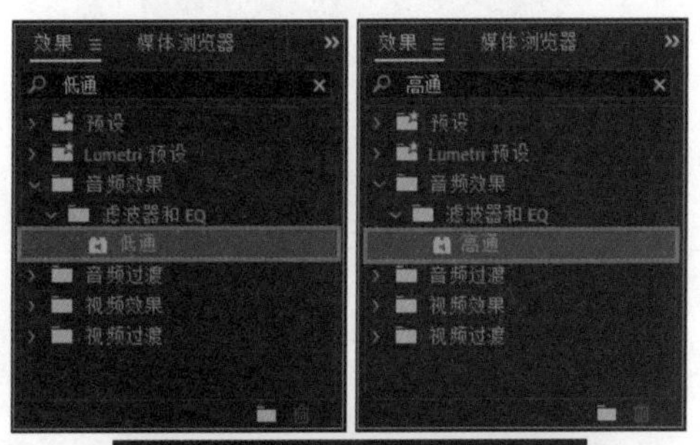

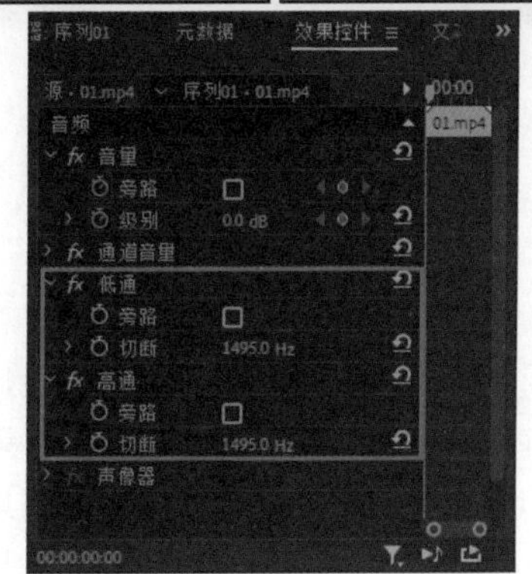

图9-38　“低通”和“高通”效果与参数设置面板

9.4.6　低音/高音效果

“低音”效果用于提升音频波形中低频部分的音量，使音频产生低音增强效果；“高音”效果用于提升音频波形中高频部分的音量，使音频产生高音增强效果。

在“效果”面板选择“音频效果”文件夹，再分别将“低音”和“高音”效果拖曳到需要应用该效果的音频素材上，并在“效果控件”面板对其进行参数设置即可，如图9-39所示。

“低音”和“高音”效果属性中都只有一个参数选项，即“提升”，用于提升或降低低音/高音。

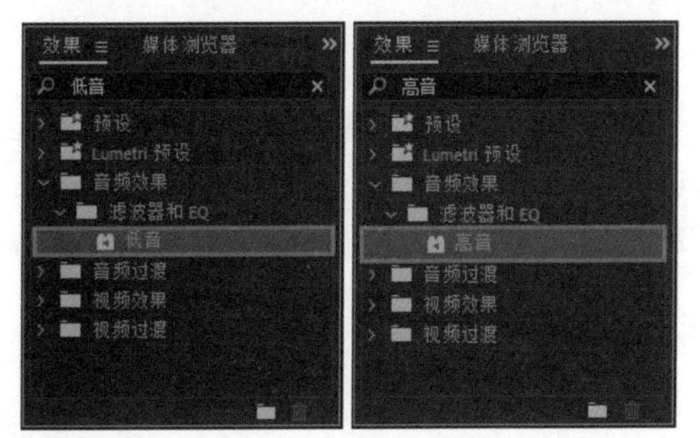

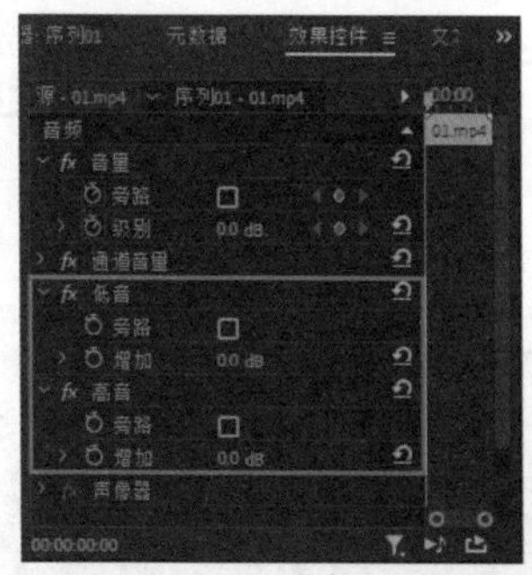

图9-39　“低音”和“高音”效果与参数设置面板

下面对“低音”和“高音”效果的各项属性参数进行简单介绍。

- 旁路：勾选该复选框，可以取消带通音效效果。
- 增加：提升或降低低音或高音。

9.4.7　消除齿音效果

“消除齿音”效果可以用于对人物语音音频的清晰化处理，一般用来消除人物对着麦克风说话时产生的齿音。在“效果”面板选择“音频效果”文件夹，再选择“消除齿音”效果，将其拖曳到需要应用该效果的音频素材上，并在“效果控件”面板对其进行参数设置即可，如图9-40所示。

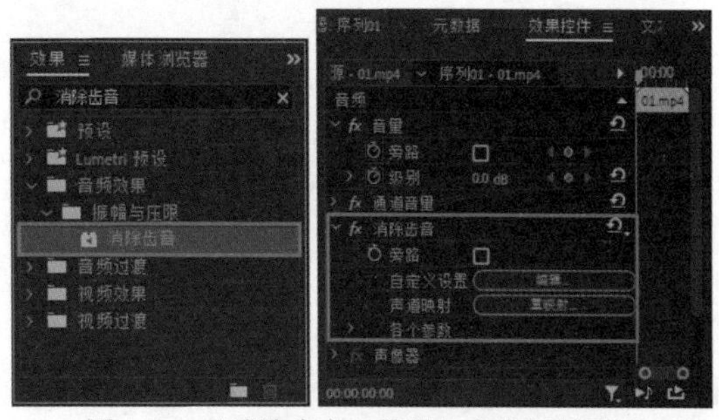

图9-40　“消除齿音”效果与参数设置面板

可以在同一个音频轨道上添加多个音频特效并分别进行控制。

9.4.8　音量效果

“音量”效果是指渲染音量可以使用音量效果的音量来代替原始素材的音量，该特效可以为素材建立一个类似于封套的效果，在其中设定一个音频标准。

在“效果”面板选择“音频效果”文件夹，再选择“音量”效果，将其拖曳到需要应用该效果的音频素材上，并在“效果控件”面板对其进行参数设置即可，如图9-41所示。

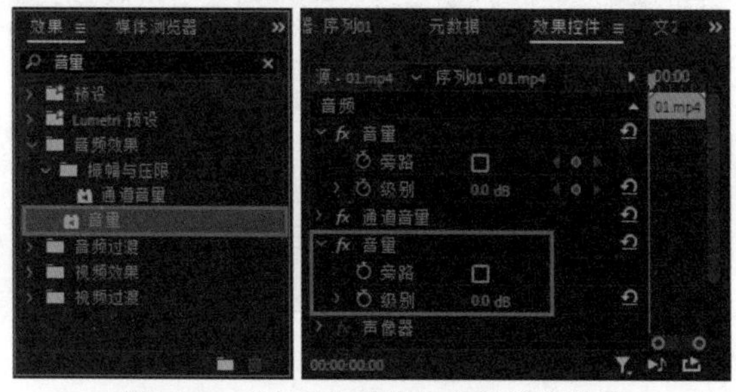

图9-41　“音量”效果与参数设置面板

下面对“音量”效果的各项属性参数进行简单介绍。

- 旁路：勾选该复选框，可以取消音量音效效果。
- 级别：设置音量的大小。该参数为正值时，提高音量，该参数为负值时，降低音量。

9.4.9　实战——实现音乐的余音绕梁效果

下面用实例来具体介绍如何实现音乐的余音绕梁效果。

01　启动Premiere Pro 2022软件，新建项目，新建序列。

02　执行“文件”|“导入”命令，弹出“导入”对话框，选择要导入的素材，单击“打开”按钮，如图9-42所示。

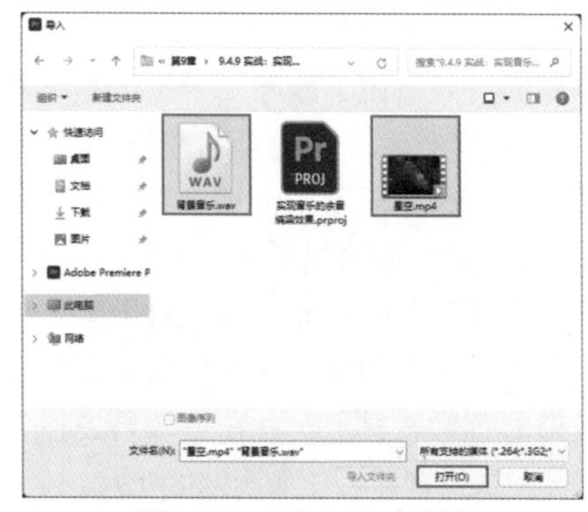

图9-42　“导入”对话框

03　在“项目”面板中，选择“星空.mp4”素材，按住鼠标左键，将其拖曳至“节目”监视器面板中，释放鼠标左键，如图9-43所示。

04　将“项目”面板中的“背景音乐.wav”素材拖曳至“时间轴”面板中A1轨道中，如图9-44所示。

图9-43 将素材拖曳至"节目"监视器面板

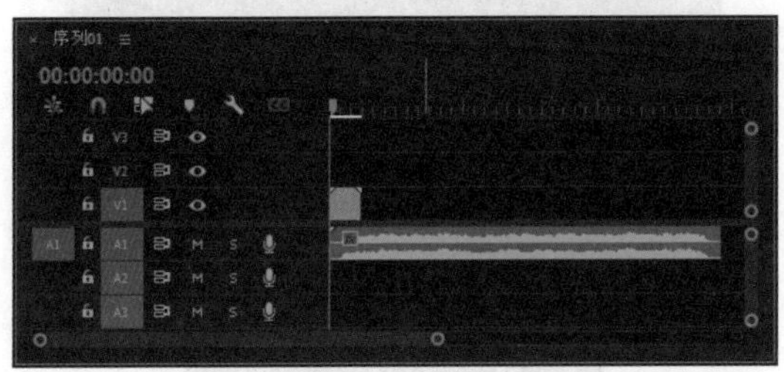
图9-44 拖曳音频

05 将时间线移动到（00:00:15:00）位置，在"工具"面板中单击"剃刀工具"按钮，切断素材，并且删除后半段音频，如图9-45所示。

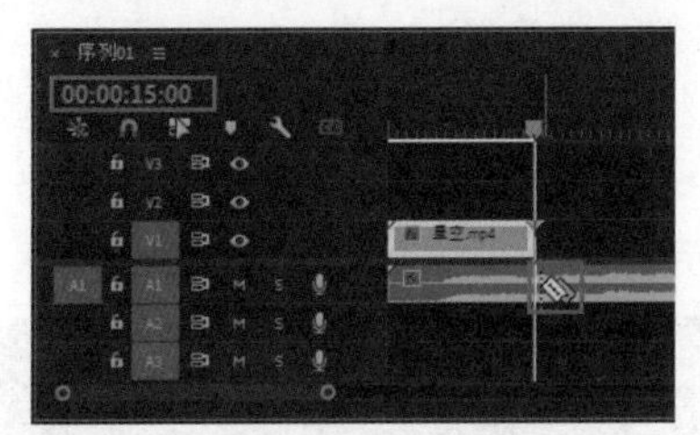
图9-45 删除多余音频

06 在"效果"面板中展开"音频效果"文件夹，选择"延迟"效果，将其拖到音频1轨道中的音频素材上，如图9-46所示。

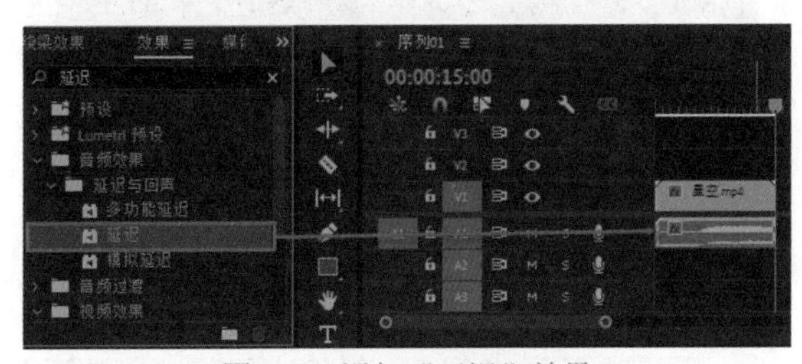
图9-46 添加"延迟"效果

07 选择音频1轨道中的音频素材，在"效果控件"面板中设置"延迟"效果属性中的"延迟"数值为1.5秒，"反馈"数值为25%，"混合"数值为65%，如图9-47所示。

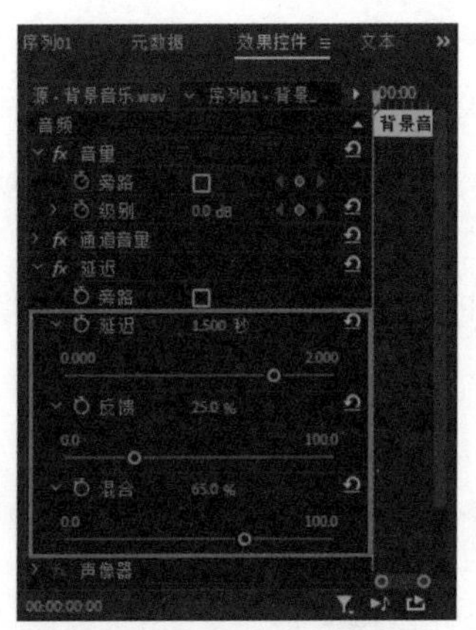
图9-47 "延迟"参数设置

9.5 音频过渡效果

音频过渡指的是，通过在音频剪辑的头尾或两个相邻音频之间添加一些音频过渡特效，使音频产生淡入淡出效果，或者音频与音频之间的衔接变得柔和自然。Premiere Pro 2022为音频素材提供了简单的过渡效果，存放在"音频过渡"文件夹中。

9.5.1 交叉淡化效果

在"效果"面板中展开"音频过渡"文件夹，其中的"交叉淡化"文件夹中有"恒定功率""恒定增益""指数淡化"3种音频过渡效果，其应用方法与添加视频过渡效果的方法相似，将其添加到音频剪辑中后，在"效果控件"面板设置好需要的持续时间、对齐方式等参数即可，如图9-48所示。

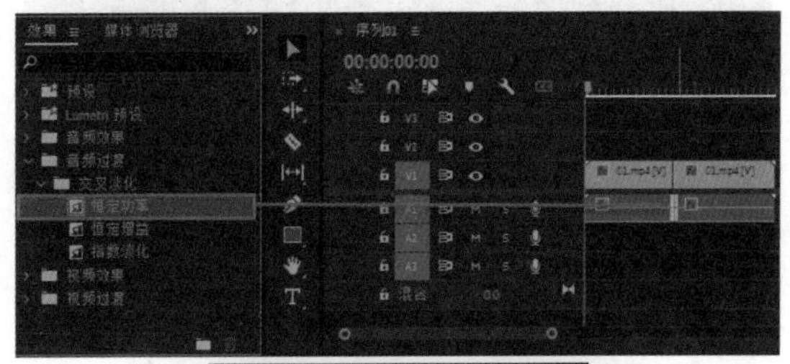

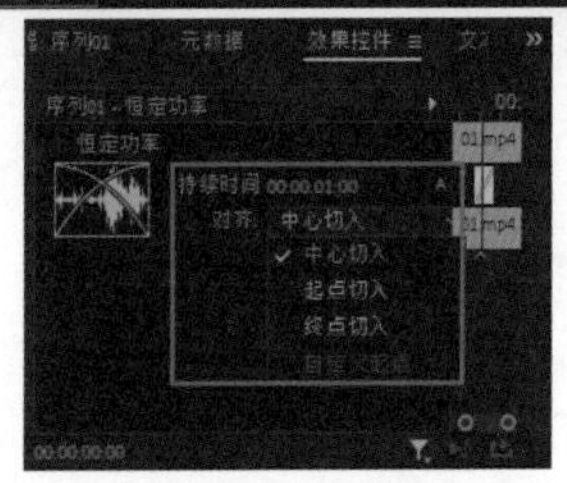
图9-48 添加音频过渡效果及参数设置

9.5.2 实战——实现音频的淡入淡出效果

下面用实例来具体介绍如何实现音频的淡入淡出效果。

01_ 启动Premiere Pro 2022软件，打开项目文件，如图9-49和图9-50所示。

图9-49 打开项目文件

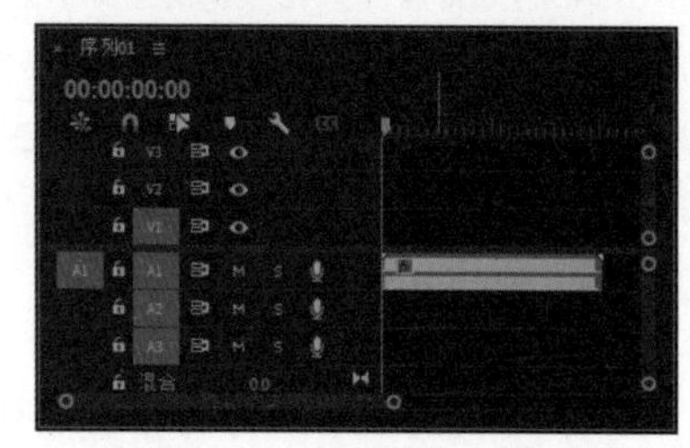

图9-50 “时间轴”面板

02_ 在“效果”面板中展开“音频过渡”文件夹，再展开“交叉淡化”文件夹，选择“恒定增益”效果，并将其拖到音频1轨道中的音频素材最左端，如图9-51所示。

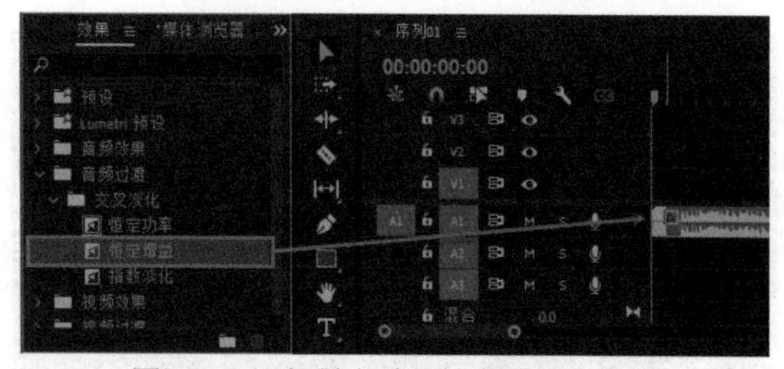

图9-51 添加最左端“恒定增益”效果

03_ 在音频1轨道上单击“恒定增益”效果，然后打开“效果控件”面板，将“持续时间”设置为（00:00:05:00），如图9-52所示。

04_ 使用同样的方法将“恒定增益”效果拖到音频1轨道中的音频素材最右端，如图9-53所示。在音频1轨道上单击右端的“恒定增益”效果，然后打开“效果控件”面板，将“持续时间”设置为（00:00:02:00），如图9-54所示。

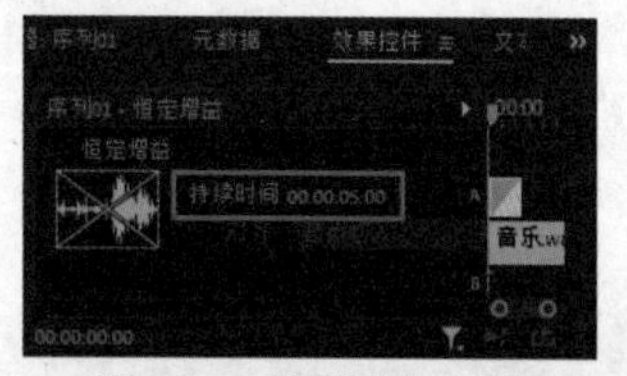

图9-52 设置持续时间

图9-53 添加最右端“恒定增益”效果

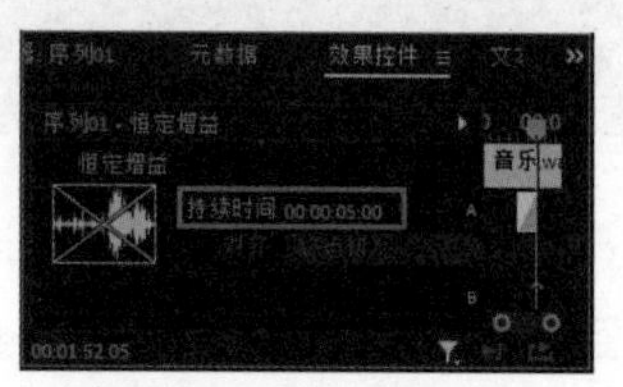

图9-54 设置持续时间

05_ 最终，在音频1轨道上的音频素材包含了两个音频过渡效果，一个位于开始处对音频进行淡入，另一个位于结束处对音频进行淡出，如图9-55所示。

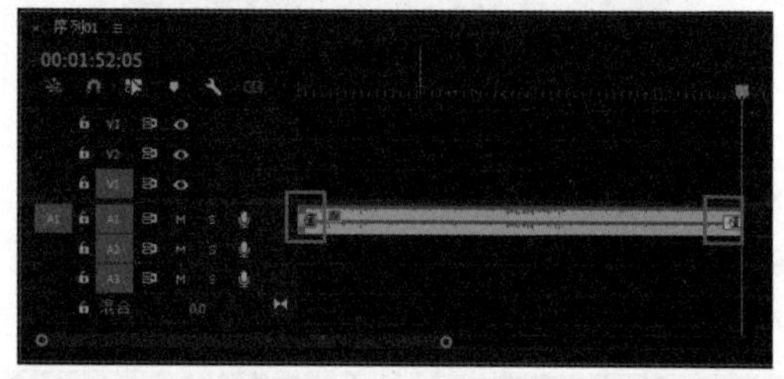

图9-55 音频过渡效果在音频素材上的位置

提示 **除了使用音频特效实现音频素材的淡入淡出效果外，还可以通过添加“音量”关键帧来实现。**

9.6 综合实例——电话里的情绪语录

电影中经常会出现人物接打电话，没开免

提，但是观众也能听清楚电话内的声音的情况，本案例就将制作模拟电话声讲解情绪语录，像是在打电话与观众交谈一样，下面用实例来具体介绍如何实现电话里的情绪语录效果。

01 启动Premiere Pro 2022软件，新建项目，新建序列。

02 执行“文件”|“导入”命令，弹出“导入”对话框，选择要导入的素材，单击“打开”按钮，如图9-56所示。

图9-56 “导入”对话框

03 在“项目”面板中，选择“语录音频”素材拖曳至“时间轴”面板，如图9-57所示。

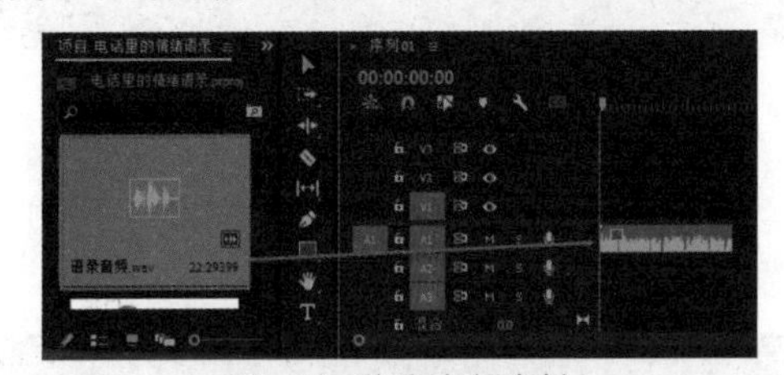

图9-57 拖曳音频素材

04 在“文本”面板中，单击“转录序列”按钮，如图9-58所示。

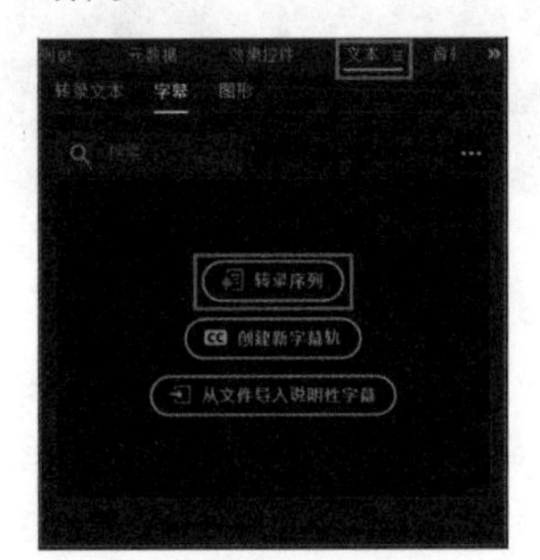

图9-58 单击“转录序列”按钮

05 在弹出的“创建转录文本”对话框中，设置“语言”为“简体中文”，单击“转录”按钮，如图9-59所示。

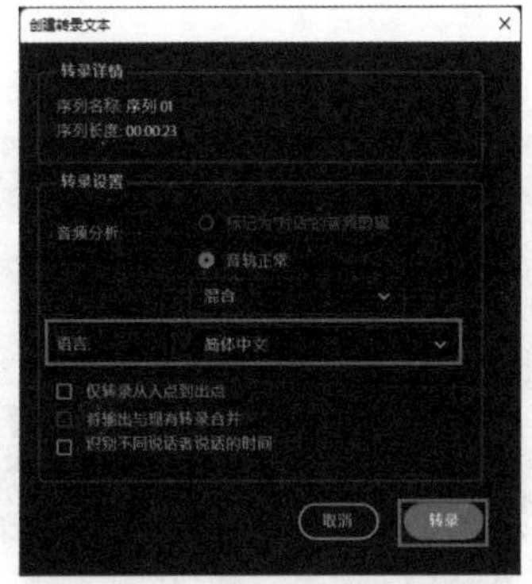

图9-59 “创建转录文本”对话框

06 在“转录文本”选项卡中，双击文本，修改语音转文本识别错误的字，如图9-60所示。

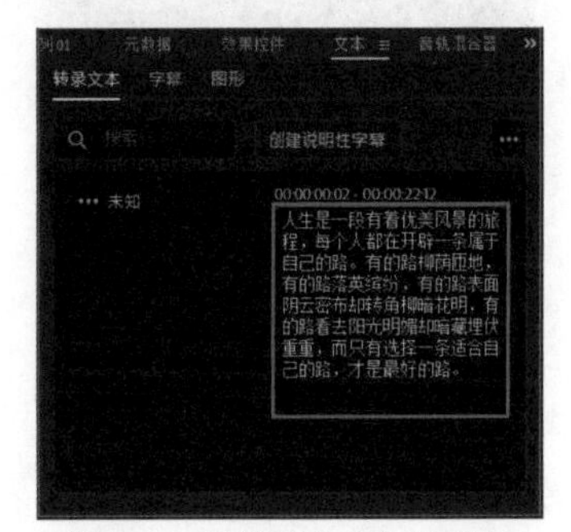

图9-60 “转录文本”选项卡

07 在“转录文本”选项卡中，单击“创建说明性字幕”按钮，在弹出的“创建字幕”对话框中，设置“行数”为单行，单击“创建”按钮，如图9-61所示。

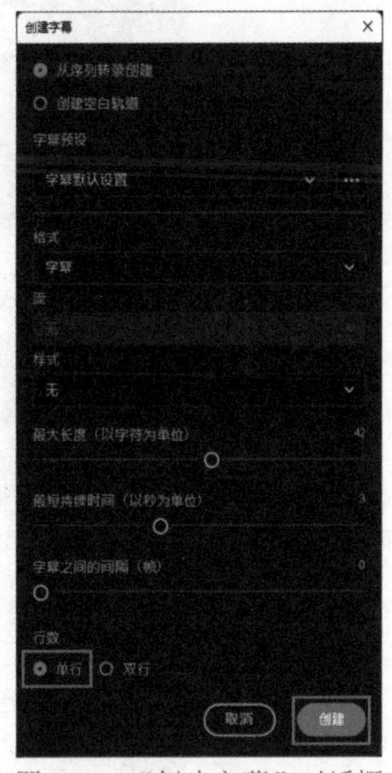

图9-61 “创建字幕”对话框

08 在“时间轴”面板中将自动生成“字幕”素

材，根据音频内容，将字幕素材的每一句话用“剃刀工具”单独切割出来，并在“文本”面板中的“字幕”选项卡中调整字幕，如图9-62所示。

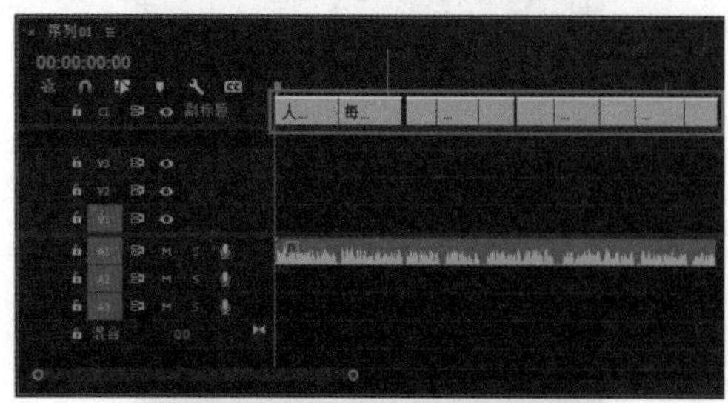

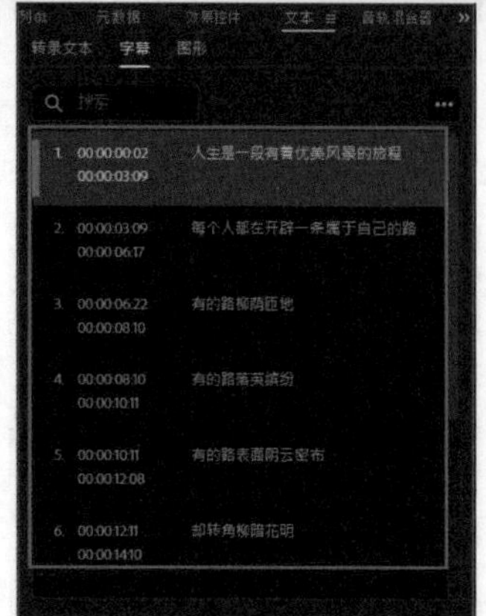

图9-62　生成字幕素材

09_ 执行菜单栏中的“窗口”|“基本图形”命令，选择“字幕”素材，进入“基本图形”面板，设置字体外观、大小及位置，如图9-63所示。

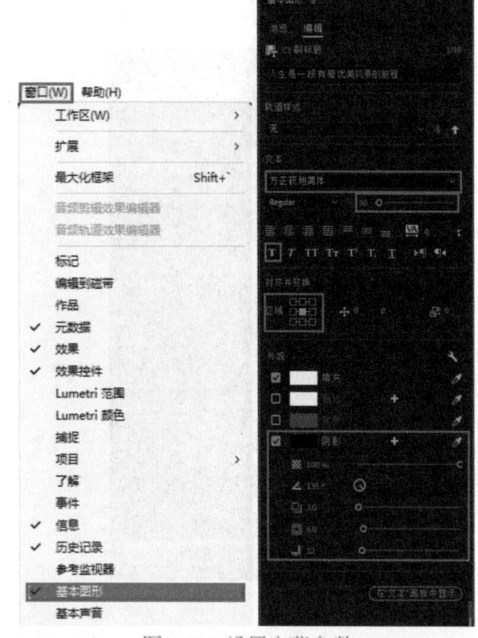

图9-63　设置字幕参数

10_ 在“轨道样式”下拉列表中，选择“创建样式”选项，在弹出的“新建文本样式”对话框中，设置“名称”为字幕，单击“确定”按钮，其他字幕将统一字体样式，如图9-64所示。

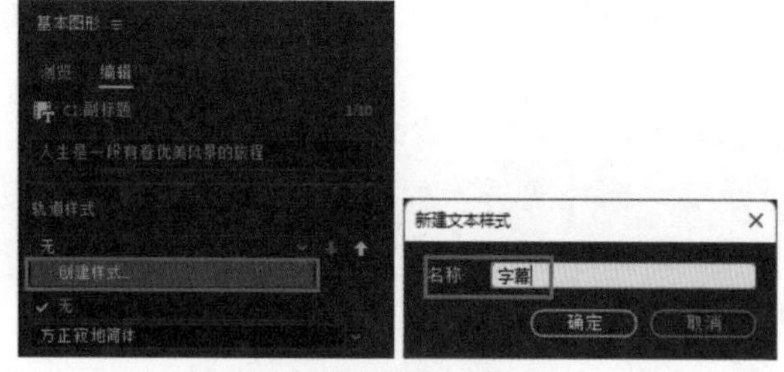

图9-64　创建样式

11_ 在“项目”面板中，依次按照序号顺序拖曳至“时间轴”面板，每个视频素材对应一个字幕素材，并在“效果控件”面板中设置“缩放”数值，如图9-65所示。

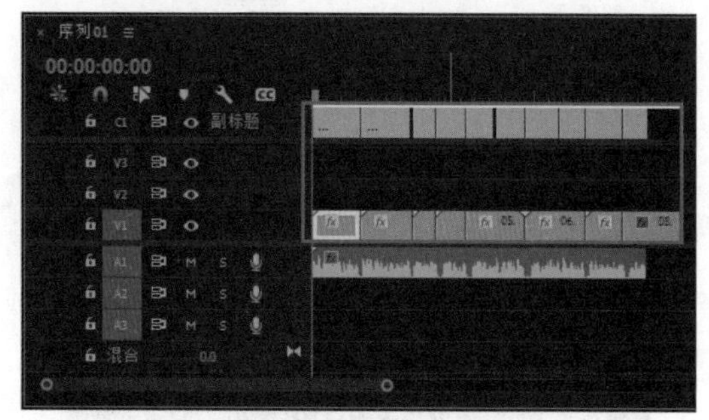

图9-65　添加视频素材

12_ 在“项目”面板中选择“下雨.mov”素材 和“雨滴.mov”素材，拖曳至“时间轴”面板中时间线后，如图9-66所示。

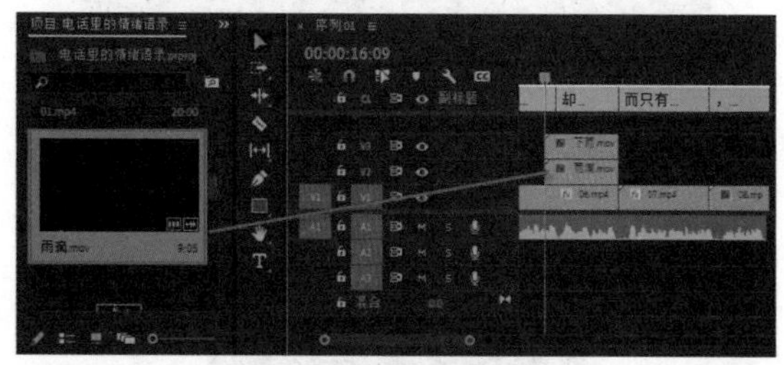

图9-66　添加视频素材

13_ 在“效果”面板中，依次展开“视频效果”|“键控”文件夹，选择“颜色键”效果拖曳至“雨滴.mov”素材上方，如图9-67所示。

14_ 在“效果控件”面板中，在“颜色键”属性中，设置“主要颜色”为黑色，设置“颜色容差”数值为100，“边缘细化”数值为1，如图9-68所示。

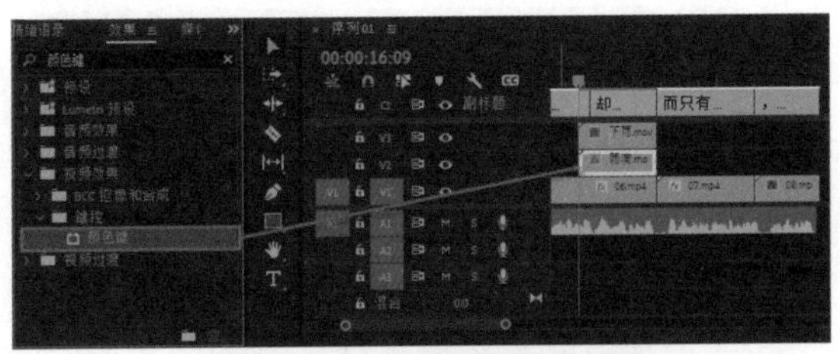

图9-67　添加“颜色键”效果

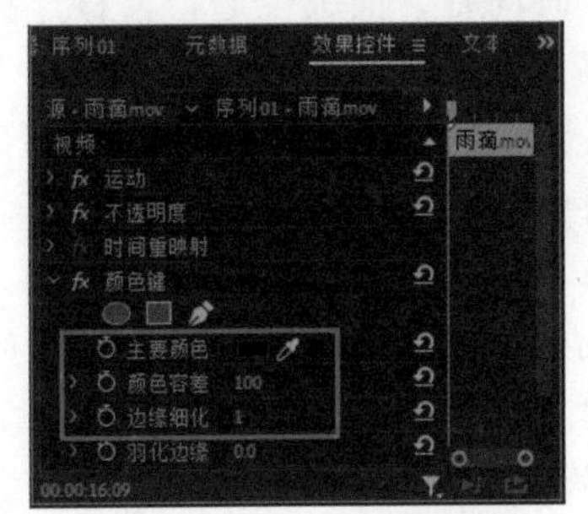

图9-68　设置“颜色键”参数

15 选择“语录音频.wav”素材，在菜单栏中执行“窗口”|“基本声音”选项，在“基本声音”面板中单击“对话”按钮，如图9-69所示。

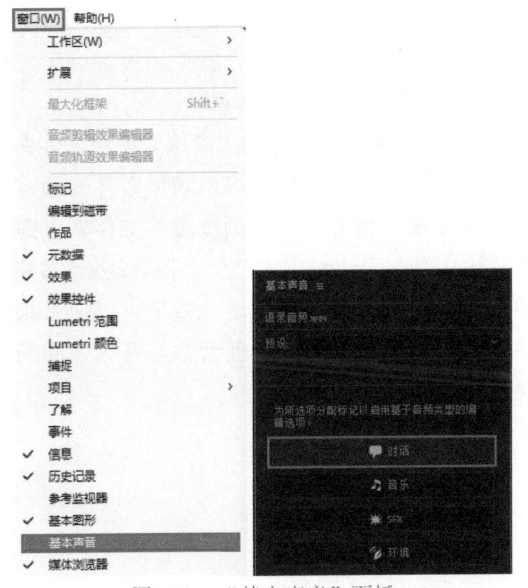

图9-69　“基本声音”面板

16 在“对话”选项中，在“预设”下拉列表中选择“电话中”选项，并设置“数量”为8，如图9-70所示。

17 在“项目”面板中选择“背景音乐.wav”素材，拖曳至“时间轴”面板A2轨道上，并调整素材长度，如图9-71所示。

18 在“效果”面板中，依次展开“视频过渡”|“溶解”文件夹，选择“黑场过渡”效果，拖曳至“时间轴”面板中“08.mp4”素材结尾处，如图9-72所示。

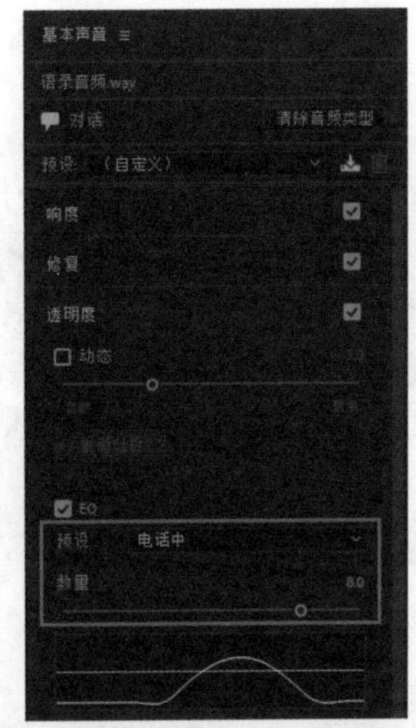

图9-70　设置“预设”选项

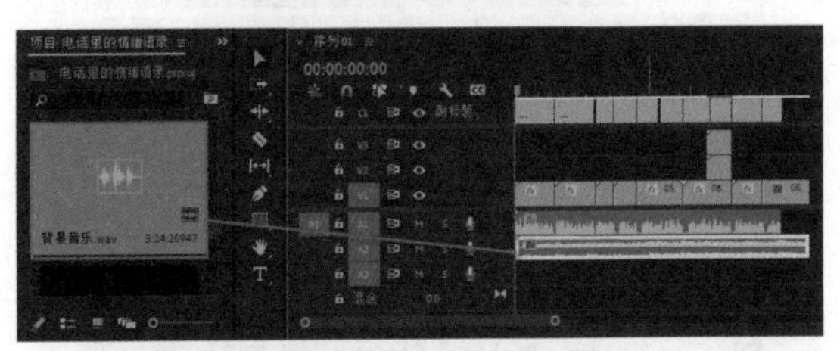

图9-71　添加音频素材

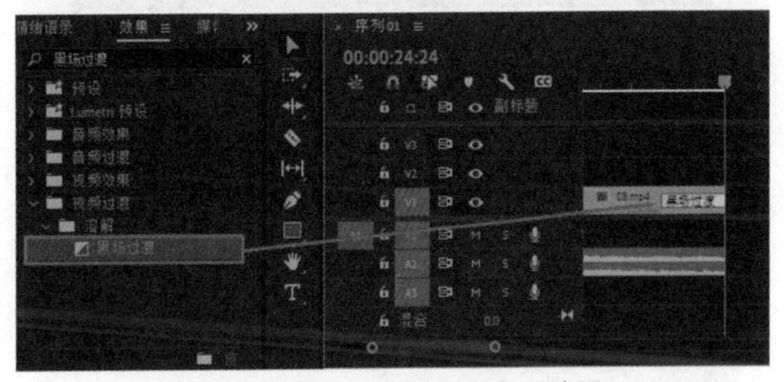

图9-72　添加“黑场过渡”效果

19 在“效果”面板中，依次展开“音频过渡”|“交叉淡化”文件夹，选择“恒定增益”效果，拖曳至“时间轴”面板中“背景音乐.wav”素材结尾处，如图9-73所示。

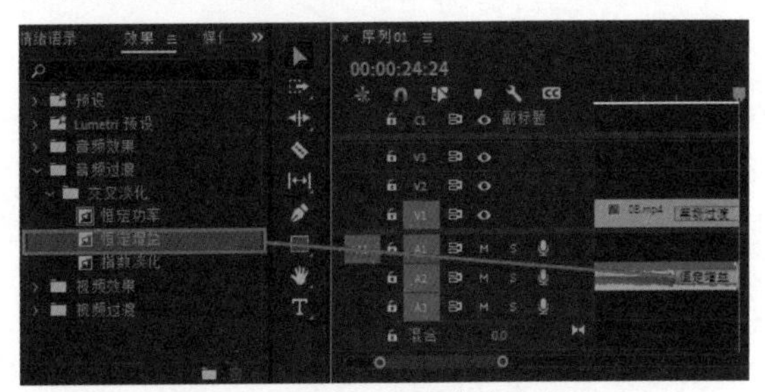

图9-73　添加“恒定增益”效果

20 按Enter键渲染项目，渲染完成后预览效果，如图9-74所示。

图9-74　预览视频

9.7 本章小结

本章主要学习了如何在Premiere Pro 2022中为影视作品添加音频，如何对音频进行编辑和处理，以及常用的一些音频效果、音频过渡效果的介绍。

在“时间轴”面板中选择素材，执行“剪辑”|“音频选项”|“音频增益”命令，然后在弹出的“音频增益”对话框中可以对素材的音频增益进行调整。

选择“时间轴”面板中的音频素材，右击，在弹出的快捷菜单中选择“速度/持续时间”选项，在弹出的“剪辑速度/持续时间”对话框中可以调整剪辑的速度和持续时间。

“音轨混合器”面板由若干个轨道音频控制器、主音频控制器和播放控制器组成，可以实时混合“时间轴”面板中各个轨道中的音频素材，可以在该面板中选择相应的音频控制器进行调整，以调节其在“时间轴”面板中对应轨道中的音频素材，通过“音轨混合器”面板可以很方便地把控音频的声道、音量等属性。

Premiere Pro 2022中的“音频效果”文件夹里提供了大量的音频效果，可以满足多种音频特效的编辑需求，另外在“音频过渡”文件夹里提供了“恒定功率”“恒定增益”“指数淡化”3种简单的音频过渡效果，应用这些效果可以使音频产生淡入、淡出效果，或者使音频与音频之间的衔接变得柔和自然。

第10章 叠加与抠像

抠像作为一门实用且有效的效果手段，被广泛运用于影视后期的很多领域，可以使素材产生完美的画面合成效果。而叠加则是将多个素材混合在一起，从而产生各种特别的效果，两者有着必然的联系，本章将叠加与抠像技术放在一起来学习。

10.1 叠加与抠像概述

10.1.1 叠加概述

在编辑视频时，有时需要两个或多个画面同时出现，就可以使用叠加的方式。Premiere Pro 2022中“视频效果”的“键控”文件夹里有多种效果，可以帮助用户实现素材叠加的效果。素材叠加效果的应用效果如图10-1所示。

图10-1 叠加效果

10.1.2 抠像概述

一提到抠像，人们就会想起Photoshop，但是Photoshop只能抠取静态的图片。对于视频素材，如果要求不是非常高，Premiere也能满足大部分人的需求，而且Premiere不仅可以对动态的视频进行抠像，也可以对静止的图片素材抠像。抠像应用效果如图10-2所示。

图10-2 抠像效果

在进行抠像叠加合成时，至少需要在抠像层和背景层两个轨道上放置素材，并且抠像层要放在背景层的上面。当对上层轨道中的素材进行抠像后，位于下层的背景才会显示出来。

10.2 叠加方式与抠像技术

抠像是运用虚拟的方式，将背景进行特殊透明叠加的一种技术，抠像又是影视合成中常用的背景透明方法，通过对指定区域的颜色进行消除，使其透明来完成和其他素材的合成。叠加方式与抠像技术是紧密相连的，叠加类效果主要用于处理抠像效果、对素材进行动态跟踪和叠加各种不同的素材，是影视编辑与制作中常用的视频效果。

10.2.1 键控抠像操作基础

选择抠像素材，在“视频效果”中“键控”文件夹里可以为其选择各种抠像效果，“键控”文件夹里一共有5种抠像类型，如图10-3所示。

使用抠像选项的操作，也称为“键抠像”，在后面的各个小节中将介绍不同的键控选项的应用方法和技巧。

10.2.2 显示键控效果

显示键控效果的操作很简单，打开一个Premiere项目，执行“窗口”|“效果”命令，如图10-4所示。在“效果”面板中单击“视频效果”文件夹前面的小三角按钮，然后找到“键控”文件夹，单击该文件夹前面的小三角按钮。

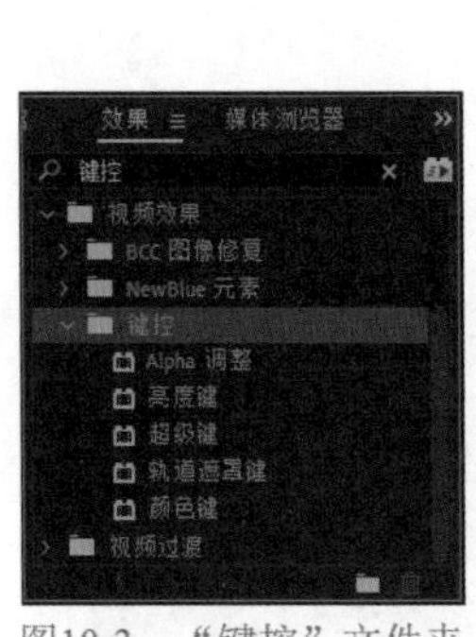

图10-3 “键控”文件夹

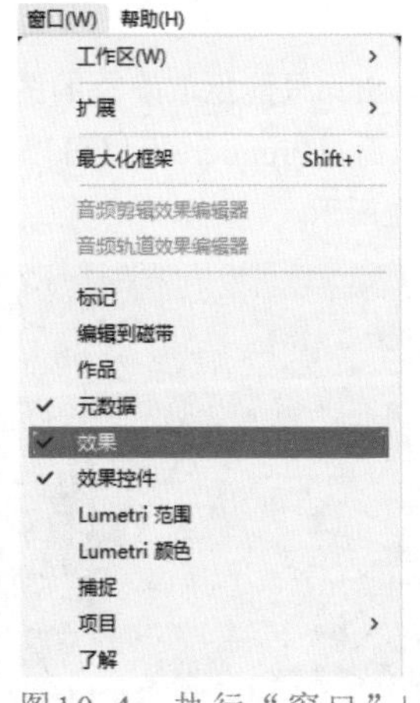

图10-4 执行“窗口”|“效果”命令

10.2.3 应用键控效果

在Premiere Pro 2022中可以将“键控”效果添加到轨道素材上，还可以在“时间轴”面板或者“效果控件”面板为效果添加关键帧。

“键控”效果的具体应用方法如下。

01_ 导入素材到视频轨道上。在应用“键控”效果前，首先要确保有一个素材在V1轨道上，另一个素材在V2轨道上，如图10-5所示。

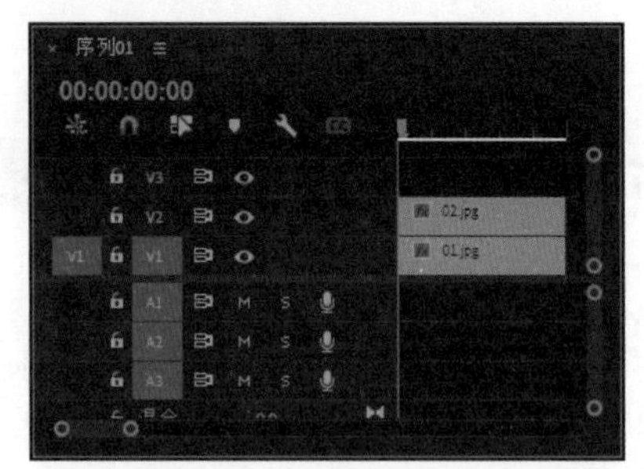

图10-5 素材在“时间轴”面板上的分布

02_ 从“键控”文件夹里选择一种键控效果，将其拖曳到要添加该效果的素材上，如图10-6所示。

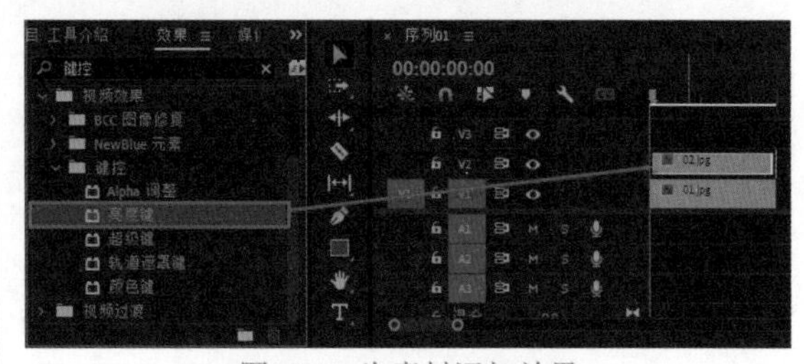

图10-6 为素材添加效果

03_ 在“时间轴”面板选择被添加键控效果的素材，接着在“效果控件”面板单击键控效果前的小三角按钮，显示该效果的属性，如图10-7所示。

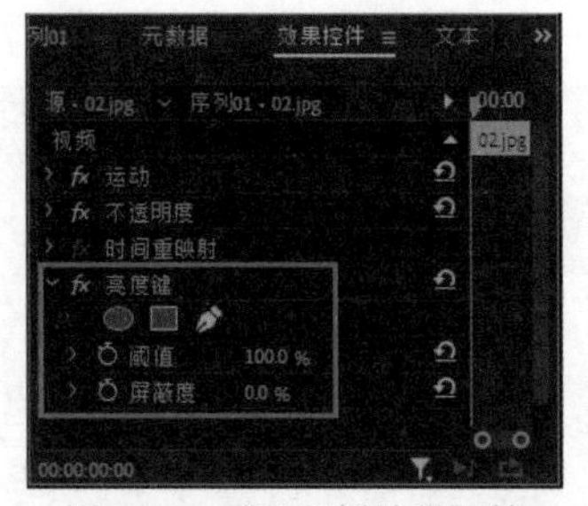

图10-7 展开视频效果属性

04_ 单击效果属性前面的“切换动画”按钮，为该属性设置一个关键帧，并根据需要设置属性参数。接着把时间线移到新的时间位置，调整属性参数，此时“时间轴”面板上会自动添加一个关键帧，如图10-8所示。

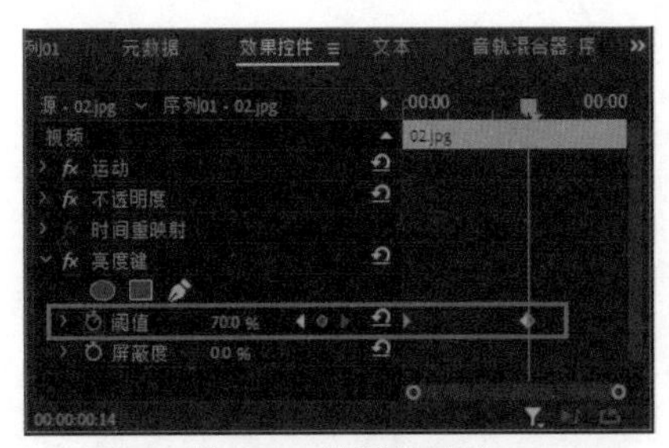

图10-8　设置关键帧

10.2.4　Alpha调整抠像

“Alpha调整”效果，可以对包含Alpha通道的导入图像创建透明区域，其应用前后效果对比如图10-9所示。

图10-9　应用“Alpha调整”效果

Alpha通道使用256级灰度来记录图像中的透明度信息，定义透明、不透明和半透明区域，其中白表示不透明，黑表示透明，灰表示半透明。Premiere Pro 2022能够读取来自Photoshop和3D图形软件等程序中的Alpha通道，还能够将Illustrator文件中的不透明区域转换成Alpha通道。

下面简单介绍“Alpha调整”效果的各项属性参数，如图10-10所示。

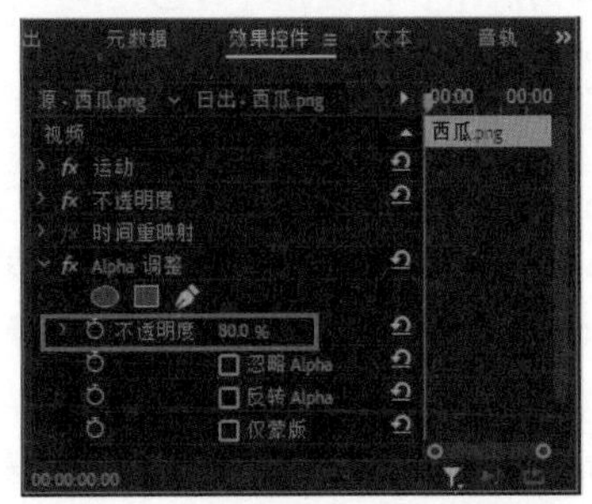

图10-10　“Alpha调整”效果的属性参数

- 不透明度：数值越小，图像越透明。
- 忽略Alpha：勾选该复选框后，将忽略Alpha通道。
- 反转Alpha：勾选该复选框后，Alpha通道会进行反转。
- 仅蒙版：勾选复选框后，将只显示Alpha通道的蒙版，而不显示其中的图像。

10.2.5　亮度键抠像

“亮度键”效果可以去除素材中较暗的图像区域，使用“阈值”和“屏蔽度”可以微调效果。“亮度键”应用前后效果对比如图10-11所示。

图10-11　应用“亮度键”效果

下面简单介绍“亮度键”效果的各项属性参数，如图10-12所示。

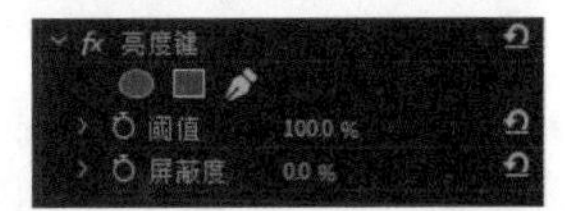

图10-12　“亮度键”效果的属性参数

- 阈值：单击并向右拖动，增加被去除的暗色值范围。
- 屏蔽度：用于设置素材的屏蔽程度，数值越大，图像越透明。

10.2.6　图像遮罩键抠像

“图像遮罩键”效果根据遮罩图像灰阶的不同，有选择地隐藏目标素材画面中的部分内容。

与遮罩黑色部分对应的图像区域是透明的，与遮罩白色区域对应的图像区域不透明，灰色区域创建混合效果。

在使用“图像遮罩键”效果时，需要在效果控件面板的效果属性中单击设置按钮，为其指定一张遮罩图像，这张图像将决定最终显示效果。还可以使用素材的Alpha通道或亮度来创建复合效果。

下面简单介绍“图像遮罩键”效果的各项属性参数，如图10-13所示。

图10-13 “图像遮罩键”效果的属性参数

- 合成使用：指定创建复合效果的遮罩方式，从右侧的下拉列表中可以选择Alpha遮罩和亮度遮罩。
- 反向：勾选该复选框可以使遮罩反向。

10.2.7 差值遮罩抠像

“差值遮罩”效果可以去除两个素材中相匹配的图像区域。是否使用“差值遮罩”效果取决于项目中使用何种素材，如果项目中的背景是静态的，而且位于运动素材之上，就需要使用“差值遮罩”效果将图像区域从静态素材中去掉。“差值遮罩”效果应用前后效果对比如图10-14所示。

图10-14 应用“差值遮罩”效果

下面简单介绍“差值遮罩”效果的各项属性参数，如图10-15所示。

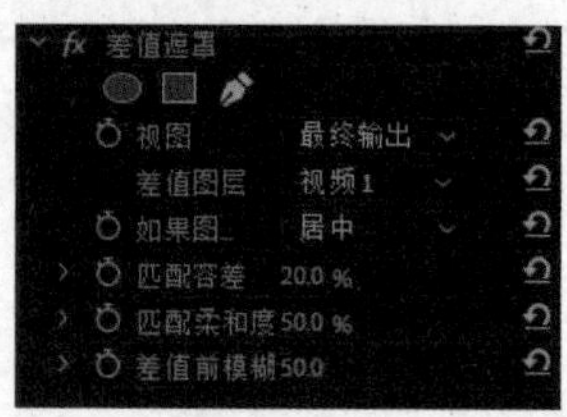

图10-15 “差值遮罩”效果的属性参数

- 视图：用于设置显示视图的模式，从右侧下拉列表中可以选择最终输出、仅限源和仅限遮罩三种模式。
- 差值图层：用于指定以哪个视频轨道中的素材作为差值图层。
- 如果图层大小不同：用于设置图层是否居中或者伸缩以适合。
- 匹配容差：设置素材层的容差值使之与另一素材相匹配。
- 匹配柔和度：用于设置素材的柔和程度。
- 差值前模糊：用于设置素材的模糊程度，值越大，素材越模糊。

10.2.8 移除遮罩抠像

“移除遮罩”效果可以由Alpha通道创建透明区域，而这种Alpha通道是在红色、绿色、蓝色和Alpha共同作用下产生的。通常，“移除遮罩”效果用来去除黑色或者白色背景，尤其对于处理纯白或者纯黑背景的图像非常有用。

下面简单介绍“移除遮罩”效果的各项属性参数，如图10-16所示。

图10-16 “移除遮罩”效果的属性参数

- 遮罩类型：用于指定遮罩的类型，从右侧下拉列表中可以选择“白色”或“黑色”两种类型。

10.2.9 轨道遮罩键抠像

“轨道遮罩键”效果可以创建移动或滑动蒙版效果。通常，蒙版设置在运动屏幕的黑白图像上，与蒙版上黑色相对应的图像区域为透明区域，与白色相对应的图像区域不透明，灰色区域创建混合效果即呈半透明。

下面简单介绍“轨道遮罩键”效果的各项属性参数，如图10-17所示。

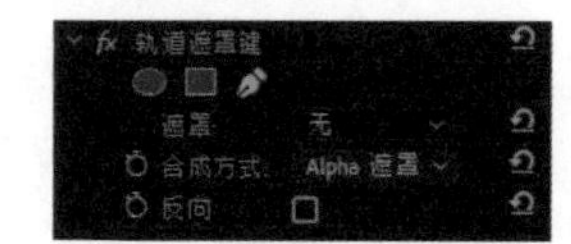

图10-17　“轨道遮罩键”效果的属性参数

- 遮罩：从右侧的下拉列表中可以为素材指定一个遮罩。
- 合成方式：指定应用遮罩的方式，从右侧的下拉列表中可以选择Alpha遮罩和亮度遮罩。
- 反向：勾选该复选框使遮罩反向。

10.2.10　非红色键抠像

“非红色键”效果可以去除蓝色和绿色背景，不过是同时完成。其包括两个混合滑块，可以混合两个轨道素材。“非红色键”效果应用前后效果对比如图10-18所示。

图10-18　应用“非红色键”效果

下面简单介绍“非红色键”效果的各项属性参数，如图10-19所示。

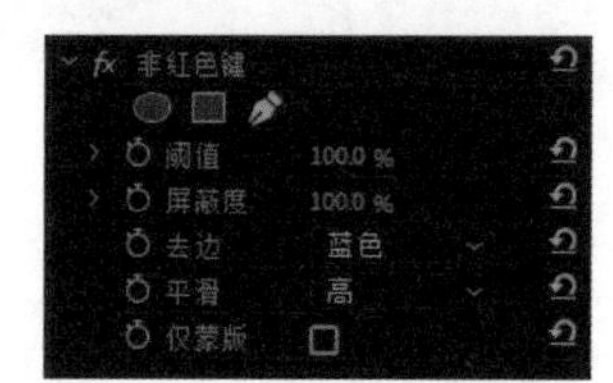

图10-19　“非红色键”效果的属性参数

- 阈值：向左拖动会去除更多的绿色和蓝色区域。
- 屏蔽度：用于微调键控的屏蔽程度。
- 去边：可以从右侧下拉列表中选择无、绿色和蓝色三种去边效果。
- 平滑：用于设置锯齿消除程度，通过混合像素颜色来平滑边缘。从右侧的下拉列表中可以选择无、低和高三种消除锯齿程度。
- 仅蒙版：勾选该复选框显示素材的Alpha通道。

10.2.11　颜色键抠像

“颜色键”效果可以去掉素材图像中指定颜色的像素，这种效果只会影响素材的Alpha通道，其应用前后效果对比如图10-20所示。

图10-20　应用“颜色键”效果

下面简单介绍“非红色键”效果的各项属性参数，如图10-21所示。

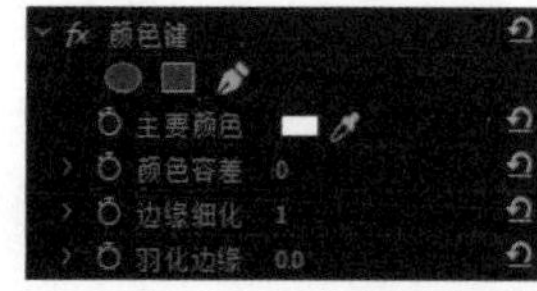

图10-21　“非红色键”效果的属性参数

- 主要颜色：用于吸取需要被抠出的颜色。
- 颜色容差：用于设置素材的容差度，容差度越大，被抠出的颜色区域越透明。
- 边缘细化：用于设置抠出边缘的细化程度，数值越小边缘越粗糙。
- 羽化边缘：用于设置抠出边缘的柔化程度，数值越大，边缘越柔和。

10.2.12 超级键抠像

“超级键”又称为极致键，该效果可以使用指定颜色或相似颜色调整图像的容差值来显示图像透明度，也可以使用其来修改图像的色彩显示。“超级键”效果应用前后效果如图10-22所示。

图10-22 应用“超级键”效果

在添加了“超级键”效果后，可在“效果控件”面板中对其相关参数进行调整，如图10-23所示。

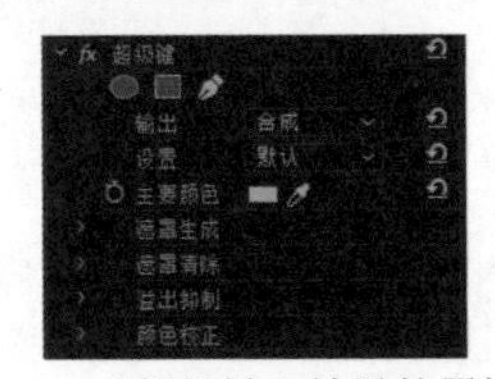

图10-23 “超级键”效果的属性参数

“超级键”参数介绍如下。

- 主要颜色：用于吸取需要被抠出的颜色。
- 遮罩生成：展开该属性栏可以自行设置遮罩层的各类属性。

10.2.13 实战——画面亮度抠像效果

下面用实例来具体介绍画面亮度抠像效果的应用。

01_ 启动Premiere Pro 2022软件，新建项目，新建序列。

02_ 执行“文件”|“导入”命令，弹出“导入”对话框，选择要导入的素材，单击“打开”按钮，如图10-24所示。

03_ 在“项目”面板中选择“01.mp4”素材和“02.mp4”素材，拖曳至“时间轴”面板中V1和V2轨道上方，如图10-25所示。

图10-24 “导入”对话框

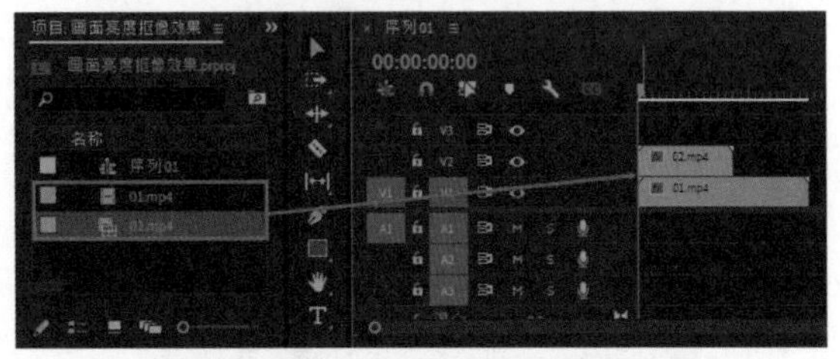

图10-25 拖曳素材

04_ 在“时间轴”面板中单击“切换轨道输出”按钮，隐藏V2轨道中的素材，然后在“效果控件”面板设置“01.mp4”素材的“缩放”数值为150，具体参数设置及在“节目”监视器面板中的对应效果如图10-26所示。

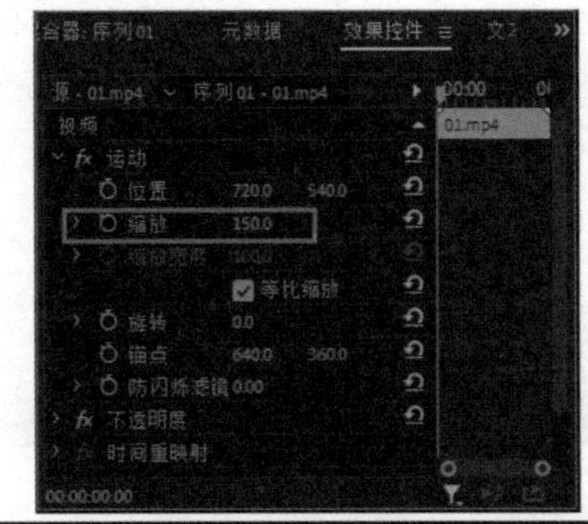

图10-26 设置“缩放”参数

05_ 在“时间轴”面板中单击“切换轨道输出”

按钮，显示V2轨道中的素材，然后在“效果控件”面板设置素材“02.mp4”的“缩放”数值为110，如图10-27所示。

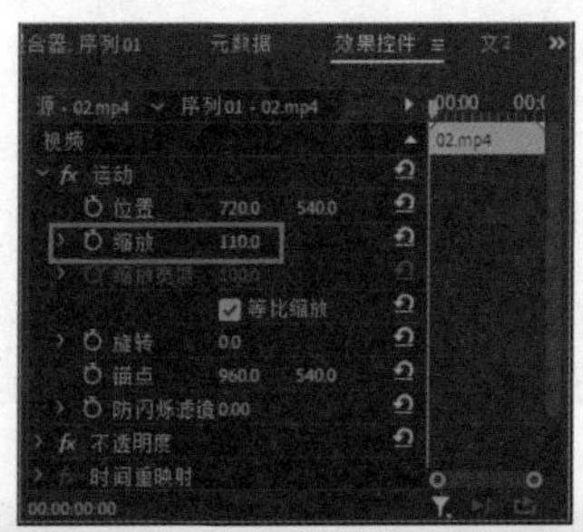

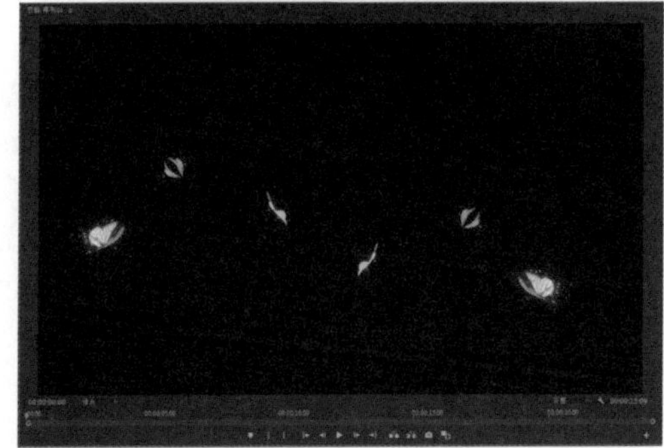

图10-27　设置“缩放”参数

06　在“效果”面板中，依次展开“视频效果”|“键控”文件夹，选择“亮度键”效果，拖曳至“时间轴”面板中“02.mp4”素材上方，如图10-28所示。

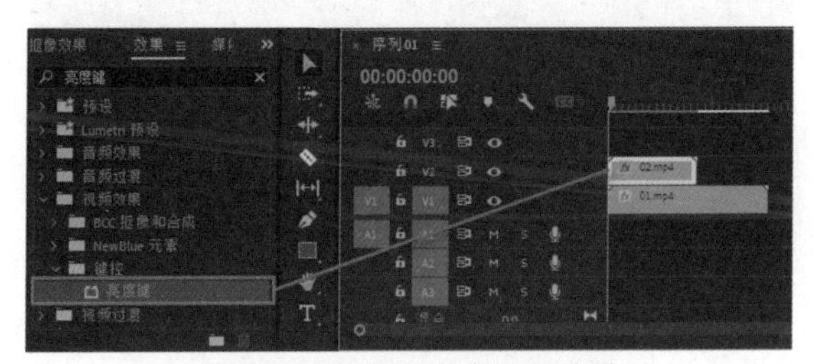

图10-28　添加“亮度键”效果

07　选择素材“02.mp4”，在“效果控件”面板中设置“亮度键”效果属性中的“阈值”数值为40%，“屏蔽度”数值为30%，具体参数设置及最终实例效果如图10-29所示。

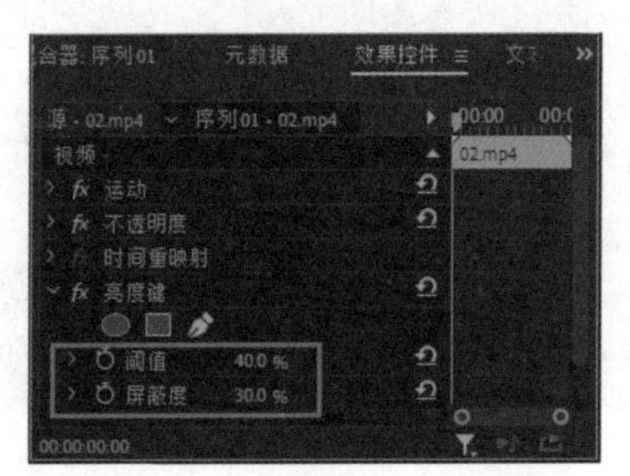

图10-29　最终参数及效果

10.3 综合实例——动物合成效果

绿幕抠像是一项广泛应用于电影制作和视频直播的合成技术。本案例通过绿幕抠像制作一个动物合成的效果。

01　启动Premiere Pro 2022软件，新建项目，新建序列。

02　执行“文件”|“导入”命令，弹出“导入”对话框，选择要导入的素材，单击“打开”按钮，如图10-30所示。

图10-30　“导入”对话框

03　在“项目”面板中选择“01.mp4”素材拖曳至“时间轴”面板，并在“效果控件”面板中设置“缩放”数值为150，如图10-31所示。

04　在“项目”面板中选择“老虎.mp4”素材拖曳至“源”监视器面板，如图10-32所示。

05　将时间线移动到（00:01:41:00）位置，单击“标记入点”按钮，添加入点，将时间线移动到（00:01:52:14）位置，单击“标记出点”按钮

▮，添加出点，然后单击“仅拖动视频”按钮▮，将“老虎.mp4”素材拖曳至“时间轴”面板中V2轨道上，并在“效果控件”面板中设置“缩放”数值为150，如图10-33所示。

06_在“工具”面板中选择“剃刀工具”▮，将时间线移动到（00:00:11:14）位置，切割“01.mp4”素材，并删除后半段素材，如图10-34所示。

图10-31　将素材拖曳至“节目”监视器面板

图10-32　“源”监视器面板

图10-33　拖曳素材

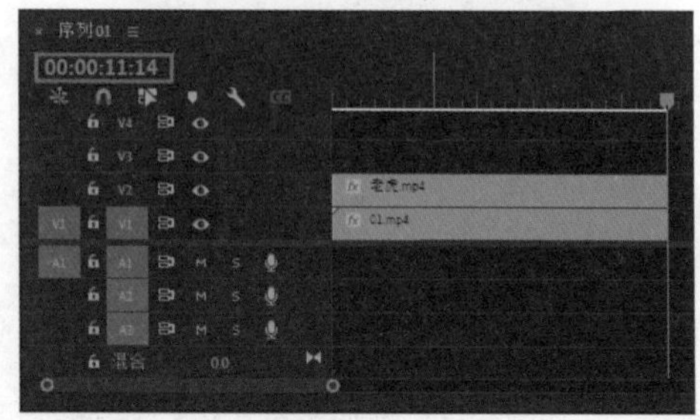

图10-34　切割素材

07_在“效果”面板中，依次展开“视频效果”|“变换”文件夹，选择“水平翻转”效果，拖曳至“时间轴”面板中“老虎.mp4”素材上方，如图10-35所示。

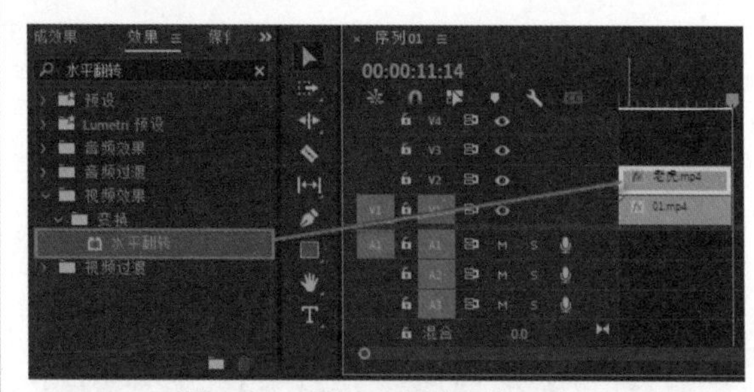

图10-35　添加“水平翻转”效果

08_在“效果”面板中，依次展开“视频效果”|“键控”文件夹，选择“超级键”效果，拖曳至“时间轴”面板中“老虎.mp4”素材上方，如图10-36所示。

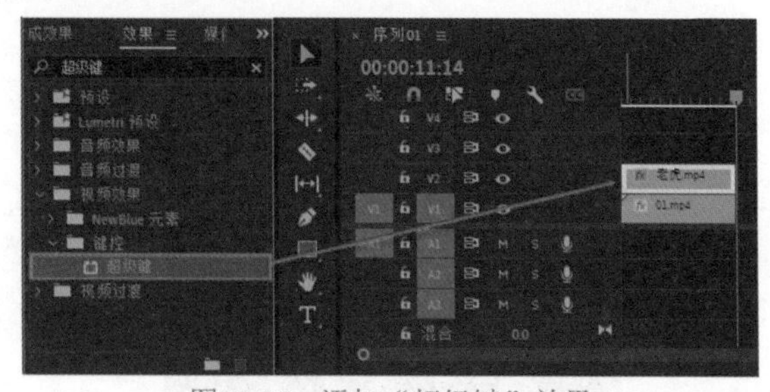

图10-36　添加“超级键”效果

09_ 在“效果控件”面板中，在“超级键”属性中，选择“主要颜色”的“吸管工具”，吸取“节目”监视器面板中的绿色，如图10-37所示。

图10-37　吸取主要颜色

10_ 在“效果控件”面板中，设置“位置”数值为（564,540），如图10-38所示。

图10-38　设置“位置”参数

11_ 为了让老虎与背景更好地融合，将给老虎添加阴影，在“效果”面板中，依次展开“视频效果”|“透视”文件夹，选择“投影”效果，拖曳至“时间轴”面板中“老虎.mp4”素材上方，如图10-39所示。

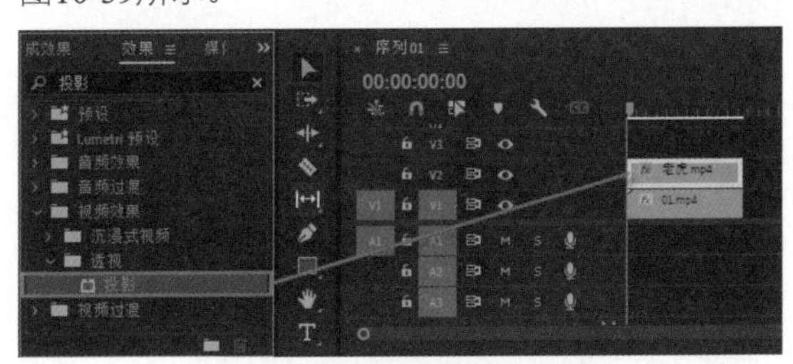

图10-39　添加“投影”效果

12_ 在“效果控件”面板中，在“投影”属性中，设置“不透明度”数值为80，设置“方向”数值为170，“距离”数值为164，“柔和度”数值为205，如图10-40所示。

13_ 为了只保留老虎影子的阴影，在“投影”属性中单击“钢笔工具”按钮，在“节目”监视器面板中绘制四个点，如图10-41所示。

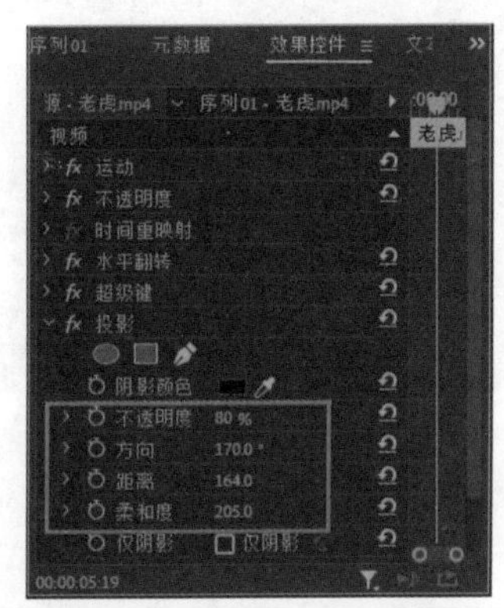

图10-40　设置“投影”参数

图10-41　添加蒙版

14_ 在“效果控件”面板中，在“蒙版（1）”属性中，勾选“已反转”复选框，并设置“蒙版羽化”数值为100，如图10-42所示。

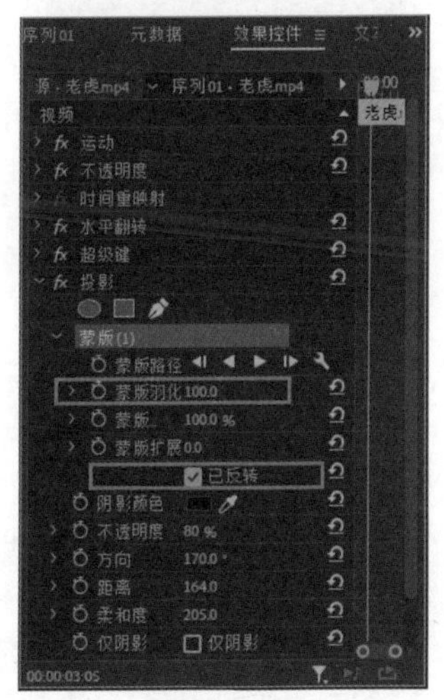

图10-42　设置“蒙版（1）”参数

15_ 在“项目”面板中选择“06.mp4”素材和“白鸽.mp4”素材，拖曳至“时间轴”面板，调整素材长度一致，并在“效果控件”面板中设置“缩放”数值为150，如图10-43所示。

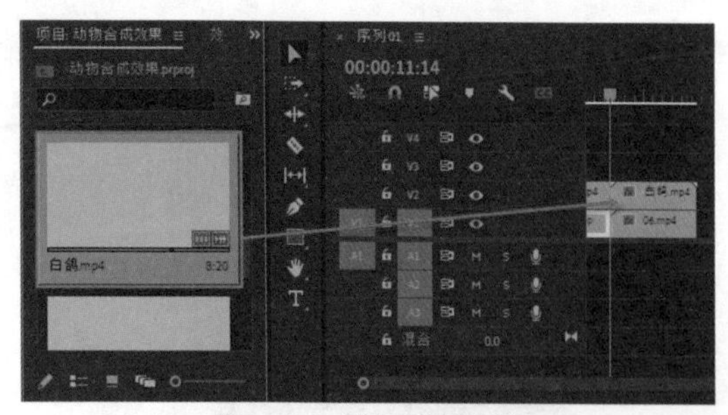

图10-43 添加视频素材

16_在“效果”面板中，依次展开“视频效果”|“键控”文件夹，选择“超级键”效果，拖曳至“时间轴”面板中“白鸽.mp4”素材上方，如图10-44所示。

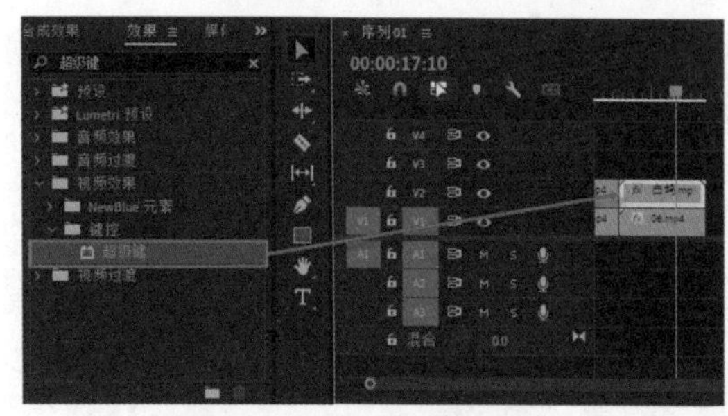

图10-44 添加“超级键”效果

17_在“效果控件”面板中，设置“主要颜色”为绿色，如图10-45所示。

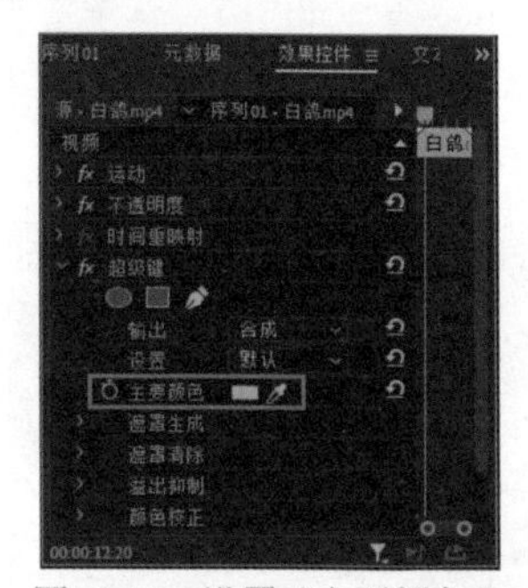

图10-45 设置“主要颜色”

18_在“项目”面板中选择“背景音乐.wav”素材拖曳至“时间轴”面板，并调整素材长度，如图10-46所示。

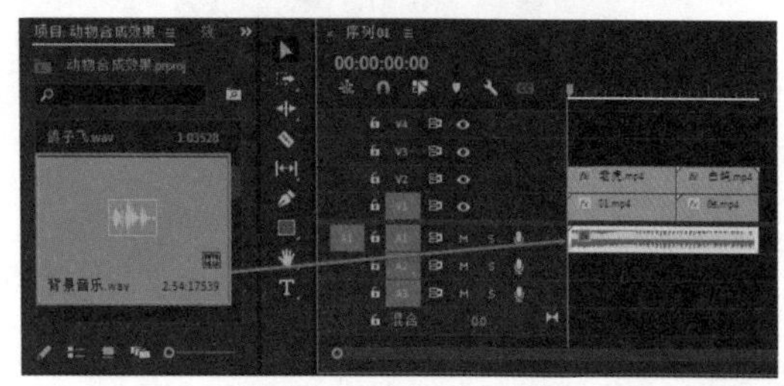

图10-46 添加音频素材

19_在“项目”面板中选择“老虎叫.wav”素材拖曳至“时间轴”面板中A2轨道上，并调整素材长度，如图10-47所示。

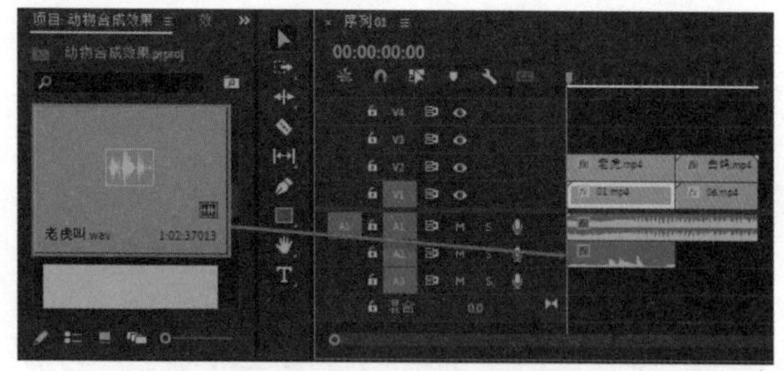

图10-47 添加音频素材

20_选择“老虎叫.wav”素材，在“效果控件”面板中，设置“级别”数值为15，如图10-48所示。

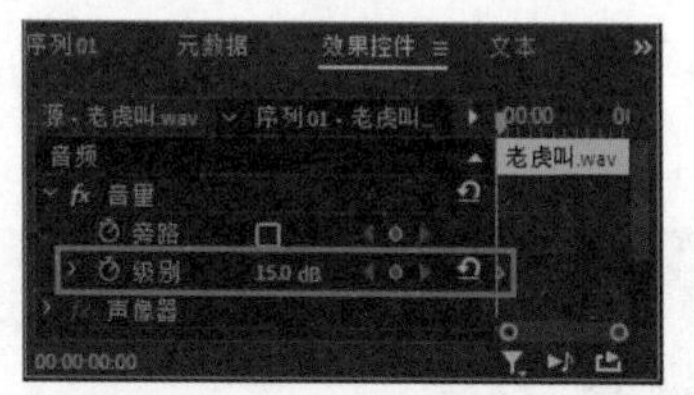

图10-48 设置“级别”参数

21_在“项目”面板中选择“鸽子飞.wav”素材，拖曳至“时间轴”面板中A2轨道上，并在“效果控件”面板中，设置“级别”数值为7，如图10-49所示。

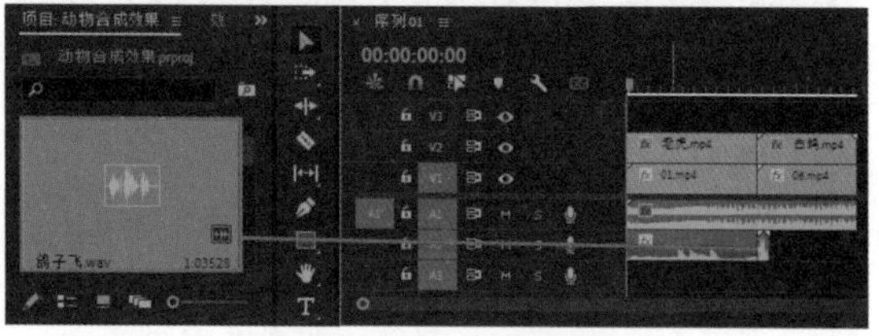

图10-49 添加音频素材

22_选择“鸽子飞.wav”素材，右击，在弹出的快捷菜单中选择“速度/持续时间”选项，在弹出的“剪辑速度/持续时间”对话框中，设置“速度”数值为30，如图10-50所示。

23_在“效果”面板中，依次展开“视频过渡”|“溶解”文件夹，选择“黑场过渡”效果，拖曳至“时间轴”面板中“06.mp4”素材和“白鸽.mp4”素材结尾处，如图10-51所示。

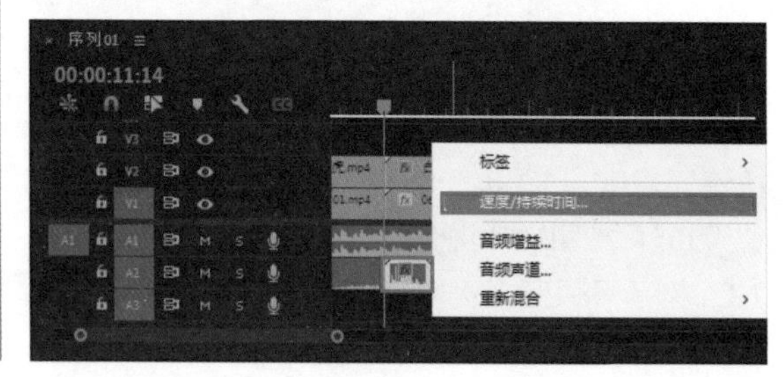

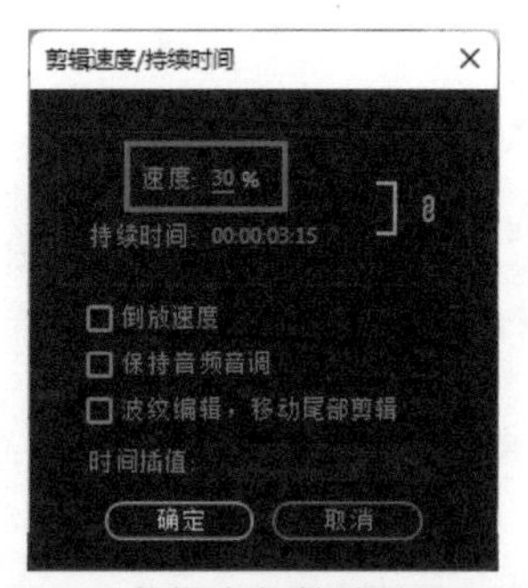

图10-50　“剪辑速度/持续时间”对话框

24 在“效果”面板中，依次展开“音频过渡”|“交叉淡化”文件夹，选择“恒定增益”效果，拖曳至“时间轴”面板中“背景音乐.wav”素材结尾处，如图10-52所示。

25 按Enter键渲染项目，渲染完成后预览效果，如图10-53所示。

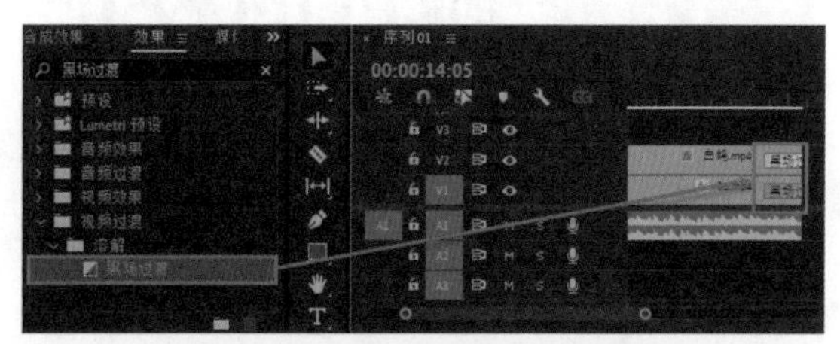

图10-51　添加“黑场过渡”效果

图10-52　添加“恒定增益”效果

图10-53　预览视频

10.4 本章小结

本章主要学习了叠加与抠像的应用原理及技巧，Premiere Pro 2022提供了9种抠像效果，分别是Alpha调整、亮度键、图像遮罩键、差值遮罩、移除遮罩、轨道遮罩键、非红色键、颜色键、超级键，熟练掌握每种抠像效果的运用，可以帮助用户在平常的项目制作中对各种不同的背景素材进行抠像处理。

第11章 颜色的校正与调整

画面的颜色与校正，通俗地讲就是“调色”，调色是后期处理的重要操作之一，作品的颜色能够在很大程度上影响观者的心理感受。调色技术不仅在摄影、平面设计中占有重要地位，在影视制作中同样不可忽视。

本章重点：

◎设置图像控制类效果　　◎设置过时类效果　　◎设置颜色校正效果

本章效果欣赏

11.1 Premiere视频调色工具

11.1.1 “Lumetri 颜色”面板

打开视频素材，切换至“颜色”工作区，将视频素材拖曳至“时间轴”面板，激活“Lumetri 范围”和“Lumetri 颜色”面板，面板中包含“基本校正”“创意”“曲线”“色轮和匹配”“HSL 辅助”“晕影”6个板块，如图11-1所示。

图11-1　“Lumetri颜色”面板

11.1.2 Lumetri 范围

“Lumetri 范围”面板主要用于显示素材的颜色范围，如图11-2所示，这是“波形（RGB）”模式下的颜色情况。

“Lumetri范围”面板重要选项介绍如下。

- 矢量示波器HLS：在“Lumetri 范围”面板中右击可调出，如图11-3所示，显示

“色相”“饱和度”“亮度”和“信号”信息。

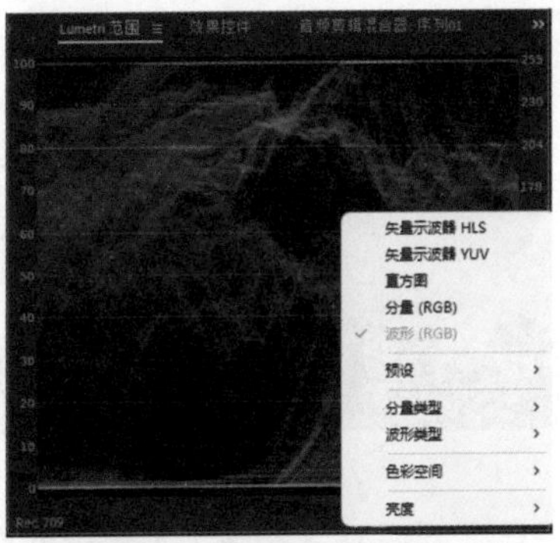

图11-2　“Lumetri范围”面板

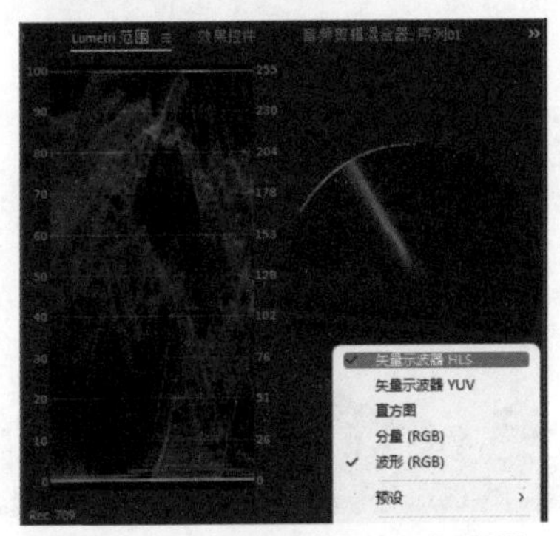

图11-3　“矢量示波器HLS”选项

- 矢量示波器YUV：以圆形的方式显示视频的色度信息，如图11-4所示。

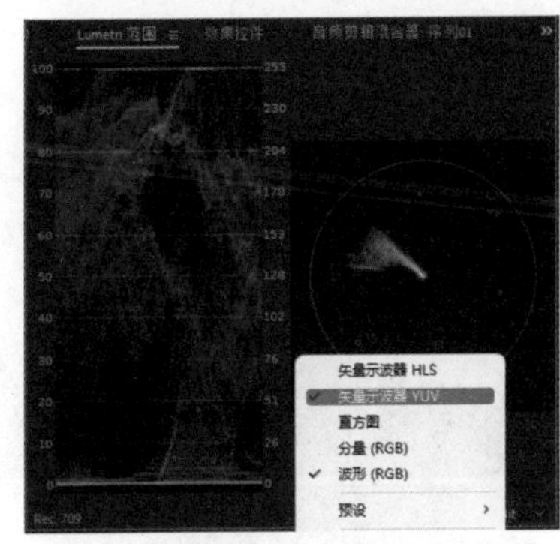

图11-4　“矢量示波器YUV”选项

- 直方图：显示每个颜色的强度级别上像素的密集程度，有利于评估阴影、中间调和高光，从而整体调整图像色调，如图11-5所示。
- 分量（RGB）：显示数字视频信号中的明亮度和色差通道级别的波形。可在“分量类型”中选择RGB/YUV/RGB白色/YUV白色，如图11-6所示。

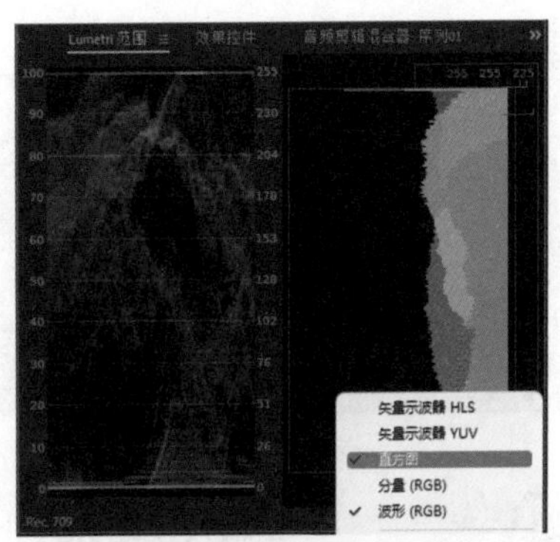

图11-5　“直方图”选项

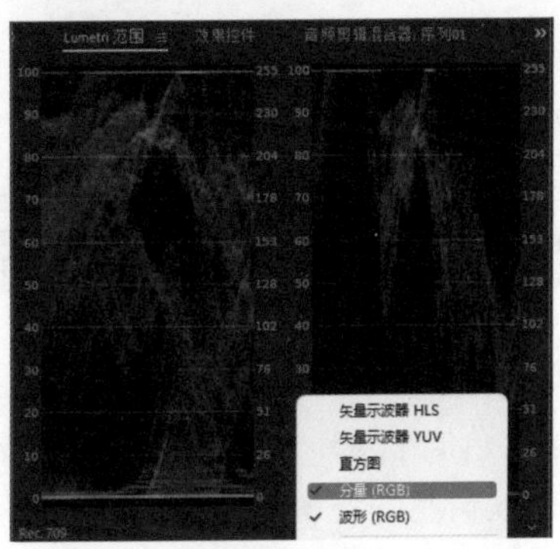

图11-6　“分量（RGB）”选项

11.1.3　基本矫正

“基本矫正”参数可以调整视频素材的色相(颜色和色度)及明亮度（曝光度和对比度），从而修正过暗或过亮的素材，如图11-7所示。

1. 输入LUT

可以使用LUT预设作为起点对素材进行分段，后续可以使用其他颜色控件进一步分级，如图11-8~图11-10所示。

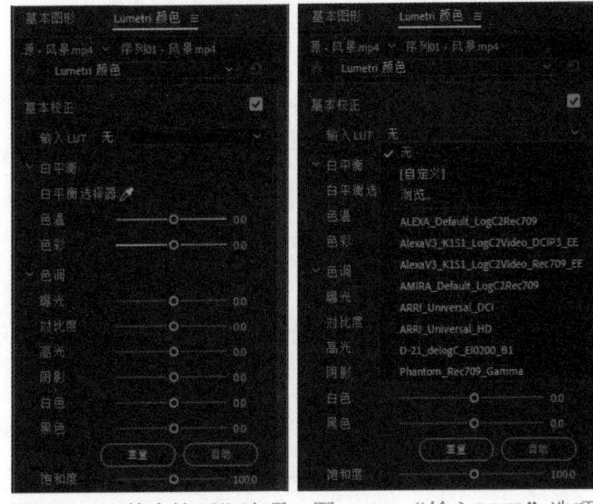

图11-7　“基本校正”选项　图11-8　“输入LUT”选项

图11-9　无LUT效果

图11-10　预设LUT效果

2. 白平衡

通过“色温”滑块、“色彩”滑块或白平衡选择器可以调整白平衡，从而改变素材的环境色，如图11-11所示。

图11-11　“白平衡”选项

“白平衡”重要参数介绍如下。

- 白平衡选择器：选择“吸管工具”，单击画面中本身应该属于白色的区域，从而自动白平衡，使画面呈现正确的白平衡关系，如图11-12所示。

图11-12　“吸管工具”

- 色温：滑块向左（负值）移动可使素材画面偏冷，向右（正值）移动则可使素材画面偏暖，如图11-13所示。

图11-13　调整“色温”参数

- 色彩：滑块向左移动（负值）可为素材画面添加绿色，向右（正值）则可为素材画面添加洋红色，如图11-14所示。

图11-14　调整“色彩”参数

3. 色调

“色调”参数用于调整素材画面的大体色彩倾向，如图11-15所示。

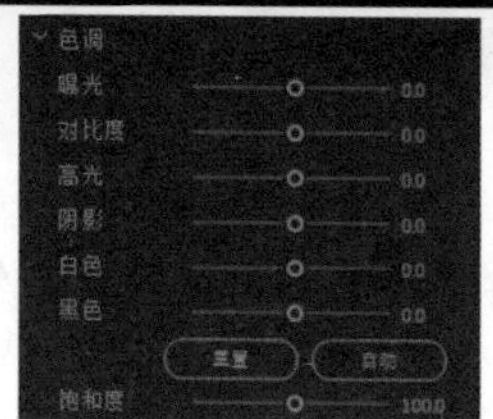

图11-15　调整“色调”参数

“色调”重要参数介绍如下。

- 曝光：滑块向左移动（负值）可减小色调值并扩展阴影，向右移动（正值）则可增大色调值并扩展高光，如图11-16所示。

图11-16 调整“曝光”参数

● 对比度：滑块向左移动（负值）可使中间调到暗区变得更暗，向右（正值）则可使中间调到亮区变得更亮，如图11-17所示。

图11-17 调整“对比度”参数

● 高光：调整亮域，向左（负值）可使高光变暗，向右（正值）则可在最小化修剪的同时使高光变亮，如图11-18所示。

图11-18 调整“高光”参数

● 阴影：向左（负值）滑动可在最小化修剪的同时使阴影变暗，向右（正值）则可使阴影变亮并恢复阴影细节，如图11-19所示。

图11-19 调整“阴影”参数

● 白色：调整高光。向左滑动（负值）可以减少高光，向右滑动（正值）可以增加高光，如图11-20所示。

图11-20 调整“白色”参数

● 黑色：向左（负值）滑动可增加黑色范围，使阴影更偏向于纯黑；向右（正值）滑动可减小阴影范围，如图11-21所示。

图11-21 调整“黑色”参数

● 重置：可使所有数值还原为初始值，如图11-22所示。

图11-22 “重置”按钮

● 自动：可自动设置素材图像为最大化色调等级，即最小化高光和阴影，如图11-23所示。

图11-23 “自动”按钮

4. 饱和度

可均匀调整素材图像中所有颜色的饱和度。向左（0~100）可降低整体饱和度，向右（100~200）则可提高整体饱和度，如图11-24所示。

图11-24 调整“饱和度”参数

11.1.4 创意

“创意”部分控件可以进一步拓展调色功能，如图11-25所示。另外，也可以使用Look预设对素材图像进行快速调色。

图11-25 “创意”控件

1. Look

用户可以快速调用Look预设，如图11-26所示，其效果类似添加“滤镜”。单击Look预览窗口的左右箭头，可以快速依次切换Look预设进行预览，如图11-27所示。

图11-26 无“look预设”

单击预览窗口中的Look预设名称可加载Look预设，如图11-28所示，“强度”控件只在加载Look预设后才有效果，是针对Look预设的整体影响程度的调整滑块，如图11-29所示。

图11-27 “Look预设”选项

图11-28 “CineSpace2383sRGB6bit”效果

图11-29 “强度”参数

2. 调整

展开“调整”卷展栏，参数如图11-30所示。

图11-30 “调整”卷展栏

“调整”重要参数介绍如下。

- 淡化胶片：使素材图像呈现淡化的效果，可调整出怀旧的风格，如图11-31所示。
- 锐化：调整素材图像边缘清晰度。向左（负值）可降低素材图像边缘清晰度，向右（正值）可提高素材图像边缘清晰度，如图11-32所示。

图11-31　“淡化胶片”参数

图11-32　“锐化”参数

11.1.5　实战——通过输入 LUT 为视频调色

调色前后的效果对比如图11-33所示。

01 启动Premiere Pro 2022软件，按快捷键Ctrl+O，打开路径文件夹中的“视频调色.prproj”项目文件。进入工作界面后，可以看到“时间轴”面板中已经添加完成的素材，如图11-34所示。

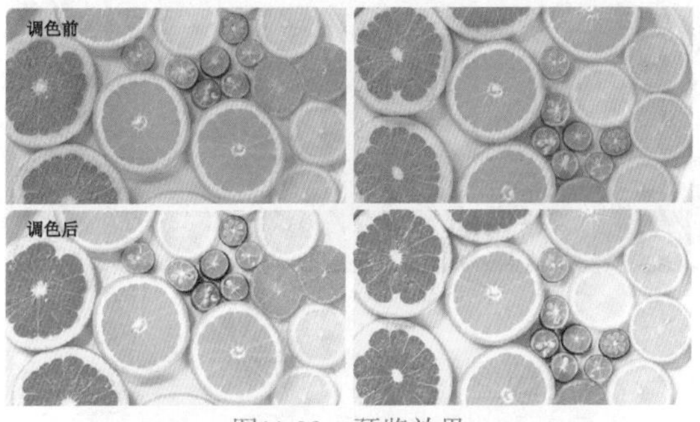

图11-33　预览效果

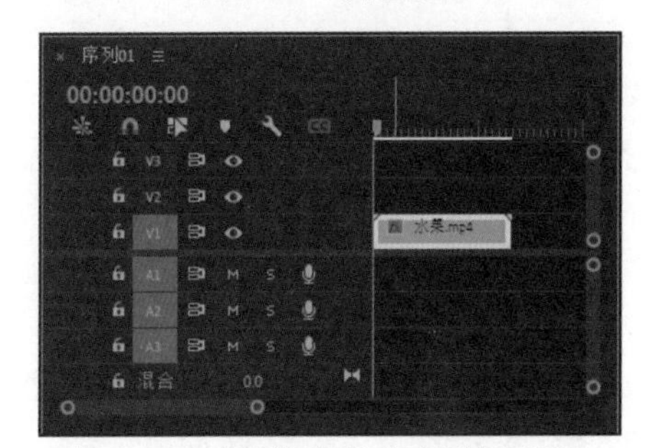
图11-34　素材拖曳至“时间轴”面板

02 切换至“颜色”工作区，在激活视频素材的前提下，展开“基本校正”控件，如图11-35所示。

图11-35　“基本校正”控件

03 打开“输入LUT”下拉菜单，可以自由选择Premiere自带的LUT预设，也可以从计算机上导入预设。这里选择“D-21_delogC_EI0200_B1”选项，如图11-36所示。

图11-36　选择“D-21_delogC_EI0200_B1”选项

11.1.6　曲线

“曲线”用于对视频素材进行颜色调整，有许多更加高级的控件，可对亮度，以及红、绿、蓝色像素进行调整，如图11-37所示。

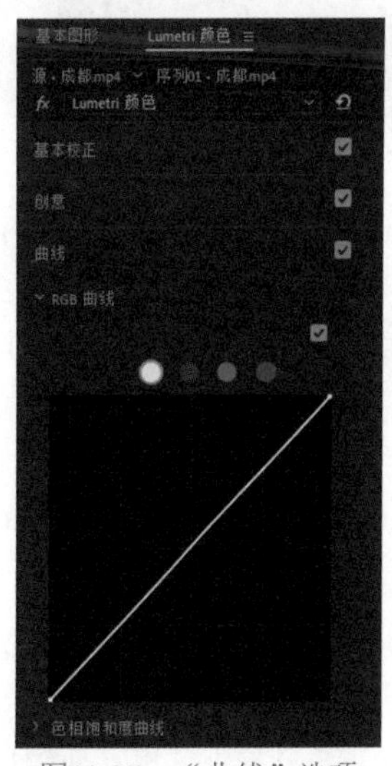
图11-37　“曲线”选项

除了“RGB曲线”选项外，“曲线”还包括“色相饱和度曲线”选项，可以精确控制颜色的饱和度，同时不会产生太大的色偏，如图11-38所示。

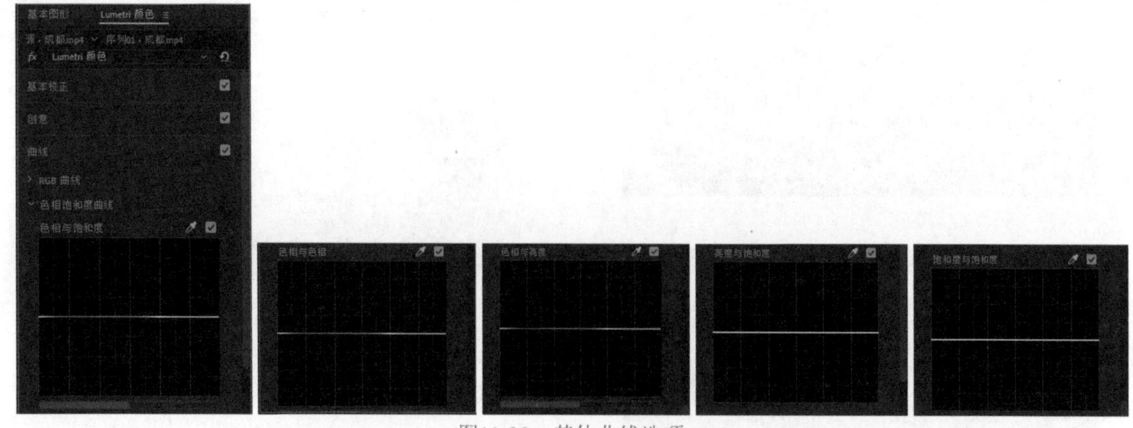

图11-38　其他曲线选项

技巧提示　**双击空间的空白区域可重置“Lumetri 颜色”面板中的大部分控件。**

11.1.7　实战——用曲线工具调色

调色前后的效果对比如图11-39所示。

图11-39　调色前后对比

01 启动Premiere Pro 2022软件，按快捷键Ctrl+O，打开路径文件夹中的“曲线工具调色.prproj”项目文件。进入工作界面后，可以看到“时间轴”面板中已经添加完成的素材，如图11-40所示。

02 切换至“颜色”工作区面板，展开“曲线”控件，观察视频素材，会发现画面整体亮度欠佳。在“RGB曲线”选项中单击白色曲线中间的点并向上拖曳，同时观察“节目”监视器面板中的画面，直至调整到最佳亮度，如图11-41所示。

03 为了增加盛夏的氛围，切换至蓝色曲线，单击蓝色曲线中间的点并向下拖曳，同时观察“节目”监视器面板中的画面，适当减少画面的蓝色，如图11-42所示。

04 提高天空和花伞的鲜艳程度，使画面更加生动。在“色相与饱和度”选项中分别使用“吸管工具”吸取天空和花伞的颜色，在曲线上自动添加6个锚点，如图11-43所示。

05 单击中间的锚点，并适当向上拖曳，提高天空和花伞的颜色饱和度，如图11-44所示。

图11-40　打开项目文件

图11-41　调整白色曲线

图11-42　调整蓝色曲线

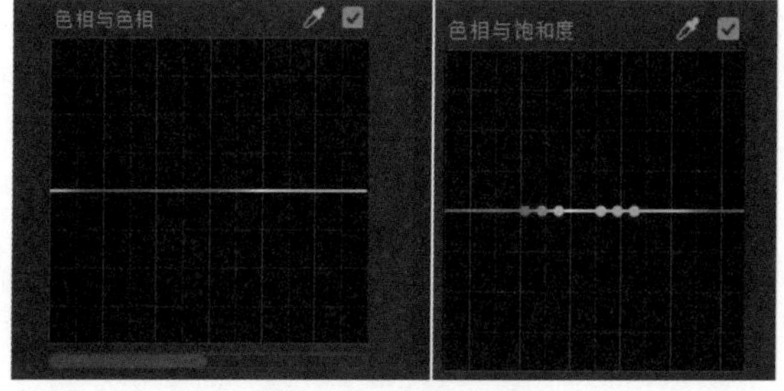

图11-43　添加锚点

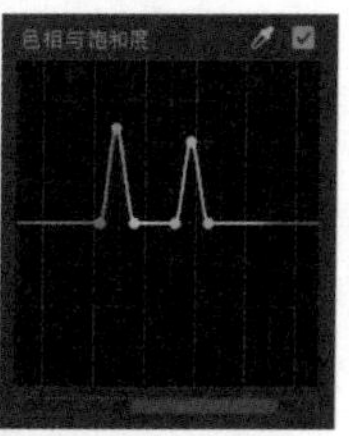

图11-44　调整“色相和饱和度”锚点

11.1.8　快速颜色矫正器/RGB颜色校正器

下面介绍颜色校正的两种的方法，分别是快速颜色校正器和RGB颜色校正器（包含RGB曲线）。

1. 快速颜色校正器

打开素材，切换至“颜色”工作区，单击右侧的展开按钮，选择“所有面板”选项，如图11-45所示。

图11-45　选择“所有面板”选项

在“效果”面板中找到“过时”效果，双击“快速颜色校正器”效果或将其拖曳到素材上，如图11-46所示。

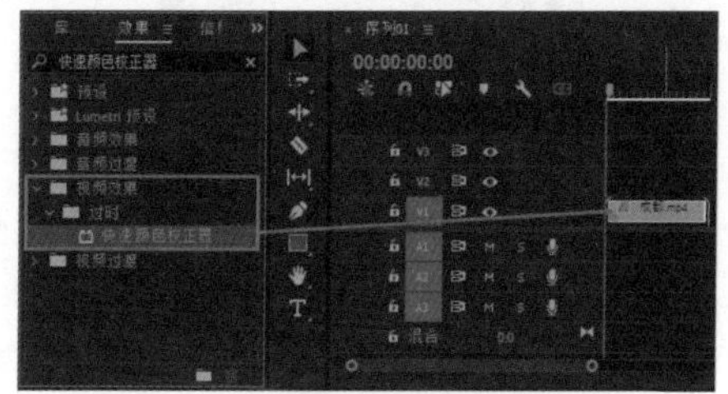
图11-46　“快速颜色校正器”效果

在左上方的“效果控件”面板中找到“快速颜色校正器”效果，如图11-47所示。

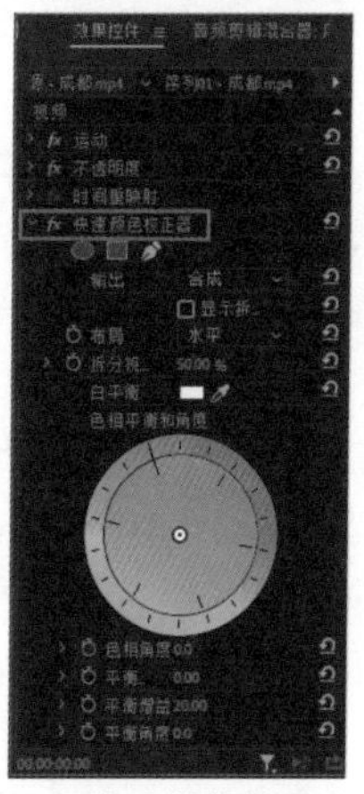
图11-47　“快速颜色校正器”效果

“快速颜色校正器”重要参数介绍如下。

- 白平衡：使用“吸管工具”调节白平衡，按住Ctrl键可以选取5像素×5像素范围内的平均颜色。
- 色相角度：可以拖曳色环外圈改变图像色相，也可单击蓝色的数字修改数值，还可将光标悬停至蓝色数字附近，待出现箭头时，长按鼠标左键左右拖曳调整数值。
- 平衡数量级：将色环中心处的圆圈拖曳至色环上的某一颜色区域，即可改变图像的色相和色调。
- 平衡增益：平衡增益是对平衡数量级的控制。将黄色方块向色环外圈拖曳可提高平衡数量级的强度。越靠近色环外圈，效果越强。
- 色相平衡和角度：将色环划分为若干份，如图11-48所示。

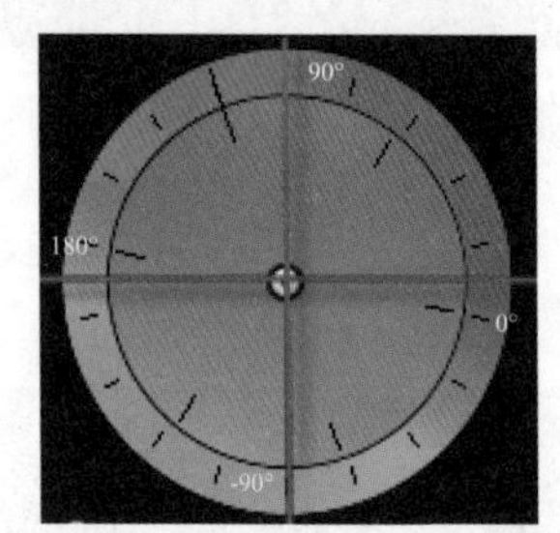

图11-48　“色相平衡和角度”色轮

- 饱和度：色彩的鲜艳程度。饱和度的值为0，则图像为灰色。
- 主要：若勾选“主要”复选框，则阴影、中间调与高光的数据将同步调整；若取消勾选“主要”复选框，可对单独的某个控件进行调整。
- 输入色阶/输出色阶：控制输入/输出的范围。输入色阶是图像原本的亮度范围。将左边的黑场滑块向右移动，则阴影部分压暗；将右边的白场滑块向左移动则高光部分提亮；中间的滑块则可对中间调进行调整。输入色阶与输出色阶的极值是相对应的。在输出色阶中，由于计算机屏幕上显示的是RGB图像，所以数值为0~255。若输出的为YUV图像，则数值为16~235。

2. RGB颜色校正器

使用“RGB颜色校正器”效果时，要注意以下几个参数，如图11-49所示。

“RGB颜色校正器”重要参数介绍如下。

- 灰度系数：即图像灰度。灰度系数越大，则图像黑白差别越低，对比度越低，图像呈现灰色；灰度系数越小，则图像黑白差别越大，对比度越高，图像明暗对比强烈。

图11-49　“RGB颜色校正器”参数

- 基质：视频剪辑中RGB的基本值。
- 增益：基值的增量。例如，在蓝色调的剪辑中蓝色的基值是100，增益是10，最后结果为110。
- 为了在调整RGB颜色校正器的同时也能看到RGB分量，可在“Lumetri范围”面板中右击，在弹出的快捷菜单中执行“分量类型 | RGB”命令，然后将“Lumetri范围”面板拖曳至下方窗口进行合并，如图11-50所示。

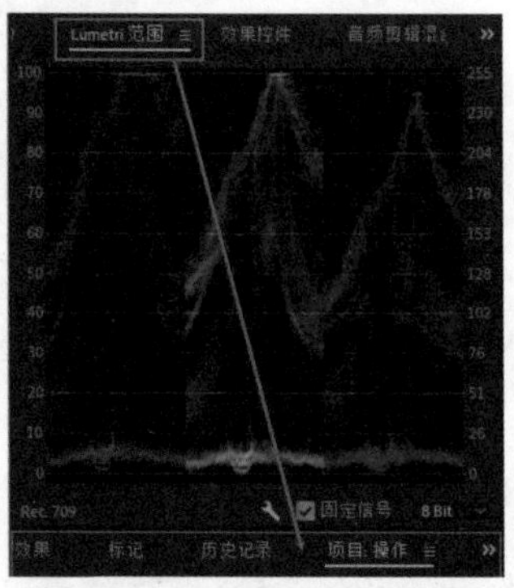

图11-50　“Lumetri范围”面板

3. RGB曲线

以“主要”曲线为例，曲线左下方代表暗场，将端点向上移动可使图像暗部提亮；曲线右上方代表亮场，将端点向下移动可使图像亮部压暗。用户可在曲线上的任意一处（除两端处）单击以添加锚点，进行分段调整，如图11-51所示，红色、绿色、蓝色曲线同理。

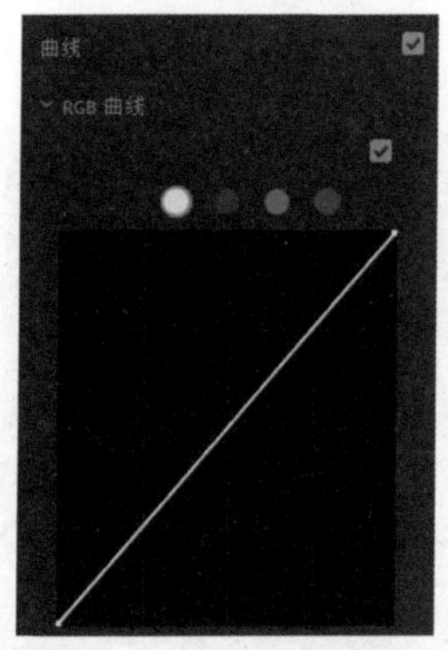

图11-51　“RGB曲线”选项

若想重置参数，可单击右方的“重置”按钮进行重置。另外，单击前方的开关控件可以对比效果，也可勾选“显示拆分视图”复选框，根据需要调整拆分布局和比例，查看原图和修改后的图的效果。

11.2 视频的调色插件

在后期制作过程中，为了追求更好的视觉效果，经常需要为画面中的人物进行磨皮美肤处理，人物脸部皮肤暗斑、粗糙、痘痘等问题，“Beauty Box人像磨皮”插件都可以一键搞定。随着手机拍摄技术的提升，人们用手机视频来记录生活的场合越来越多。但在晚上或者光线微弱时，拍摄的视频就会有噪点。这时就可以用Neat Video插件来消除噪点。Mojo Ⅱ是一个非常实用的视频调色插件，可以在视频后期处理中让画面调色呈现出好莱坞影片的效果。Mojo Ⅱ插件最大特点就是可以实现快速预览，即用户可以快速调出好莱坞风格色调。下面详细介绍插件的参数与效果。

11.2.1　人像磨皮：Beauty Box

Beauty Box插件是一个是用面部检测技术自动识别皮肤颜色并创建遮罩的插件，也可同时安装到PR和AE中。用户可在安装下载Beauty Box插件后，在“效果”面板中执行“视频效果 | Digital Anarchy | Beauty Box”命令，并将其拖曳到视频素材上，Beauty Box插件将自动识别视频素材中的皮肤并进行磨皮处理，如图11-52所示。

图11-52　添加“Beauty Box”效果

若想对皮肤细节进行更精细的调节，则可在“效果控件”面板中找到“Beauty Box”栏目详细调节参数。“平滑数量”可以控制磨皮程度，“皮肤细节平滑”可以调节皮肤细节的平滑量，如图11-53所示。

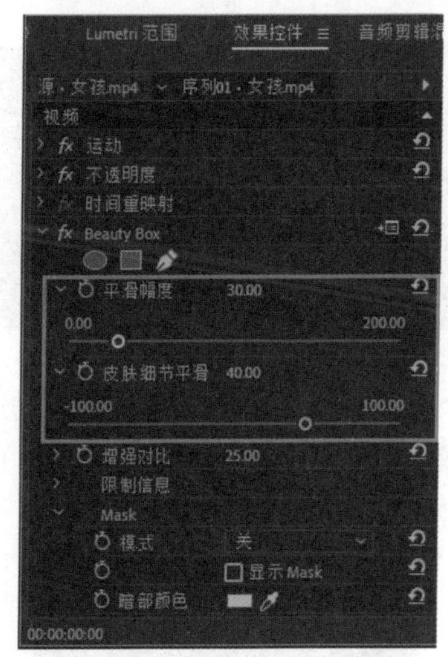

图11-53　“平衡数量”参数

“增强对比”可微调皮肤的质感。用户也可使用“吸管工具”吸取皮肤的暗部和亮部来精准调节。通常默认的参数都是够用的，只有在特殊的光线环境下，人物肤色发生较大偏色时，才会用到“吸管工具”和“色相饱和度”等参数来选取人物肤色的范围，如图11-54所示。

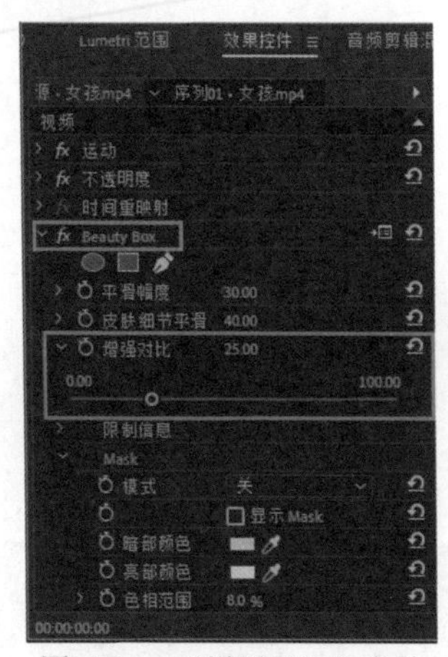

图11-54　“增强对比”参数

11.2.2　视频降噪处理

Neat Video插件拥有优异的降噪技术和高效率的渲染，支持多个GPU和CPU协同工作，降噪效果和处理速度十分可观，可以快速减少视频中的噪点。

打开序列，在“效果”面板中执行“视频效果 | Neat Video | 视频降噪处理”命令，并将“视频降噪处理”中的“视频降噪处理”效果拖曳到视频素材上，如图11-55所示。

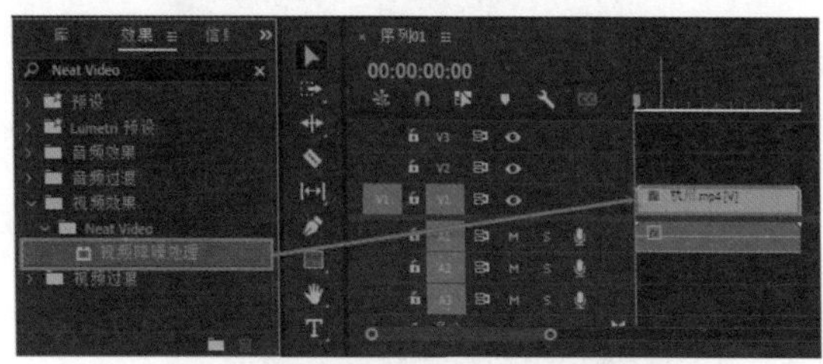

图11-55　添加“视频降噪处理”效果

在“效果控件”面板中找到“视频降噪处理”效果，单击右边的设置图标，打开设置窗口，如图11-56所示。

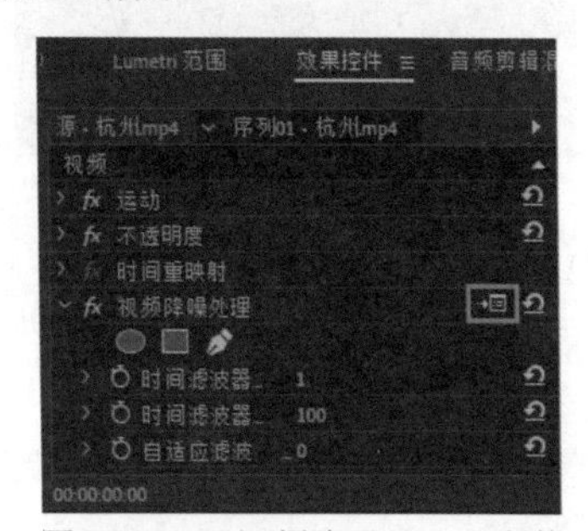

图11-56　“视频降噪处理”参数

单击左上角的“Auto Profile”按钮，如图11-57所示。插件将自动框选噪点，单击“Apply”按钮，即可消除噪点，如图11-58所示。

图11-57　“Neat Video Pro plug-in”对话框

图11-58　单击“Apply”按钮

11.2.3　调色：Mojo Ⅱ

打开序列，在“效果”面板中找到Mojo Ⅱ插件将其拖曳到素材上。

Mojo Ⅱ插件会自动调整颜色，让视频剪辑呈现出青绿色的色调。用户也可以在“效果控件”面板中展开Mojo Ⅱ插件选项，进行更加精细的调整。

导入视频素材，并将其拖曳到“时间轴”面板，如图11-59所示。

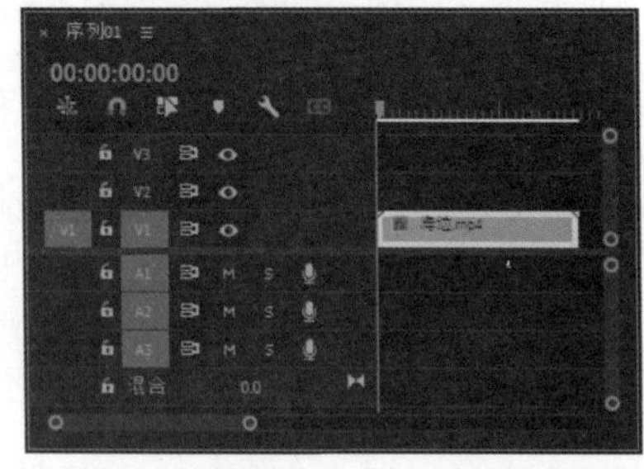

图11-59　将素材拖曳至“时间轴”面板

切换至“效果”面板，执行“视频效果 | RG Magic Bullet | Mojo II”命令，并将其拖曳到视频素材上，如图11-60所示。

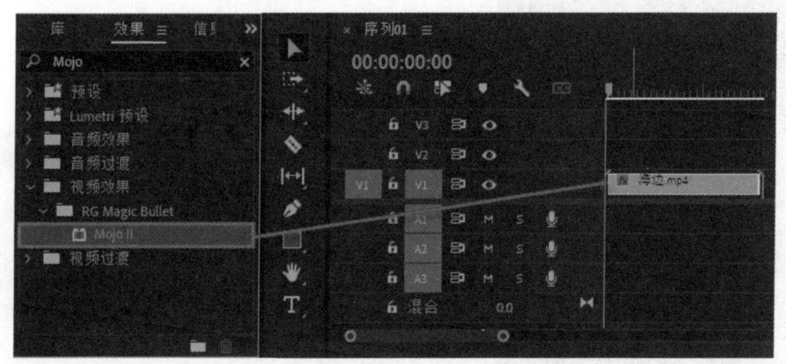

图11-60　添加“Mojo II”效果

此时，“节目”监视器面板中的画面色调立即发生了变化。下面讲解几个重要的参数。在“效果控件”面板中找到Mojo II插件，“素材格式”是指当前素材类型，不同素材类型色调各不相同。默认状态下为Flat，如图11-61所示。

图11-61　“素材格式”参数

预设：用户可以自由选择预设，下方的参数也将有相应的变化。默认状态为Mojo。

Mojo：指色调对比。将Mojo调整到最大时，画面的色调对比更加强烈。当然，在对比参数值进行变更后，Presect将自动变为None，如图11-62所示。

图11-62　“Mojo”参数

阴影蓝绿色：将Mojo Tint调整到最大时，画面染色效果更加明显，如图11-63所示。

对比度：对比度数值越大，则画面颜色越深，数值越小，则画面颜色越浅，如图11-64所示。

图11-63 “阴影蓝绿色”参数

图11-64 “对比度”参数

饱和度：饱和度数值越大，则画面饱和度越小，数值越小，则画面饱和度越大，如图11-65所示。

图11-65 “饱和度”参数

曝光度：曝光度数值越大，则画面曝光度越强，数值越小，则画面曝光度越弱，如图11-66所示。

冷/暖：冷/暖数值增大，则画面偏暖，数值减小，则画面偏冷，如图11-67所示。

强度：用户可以自由调整插件强度。默认状态为100，如图11-68所示。

图11-66　“曝光度”参数

图11-67　“冷/暖”参数

图11-68　“强度”参数

11.3 综合实例——古风人物磨皮调色

在拍摄的过程中会因为各种原因没有达到预期想要的效果，这时就需要进行后期调色来进行调整。如果拍摄人物，还可以对人物进行磨皮美颜，下面通过综合实例来讲解如何制作古风人物磨皮和调色。

01_ 启动Premiere Pro 2022软件，新建项目，新建序列。

02_ 执行“文件”|“导入”命令，弹出“导入”对话框，选择要导入的素材，单击“打开”按钮，如图11-69所示。

图11-69 “导入”对话框

03 在“项目”面板中选择“01.mp4”“02.mp4”“03.mp4”素材，拖曳至“时间轴”面板，如图11-70所示。

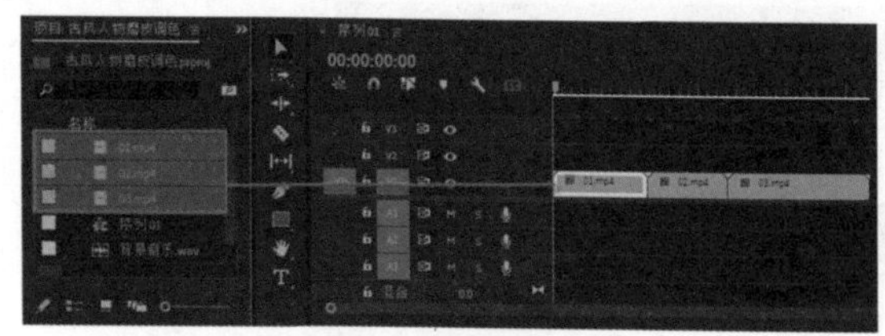

图11-70 拖曳素材

04 选择“02.mp4”素材，在“效果控件”面板中，设置“缩放”数值为150，如图11-71所示，“03.mp4”素材同理。

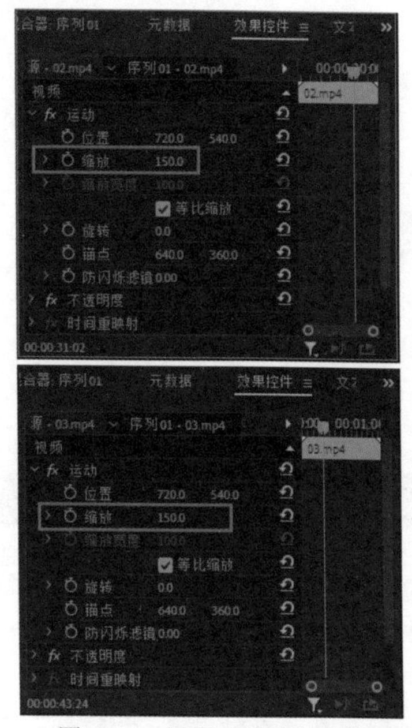

图11-71 设置“缩放”参数

05 在“项目”面板空白区域右击，在弹出的快捷菜单中执行“新建项目”|“调整图层”命令，如图11-72所示。

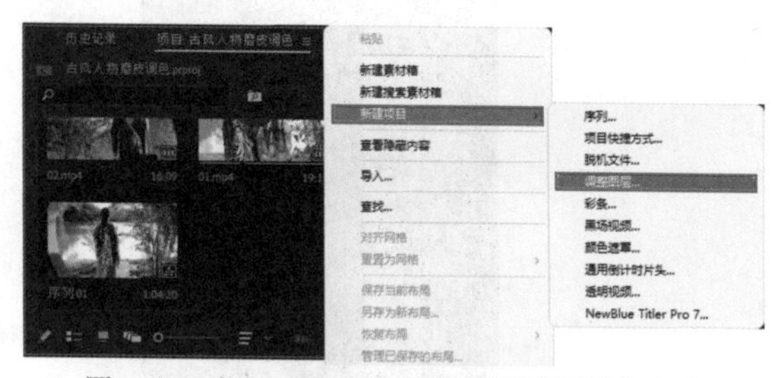

图11-72 执行“新建项目”|“调整图层”命令

06 在弹出的“调整图层”对话框中，单击“确定”按钮，如图11-73所示。

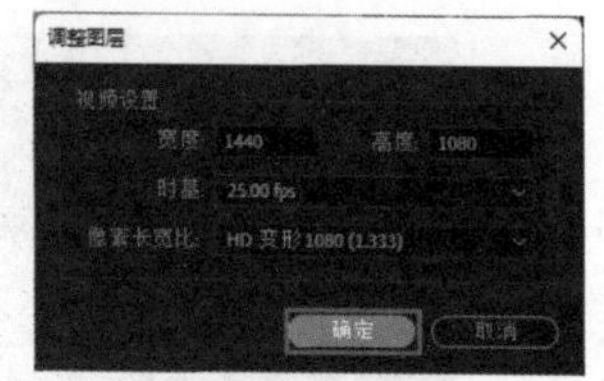

图11-73 “调整图层”对话框

07 在“项目”面板中选择“调整图层”素材拖曳至“时间轴”面板，并调整持续时间为（00:01:04:20），如图11-74所示。

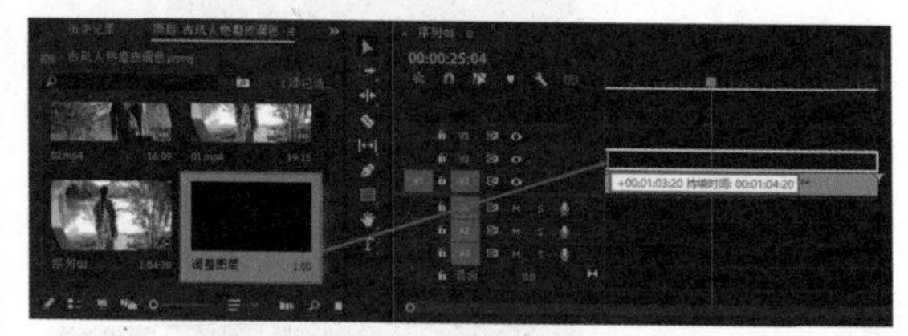

图11-74 拖曳“调整图层”素材

08 选择“调整图层”素材，进入“Lumetri颜色”面板，如图11-75所示。

09 在“Lumetri颜色”面板中，展开“基本校正”控件，设置“色温”数值为-90，“曝光”数值为-1，“对比度”数值为-40，“高光”数值为-20，“阴影”数值为40，“饱和度”数值为95，“节目”监视器面板效果如图11-76所示。

10 在“Lumetri颜色”面板中，展开“曲线”控件，调整蓝色RGB曲线，并调整色相与饱和度，降低画面绿色和蓝色饱和度，增加人物面部橘色饱和度，“节目”监视器面板效果如图11-77所示。

11 在“曲线”控件中，在“色相与色相”曲线，调整绿色色相，使画面绿色画面更加鲜艳，在“色相与亮度”曲线中，调整橙色亮度，增强画面人物面部的亮度，“节目”监视器面板效果如图11-78所示。

图11-75　“Lumetri颜色”面板

图11-76　“基本校正”调整

图11-77　“曲线”调整

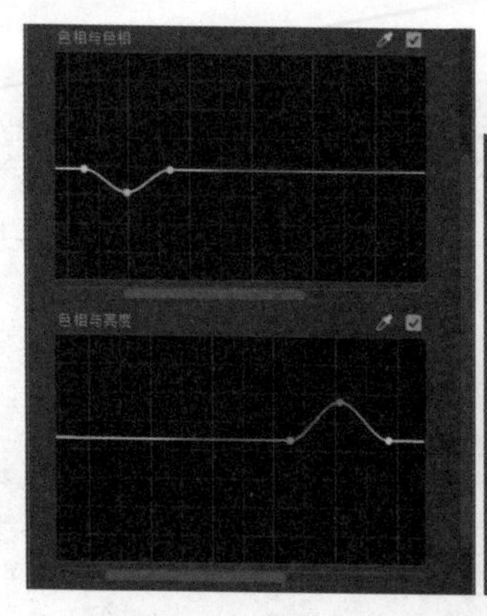

图11-78 调整曲线

12_ 在“效果”面板中，依次展开“视频效果”|“Digtal Amarchy”文件夹，选择“Beauty Box”效果，将其拖曳至“时间轴”面板中“02.mp4”素材上方，如图11-79所示。

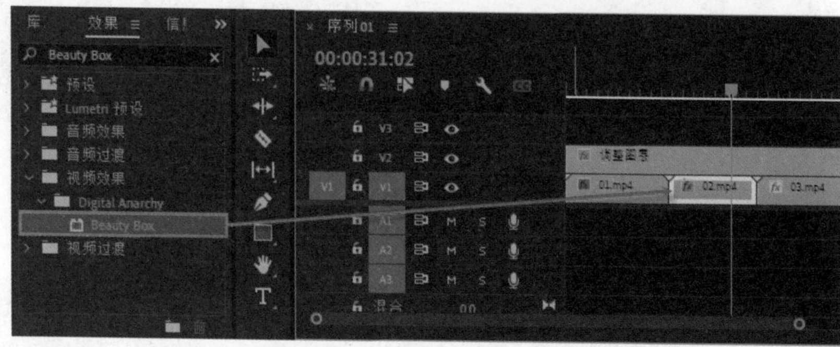

图11-79 添加“Beauty Box”效果

13_ 选择“02.mp4”素材，在“效果控件”面板中，设置“平滑幅度”数值为50，“皮肤细节平滑”数值为100，“增强对比”数值为100，“节目”监视器效果如图11-80所示。

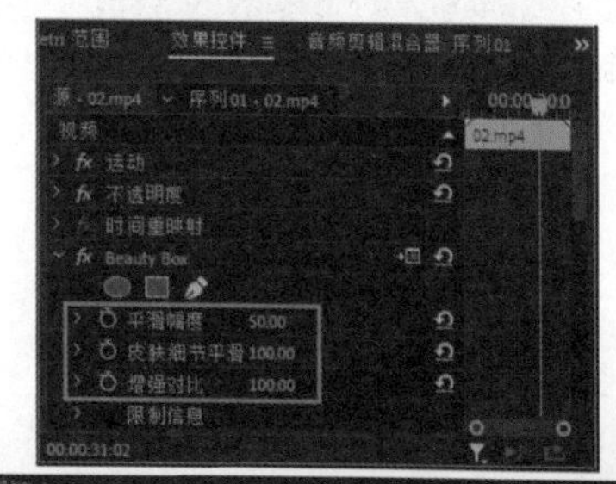

图11-80 设置“Beauty Box”参数

14_ 在“Mask”选项中，勾选“显示Mask”复选框，选择“暗部颜色”的吸管工具，吸取脸部暗部颜色，“亮部颜色”同理，设置“色相范围”数值为1，“饱和度范围”数值为15，“重要范围”数值为8，保证面部呈现白色即可，“节目”监视器面板效果如图11-81所示。

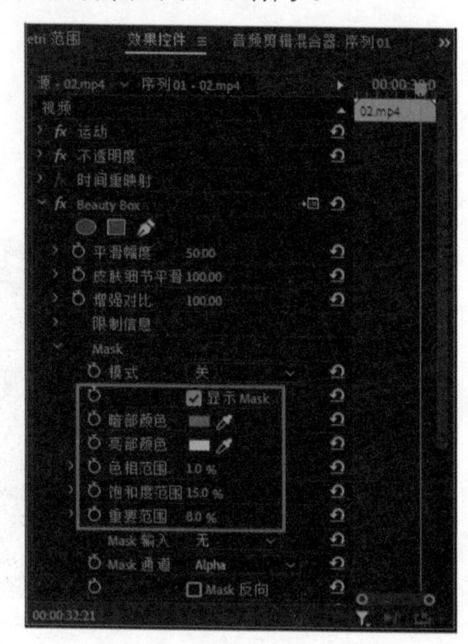

图11-81　设置"Mask"选项

15 调整完成后，取消勾选"显示Mask"复选框，人物磨皮效果如图11-82所示。按同样的方法为"01.mp4""03.mp4"素材添加"Beauty Box"效果。

图11-82　"Beauty Box"效果

16 选择"调整图层"素材，在"创意"控件中，设置"淡化胶片"数值为30，"锐化"数值为20，如图11-83所示。

图11-83　"创意"控件

17 在"项目"面板中选择"背景音乐.wav"素材，拖曳至"时间轴"面板，如图11-84所示。

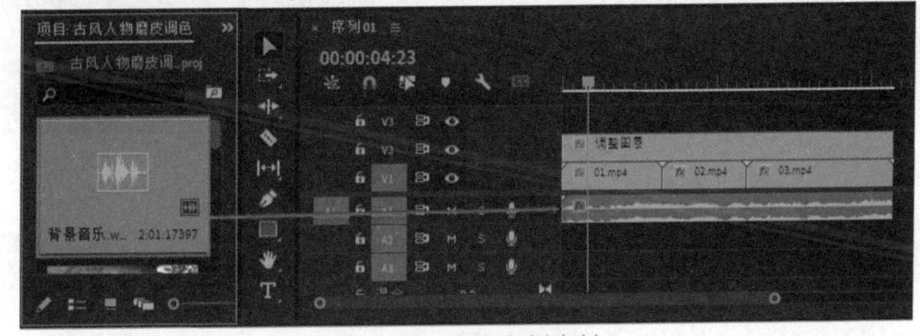

图11-84　拖曳音频素材

18 在"效果"面板中，依次展开"视频过渡"|"溶解"文件夹，选择"黑场过渡"效果，拖曳至"时间轴"面板中"03.mp4"素材结尾处，如图11-85所示。

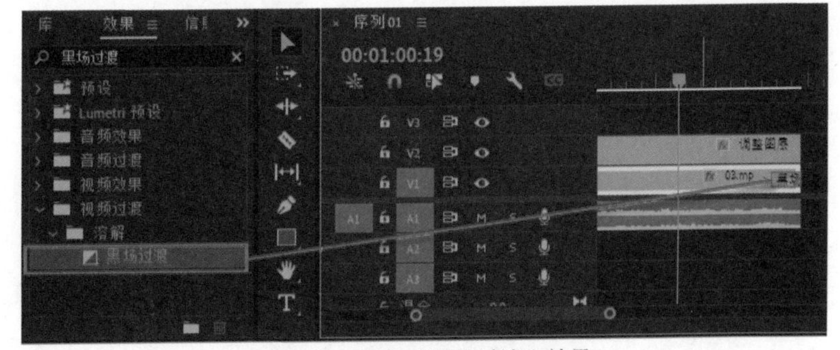

图11-85　添加"黑场过渡"效果

19_ 在“效果”面板中，依次展开“音频过渡”|“交叉淡化”文件夹，选择“恒定增益”效果，并将其拖曳至“时间轴”面板中“背景音乐.wav”素材结尾处，如图11-86所示。

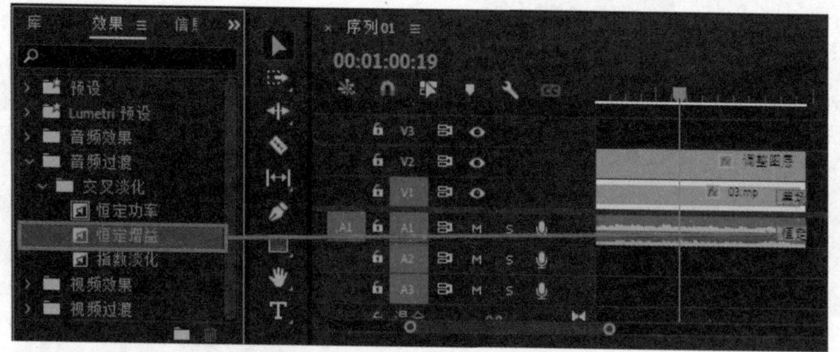

图11-86　添加“恒定增益”效果

20_ 按Enter键渲染项目，渲染完成后预览效果，如图11-87所示。

图11-87　预览视频效果

11.4 本章小结

本章介绍了视频颜色校正与调整的基础知识，以及Premiere Pro 2022中的图像控制效果、过时类效果、颜色校正类效果的具体应用。掌握和熟悉Premiere Pro中的各类调色效果的具体使用及应用效果，可以帮助用户在进行视频处理工作时，游刃有余地将画面处理为想要的色调和效果，实现作品风格的多样性。

第12章 时尚快闪视频

快闪视频起源于IPHONE 7的新品发布会，短片用不断变化的文字，配合音效卡点形成短视频，其特点是，文字表达更加自由且趣味十足，受到年轻人与广告商的青睐。

时尚是个快节奏的产物，想要在宣传片中抓住观众的眼球，就要赋予其快节奏、时尚动感、突出重点三个特点，让观众在短时间内也能获取大量信息。本章将以实例的形式介绍时尚快闪视频的制作方法。

12.1 制作快闪视频音乐

快闪视频多采用节奏比较鲜明的音乐，音乐乍起给人惊喜，音乐乍停让人意犹未尽。下面介绍音乐卡点的制作方法，具体操作如下。

12.1.1 新建项目并导入素材

01 启动Premiere Pro 2022软件，执行“文件”|“新建”|“项目”命令，或按快捷键Ctrl+Alt+N，打开“新建项目”对话框，在其中自定义项目的“名称”和“位置”，如图12-1所示，完成后单击“确定”按钮。

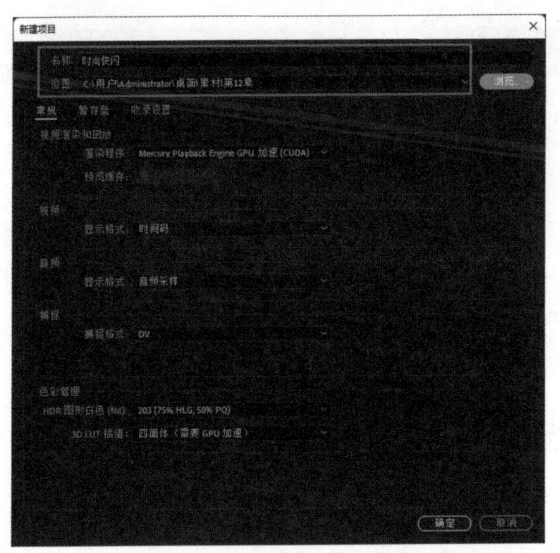

图12-1 “新建项目”对话框

02 进入工作界面，执行“文件”|“新建”|“序列”命令，或按快捷键Ctrl+N，打开“新建序列”对话框，在左侧的“可用预设”列表中选择“HDV”文件夹中的“HDV 1080p25”预设，如图12-2所示，完成后单击“确定”按钮。

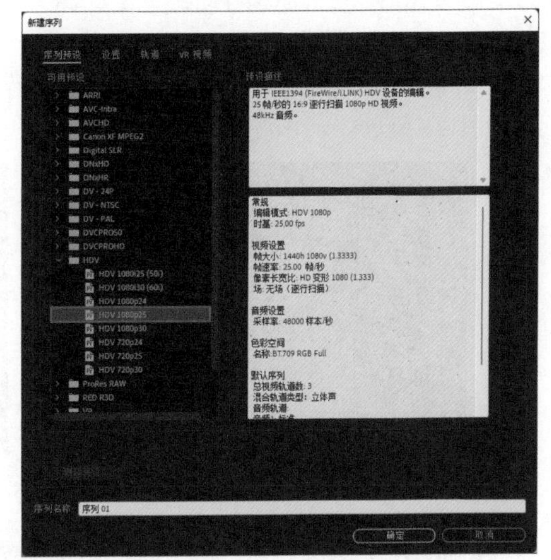

图12-2 “新建序列”对话框

03 完成序列的创建后，执行“文件”|“导入”命令，或按快捷键Ctrl+I，打开“导入”对话框，将路径文件夹中的所有文件选中，如图12-3所示，单击“打开”按钮，将所选文件导入Premiere Pro。

图12-3 “导入”对话框

12.1.2 添加背景音乐

01 在“项目”面板中选择“背景音乐.wav”素材，将其拖曳至“时间轴”面板，如图12-4所示。

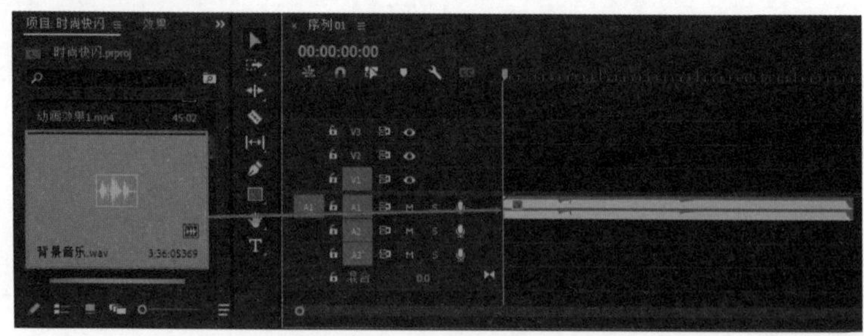

图12-4 添加音频素材

02 添加音乐后，可以通过移动时间线或单击“节目” 监视器面板中的“添加标记”按钮 （快捷键M），在素材上方添加标记点，如图12-5所示。

03 一边试听音乐，一边根据节奏点添加节奏标记。移动时间线，根据节奏点在合适的时间点添加标记，如图12-6所示。

图12-5 添加标记

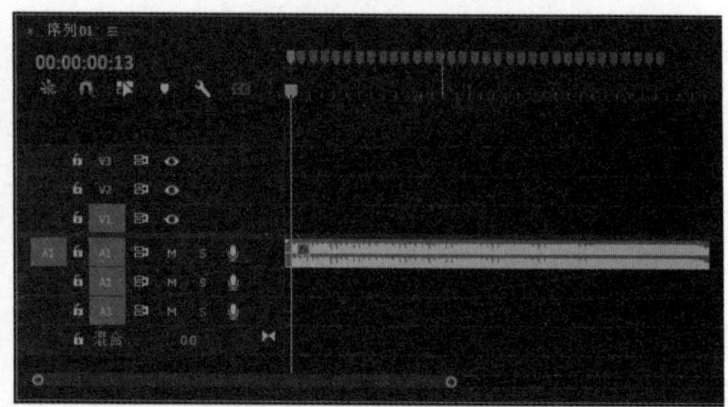

图12-6 添加标记结果

12.2 制作快闪视频

快闪视频由图片形式展示，添加动感炫酷的效果，增添画面的冲击力，下面详细介绍各个片段的具体操作。

1. 画中画片段

01 在“项目”面板空白区域右击，在弹出的快捷菜单中执行“新建项目”|“颜色遮罩”命令，如图12-7所示。

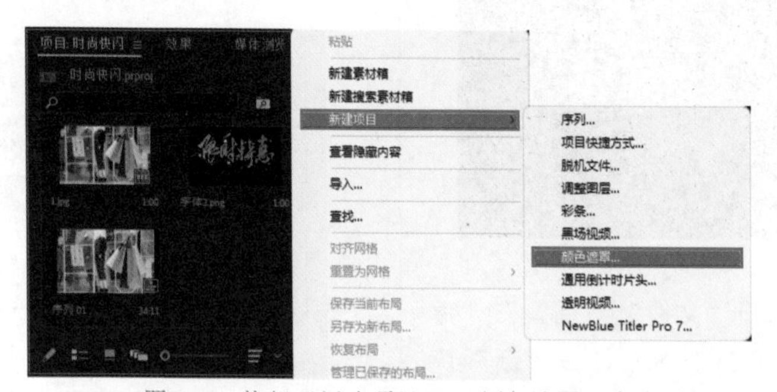

图12-7 执行“新建项目”|“颜色遮罩”命令

02 在弹出的“新建颜色遮罩”对话框中，单击“确定”按钮，在弹出的“拾色器”对话框中，选择颜色为白色，然后单击“确定”按钮，如图12-8所示。

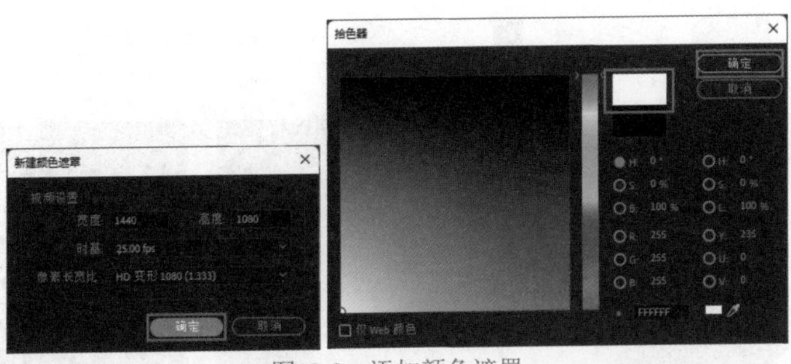

图12-8　添加颜色遮罩

03_ 在弹出的“选择名称”对话框中，单击“确定”按钮，如图12-9所示。

04_ 在“项目”面板中选择“颜色遮罩”素材并将其拖曳至“时间轴”面板，如图12-10所示。

图12-9　“选择名称”对话框　　　　图12-10　拖曳“颜色遮罩”素材

05_ 选择“颜色遮罩”素材，右击，在弹出的快捷菜单中选择“速度/持续时间”选项，在弹出的“剪辑速度/持续时间”对话框中，设置“持续时间”为（00:00:01:08），如图12-11所示。

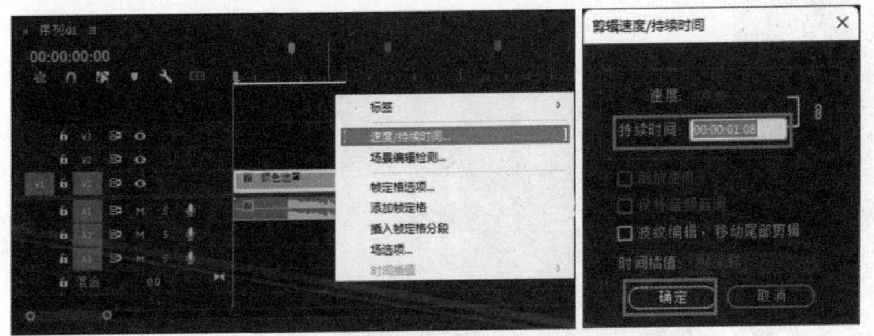

图12-11　设置素材持续时间

06_ 在“项目”面板中选择“1.jpg”和“2.jpg”素材，将其拖曳至“时间轴”面板中V2和V3轨道上，如图12-12所示。

07_ 在“剪辑速度/持续时间”对话框中，设置“2.jpg”素材的持续时间为（00:00:00:21），如图12-13所示。

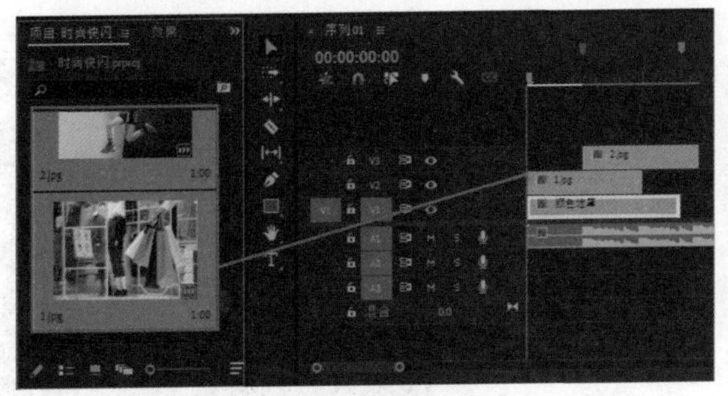

图12-12　添加图片素材

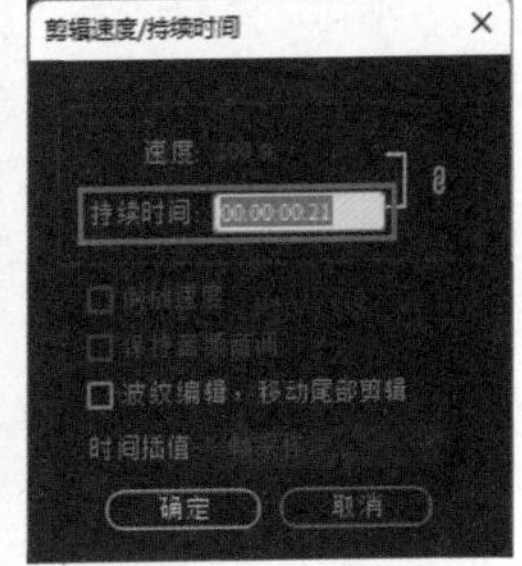

图12-13　设置持续时间

08_ 在“工具”面板中选择“文字工具”T，在“节目”监视器面板中单击并输入“春夏新风尚”文字，如图12-14所示。

09_ 在“工具”面板中切换“选择工具”▶，在“效果控件”面板中，展开“文本（春夏新风尚）”列表，设置文字字体、大小、位置，如图12-15所示。

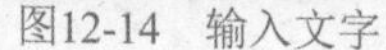

图12-14 输入文字

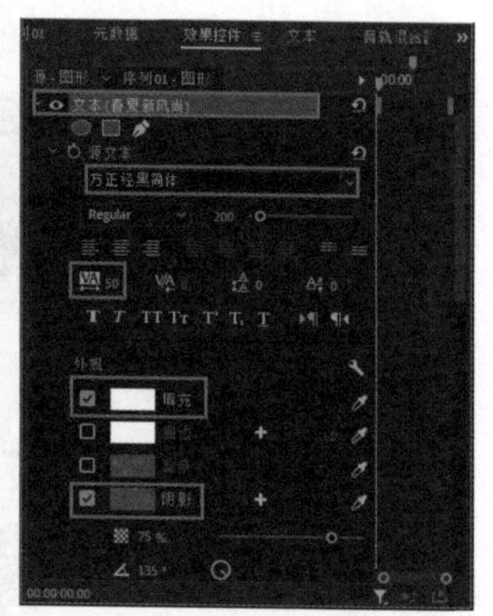

图12-15 设置文字参数

在“节目”监视器面板输入文本后，切换为“选择工具”▶，才可以调整文本的属性。

10_ 选择“1.jpg”素材，在“效果控件”面板中，设置“缩放”数值为25，如图12-16所示。

11_ 在“时间轴”面板中，选择“1.jpg”素材和“春夏新风尚”字幕素材，右击，在弹出的快捷菜单中选择“嵌套”选项，如图12-17所示。

12_ 在弹出的“嵌套序列名称”对话框中，单击“确定”按钮，如图12-18所示。

图12-16 设置“缩放”数值

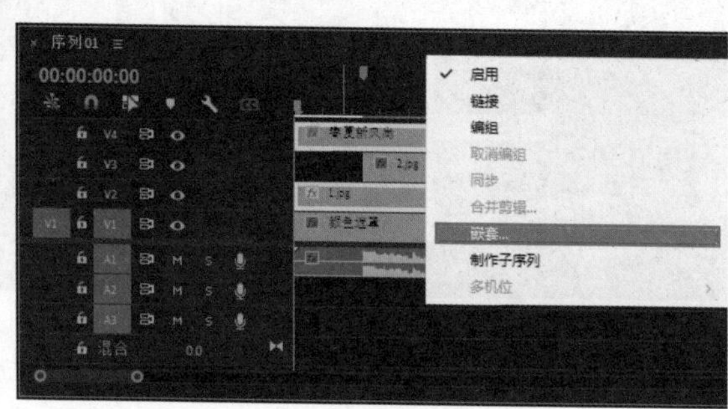

图12-17 选择“嵌套”选项

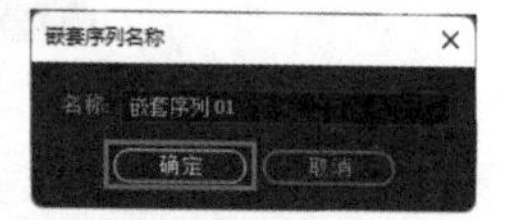

图12-18 “嵌套序列名称”对话框

13_ 选择“嵌套序列01”素材，在“效果控件”面板中，将时间线移动到起始处，单击“缩放”前的“切换动画”按钮⏱，设置“缩放”数值为0，将时间线移动到（00:00:00:12）位置，设置“缩放”数值为100，如图12-19所示。

14_ 选择“2.jpg”素材，在“效果控件”面板中，单击“缩放”前的“切换动画”按钮⏱，设置“缩放”数值为5，将时间线移动到（00:00:01:03）位置，设置“缩放”数值为31，如图12-20所示。

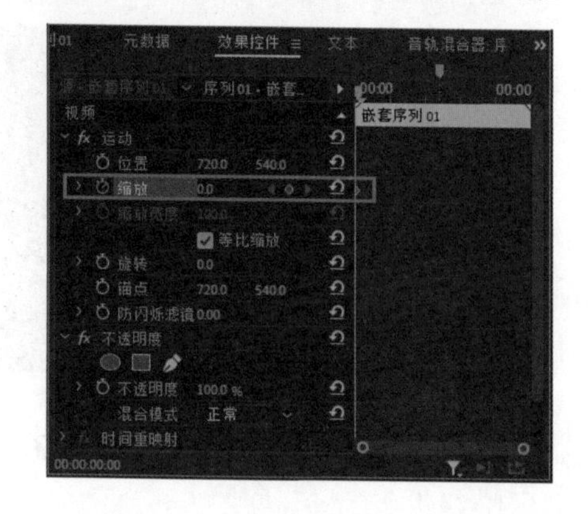

图12-19　添加“缩放”关键帧

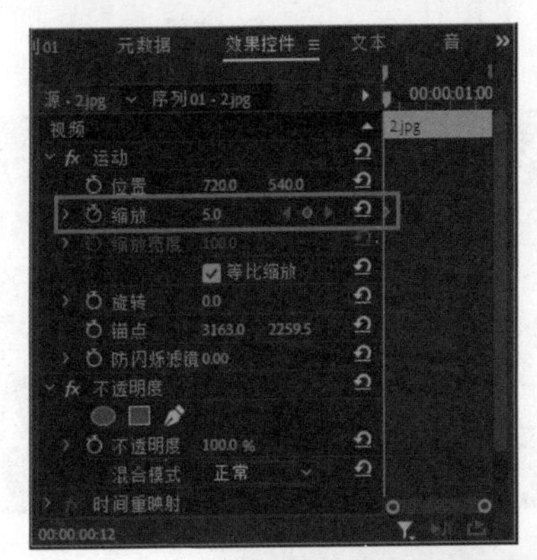

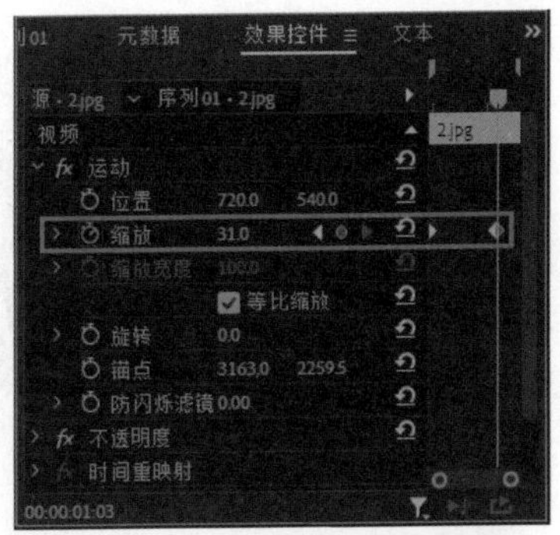

图12-20　添加“缩放”关键帧

15_ 在“效果”面板中，依次展开“视频效果”|“变换”文件夹，选择“裁剪”效果拖曳至“2.jpg”素材上方，如图12-21所示。

16_ 选择“2.jpg”素材，在“效果控件”面板中，将时间线移动到（00:00:00:12）位置，单击“顶部”和“底部”前的“切换动画”按钮，设置“顶部”和“底部”数值为40，如图12-22所示。

17_ 将时间线移动到（00:00:01:03）位置，设置“顶部”和“底部”数值为0，如图12-23所示。

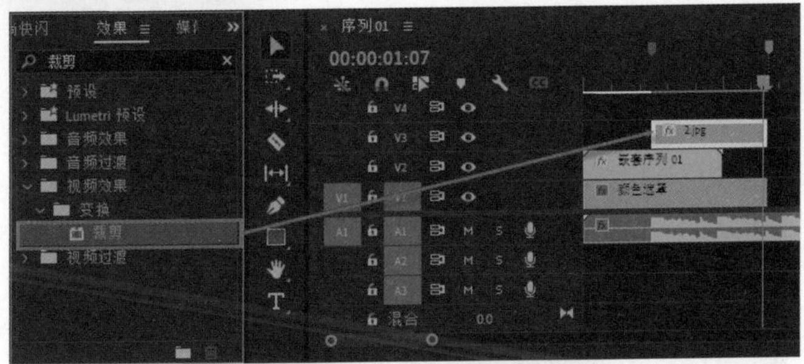

图12-21　添加“裁剪”效果

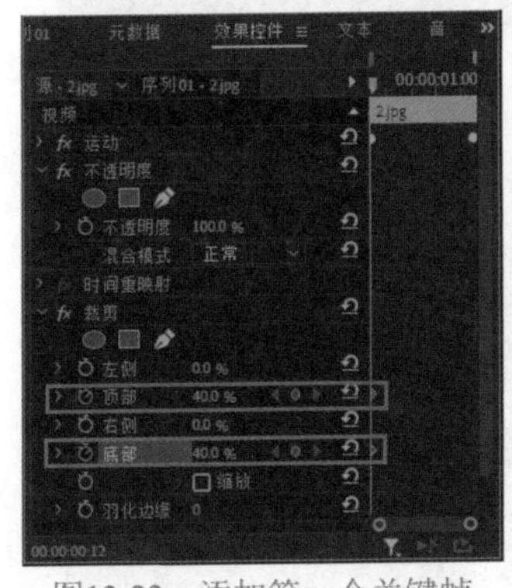

图12-22　添加第一个关键帧

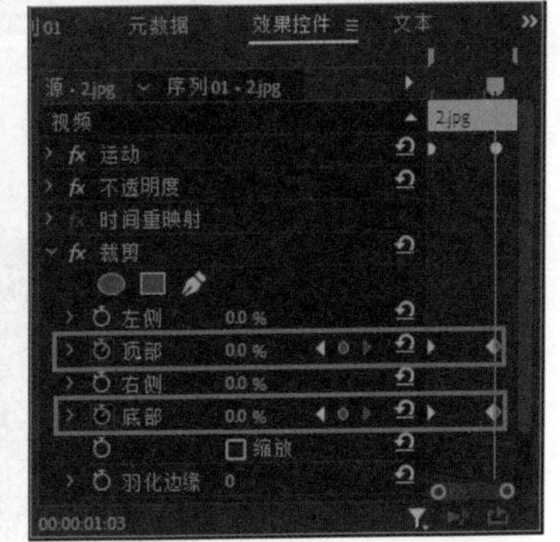

图12-23　添加第二个关键帧

2. 缩放片段

01_ 在“项目”面板中选择“3.jpg”素材并将其拖曳至“时间轴”面板，在“效果控件”面板中，设置“缩放”数值为31，并调整素材持续时间与标记对齐，如图12-24所示。

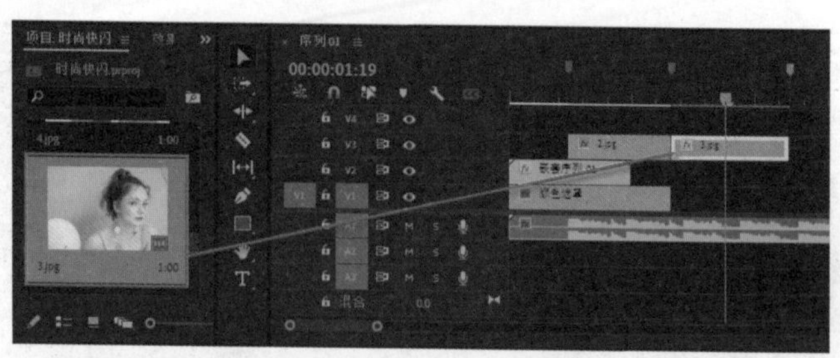

图12-24　添加图片素材

02 在“效果”面板中，依次展开“视频过渡”|“缩放”文件夹，选择“交叉缩放”效果并将其拖曳至“2.jpg”素材和“3.jpg”素材中间，如图12-25所示。

03 在“时间轴”面板中选择“交叉缩放”效果，在“效果控件”面板中，设置“持续时间”为（00:00:00:10），如图12-26所示。

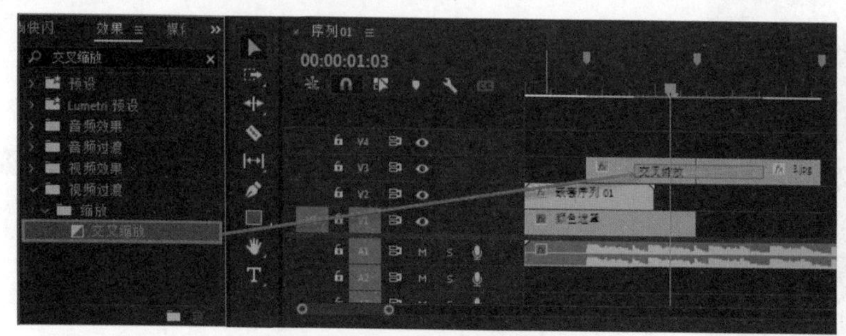

图12-25　添加“交叉缩放”效果

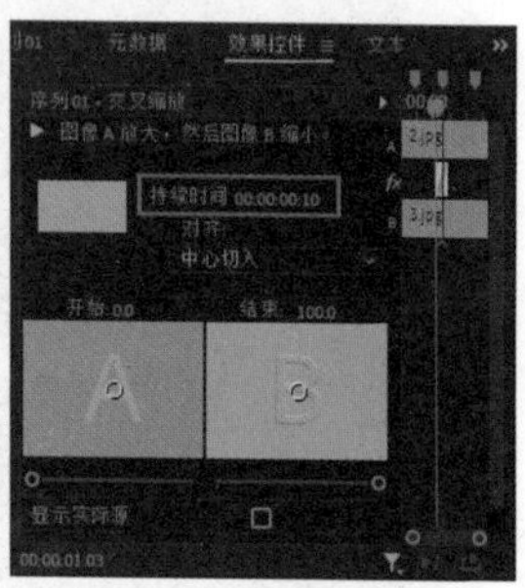

图12-26　设置持续时间

3. 右滑片段

01 在“项目”面板中新建“颜色遮罩”素材，设置颜色为黄色，拖曳至“时间轴”面板，并调整素材持续时间与标记对齐，如图12-27所示。

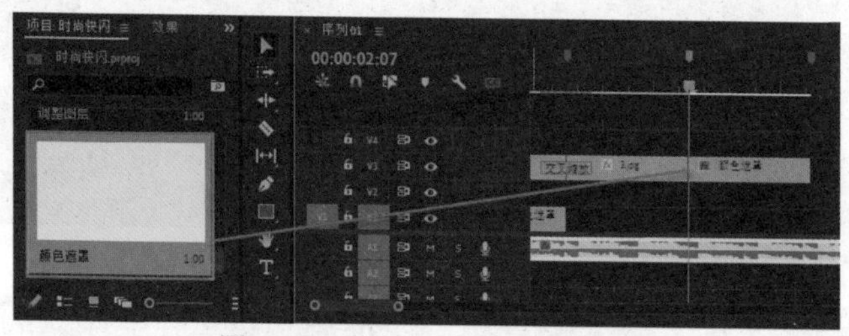

图12-27　添加“颜色遮罩”素材

02 在“项目”面板中选择“4.jpg”素材并将其拖曳至“时间轴”面板，在“效果控件”面板中，设置“缩放”参数为30，并调整素材持续时间与标记对齐，如图12-28所示。

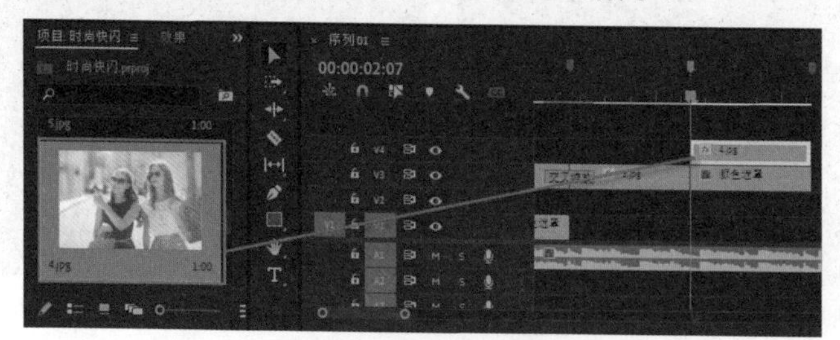

图12-28　添加图片素材

03 在“时间轴”面板中选择“4.jpg”素材和“颜色遮罩”素材，右击，在弹出的快捷菜单中选择“嵌套”选项，如图12-29所示。

图12-29 选择“嵌套”选项

04 在“效果”面板中，依次展开“视频过渡”|“内滑”文件夹，选择“推”效果，拖曳至“时间轴”面板中“3.jpg”素材和“4.jpg”素材中间，如图12-30所示。

05 在“时间轴”面板中选择“推”效果，在“效果控件”面板中，设置“持续时间”为(00:00:00:10)，勾选“反向”复选框，如图12-31所示。

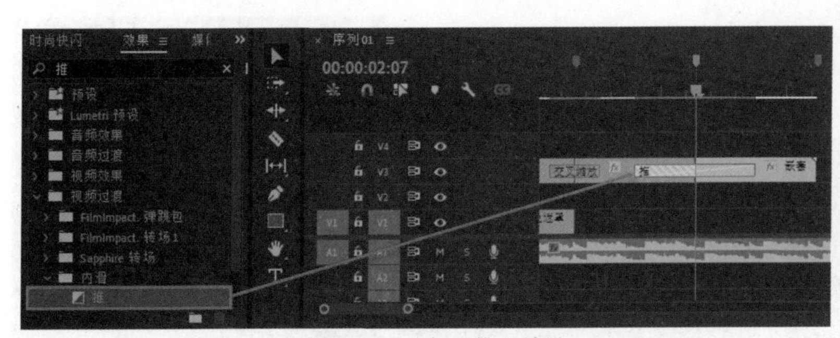

图12-30 添加“推”效果

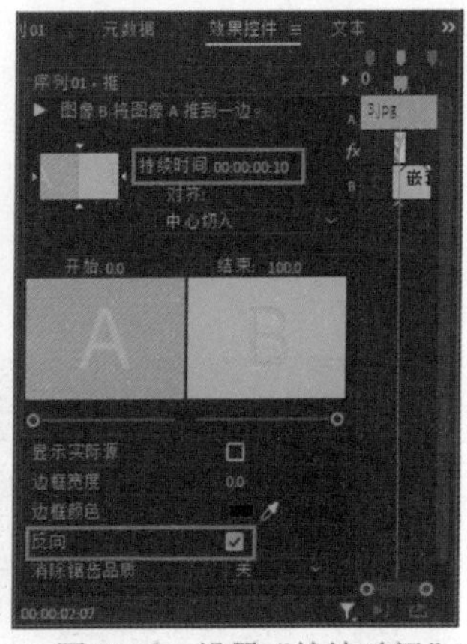

图12-31 设置“持续时间”

4. 画面分割片段

01 将时间线移动到(00:00:03:01)位置，在“项目”面板中选择“5.jpg”素材拖曳至“时间轴”面板，在“效果控件”面板中，设置“缩放”参数为30，并调整素材持续时间与标记对齐，如图12-32所示。

02 在“工具”面板中单击“矩形工具”按钮，在“节目”监视器面板中绘制一个矩形，如图12-33所示。

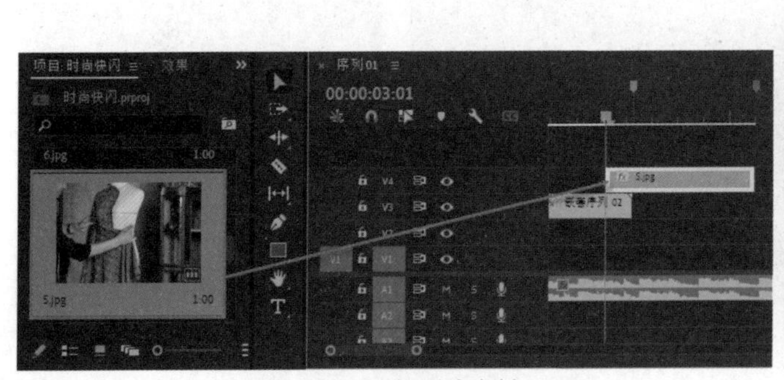

图12-32 添加图片素材

图12-33 绘制矩形

03 在“时间轴”面板中选中“图形”素材，右击，在弹出的快捷菜单中选择“嵌套”选项，如图12-34所示。

04 双击进入嵌套序列，在“效果”面板中依次展开“视频效果”|“过渡”文件夹，将“线性擦除”效果拖曳至“图形”素材上方，如图12-35所示。

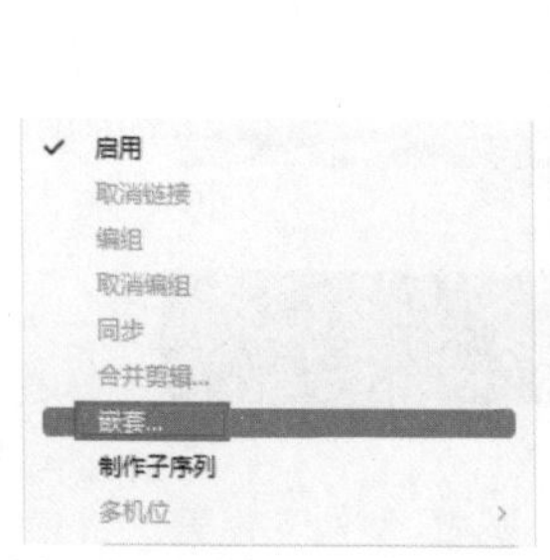

图12-34 选择“嵌套”选项

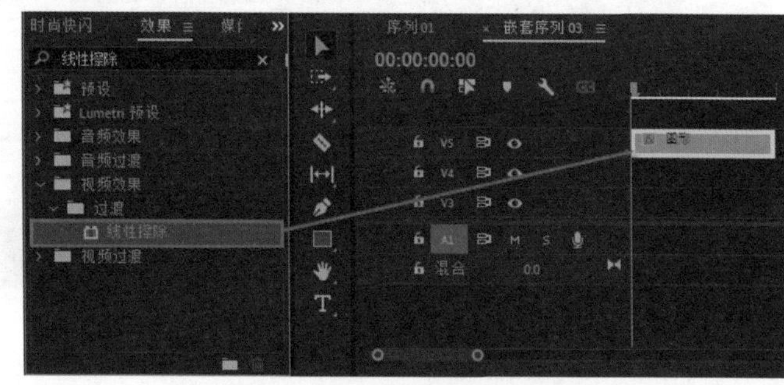

图12-35 添加“线性擦除”效果

05 选择过渡效果，进入“效果控件”面板，将时间线移动到起始位置，单击“过渡完成”前的“切换动画”按钮，设置“过渡完成”数值为100%；将时间线移动到（00:00:00:10）位置，然后将数值设置为0%，同时将“擦除角度”设置为53°，如图12-36所示。

06 进入“时间轴”面板，选择“图形”素材，按住Alt键复制一层，并将其位置往下移动，将“擦除角度”设置为-127°，如图12-37所示。

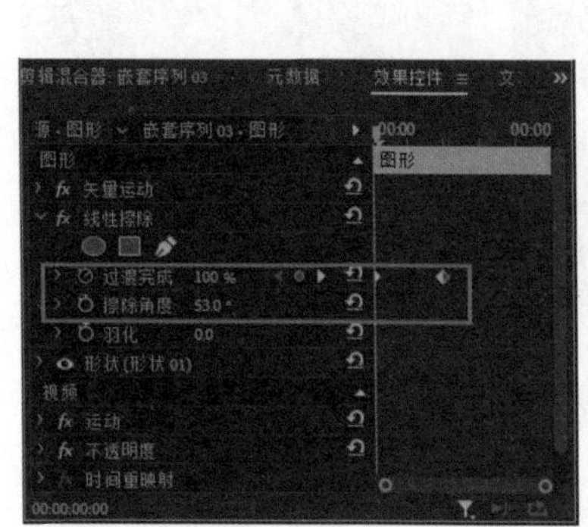

图12-36 添加“过渡完成”关键帧

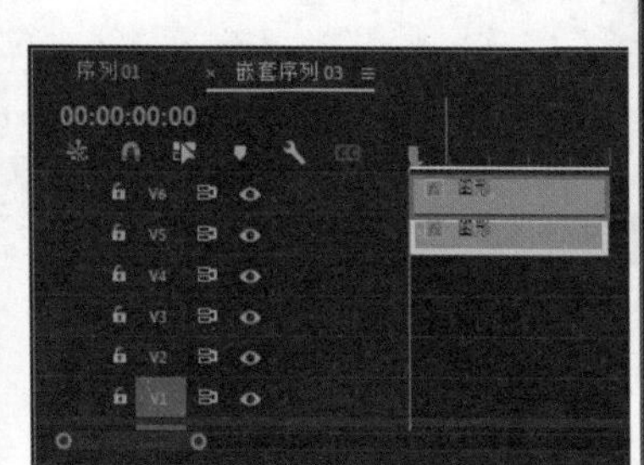

图12-37 复制“图形”素材

07 在“效果”面板中依次展开“视频效果”|“键控”文件夹，将“轨道遮罩键”效果拖曳至“5.jpg”素材上方，在“效果控件”面板中设置“遮罩”为“视频5”，如图12-38所示。

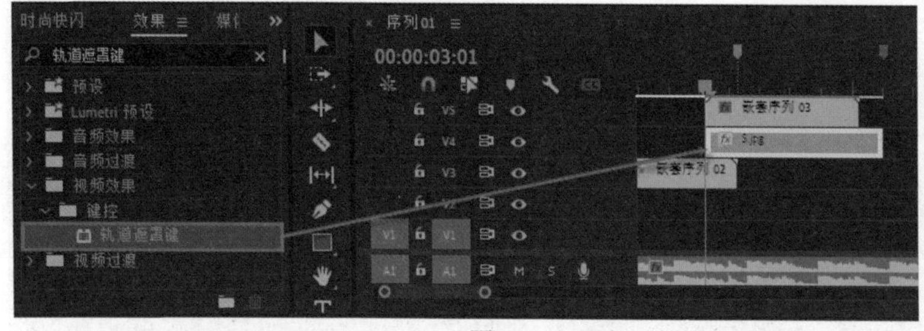

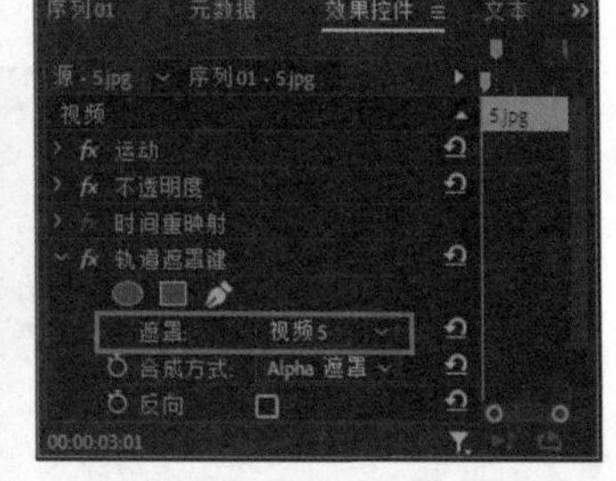

图12-38 添加“轨道遮罩键”效果

08 双击进入“嵌套序列02”，框选两个素材，将光标放置在素材右边源，光标变成边缘图标时，按住鼠标左键，向右拖动到适合的位置，如图12-39所示。

09 返回“序列01”，同理操作调整“嵌套序列02”素材长度，如图12-40所示。

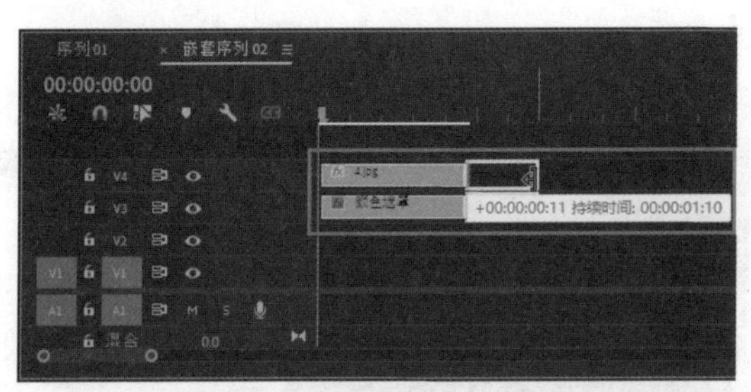

图12-39　调整素材长度

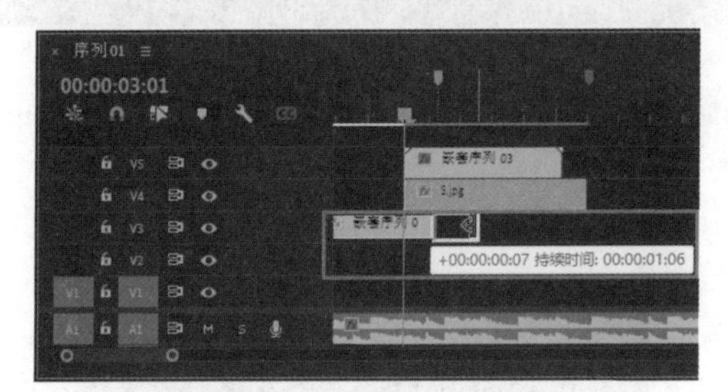

图12-40　调整素材长度

5. 多个画面移动片段

01＿在“项目”面板中选择“6-15.jpg”素材，按照序号依次拖曳至“时间轴”面板，如图12-41所示。

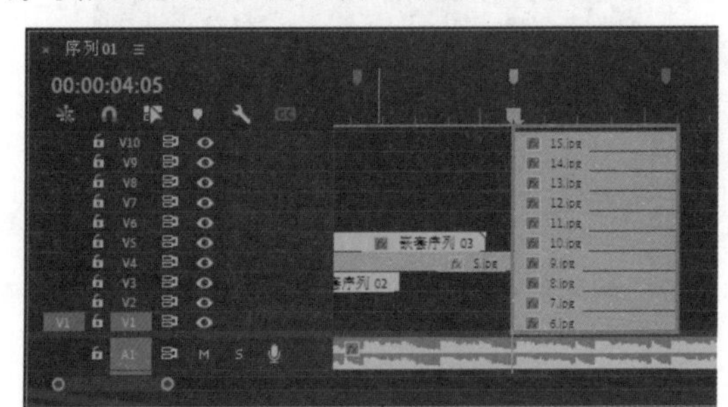

图12-41　添加图片素材

02＿分别调整“6-9.jpg”素材大小及位置，在“效果控件”面板中的数值如图12-42所示。

03＿在“时间轴”面板中框选“6-9.jpg”素材，右击，在弹出的快捷菜单中选择“嵌套”选项，如图12-43所示。

04＿分别调整“10-15.jpg”素材大小及位置，在“效果控件”面板中的数值如图12-44所示。

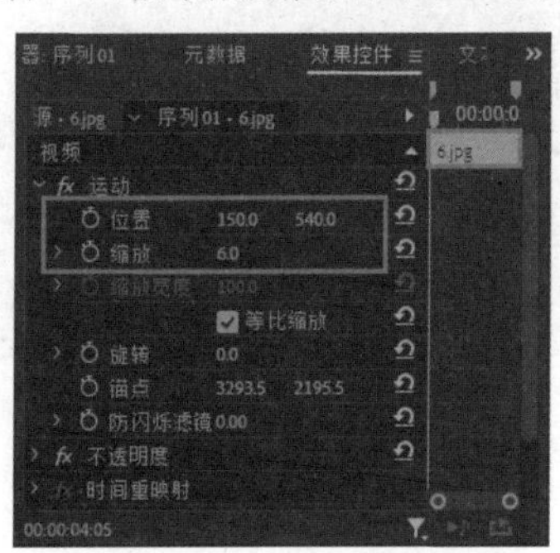

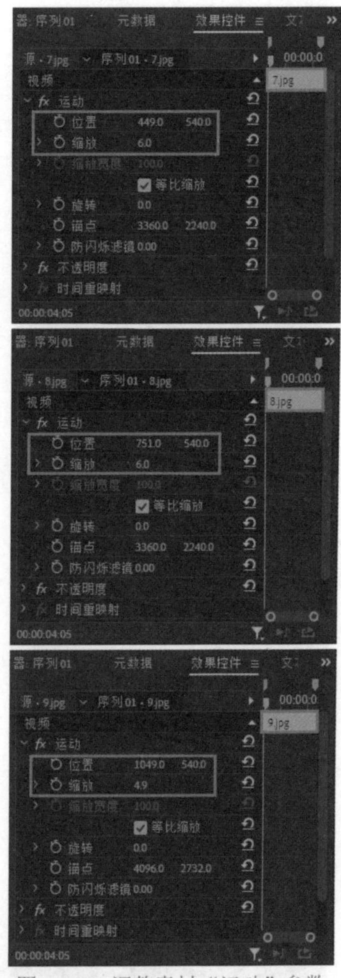

图12-42　调整素材“运动”参数

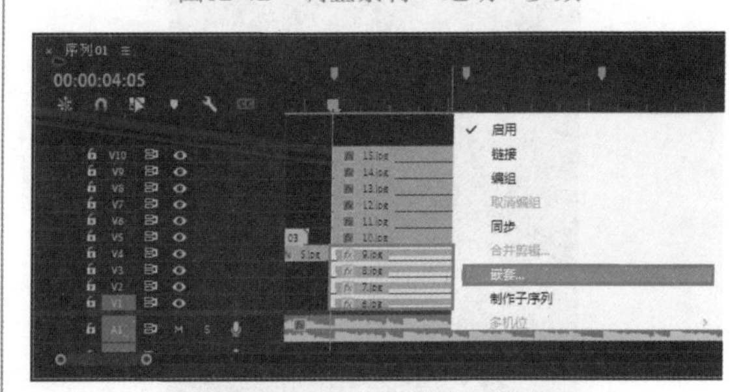

图12-43　选择“嵌套”选项

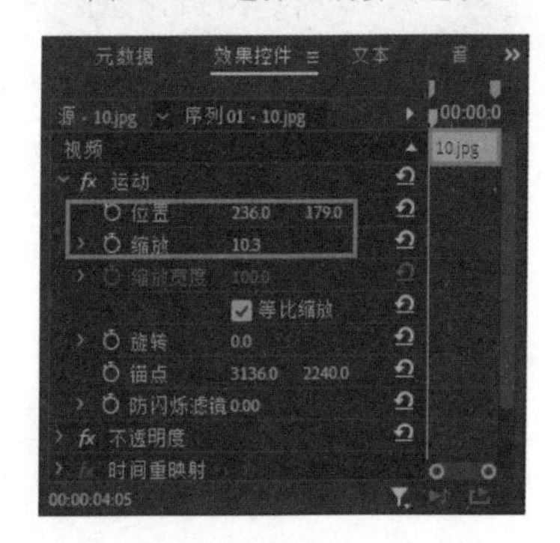

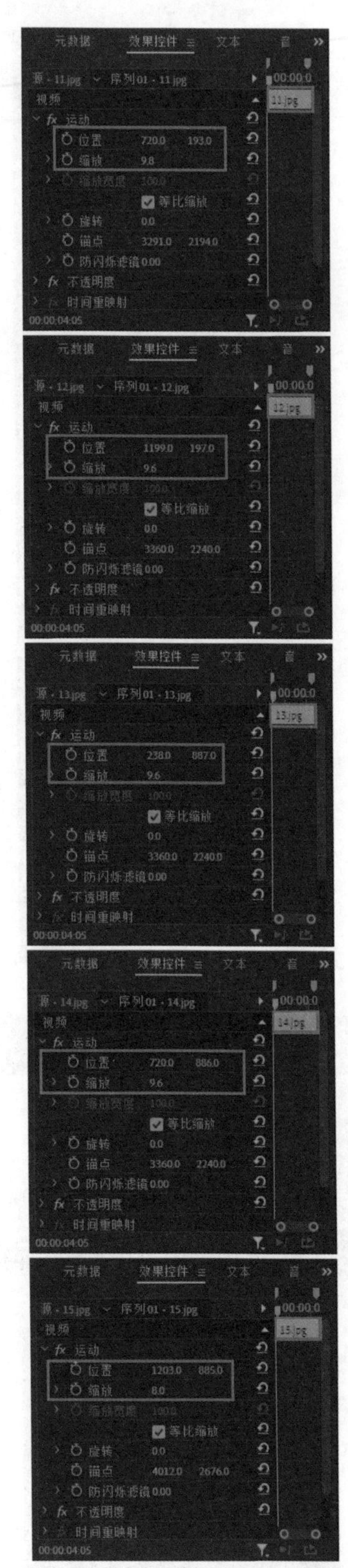

图12-44　调整素材“运动”参数

05_ 在“时间轴”面板中框选“10-15.jpg”素材，右击，在弹出的快捷菜单中选择“嵌套”选项，如图12-45所示。

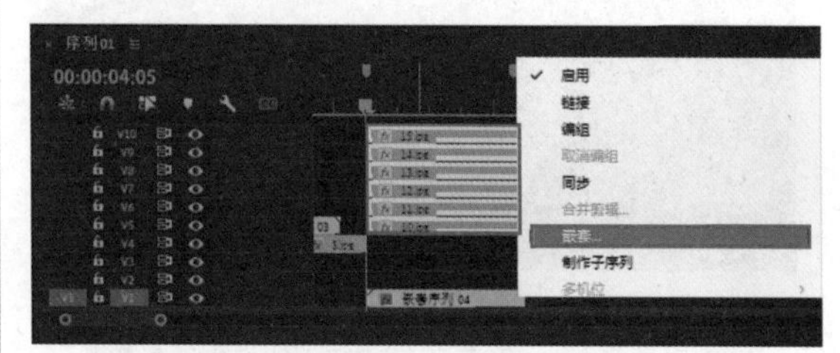

图12-45　选择“嵌套”选项

06_ 嵌套完成后，在“时间轴”面板中将“嵌套序列05”素材移动V3轨道上，“嵌套序列04”素材移动V4轨道上，如图12-46所示。

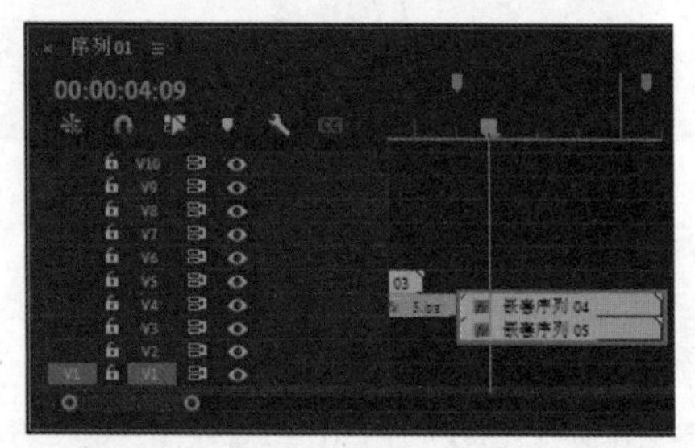

图12-46　移动素材

07_ 选择“嵌套序列04”素材，在“效果控件”面板中，单击“位置”前的“切换动画”按钮，设置“位置”数值为（1037,540），将时间线移动到（00:00:04:23）位置，设置“位置”数值为（720,540），如图12-47所示。

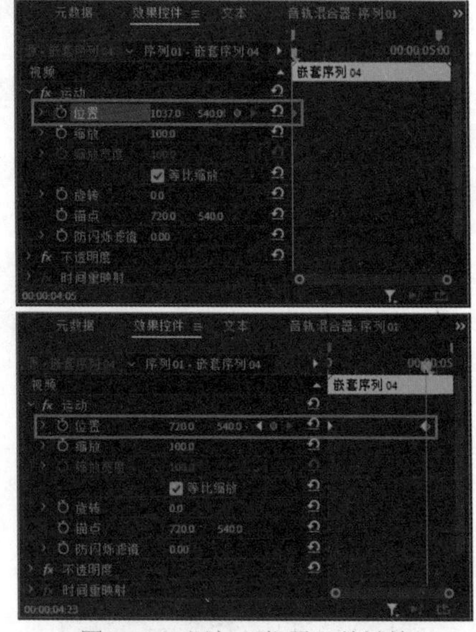

图12-47　添加“位置”关键帧

08_ 在“时间轴”面板中框选“嵌套序列04”素材和“嵌套序列05”素材，右击，在弹出的快捷菜单中选择“嵌套”选项，如图12-48所示。

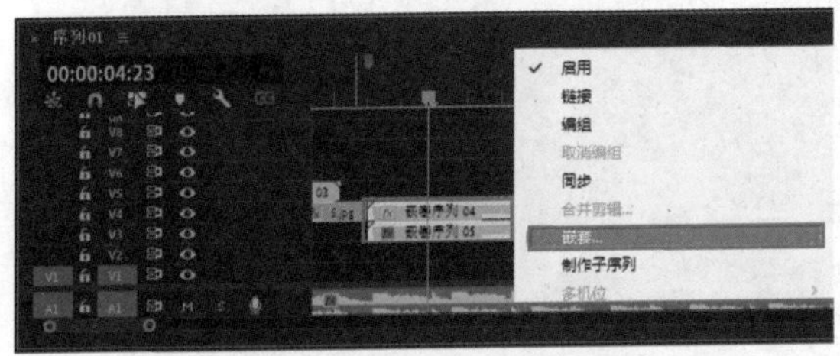

图12-48 选择“嵌套”选项

09 嵌套完成后，将“嵌套序列06”素材与“5.jpg”素材结尾对齐，在“效果控件”面板中，设置“缩放”数值为180，“节目”监视器面板效果如图12-49所示。

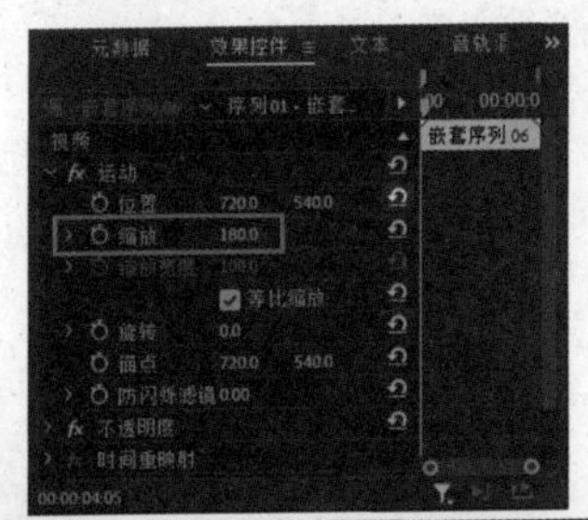

图12-49 设置“缩放”数值

10 在“效果”面板中，搜索“交叉缩放”效果拖曳至“5.jpg”素材和“嵌套序列06”素材中间，并设置“持续时间”为（00:00:00:10），如图12-50所示。

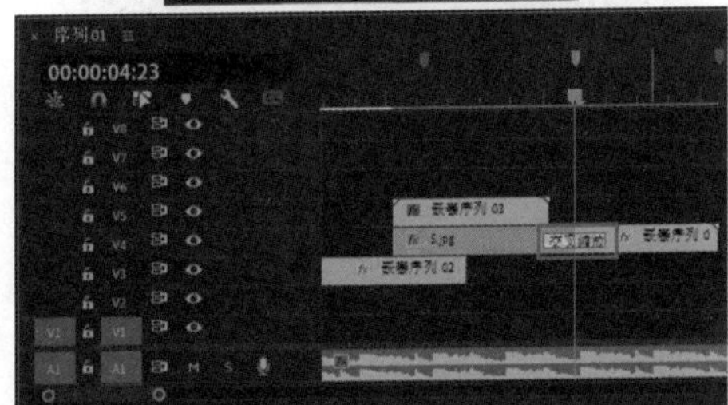

图12-50 添加“交叉缩放”效果

6. 下滑片段

01 在“项目”面板中选择“10.jpg”素材和“13.jpg”素材拖曳至“时间轴”面板，在“效果控件”面板中，设置“缩放”数值为32，调整素材长度，如图12-51所示。

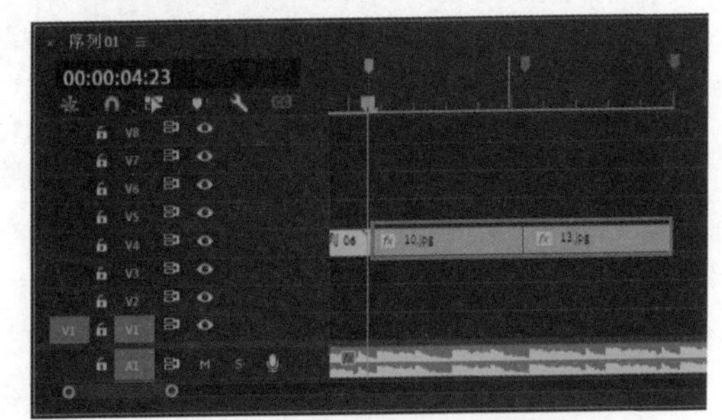

图12-51 添加图片素材

02 在“项目”面板中右击，在弹出的快捷菜单中执行“新建项目”|“调整图层”命令，将新建的“调整图层”素材拖曳至“13.jpg”素材的上方，设置持续时间为10帧，并按住Alt键复制一层，如图12-52所示。

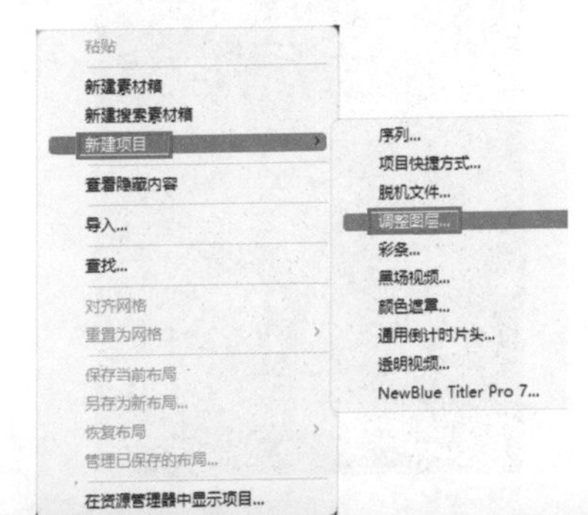

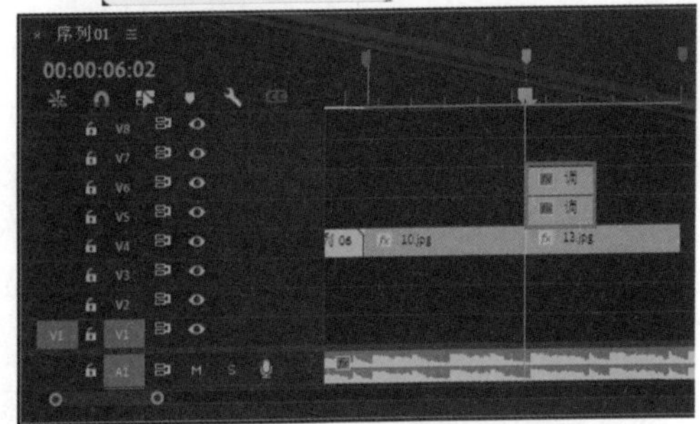

图12-52 添加“调整图层”素材

03 进入“时间轴”面板，选中V5轨道上的“调整图层”素材，在“效果”面板中依次展开“视频效果”|“风格化”文件夹，将“Replicate（复制）”效果拖曳至V2轨道上的“调整图层”素材上方，然后将“效果控件”面板中的“Count（计数）”设置为3，如图12-53所示。

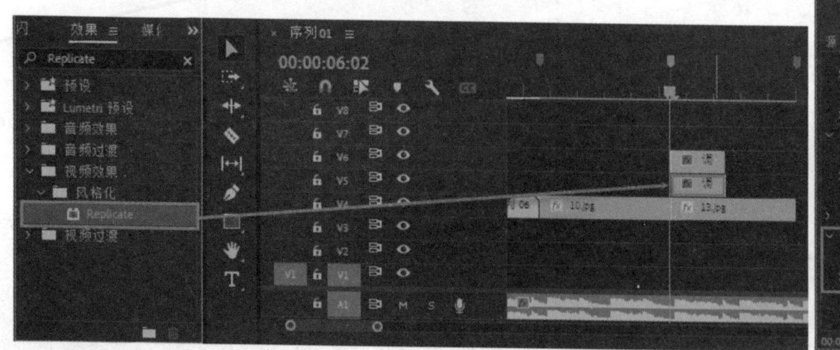
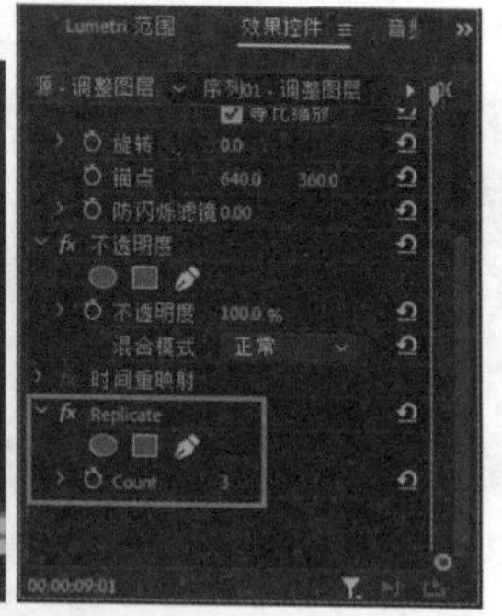

图12-53　添加“Replicate”效果

04_ 给V5轨道上的“调整图层”素材添加4个镜像效果。在“效果”面板中依次展开“视频效果”|“扭曲”文件夹，将“镜像”效果拖曳至素材上方，将“反射角度”设置为90°、-90°、0°、180°，并调整其位置，如图12-54所示。

图12-54　设置“镜像”参数

05_ 选中V6轨道上的“调整图层”素材，在“效果”面板中依次展开“视频效果”|“扭曲”文件夹，将“变换”效果拖曳至素材上方，调整“缩放”数值为303，将时间线移动到第一帧，单击“位置”前的“切换动画”按钮，设置“数值”为（720,-537）；移动到最后一帧，设置“数值”为（720,540），取消勾选“使用合成快门角度”复选框，将“快门角度”设置为300，如图12-55所示。

06_ 在“效果控件”面板中，框选两个关键帧，右击，在弹出的快捷菜单中选择“缓入”“缓出”选项，如图12-56所示。

07_ 展开“位置”列表，单击第一个关键帧的控制点，平移向左移动，单击第二个关键帧，向左移动，如图12-57所示。

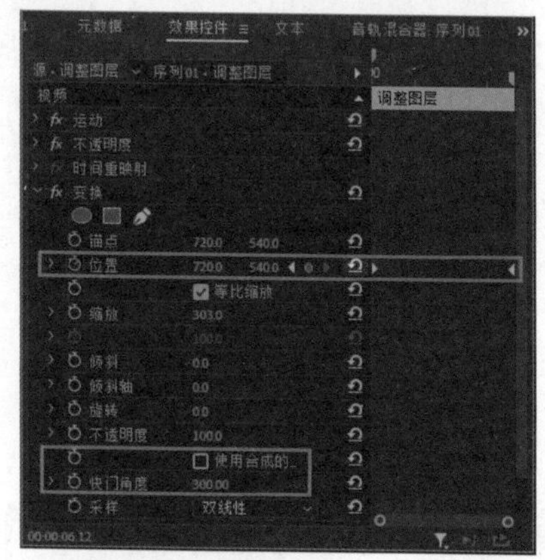

图12-55　设置“变换”参数

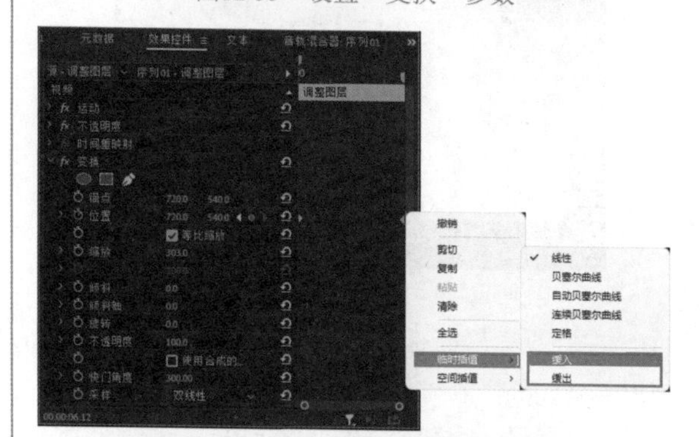

图12-56　选择“缓入”“缓出”选项

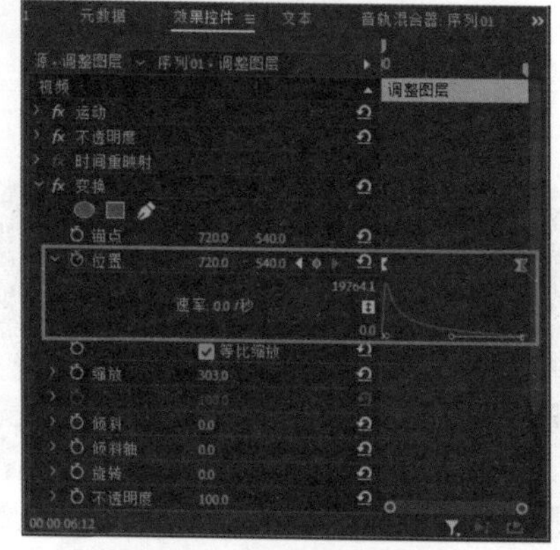

图12-57　调整关键帧控制点

08_ 在“项目”面板中选择拖曳“15.jpg”素材，添加一个“颜色遮罩”素材，与“2.jpg”素材操作同理，如图12-58所示。

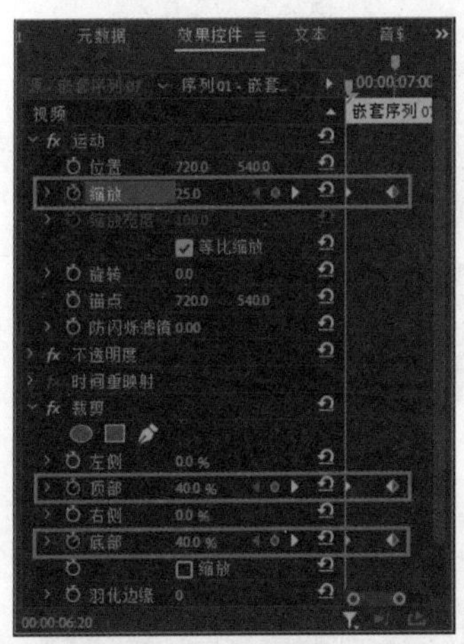

图12-58　添加关键帧

12.3 制作动画和字幕

基本画面效果制作完成后，添加一些动画效果和字幕，可以丰富画面内容，让观众更直观地了解视频内容，下面详细介绍制作动画和字幕的具体操作。

1. 添加元素

01_ 在“项目”面板中选择“动画效果1.mp4”素材拖曳至“源”监视器面板，将时间线移动到（00:00:06:00）位置，单击“标记入点”按钮，添加入点标记，如图12-59所示。

02_ 将时间线移动到（00:00:07:07）位置，单击“标记出点”按钮，添加出点标记，如图12-60所示。

03_ 完成标记添加后，单击“源”监视器面板下方的“仅拖动视频”按钮，将素材拖曳至“时间轴”面板中V4轨道上，如图12-61所示。

图12-59　添加入点

图12-60　添加出点

图12-61　拖曳素材

04_ 在“效果”面板中，依次展开“视频效果”|“键控”文件夹，选择“颜色键”效果，将其拖曳至“时间轴”面板中“动画效果1.mp4”素材上方，如图12-62所示。

05_ 选择“动画效果1.mp4”素材，在“效果控件”面板中，设置“缩放”数值为150，在“颜色键”属性中设置“主要颜色”为黑色，设置“颜色容差”数值为45，如图12-63所示。

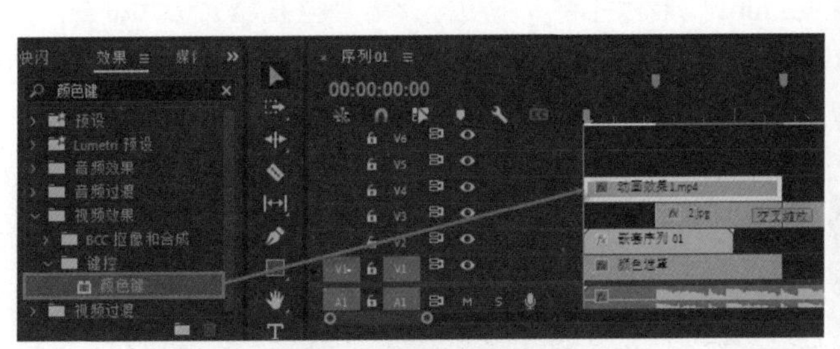

图12-62　添加“颜色键”效果

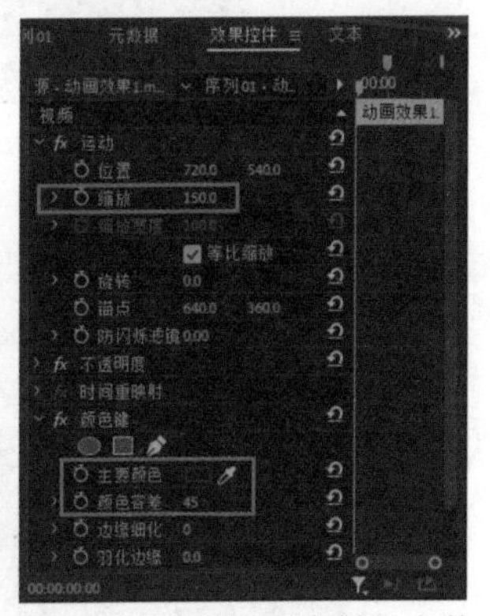

图12-63　设置“颜色键”参数

06_ 在“项目”面板中选择“动画效果2.mp4”素材，拖曳至“时间轴”面板中V4轨道上，添加“颜色键”效果与“动画效果1.mp4”素材同理操作，并设置“混合模式”为“相除”，如图12-64所示。

07_ 在“项目”面板中选择“动画效果3.mov”素材并将其拖曳至“源”监视器面板，设置入点位置为

（00:00:00:15），出点位置为（00:00:02:05），完成后拖曳至“时间轴”面板中V6轨道上，在“剪辑速度/持续时间”对话框中，设置“速度”为300，如图12-65所示。

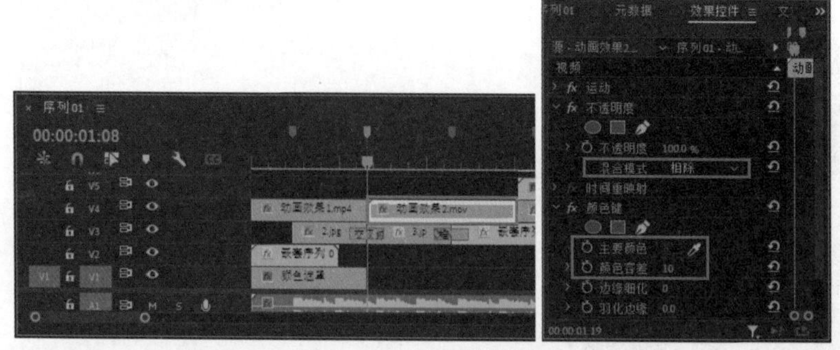

图12-64 添加视频素材

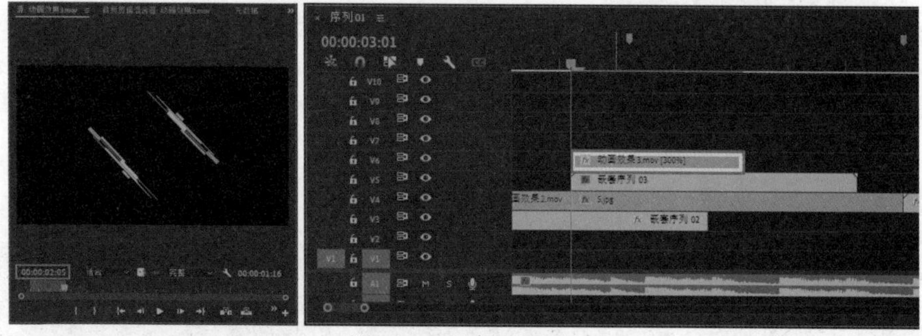

图12-65 添加视频素材

08_ 在“项目”面板中选择“动画效果4.mov”素材，拖曳至“时间轴”面板中V5轨道上，并在“剪辑速度/持续时间”对话框中，设置“持续时间”为（00:00:00:10），如图12-66所示。

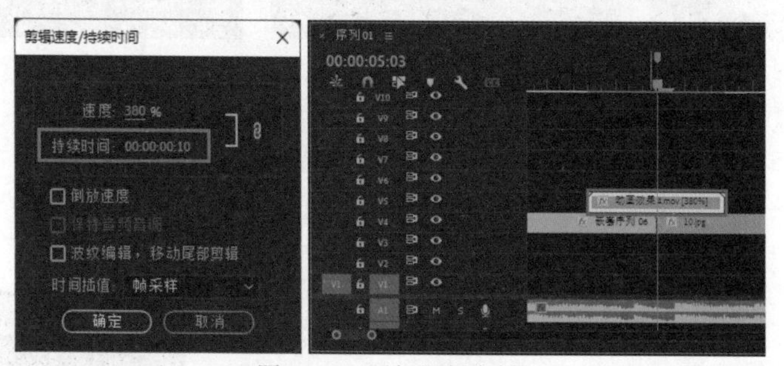

图12-66 添加视频素材

09_ 在“项目”面板中选择“动画效果3.mov”素材并将其拖曳至“源”监视器面板，设置入点位置为（00:00:05:00），设置出点位置为（00:00:12:14），将截取的素材拖曳至“时间轴”面板中V7轨道上，并设置“持续时间”为（00:00:02:15），如图12-67所示。

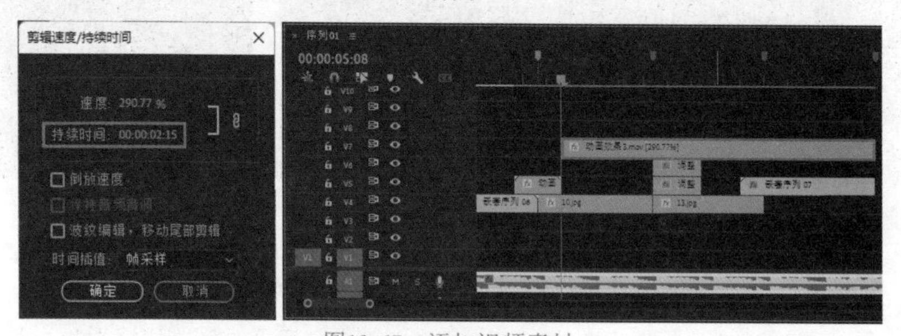

图12-67 添加视频素材

2. 添加字幕

01_ 将时间线移动到（00:00:01:13）位置，在“工具”面板中单击“文字工具”按钮，在“节目”监视器面板中单击并输入文字，如图12-68所示。

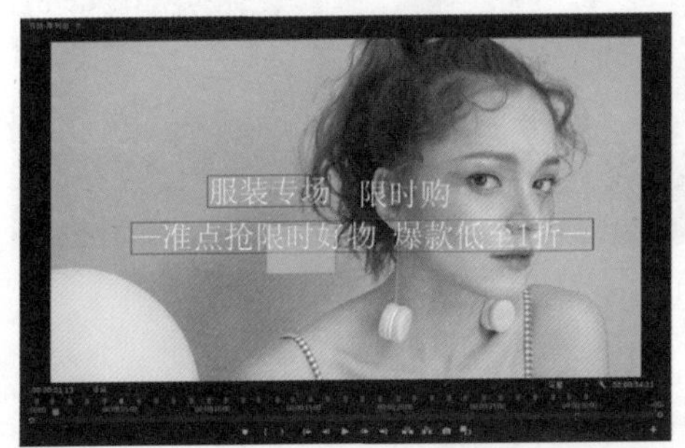

图12-68　输入文字

02_ 切换“选择工具”，选择“字幕”素材，在“效果控件”面板中，设置文字的字体、位置、大小等参数，并设置素材“持续时间”为（00:00:00:14），如图12-69所示。

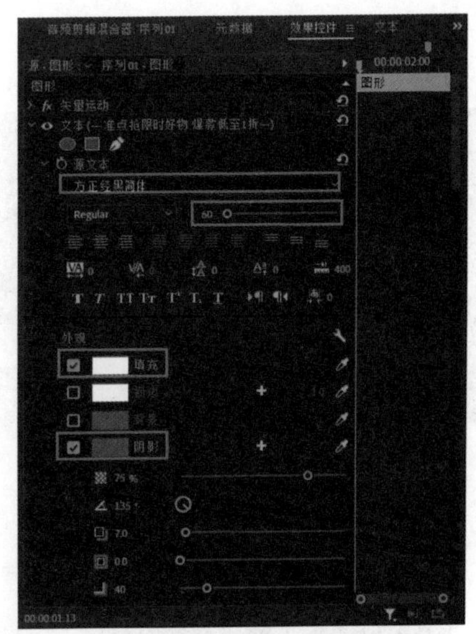
图12-69　调整文字参数

03_ 在“项目”面板中选择“字体2.png”素材并将其拖曳至“时间轴”面板中时间线后方，如图12-70所示，并调整素材大小及长度。

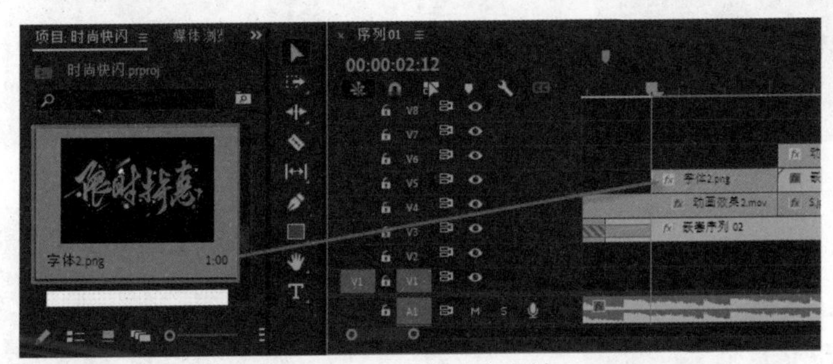

图12-70　添加文字素材

04_ 对“字体1.png”素材执行同样的操作，如图12-71所示。

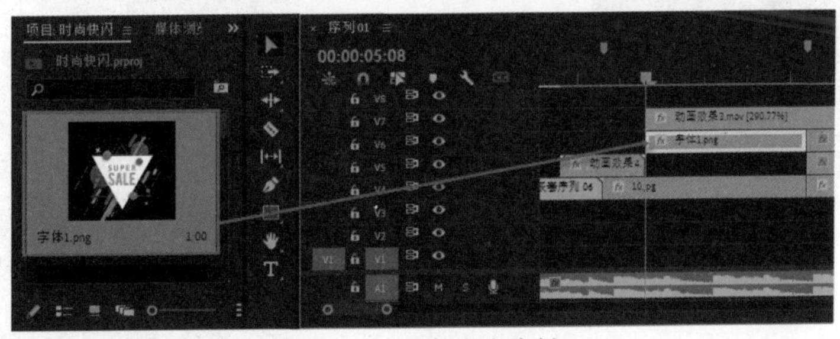

图12-71　添加文字素材

05_ 在“项目”面板中新建一个红色的“颜色遮罩”素材，将“颜色遮罩”素材和“9.jpg”素材拖曳至“时间轴”面板，如图12-72所示，并调整素材大小及长度。

06_ 在“工具”面板中选择“文字工具”，在“节目”监视器面板中单击并输入文字，如图12-73所示。

07_ 选择“字幕”素材，在“效果控件”面板中调整文字的字体、位置和大小等参数，如图12-74所示。

08_ 在“效果”面板中，依次展开“视频效果”|“键控”文件夹，选择“轨道遮罩键”效果，拖曳至“时间轴”面板中“9.jpg”素材上方，如图12-75所示。

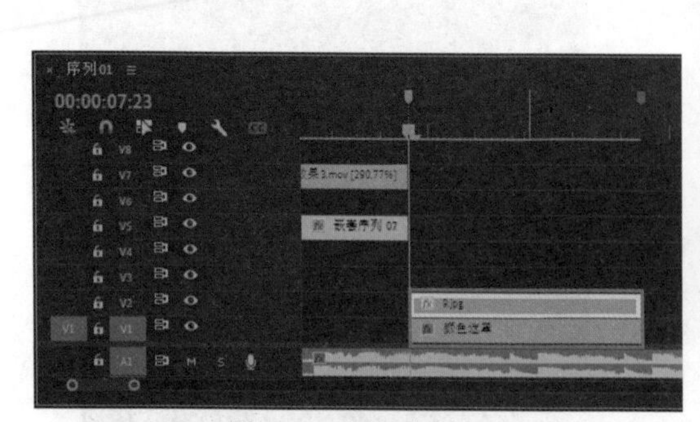

图12-72　添加素材

图12-73　输入文字

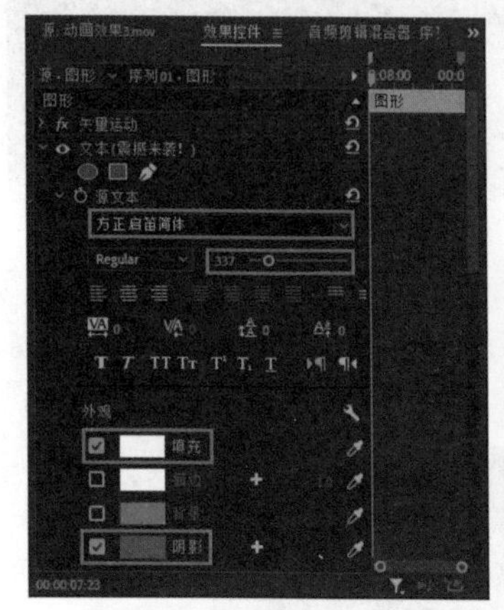

图12-74　调整文字参数

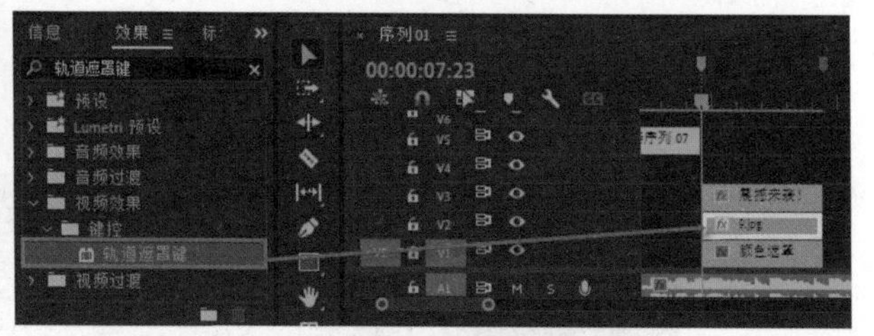

图12-75　添加“轨道遮罩键”效果

09_ 选择“9.jpg”素材，在“效果控件”面板中，在“轨道遮罩键”属性中，设置“遮罩”为“视频3”，如图12-76所示。

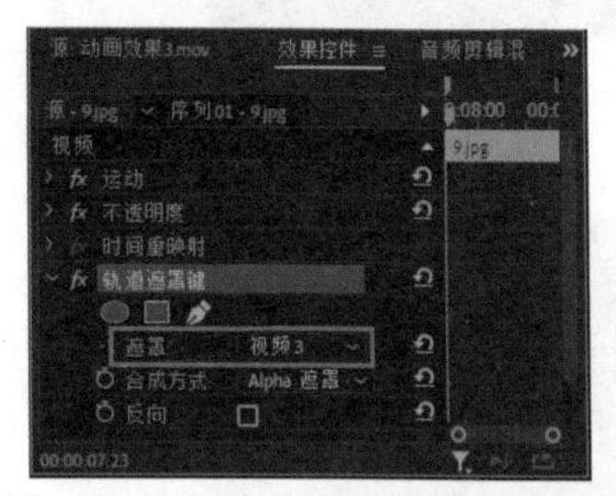

图12-76　调整“轨道遮罩键”参数

10_ 选择“字幕”素材，在“效果控件”面板中，单击“缩放”前的“切换动画”按钮，设置“缩放”数值为300，将时间线移动到（00:00:08:12）位置，设置“缩放”数值为100，如图12-77所示。

11_ 在“时间轴”面板中框选“颜色遮罩”素材、“9.jpg”素材和“字幕”素材，进行嵌套，移动到V5轨道上与“嵌套序列07”素材结尾对齐，并删除多余音频素材，如图12-78所示。

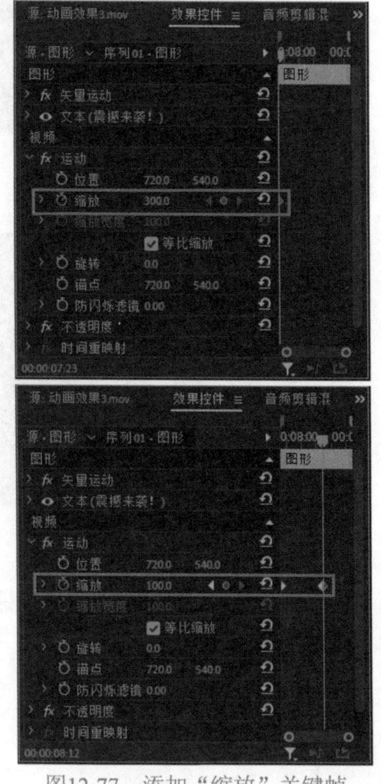

图12-77　添加“缩放”关键帧

12 在“效果”面板中依次展开“视频过渡”|“溶解”文件夹，将“白场过渡”效果拖曳至“时间轴”面板中“嵌套序列07”素材和“嵌套序列08”素材中间，并调整持续时间，如图12-79所示。

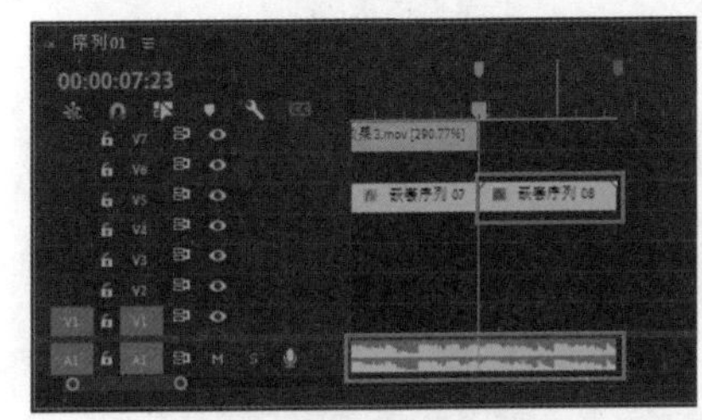

图12-78　选择“嵌套”选项

图12-79　添加“白场过渡”效果

13 在“效果”面板中依次展开“视频过渡”|“溶解”文件夹，将“黑场过渡”效果拖曳至“时间轴”面板中“嵌套序列08”素材结尾处，并调整持续时间，如图12-80所示。

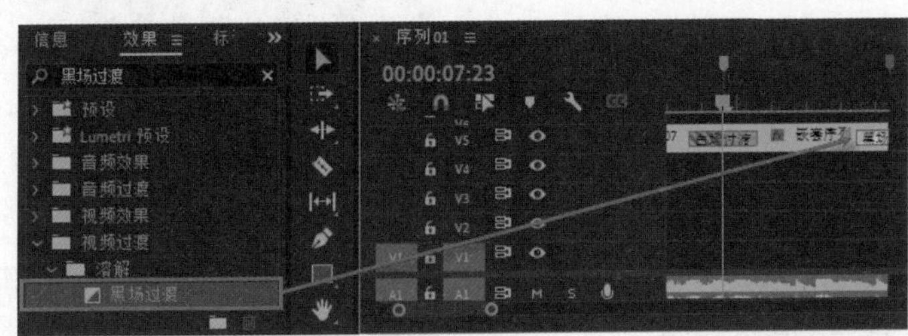

图12-80　添加“黑场过渡”效果

14 在“效果”面板中依次展开“音频过渡”|“交叉淡化”文件夹，将“恒定增益”效果拖曳至音频素材的结尾处，并调整持续时间，如图12-81所示。

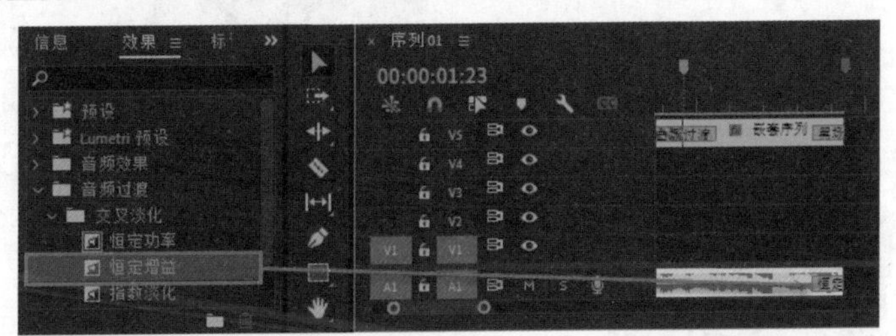

图12-81　添加“恒定增益”效果

12.4 输出快闪视频

所有素材编辑处理后，可在“节目”监视器面板中预览视频效果。如果对影片效果满意，可以按快捷键Ctrl+S将项目进行保存，然后将剪辑进行导出，输出为所需格式，便于分享和随时观赏。

01 执行“文件”|“导出”|“媒体”命令，或按快捷键Ctrl+M，打开“导出设置”对话框，在“格式”下拉列表中选择“H.264”选项，如图12-82所示。

02 展开“预设”下拉列表，选择“匹配源-高比特率”选项，如图12-83所示。

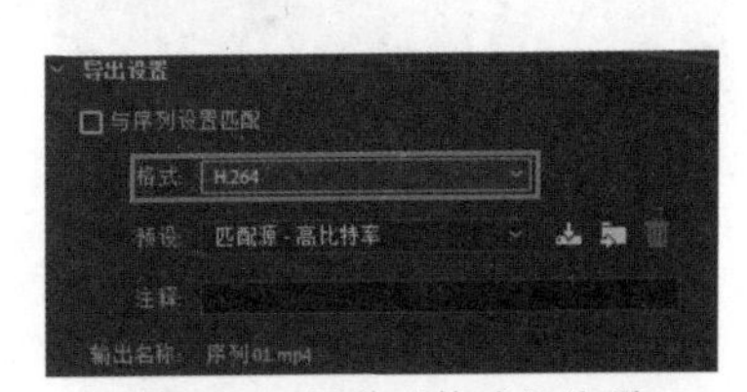

图12-82　调整“格式”选项

图12-83　调整“预设”选项

03 单击“输出名称”右侧文字，在弹出的“另存为”对话框中，为输出文件设定名称及存储路径，如图12-84所示，完成后单击“保存”按钮。

04 在“导出设置”对话框中，还可以在其他选项中进行更详细的设置，设置完成后单击界面右下角的“导出”按钮，影片开始导出，如图12-85所示。

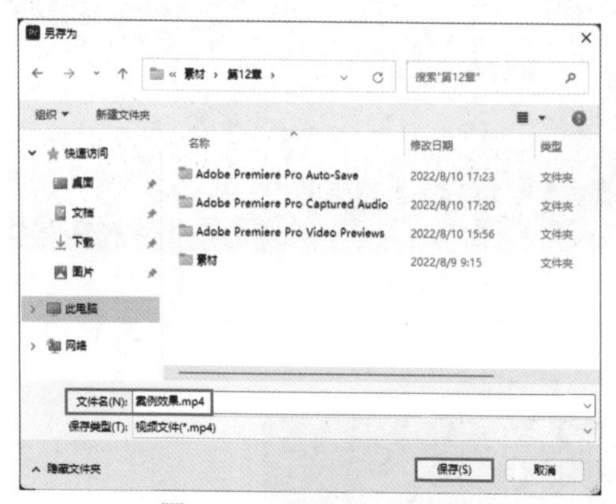

图12-84　“导入”对话框

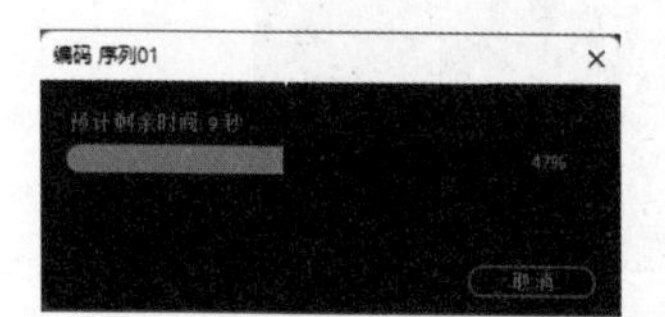

图12-85　“编码序列01”对话框

05 导出完成后可在设定的计算机存储文件夹中找到输出的MP4格式视频文件，并预览案例的最终完成效果，如图12-86所示。

图12-86　预览视频

第13章 旅游快剪视频

旅游快剪是一种对旅途中所见所闻的记录方式，伴随着视频和简短的文字，能让人们时刻享受在路上的乐趣。旅游快剪通常会用人物最为表现重点，根据自己的喜好将风景视频、音乐及文字进行搭配，组成设计感十足的短片。

本章将以实例的形式介绍旅游快剪的制作方法。下面将实例划分为5个部分来进行讲解，分别是“制作音乐” “制作片头” “制作片段” “制作字幕”和“制作片尾”。

13.1 制作快剪视频音乐

快剪视频的背景音乐一般都是节奏性比较欢快的，若有歌词的音乐，也可以根据歌词来进行卡点转场，结合视频画面，可以更好地体现动感的感觉，下面介绍新建项目文件并导入素材和音乐卡点的制作方法，具体操作如下。

13.1.1 新建项目并导入素材

01 启动Premiere Pro 2022软件，执行“文件”|“新建”|“项目”命令，或按快捷键Ctrl+Alt+N，打开“新建项目”对话框，在其中自定义项目的“名称”和“位置”，如图13-1所示，完成后单击“确定”按钮。

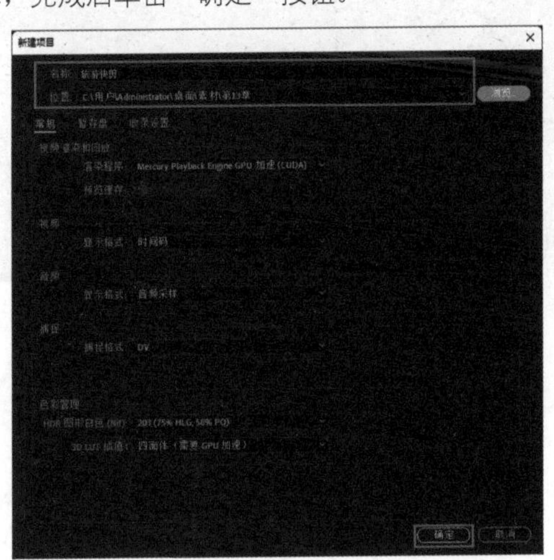

图13-1 “新建项目”对话框

02 进入工作界面，执行“文件”|“新建”|“序列”命令，或按快捷键Ctrl+N，打开“新建序列”对话框，在左侧的“可用预设”列表中选择“HDV”文件夹中的“HDV 1080p25”预设，如图13-2所示，完成后单击“确定”按钮。

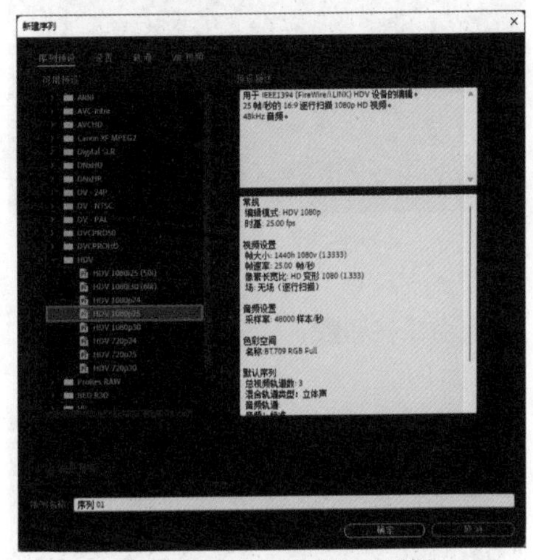

图13-2 “新建序列”对话框

03 完成序列的创建后，执行“文件”|“导入”命令，或按快捷键Ctrl+I，打开“导入”对话框，将路径文件夹中的所有文件选中，如图13-3所示，单击“打开”按钮，将所选文件导入Premiere。

图13-3 “导入”对话框

13.1.2 添加背景音乐

01 在“项目”面板中选择“背景音乐.wav”素材并将其拖曳至“源”监视器面板，将时间线移动到（00:00:07:12）位置，单击“标记入点”按钮，添加入点标记，如图13-4所示。

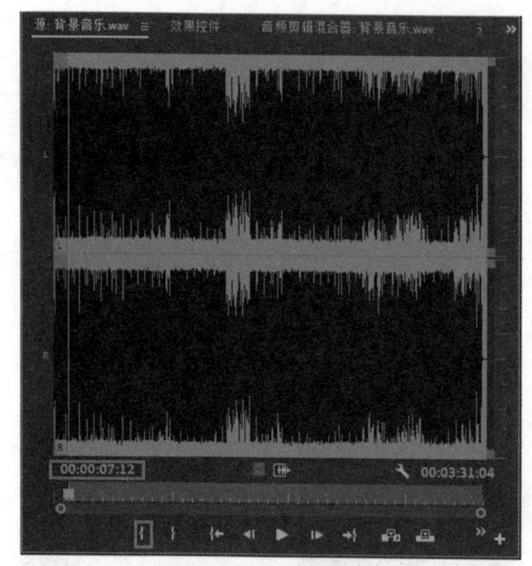

图13-4 添加入点

02 将移动时间线到（00:00:28:21）位置，单击“标记出点”按钮，添加出点标记，如图13-5所示。

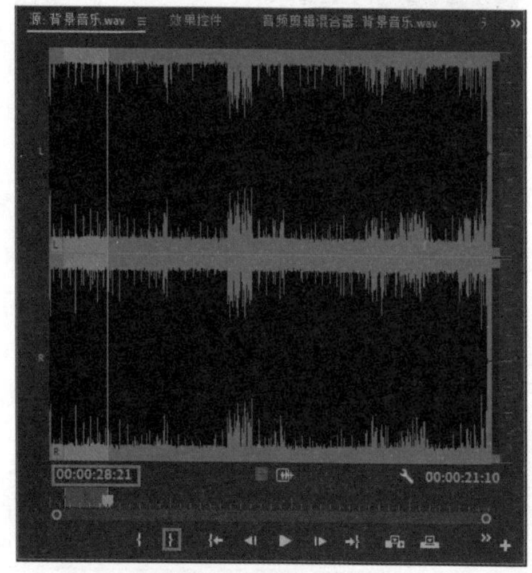

图13-5 添加出点

03 完成标记添加后，单击“源”监视器面板下方的“插入”按钮，将剪辑的素材添加到音频轨道中，如图13-6所示。

04 一边试听音乐，一边根据节奏点添加节奏标记。移动时间线，根据节奏点在合适的时间点添加标记，如图13-7所示。

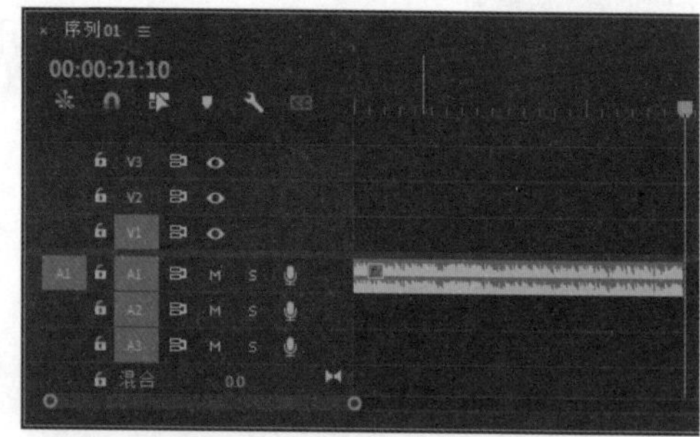

图13-6 插入素材

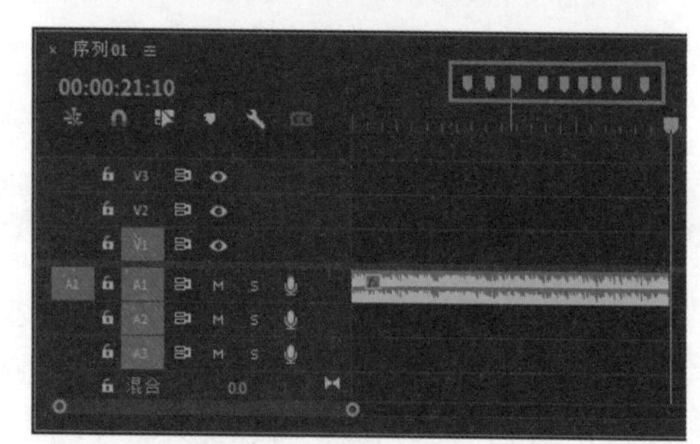

图13-7 添加标记

添加音乐后，可以通过移动时间线或单击“节目”监视器面板中的“添加标记”按钮（快捷键M），在素材上方添加标记点，如图13-8所示。

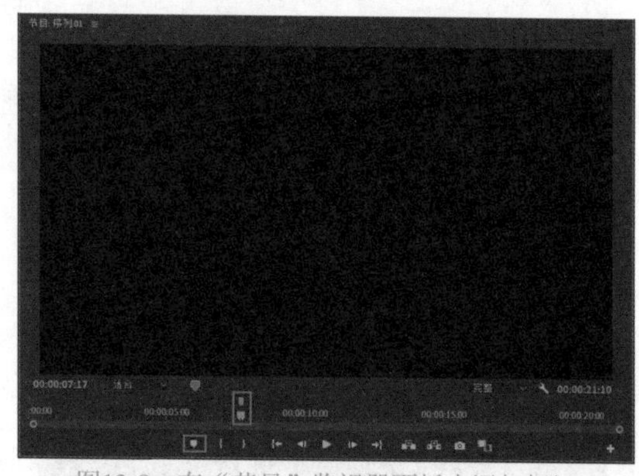

图13-8 在“节目”监视器面板中添加标记

13.2 制作快剪视频片头

本小节介绍旅游快剪片头的制作方法，运用了多屏画面效果和逐渐显现的字幕为主，具体操作如下。

01 在“项目”面板中选择“18.mp4”素材并将其拖曳至“时间轴”面板，调整素材长度，如图13-9所示。

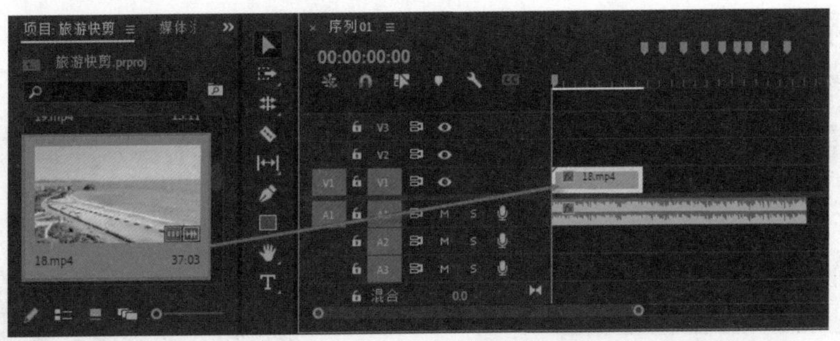

图13-9 添加视频素材

02_ 将时间线移动到（00:00:02:16）位置，选择“18.mp4”素材，在“效果控件”面板中，激活“位置”和“缩放”前的“切换动画”按钮，如图13-10所示。

03_ 时间线移动到（00:00:03:16）位置，设置“位置”数值为（691,270），设置“缩放”数值为52，如图13-11所示。

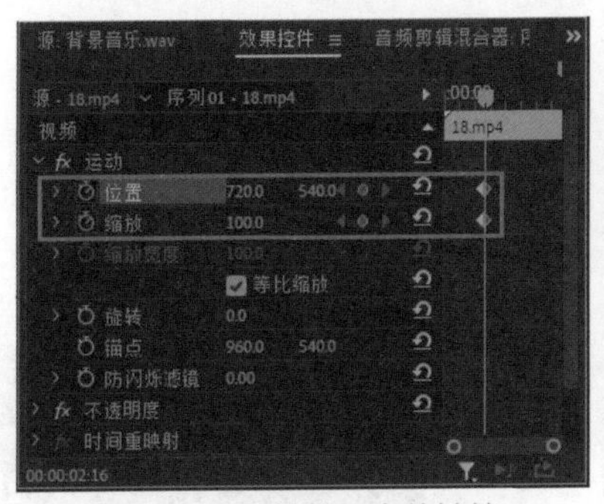

图13-10 添加第一个关键帧

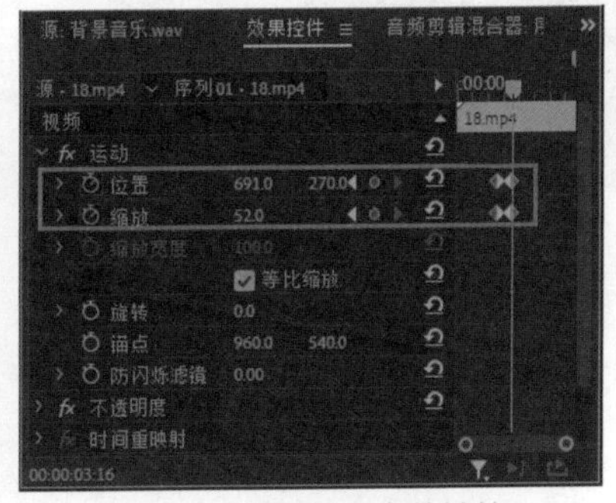

图13-11 添加第二个关键帧

04_ 在“效果”面板中，依次展开“视频效果”|“变换”文件夹，选择“裁剪”效果并将其拖曳至“时间轴”面板中“18.mp4”素材上方，如图13-12所示。

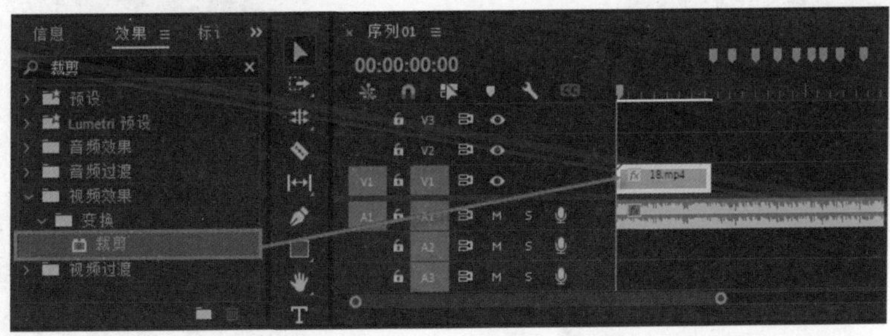

图13-12 添加“裁剪”效果

05_ 选择“18.mp4”素材，在“效果控件”面板中，时间线移动到（00:00:02:16）位置，激活“左侧”和“右侧”前的“切换动画”按钮，如图13-13所示。

06_ 时间线移动到（00:00:03:16）位置，设置“左侧”和“右侧”数值为16.5，如图13-14所示。

07_ 在“项目”面板中选择“12.mp4”“13.mp4”“14.mp4”“16.mp4”“6.mp4”素材并将其拖曳至“时间轴”面板中时间线后方，并调整素材长度，如图13-15所示。

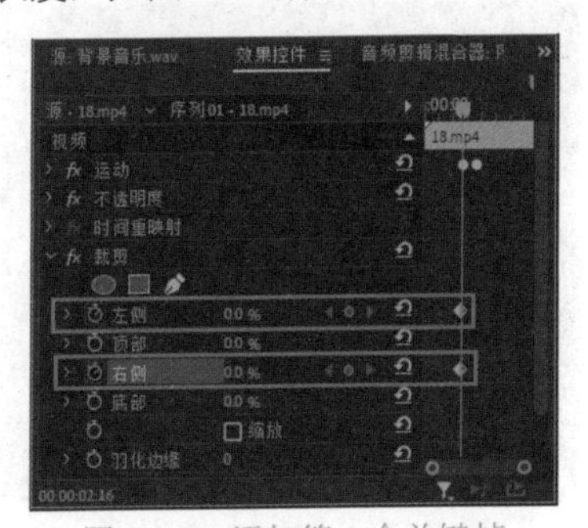

图13-13 添加第一个关键帧

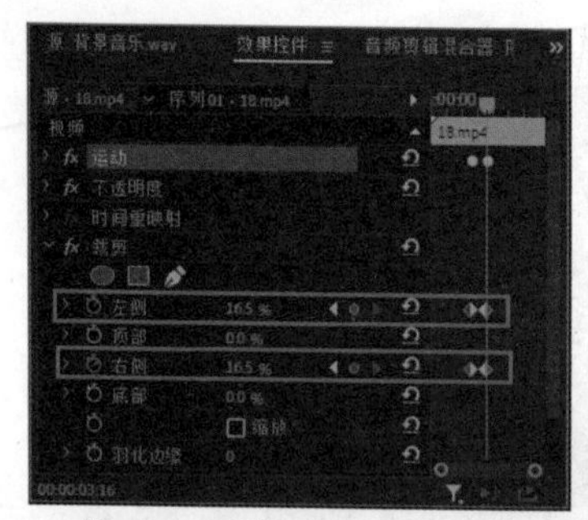

图13-14　添加第二个关键帧

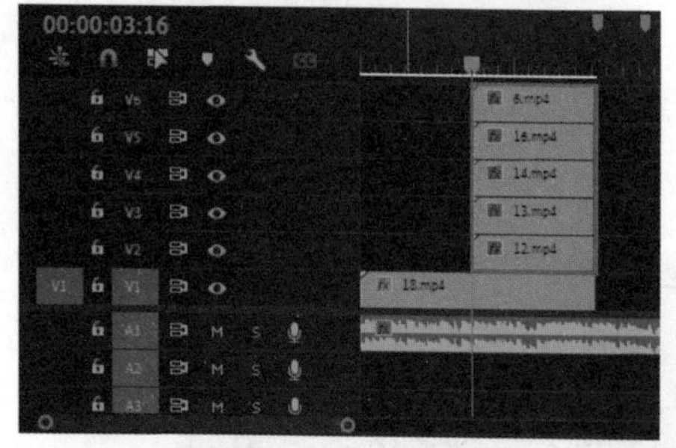

图13-15　添加视频素材

08_ 在“效果”面板中，搜索“裁剪”效果拖曳至“时间轴”面板中“12.mp4”素材上方，在“效果控件”面板中，设置“左侧”数值为22，“右侧”数值为9.5，如图13-16所示。

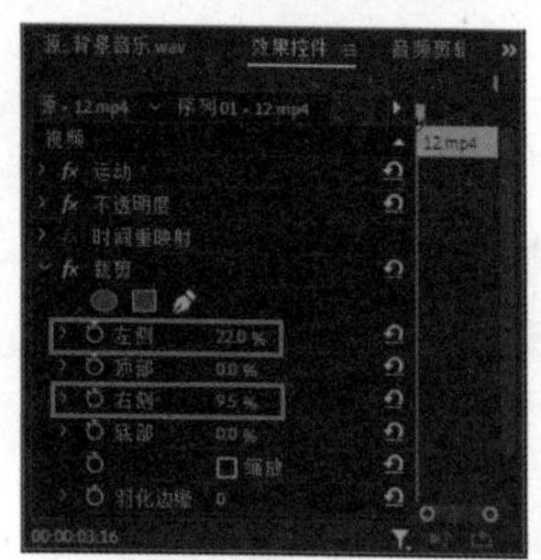

图13-16　调整“裁剪”参数

09_ 在“效果控件”面板中，设置“缩放”数值为75.5，单击“位置”前的“切换动画”按钮，设置“位置”数值为（1812,821），如图13-17所示。

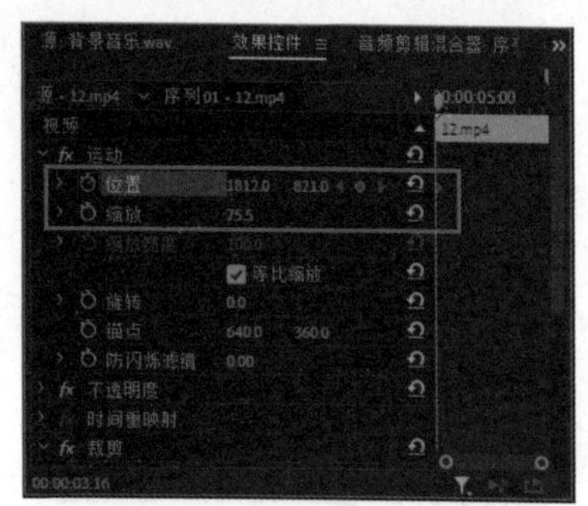

图13-17　添加第一个关键帧

10_ 时间线移动到（00:00:05:11）位置，设置“位置”数值为（645,821），如图13-18所示。

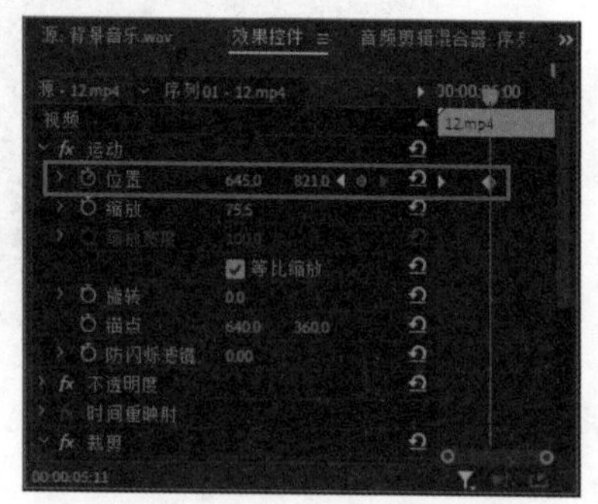

图13-18　添加第二个关键帧

11_ 在“时间轴”面板中选择“12.mp4”素材，复制属性（按快捷键Ctrl+C），框选“13.mp4”“14.mp4”“16.mp4”“6.mp4”素材，粘贴属性（按快捷键Ctrl+Alit+V），在弹出的“粘贴属性”对话框中，取消勾选“运动”复选框，单击“确定”按钮，如图13-19所示。

图13-19　“粘贴属性”对话框

12_ “13.mp4”“14.mp4”“16.mp4”“6.mp4”素材与“12.mp4”素材运动操作同理，运动方向可自行调整，如图13-20所示。

13_ 在“时间轴”面板中框选所有视频素材，右击，在弹出的快捷菜单中选择“嵌套”选项，如图13-21所示。

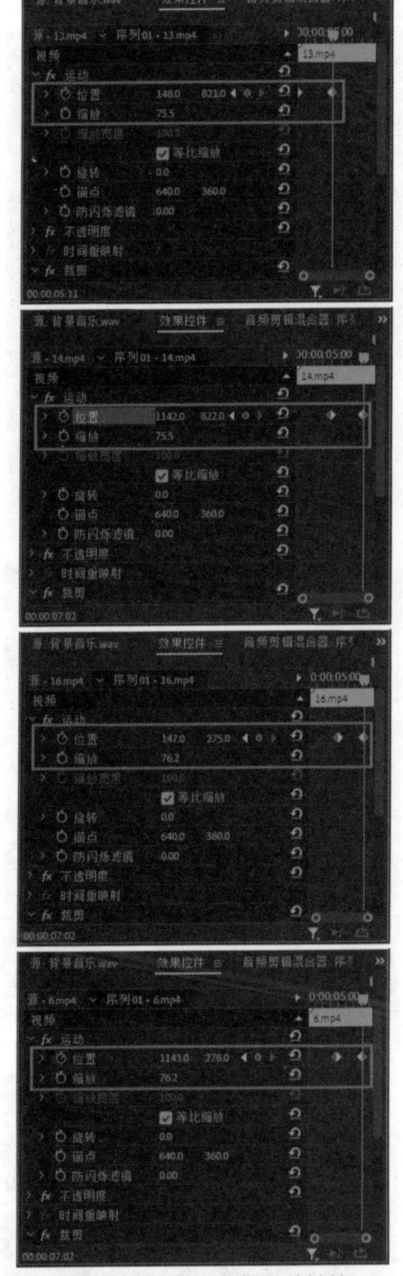

图13-20　添加“位置”关键帧

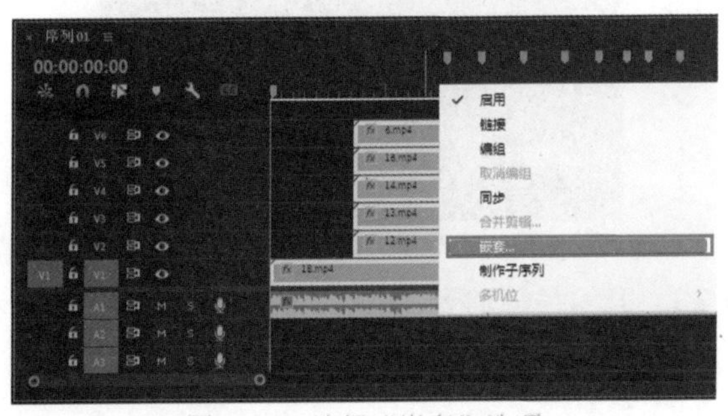

图13-21　选择“嵌套”选项

14_ 在弹出的“嵌套序列名称”对话框中，单击“确定”按钮，如图13-22所示。

图13-22　“嵌套序列名称”对话框

15_ 在“工具”面板中选择“文字工具”T，在“节目”监视器面板中单击并输入文字，如图13-23所示。

图13-23　输入文字

16_ 在“时间轴”面板中，选择“字幕”素材，右击，在弹出的快捷菜单中选择“速度/持续时间”选项，如图13-24所示。

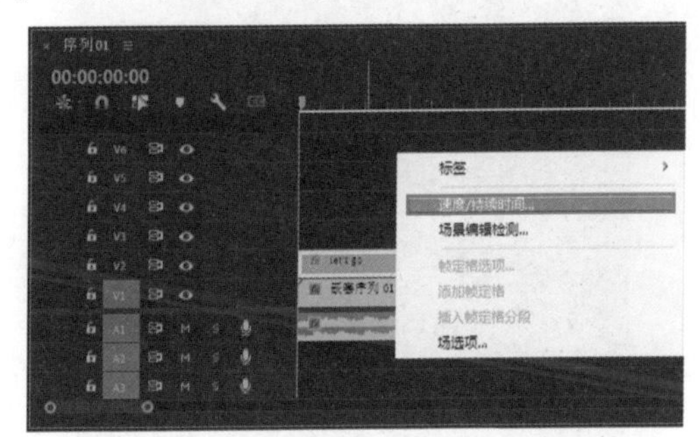

图13-24　选择“速度/持续时间”选项

17_ 在弹出的“剪辑速度/持续时间”对话框中，设置“持续时间”为（00:00:07:17），如图13-25所示。

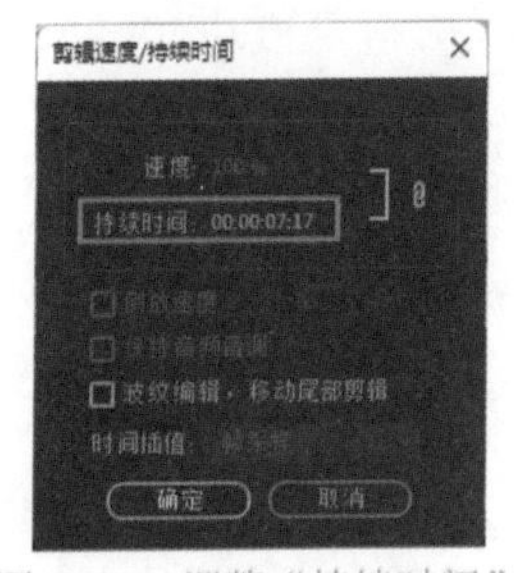

图13-25　调整“持续时间”

18_ 选择“字幕”素材，在“效果控件”面板中设置文字的字体、大小及位置，如图13-26所示。

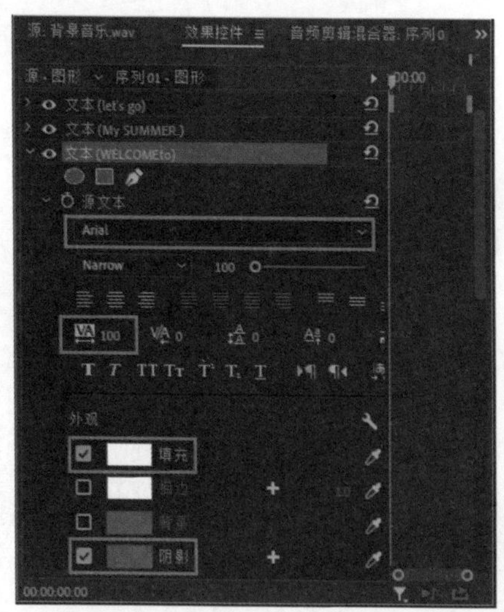

图13-26 调整文字参数

19_ 在“效果控件”面板中，展开“文本（WELCOMEto）”列表，在“变化”属性中，单击“不透明度”前的“切换动画”按钮，设置“不透明度”数值为0，如图13-27所示。

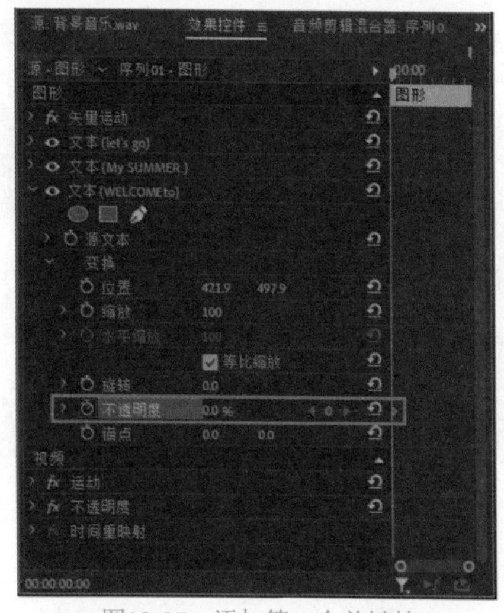

图13-27 添加第一个关键帧

20_ 时间线移动到（00:00:03:00）位置，设置“不透明度”数值为100，制作出文字逐渐显示的效果如图13-28所示。

21_ “文本（My SUMMER.）”同理操作，如图13-29所示。

22_ 时间线移动到（00:00:07:07）位置，展开“文本（let's go）”列表，在“变换”属性中，单击“缩放”前的“切换动画”按钮，设置“缩放”数值为0，如图13-30所示。

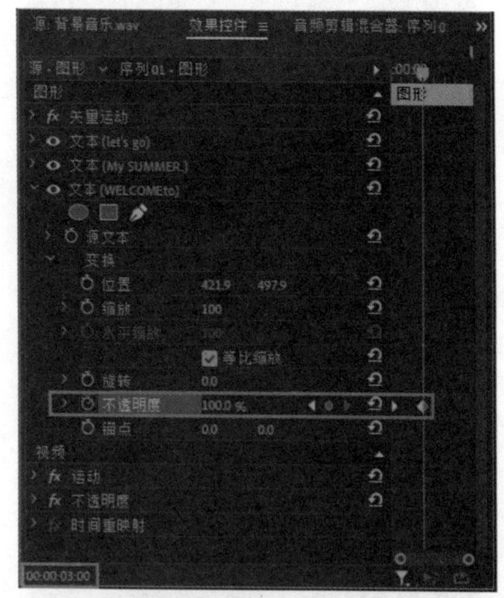

图13-28 添加第二个关键帧

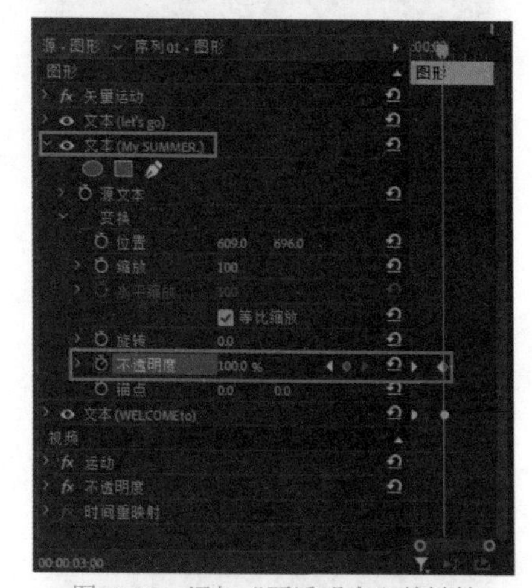

图13-29 添加“不透明度”关键帧

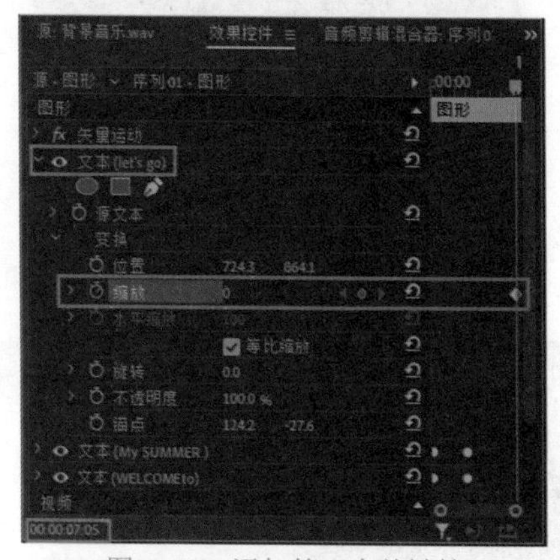

图13-30 添加第一个关键帧

23_ 时间线移动到（00:00:07:09）位置，设置“缩放”数值为130，制作出文字缩放的效果，如图13-31所示。

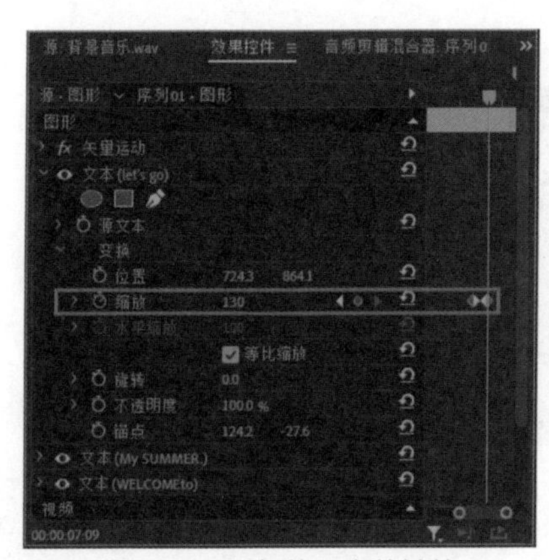

图13-31　添加第二个关键帧

13.3 制作快剪视频

本视频主要采用蒙版遮罩转场、百叶窗转场、动态颜色动画等多个视频效果制作旅游快剪的片段，具体操作如下。

1. 蒙版遮罩转场

01_ 在“项目”面板中选择“1.mp4”素材和“2.mp4”素材并将其拖曳至“时间轴”面板，如图13-32所示。

02_ 将时间线移动到（00:00:08:20）位置，选择“1.mp4”素材，在“效果控件”面板中，设置“缩放”数值为151，展开“不透明度”列表，单击“创建4点多边形蒙版”按钮，在“节目”监视器面板中绘制一个矩形，在画面外即可，如图13-33所示。

03_ 在“效果控件”面板中，在“蒙版（1）”属性中，激活“蒙版路径”前的“切换动画”按钮，勾选“已反转”复选框，如图13-34所示。

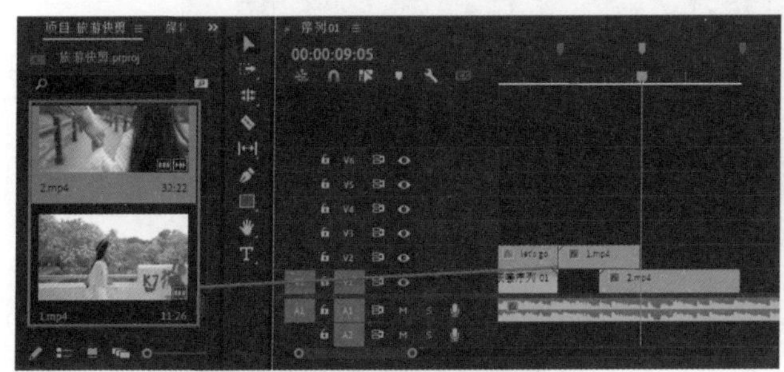

图13-32　添加素材

图13-33　绘制矩形蒙版

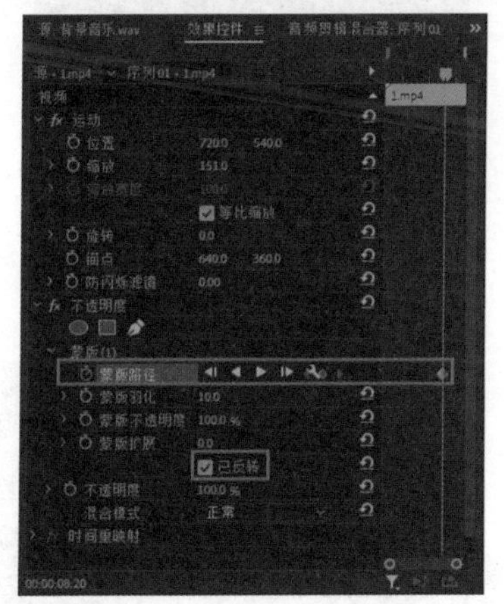

图13-34　添加第一个关键帧

04_ 将时间线移动到（00:00:09:04）位置，在“节目”监视器面板中移动矩形的四个控制点，将矩形覆盖整个画面，出现“2.mp4”素材即可，如图13-35所示。

05_ 选择“2.mp4”素材，在“效果控件”面板中设置“缩放”数值为151，如图13-36所示。

图13-35　调整矩形蒙版

图13-36　设置“缩放”参数

06_ 在“项目”面板中选择“音乐播放器.png”

素材拖曳至“时间轴”面板，如图13-37所示。

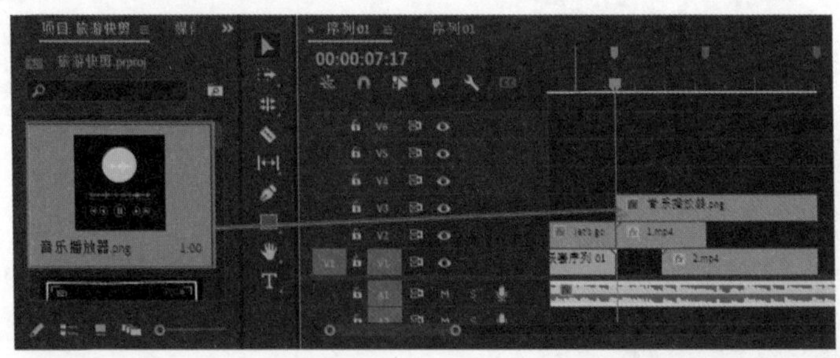

图13-37 添加图片素材

07_ 选择“音乐播放器.png”素材，在“效果控件”面板中，单击“创建4点多边形蒙版”按钮，在“节目”监视器面板中绘制一个矩形，在“蒙版（1）”属性中，勾选“已反转”复选框，如图13-38所示。

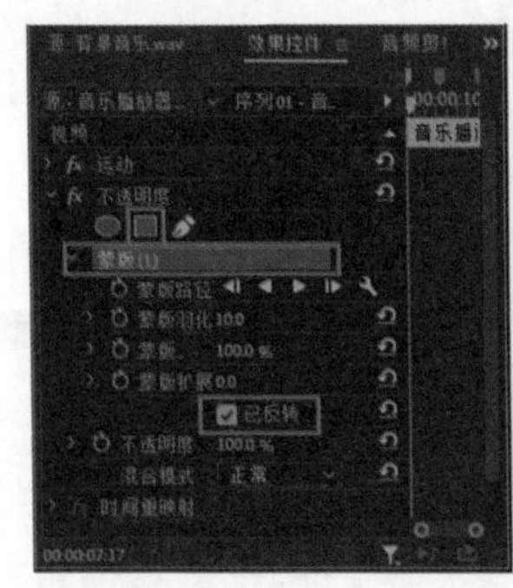

图13-38 绘制矩形蒙版

2. 百叶窗转场

01_ 在“项目”面板中选择“7.mp4”素材拖曳至“时间轴”面板，调整素材长度，在“效果控件”面板中，调整“缩放”参数，如图13-39所示。

02_ 在“效果”面板中，依次展开“视频过渡”|“擦除”文件夹，选择“百叶窗”效果，拖曳至“时间轴”面板中“2.mp4”素材和“7.mp4”素材中间，如图13-40所示。

03_ 选择“百叶窗”效果，在“效果控件”面板中，设置“持续时间”为（00:00:00:15），如图13-41所示。

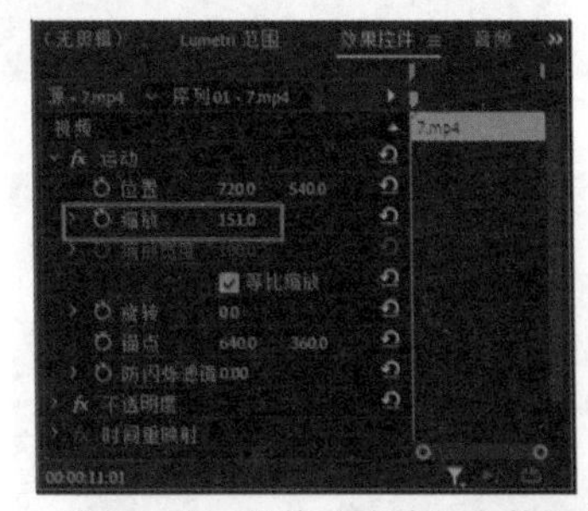

图13-39 调整“缩放”参数

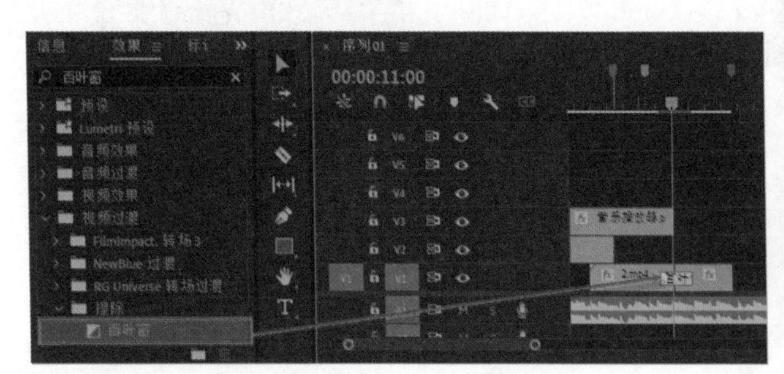

图13-40 添加“百叶窗”效果

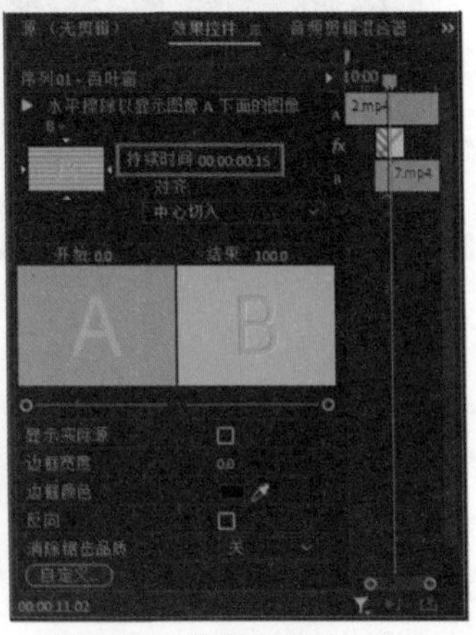

图13-41 设置“持续时间”

3. 动态颜色动画

动态颜色动画是九宫格形式，是依次从无色到有色的过程，主要运用到饱和度、关键帧的结合来制作动态颜色动画。

01_ 在“项目”面板中选择“6.mp4”素材拖曳至“时间轴”面板，如图13-42所示。

02_ 选择“6.mp4”素材，在“效果控件”面板中，设置“位置”数值为（699,550），“缩放”数值为45，如图13-43所示。

图13-42　添加视频素材

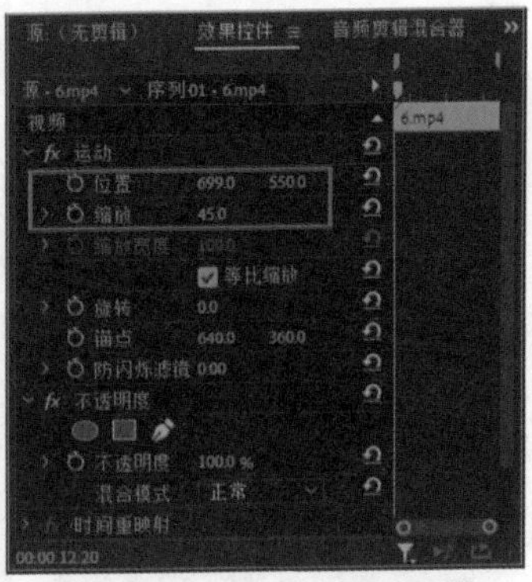

图13-43　调整“运动”参数

03_ 在“时间轴”面板中选择“6.mp4”素材，按住Alt键复制8层，并重命名素材名称为位置序号，如图13-44所示。

04_ 根据素材位置序号，调整素材位置，在“节目”监视器面板中的效果如图13-45所示。

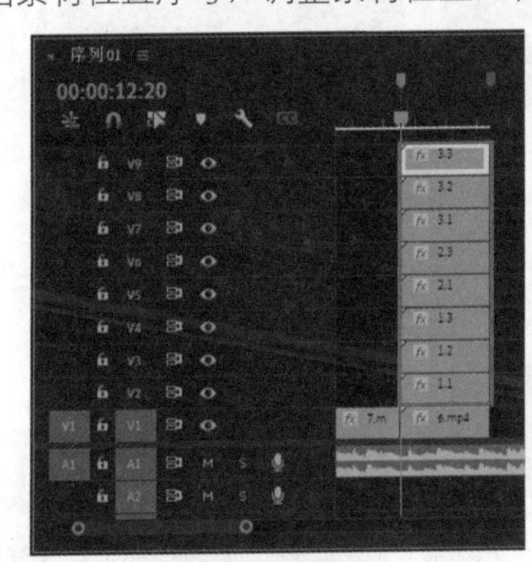

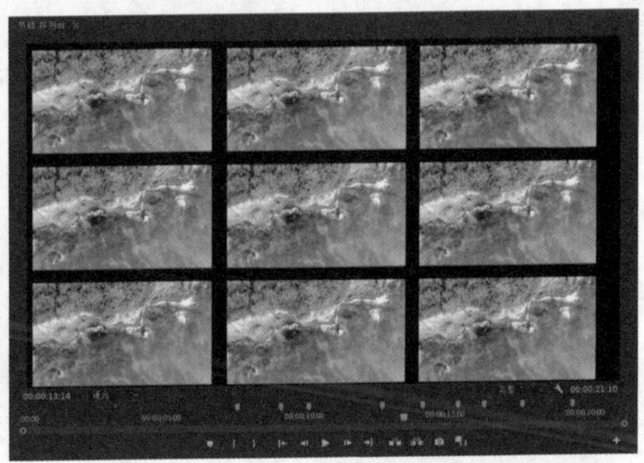

图13-44　复制素材

图13-45　调整素材位置

05_ 在“效果”面板中，依次展开“视频效果”|“颜色矫正”文件夹，选择“Lumetri 颜色”效果，并将其拖曳至“时间轴”面板中“6.mp4”素材上方，如图13-46所示。

图13-46　添加“Lumetri颜色”效果

06_ 选择“6.mp4”素材，在“效果控件”面板中，在“Lumetri 颜色”属性中，展开“基本校正”控件，设置“饱和度”数值为0，如图13-47所示。

07_ 选择“6.mp4”素材，复制属性（按快捷键Ctrl+C），框选V2~V9轨道上的素材粘贴属性（Ctrl+Alt+V），在弹出的“粘贴属性”对话框中，取消勾选“运动”复选框，然后单击“确定”按钮，如图13-48所示。

08_ 选择V9轨道上的“3.3”素材，在“效果控件”面板中，单击“饱和度”前的“切换动画”按钮，设置“饱和度”数值为100，如图13-49所示。

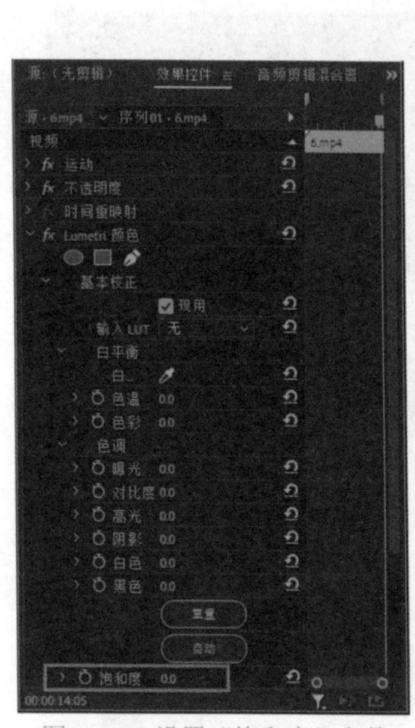

图13-47 设置“饱和度”参数

图13-48 “粘贴属性”对话框

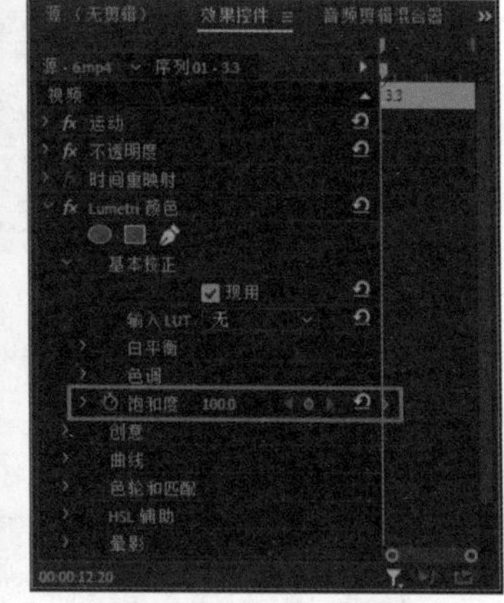

图13-49 添加第一个关键帧

09_ 将时间线移动到（00:00:13:00）位置，设置“饱和度”数值为0，如图13-50所示。

10_ 选择V6轨道上“2.3”素材，在“效果控件”面板中，单击“饱和度”前的“切换动画”按钮，设置“饱和度”数值为100，向前移动1帧，设置“饱和度”数值为0，如图13-51所示。

11_ 将时间线移动到（00:00:13:05）位置，设置“饱和度”数值为0，如图13-52所示。

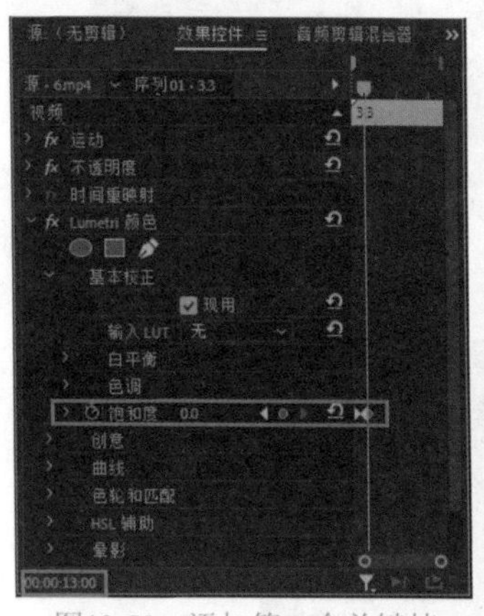

图13-50 添加第二个关键帧

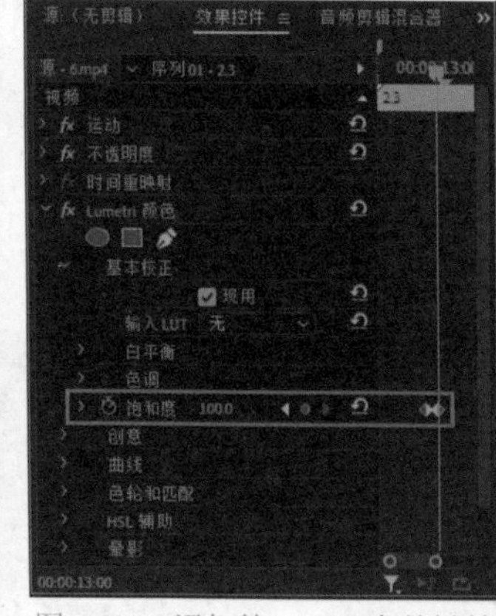

图13-51 添加第一、二个关键帧

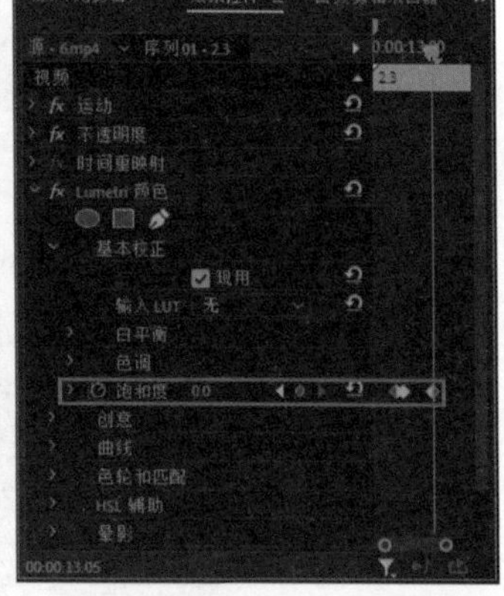

图13-52 添加第三个关键帧

12_ 按照“1.3”“1.2”“1.1”“2.1”“3.1”素材顺序，设置“饱和度”参数，如图13-53所示，每间隔5帧显示一个画面的颜色，其他素材处于黑白颜色效果。

13_ 在“时间轴”面板中框选V1~V9素材，右击，在弹出的快捷菜单中选择“嵌套”选项，在弹出的“嵌套序列名称”对话框中，单击“确定”按钮，如图13-54所示。

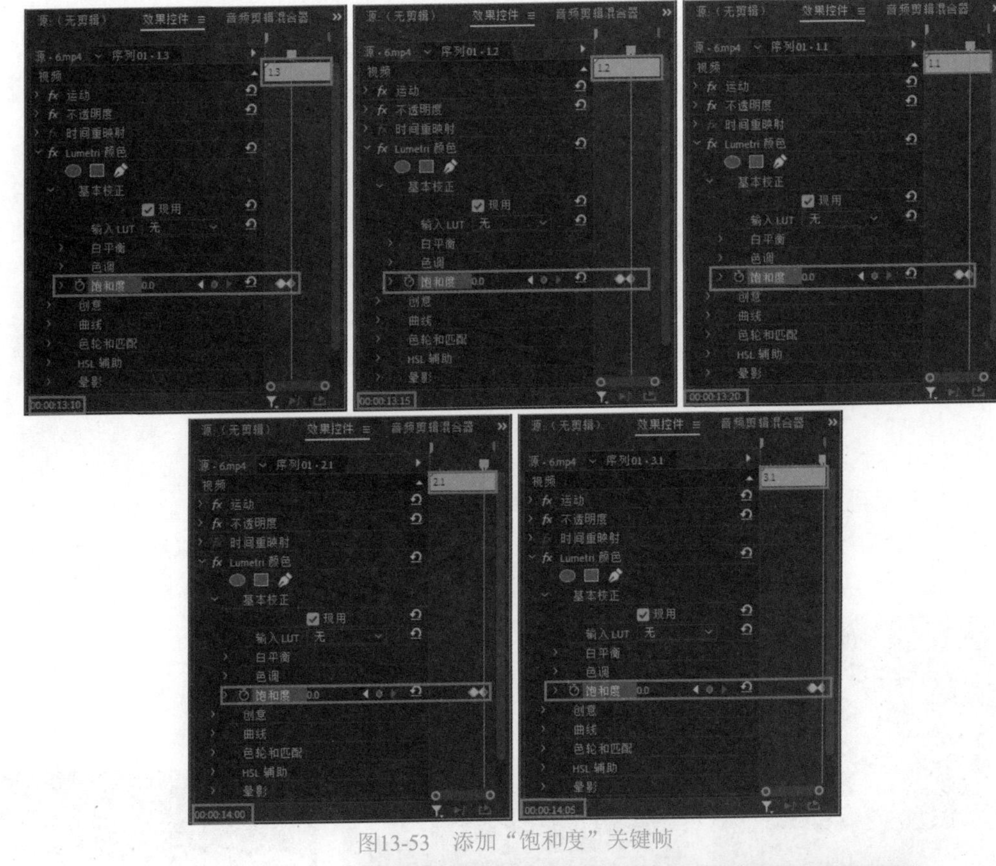

图13-53　添加“饱和度”关键帧

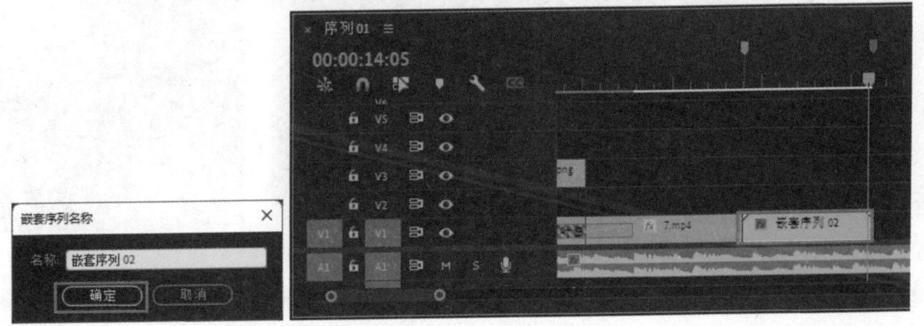

图13-54　选择“嵌套”选项

4. 三屏画面

01_ 在“项目”面板中选择“10.mp4”“9.mp4”“17.mp4”素材，并将其拖曳至“时间轴”面板，如图13-55所示。

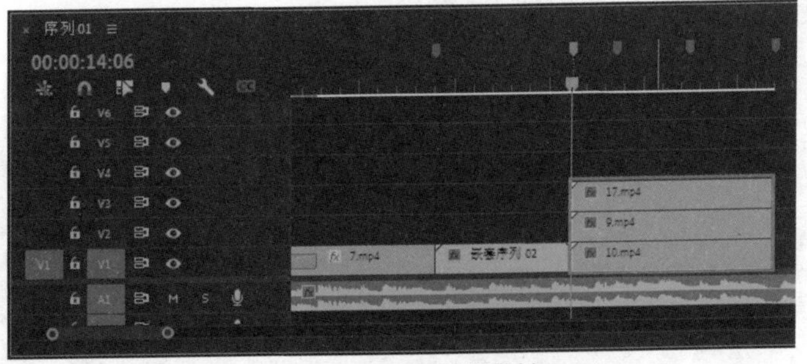

图13-55　添加视频素材

02_ 在“效果”面板中，依次展开“视频效果”|“变换”文件夹，选择“裁剪”效果，拖曳至“时间轴”面板中“10.mp4”素材上方，如图13-56所示。

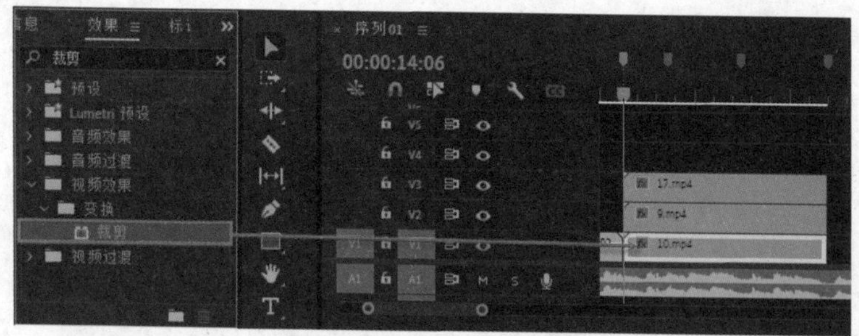

图13-56 添加“裁剪”效果

03_ 选择“10.mp4”素材，在“效果控件”面板中，设置“缩放”数值为154，在“裁剪”属性中，设置“左侧”数值为32.8，“右侧”数值为35，如图13-57所示。

04_ 将时间线移动到（00:00:14:06）位置，在“效果控件”面板中，单击“位置”前的“切换动画”按钮，设置“位置”数值为（720，–584），如图13-58所示。

05_ 时间线移动到（00:00:14:18）位置，设置“位置”数值为（720,540），如图13-59所示。

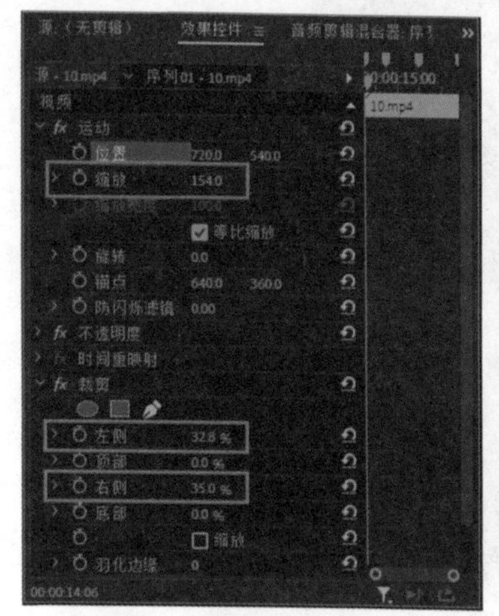

图13-57 设置“裁剪”参数

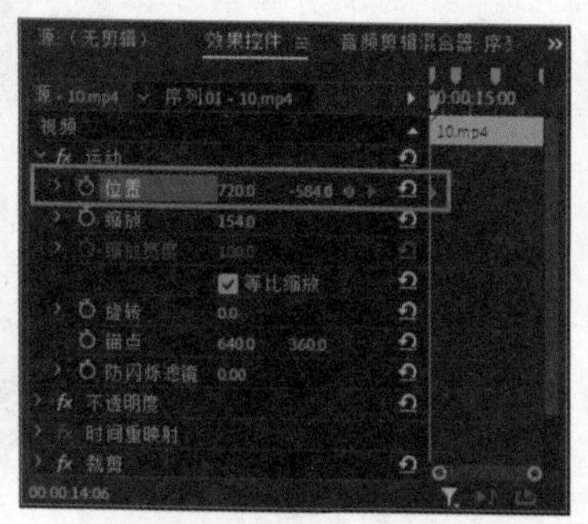

图13-58 添加第一个关键帧

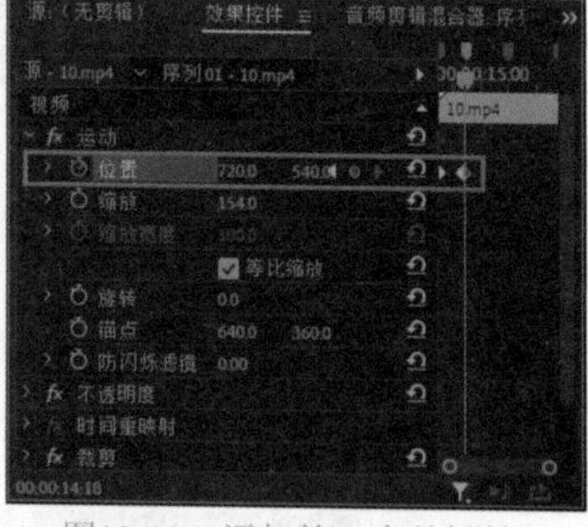

图13-59 添加第二个关键帧

06_ “9.mp4”“17.mp4”素材同理操作，具体数值根据“节目”监视器面板效果调整，如图13-60所示。

07_ 框选“10.mp4”“9.mp4”“17.mp4”素材，右击，在弹出的快捷菜单中选择“嵌套”选项，如图13-61所示。

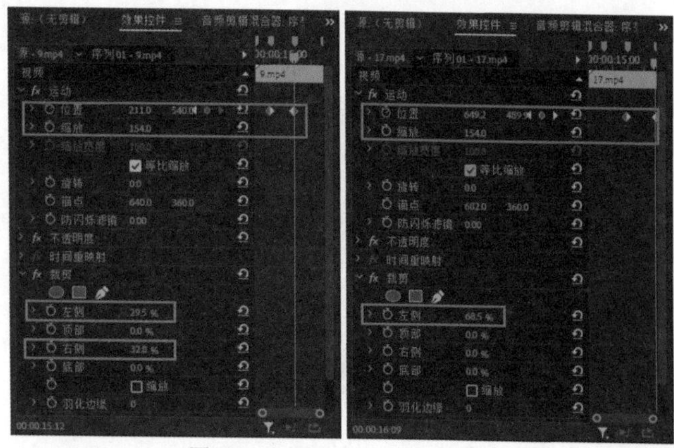

图13-60 调整“运动”参数

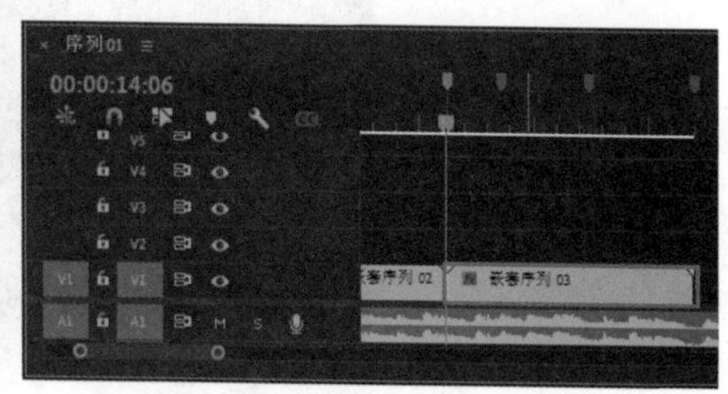

图13-61 选择“嵌套”选项

5. 光效转场

01_ 在“项目”面板中选择“15.mp4”“4.mp4”“8.mp4”“5.mp4”“19.mp4”“3.mp4”素材，按照顺序将其拖曳至“时间轴”面板，调整长度与标记对齐，并在“效果控件”面板中调整“缩放”参数，如图13-62所示。

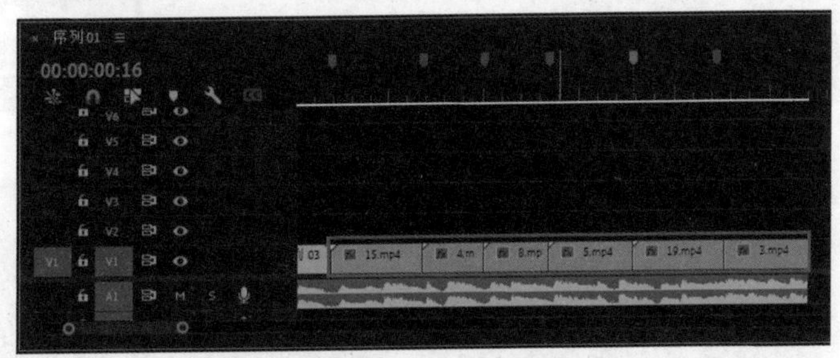

图13-62　添加视频素材

02_ 在“项目”面板中选择“光效转场底部放射炫光.mp4”素材，拖曳至“时间轴”面板中时间线后方，如图13-63所示。

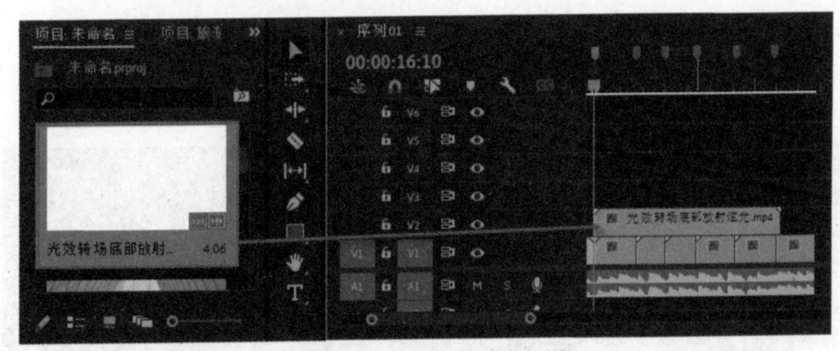

图13-63　添加视频素材

03_ 选择“光效转场底部放射炫光.mp4”素材，右击，在弹出的快捷菜单中选择“速度/持续时间”选项，在弹出的“剪辑速度/持续时间”对话框中，设置“持续时间”为（00:00:00:20），如图13-64所示。

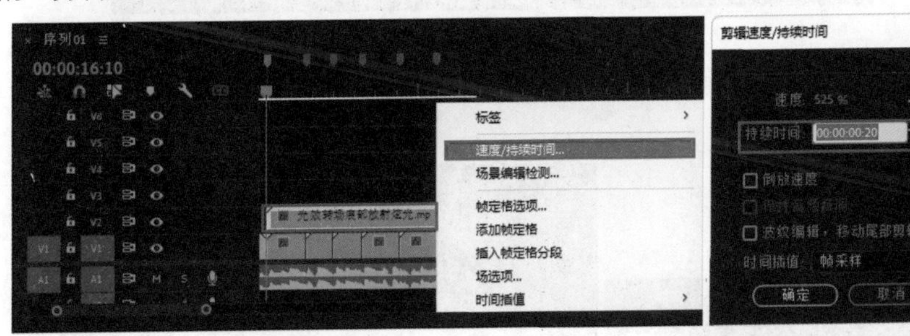

图13-64　设置“持续时间”

04_ 选择“光效转场底部放射炫光.mp4”素材，在“效果控件”面板中，设置“混合模式”为滤色，如图13-65所示。

05_ “光效转场.mov”素材同理，添加在“时间轴”面板中“4.mp4”“8.mp4”素材衔接处上方，并调整“持续时间”参数，如图13-66所示。

6. 电影边框效果

01_ 在“项目”面板中选择“旧式电影框.mov”素材，并将其拖曳至“时间轴”面板，如图13-67所示。

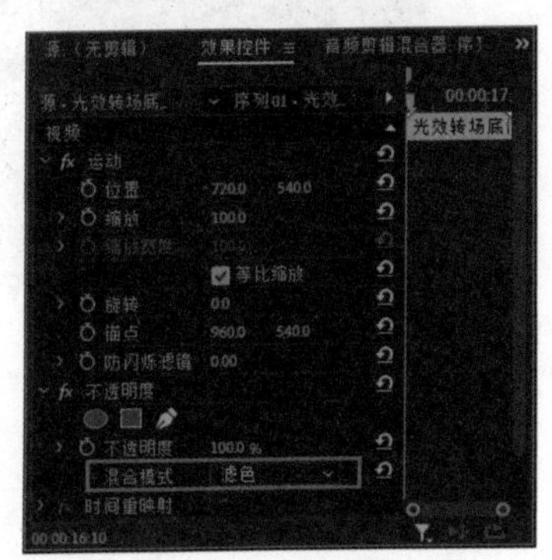

图13-65　调整“混合模式”

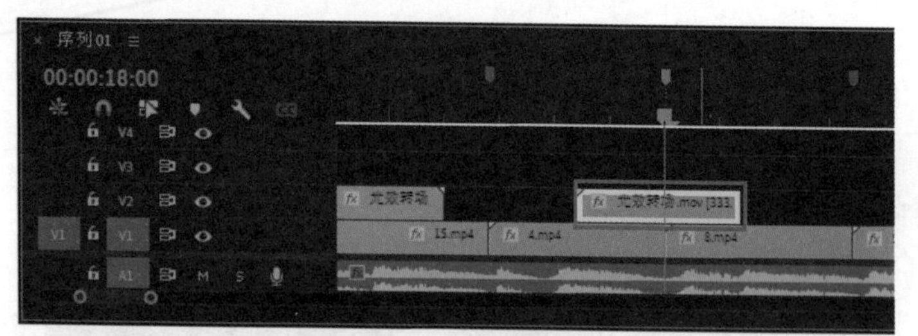

图13-66　添加视频素材

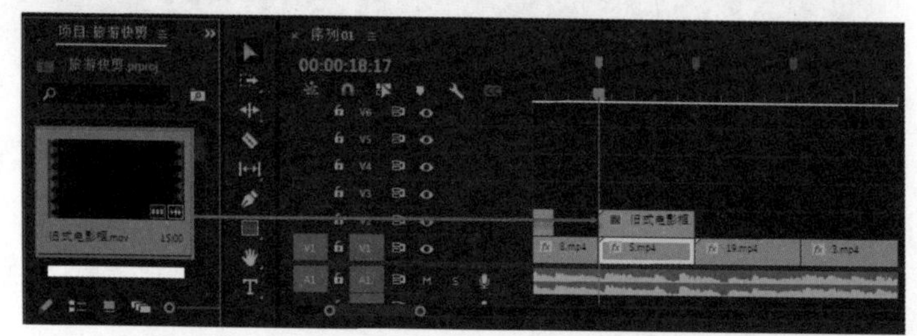

图13-67　添加视频素材

02_ 在“效果”面板中，依次展开“视频效果”|“变换”文件夹，选择“裁剪”效果并将其拖曳至“时间轴”面板中“5.mp4”素材上方，如图13-68所示。

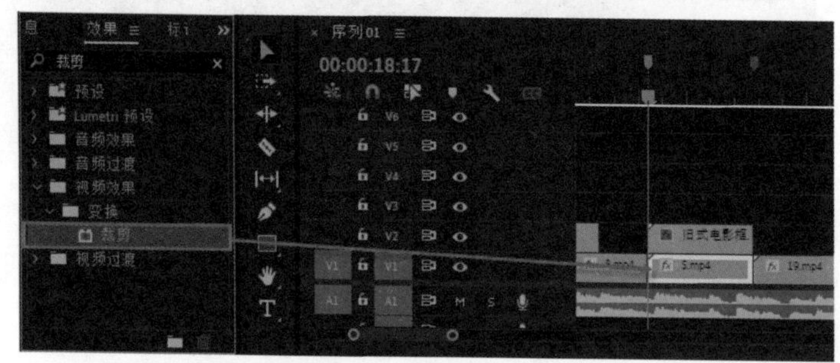

图13-68　添加“裁剪”效果

03_ 选择“5.mp4”素材，在“效果控件”面板中，在“裁剪”属性中，设置“左侧”“右侧”数值为11，如图13-69所示。

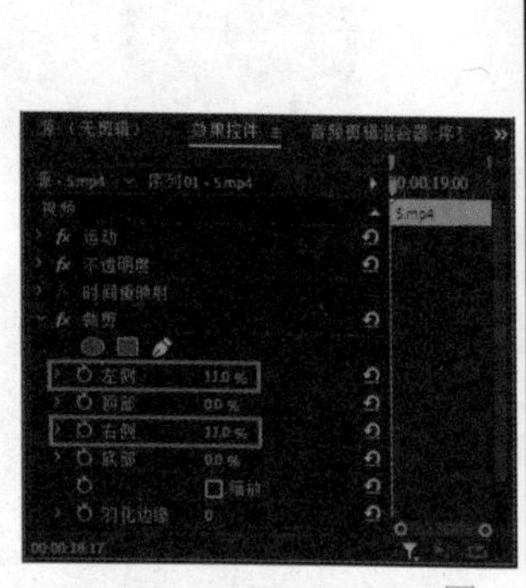

图13-69　设置“裁剪”参数

04_ 在“项目”面板中选择“取景框.mov”素材并将其拖曳至“时间轴”面板，调整素材长度，如图13-70所示。

05_ 在“效果”面板中，依次展开“视频效果”|“溶解”文件夹，选择“交叉溶解”效果，将其拖曳至“时间轴”面板中“19.mp4”和“3.mp4”素材中间，如图13-71所示。

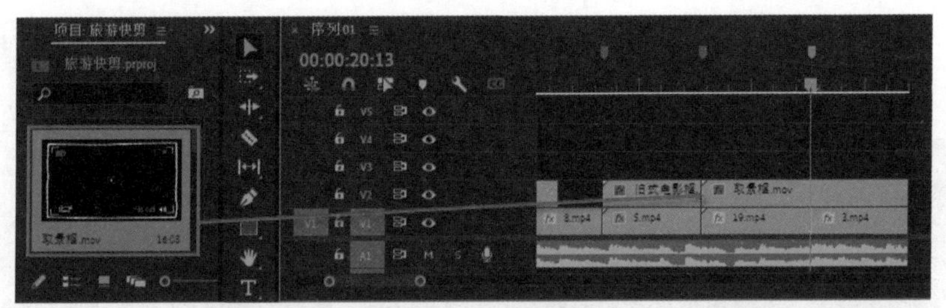

图13-70　添加视频素材

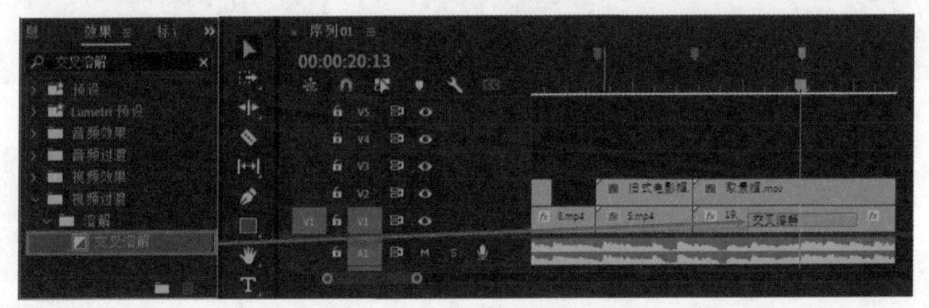

图13-71　添加“交叉溶解”效果

06　在“时间轴”面板中，双击“交叉溶解”效果，设置“持续时间”为（00:00:00:15），单击“确定”按钮，如图13-72所示。

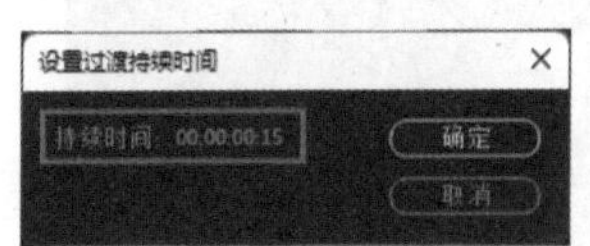

图13-72　设置“持续时间”

13.4 添加快剪视频字幕

下面介绍旅游快剪中字幕的制作方法，主要运用到“文字工具”输入文字，在“效果控件”面板中调整文字的字体、大小及位置，还可利用关键帧制作动态字幕，使画面更加丰富。

01　将时间线移动到（00:00:07:17）位置，在“工具”面板中单击“文字工具”按钮 T，在“节目”监视器面板中单击并输入文字，并调整素材长度，如图13-73所示。

图13-73　输入文字

02　选择“字幕”素材，在“效果控件”面板中，设置文字的字体、大小及位置，如图13-74所示。

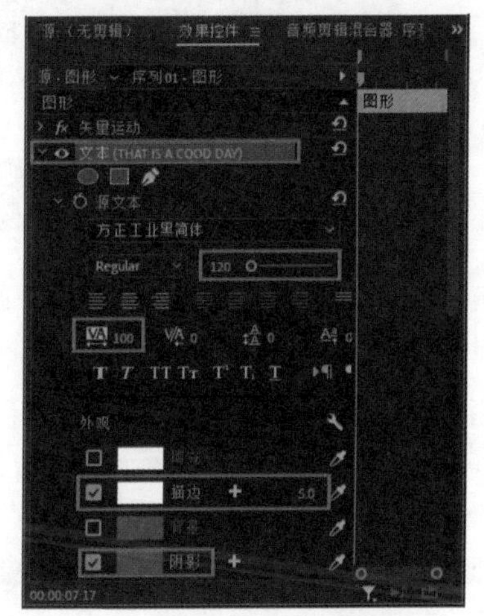

图13-74　设置文字参数

03　在“效果”面板中，依次展开“视频效果”|“扭曲”效果，选择“波形变形”效果并将其拖曳至“时间轴”面板中“字幕”素材上方，如图13-75所示。

04　选择“字幕”素材，在“效果控件”面板中，在“波形变形”属性中，设置“波形宽度”数值为200，如图13-76所示。

05　将时间线移动到（00:00:09:05）位置，在“工具”面板中单击“文字工具”按钮 T，在“节目”监视器面板中单击并输入文字，调整素材长度，并在“效果控件”面板中调整文字参数，如图13-77所示。

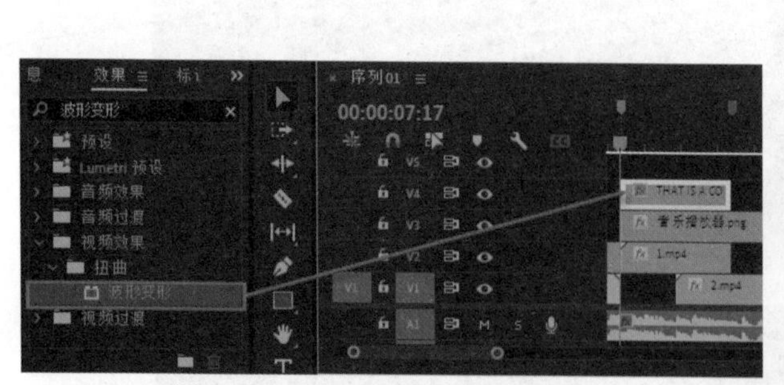
图13-75　添加“波形变形”效果

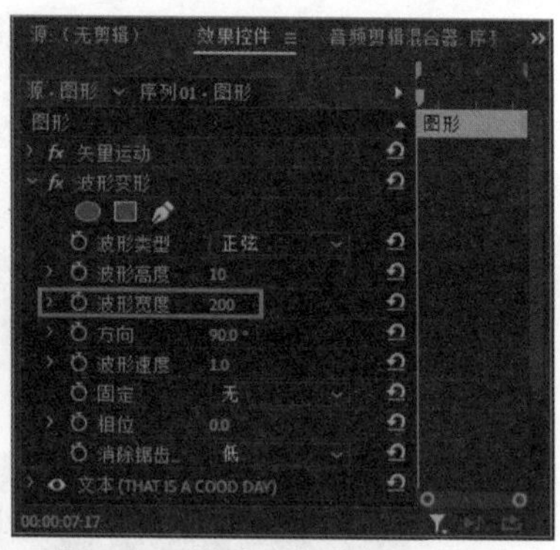
图13-76　设置“波形宽度”参数

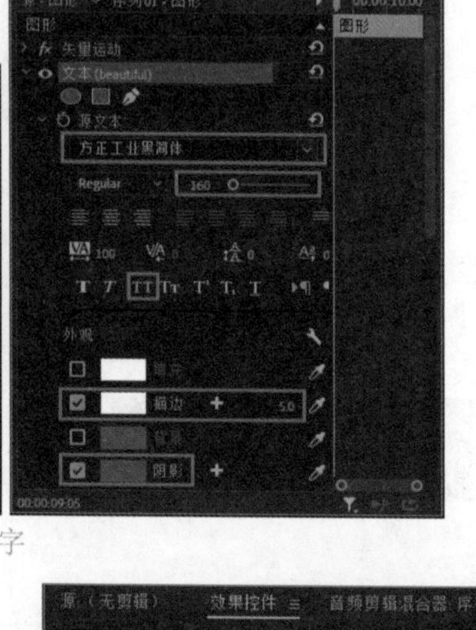
图13-77　输入文字

06_ 将时间线移动到（00:00:11:14）位置，在“工具”面板中选择“文字工具”，在“节目”监视器面板中单击并输入文字，调整素材长度，并在“效果控件”面板中调整文字参数，如图13-78所示。

图13-78　输入文字

07_ 选择“字幕”素材，在“效果控件”面板中，在“运动”属性中，单击“位置”和“透明度”前的“切换动画”按钮，设置“位置”数值为（–281,540），设置“不透明度”数值为0，如图13-79所示。

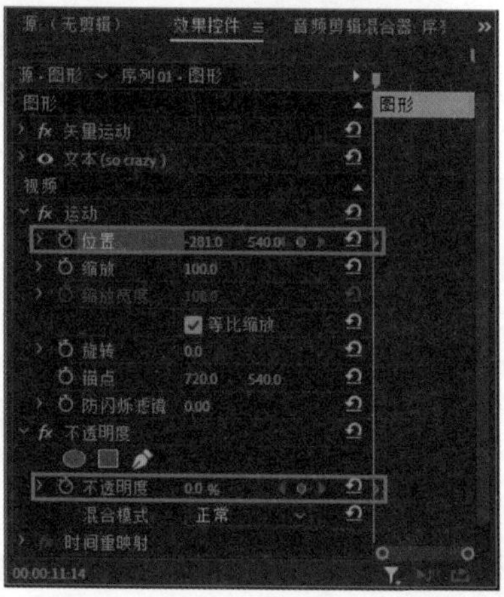

图13-79　添加第一个关键帧

08_ 将时间线移动到（00:00:12:06）位置，设置“位置”数值为（720,540），“不透明度”数值为100，如图13-80所示。

09_ 将时间线移动到（00:00:14:06）位置，在“节目”监视器面板中输入文字，调整素材长度，并在“效果控件”面板中调整文字参数，如图13-81所示。

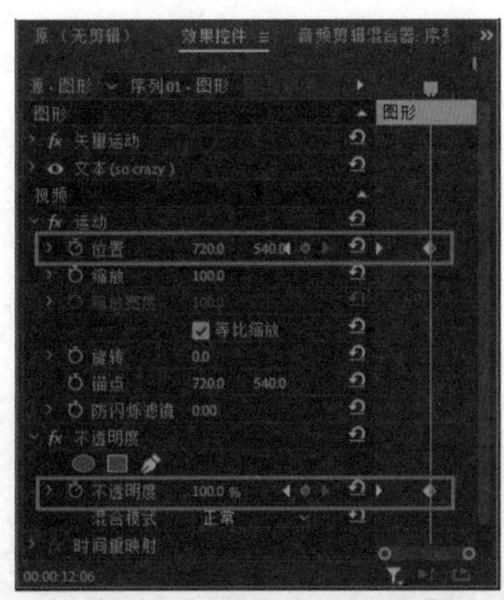

图13-80　添加第二个关键帧

图13-81　输入文字

10_ 选择“字幕”素材，将时间线移动到（00:00:15:11）位置，在“效果控件”面板中，展开第二个“文本（TOO）”列表，在“变换”属性中，单击“不透明度”前的“切换动画”按钮，设置“不透明度”数值为0，向后移动1帧，设置“不透明度”数值为100，如图13-82所示。

11_ 将时间线移动到（00:00:16:07）位置，第三个“文本（TOO）”同理操作，如图13-83所示。

12_ 将时间线移动到（00:00:17:09）位置，在“节目”监视器面板中输入文字，并调整素材长度，并在“效果控件”面板中调整文字参数，如图13-84所示。

13_ 将时间线移动到（00:00:18:17）位置，在“节目”监视器面板中输入文字，调整素材长度，并在“效果控件”面板中调整文字参数，如图13-85所示。

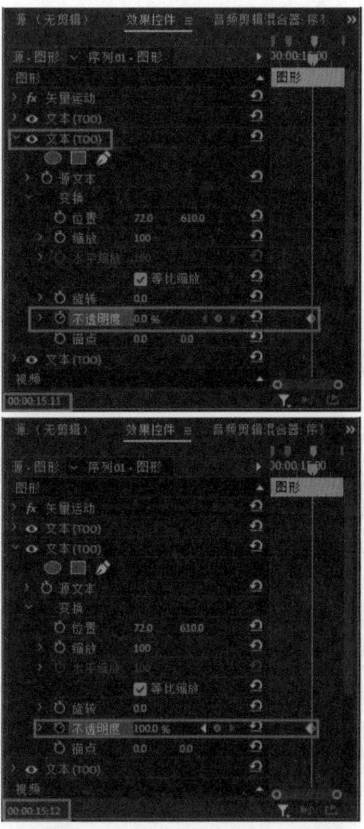

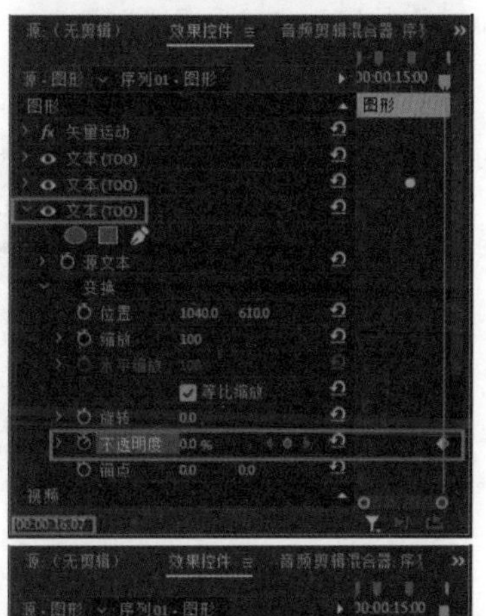

图13-82　设置“不透明度”关键帧

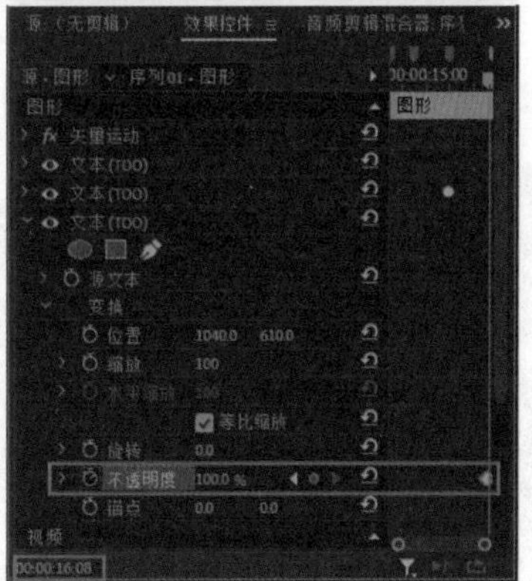

图13-83　设置“不透明度”关键帧

图13-84 输入文字

图13-85 输入文字

13.5 制作快剪视频片尾

下面介绍旅游快剪片尾的制作方法。

01_ 将时间线移动到（00:00:19:14）位置，在“节目”监视器面板中输入文字，调整素材长度，并在“效果控件”面板中调整文字参数，如图13-86所示。

图13-86 输入文字

02_在“效果”面板中，依次展开“视频效果”|“过渡”文件夹，选择“线性擦除”效果并将其拖曳至“时间轴”面板中“字幕”素材上方，如图13-87所示。

03_ 选择“字幕”素材，在“效果控件”面板中，单击“过渡完成”前的“切换动画”按钮，设置“过渡完成”数值为85，设置“擦除角度”数值为-90°，如图13-88所示。

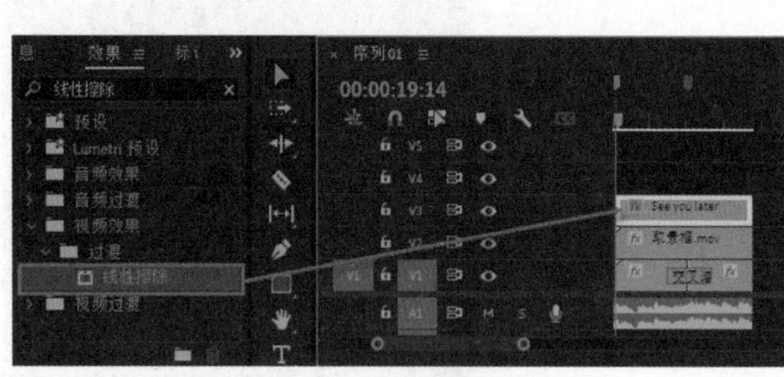

图13-87 添加“线性擦除”效果

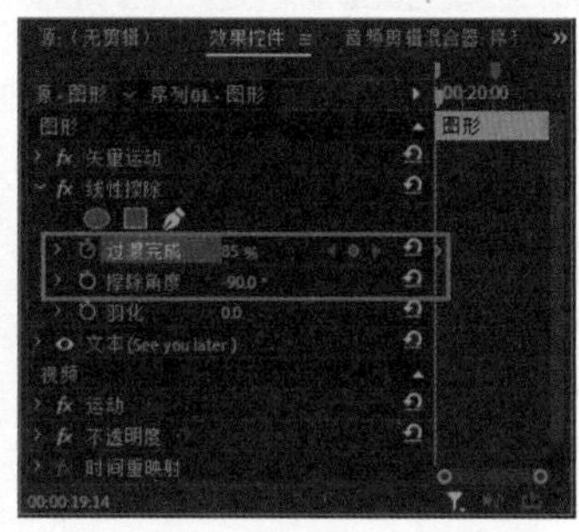

图13-88 添加第一个关键帧

04_ 将时间线移动到（00:00:20:06）位置，设置“过渡完成”数值为15，如图13-89所示。

05_ 在“效果”面板中依次展开“视频过渡”|“溶解”文件夹，将“黑场过渡”效果拖曳至“时间轴”面板中“3.mp4”“取景框.mov”“字幕”素材结尾处，并调整持续时间，如图13-90所示。

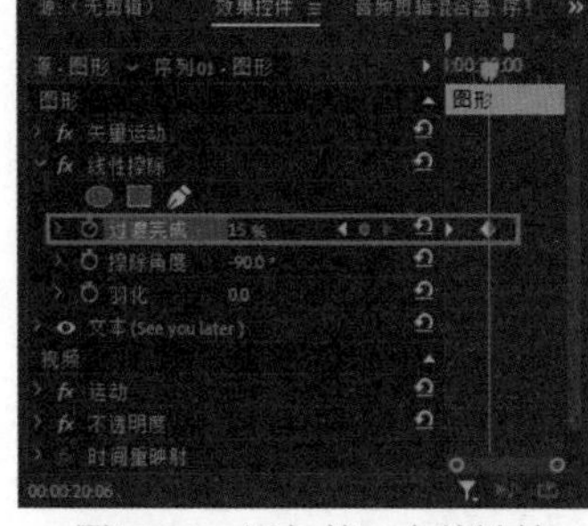

图13-89 添加第二个关键帧

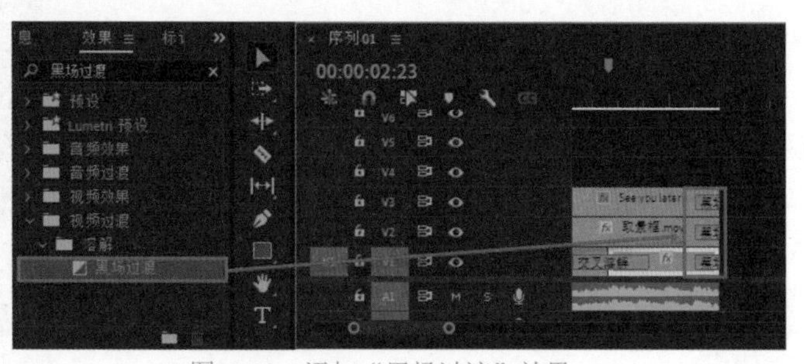

图13-90 添加“黑场过渡”效果

06_ 在“效果”面板中依次展开“音频过渡”|“交叉淡化”文件夹，将“恒定增益”效果拖曳至音频素材的结尾处，并调整持续时间，如图13-91所示。

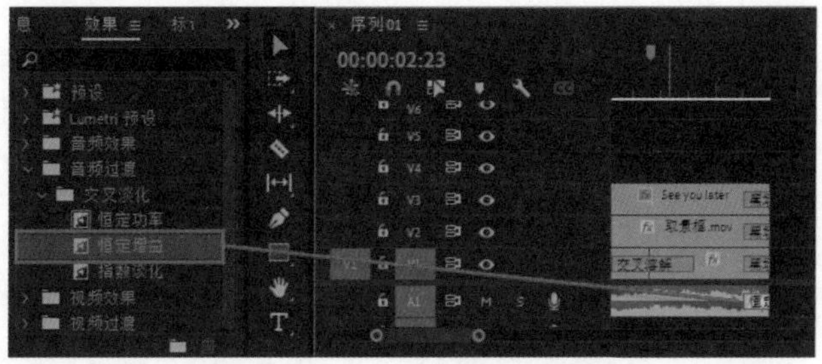

图13-91　添加“恒定增益”效果

07_ 按Enter键渲染项目，渲染完成后预览效果，如图13-92所示。

图13-92　预览视频效果

第14章 饮品商业宣传片

现在饮品店越来越多，饮品店都会在店内屏幕播放饮品的宣传片，吸引路过的顾客，网络发达时代，饮品店的宣传片在各个平台上播放，也能吸引到一部分顾客到店消费，制作饮品商业宣传片也很简单，重点突出产品特色，简单明了地将信息传达给顾客。

14.1 制作宣传片音乐

饮品宣传片的作用主要是吸引顾客，尽量选择轻快的音乐，再结合画面更能吸引观众，下面介绍新建项目与制作音乐的制作方法，具体操作如下。

14.1.1 新建项目并导入素材

01 启动Premiere Pro 2022软件，执行“文件”|“新建”|“项目”命令，或按快捷键Ctrl+Alt+N，打开“新建项目”对话框，在其中自定义项目的“名称”和“位置”，如图14-1所示，完成后单击“确定”按钮。

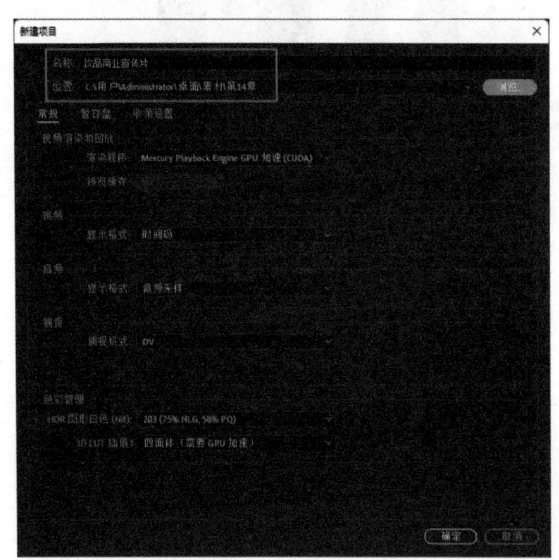

图14-1“新建项目”对话框

02 进入工作界面，执行“文件”|“新建”|“序列”命令，或按快捷键Ctrl+N，打开“新建序列”对话框，在左侧的“可用预设”列表中选择“HDV”文件夹中的“HDV 1080p25”预设，如图14-2所示，完成后单击“确定”按钮。

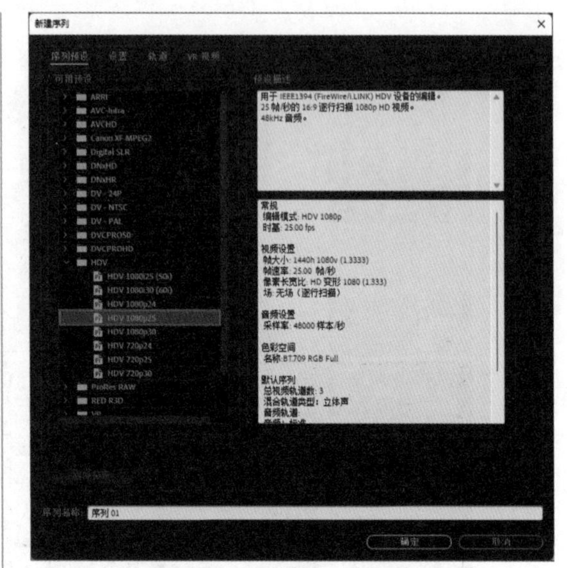

图14-2 “新建序列”对话框

03 完成序列的创建后，执行“文件”|“导入”命令，或按快捷键Ctrl+I，打开“导入”对话框，将路径文件夹中的所有文件选中，如图14-3所示，单击“打开”按钮，将所选文件导入Premiere Pro。

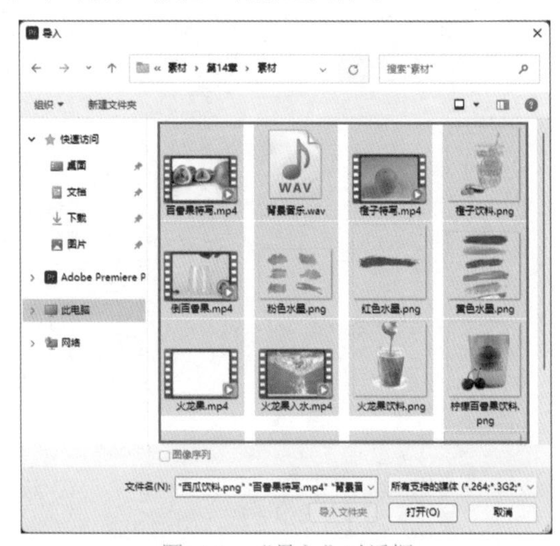

图14-3 “导入”对话框

14.1.2　添加背景音乐并添加标记

01_ 在“项目”面板中选择“背景音乐.wav”素材拖曳至“时间轴”面板，如图14-4所示。

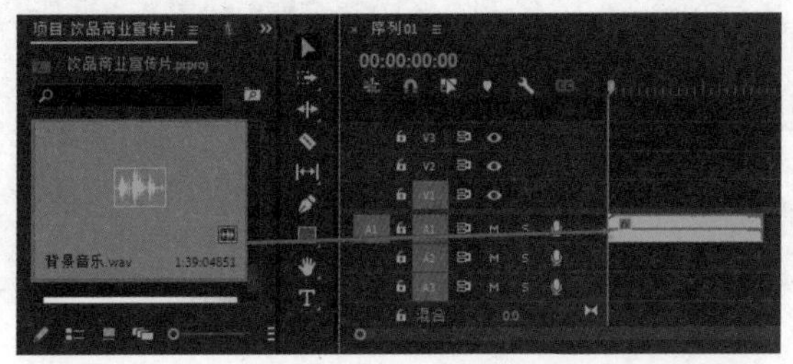

图14-4　添加音频素材

02_ 一边试听音乐，一边根据节奏点添加节奏标记。移动时间线，根据节奏点在合适的时间点添加标记，如图14-5所示。

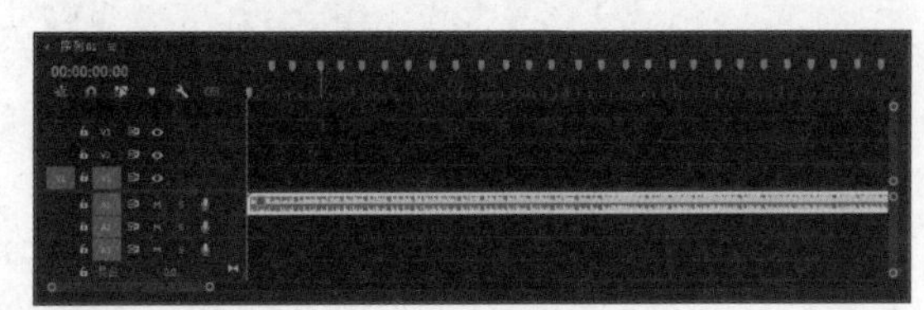

图14-5　添加标记

14.2 制作宣传片片头

饮品宣传片的片头主要是快速让顾客知晓所有产品，下面介绍宣传片片头的制作方法，具体操作如下。

01_ 在“项目”面板中空白区域右击，在弹出的快捷菜单中执行“新建项目”|“颜色遮罩”命令，如图14-6所示。

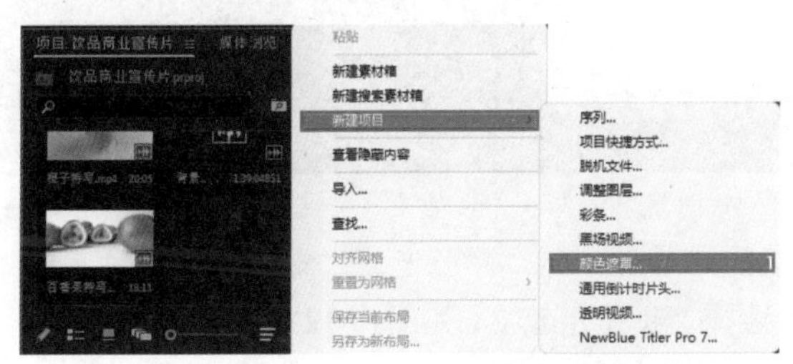

图14-6　执行“新建项目”|“颜色遮罩”命令

02_ 在弹出的“新建颜色遮罩”对话框中，单击“确定”按钮，在弹出的“拾色器”对话框中，选择颜色为白色，然后单击“确定”按钮，如图14-7所示。

03_ 在弹出的“选择名称”对话框中，单击“确定”按钮，如图14-8所示。

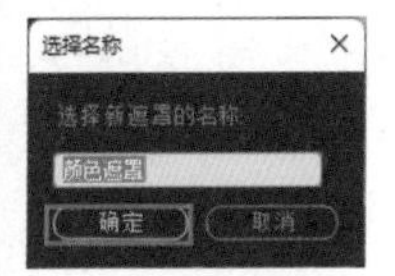

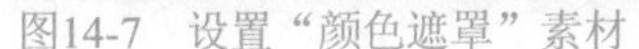

图14-7　设置“颜色遮罩”素材　　图14-8　“选择名称”对话框

04_ 在“项目”面板中选择“颜色遮罩”素材拖曳至“时间轴”面板，如图14-9所示。

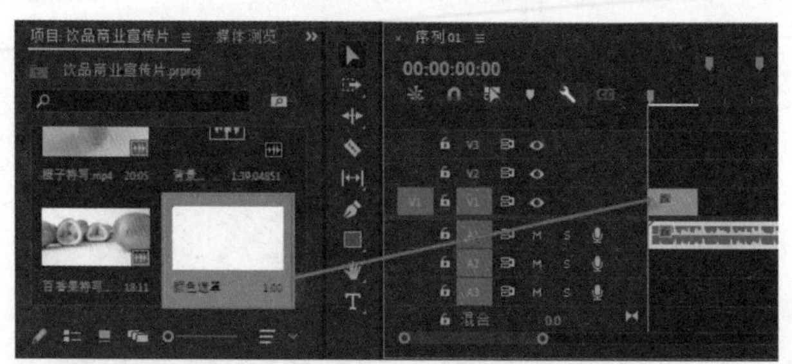

图14-9　拖曳“颜色遮罩”素材

05_ 在“项目”面板中选择“火龙果饮料.png”素材，拖曳至“时间轴”面板中V3轨道上，并在“效果控件”面板中调整位置及大小，如图14-10所示。

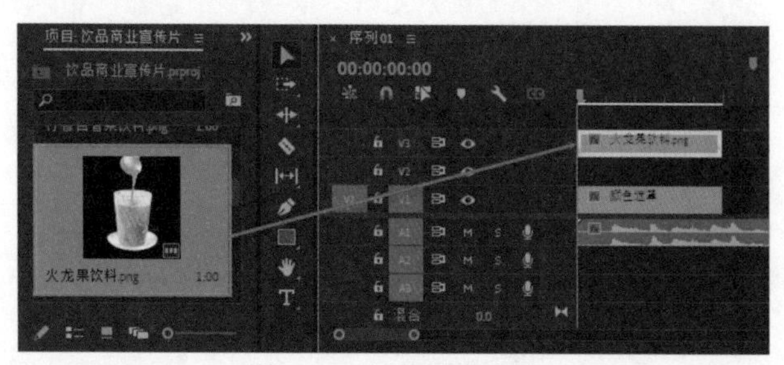

图14-10　添加图片素材

06_ 新建一个粉色的“颜色遮罩”素材，拖曳至“时间轴”面板中V2轨道上，如图14-11所示。

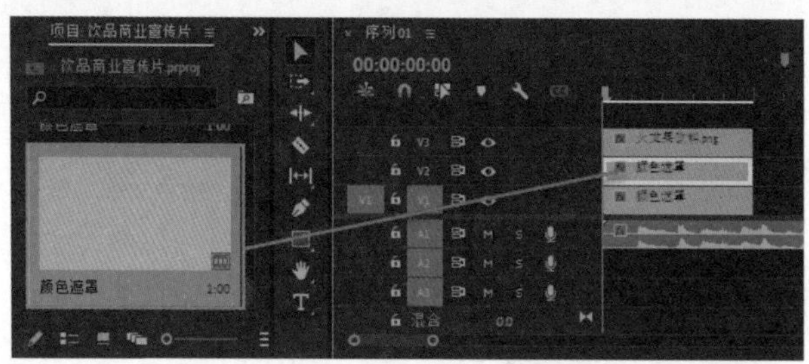

图14-11　拖曳“颜色遮罩”素材

07_ 在“时间轴”面板中选择V2轨道上的“颜色遮罩”素材和V3轨道上的“火龙果饮料.png”素材，右击，在弹出的快捷菜单中选择“嵌套”选项，如图14-12所示。

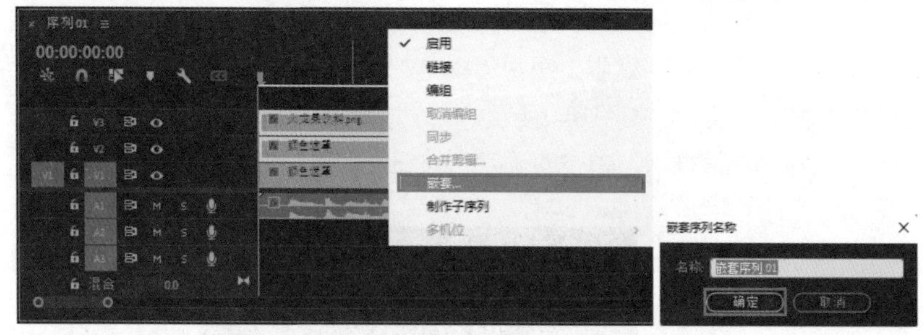

图14-12　选择“嵌套”选项

08_ 在“项目”面板中选择“柠檬百香果饮料.png”“橙子饮料.png”“西瓜饮料.png”素材，同理操作，与素材对应的“颜色遮罩”素材进行嵌套，如图14-13所示。

09_ 在“效果”面板中，依次展开“视频效果”|“变换”文件夹，选择“裁剪”效果并将其拖曳至“时间轴”面板中V2轨道上“嵌套序列01”素材上方，如图14-14所示。

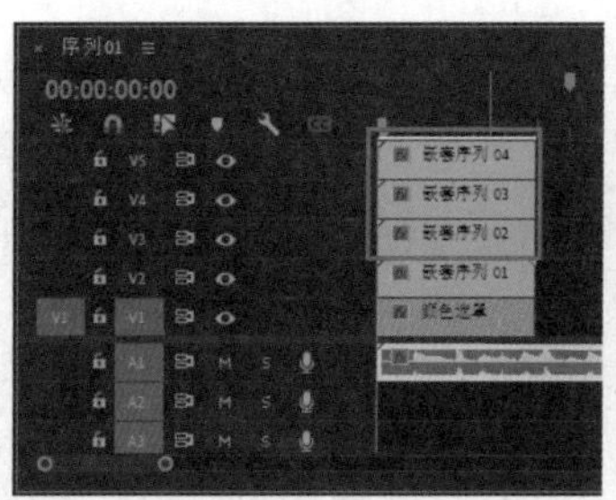
图14-13 为其他素材添加颜色遮罩

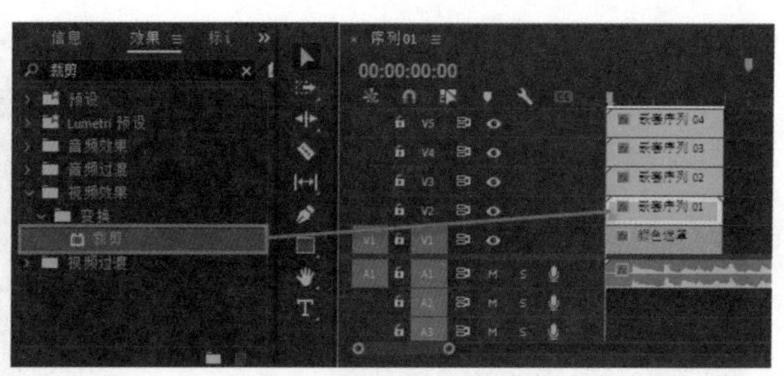
图14-14 添加“裁剪”效果

10_ 选择“嵌套序列01”素材，在“效果控件”面板中，在“裁剪”属性中，设置“右侧”和“底部”数值为50，如图14-15所示。

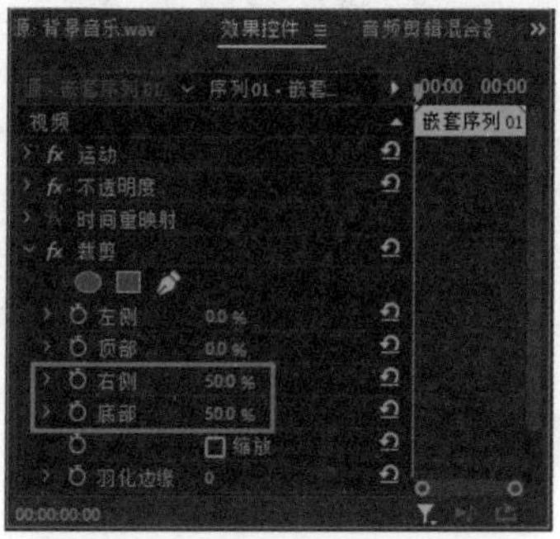

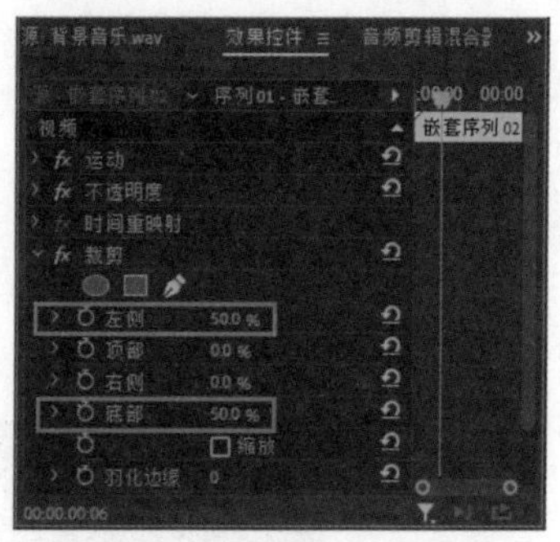
图14-15 调整“裁剪”参数

11_ 将时间线移动到（00:00:00:05）位置，在“不透明度”属性中，单击“不透明度”前的“切换动画”按钮，向后移动一帧，设置“不透明度”数值为0，如图14-16所示。

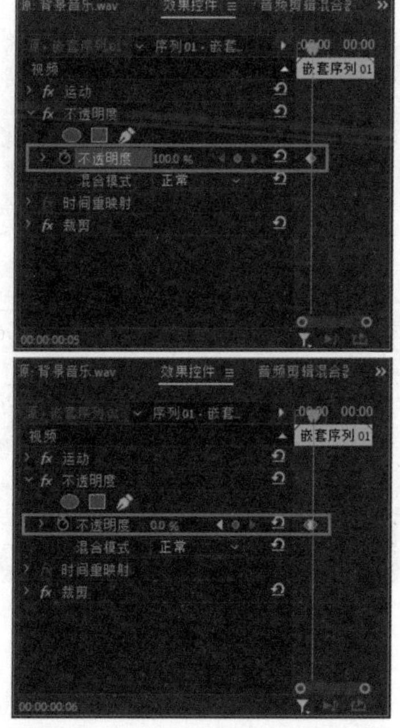
图14-16 添加“不透明度”关键帧

12_ “嵌套序列02”素材同理添加“裁剪”效果，在“效果控件”面板中，设置“左侧”和“底部”数值为50，如图14-17所示。

图14-17 调整“裁剪”参数

13_ 将时间线移动到（00:00:00:05）位置，在“效果控件”面板中，单击“不透明度”前的“切换动画”按钮，设置“不透明度”数值为0，向后移动一帧，设置“不透明度”数值为100，如图14-18所示。

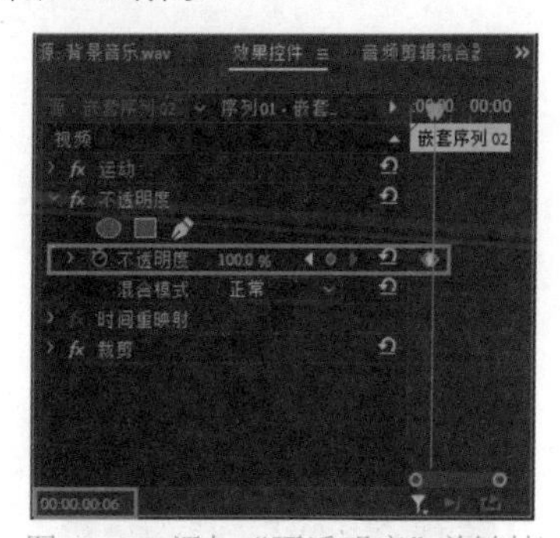
图14-18 添加“不透明度”关键帧

14_ 将时间线移动到（00:00:00:13）位置，单击“不透明度”后的“添加/移除关键帧”按钮，添加一个关键帧，向后移动一帧，设置“不透明度”数值为0，如图14-19所示。

15_ “嵌套序列03”“嵌套序列04”素材同理操作，调整“裁剪”参数，添加“不透明度”关键帧，并调整素材长度，如图14-20所示。

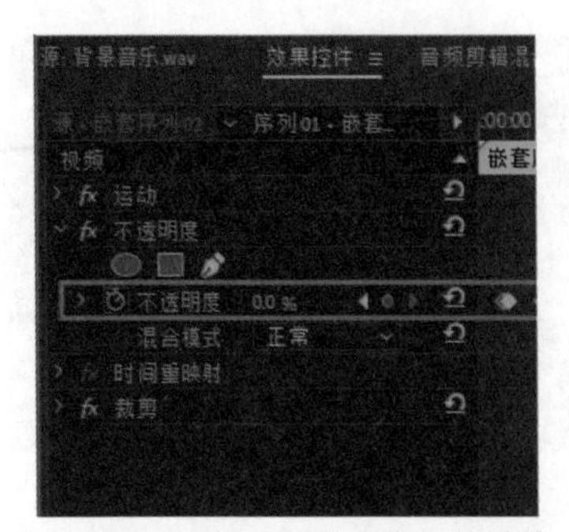

图14-19 添加“不透明度”关键帧

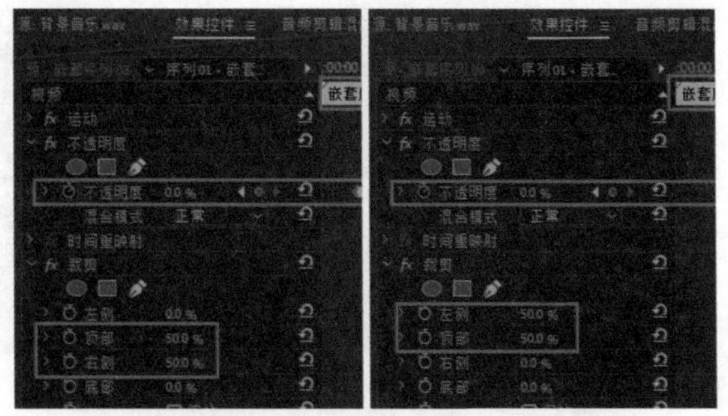

图14-20 添加“不透明度”关键帧

16_ 框选“嵌套序列01-04”素材，按Alt向右复制一层，如图14-21所示。

17_ 框选复制后的“嵌套序列01-04”素材，右击，在弹出的快捷菜单中选择“删除属性”选项，如图14-22所示。

18_ 在弹出的“删除属性”对话框中，取消勾选“裁剪”复选框，单击“确定”按钮，如图14-23所示。

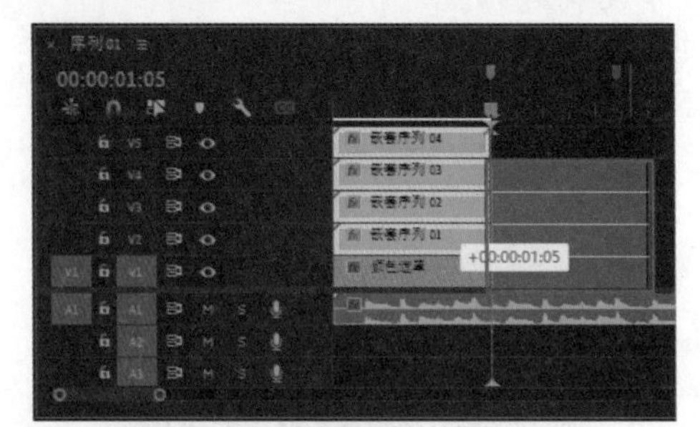

图14-21 复制素材

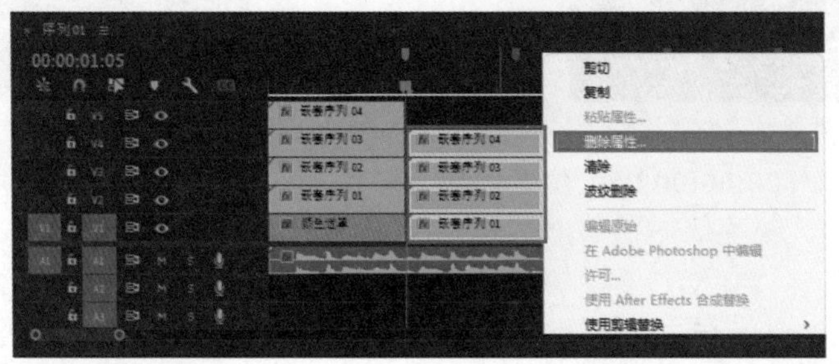

图14-22 选择“删除属性”选项

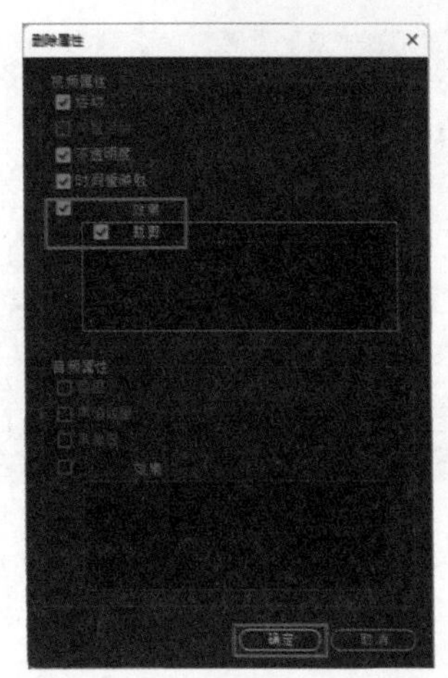

图14-23 “删除属性”对话框

19_ 选择复制后的“嵌套序列01”素材，在“效果控件”面板中，单击“不透明度”前的“切换动画”按钮，向后移动一帧，设置“不透明度”数值为0，如图14-24所示。

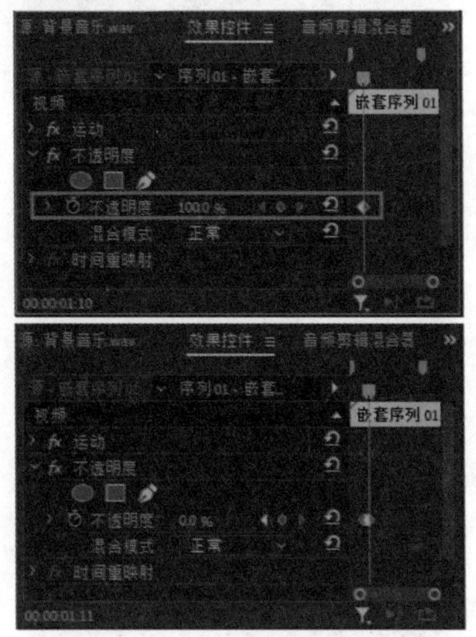

图14-24 添加“不透明度”关键帧

20_ 复制后的“嵌套序列02-04”素材，与上述操作同理，制作画面依次出现的效果，如图14-25所示。

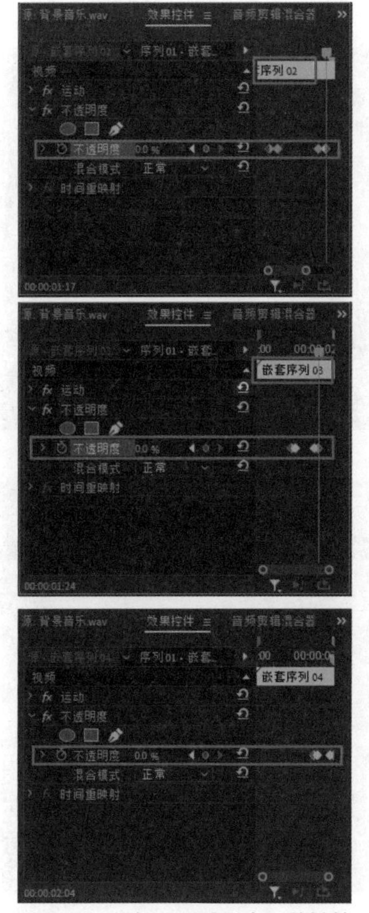

图14-25　添加“不透明度”关键帧

14.3 制作宣传片内容

饮品宣传片主要用于介绍每款饮品的特点，动画与字幕的结合，能更直观地让顾客了解每款饮品的特色。下面介绍宣传片片段的制作方法，具体操作如下。

01_ 选择“嵌套序列01”素材，按Alt向右复制一层，右击，在弹出的快捷菜单中选择“删除属性”选项，如图14-26所示。

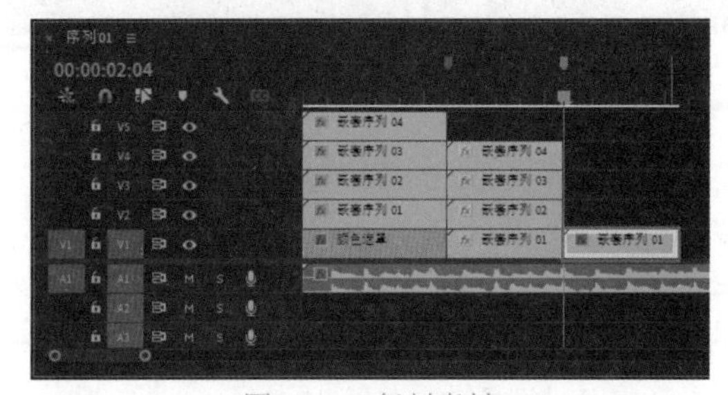

图14-26　复制素材

02_ 在“效果控件”面板中，设置“缩放”数值为183，单击“位置”前的“切换动画”按钮，设置“位置”数值为（720,368），如图14-27所示。

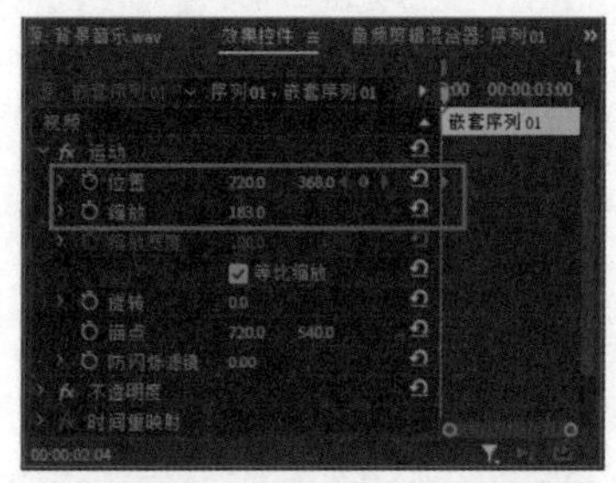

图14-27　添加第一个关键帧

03_ 将时间线移动到（00:00:03:06）位置，设置“位置”数值为（720，987），如图14-28所示。

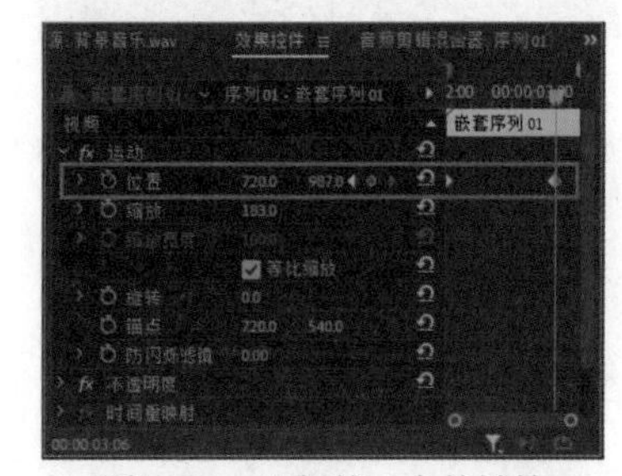

图14-28　添加第二个关键帧

04_ 在“工具”面板中单击“文字工具”按钮，在“节目”监视器面板中单击并输入文字，如图14-29所示。

图14-29　输入文字

05_ 选择“字幕”素材，在“效果控件”面板中，展开“文本（红心火龙果）”列表，调整文字的字体、位置及大小，如图14-30所示。

06_ 在“文本（红心火龙果）”列表中，在“变换”属性中，单击“位置”的“切换动画”按钮，设置“位置”数值为（–1354.8,636），如图14-31所示。

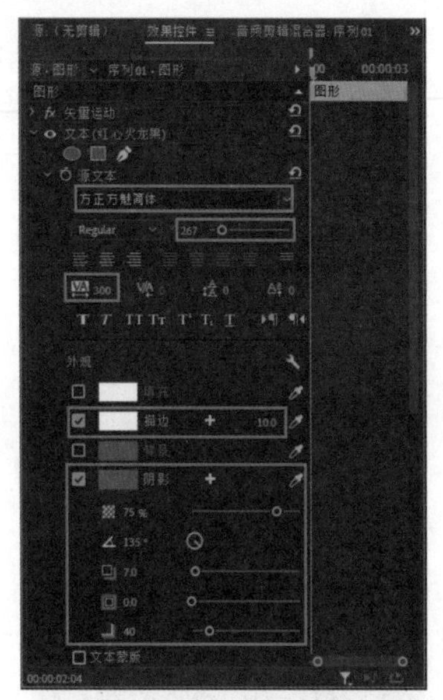
图14-30 调整文字参数

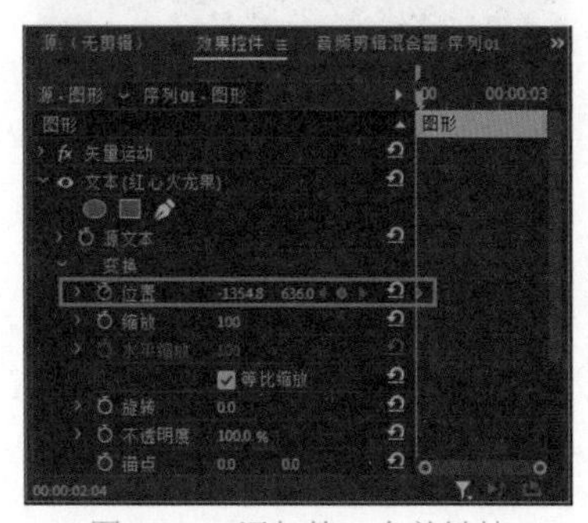
图14-31 添加第一个关键帧

07_ 将时间线移动到（00:00:03:06）位置，设置“位置”数值为（69.2,636），如图14-32所示。

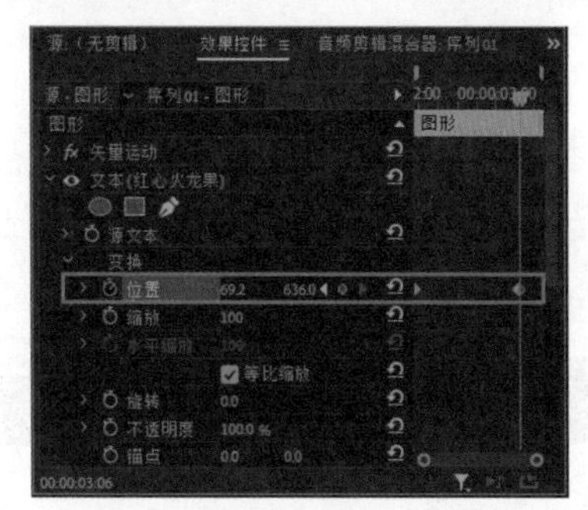
图14-32 添加第二个关键帧

08_ 在“项目”面板中选择“火龙果入水.mp4”素材并将其拖曳至“源”监视器面板，将时间线移动到（00:00:04:03）位置，单击“标记入点”按钮，添加入点，如图14-33所示。

09_ 将时间线移动到（00:00:09:06）位置，单击“标记出点”按钮，添加出点，单击“源”监视器面板下方“覆盖”按钮，如图14-34所示。

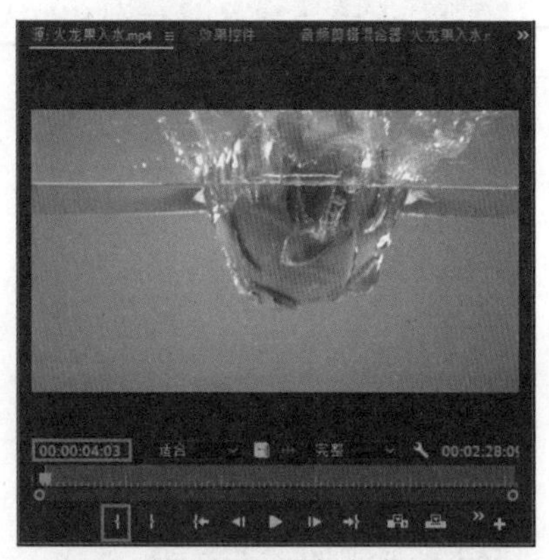
图14-33 添加入点

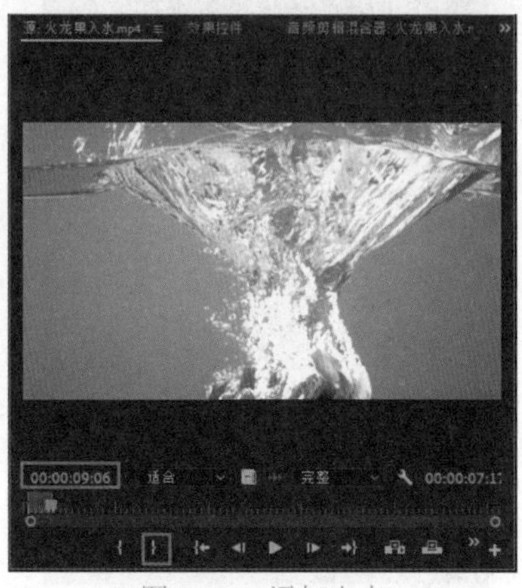
图14-34 添加出点

10_ 在“效果控件”面板中，调整素材大小，在“时间轴”面板中选择“火龙果入水.mp4”素材，右击，在弹出的快捷菜单中选择“速度/持续时间”选项，如图14-35所示。

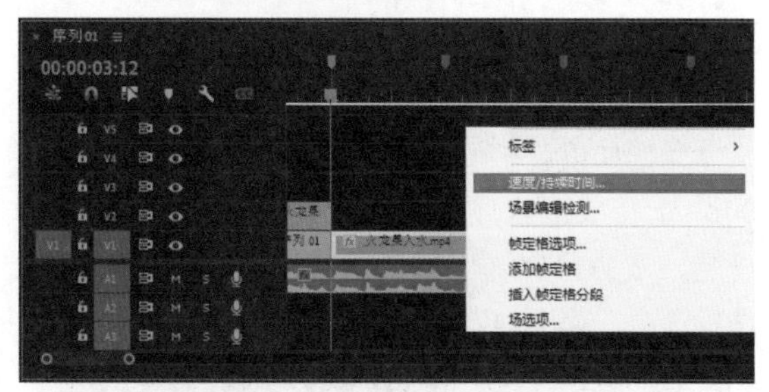
图14-35 选择“速度/持续时间”选项

11_ 在“剪辑速度/持续时间”对话框中设置“持续时间”为（00:00:00:24），然后单击“确定”按钮，如图14-36所示。

12_ 在“项目”面板选择“火龙果.mp4”素材同理操作，选取片段拖曳至“时间轴”面板，调整大小及持续时间参数，如图14-37所示。

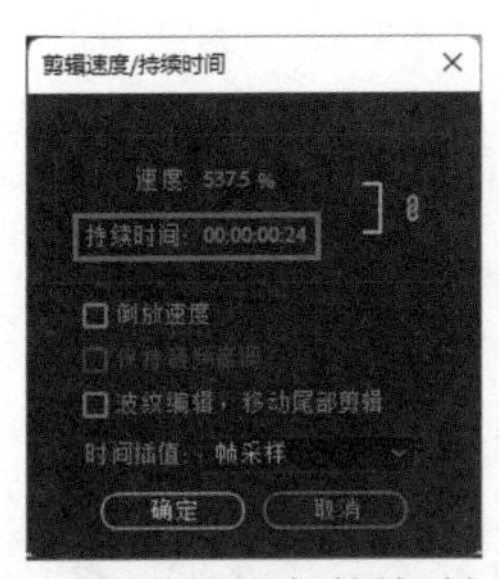

图14-36　“剪辑速度/持续时间”对话框

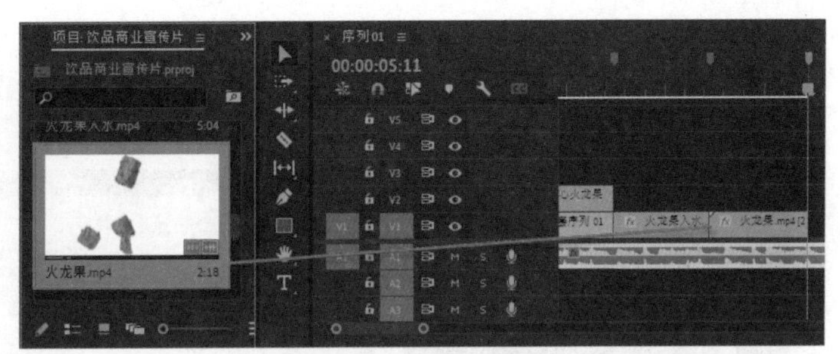

图14-37　添加视频素材

13_ 选择“嵌套序列01”素材，按住Alt键向右复制两层，并取消属性，如图14-38所示。

14_ 在“效果”面板中，依次展开“视频效果”|“风格化”文件夹，选择“查找边缘”效果并将其拖曳至“时间轴”面板中V2轨道上的“嵌套序列01”素材上方，如图14-39所示。

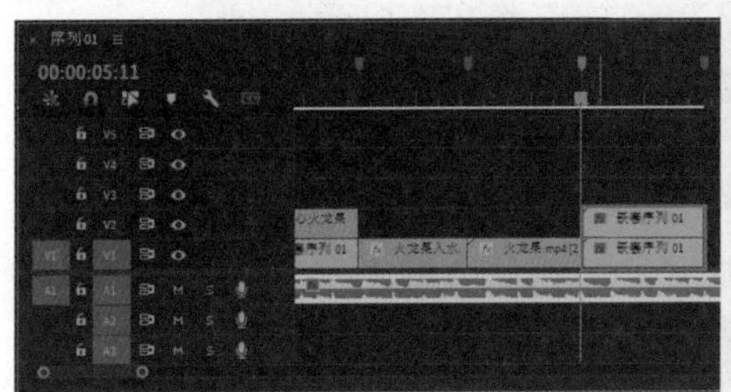

图14-38　复制素材

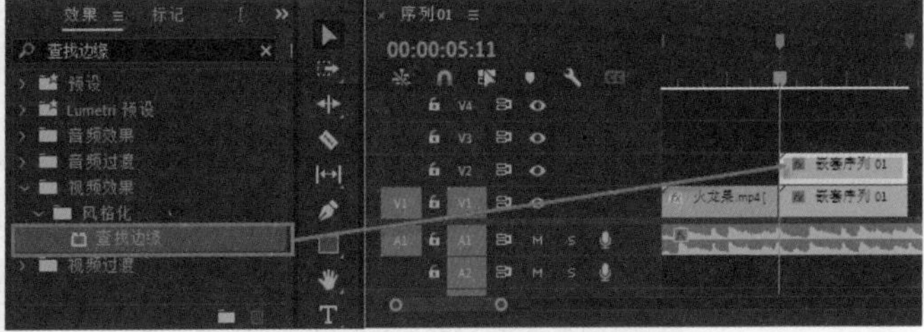

图14-39　添加“查找边缘”效果

15_ 在“效果”面板中，依次展开“视频效果”|“颜色校正”文件夹，选择“色彩”效果并将其拖曳至“时间轴”面板中V2轨道上的“嵌套序列01”素材上方，如图14-40所示。

16_ 选择V2轨道上的“嵌套序列01”素材，在“效果控件”面板中，在“色彩”属性中，设置“将黑色映射到”颜色为白色，“将白色映射到”颜色为背景色（粉色），如图14-41所示。

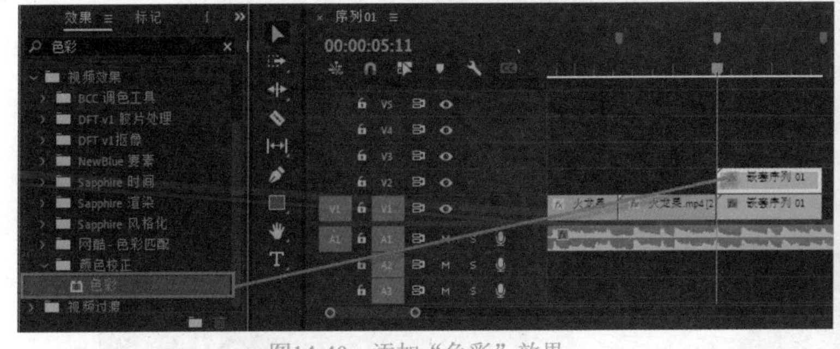

图14-40　添加“色彩”效果

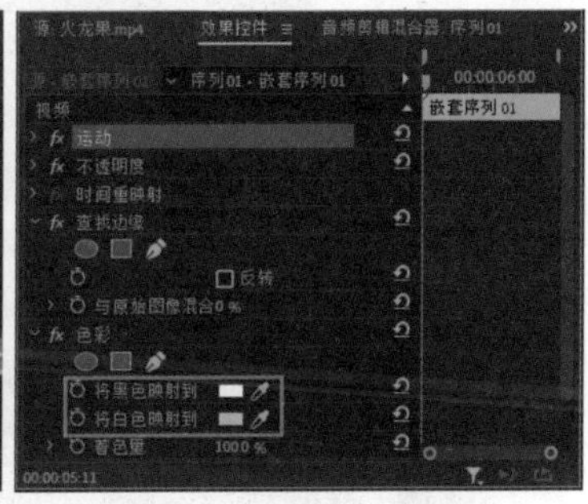

图14-41　调整“色彩”参数

17_ 在“效果”面板中，依次展开“视频效果”|“键控”文件夹，选择“超级键”效果并将其拖曳至“时间轴”面板中V2轨道上的“嵌套序列01”素材上方，如图14-42所示。

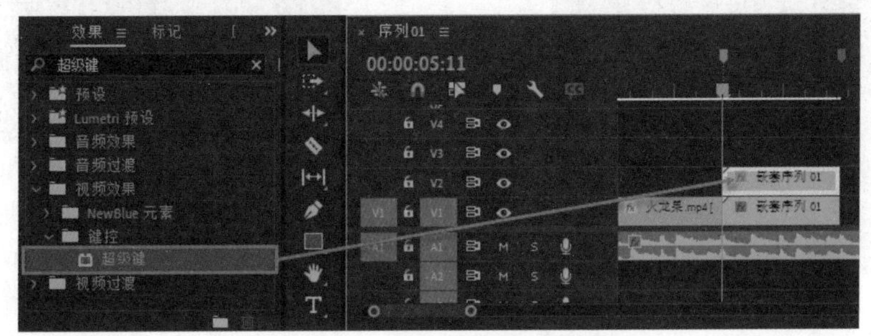

图14-42　添加“超级键”效果

18_ 选择V2轨道上的“嵌套序列01”素材，在“效果控件”面板中，在“超级键”属性中，设置“主要颜色”为背景色（粉色），如图14-43所示，此时“节目”监视器面板中画面的主体将有白色的描边，如图14-44所示。

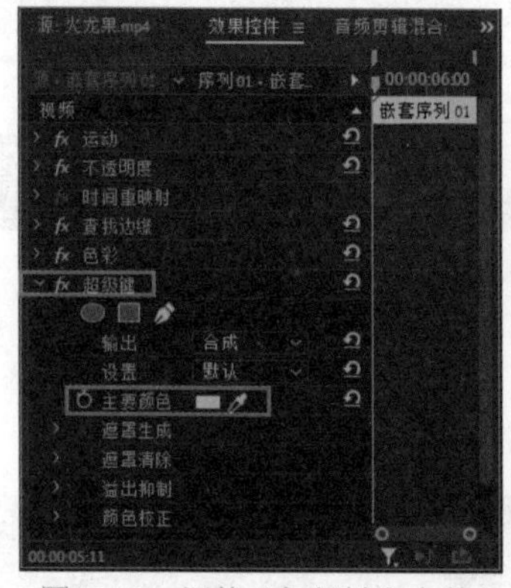

图14-43 调整“超级键”参数

图14-44 “节目”监视器面板

19_ 在“效果”面板中，依次展开“视频效果”|“扭曲”文件夹，选择“变换”效果并将其拖曳至“时间轴”面板中V2轨道上的“嵌套序列01”素材上方，如图14-45所示。

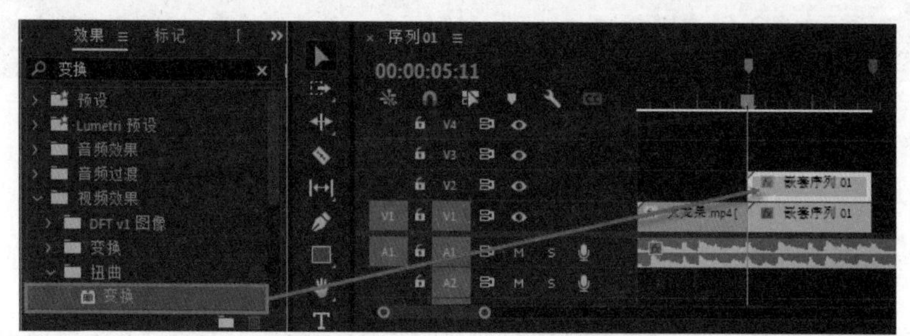

图14-45 添加“变换”效果

20_ 选择V2轨道上的“嵌套序列01”素材，在“效果控件”面板中，在“变换”属性中，单击“缩放”前的“切换动画”按钮，设置“缩放”数值为120，如图14-46所示。

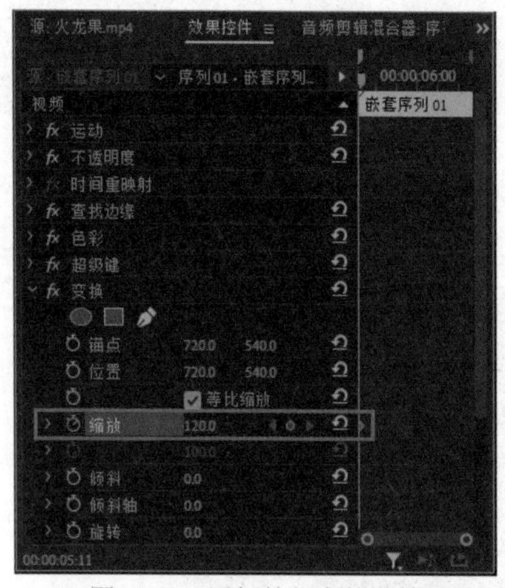

图14-46 添加第一个关键帧

21_ 将时间线移动到（00:00:05:16）位置，设置“缩放”数值为100，如图14-47所示。

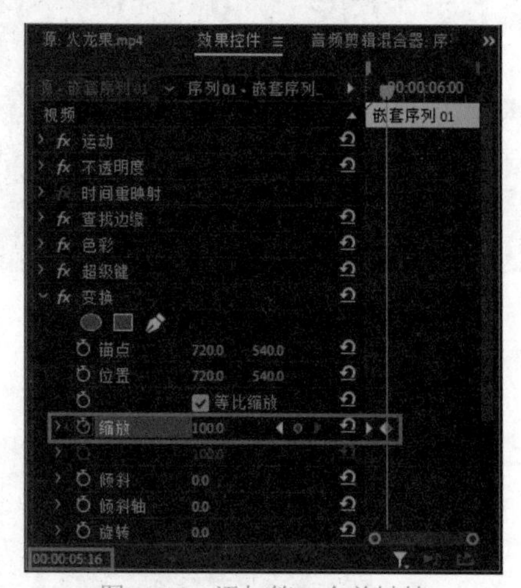

图14-47 添加第二个关键帧

22_ 框选两个关键帧，复制（按快捷键Ctrl+C），向后移动5帧，粘贴（按快捷键Ctrl+V）然后移动到最后一个关键帧，向后移动5帧，再粘贴关键帧，如图14-48所示。

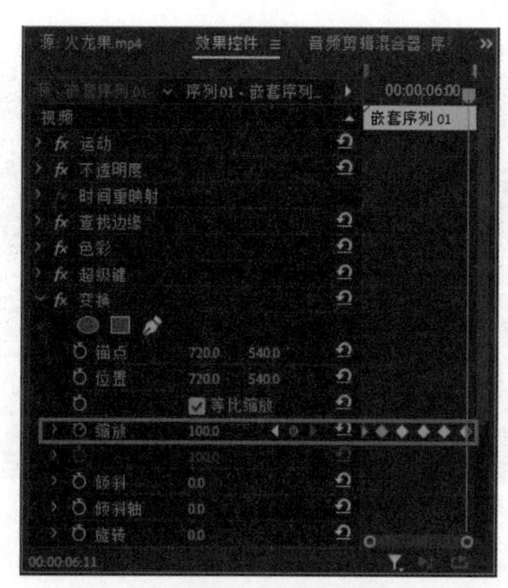

图14-48　复制关键帧

23　在“项目”面板中选择“粉色水墨.png”素材将其拖曳至“时间轴”面板中V3轨道上，并调整素材长度，如图14-49所示。

24　选择“粉色水墨.png”素材，在“效果控件”面板中，设置“位置”数值为（960，899），展开“不透明度”属性，单击“创建4点多边形蒙版”按钮，在“节目”监视器面板中，调整蒙版的控制点，如图14-50所示。

25　取消勾选“等比缩放”复选框，设置“缩放高度”数值为47，“缩放高度”数值为64，“旋转”数值为47，“位置”数值为（453，802），如图14-51所示。

26　在“工具”面板中长按“文字工具”T，在右侧列表中选择“垂直文字工具”，如图14-52所示，在“节目”监视器面板中单击并输入文字，并在“效果控件”面板中，调整文字的字体、大小及位置，如图14-53所示。

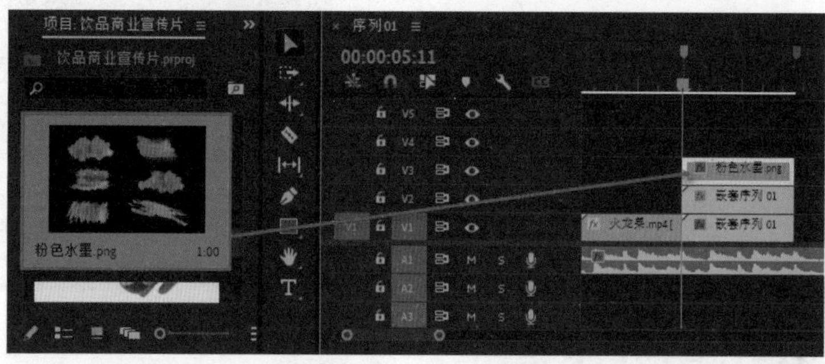

图14-49　添加图片素材

图14-50　创建蒙版

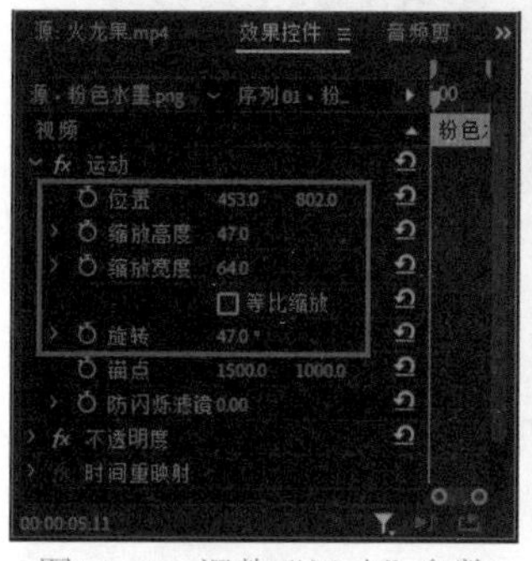

图14-51　调整“运动”参数

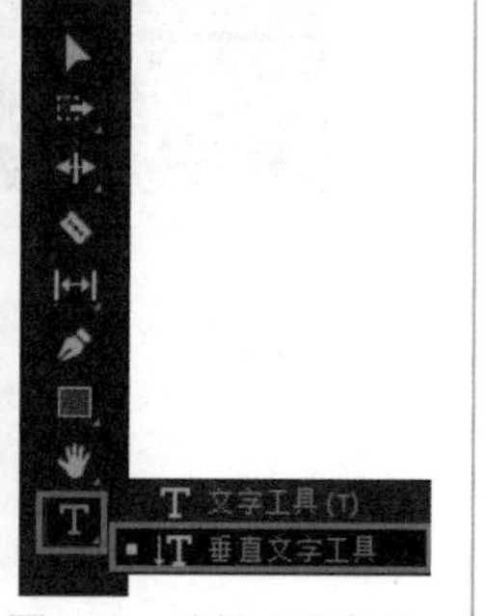

图14-52　选择“垂直文字工具”

图14-53　调整文字参数

27　在“时间轴”面板中框选“粉色水墨.png”“字幕”素材，进行嵌套，如图14-54所示。

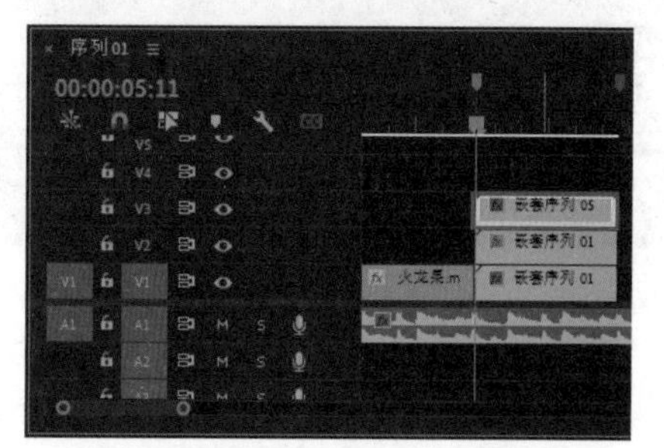

图14-54　选择“嵌套”选项

28_ 选择“嵌套序列05”素材，在“效果控件”面板中，单击“位置”前的“切换动画”按钮，设置“位置”数值为（294，−93），如图14-55所示。

图14-55 添加第一个关键帧

29_ 将时间线移动到（00:00:05:21）位置，设置“位置”数值为（720，540），如图14-56所示。

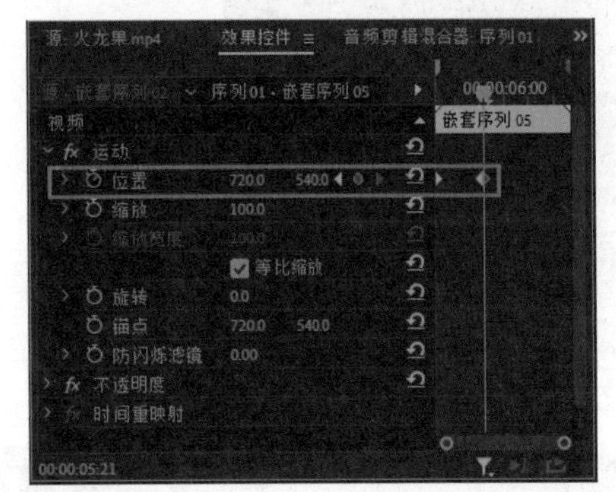

图14-56 添加第二个关键帧

30_ 双击V3轨道上的“嵌套序列05”素材，进入“嵌套序列05”素材中框选两个素材，复制（按快捷键Ctrl+C），关闭“嵌套序列05”素材，在“时间轴”面板空白区域粘贴（按快捷键Ctrl+V），如图14-57所示。

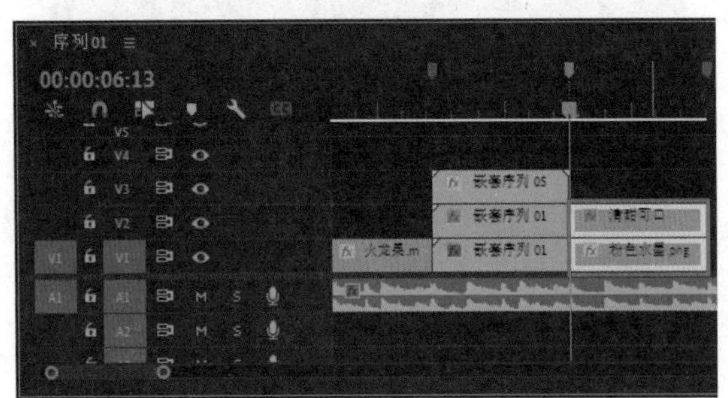

图14-57 复制素材

31_ 选择V2轨道上的“字幕”素材，在“工具”面板中选择“垂直文字工具”，在“节目”监视器面板中修改文字，如图14-58所示

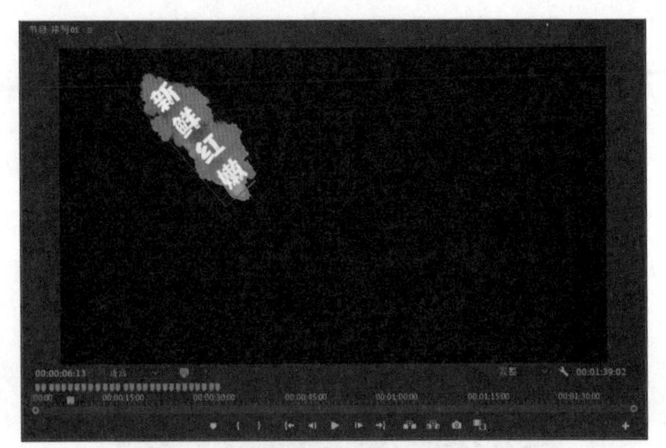

图14-58 修改文字

32_ 在“时间轴”面板中框选V1和V2轨道上的“粉色水墨.png”“字幕”素材，进行嵌套，并移动到V4轨道上，如图14-59所示。

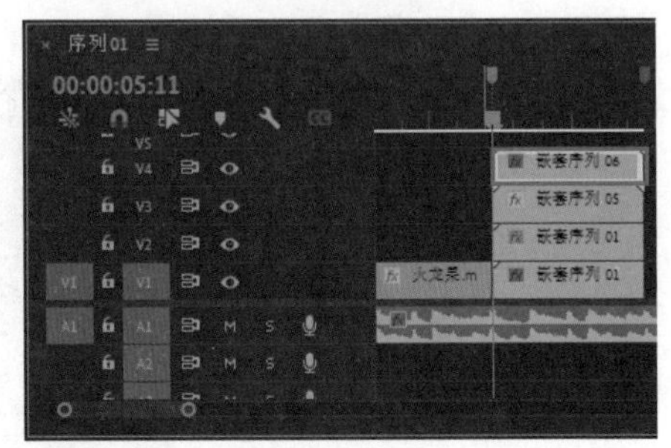

图14-59 选择“嵌套”选项

33_ 选择“嵌套序列06”素材，在“效果控件”面板中，设置“旋转”数值为−10，单击“位置”前的“切换动画”按钮，设置“位置”数值为（111，540），如图14-60所示。

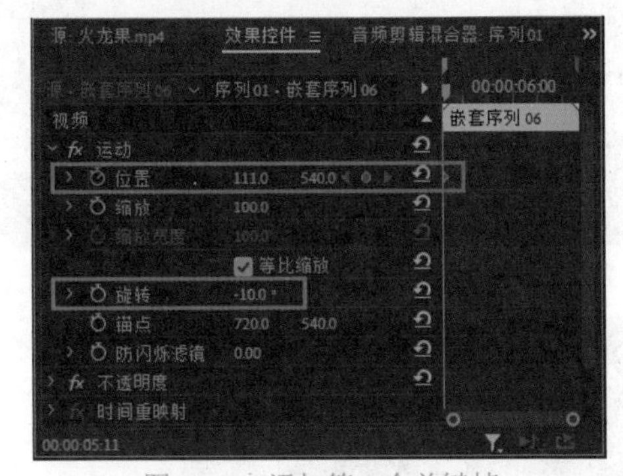

图14-60 添加第一个关键帧

34_ 将时间线移动到（00:00:06:01）位置，设置“位置”数值为（701，783），如图14-61所示。

35_ 在“工具”面板中单击“文字工具”按钮，在“节目”监视器面板中单击并输入文字，并在“效果控件”面板中调整文字参数，如图14-62所示。

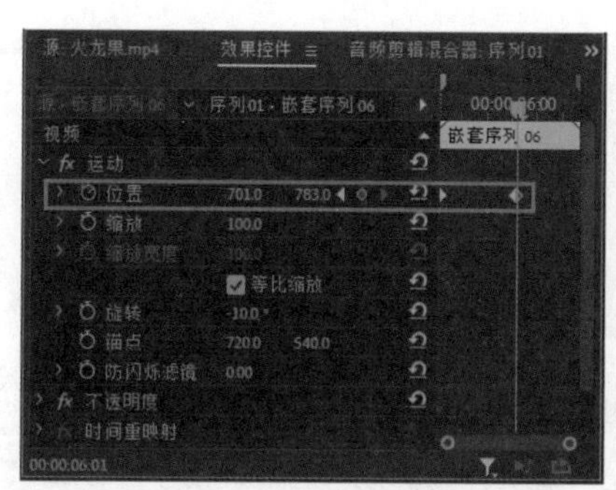

图14-61　添加第二个关键帧

图14-62　调整文字参数

36 在“效果”面板中，依次展开“视频效果”|“过渡”文件夹，选择“线性擦除”效果拖曳至“时间轴”面板中V5轨道上的“字幕”素材上方，如图14-63所示。

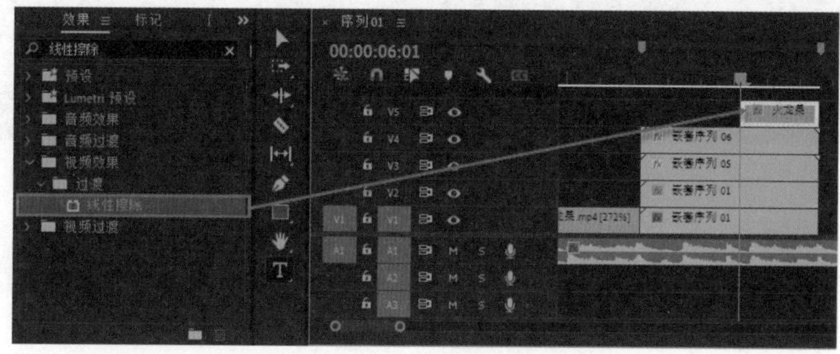

图14-63　添加“线性擦除”效果

37 选择V5轨道上的“字幕”素材，在“效果控件”面板中，在“线性擦除”属性中，设置“擦除角度”数值为-90，单击“过渡完成”前的“切换动画”按钮，设置“过渡完成”数值为50，如图14-64所示。

38 将时间线移动到（00:00:06:10）位置，设置“过渡完成”数值为0，如图14-65所示。

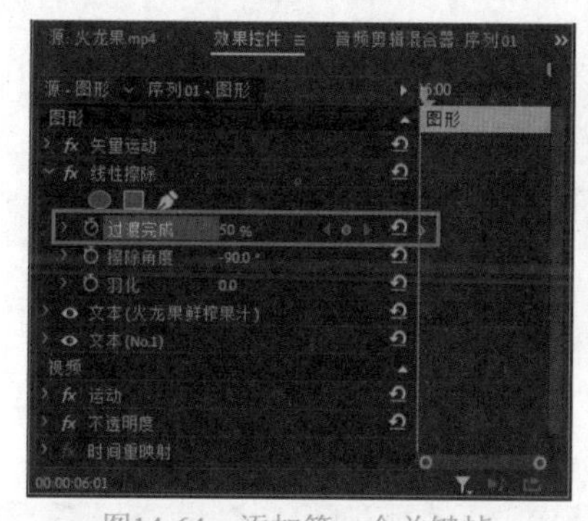

图14-64　添加第一个关键帧

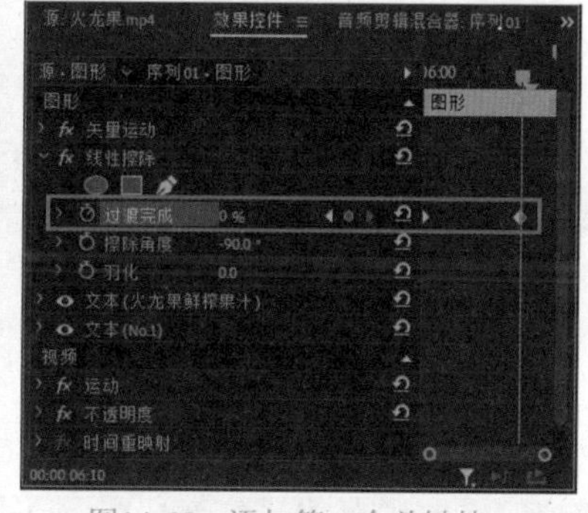

图14-65　添加第二个关键帧

39 后面三个片段同理操作，如图14-66所示。

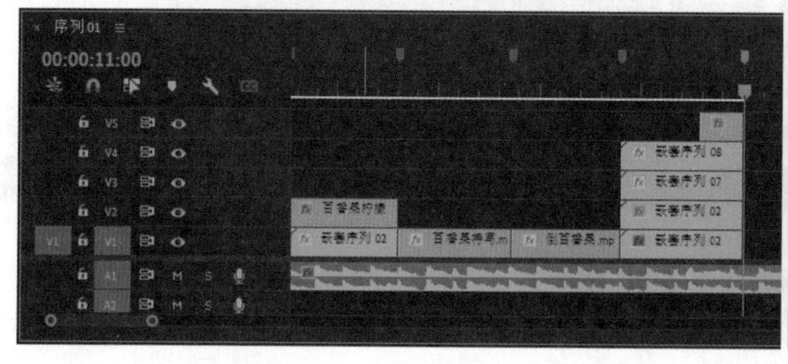

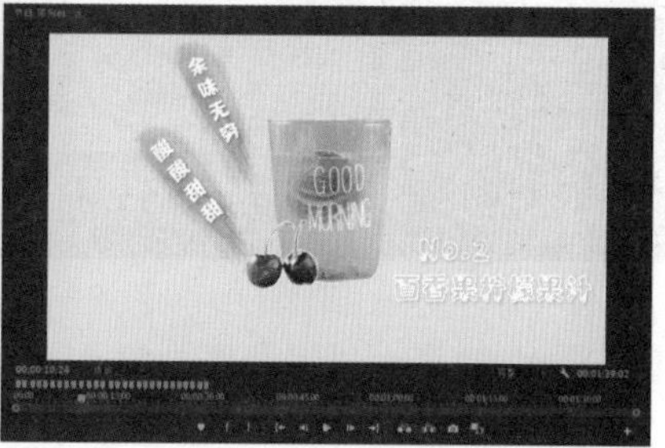

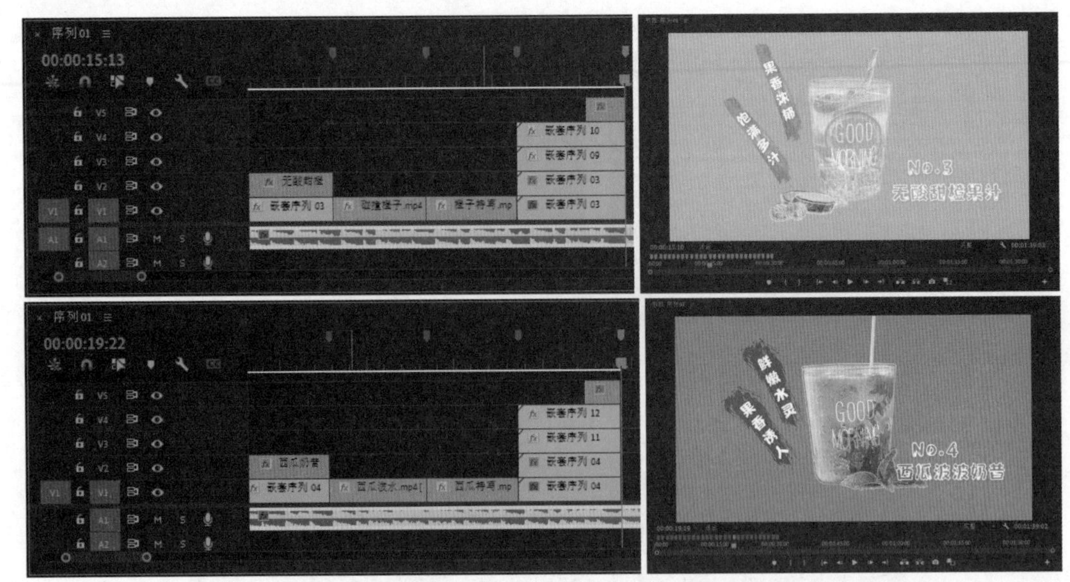

图14-66 添加素材和文字

14.4 制作宣传片片尾

下面介绍宣传片片尾的制作方法，具体操作如下。

01_ 在“项目”面板中选择白色的“颜色遮罩”素材拖曳至“时间轴”面板，并调整素材长度，如图14-67所示。

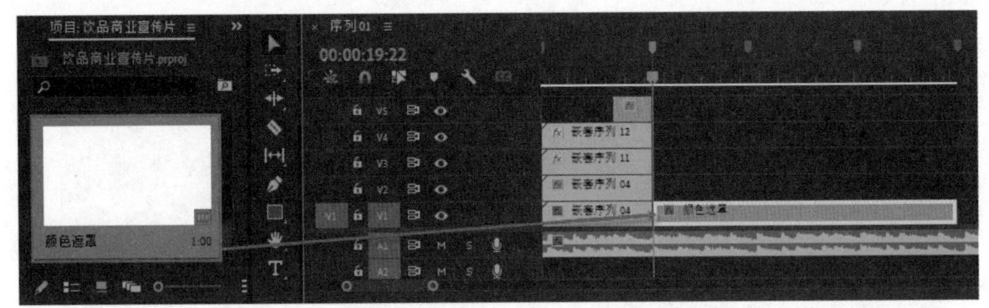

图14-67 添加“颜色遮罩”素材

02_ 复制“嵌套序列01~04”素材，并删除属性，如图14-68所示。

03_ 在“效果”面板中，依次展开“视频效果”|“变换”文件夹，选择“裁剪”效果并将其拖曳至“时间轴”面板中V2轨道上“嵌套序列01”素材上方，如图14-69所示。

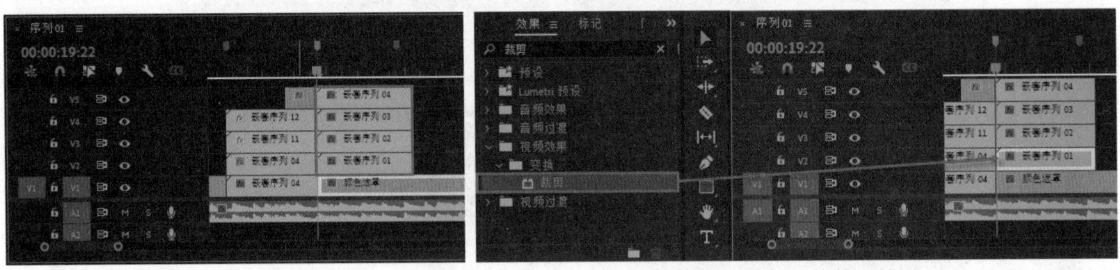

图14-68 复制素材

图14-69 添加“裁剪”效果

04_ 选择V2轨道上“嵌套序列01”素材，在“效果控件”面板中，设置“位置”数值为（182，540），在“裁剪”属性中，设置“右侧”数值为38，将时间线移动到（00:00:20:03）位置，单击“不透明度”前的“切换动画”按钮，向后移动一帧，设置“不透明度”数值为0，如图14-70所示。

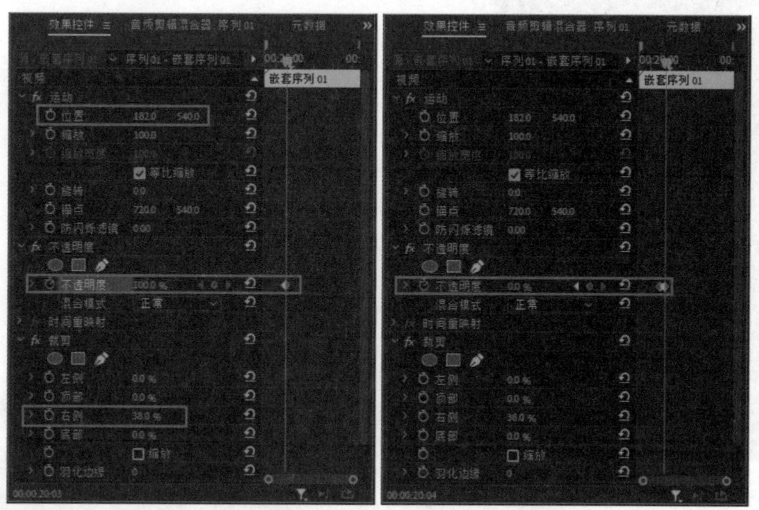

图14-70　添加“不透明度”关键帧

05_ “嵌套序列02~04”素材同理操作，添加“裁剪”效果，调整位置，添加“不透明度”关键帧，如图14-71所示。

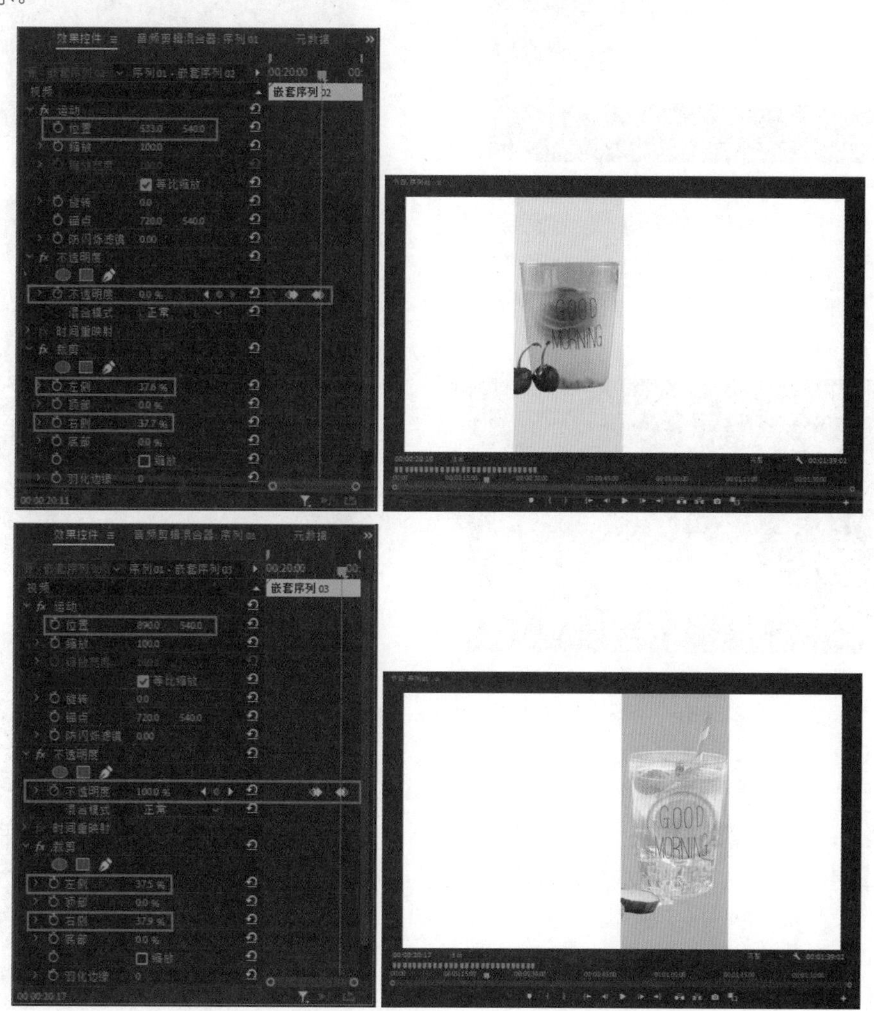

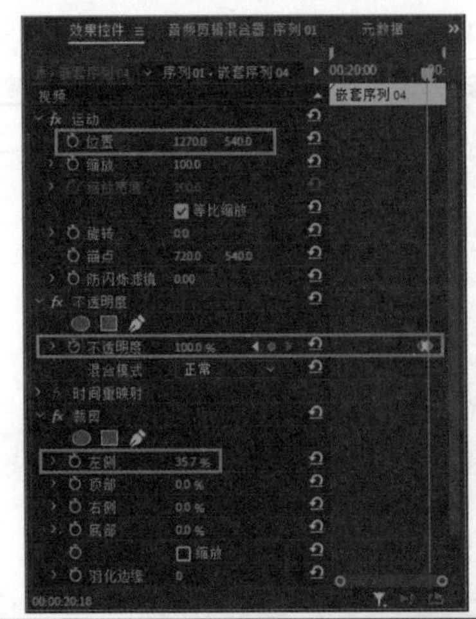

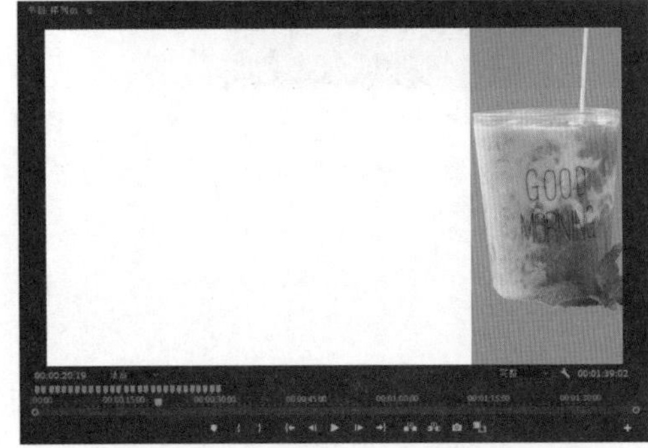

图14-71 在“效果控件”面板调整参数

06_ 在“项目”面板中选择“火龙果饮料.png”“柠檬百香果饮料.png”“橙子饮料.png”“西瓜饮料.png”素材，拖曳至“时间轴”面板，如图14-72所示。

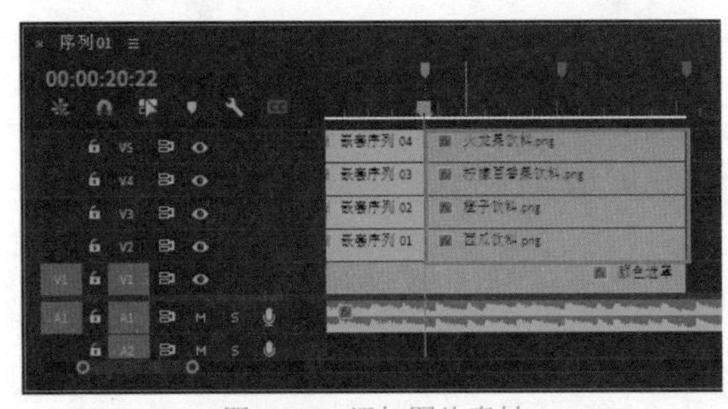

图14-72 添加图片素材

07_ 选择“火龙果饮料.png”素材，在“效果控件”面板中，设置“位置”数值为（322.4，605.9），“缩放”数值为30，单击“不透明度”前的“切换动画”按钮，设置“不透明度”数值为0，如图14-73所示，向后移动6帧，设置“不透明度”数值为100，如图14-74所示。

08_ 选择“柠檬百香果饮料.png”素材，在“效果控件”面板中，设置“位置”数值为（383.4，615.9），“缩放”数值为14，单击“旋转”和“不透明度”前的“切换动画”按钮，设置“旋转”和“不透明度”数值为0，向后移动6帧，设置“旋转”数值为15，“不透明度”数值为100，如图14-75所示。

09_ “橙子饮料.png”“西瓜饮料.png”素材同理操作，如图14-76所示。

10_ 框选“火龙果饮料.png”“柠檬百香果饮料.png”“橙子饮料.png”“西瓜饮料.png”素材进行嵌套，如图14-77所示。

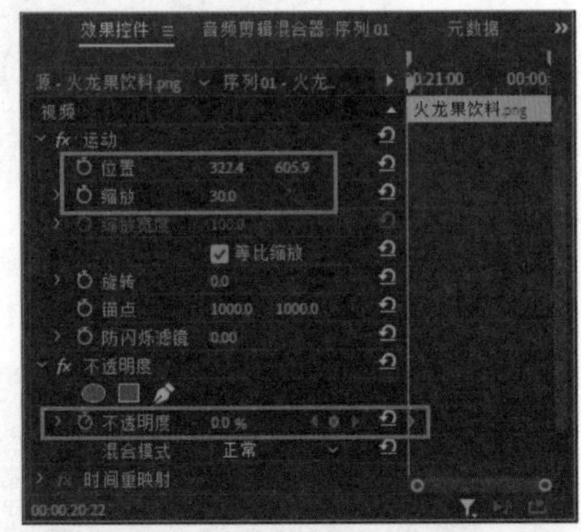

图14-73 添加第一个关键帧

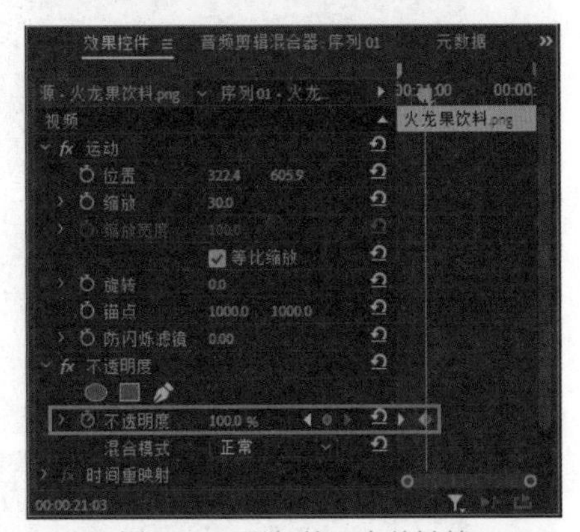

图14-74 添加第二个关键帧

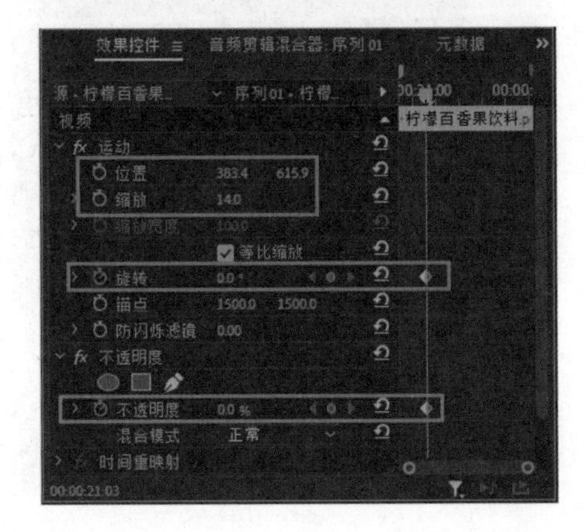

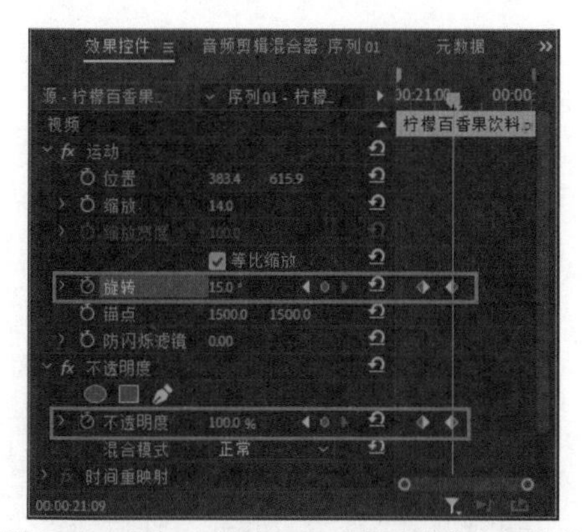

图14-75　添加“旋转”和“不透明度”关键帧

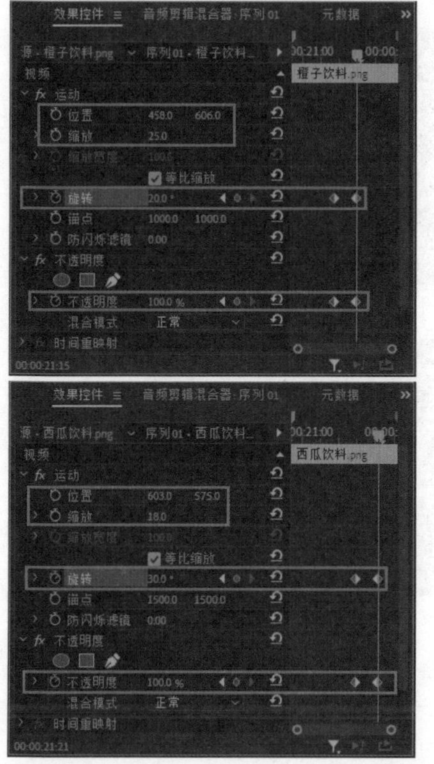

图14-76　添加“缩放”和“不透明度”关键帧1

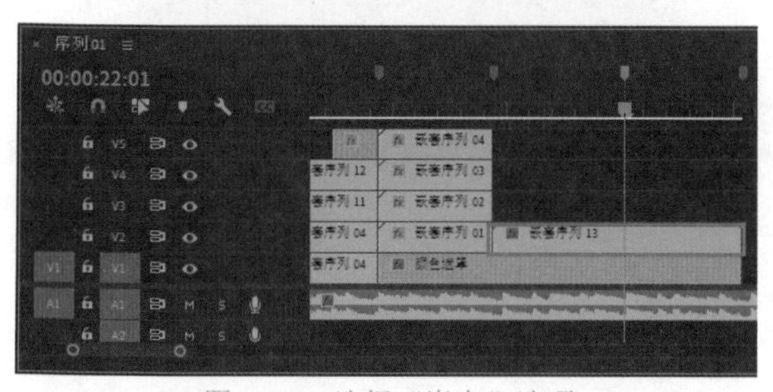

图14-77　选择“嵌套”选项

11_ 在“工具”面板中选择“文字工具”T，在“节目”监视器面板中单击并输入文字，在“效果控件”面板中调整文字的字体、位置及大小，如图14-78所示。

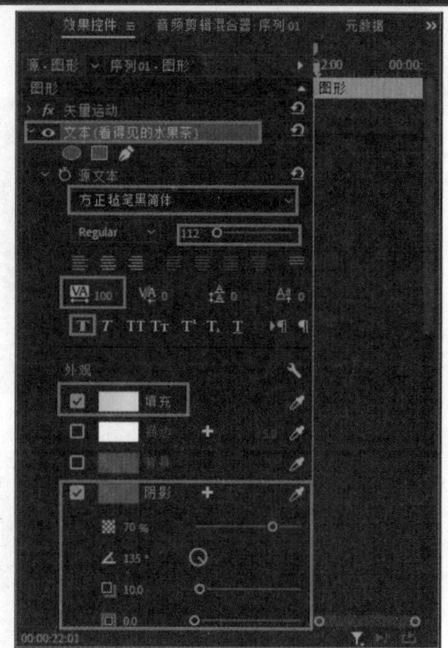

图14-78　输入文字

12_ 选择“字幕”素材，在“效果控件”面板中，单击“缩放”和“不透明度”前的“切换动画”按钮，设置“缩放”和“不透明度”数值为0，将时间线移动到（00:00:22:11）位置，设置“缩放”和“不透明度”数值为100，如图14-79所示。

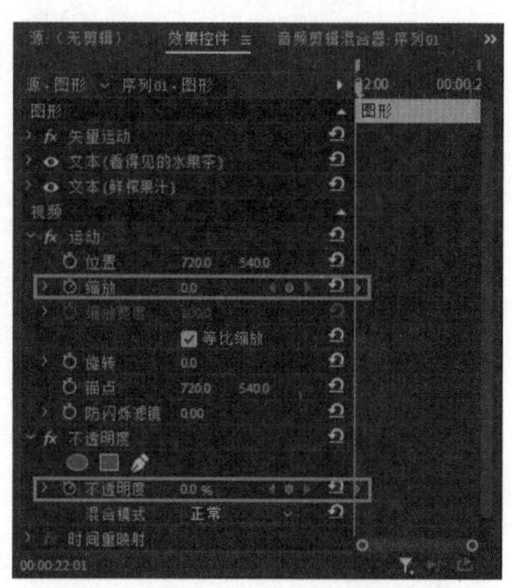

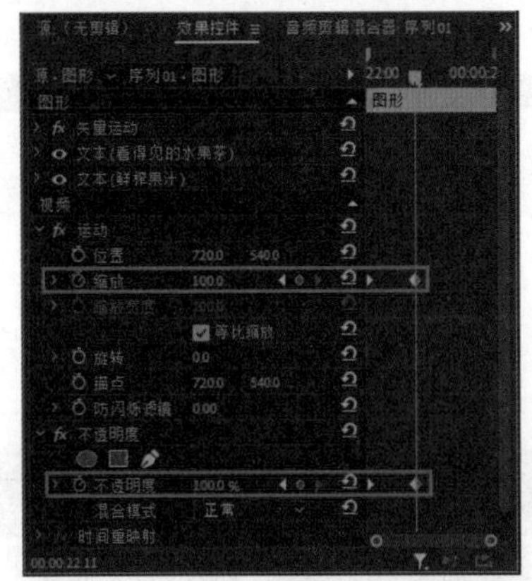

图14-79　添加“缩放”和“不透明度”关键帧2

13　在“效果”面板中依次展开“视频过渡”|“溶解”文件夹，将“黑场过渡”效果拖曳至“时间轴”面板中“颜色遮罩”“嵌套序列13”“字幕”素材结尾处，并调整持续时间，如图14-80所示。

14　删除多余“背景音乐.wav”素材，在“效果”面板中依次展开“音频过渡”|“交叉淡化”文件夹，将“恒定增益”效果拖曳至音频素材的结尾处，并调整持续时间，如图14-81所示。

15　按Enter键渲染项目，渲染完成后预览效果，如图14-82所示。

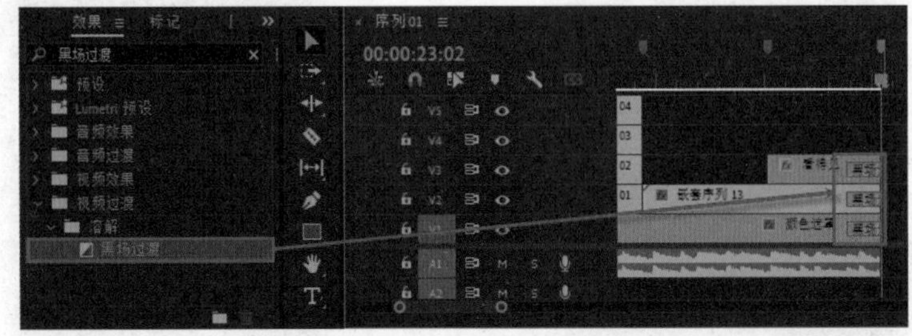

图14-80　添加“黑场过渡”效果

图14-81　添加“恒定增益”效果

图14-82　预览视频效果